Halbleiter-Elektronik

Herausgegeben von D. Schmitt-Landsiedel

Band 23

Jörg Schulze

Konzepte siliziumbasierter MOS-Bauelemente

Mit 458 Abbildungen und 29 Tabellen

Springer

Dr.-Ing. habil. Jörg Schulze
Universität der Bundeswehr München
Fakultät für Elektrotechnik und Informationstechnik
Institut für Physik
Werner-Heisenberg-Weg 39
85577 Neubiberg
j.schulze@unibw-muenchen.de

Bibliografische Information der Deutschen Bibliothek
Die deutsche Bibliothek verzeichnet diese Publikation in der deutschen Nationalbibliografie; detaillierte bibliografische Daten sind im Internet über <http://dnb.ddb.de> abrufbar.

ISBN 3-540-23437-3 Springer Berlin Heidelberg New York

Springer ist ein Unternehmen von Springer Science+Business Media
springer.de

Printed in The Netherlands

Umschlaggestaltung: design & production, Heidelberg
Satz: Digitale Druckvorlage des Autors
Herstellung: medionet AG, Berlin

Gedruckt auf säurefreiem Papier 7/3141 5 4 3 2 1 0

Anja,
Gisela & Henry,
Christine, Martin & Lena-Victoria
in Liebe gewidmet

Vorwort

Die Silizium-basierte MOS-Technologie ist der mit Abstand größte und am schnellsten wachsende Bereich der gesamten Halbleitertechnologie, die gegenwärtig weltweit für mikro- und nanoelektronische Anwendungen zum Einsatz kommt. Das zentrale Bauelement dieser Technologie ist der über eine MOS-Kapazität gesteuerte Silizium-basierte Feldeffekttransistor.

Die Gründe dafür sind im Hinblick auf den zum Einsatz kommenden Rohstoff – das Silizium – in seinen einzigartigen Eigenschaften zu suchen, die Silizium für die Halbleitertechnologie interessant machen: Silizium ist ein ungiftiger Elementhalbleiter, der auf der Erde nahezu unbegrenzt – es ist das zweithäufigste Element in der Erdkruste – zur Verfügung steht, der sich technologisch einfach und in höchster Güte gewinnen lässt und der außerdem ein natürliches Oxid (SiO_2) ausbildet, das hervorragende elektrische Eigenschaften besitzt. Gerade dieser letzte Punkt ist von entscheidender Bedeutung, um im historischen Rückblick zu verstehen, dass Silizium zu dem dominanten Rohstoff in der Halbleiterelektronik geworden ist und dass der Silizium-basierte MOS-Feldeffekttransistor zum dominierenden Element dieser Technologie wurde.

Im Buch werden Bauelementkonzepte und Modellkonzepte diskutiert, die mit den unterschiedlichsten Ansätzen der Anforderung gerecht zu werden suchten und suchen, immer leistungsfähigere und schnellere elektronische Schaltungen – z. B. Logikschaltungen, um ein exponiertes Beispiel für eine elektronische Schaltung zu nennen – zu entwickeln. Die zentralen Fragestellungen richteten sich dabei hauptsächlich auf die Verkleinerung der aktiven Bauelemente dieser Schaltungen, die eine höhere Packungsdichte erlaubt. Die beim Betrieb einer solchen Schaltung aber stets auftretende Verlustleistung, die sich in der Erhitzung der Schaltung im Betrieb bemerkbar macht und die zum instabilen Arbeiten bzw. sogar zum physikalischen Ausfall der Schaltung führt, warf die Frage nach den Wirkzusammenhängen auf, die die Verringerung dieses Risikos ermöglichen. Wieder bezogen auf das Beispiel einer Logikschaltung ist ein solcher Wirkzusammenhang, dass diese Verlustleistung proportional zur Taktfrequenz ansteigt, mit der die Schaltung arbeitet. Diese Tatsache erzwang die Entwicklung eines Konzepts für das Grundelement einer jeden Logikschaltung, den Inverter, der bei kleinstmöglicher Verlustleistung hohe Taktfrequenzen erlaubt. Es zeigte sich, dass im CMOS-Inverter ein solches Konzept gefunden war. Das Wesentliche eines CMOS-Inverters besteht darin, dass zwei zueinander komplementäre Feldeffekttransistoren über miteinander verbundene MOS-Kapazitäten gesteuert werden. Das einzige Material, mit dem sich zu Beginn der CMOS-Technologie in den 1960er Jahren solche Transistoren realisieren ließen, war Silizium. Nur mit Silizium in Kombination mit seinem natürlichen Oxid ließen sich MOS-Kapazitäten mit ausreichend hoher Güte herstellen, damit sie für MOS-Feldeffekttransistoren geeignet sind.

Darüber hinaus kann aufgezeigt werden, dass die zeitliche Entwicklung in der Halbleiterelektronik, mit der die Entwicklungen in der Technologie Schritt halten mussten, bisher exponentiell verlief und dass hinter dieser Gesetzmäßigkeit, die kurz als das „Mooresche Gesetz" bekannt ist, ein umfassender Wirtschaftsplan steht, der gewinnorientiert Kräfte mobilisiert und bündelt. Solange der ökonomische Nutzen den Aufwand rechtfertigt, wird die Frage nach weiteren technologischen Möglichkeiten der Verkleinerung der aktiven Bauelementstrukturen und damit der weiteren Erhöhung der Bauelementdichte einer Schaltung – man spricht in diesem Zusammenhang von „Integration" (Integrierte Schaltung) – Forschungsgegenstand bleiben. Man kann weiterhin davon ausgehen, dass die zeitlich exponentielle Entwicklung der Halbleiterelektronik als Herausforderung bestehen bleibt.

Stellt man nun die Frage nach den Konzepten für Silizium-basierte MOS-Bauelemente, die seit den 1960er Jahren entwickelt wurden, finden sich neben dem klassischen Lateralkonzept Vertikal- und Quasivertikalkonzepte, die ab Ende der 1970er/Anfang der 1980er Jahre Einzug in die Silizium-basierte MOS-Technologie hielten. Um diesen Einzug nachvollziehen zu können, muss man wissen, dass Ende der 1970er/Anfang der 1980er Jahre lange Zeit die vorherrschende Meinung war, dass der lateralen optischen Lithographie physikalische Schranken gesetzt sind und dass daher beliebig kleine laterale Strukturen – und damit beliebig kleine laterale Silizium-MOSFETs – mittels optischer Lithographie nicht herstellbar seien. Als „unerreichbar" für die optische Lithographie galt der Sub-*100 nm*-Bereich. Es galt zu dieser Zeit also als sicher, dass in ferner Zukunft das laterale Konzept für den Aufbau von MOSFETs durch neue Konzepte ersetzt werden muss. Dabei dachte man in erster Linie an neue Architekturkonzepte für einen klassischen Silizium-basierten MOSFET – eben an (quasi)vertikale Konzepte.

Kerngedanke dieser (quasi)vertikalen Konzepte war die Realisierung der kritischen physikalischen Transistordimensionen, wie z. B. der Kanalgebietslänge, mit zur Lithographie alternativen Methoden. Es kann als gesichert gelten, dass die Idee eines (quasi)vertikalen Transistoraufbaus durch zwei Technologieentwicklungen inspiriert wurde, die ebenfalls in den Zeitraum Ende 1970/Anfang 1980 fielen. Das war erstens die Entwicklung der anisotropen KOH-Ätztechnik für Silizium – ausführlich besprochen im zweiten Kapitel – und zweitens die Entwicklung der Molekularstrahlepitaxie, die die flexible Herstellung vertikaler Schichtfolgen mit Dicken von nur wenigen Monolagen bis Mikrometerdimensionen ermöglicht.

Unter diesen Voraussetzungen lässt sich verstehen, dass die ökonomisch getriebene stetige Integration der Bauelementstrukturen der Hauptinitiator für die Entwicklung vertikaler und auch quasivertikaler Bauelementkonzepte war. Die intensive Erörterung der (quasi)vertikalen Transistorkonzepte, die weltweit seit Ende 1970 als Alternativstrukturen zum lateralen Konzept diskutiert wurden, stützte sich auf die Beiträge, die – sofern verfügbar – im Zeitraum 1969 bis 2002 auf den drei größten internationalen Bauelementkonferenzen ESSDERC, SSDM und IEDM gegeben wurden. Die statistische Auswertung dieser insgesamt mehr als 11.800 Beiträge, die die Grundlage der Einleitung dieses Buches bildet, hatte zum Ziel, diejenigen (quasi)vertikalen Konzepte aufzufinden, die im betrachteten Zeitraum international Beachtung fanden und die damit zum Gegenstand der Diskussion in diesem Buch werden. Anderweitig publizierte Konzepte oder neue Konzepte, die noch unpubliziert sind, wurden – sofern der Autor Kenntnis von ihnen erlangt hat – mit einbezogen.

Da die Silizium-basierte MOS- Technologie nicht nur bei der Realisierung von Logikschaltungen, sondern auch bei der Herstellung von Speicherstrukturen und Leistungsschaltern angewendet wird, wurden bei der Erörterung der (quasi)vertikalen Transistorkonzepte neben der „Logik", die schwerpunktmäßig als: „Vertikal- und Quasivertikalkonzepte Silizium-basierter CMOS-Logik und Hochfrequenz-Technologie" im zweiten Kapitel diskutiert wird, noch zwei weitere Schwerpunkte gesetzt, die jeweils Gegenstand eines eigenen Kapitels sind. Diese sind: „Auf vertikalen bzw. quasivertikalen Transistoren basierende Speicher" (Kapitel 3) und: „Vertikal- und Quasivertikalkonzepte Silizium-basierter Leistungs-MOSFETs" (Kapitel 4).

München, Frühjahr 2005 *Jörg Schulze*

Inhaltsverzeichnis

Abkürzungsverzeichnis

Im vorliegenden Text werden eine Vielzahl von Abkürzungen und Akronymen verwendet, die in der Silizium-basierten MOS-Bauelementtechnologie „stehende“ Begriffe sind. Die folgende Zusammenstellung stellt all jene Abkürzungen und Akronyme zusammen, die mehrmals verwendet werden. Die Bedeutungen nur einmal verwendeter Abkürzungen bzw. Akronyme werden im Text selbst gegeben.

A	
AFM	**A**tomic **F**orce **M**icroscopy (Rasterkraftfeldmikroskopie)
ALD	**A**tomic **L**ayer **D**eposition (Atomlagenabscheidung)
AsSG	**A**r**s**en-**S**ilicat**g**las (Arsensilikatglas)
B	
BESOI	**B**ack **E**tched **S**ilicon-**O**n-**I**nsulator (zurückgeätztes „Silizium-auf-Isolator“)
BSP	**B**or-**S**ilicat**g**las (Borsilikatglas)
C	
CDO	**C**arbon **D**oped **O**xide (Kohlenstoff-dotiertes Oxid)
CLM	**C**hannel **L**ength **M**odulation (Kanallängenmodulation)
CMOS	**C**omplementary **M**etal-**O**xide-**S**emiconductor (komplementäre Metall-Oxid-Halbleiter Technologie)
CMP	**C**hemical **M**echanical **P**olishing (chemisch-mechanisches Polieren)
D	
2DEG	2-**D**imensional **E**lectron **G**as (2-dimensionales Elektronengas)
2DHG	2-**D**imensional **H**ole **G**as (2-dimensionales Löchergas)
DIBL	**D**rain **I**nduced **B**arrier **L**owering (Drain-induzierte Barrierenverringerung)
DMOS	**D**ouble-Diffused Power-**MOS**FET (doppelt-diffundierter Leistungs-MOSFET)
DRAM	**D**ynamic **R**andom **A**ccess **M**emory (dynamischer Speicher mit wahlfreiem Zugriff)
E	
E(E-) PROM	**E**lectronically (**E**rasable and) **P**rogrammable **ROM** (elektrisch (löschbarer und) programmierbarer ROM)
EDP	**E**thylen**d**iamin**p**yrocatechol
EES	**E**mpty **S**pace in **S**ilicon („leerer Raum in Silizium“)
EOT	**E**ffective **O**xide **T**hickness (effektive Oxiddicke)
ERD	**E**lastic **R**ecoil **D**etection (Nachweis mittels elastischem Rückstoß)
F	
FeRAM	**F**erroelectric **R**andom **A**ccess **M**emory (ferroelektrischer Speicher

	mit wahlfreiem Zugriff)
FIT	**F**ailure **I**n **T**ime („Fehler-in-Zeit“)
G	
GIDL	**G**ate-**I**nduced **D**rain **L**eakage (Gate-induzierter Drain-Leckstrom)
GND	**G**rou**nd** (Erdpotenzial)
(G)TO	(**G**ate) **T**urn **O**ff ((Gate-induziertes) Ausschalten)
H	
HDD	**H**art **d**otiertes **D**rain
HF	**H**och**f**requenz
I	
I^2	**I**onen**i**mplantation
IGBT	**I**nsulated **G**ate **B**ipolar **T**ransistor (Bipolartransistor mit isoliertem Gate)
IGT	**I**nsulated **G**ate **T**hyristor (Thyristor mit isoliertem Gate)
IMPATT	**Imp**act **A**valanche and **T**ransit **T**ime (Stosslawinendurchbruch und Transitzeit)
ITRS	**I**nternational **T**echnology **R**oadmap of **S**emiconductor Industry (Internationaler Technologiezeitplan der Halbleiterindustrie)
J	
J-FET	**J**unction **F**ield-**E**ffect **T**ransistor (Sperrschicht-Feldeffekttransistor)
L	
LDD	**L**ightly-**D**oped **D**rain (schwach dotiertes Drain)
LOCOS	**Loc**al **O**xidation of **S**ilicon (lokale Siliziumoxidation)
LPCVD	**L**ow-**P**ressure **C**hemical **V**apour **D**eposition (Niederdruckabscheidung aus der chemischen Dampfphase)
M	
MBE	**M**olecular **B**eam **E**pitaxy (Molekularstrahlepitaxie)
MOCVD	**M**etal-**O**rganic **C**hemical **V**apour **D**eposition (Abscheidung aus der chemischen Dampfphase mit metall-organischem Precursor)
(N/P-) MOSFET	(**N**-Channel/**P**-Channel-) **M**etal-**O**xide-**S**emiconductor **F**ield-**E**ffect **T**ransistor ((N-Kanal/P-Kanal-) Metall-Oxid-Halbleiter-Feldeffekttransistor)
MRAM	**M**agnetoresistive **R**andom **A**ccess **M**emory (magnetoresistiver Speicher mit wahlfreiem Zugriff)
N	
NDR	**N**egative **D**ifferential **R**esistance (negativ-differentieller Widerstand)
NVM	**N**on **V**olatile **M**emory (nichtflüchtiger Speicher)
O	
ONO	**O**xid-**N**itrid-**O**xid
P	
PECVD	**P**lasma-**E**nhanced **C**hemical **V**apour **D**eposition Plasma-unterstützte Abscheidung aus der chemischen Dampfphase)
PSG	**P**hosphor-**S**ilicat**g**las (Phosphorsilikatglas)
R	
RESURF	**Re**duced **Surf**ace **F**ield (reduziertes Oberflächenfeld)
RIE	**R**eactive **I**on **E**tching (reaktives Ionenätzen)
ROM	**R**ead **O**nly **M**emory (Nur-Lesespeicher)
RTP	**R**apid **T**hermal **P**rocessing (schnelle thermische Prozessierung)

S	
S/D-E	**S**ource/**D**rain-**E**xtensions (Source/Drain-Erweiterungen)
SCE	**S**hort **C**hannel **E**ffect (Kurzkanaleffekt)
SCM	**S**canning **C**apacitance **M**icroscopy (Rasterkapazitätsmikroskopie)
SCR	**S**ilicon **C**ontrolled **R**ectifier (gesteuerter Gleichrichter aus Silizium)
SEG	**S**elective **E**pitaxial **G**rowth (selektives epitaktisches Wachstum)
SIMOX	**Si**licon on **Im**planted **Ox**ide (Silizium auf implantiertem Oxid)
SIMS	**S**ekundär**i**onen-**M**assen**s**pektrometrie
SOI	**S**ilicon-**O**n-**I**nsulator (Silizium-auf-Isolator)
SPE	**S**olid **P**hase **E**pitaxie (Festphasenepitaxie)
SRAM	**S**tatic **R**andom **A**ccess **M**emory (statischer Speicher mit wahlfreiem Zugriff)
SSC	**S**trained **S**ilicon **C**hannel (verspannter Silizium-Kanal)
SSER	**S**ystem **S**oft **E**rror **R**ate (Rate „weicher“ Systemfehler)
STC	**St**acked **C**apacitor (aufgestapelter Kondensator)
STI	**S**hallow **T**rench **I**solation (Isolation mittels flachem Graben)
T	
TDDB	**T**ime **D**ependent **D**ielectric **B**reakdown (zeitabhängiger dielektrischer Durchburch)
TEOS	**T**etra**e**thyl**o**rtho**s**ilan
TMAH	**T**etra**m**ethyl**a**mmonium**h**ydroxid
TRC	**Tr**en**c**h (Graben)
U	
USC	**U**ltra **S**hallow **C**ontacts (ultra-flache Kontakte)
V	
VM	**V**olatile **M**emory (flüchtiger Speicher)
VTC	**V_T**-**C**ontrol (Kontrolle der Schwellwertspannung)
W	
WK	**W**igner-**K**ristall

Einleitung

Das vorliegende Buch basiert auf der Analyse und statistischen Auswertung von über 12.800 internationalen Beiträgen zur Silizium-basierten MOSFET-Technologie, die in den letzten 30 bis 40 Jahren publiziert wurden.

Einleitend lässt sich das Studium dieses Quellenmaterials über die Aussage zusammenfassen, dass weltweit während der zeitlichen Entwicklung der Silizium-basierten MOSFET-Technologie drei Transistorkonzepte[1] verfolgt wurden (vgl. Abb. E.1.).

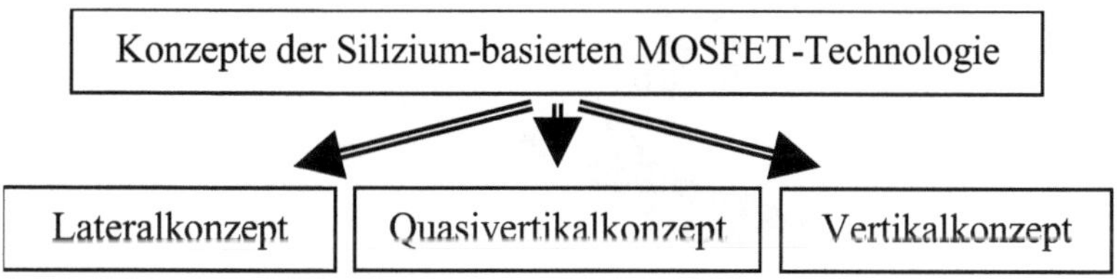

Abb. E.1. Konzepte der Silizium-basierten MOSFET-Technologie

Jedes der drei genannten Konzepte wiederum lässt sich in drei verschiedene Gruppen unterteilen, die mit den möglichen Bauelementgrundtypen korreliert sind (vgl. Abb. E.2.).

Das älteste Konzept ist das Lateralkonzept, das sich direkt aus der Bipolartechnologie in den 1950er und 1960er Jahren nach der „ungewollten" Entdeckung des Bipolartransistors durch *J. Bardeen*, *W. H. Brattain* und *W. B. Shockley* 1947/48 entwickelte [72Shoc, 00LdP, 01BrNb, W^{3}1].[2]

[1] Wenn nicht anders explizit vermerkt ist, sind stets Feldeffekt-gesteuerte MOS-Transistoren (MOSFETs) gemeint, auch wenn allgemein von Transistoren gesprochen wird.

[2] Bardeen, John, amerikanischer Physiker, *23.5.1908 Madison (Wisconsin), †30.1.1991 Boston (Massachusetts); Studium an der Universität Wisconsin, Tätigkeiten an den Universitäten Princeton, Harvard und Minnesota; nach dem Krieg Tätigkeit bei den Bell Labs, danach (1951) an der Universität Illinois [01BrNb].

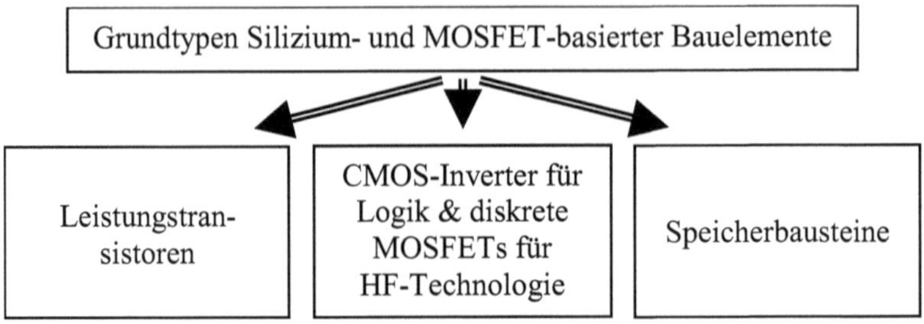

Abb. E.2. Grundtypen von Silizium- und MOSFET-basierten Bauelementen

Die beiden anderen Konzepte entwickelten sich parallel dazu als Alternative in den frühen 1970er Jahren aus Gründen, die später näher beleuchtet werden sollen.

Abb. E.3. Links: Der erste, 1947 durch *W. B. Shockley*, *J. Bardeen* und *W. H. Brattain* entwickelte Bipolartransistor der Welt [W³1]. Rechts: Die drei Forscher (v. l. n. r.: *Shockley*, *Bardeen*, *Brattain*) in ihrem Labor bei den „Bell Telephone Laboratories" – „Bell Labs" (Titelseite der Septemberausgabe von 1948 der Zeitschrift „Electronics")

Brattain, Walter Houser, amerikanischer Physiker, *10.2.1902 Amoy (China), †13.10.1987 Seattle (Washington); Studium an den Universitäten Oregon und Minnesota, ab 1929 Tätigkeit bei den Bell Labs [01BrNb].

Shockley, William Bradford, britisch-amerikanischer Physiker, *13.2.1910 London, †12.8.1989 Palo Alto (Kalifornien); Studium am California Institute of Technology (Caltech) und am Massachusetts Institute of Technology (MIT); ab 1936 Tätigkeit bei den Bell Labs, 1963 Professor an der Universität Stanford in Palo Alto (Kalifornien) und Direktor des Shockley Halbleiter Laboratoriums von Beckman Instruments in Mountain View (Kalifornien) [01BrNb, 00LdP].

Die drei Forscher erhielten 1956 gemeinsam den Nobelpreis für Physik für die Entdeckung des Transistoreffekts, der zur Entwicklung des Germanium-Transistors führte [01BrNb, 00LdP].

Der Unterschied zwischen den drei Konzepten wird deutlich, wenn man die beiden Begriffe *„vertikal"* und *„quasivertikal"* bezogen auf die Silizium-basierte MOSFET-Technologie hinterfragt: Lateralität bzw. Vertikalität eines Transistoraufbaus beziehen sich grundsätzlich sowohl auf die physikalische Anordnung der Transistorgebiete Source, Kanalgebiet und Drain als auch auf die Lage des durch das Transistor-Gate induzierten Elektronen- oder Löcherkanals zwischen Source und Drain, durch den der Strom im eingeschalteten Zustand des MOSFETs fließt. Mit den Abbildungen E.4. und E.5. soll dieser Sachverhalt illustriert werden.

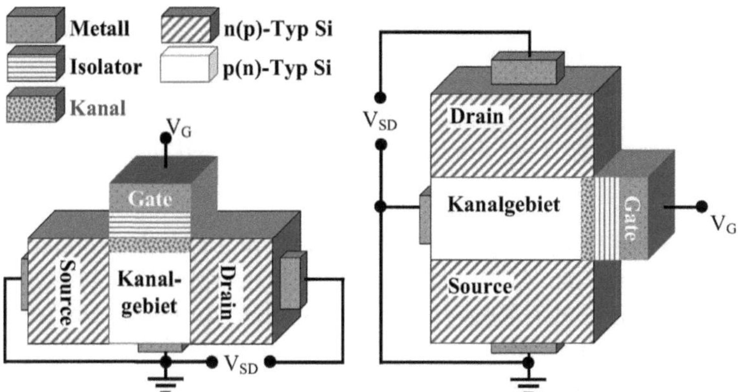

Abb. E.4. Physikalischer Aufbau eines lateralen MOSFETs (links) bzw. vertikalen MOSFETs (rechts); die Lage des Elektronen- bzw. Löcherkanals ist ebenfalls eingezeichnet.

Im Folgenden soll also stets unter einem lateralen Transistoraufbau verstanden werden, dass sowohl die physikalische Anordnung von Source, Kanalgebiet und Drain als auch die Lage des Elektronenkanals lateral sind. Entsprechend soll unter einem vertikalen Aufbau verstanden werden, dass sowohl die physikalische Anordnung von Source, Kanalgebiet und Drain als auch die Lage des Elektronenkanals vertikal sind. Ein quasivertikales Konzept ist dagegen dadurch gekennzeichnet, dass entweder die physikalische Anordnung von Source, Kanalgebiet und Drain und/oder die Lage des Elektronenkanals teilweise vertikal sind oder dass die Struktur des Kanalgebietes des Transistors einen vertikalen Aufbau besitzt und in dieser Form nicht mit lateraler Standardtechnologie (z. B. mittels Ionenimplantation) herstellbar ist. Mit dieser Definition gehören z. B. laterale SiGe-MOSFETs zu den quasivertikalen MOSFET-Konzepten, laterale DMOS-Transistoren mit sog. RESURF-Strukturen dagegen nur bedingt.

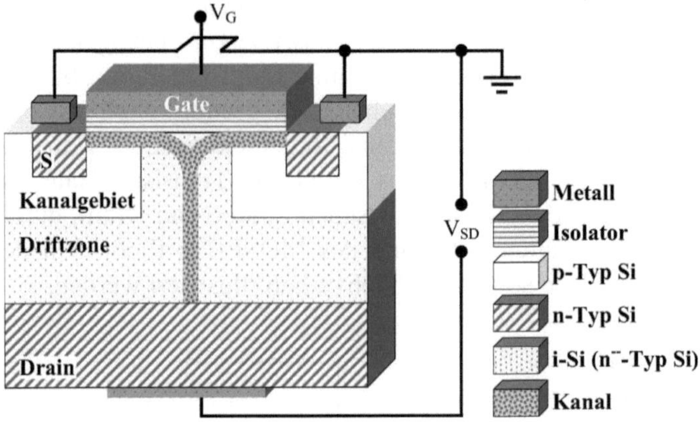

Abb. E.5. Physikalischer Aufbau eines quasivertikalen MOSFETs (einem sog. DMOS-Transistor); die Lage des Elektronen- bzw. Löcherkanals ist ebenfalls eingezeichnet.

Das vorliegende Buch soll sich den Vertikal- und Quasivertikalkonzepten widmen. Anliegen der Arbeit ist es aufzuzeigen, welche konkreten Transistorstrukturen in beiden Konzepten international vorgestellt und diskutiert wurden bzw. noch werden und welche Strukturen sich als echte Alternativen zu entsprechenden lateralen Strukturen erwiesen haben, erweisen werden bzw. erweisen könnten. Die theoretische Orientierung für die Beantwortung dieser Fragestellung ergab sich aus der Analyse und Auswertung der Beiträge der drei wichtigsten Konferenzen zu Bauelement-bezogenen Themen der Welt, der europäischen ESSDERC[3], der US-amerikanischen IEDM[4] und der japanischen SSDM[5].

Im Folgenden soll die inhaltliche Kennzeichnung und die statistische Auswertung dieser Analyse gegeben werden. Die Bibliographie des Buches beinhaltet eine Übersicht aller Konferenzbeiträge, die die Grundlage

---

[3] Die „**E**uropean **S**olid **S**tate **De**vices **R**eseach **C**onference“ wurde zum ersten Mal im März 1971 in München, Deutschland, abgehalten (damals noch unter dem Titel ESDERC: **E**uropean **S**emiconductor **De**vice **R**eseach **C**onference) und findet seitdem jährlich im September in München, Deutschland, oder in einer anderen europäischen Stadt statt.

[4] Das „**I**nternational **E**lectron **D**evices **M**eeting“ wurde zum ersten Mal 1955 abgehalten und findet seitdem jährlich wechselnd im Dezember in Washington, D.C. und in San Francisco oder gelegentlich in einer anderen US-amerikanischen Stadt statt.

[5] Die „International Conference on **S**olid **S**tate **D**evices and **M**aterials“ wurde zum ersten Mal 1969 in Tokyo, Japan, abgehalten und findet seitdem jährlich im August oder September in Tokyo oder in einer anderen japanischen Stadt statt.

der dieser Einleitung zugrunde liegenden Konferenzanalyse bilden. Bezüge zur jeweiligen Konferenz und die Angabe, in welche Konzeptkategorie der individuelle Beitrag eingeordnet wurde, sind ebenfalls enthalten.

E.1 International Electron Devices Meeting (IEDM, USA)

Die IEDM muss als die wichtigste der drei analysierten internationalen Bauelementkonferenzen angesehen werden. Auch wenn auf dieser Konferenz US-amerikanische Arbeitsgruppen traditionell sehr stark vertreten sind, so ist sie dennoch auch zu einem Forum für asiatische und europäische Gruppen, die an Bauelemententwicklungen arbeiten, geworden.

Im Zeitraum der letzten 30 Jahre ist die IEDM eine stark industrieorientierte Konferenz geworden, die neben der Silizium-Technologie (z. B. Lithographie- und Implantationsmethoden [74Dill, 78Broe, 89Nita, 92Endo, 94Subb, 96Okaz], Isolationstechniken [88Dava, 91Aoki] und Methoden zur Herstellung von Gate-Dielektrika [81Saks, 00Byou, 02Choi]) und Silizium-Elektronik auch einen starken Schwerpunkt auf (III/V)-Verbindungshalbleiterelektronik und –technologie setzt. Betonung findet auch die industrielle Fertigung von Einzelhalbleiterbauelementen bzw. die Integration solcher Bauelemente unter industriellen Fertigungsaspekten. Weniger stark gewichtet sind rein grundlagenorientierte Fraugestellungen der Halbleiterfertigung und –elektronik.

Im Zeitraum 1974–2002 (die Konferenzbände des Zeitraums 1955–1973 standen für die statistische Auswertung nicht zur Verfügung) wurden auf der IEDM 6026 Beiträge zu bauelementbezogenen Themen der Mikro- und Nanoelektronik gegeben; *0,84 %* davon waren Beiträge zum Vertikalkonzept, *1,68 %* zum Quasivertikalkonzept der Silizium-basierten MOSFET-Technologie. Abb. E.6. zeigt den Anstieg der Anzahl der Gesamtbeiträge im Zeitraum 1974–2002.

In Abb. E.7. sind die jährlichen prozentualen Anteile von Konferenzbeiträgen zum quasivertikalen Konzept der Silizium-basierten MOSFET-Technologie dargestellt. Die Gesamtzahl der Konferenzbeiträge im jeweils betrachteten Jahr stellt *100 %* dar. Unterteilt wird dabei in Beiträge amerikanischer, asiatischer und europäischer Arbeitsgruppen. Die Abkürzungen in Abb. E.7., die die im jeweiligen Konferenzjahr hauptsächlich diskutierten Transistortypen bezeichnen, haben die folgende Bedeutung:

IG(B)T : Insulated Gate (Bipolar) Transistor bzw. Insulated Gate Thyristor,

DMOS	:	Double-Diffused Metal-Oxid-Semiconductor Field-Effect Transistor,
Power-VMOSFET	:	Quasivertikaler V-Graben Power-MOSFET,
SiGe-MOSFET	:	Lateraler MOS Field-Effect Transistor mit einem vertikal aufgebauten SiGe-Kanalgebiet.
VD-Power-MOSFET	:	Quasivertikaler Vertical-Drain Power-MOSFET

Das quasivertikale SiGe-MOSFET-Konzept, in Abb. E.7. nur kurz mit „SiGe-MOSFET" bezeichnet, umfasst auch das SiGe-SOI-Konzept (SiGe-MOSFET mit Silicon-On-Insulator-Kanalgebiet), das SON-Konzept (MOSFET realisiert mit der Silicon-On-Nothing-Technologie), das MODFET-Konzept (Modulation Doped MOSFET)[6] sowie auf SiGe-MOSFET basierende SRAM-Konzepte (SRAM: Static Random Access Memory). Entsprechend umfasst das quasivertikale DMOS-Konzept auch das CoolMOS-Konzept (DMOS mit Kompensationsstruktur – quasivertikales RESURF-Konzept).

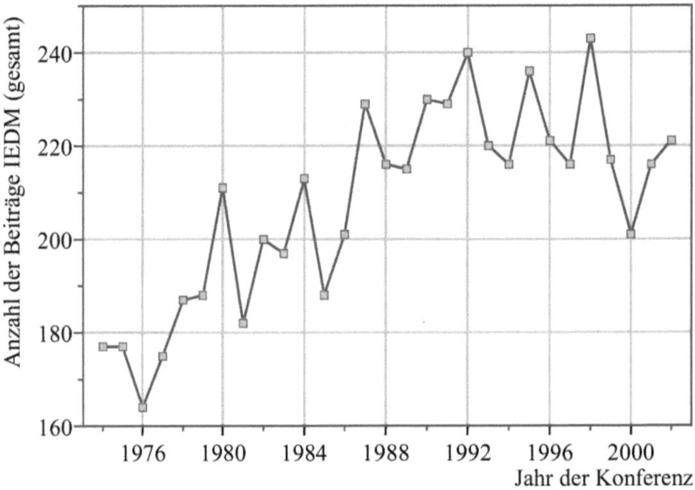

Abb. E.6. Gesamtzahl der Beiträge pro Konferenz (IEDM) im Zeitraum 1974–2002

[6] Wie im zweiten Kapitel des Buches ausführlich dargelegt wird, benötigt man für die Herstellung eines SiGe-MOSFETs eine sogenannte SiGe-Puffertechnologie (dasselbe gilt für MODFET-Strukturen). Konferenzbeiträge, die sich nur mit dieser Technologie ohne konkreten Bezug zum MOS-Bauelement befassen, wurden bei der bibliographischen Auswertung der drei betrachteten Konferenzen nicht berücksichtigt.

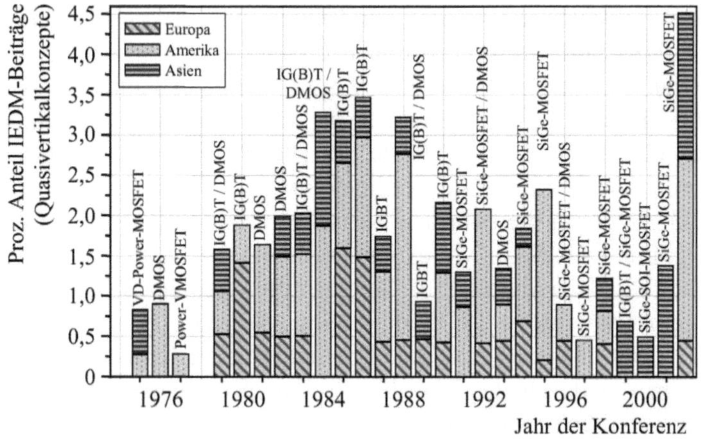

Abb. E.7. Jährlicher prozentualer Anteil von IEDM-Konferenzbeiträgen zum quasivertikalen Konzept asiatischer, amerikanischer und europäischer Forschergruppen mit Angabe des pro Konferenz hauptsächlich diskutierten Konzeptes im Konferenzzeitraum 1974–2002

In Tabelle E.1. sind diese Konzepte der besseren Übersicht halber noch einmal entsprechend der in Abb. E.2. gegebenen Unterteilung zusammengestellt.

Tabelle E.1. Übersicht der diskutierten Quasivertikalkonzepte

Leistungs-MOSFET	MOSFET (Kurzkanal)	Speicherstrukturen
CoolMOS (RESURF)	MODFET	SRAM
DMOS	SiGe-MOSFET	
IG(B)T	SiGe-SOI-MOSFET	
Power-VMOSFET	SON-MOSFET	
VD-Power-MOSFET		

Abb. E.7. verdeutlicht, dass zwei Hauptrichtungen beim quasivertikalen Konzept in den letzten 30 Jahren verfolgt wurden. So wurden zum einen Konzepte für die Leistungselektronik (IG(B)T- und DMOS-Konzepte) und zum anderen Konzepte für Kurzkanal-MOSFETs mit hohen Elektronen- und Löcherbeweglichkeiten (SiGe-MOSFET-Konzepte) für integrierte CMOS-Logikschaltungen bzw. Speicherstrukturen vorgestellt.

Unterstellt man eine Entwicklungszeit für ein neues Bauelementkonzept von zehn Jahren, so lässt sich aus dem Anstieg der Anzahl der Publikationen zum quasivertikalen Konzept Mitte der 1970er Jahre schließen, dass die Entwicklung quasivertikaler Konzepte für die Leistungselektronik Anfang der 1970er Jahre begann und eine Intensivierung der Entwicklung und ihrer Publikation bis Mitte der 1980er Jahre betrieben wurde (Höhepunkt der Anzahl der Publikationen zu diesem Thema 1986). Ende der 1980er Jahre setzte die Entwicklung quasivertikaler Konzepte für Kurzkanal-MOSFETs mit hohen Elektronen- und Löcherbeweglichkeiten ein, welche intensiv bis über die Mitte der 1990er Jahre weiterentwickelt und stetig mit wachsender Rate publiziert wurden. Ermöglicht wurde diese Entwicklung durch die enormen Fortschritte, die in den 1980er Jahren bei der Silizium- bzw. SiGe-Molekularstrahlepitaxie (MBE) hinsichtlich Bauelementqualität der durch MBE hergestellten Silizium- bzw. SiGe-Strukturen gemacht wurden [81Bean, 83Shir, 86Bean, 88Kaspa, 88Kaspb].[7] Mitte der 1980er Jahre setzte eine Entwicklungswelle in der Leistungselektronik ein, die durch die Einführung von „Kompensationsstrukturen“ in Leistungsschaltern gekennzeichnet ist und aktuell immer noch anhält [83Habib, 92Char, 92Efla, 00Part]. In diesem Zusammenhang spricht man auch von RESURF-Konzepten der Leistungselektronik, und es handelt sich dabei um Weiterentwicklungen der IG(B)T-Konzepte. Diese Entwicklung induzierte eine dritte Entwicklungsrichtung des quasivertikalen Konzepts: Quasivertikale (Multi-)RESURF-Konzepte. Als Beispiel sei das CoolMOS-Konzept der Infineon Technologies AG, Deutschland, genannt. In den folgenden Jahren ist hier sicherlich wieder mit einem entsprechenden Anstieg der Anzahl der Publikationen zum quasivertikalen Konzept zu rechnen.

Die Abb. E.8. stellt die jährlichen prozentualen Anteile von Konferenzbeiträgen zum vertikalen Konzept der Silizium-basierten MOSFET-Technologie dar. (Die Gesamtzahl der Konferenzbeiträge im jeweils betrachteten Jahr entspricht wieder *100 %*. Die Unterteilung in Beiträge amerikanischer, asiatischer und europäischer Arbeitsgruppen wird beibehalten.) Die Abkürzungen in Abb. E.8. haben die folgende Bedeutung:

(V)MOSFET	:	Vertikaler (V-Graben) MOSFET,
Power-(V)MOSFET	:	Vertikaler (V-Graben) Power-MOSFET,
PDBFET	:	Vertikaler Planar-Doped Barrier MOSFET
MEM(vT)	:	Memory (Speicherstruktur) aufgebaut mit V-Graben bzw. vertikalen (Auswahl)Transistoren (MOSFETs).

[7] Erstmals wurde der Einsatz der MBE als Methode der Herstellung elektronischer Halbleiterbauelemente Mitte der 1970er Jahre am Beispiel von Bauelementen aus (III/V)-Verbindungshalbleitern diskutiert [75Cho]. Zu diesem Zeitpunkt fand auch eine Intensivierung der Entwicklung die Silizium-MBE statt [76Joyc].

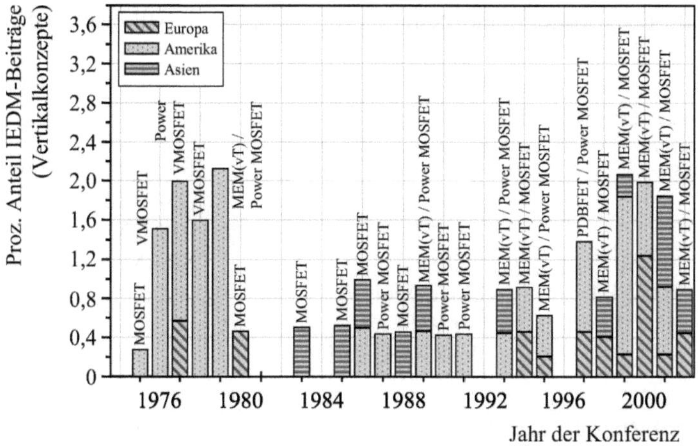

Abb. E.8. Jährlicher prozentualer Anteil von IEDM-Konferenzbeiträgen zum vertikalen Konzept asiatischer, amerikanischer und europäischer Forschergruppen mit Angabe des pro Konferenz hauptsächlich diskutierten Konzeptes im Konferenzzeitraum 1974–2002

Das vertikale (Power-)MOSFET-Konzept, in Abb. E.8. nur kurz als „(Power-)MOSFET" bezeichnet, umfasst die folgenden Vertikalkonzepte:

(Power-)MOSFET	:	Vertikaler (Power-)MOSFET,
(Power-)PDBFET	:	Vertikaler Planar Doped Barrier (Power-)MOSFET,
IG(B)T	:	Vertikaler Insulated Gate Bipolar Transistor,
IGT	:	Vertikaler Insulated Gate Thyristor,
SiGe-MOSFET	:	Vertikaler MOSFET mit einem vertikalen SiGe-Kanalgebiet,
VRG-MOSFET	:	Vertical Replacement Gate MOSFET.

Weiterhin steht die Abkürzung MEM(vT) als Sammelbegriff für die folgenden Speicherstrukturen, die aus V-Graben bzw. vertikalen MOSFETs aufgebaut sind:

(D)RAM	:	(Dynamic) Random Access Memory,
SRAM	:	Static Random Access Memory,
EPROM[8]	:	(Flash) Electronically Programmable Read Only Memory.

[8] Gelegentlich werden EPROM-Konzepte auch unter den Bezeichnungen „Flash-PROM" oder „NVM" (**N**on **V**olatile **M**emory) publiziert.

Tabelle E.2. ordnet entsprechend Abb. E.2. die diskutierten Vertikalkonzepte.

Tabelle E.2. Übersicht der diskutierten Vertikalkonzepte

Leistungs-MOSFET	MOSFET (Kurzkanal)	Speicherstrukturen
IGBT	IC-SOI-MOSFET	(D)RAM
IGT	MOSFET	EPROM
Power-MOSFET	PDBFET	SRAM
Power-PDBFET	SiGe-MOSFET	
Power-VMOSFET	VMOSFET	
	VRG-MOSFET	

„Hauptinitiator“ der Entwicklung vertikaler MOSFET-Konzepte war das Streben nach Überwindung der lange Zeit vorherrschenden Meinung, dass der lateralen optischen Lithographie physikalische Schranken gesetzt sind und dass daher beliebig kleine laterale Strukturen – und damit beliebig kleine laterale MOSFETs – mittels optischer Lithographie nicht herstellbar seien. Als „unerreichbar“ für die optische Lithographie galt der Sub-*100 nm*-Bereich. Prognostiziert wurde damals (Ende der 1970er/Anfang der 1980er Jahre), dass diese technologische Schranke 2050 erreicht werden würde.[9] Kerngedanke vertikaler Konzepte ist die Realisierung der kritischen physikalischen Dimensionen eines Transistors, wie z. B. der Kanalgebietslänge mit zur Lithographie alternativen Methoden wie Ätztechniken oder Abscheideverfahren (z. B. MBE oder CVD).

Entsprechend lassen sich rückblickend auf die letzten 30 Jahre drei Hauptphasen der Entwicklung des vertikalen Konzeptes ausmachen (vgl. erneut Abb. E.8.): Die erste, zeitlich scharf abgrenzbare Phase (1970er Jahre) ist durch sog. „V-Graben“-Vertikalkonzepte gekennzeichnet. Hier diente zur Transistorherstellung die nasschemische anisotrope KOH-Ätztechnik zur Herstellung von V-förmigen Gräben im Silizium-Substrat, die zur Bildung von V-förmigen Kanalgebieten genutzt wurde. Damit wurde zum ersten Mal eine fast senkrechte Führung des Transistorkanals in die Tiefe des Substrates realisiert. Die Länge des Kanalgebietes wurde haupt-

[9] Dieser unvermeidbar scheinende „Crash“ der optischen Lithographie regte parallel zur Entwicklung vertikaler Transistorkonzepte die Suche und Entwicklung neuartiger Lithographietechniken an. Als Beispiele seien die Röntgenstrahllithographie [82Heub, 86Heub], die Elektronen- und die Ionenstrahllithographie [75Pfei, 82Brod, 87Eins] genannt, die zum gegenwärtigen Zeitpunkt verfügbar, aber mit Blick auf die Herstellungskosten elektronischer Schaltungen und den dafür notwendigen Zeitaufwand der optischen Lithographie weit unterlegen sind.

sächlich durch die Ätztiefe bestimmt. Diese Technik wurde sowohl für die Herstellung von Logik- als auch von Leistungstransistoren und für die Realisierung elektronischer Speicher verwendet. Mit der Etablierung insbesondere der MBE als Methode zur Herstellung von Bauelementstrukturen in den 1980er Jahren wurde die „V-Graben"-Technik verdrängt, und es begann die zweite Phase (ca. 1980–1997) in der Entwicklung vertikaler Konzepte, die Entwicklung vertikaler Logik- bzw. Leistungstransistoren.

Ende des letzten/Anfang des neuen Jahrhunderts wurde diese durch die dritte Phase abgelöst, die sich hauptsächlich durch die Realisierung von Speicherstrukturen, basierend auf vertikalen Transistoren, auszeichnet. Neben der Möglichkeit der lithographielosen Realisierung kurzer Transistorkanäle wurde hier hauptsächlich die Möglichkeit der Erhöhung der Speicherpackungsdichte durch den Einsatz vertikaler MOSFETs diskutiert. In den letzten Jahren ist die Anzahl der Publikationen in dieser dritten Phase stetig wieder gesunken. Nimmt man dies als Indiz dafür, dass diese dritte Phase in naher Zukunft beendet sein wird, handelt es sich bei dieser Entwicklungsphase um eine zeitlich sehr scharf begrenzte.

E.2 International Conference on Solid State Devices and Materials (SSDM, Japan)

Im ausgewerteten Zeitraum 1969–2002 wurden auf der SSDM 3591 Beiträge (siehe Abb. E.9.) zu Bauelement-bezogenen Themen der Mikro- und Nanoelektronik geliefert, *0,31 %* davon waren Beiträge zum Vertikalkonzept, *0,64 %* zum Quasivertikalkonzept der Silizium-basierten MOSFET-Technologie. (Die Konferenzbände für die Jahre 1969, 1974, 1979, 1994–1996, 1998, 1999, 2001 und 2002 standen für die statistische Auswertung nicht zur Verfügung.) Abb. E.9. zeigt das dynamische Wachstum dieser Konferenz, die – bezogen auf die Zahl der aktiven Teilnehmer – ab Mitte der 1980er Jahre begann, sowohl die IEDM als auch die ESSDERC zu überflügeln. Neben dem Themenschwerpunkt „Silizium-basierte Technologie und Elektronik" widmet sich die SSDM auch Fragen der (III/V)-Verbindungshalbleitertechnologie und –elektronik. Besonders in den ersten 15 Jahren der Konferenz bildeten (hauptsächlich japanische) Beiträge zur Silizium-, SiGe- und zur (III/V)-MBE [83Shir, 89Mura] sowie zum Reinigungsaspekt von Silizium-Substraten [98Hatt] einen quantitativ starken Themenschwerpunkt. Diese eher grundlagenorientierte Ausrichtung der Konferenz wandelte sich in den letzten Jahren durch eine zunehmende Internationalisierung zu einer stärker industrieorientierten Konferenzausrichtung.

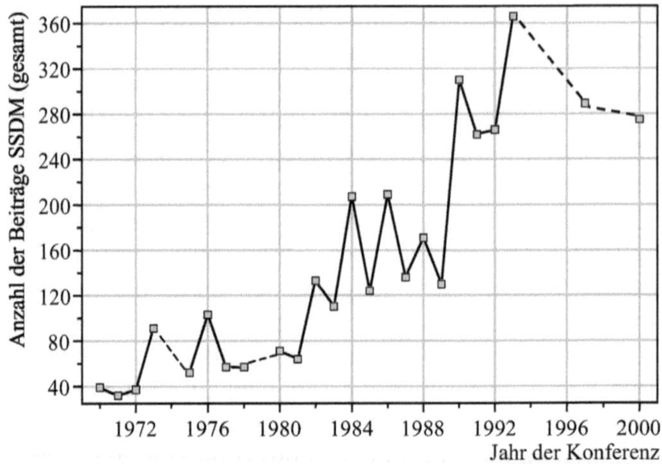

Abb. E.9. Gesamtzahl der Beiträge pro Konferenz (SSDM) im Zeitraum 1969–2002

Grundlagenorientierte Themen blieben jedoch stets Gegenstand der Diskussionen, und japanische Beiträge dominierten weiterhin.

In der folgenden Abb. E.10. sind die jährlichen prozentualen Anteile von Konferenzbeiträgen zum quasivertikalen Konzept, in Abb. E.11. zum vertikalen Konzept der Silizium-basierten MOSFET-Technologie dargestellt. (*100 %* entspricht der Gesamtzahl der Konferenzbeiträge im jeweils betrachteten Jahr. Das Ordnen der Beiträge unter geographischem Aspekt wird beibehalten.) Die neuen Abkürzungen in den Abbildungen E.10. und E.11. haben die folgende Bedeutung:

ALD-MOSFET	:	Quasivertikaler Atomic-Layer-Doped MOSFET,
BG-MOSFET	:	Quasivertikaler Buried-Gate MOSFET,
IC-SOI-MOSFET	:	Vertikaler Intrinsic Channel MOSFET mit SOI-Kanalgebiet,
TMOSFET	:	Vertikaler MOSFET mit Gate-gesteuertem Tunnelübergang,
VIGAT	:	V-Graben Injection Gate Avalanche Transistor.

In den Tabellen E.3. und E.4., die die Fortsetzung der Tabellen E.1. und E.2. darstellen, sind diese neu hinzugekommenen Konzepte entsprechend der in Abb. E.2. gegebenen Unterteilung eingeordnet. Die deutliche Betonung der Beiträge im Zeitraum 1970–1982 in den Graphen ist auf die Tatsache zurückzuführen, dass zu diesem Zeitpunkt die Konferenzteilnehmerzahl noch relativ gering war und somit ein einziger Beitrag prozentual deutlich mehr Gewicht erlangte. (so wurde z. B. im Jahre 1973 lediglich nur ein Beitrag zum Vertikalkonzept gegeben).

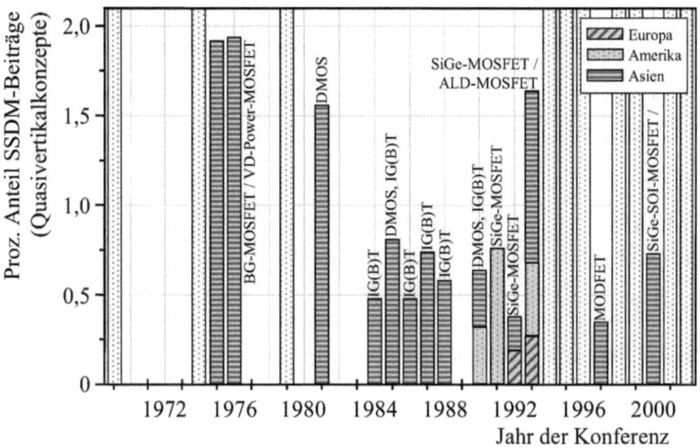

Abb. E.10. Jährlicher prozentualer Anteil von SSDM-Konferenzbeiträgen zum quasivertikalen Konzept asiatischer, amerikanischer und europäischer Forschergruppen mit Angabe des pro Konferenz hauptsächlich diskutierten Konzeptes im Konferenzzeitraum 1969–2002 (Konferenzmaterial stand für die weiß-gepunktet markierten Jahre nicht zur Verfügung.)

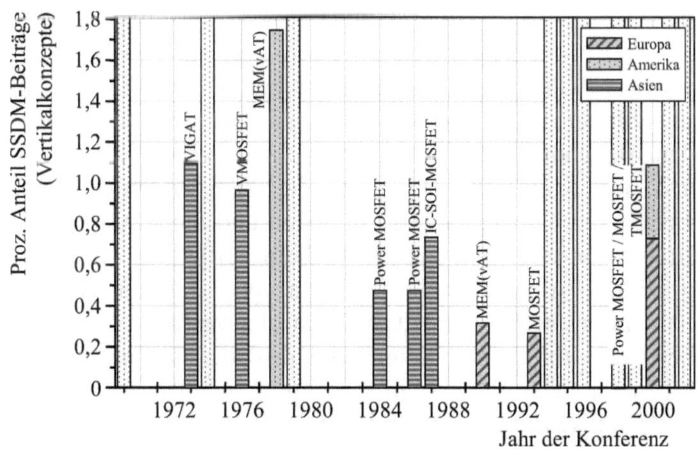

Abb. E.11. Jährlicher prozentualer Anteil von SSDM-Konferenzbeiträgen zum vertikalen Konzept asiatischer, amerikanischer und europäischer Forschergruppen mit Angabe des pro Konferenz hauptsächlich diskutierten Konzeptes im Konferenzzeitraum 1969–2002 (Konferenzmaterial stand für die weiß-gepunktet markierten Jahre nicht zur Verfügung.)

Im Vergleich zur IEDM lassen sich aus der alleinigen statistischen Analyse der SSDM-Beiträge nur bedingt Rückschlüsse auf die zeitliche Entwicklung von Bauelementkonzepten ziehen.

Tabelle E.3. Übersicht der diskutierten Quasivertikalkonzepte

Leistungs-MOSFET	MOSFET (Kurzkanal)	Speicherstrukturen
CoolMOS (RESURF)	ALD-MOSFET	SRAM
DMOS	BG-MOSFET	
IG(B)T	MODFET	
Power-VMOSFET	SiGe-MOSFET	
VD-Power-MOSFET	SiGe-SOI-MOSFET	
	SON-MOSFET	

Tabelle E.4. Übersicht der diskutierten Vertikalkonzepte

Leistungs-MOSFET	MOSFET (Kurzkanal)	Speicherstrukturen
IGBT	IC-SOI-MOSFET	(D)RAM
IGT	MOSFET	EPROM
Power-MOSFET	PDBFET	SRAM
Power-PDBFET	SiGe-MOSFET	
Power-VMOSFET	TMOSFET	
	VIGAT	
	VMOSFET	
	VRG-MOSFET	

Es lassen sich dennoch in Kombination mit der IEDM-Analyse zwei Aussagen ableiten: Zum einen wurden auf der SSDM in regelmäßigen Abständen Bauelementkonzepte sowohl zum vertikalen als auch zum quasivertikalen Konzept vorgestellt, die sich mitunter deutlich von konventionelleren Konzepten unterschieden und die so nur auf der SSDM diskutiert wurden oder erst mit deutlichem zeitlichem Versatz auf einer späteren IEDM. Als Beispiele für Konzepte, die nur auf der SSDM diskutiert wurden, wären der VIGAT oder der vertikale IC-SOI-MOSFET zu nennen. Der auf dem quantenmechanischen Tunneleffekt beruhende TMOSFET ist als Beispiel für ein Konzept zu nennen, welches schon früh auf der SSDM diskutiert wurde und erst deutlich später auf der IEDM.

Im Hinblick auf originäre Alternativkonzepte ist der SSDM eine Sonderstellung unter den drei betrachteten Konferenzen einzuräumen. Diese Sonderstellung gründet darauf, dass, wie bereits erwähnt, der Grundlagenforschung hier ein deutlich größerer Stellenwert eingeräumt wird als z. B. auf der IEDM.

Gerade aber mit Blick auf zukünftige Technologiegenerationen werden Erkenntnisse aus dem Bereich der Grundlagenforschung unabdingbar sein.

Bedenkt man, dass die größten gegenwärtigen Probleme bei der Realisierung konventioneller lateraler MOSFETs aus der Unterdrückung parasitärer Tunneleffekte erwachsen, die mit stetig sinkenden Strukturgrößen exponentiell zunehmen, wird sich zwangsläufig die Frage stellen, ob eine Technologie, basierend auf quantenmechanischen Bauelementen, deren Funktionalität z. B. gerade auf Tunneleffekten beruhen, nicht die einzig bleibende Alternative ist. Der auf der SSDM erstmals vorgestellte TMOSFET könnte hier eventuell richtungsweisend sein.

Zum anderen ist erkennbar, dass mit der zunehmenden Internationalisierung der SSDM ab Anfang/Mitte der 1980er Jahre auch auf der SSDM dieselben Vertikal- bzw. Quasivertikalkonzepte diskutiert wurden, die bereits durch die IEDM bekannt wurden. Allerdings ist hier erneut ein Zeitversatz – nur in umgekehrter Richtung – zu erkennen: Beiträge bzw. Konzepte, die zuvor auf der IEDM diskutiert wurden, wurden mitunter von denselben Gruppen erneut auf einer späteren SSDM diskutiert.

E.3 European Solid State Devices Research Conference (ESSDERC, Europa)

Die ESSDERC ist als die „Europäische IEDM“ zu betrachten. Sowohl hinsichtlich Teilnehmerzahl als auch Konferenzorientierung (industrieorientiert) ähneln sich beide Konferenzen sehr. Auch die ESSDERC setzt einen starken Themenschwerpunkt auf die Silizium-Technologie (Lithographie, Ionenimplantation, Isolationstechniken, Charakterisierung und Methoden zur Herstellung von Gate-Dielektrika [82Demo, 86Henz, 02Schw]) und –elektronik sowie einen Schwerpunkt auf (III/V)-Verbindungshalbleiterelektronik und –technologie. Starke Betonung findet auch hier die industrielle Fertigung von Einzelhalbleiterbauelementen bzw. die Integration solcher Bauelemente unter industriellen Fertigungsaspekten. Ein weniger großes Gewicht wird auf rein grundlagenorientierte Fraugestellungen gelegt. Im ausgewerteten Zeitraum 1971–2002 wurden auf der ESSDERC ca. 3150 Beiträge (siehe Abb. E.12.) zu bauelementbezogenen Themen der Mikro- und Nanoelektronik diskutiert, *0,46 %* davon waren Beiträge zum Vertikalkonzept, *1,22 %* zum Quasivertikalkonzept der Silizium-basierten MOSFET-Technologie.[10]

---

[10] Die statistische Analyse der ESSDERC-Beiträge wird dadurch erschwert, dass erst ab 1982 sowohl die eingeladenen als auch die regulären Konferenzbeiträge veröffentlicht wurden. Davor wurden nur die eingeladenen Vorträge publiziert, und nur gelegentlich wurde eine Titelliste der regulären Beiträge beigefügt. Daher können für einige Jahre die Gesamtzahl der Beiträge nicht ermittelt werden.

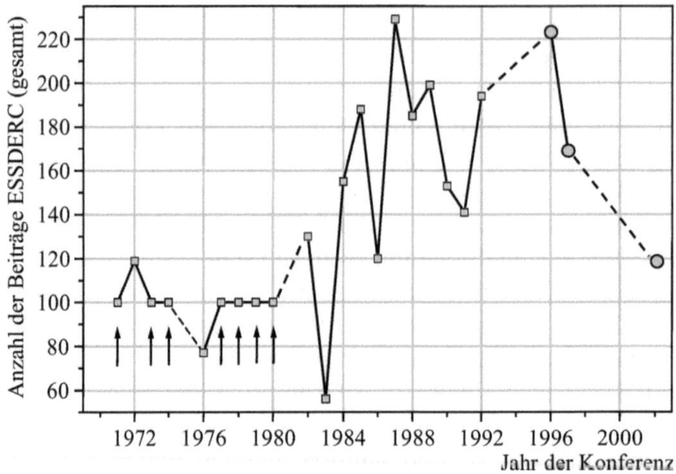

Abb. E.12. Gesamtzahl der Beiträge pro Konferenz im Zeitraum 1971–2002[11]

Die Konferenzbände für die Jahre 1975, 1981, 1993–1995, 1998–2001 standen für die statistische Auswertung nicht zur Verfügung.

In Abb. E.13. sind die jährlichen prozentualen Anteile von Konferenzbeiträgen zum quasivertikalen Konzept, in Abb. E.14. zum vertikalen Konzept der Silizium-basierten MOSFET-Technologie dargestellt. (*100 %* entspricht der Gesamtzahl der Konferenzbeiträge im jeweils betrachteten Jahr, das Ordnen der Beiträge unter geographischem Aspekt wird wieder beibehalten.) Bezogen auf quasivertikale Konzepte ist erkennbar, dass auf der ESSDERC hauptsächlich das DMOS-Konzept diskutiert wurde. In den Jahre 1976–1992 gab es hierzu regelmäßig Publikationen. Die Gesamtzahl der ESSDERC-Publikationen zu diesem Thema liegt aber deutlich unter der Gesamtzahl der IEDM-Publikationen zum selben Thema. Der Grund hierfür ist in der Tatsache zu finden, dass die ESSDERC stark durch europäische Gruppen dominiert wird, die zusätzlich ihre Ergebnisse auch auf der IEDM vorstellen. Und besonders der Anteil US-amerikanischer Gruppen, die auf der IEDM zu quasivertikalen Konzepten vortrugen, publizieren eher selten ihre Ergebnisse auf der ESSDERC.

Um trotzdem auch für diese Jahre die prozentualen Anteile der Beiträge zum Vertikal- bzw. Quasivertikalkonzept angeben zu können, wird die Gesamtanzahl der Beiträge willkürlich auf 100 gesetzt. In Abb. E.16. sind diese Jahre durch Pfeile markiert.

[11] Die mit einem Kreis markierten Datenpunkte kennzeichnen die Konferenzjahre der ESSDERC, zu denen Konferenzmaterial aus dem Internet bezogen wurde. In der Bibliographie der vorliegenden Arbeit sind die entsprechenden Quellen aus diesen Jahren mit einem vorangestellten „WWW“ gekennzeichnet.

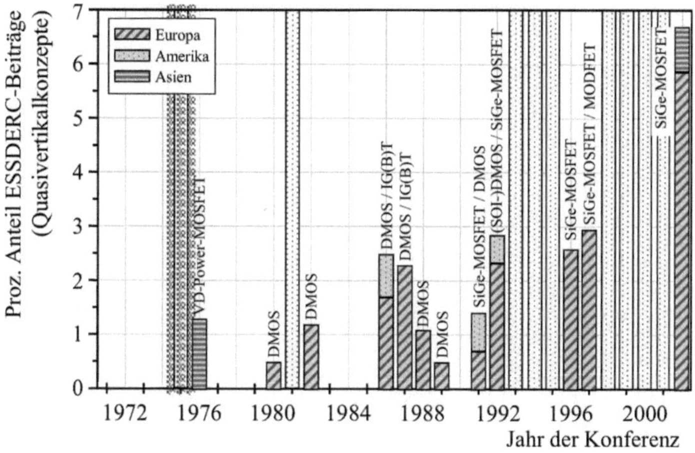

Abb. E.13. Jährlicher prozentualer Anteil von ESSDERC-Konferenzbeiträgen zum quasivertikalen Konzept asiatischer, amerikanischer und europäischer Forschergruppen mit Angabe des pro Konferenz hauptsächlich diskutierten Konzeptes im Konferenzzeitraum 1971–2002 (Konferenzmaterial stand für die grau markierten Jahre nicht zur Verfügung.)

Anfang der 1990er Jahre verschob sich das Augenmerk bei quasivertikalen Konzepten zu SiGe-MOSFETs. Hier ist derselbe Trend zu beobachten, der auch schon bei Publikationen zu SiGe-MOSFETs der IEDM beobachtet wurde. Auch für die Konferenzentwicklung der ESSDERC gab es eine zeitlich scharf begrenzte Phase, in der sich intensiv mit „V-Graben"-Konzepten beschäftigt wurde (1975–1983). Zeitlich gesehen ist diese identisch mit der entsprechenden Phase, die bei der IEDM beobachtet wurde. Die Entwicklungen im Bereich der vertikalen Transistorkonzepte für Logikanwendungen werden durch die ESSDERC weniger stark widergespiegelt. Auffällig ist allerdings, dass auf der ESSDERC Vertikal- bzw. Quasivertikalkonzepte in Verbindung mit SOI-Technologie vorgestellt wurden. So wurde z. B. erstmalig die Erweiterung des DMOS- bzw. des (V)MOSFET-Konzeptes auf das entsprechende SOI-DMOS-, bzw. SOI-(V)MOSFET-Konzept diskutiert (vgl. dazu die folgenden Tabellen E.5. und E.6.).

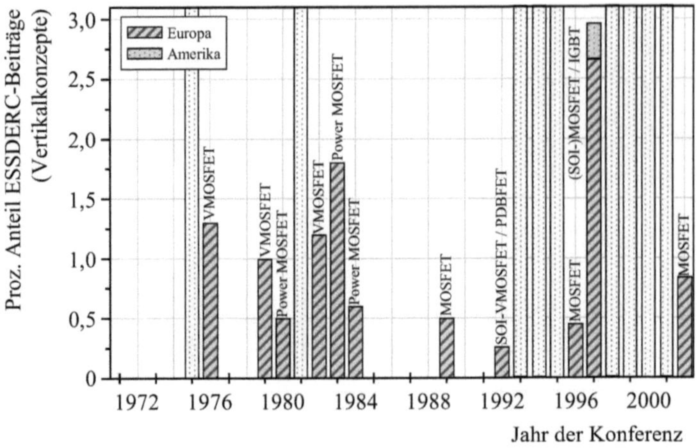

Abb. E.14. Jährlicher prozentualer Anteil von ESSDERC-Konferenzbeiträgen zum vertikalen Konzept asiatischer, amerikanischer und europäischer Forschergruppen mit Angabe des pro Konferenz hauptsächlich diskutierten Konzeptes im Konferenzzeitraum 1971–2002 (Konferenzmaterial stand für die grau markierten Jahre nicht zur Verfügung.)

Tabelle E.5. Gesamtübersicht der diskutierten Quasivertikalkonzepte

Leistungs-MOSFET	MOSFET (Kurzkanal)	Speicherstrukturen
CoolMOS (RESURF)	ALD-MOSFET	SRAM
DMOS	BG-MOSFET	
IG(B)T	MODFET	
Power-VMOSFET	SiGe-MOSFET	
SOI-DMOS	SiGe-SOI-MOSFET	
VD Power-MOSFET	SON-MOSFET	

Tabelle E.6. Gesamtübersicht der diskutierten Vertikalkonzepte

Leistungs-MOSFET	MOSFET (Kurzkanal)	Speicherstrukturen
IGBT	IC-SOI-MOSFET	(D)RAM
IGT	MOSFET	EPROM
Power-MOSFET	PDBFET	SRAM
Power-PDBFET	TMOSFET	
Power-VMOSFET	SiGe-MOSFET	
	SOI-MOSFET	
	SOI-VMOSFET	
	VIGAT	
	VMOSFET	
	VRG-MOSFET	

E.4 Statistische Zusammenfassung

Zusammenfassend kann gesagt werden, dass bezogen auf das Vertikal- und das Quasivertikalkonzept der Silizium-basierten MOSFET-Technologie die IEDM das bedeutendste internationale Forum darstellt, auf dem sowohl amerikanische als auch asiatische und europäische Gruppen gleichermaßen stark vertreten sind.

Bei der SSDM handelt es sich um eine hauptsächlich japanisch geprägte, bei der ESSDERC um eine hauptsächlich europäisch geprägte Konferenz. Beide liefern in erster Linie ein Abbild der Arbeiten japanischer bzw. europäischer Gruppen zum Vertikal- und Quasivertikalkonzept der Silizium-basierten MOSFET-Technologie, die sich zum Großteil auf der IEDM wiederfinden.

Folgende Kreisdiagramme (Abb. E.15.) zeigen, welche Nationen weltweit am Quasivertikalkonzept arbeiteten bzw. arbeiten. Abbildung E.16 veranschaulicht dies für das Vertikalkonzept.

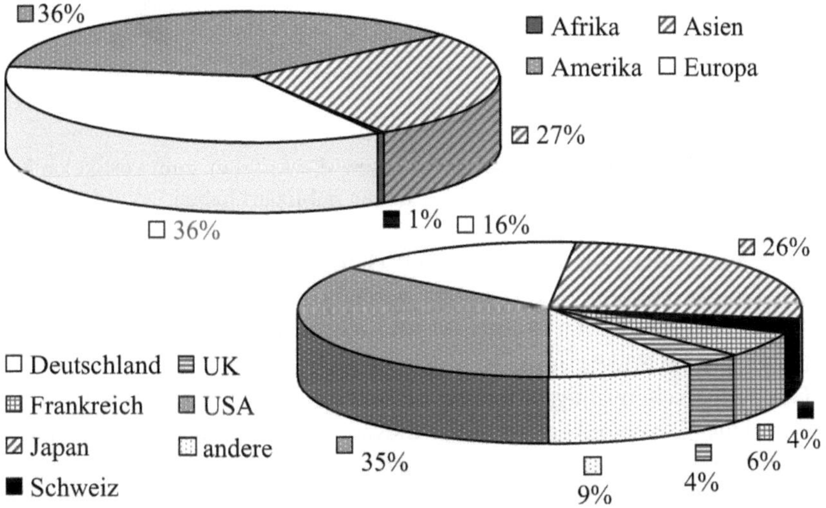

Abb. E.15. Statistische Übersicht der Nationen, die Arbeiten zum quasivertikalen Konzept in den letzten 30 Jahren publiziert haben[12]

---

[12] Anmerkung zur statistischen Erhebung: Sehr oft teilen sich mehrere verschiedene Gruppen aus mit unter verschiedenen Ländern die Autorenschaft einer Publikation. Um den prozentualen Gesamtanteil eines Kontinentes, eines Landes bzw. einer Gruppe am Vertikal- bzw. Quasivertikalkonzept ermitteln zu können, wurde die Autorenschaft paritätisch verteilt. Z. B. liefert eine gemeinsame Publikation der Gruppen UniBw M, Infineon und TU Wien die folgenden stati-

Neben Deutschland, Frankreich, Großbritannien (UK), Japan, der Schweiz und den USA gab es Publikationen zum Quasivertikalkonzept aus Ägypten, Belgien, Italien, Kanada, den Niederlanden, Österreich, Schweden, Spanien und Süd-Korea.

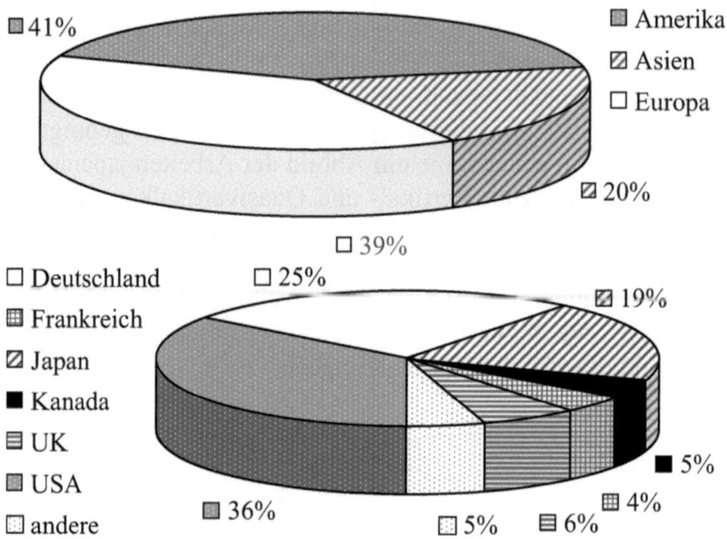

Abb. E.16. Statistische Übersicht der Nationen, die Arbeiten zum vertikalen Konzept in den letzten 30 Jahren publiziert haben

Zum Vertikalkonzept gab es neben Beiträgen aus Deutschland, Frankreich, Großbritannien (UK), Japan, Kanada und den USA Beiträge aus Belgien, Österreich, der Schweiz, Süd-Korea und der früheren UdSSR (jetzt Russische Föderation).

Die statistischen Diagramme in den Abbildungen E.17. und E.18. zeigen, welche Forschergruppen hinter diesen Arbeiten standen bzw. stehen – ausgewählt wurden jene Gruppen, deren Anteil *3 %* und größer betrug. Die in diesen Diagrammen benutzte Abkürzung „U/FI“ steht für „Universitäten und Forschungsinstitute“. Als Forschungsinstitute wurden z. B. Institute der deutschen Fraunhofer-Gesellschaft (FhG) oder Forschungseinrichtungen der US-Marine wie das Naval Weapon Support Center angesehen.[13]

stischen Daten: Europa 1, Deutschland $\frac{2}{3}$, Österreich: $\frac{1}{3}$, UniBw M: $\frac{1}{3}$, Infineon: $\frac{1}{3}$, TU Wien: $\frac{1}{3}$.

[13] Zum quasivertikalen Konzept haben außerdem die folgenden Forschergruppen publiziert:

Industrie: AEG (Deutschland), France Telecom (Frankreich), Fuji (Japan), Gen. Electric, Hewlett-Packard (beide USA), Hitachi (Japan), IBM (USA), Int. Rectifier Corp., Intel (beide USA), Japan Broadcasting Corp., Kokusai Electric Corp., Matsushita (alle Japan), Mietec Alcatel (Belgien), Motorola (Frankreich/USA), NEC, Oki Electric Industry Corp. (beide Japan), Philips, USA/UK/Niederlande), Portland Technical Division, QRE, RCA (alle USA), Samsung (Korea), Sharp (Japan), Siemens/Infineon Technol. (Deutschland), STM (Frankreich), Sumitomo Metal Mining Corp. (Japan), TCAD, Tektronix, The Aerospace Corp. (alle USA), Toshiba (Japan),
U/FI: ABB Corp. Research Center, Alabama Microelectronics Sci. & Technol. Center (beide USA), BBC (Schweiz), Bell Labs (USA), CNM, CSIC-UAB (beide Spanien), CSEM (Schweiz), Daimler-Benz Res. Center/Daimler-Chrysler Res. Center (Deutschland), David Sarnoff Res. Center (USA), ETH Zürich (Schweiz), FhI für Mikroel. Schaltungen und Systeme Duisburg/Dresden (Deutschland), IEF (Frankreich), IMEC (Belgien), Inst. für Mikroelektronik Stuttgart (Deutschland), IRC Imperial College (UK), ISE (Schweiz), LAAS-CNRS, LEAME, LETI (alle Frankreich), Los Alamos National Lab., MIT (beide USA), National Inst. of Advanced Industrial Sci. & Technol. (Japan), National Res. Council (Kanada), Naval Weapon Support Center, Navy NCCOSC RTD&E Division, NCSU, NYSU, Rensselaer Polytech. Inst. NY (alle USA), Royal Inst. of Technol. (Schweden), Swiss Federal Inst. of Technol. (Schweiz), TU Darmstadt (Deutschland), TU Delft (Niederlande), TU Wien (Österreich), TUM (Deutschland), U Auburn (USA), U Bologna (Italien), U Bordeaux I (Frankreich), U Bremen (Deutschland), U Cairo (Ägypten), U Chalmers (Schweden), U d'Orsay Paris-Sud (Frankreich), U Duisburg, U Frankfurt/Main (beide Deutschland), U Glasgow (UK), U Granada (Spanien), U Lille (Frankreich), U Newcastle (UK), U Osaka (Japan), U Parma (Italien), U Princeton (USA), U Sheffield (UK), U Shimane (Japan), U Southampton (UK), U Stanford, U Texas (beide USA), U Tohoku, U Tokyo (beide Japan), U Toronto (Kanada), U Uppsala (Schweden), U Warwick (UK), UCLA (USA), UniBw M (Deutschland).
Zum vertikalen Konzept haben die folgenden Forschungsgruppen gearbeitet:
Industrie: American Microsystems, ASM America, (beide USA), GEC Plessey Semicon. (UK), Gen. Electrics, IBM, Lucent Technol. bzw. Agere Systems (alle USA), Matsushita, Mitsubishi (beide Japan), Motorola (USA), NTT (Japan), Philips (USA), RTC (Frankreich), Samsung (Korea), Sharp (Japan), Siemens/Infineon Technol. (Deutschland), Siliconix-Temic, Siltronix (beide USA), STM (Frankreich), Tektronix (USA), Toshiba (Japan),
U/FI: Bell Labs (USA), Electronical Lab. Tanashi (Japan), Inst. für Halbleitertechnik Frankfurt/Oder (Deutschland), Inst. of Microelec. (ehemalige UdSSR, jetzt Russische Föderation), ISI-Forschungszentrum Jülich (Deutschland), LAAS-CNRS (Frankreich), National Inst. of Andvanced Industrial Sci. & Technol. (Japan), Royal Signals & Radar Establishment (UK), Ruhr-U Bochum (Deutschland), Tokyo Inst. of Technol. (Japan), TU Wien (Österreich), TUM (Deutschland), U Cambridge (UK), U Carleton (Kanada), U Edinburgh (UK),

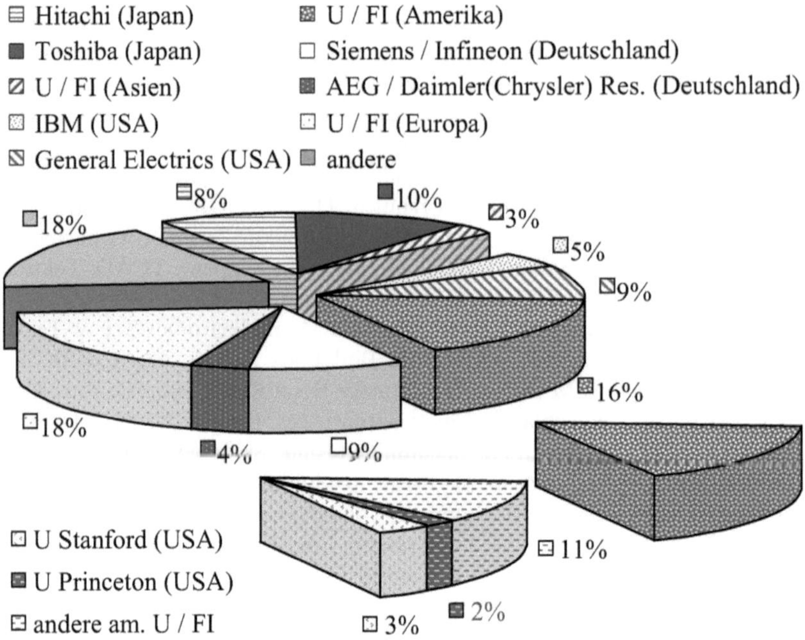

Abb. E.17. Statistische Übersicht der Forschergruppen weltweit, die Arbeiten zum quasivertikalen Konzept in den letzten 30 Jahren publiziert haben

Die Tabellen E.7. und E.8. geben eine zusammenfassende Übersicht der einzelnen Quasivertikal- und Vertikalkonzepte hinsichtlich Erscheinungsjahr und –ort (Konferenz), die im betrachteten Zeitraum der wissenschaftlichen Öffentlichkeit vorgestellt wurden.

Ziel dieses Buches soll es sein, alle in den Tabellen E.7. und E.8. zusammengefassten vertikalen und quasivertikalen Bauelementkonzepte vorzustellen und zu diskutieren und dabei neue, bisher nicht oder anderweitig publizierte Konzepte – sofern der Autor Kenntnis von ihnen erlangt hat – mit einzubeziehen. Die Zusammenstellung in diesen Tabellen lässt es sinnvoll erscheinen, das Buch in drei Hauptthemenbereiche zu untergliedern und zwar in: (1) Vertikale und quasivertikale Bauelementkonzepte für Silizium-basierte Logikschaltungen und für die Silizium-basierte Hochfrequenz-Technologie, (2) Silizium-Speicherstrukturen basierend auf vertikalen bzw. quasivertikalen (Auswahl)Transistoren und (3) vertikale und quasivertikale Bauelementkonzepte der Silizium-basierten Leistungselektronik.

U Leuven (Belgien), U Liverpool, U Newcastle, U Southampton (alle UK), U Stanford, U Texas (beide USA), U Tohoku, U Tokyo (beide Japan), U Toronto (Kanada), U Warwick (UK), UCLA (USA), UniBw M (Deutschland).

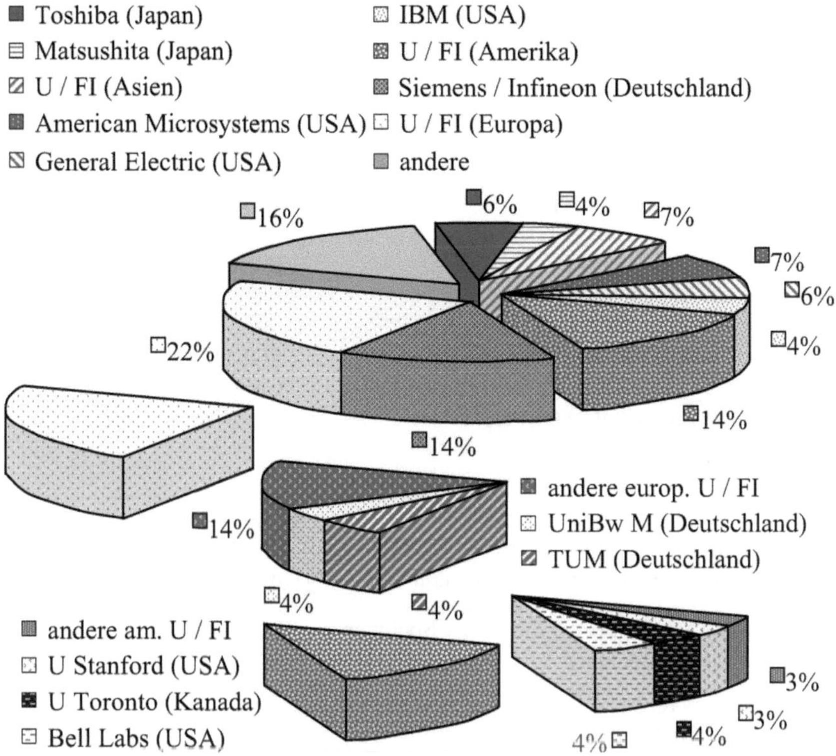

Abb. E.18. Statistische Übersicht der Forschergruppen weltweit, die Arbeiten zum vertikalen Konzept in den letzten 30 Jahren publiziert haben (Unter „Bell Labs" wurden auch Arbeiten von Lucent Technologies und Agere Systems gezählt.)

Die abschließende Bewertung der diskutierten Konzepte soll dabei eine Antwort auf die zentrale Fragestellung dieser Arbeit nach dem Stellenwert quasivertikaler bzw. vertikaler Bauelementkonzepte im Vergleich zum lateralen Standardkonzept in der Silizium-basierten MOSFET-Technologie geben.[14]

---

[14] Die in diesem Buch angestellten Betrachtungen bzw. bereitgestellten Informationen und Daten setzen die Kenntnis der allgemeine Funktionsweise von CMOS-Logikschaltungen, Hochfrequenzschaltern, elektronischen Speicherelementen und Leistungsschaltern voraus, um den strukturellen Aufbau und die Funktionsweise der diskutierten Bauelemente schnell und leicht erfassen zu können. Es ist die Meinung des Autors, dass es dafür auch unerlässlich ist, die halbleiterelektronischen Grundstrukturen: *p(i)n-Übergang*, *MOS-Kapazität* und *Schottky-Kontakt*, aus denen jedes Silizium-basierte MOS-Bauelement zusammengesetzt ist, in ihrem physikalischen und elektrischen Verhalten zu verstehen. Da es den Rahmen des vorliegenden Buches sprengen würde, diese ge-

Tabelle E.7. Übersicht der einzelnen Quasivertikalkonzepte der Si-basierten MOSFET-Technologie bezogen auf Erscheinungsjahr und –ort (Konferenz)

Konferenz-jahr	MOSFET (Kurzkanal)	Speicher-strukturen	Leistungs-MOSFET
1975			VD-Power-MOSFET[2]
1976	BG-MOSFET[2]		DMOS[1]
1977			DM-Power-VMOSFET[1]
1979			IG(B)T[1]
1985	MODFET[1]		
1990	SiGe-MOSFET[1]		
1992	ALD-MOSFET[3]		SOI-DMOS[3]
1998			CoolMOS[1]
2000	SiGe-SOI-MOSFET[1, 2]		
2001	SON-MOSFET[1]		
2002		SRAM[1]	

Tabelle E.8. Übersicht der einzelnen Vertikalkonzepte der Si-basierten MOSFET-Technologie bezogen auf Erscheinungsjahr und –ort (Konferenz)

Konferenz-jahr	MOSFET (Kurzkanal)	Speicher-strukturen	Leistungs-MOSFET
1973	VIGAT[2]		
1975	MOSFET[1]		
1976	VMOSFET[1]		
1977		RAM[1]	Power-VMOSFET[1]
1978		EPROM[2]	
1979		SRAM[1]	Power-MOSFET[1]
1987	IC-SOI-MOSFET[2]		
1989		DRAM[1]	IGT[1]
1990			
1992	SOI-VMOSFET[3]		
1993			IGBT[1]
1997	SOI-MOSFET[3]		
	PDBFET[1]		
1999	VRG-MOSFET[1]		
	SiGe-MOSFET[1]		
2000	TMOSFET[2]		Power-PDBFET[1]

Konferenz: 1 = IEDM, 2 = SSDM, 3 = ESSDERC

---

nannten Grundlagen eingehend zu erklären, sei an dieser Stelle auf ein Studium entsprechender Fachliteratur verwiesen. Dem Autor scheinen in diesem Zusammenhang empfehlenswert: [81Sze, 85Sze, 91Kitt, 02Ng, 03Hoff].

1 Logik- und Speicherstrukturen und prinzipielles MOSFET-Verhalten

Im nachfolgenden Kapitel sollen die Grundtypen von Bauelementen, die in der gegenwärtigen MOSFET-Technologie hergestellt werden, analysiert und ihre Funktionsweise gegenübergestellt werden. Als Ergebnis dieser Analyse werden eine (relativ) exakte Verhaltensbeschreibung und die Definition von Kenndaten eines MOSFETs formuliert.

Ausgangspunkt der Betrachtungen bildet die bereits vorgestellte Dreiteilung dieser Grundtypen in: 1) CMOS-Inverter für Logik und diskrete MOSFETs für HF-Technologie, 2) Speicherbausteine und 3) Leistungstransistoren (vgl. erneut Abb. E.2.)

1.1 Der CMOS-Inverter für Logikschaltungen

1.1.1 NMOS- und PMOS-Inverterstrukturen

Das Grundelement einer jeden elektronischen Logikschaltung, die auf der Booleschen Logik und Algebra beruht, ist der Inverter. Die einfachste Realisierung eines Inverters ist die Serienschaltung eines N(P)MOSFETs mit einem ohmschen Lastwiderstand R_L. Im linken Bild der Abb. 1.1. ist das Ersatzschaltbild einer solche Inverterstruktur mit einem NMOSFET (NMOS-Inverter) dargestellt.

Die Funktionsweise eines solchen Inverters lässt sich in den Grundzügen folgendermaßen erklären: Befindet sich der NMOSFET im ausgeschalteten Zustand, das bedeutet, am Transistor-Gate, dem „Eingang“ der Inverterstruktur, liegt die definierte Spannung $V_{IN} = GND$ an, dann stellt der Transistor einen sehr hochohmigen Widerstand R_T ($R_T \cong \infty >> R_L$) dar, was dazu führt, dass am „Ausgang“ der Inverterstruktur das Spannungssignal des festen Versorgungsspannung $V_{OUT} = V_{CC}$ (z. B. $V_{OUT} = +5\ V$) anliegt.

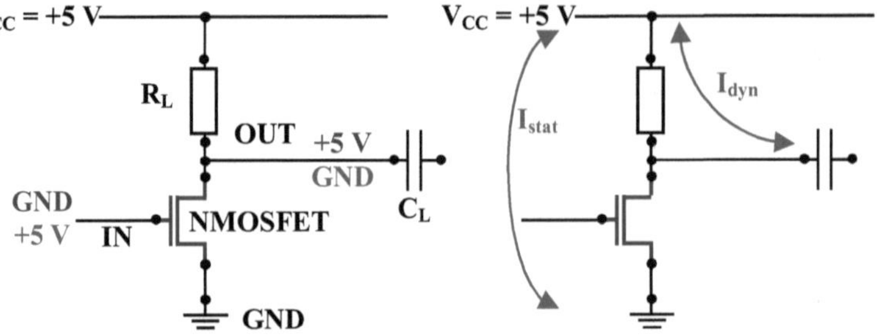

Abb. 1.1. Ersatzschaltbild eines NMOS-Inverters mit einer Lastkapazität C_L (links) und in einem NMOS-Inverter auftretende Ströme (rechts)

Wird am Invertereingang die definierte Spannung $V_{IN} = V_{CC} > V_{ON}$ angelegt – V_{ON} ist die Einschaltspannung des Transistors – stellt der Transistor einen sehr niederohmigen Widerstand ($R_T << R_L$) dar und am Inverter-Ausgang liegt das Spannungssignal $V_{OUT} \cong GND$ an. Die sich ergebene Logiktabelle ist in Tabelle 1.1. gegeben.

Tabelle 1.1. Logiktabelle eines N(P)MOS-Inverters

IN	*1*	*0*
OUT	*0*	*1*

1.1.2 Das „Power-Delay"-Produkt

In einer Inverterstruktur kommt es durch den Stromfluss zwangsläufig zu Leistungsverlusten, die sich durch Wärmeentwicklung im Schaltkreis bemerkbar machen. Bei einem N(P)MOS-Inverter setzt sich diese Verlustleistung P_{el} aus zwei Anteilen zusammen: 1. Aus einer statischen Verlustleistung P_{stat} und 2. aus einer dynamischen Verlustleistung P_{dyn}. Im Folgenden sollen diese beiden Anteile abgeschätzt werden. Dazu soll angenommen werden, dass die gesamte Logikschaltung aus n Logikgattern aufgebaut ist, die mit einer Taktzeit τ_s ein- bzw. ausgeschaltet werden. Weiterhin soll dabei angenommen werden, dass sich pro Takt *50 %* der Inverter im „ON"- und *50 %* im „OFF"-Zustand befinden.[15] Außerdem soll jeder Inverterausgang auf einer Lastkapazität der Größe C_L enden. (Das MOS-Gate eines Transistors des nachfolgenden Logikgatters plus der Verdrah-

[15] Im „ON(OFF)"-Zustand des Inverters ist der Invertertransistor ein(aus)geschaltet.

tungskapazität – vgl. erneut linkes Bild in Abb. 1.1. – stellt eine solche Lastkapazität dar.)

Im „ON“-Zustand des Inverters fließt ein statischer Strom I_{stat} durch den Lastwiderstand R_L und den Transistor, dessen Größe nahezu nur vom Lastwiderstand R_L bestimmt wird ($R_T << R_L$). Die elektrische statische Verlustleistung P_{stat}, hervorgerufen durch I_{Stat}, berechnet sich unter den obigen Annahmen somit:

$$P_{stat} = \frac{n}{2} \cdot V_{CC} \cdot I_{stat} = \frac{n}{2} \cdot \frac{V_{CC}^2}{R_L}. \tag{1.1}$$

Im „OFF“-Zustand des Inverters gilt $P_{stat} = 0\ W$. Beim Be- und Entladen der Lastkapazität C_L während des getakteten Ein- und Ausschaltens eines Inverters fließt ein dynamischer Strom I_{dyn}. Die elektrische dynamische Verlustleistung P_{dyn}, hervorgerufen durch I_{dyn}, errechnet sich unter den obigen Annahmen aus:

$$P_{dyn} = n \cdot V_{CC} \cdot I_{dyn} = n \cdot f \cdot C_L \cdot V_{CC}^2. \tag{1.2}$$

Dabei gelten die folgenden Zusammenhänge:

$$C_L = \frac{Q}{V_{CC}},\ I_{dyn} = \frac{Q}{\tau_S},\ f = \frac{1}{\tau_S} \tag{1.3}$$

($f \equiv$ Taktfrequenz). Die gesamte elektrische Verlustleistung P_{el} ist also gegeben durch:

$$P_{el} = P_{stat} + P_{dyn} = n \cdot \left(\frac{1}{2 \cdot R_L} + f \cdot C_L \right) \cdot V_{CC}^2. \tag{1.4}$$

In einer Logikschaltung muss diese Verlustleistung, die in Gestalt von Wärmeentwicklung bemerkbar wird, abgeführt werden, da diese sonst zu einem Funktionsausfall der Inverter und zu einer Langzeitdegradation der Einzelkomponenten führt. Es liegt in der Natur der Sache, dass je nach Materialwahl P_{el} nur einen bestimmten maximalen Wert $P_{el} = P_{el,\,max}$ erreichen kann. Für größere Werte kann die entstehende Wärme im Material nicht mehr abgeführt werden.[16] Somit lässt sich das folgende Kriterium für die maximal mögliche Taktfrequenz der Logikschaltung formulieren:

$$P_{el,max} = n \cdot \left(\frac{1}{2 \cdot R_L} + f_{max} \cdot C_L \right) \cdot V_{CC}^2 .^{17} \tag{1.5}$$

1.1.3 Der CMOS-Inverter

Mit zueinander komplementären MOS-Transistoren[18] ist es möglich, eine Inverterstruktur zu realisieren, die eine deutlich höhere maximale Taktfrequenz f_{max} erlaubt. In dieser sogenannten CMOS-Inverterstruktur wird der Lastwiderstand R_L in einem N(P)MOS-Inverter durch einen P(N)MOS-FET ersetzt. Das Ersatzschaltbild eines CMOS-Inverters zeigt Abb. 1.2.

Unter idealen Bedingungen ist in einer solchen Inverterstruktur die statische Verlustleistung P_{stat} gleich null, da unabhängig vom Taktzustand einer der beiden Transistoren immer einen quasi unendlich hohen ohmschen Widerstand darstellt, was dazu führt, dass der statische Strom I_{stat} in dieser Struktur null ist.

---

[16] Für Standard-Siliziumchips ohne Zwangskühlung wird die Wärme über das Chipgehäuse an die umgebende Luft abgegeben. Bezogen auf eine Chipfläche der Größe $A_C = 1\ cm^2$ beträgt die maximale Wärmeleistung, die so abgeführt werden kann $P_{el,\,max} = 2\ W$. Mit Zwangskühlung (z. B. Luftgebläse) kann der Wert der maximal abführbaren Wärmeleistung gesteigert werden (der US-amerikanische Elektronikkonzern IBM erhöhte mit Hilfe eines wassergekühlten Chipgehäuses diesen Wert auf $200\ W$) [PIEise].

[17] Damit tritt nun eine zusätzliche Schwierigkeit bei der Dimensionierung des N(P)MOS-Iverters auf: Aus (1.1) folgt, dass R_L möglichst groß gewählt werden sollte, um P_{stat} auch im „ON"-Zustand des Inverters so klein wie möglich zu halten. Dies wiederum hat aber den nachteiligen Effekt, dass der im „OFF"-Zustand des Inverters fließende dynamische Verluststrom I_{dyn} kleiner wird und mehr Zeit benötigt wird, um C_L über I_{dyn} umzuladen. Dadurch arbeitet der Inverter langsamer, da sich die sogenannte „RC-Zeit" $t_{RC} = R_L \cdot C_L$ entsprechend erhöht und die Taktfrequenz f, mit der der Inverter betrieben werden kann, kleiner wird.

[18] Mit den folgenden Betrachtungen des vorliegenden Kapitels wird noch deutlich herausgearbeitet werden, wann ein NMOSFET „komplementär" zu einem PMOSFET ist.

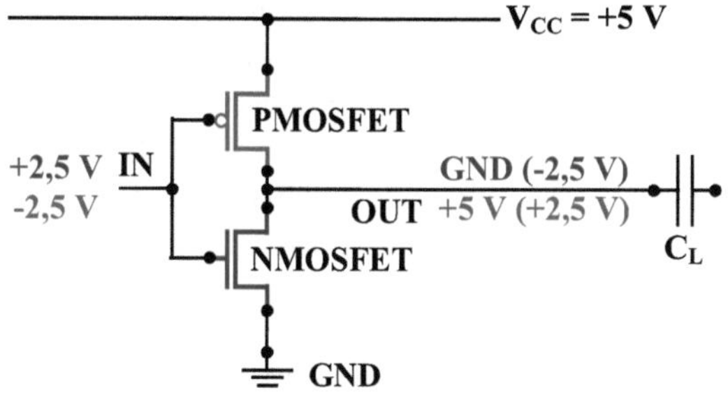

Abb. 1.2. Ersatzschaltbild eines CMOS-Inverters

Somit treten in einem idealen CMOS-Inverter nur dynamische Verluste[19] auf, und für die maximal mögliche Taktfrequenz f_{max} gilt das sogenannte „Power-Delay"-Produkt:

$$\frac{P_{el,max}}{C_L \cdot V_{CC}^2} = n \cdot f_{max} \,. \tag{1.6}$$

Im technologischen Limit $C_L \to C_{L,\,min}$, $V_{CC} \to V_{CC,\,min}$ ergibt sich:

$$n \cdot f_{max} = konst. \tag{1.7}$$

Demzufolge ist eine Erhöhung der Taktfrequenz der Schaltung (und damit eine Erhöhung der Geschwindigkeit der Schaltung) im technologischen Limit nur über eine Reduktion der Anzahl n der Logikgatter in der Schaltung realisierbar.

Wie bereits erwähnt, gelten die obigen Beziehungen (1.6) bzw. (1.7) nur unter idealen Bedingungen. Dabei bedeutet ideal, dass die Transistoren während des Umschaltvorgangs sprunghaft vom „OFF(ON)"- in den „ON(OFF)"-Zustand übergehen (vgl. Abb. 1.3., links).

Ein realer Transistor wechselt aber mit einer exponentiellen Zeitfunktion zwischen den beiden Arbeitszuständen „ON" und „OFF" hin und her.

---

[19] Da unabhängig vom Taktzustand einer der beiden Transistoren immer im eingeschalteten Zustand ist und in diesem Zustand einen sehr kleinen ohmschen Widerstand darstellt, ist der dynamische Verluststrom I_{dyn} deutlich höher als bei einem N(P)MOS-Inverter, was zu deutlich kleineren RC-Zeiten und damit zu höheren möglichen Taktfrequenzen f führt. Die in Fußnote 17 auf der vorangegangenen Seite geschilderte Schwierigkeit bei der Dimensionierung des N(P)MOS-Iverters tritt bei einem CMOS-Inverter von vornherein nicht auf, was einen weiteren Vorzug des CMOS-Inverters im Vergleich zum N(P)MOS-Inverter darstellt.

Damit ergibt sich natürlich unter realen Bedingungen die Situation, dass während des Umschaltvorgangs der eine Transistor noch nicht vollständig ausgeschaltet und der andere noch nicht vollständig eingeschaltet ist (siehe Abb. 1.3., rechts). Somit tritt kurzzeitig in einem realen CMOS-Inverter ein zwar sehr kleiner aber von null verschiedener Verluststrom $I_{Verlust}$ auf. Deshalb ist es erforderlich, den NMOSFET und PMOSFET eines CMOS-Inverters zueinander so symmetrisch wie möglich zu realisieren, um $I_{Verlust}$ so minimal wie möglich zu machen. Symmetrisierung führt in diesem Fall zu einer Verkleinerung der im rechten Bild der Abb. 1.3. schraffierten Fläche.[20]

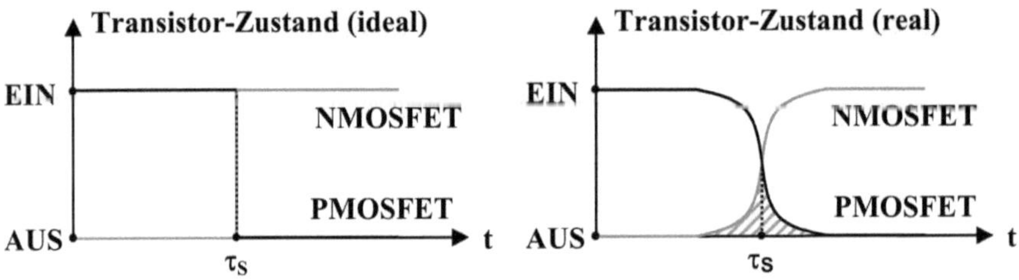

Abb. 1.3. Verhalten der Transistoren einer idealen (links) bzw. einer realen (rechts) CMOS-Inverterstruktur beim Umschaltvorgang zur Taktzeit τ_s

Wie bereits erwähnt, ist es mit Hilfe eines CMOS-Inverters nun möglich, jegliches Logikgatter (jegliche Logiktabelle) der Booleschen Logik zu realisieren. Beispielhaft sei dies am NAND-Gatter (Not AND) in Abb. 1.4. gezeigt. Die Logiktabelle eines NAND-Gatters zeigt Tabelle 1.2.

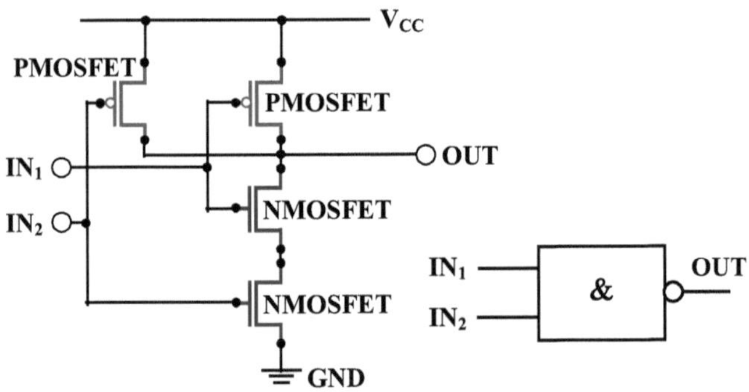

Abb. 1.4. Ersatzschaltbild eines NAND-Gatters

[20] Man nennt einen NMOSFET symmetrisch zu einem PMOSFET, wenn seine Charakteristik nach Umkehrung der Vorzeichen aller Spannungssignale identisch zu dem eines PMOSFETs ist.

Tabelle 1.2. Logiktabelle eines NAND-Gatters

IN1	*1*	*1*	*0*	*0*
IN2	*1*	*0*	*1*	*0*
OUT	*0*	*1*	*1*	*1*

1.1.4 Aufbau von CMOS-Invertern und das Verhalten von MOS-Feldeffekt Transistoren

Aufgrund der Tatsache, dass gegenwärtig industriell nur laterale CMOS-Inverter hergestellt werden, soll zunächst die Abhandlung darauf beschränkt bleiben, ebenso wie die Diskussion des Verhaltens von MOS-FETs im Kontext der lateralen Strukturen zu verstehen ist.

Anschließend sollen dann gesondert (Unterpunkt 1.1.5) die Unterschiede zwischen vertikalen und lateralen MOSFETs herausgearbeitet werden.

In den Abbildungen 1.5. und 1.6. sind CMOS-Inverterstrukturen schematisch dargestellt, wie sie zum Anfang der CMOS-Technologie mit physikalischen Abmessungen im Bereich > *0,25 μm* (Abb. 1.5.) bzw. wie sie mit der aktuellen CMOS-Technologie mit physikalischen Abmessungen im Bereich ≤ *0,25 μm* (Abb. 1.6.) realisiert wurden bzw. werden. Die Metallisierungsebenen wurden in den Abbildungen nur andeutungsweise eingezeichnet, um die Übersichtlichkeit nicht zu gefährden.

Man erkennt, dass sich beide Realisierungen in zwei Dingen deutlich voneinander unterscheiden: 1. In der ersten Realisierung sind die N- und PMOSFETs zweier benachbarter Inverter durch npnp-Übergänge, in der aktuellen Realisierung durch SiO_2-Gebiete (STI) elektrisch voneinander isoliert [98Dava].

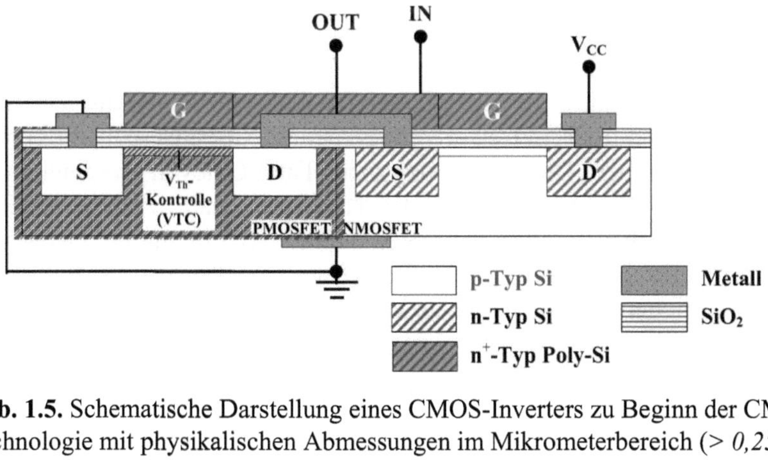

Abb. 1.5. Schematische Darstellung eines CMOS-Inverters zu Beginn der CMOS-Technologie mit physikalischen Abmessungen im Mikrometerbereich (> *0,25 μm*)

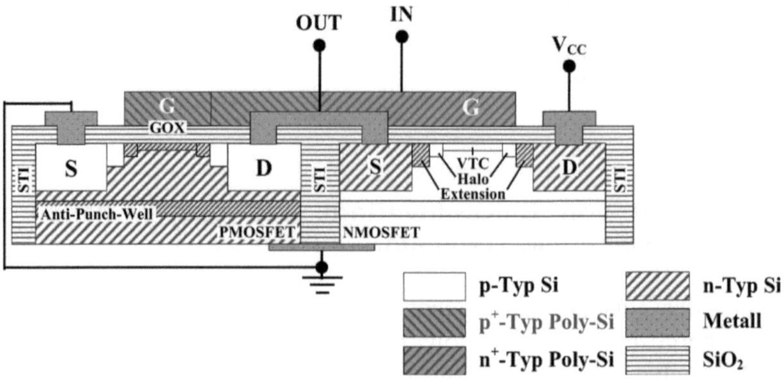

Abb. 1.6. Schematische Darstellung eines CMOS-Inverters realisiert mit der aktuellen CMOS-Technologie mit physikalischen Abmessungen im Bereich $\leq 0{,}25\ \mu m$

2. das Kanalgebiet der MOSFETs weist in der aktuellen Realisierung deutlich mehr Dotierstrukturen und –übergänge auf als die erste Realisierung. So treten neben der Dotierung zur Einstellung der Schwellwertspannung V_T der MOS-Elektroden (VTC), die in beiden Strukturen vorhanden ist, noch Dotierungen für die sogenannten „Source-Drain-Extensions" und für den sogenannten „Halo" auf, sowie eine Dotierung zur Vermeidung des sogenannten „Punch" („Anti-Punch"-Dotierung). Außerdem besitzt ein CMOS-Inverter in der aktuellen Realisierung ein sogenanntes „Dual-Workfunction-Gate", bestehend aus einer p^+-Typ dotierten Poly-Silizium-Elektrode im PMOSFET und einer n^+-Typ dotierten Poly-Silizium-Elektrode im NMOSFET. Hervorzuheben ist, dass in der Fachliteratur meist nur kurz vom „Dual-Gate" gesprochen wird. Da es aber laterale MOSFETs mit zwei physikalisch voneinander getrennten Gate-Elektroden zur Steuerung des Kanalgebietes eines MOSFETs gibt, die ebenfalls „Dual Gate"-MOSFETs genannt werden, wird zur deutlichen Unterscheidung hier vom „Dual-Workfunction-Gate" eines CMOS-Inverters gesprochen. Damit wird auch gleichzeitig die eigentliche physikalische Bedeutung der Gate-Struktur als Elektrode mit zwei verschiedenen Austrittsarbeitsdifferenzen Φ_{MS} hervorgehoben. Die Etablierung eines Dual-Gates in Verbindung mit einer VTC-Dotierung im Bereich der Transistorkanäle wird verständlich, wenn man die Beziehungen betrachtet, die die Berechnung der Gate-Spannung für starke Inversion $V_{G,sI}$ in einer realen PMOS- bzw. NMOS-Kapazität ermöglichen. So ergab sich für einen realen PMOS-Kondensator:

$$V_{G,sI,PMOS} = V_{FB,PMOS} + \frac{d}{\varepsilon} \cdot \left\{ 2 \cdot e \cdot \left(N_A\right)^{\frac{2}{3}} + \sqrt{\beta \cdot e \cdot \varepsilon \cdot N_A} \right\} + \beta \qquad (1.8)$$

und für einen realen NMOS-Kondensator:

$$V_{G,sI,NMOS} = V_{FB,NMOS} - \frac{d}{\varepsilon} \cdot \left\{ 2 \cdot e \cdot (N_D)^{\frac{2}{3}} + \sqrt{\beta \cdot e \cdot \varepsilon \cdot N_D} \right\} - \beta \tag{1.9}$$

$(\beta = \dfrac{2 \cdot k_B \cdot T}{e} \cdot ln\left(\dfrac{N_{A(D)}}{n_i}\right)$, $\varepsilon = \varepsilon_{rel} \cdot \varepsilon_0$) mit der sogenannten Flachband-spannung:

$$V_{FB,P(N)MOS} = \Phi_{MS,P(N)MOS} - \frac{d \cdot \sigma_{it}}{\varepsilon_{rel} \cdot \varepsilon_0} - \frac{1}{d \cdot C_I} \int_0^d Q_I(x) dx \,. \tag{1.10}$$

Wie bereits erläutert, ist es von entscheidender Bedeutung für die Reduktion der elektrischen Verlustleistung P_{el}, dass N- und PMOSFET eines Inverters zueinander so symmetrisch wie möglich sein müssen. Mit erkennt mit Hilfe der obigen Beziehungen (1.8) und (1.9), dass technologisch

$$N_A = N_D, \tag{1.11a}$$

$$\Phi_{MS,\,PMOS} = -\,\Phi_{MS,\,NMOS}\,, \tag{1.11b}$$

$$Q_{it} \cong Q_I(x) \cong 0\ C\ (0 \le x \le d) \tag{1.11c}$$

zu gewährleisten ist. Die erste Bedingung (1.11a) wird durch die VTC-Dotierung gewährleistet, die zweite Bedingung (1.11b) durch die Verwendung eines Dual-Gates (siehe Werte für die Austrittsarbeitsdiffernenzen Φ_{MS} für Silizium-basierte MOS-Kapazitäten in Tabelle 1.3.).

Durch die Verwendung von Poly-Silizium-Elektroden entsteht allerdings der Nachteil, dass die effektive „elektrische" Dicke des Gate-Oxides noch etwas dicker wird, weil die stets auftretende Gegenladung am Übergang der Poly-Silizium-Elektrode zum Gate-Oxid der MOS-Kapazität nicht mehr genau an dieser Grenzfläche lokalisiert ist, wie das in erster Näherung bei einer metallischen Elektrode der Fall ist.

Tabelle 1.3. Austrittsarbeitsdiffernenzen Φ_{MS} für Silizium-basierte MOS-Kapazitäten

Elektrode Substrat	n^+-Typ Poly-Si	p^+-Typ Poly-Si
n-Typ Si (*10 Ω·cm*)	$\Phi_{MS} = -0{,}3\ V$	$\Phi_{MS} = +0{,}9\ V$
p-Typ Si (*10 Ω·cm*)	$\Phi_{MS} = -0{,}9\ V$	$\Phi_{MS} = +0{,}3\ V$

In diesem Zusammenhang spricht man von der sogenannten „Poly-Depletion“.[21]

Die dritte Bedingung (1.11c) wird durch die Verwendung von thermisch gewachsenem, Wasserstoff-getempertem SiO_2 als Gate-Oxid und *(100)*-orientierten Silizium-Substraten erfüllt.

Der Übergang von einer npnp-Isolaton (Thyristor-Struktur) zwischen benachbarten Transistoren zu einer SiO_2-Isolation wird klar, wenn man bedenkt, dass mit stetiger Verkleinerung der Bauelementabmessungen und der Abstände zwischen den Strukturen die Einsatzspannungen, bei denen diese Thyristor-Strukturen öffnen und einen Kurzschluss zwischen benachbarten Transistoren erzeugen, immer kleiner werden (das Öffnen eines Thyristors zwischen zwei benachbarten MOSFETs nennt man „Latch-up“). Um alle anderen zusätzlichen Dotiergebiete im Kanalgebiet, die ebenso durch die stete Verkleinerung der physikalischen Abmessungen der Einzelstrukturen erzwungen wurden, verstehen zu können, muss an dieser Stelle auf das konkrete Verhalten von MOSFETs eingegangen werden bzw. auf die Änderung des Verhaltens eines MOSFETs beim Übergang zu immer kleineren Strukturgrößen.

Im Folgenden sei stets zwischen einem Langkanal-MOSFET und einem Kurzkanal-MOSFET unterschieden, wobei die Verabredung gilt, dass die Kanallänge eines Langkanal-MOSFETs im Mikrometerbereich und die Kanallänge eines Kurzkanal-MOSFETs im Bereich $\leq 0{,}25\ \mu m$ liegen soll.

Die Kennlinienfelder und Kenngrößen eines Langkanal-MOSFETs

Man unterscheidet bei einem MOSFET zwischen dem Ausgangskennlinienfeld (auch Ausgangscharakteristik genannt) und dem Transferkennlinienfeld (auch Transfercharakteristik genannt). Das Ausgangskennlinienfeld gibt die Abhängigkeit des Source-Drain-Stromes I_{SD} von der Source-Drain-Spannung V_{SD} bei konstanter Gate-Spannung V_G an, das Transferkennlinienfeld gibt die Abhängigkeit des Source-Drain-Stromes I_{SD} von der Gate-Spannung V_G bei konstanter Source-Drain-Spannung V_{SD} an:

- Ausgangskennlinienfeld: $I_{SD}(V_{SD}, V_G) = I_{SD}(V_{SD})\big|_{V_G = konst.}$,

[21] In der aktuellen CMOS-Entwicklung liegt die Größe der Poly-Depletion längst in die Größenordnung der physikalischen Dicke des Gate-Oxides. Aus diesem Grund wird z. Z. intensiv an metallischen Elektroden – man spricht vom „Metal-Gate“ – geforscht, die in Zukunft Poly-Silizium als Elektrodenmaterial ersetzen werden. Der einzige Grund für dieses Bestreben ist die Vermeidung der Poly-Depletion.

- Transferkennlinienfeld: $I_{SD}(V_G, V_{SD}) = I_{SD}(V_G)\big|_{V_{SD}=konst.}$.

Die linke Graphik in Abb. 1.7. zeigt das Ausgangskennlinienfeld eines Langkanal-NMOSFETs unter der Nebenbedingung $V_G\text{-}V_T \geq 0\ V$, die rechte Graphik dieser Abbildung zeigt das dazugehörige Transferkennlinienfeld (nach Umkehrung der entsprechenden Vorzeichen ergeben sich die Kennlinienfelder eines Langkanal-PMOSFETs. In beiden Graphen sind außerdem die Kenngrößen und charakteristischen Zustandsbereiche eines MOSFETs eingetragen, die kurz erläutert werden sollen.

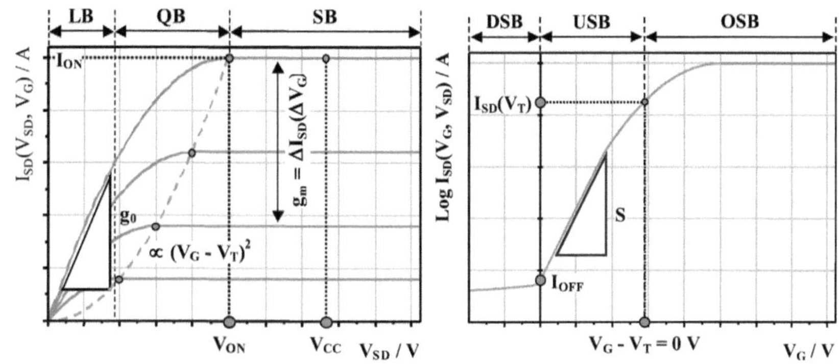

Abb. 1.7. Ausgangskennlinienfeld $I_{SD}(V_{SD}, V_G)$ unter der Nebenbedingung $V_G\text{-}V_T \geq 0\ V$ – links – und Transferkennlinienfeld $I_{SD}(V_G, V_{SD})$ eines Langkanal-MOSFETs – rechts

Zunächst sei auf die charakteristischen Zustandsbereiche eines MOSFETs – wieder am Beispiel des NMOSFETs – eingegangen:

- Das Ausgangskennlinienfeld eines Langkanal-NMOSFETs unter der Nebenbedingung $V_G - V_T \geq 0\ V$ unterteilt sich für eine gegebene Gate-Spannung V_G in den linearen Bereich „LB“, den quadratischen Bereich „QB“ und den Sättigungsbereich „SB“ – in der linken Graphik der Abb. 1.7. sind diese Bereiche für die größte dargestellte Gate-Spannung V_G mit eingezeichnet. Der lineare Bereich ist durch die Bedingung $V_{SD} << V_G - V_T$ gegeben, der quadratische Bereich durch $V_{SD} \leq V_G - V_T$ und der Sättigungsbereich durch $V_{SD} > V_G - V_T$.
- Das Transferkennlinienfeld eines Langkanal-NMOSFETs unterteilt sich in den Dunkelstrombereich „DSB“ ($V_G < 0\ V$), den Unterschwellwertbereich $V_G < V_T$ ($V_G - V_T < 0\ V$) und den Schwellwert- bzw. Oberschwellwertbereich „OSB“ ($V_G \geq V_T$). Im Oberschwellwertbereich kor-

reliert das Transferkennlinienfeld mit dem Ausgangskennlinienfeld. Der im Dunkelstrombereich fließende Dunkelstrom ist der bei gegebener Source-Drain-Spannung V_{SD} durch den sperrenden npn-Übergang fließende Strom, der durch Source, Kanalgebiet und Drain gebildet wird. Der im Unterschwellwertbereich fließende und exponentiell von der Gate-Spannung V_G und der Source-Darain-Spannung V_{SD} abhängende Strom heißt entsprechend Unterschwellwertstrom.

Die Kenngrößen eines MOSFETs sind folgendermaßen gegeben bzw. definiert:

- V_{CC} ist die Betriebsspannung, die durch das Schaltungsdesign vorgegeben ist. In aktuellen Inverterstrukturen ist $V_{CC} \approx 1{,}5\ V$.
- I_{OFF} ist der Source-Drain-Strom $I_{SD}(V_{SD}, V_G)$, der im ausgeschalteten Zustand („OFF") von Source nach Drain fließt. Der Arbeitspunkt des ausgeschalteten Zustandes ist durch $V_{SD} = V_{CC}$ und $V_G = 0\ V$ definiert. Je kleiner I_{OFF} ist, umso kleiner ist die statische Verlustleistung. Der Arbeitspunkt sollte idealerweise unabhängig von der gewählten Betriebsspannung V_{CC} sein.
- I_{ON} ist der Source-Drain-Strom $I_{SD}(V_{SD}, V_G)$, der im eingeschalteten Zustand („ON") von Source nach Drain fließt. Der Arbeitspunkt des eingeschalteten Zustandes ist durch $V_{SD} = V_{CC}$ und $V_G = V_{CC}$ definiert und sollte im Sättigungsbereich der Ausgangskennlinie ($V_{CC} > V_T$) liegen. Die Höhe von I_{ON} ist ebenfalls durch das Schaltungsdesign vorgegeben.
- $V_G = V_{ON}$ bezeichnet die Gate-Spannung, bei der der Transistor vom „OFF"- in den „ON"-Zustand wechselt. Im aktuellen Schaltungsdesign gilt für den Source-Drain-Strom $I_{SD}(V_{SD}, V_G)$, der bei $V_{SD} = V_{CC}$ und $V_G = V_{ON}$ durch den Transistor fließt:

$$I_{SD}(V_{SD} = V_{CC}, V_G = V_{ON}) = \begin{cases} 4 \cdot 10^{-8} \dfrac{A}{\mu m} \cdot \dfrac{W}{L}_{(NMOS)} \\ 2 \cdot 10^{-8} \dfrac{A}{\mu m} \cdot \dfrac{W}{L}_{(PMOS)} \end{cases} . \tag{1.12}$$

Darin bezeichnen W die Kanalgebietweite und L die Kanalgebietlänge des MOSFETs.[22]

[22] In der englischsprachigen Fachliteratur wird V_{ON} oft auch als Schwellwertspannung (engl.: „Threshold Voltage") des MOSFETs bezeichnet. Gleichzeitig wird

- Der Ausgangsleitwert im Anlaufbereich g_0 ist durch die folgende Beziehung definiert:

$$g_0 = \left.\frac{\partial I_{SD}(V_{SD})}{\partial V_{SD}}\right|_{V_G=konst.} . \tag{1.13}$$

  Der Ausgangsleitwert gibt die Steigung im linearen Bereich ($V_{SD} << V_G - V_T$) der Ausgangscharakteristik an.
- Die Steilheit g_m im Sättigungsbereich der Ausgangskennlinie ($V_{SD} > V_G - V_T$) ist über die Beziehung:

$$g_m = \left.\frac{\partial I_{SD}(V_G)}{\partial V_G}\right|_{V_{SD}=konst.} \tag{1.14}$$

  definiert. Sie gibt den Einfluss der Änderung ΔV_G der Eingangsgröße V_G auf die Änderung $\Delta I_{SD}(\Delta V_G)$ der Ausgangsgröße $I_{SD}(V_{SD}, V_G)$ an. Sie gibt also an, wie gut der Kanalbereich durch das Gate beeinflusst werden kann.
- Zur Charakterisierung des Unterschwellwertbereichs der Transfercharakteristik wird der Parameter S („Sub-Threshold Swing“) angegeben. Aufgrund der exponentiellen Abhängigkeit des Unterschwellwertstromes von der Gate-Spannung V_G und der Source-Darain-Spannung V_{SD} wird S über die Beziehung:

$$S = \left.\left(\frac{\partial log I_{SD}(V_G)}{\partial V_G}\right)^{-1}\right|_{V_{SD}=konst.} \tag{1.15}$$

---

die Spannung $V_T = V_{G,sI} - V_{Isolator}$, die an der Halbleiterelektrode einer MOS-Kapazität im Zustand starker Inversion abfällt, auch Schwellwertspannung des MOSFETs genannt. Beide „Schwellwertspannungen“ eines MOSFETs sind aber grundverschieden. Aus diesem Grund wird in der vorliegenden Arbeit auch stets nur dann von der Schwellwertspannung des MOSFETs gesprochen, wenn die Schwellwertspannung $V_T = V_{G,sI} - V_{Isolator}$, bei der sich eine MOS-Kapazität in starker Inversion befindet. Wird von V_{ON} geredet, ist im Folgenden stets die Definition (1.12) gemeint.
Die Schwellwertspannung $V_T = V_{G,sI} - V_{Isolator}$ eines MOSFETs für starke Inversion und V_{ON} sind über die Beziehung $V_{ON} > V_{G,sI} > V_T$ miteinander verknüpft.

definiert und wird in Millivolt pro Dekade angegeben. S gibt an, um wie viel die Gate-Spannung V_G erhöht bzw. erniedrigt werden muss, um den Source-Dain-Strom $I_{SD}(V_{SD}, V_G)$ bei gegebener Source-Drain-Spannung V_{SD} um eine Dekade zu erhöhen bzw. zu erniedrigen. Der Parameter S dient somit als Maß dafür, wie schnell der MOSFET ein- bzw. ausgeschaltet werden kann. In einem MOSFET, der auf der Halbleiterseite nur aus Silizium gefertigt ist, kann S nicht kleiner als $S = 60\ mV{\cdot}Dek.^{-1}$ werden, was im Folgenden noch gezeigt wird.

- Eine weitere wichtige Kenngröße ist die sogenannte „Transitfrequenz“ f_T. Sie charakterisiert das Hochfrequenzverhalten eines MOSFETs. Es handelt sich dabei um eine Grenzfrequenz, die angibt, bis zu welcher Frequenz der Transistorkanal einer oszillierenden Gate-Spannung V_G noch folgen kann.

Herleitung des Ausgangskennlinienfeldes eines Langkanal-MOSFETs

Das Verständnis des Verhaltens von Langkanal-MOSFETs ist notwendig, wenn man das Verhalten von Kurzkanal-MOSFETs richtig beschreiben und erklären will. An dieser Stelle soll daher das Ausgangs- und Transferkennlinienfeld eines Langkanal-MOSFETs hergeleitet werden. Die Herleitung soll im vereinfachten Drift-Diffusions-Modell erfolgen. Dazu wird ein Langkanal-MOSFET mit einer Kanalgebietlänge L und einer Kanalgebietweite W betrachtet (siehe Abb. 1.8.).

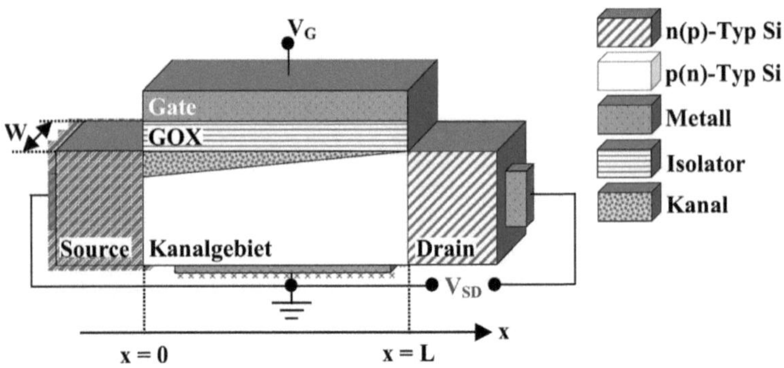

Abb. 1.8. Beschaltung und Abmessungen eines MOSFETs

Zur Herleitung des Ausgangskennlinienfeldes wird die Annahme gemacht, dass für die Differenz zwischen angelegter Gate-Spannung V_G und Schwellwertspannung V_T der MOS-Kapazität des Transistors $V_G - V_T \geq 0\ V$

gilt. In diesem Fall gilt für die durch das Gate influenzierte Ladung $Q(x)$ an den Stellen $x = 0$ bzw. $x = L$:

$$Q(x = 0) = C_{GOX} \cdot (V_G - V_T) \text{ bzw.} \\ Q(x = L) = C_{GOX} \cdot (V_G - V_T - V_{SD}), \tag{1.16}$$

womit allgemein im Bereich $0 < x < L$ folgt:

$$Q(x) = C_{GOX} \cdot (V_G - V_T - V(x)). \tag{1.17}$$

Aus dem Ohmschen Gesetz folgt weiterhin:

$$j_{SD}(V_{SD}, V_G) = \frac{I_{SD}(V_{SD}, V_G)}{W} = Q(x) \cdot \mu \cdot \frac{dV(x)}{dx}. \tag{1.18}$$

Darin steht μ für die Beweglichkeit der Ladungsträger (Elektronen bzw. Löcher) im Kanal, und aufgrund der sehr kleinen Dicke des Kanals bezieht man die Stromdichte $j_{SD}(V_{SD}, V_G)$ nicht auf die Querschnittsfläche des Kanals, sondern nur auf die Kanalweite W (vgl. erneut Abb. 1.8.). Differentialgleichung (1.18), wird durch Integration

$$\int_0^L I_{SD}(V_{SD}, V_{GG})\, dx = W \cdot \mu \cdot C_{GOX} \cdot \int_0^{V_{SD}} (V_G - V_T - V(x))\, dV(x) \tag{1.19}$$

gelöst. Es ergibt sich:

$$I_{SD}(V_{SD}, V_G) = \frac{W}{L} \cdot C_{GOX} \cdot \mu \cdot \left((V_G - V_T) \cdot V_{SD} - \frac{V_{SD}^2}{2} \right). \tag{1.20}$$

In Abb. 1.9. ist das sich ergebende Ausgangskennlinienfeld (1.20) für verschiedene Gate-Spannungen V_G dargestellt. Man erkennt, dass die sich ergebenden Parabeln das Ausgangskennlinienfeld in Abb. 1.7. bis zum Scheitelpunkt richtig wiedergeben. Danach weicht das errechnete Kennlinienfeld deutlich vom tatsächlichen Verlauf ab (ab dem Scheitelpunkt bleibt der Source-Drain-Strom I_{SD} unabhängig von der Source-Drain-Spannung V_{SD} konstant). Die durch (1.20) gelieferten Werte müssen in diesem Bereich verworfen werden. Die Scheitelpunkte der Parabeln liegen selbst auf einer Parabel, die sich aus der Forderung

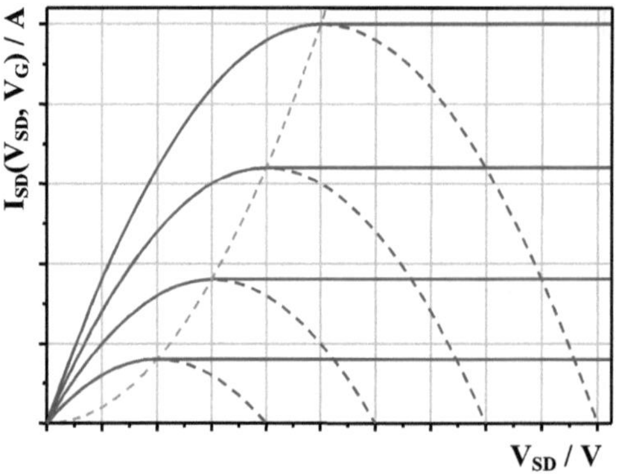

Abb. 1.9. Errechnetes Ausgangskennlinienfeld eines MOSFETs für verschiedene Gate-Spannungen V_G

$$\left.\frac{\partial I_{SD}(V_{SD})}{\partial V_{SD}}\right|_{V_G=konst.} = \frac{W}{L}\cdot C_{GOX}\cdot\mu\cdot(V_G - V_T - V_{SD}) \overset{!}{=} 0 \tag{1.21}$$

ergibt. Somit ergibt sich für das Ausgangskennlinienfeld eines MOSFETs:

$$I_{SD}(V_{SD},V_G) = \alpha\cdot\begin{cases}(V_G - V_T)\cdot V_{SD}, V_G - V_T >> V_{SD}\\ (V_G - V_T)\cdot V_{SD} - \frac{V_{SD}^2}{2}, V_G - V_T \geq V_{SD}\\ \frac{(V_G - V_T)^2}{2}, V_G - V_T < V_{SD}\end{cases} \tag{1.22}$$

($\alpha = \frac{W\cdot C_{GOX}\cdot\mu}{L}$). Der Bereich $V_G - V_T >> V_{SD}$ gibt den linearen Bereich, $V_G - V_T \geq V_{SD}$ den quadratischen Bereich der Charakteristik. Der Sättigungsbereich der Charakteristik ist durch $V_G - V_T < V_{SD}$ gegeben. Somit folgt für den Ausgangsleitwert g_0 im Anlaufbereich ($V_{SD} \geq V_G - V_T$):

$$g_0\big|_{V_G-V_T\geq V_{SD}} = \alpha\cdot\begin{cases}(V_G - V_T - V_{SD}), V_G - V_T \geq V_{SD}\\ (V_G - V_T), V_G - V_T >> V_{SD}\end{cases}. \tag{1.23}$$

Und für die Steilheit g_m folgt:

$$g_m = \alpha \cdot \begin{cases} V_{SD}, V_G - V_T \geq V_{SD} \\ (V_G - V_T), V_G - V_T < V_{SD} \end{cases} . \tag{1.24}$$

Die Ursache, warum Beziehung (1.20) für den Sättigungsbereich $V_G - V_T < V_{SD}$ falsche Werte liefert, liegt an der Tatsache, dass das Ohmsche Gesetz (1.17), welches den Anfangspunkt der Herleitung bildete, nur von einer Ladungsträgerdrift von Source nach Drain ausgeht, die durch die angelegte Source-Drain-Spannung V_{SD} hervorgerufen wird. Diese Drift kann man sich dabei folgendermaßen veranschaulichen: Wird an das Kanalgebiet z. B. eines eingeschalteten Langkanal-NMOSFETs mit einer Kanalgebietlänge L eine Spannung V_{SD} angelegt, werden die Elektronen im Kanal mit der konstanten Beschleunigung a

$$a = -\frac{e \cdot E_{SD}}{m_e^*} = -\frac{e \cdot V_{SD}}{m_e^* \cdot L} \tag{1.25}$$

beschleunigt (E_{SD} bezeichnet das elektrische Feld, welches über dem Kanal zwischen Source und Drain abfällt). Die Geschwindigkeit $v(t)$ der Elektronen ergibt sich damit zu:

$$v(t) = a \cdot t = -\frac{e \cdot V_{SD}}{m_e^* \cdot L} \cdot t . \tag{1.26}$$

Nach einer Zeit τ der freien Beschleunigung kommt es zu einer Stoßwechselwirkung der Elektronen mit dem Kristallgitter oder zu anderen Stoßmechanismen, was dazu führt, dass die Elektronen schlagartig ihre gesamte Energie an das Gitter abgeben, was $v(\tau) = 0\ m \cdot s^{-1}$ zur Folge hat. Danach beginnt der Beschleunigungszyklus erneut (siehe Abb. 1.10).[23]

---

[23] Dieser Veranschaulichung liegt eine **willkürliche** statistische Mittelung der Elektronengeschwindigkeiten und der auftretenden Wechselwirkungsprozesse der sich bewegenden Elektronen mit dem Silizium-Gitter durch Einführung einer sogenannten „effektiven Elektronenmasse" m_e* zugrunde. Diese Vorgehensweise ermöglicht es, das komplizierte Vielteilchenproblem der Elektronendrift durch ein simples Einteilchenproblem zu ersetzen und wird nur durch die Tatsache gerechtfertigt, dass diese Betrachtungsweise in erster Näherung richtige rechnerische Resultate ergibt.

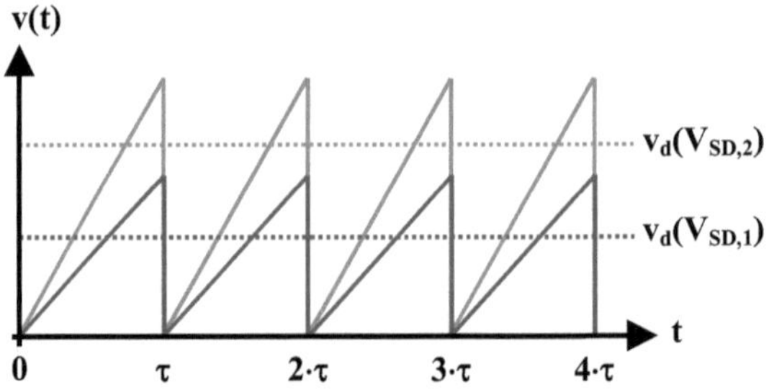

Abb. 1.10. Modell zur Driftbewegung von Elektronen im Elektronenkanal eines NMOSFETs bei angelegter Source-Drain-Spannung V_{SD} ($V_{SD,2} > V_{SD,1}$)[24]

Im Mittel bewegen sich die Elektronen mit der konstanten Driftgeschwindigkeit $v_D(V_{SD})$

$$v_D(V_{SD}) = \frac{1}{\tau}\int_0^{\tau} v(t)\,dt = a \cdot t = -\frac{e \cdot V_{SD} \cdot \tau}{2 \cdot m_e^* \cdot L} = \mu \cdot E_{SD} \,. \qquad (1.27)$$

μ bezeichnet wieder Beweglichkeit der Ladungsträger (Elektronen bzw. Löcher) im Kanal. Mit steigender V_{SD}-Spannung ($V_G - V_T \geq V_{SD}$) nimmt diese Driftgeschwindigkeit zu, was eine Zunahme der Stromdichte $j(V_{SD}, V_G)$:

$$j_{SD}(V_{SD}, V_G) = \frac{v_D(V_{SD})}{L} \cdot \int_0^L \rho_K(V_G, x)\,dx = v_d(V_{SD}) \cdot \overline{\rho}_K(V_G, x) \qquad (1.28)$$

bewirkt. Darin bezeichnet $\rho_K(V_G, x)$ die durch die Gate-Spannung V_G influenzierte Elektronendichte im Kanal (diese ist unabhängig von V_{SD}, variiert aber entlang des Kanals). Erreicht die V_{SD}-Spannung den Wert $V_{SD} = V_G - V_T$, wird der Elektronenkanal am Übergang des Kanalgebietes zum Drain-Gebiet abgeschnürt ($\rho_K(V_G, x = L) = 0\ C{\cdot}\mu m^{-2}$ – siehe Darstellung des Kanals in Abb. 1.8.). Das hat zur Folge, dass die Elektronendrift in das Drain-Gebiet gestoppt ist. Ab diesem Punkt bewirkt ein Diffusionsstrom, hervorgerufen durch den Gradienten der Elektronendichte im Kanal

$$\nabla\rho_K(V_G, x) \approx \frac{\rho_K(V_G, x = L) - \rho_K(V_G, x = 0)}{L} = \frac{\Delta\rho_K(V_G, x)}{L}, \qquad (1.29)$$

[24] Für elektrische Felder $E_{SD} < 2{\cdot}10^4\ V{\cdot}cm^{-1}$ ist diese **Annahme** gerechtfertigt.

den weiteren Fluss von Elektronen aus dem Kanal in das Drain-Gebiet. Für eine konstante Gate-Spannung V_G ist dieser Gradient unabhängig von der Source-Drain-Spannung V_{SD} konstant; somit ist auch der Diffusionsstrom und damit der gesamte Source-Drain-Strom $I_{SD}(V_{SD}, V_G)$ für den Bereich $V_G - V_T \geq V_{SD}$ ebenfalls unabhängig von V_{SD} konstant.

Es ist wichtig anzumerken, dass das in Abb. 1.10. veranschaulichte Driftmodell im Silizium-Kristall nur für elektrische Feldstärken $E_{SD} < 2 \cdot 10^4\ V \cdot cm^{-1}$ Gültigkeit besitzt. Für höhere Feldstärken treten Abweichungen vom Ohmschen Gesetz auf, und die Driftgeschwindigkeit eines Ladungsträgers im Kanal ergibt sich durch die folgende Anpassungsformel:

$$v_D = v_{D,0} \cdot \frac{E_{SD}/E_C}{\left[1 + \left(E_{SD}/E_C\right)\right]^{1/\alpha}} . \tag{1.30}$$

In Tabelle 1.4. sind die in (1.30) auftretenden Anpassungsparameter $v_{D,0}$, E_C und α für Elektronen und Löcher im Silizium-Kristall zusammengestellt.

Tabelle 1.4. Anpassungsparameter $v_{D,0}$, E_C und α zur Berechnung der Driftgeschwindigkeit von Elektronen und Löchern in Silizium für hohe Feldstärken

	$v_{D,0} / m \cdot s^{-1}$	$E_C / V \cdot m^{-1}$	α
Elektronen	$1,07 \cdot 10^5$	$0,691 \cdot 10^6$	$1,11$
Löcher	$0,834 \cdot 10^5$	$1,45 \cdot 10^6$	$2,637$

Damit ergibt sich zum Beispiel die maximale Elektronendriftgeschwindigkeit im Silizium-Kristall zu $v_{D,max} \cong 1 \cdot 10^7\ cm \cdot s^{-1}$.

In diesem Bereich gilt auch die Annahme nicht mehr, dass die beschleunigten Elektronen bei einer Stoßwechselwirkung ihre gesamte Energie abgeben und sich damit schlagartig ihre Geschwindigkeit auf null reduziert. Der Geschwindigkeits-Zeit-Verlauf für ein im Elektronenkanal driftendes Elektron nimmt die in Abb. 1.11. dargestellte Form an.

In diesem Regime nimmt die Elektronengeschwindigkeit und damit die kinetische Elektronenenergie $W_{kin,E}$ im Prinzip stetig zu. Übersteigt $W_{kin,E}$ die mittlere thermische Energie $k_B \cdot T$, die durch die Boltzmann-Konstante k_B und die Temperatur des Festkörpers T, in dem sich die Elektronen bewegen, gegeben ist, spricht man von „heißen" Elektronen.

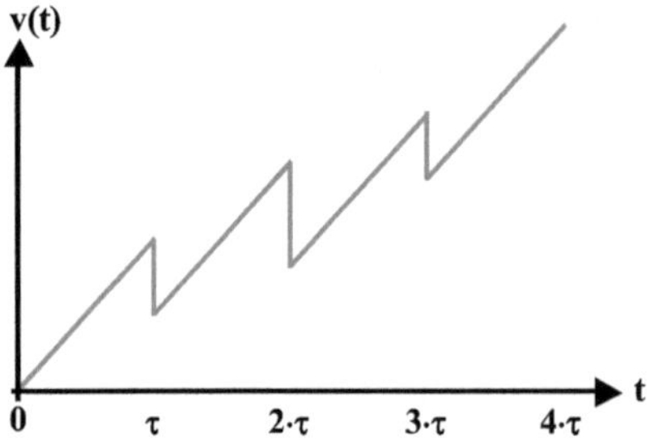

Abb. 1.11. Geschwindigkeits-Zeit-Verlauf eines im Elektronenkanal eines Silizium-MOSFETs driftendes Elektron bei Beschleunigungsfeldstärken $E_{SD} \geq 2 \cdot 10^4\ V \cdot cm^{-1}$.

Die Steilheit g_m ist auch eine brauchbare Größe, um das Hochfrequenzverhalten eines Transistors zu beschreiben. Arbeitet z. B. eine aus CMOS-Invertern aufgebaute Logikschaltung mit einer Taktfrequenz $\omega = 2 \cdot \pi \cdot f$, dann müssen pro Arbeitstakt, welcher eine Sekunden-Dauer von

$$\tilde{\tau} = \frac{1}{2 \cdot \pi \cdot f} \tag{1.31}$$

besitzt, in jedem Inverter der Logikschaltung beide MOS-Kapazitäten umgeladen werden. Die dafür auf der Kanalgebietseite erforderliche Ladungsmenge wird dabei aus den Source-Gebieten mit Hilfe der Source-Drain-Spannung V_{SD} gezogen. Die Laufzeit τ_L der Ladungsträger von Source nach Drain ergibt sich aus

$$\tilde{\tau} > \tau_L = \frac{L}{v_d(V_{SD})} = \frac{L^2}{\mu \cdot V_{SD}} \tag{1.32}$$

($\tilde{\tau} > \tau_L$ muss dabei gegeben sein, um ein stabiles Arbeiten des Inverters zu gewährleisten). Mit (1.22) ergibt sich daraus:

$$\tilde{\tau} > \tau_L = \frac{L \cdot W \cdot C_{GOX}}{g_m}. \tag{1.33}$$

Für $\tilde{\tau} = \tau_L$ ergibt sich daraus die Transitfrequenz f_T des Transistors:

$$f_T = \frac{g_m}{2 \cdot \pi \cdot L \cdot W \cdot C_{GOX}}. \tag{1.34}$$

Für größere Frequenzen können die Transistorkanäle nur mehr begrenzt der oszillierenden Gate-Spannung folgen; der Inverter arbeitet undefiniert und instabil.

In den obigen Betrachtungen wurde bisher stillschweigend davon ausgegangen, dass die an einen MOSFET angelegte Versorgungsspannung $V_{SD} = V_{CC}$ ausreicht, den Transistor definiert in Sättigung zu führen und damit einzuschalten, sie aber nicht wesentlich größer als dafür notwendig ist. Dadurch blieb ein Effekt unberücksichtigt, der erst bei höheren Versorgungsspannungen $V_{SD} \geq V_{SCBE} > V_{CC}$ auftritt. Genauer formuliert heißt das, dass dieser Effekt erst auftritt, wenn elektrische Beschleunigungsfeldstärken im Kanal von $E_{krit} \geq 2 \cdot 10^5\ V \cdot cm^{-1}$ entstehen, dann aber einen wesentlichen Einfluss auf die Charakteristik eines MOSFETs bei hohen Versorgungsspannungen hat. Bei diesem Effekt handelt es sich um den sogenannten „Lawinendurchbruch", auch „Avalanche" genannt, bei dem die Stoßwechselwirkung der Ladungsträger im Kanal mit dem Silizium-Kristall so stark ist, dass eine Silizium-Silizium-Bindung aufgebrochen wird und ein zusätzliches Elektronen-Loch-Paar generiert wird.[25] Die Zunahme der Ladungsträger im Kanal durch Stoßionisation erhöht zwangsläufig die Stoßionisationsrate, was zu einem exponentiellen Anschwellen der Ladungsträger (einer „Lawine" vergleichbar) im Kanal führt und damit zu einem exponentiellen Stromanstieg in der Kennlinie. Bedingt durch die Abschnürung des Kanals vor Drain treten die höchsten elektrischen Beschleunigungsfeldstärken zwischen dem Inversionskanal und dem Drain-Gebiet im Kanal stets vor Drain auf, so dass der „Avalanche" auch stets vor Drain auftritt (siehe Abb. 1.12.). Für den Lawinendurchbruch hat sich die Abkürzung SCBE (**S**ubstrate **C**urrent Induced **B**ody **E**ffect) eingebürgert.

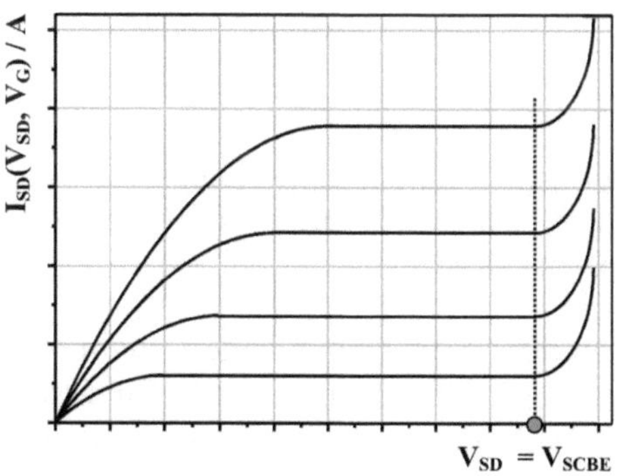

Abb. 1.12. Ausgangscharakteristik $I_{SD}(V_{SD}, V_G)$ mit Lawinendurchbruch (SCBE) in einem Langkanal-MOSFET

[25] In diesem Regime haben die „heißen" Elektronen eine kinetische Energie $W_{kin,\,E} >> \Delta W_{G,\,Si}$ aufgenommen.

Die Charakteristik eines MOSFETS beim Übergang zu Kanallängen im Bereich ≤ 0,25 μm

Jede Grundstruktur elektronischer Bauelemente bildet Raumladungszonen an den Grenzflächen der jeweiligen Materialien aus, und das Anlegen einer Spannung an diese Strukturen bewirkt in erster Linie eine Änderung der Raumladungszonenweiten (Vergrößerung oder Verkleinerung).

Die Veränderung dieser Raumladungszonen und insbesondere die Wechselwirkungen zwischen benachbarten Raumladungszonen haben in jedem Fall auch einen Einfluss auf die Charakteristik des Transistors. Dieser macht sich umso bemerkbarer, je kleiner die physikalischen Bauelementabmessungen werden. Solange die physikalischen Abmessungen eines Transistors sehr viel größer sind als diese Raumladungsweiten, wie das im Langkanaltransistor der Fall ist, kann dieser Einfluss vernachlässigt werden. Abb. 1.13. zeigt schematisch die Raumladungszonen im Kanalgebiet eines lateralen Langkanal- und eines lateralen Kurzkanal-MOSEFTs im spannungslosen Zustand $V_G = V_{SD} = 0\ V$.

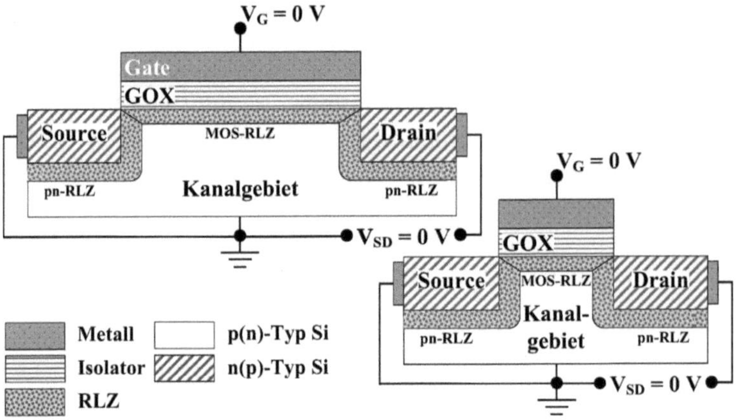

Abb. 1.13. Raumladungszonen im Kanalgebiet eines lateralen Langkanal- und eines lateralen Kurzkanal-MOSEFTs im spannungslosen Zustand ($V_G = V_{SD} = 0\ V$); die Dotierhöhen sind in beiden Transistoren gleich.

Beide Transistoren sollen sich nur in ihrer Kanalgebietlänge L (dem physikalischen Abstand zwischen Source und Drain) voneinander unterscheiden, die Gate-Oxiddicke und die Dotierhöhen seien in beiden Transistoren gleich, und im Kanalgebiet sei zunächst keine zusätzliche Dotierstruktur wie z. B. eine VTC-Dotierung etabliert. Man erkennt, dass sich die einzelnen Raumladungszonen an den Rändern der MOS-Elektrode in ihrer Ausbreitung gegenseitig behindern und sich einen bestimmten Teil des Kanalgebietes teilen müssen (man spricht in diesem Zusammenhang auch vom sogenannten „Charge Sharing"). Weiterhin erkennt man, dass die zu invertierende akkumulierte Ladungsmenge $Q_{MOS\text{-}RLZ}$ in der Raumladungszone der MOS-Elektrode (MOS-RLZ) relativ zur ortsfesten Ladungsmenge $Q_{pn\text{-}RLZ}$ der kanalseitigen Raumladungszonen (pn-RLZ) der beiden pn-Übergänge zwischen Source und dem Kanalgebiet bzw. zwischen dem Kanalgebiet und Drain durch die physikalische Verkleinerung stärker reduziert wird. Das hat zur Folge, dass die Spannung $V_{G,\,sI}$ für starke Inversion der MOS-Elektrode durch die physikalische Reduzierung des Kanalgebietes sinkt, da nun für den Zustand der Inversion weniger Inversionsladungen im Kanal Q_K benötigt werden. Der Kanalbereich, der mit den kanalseitigen Raumladungszonen der pn-Übergänge überlappt, muss nicht erst kompensiert werden, um invertiert zu werden, da diese Zonen bereits im Zustand der Kompensation sind – die Beziehungen (1.8) und (1.9) haben hier keine Gültigkeit mehr). Entsprechend verringert sich die Schwellwertspannung V_T des Transistors.

Messbar wird diese Verringerung der Schwellwertspannung V_T, wenn die Kanalgebietlänge L des Kurzkanal-MOSFETs so stark reduziert wird, dass sich Raumladungszonen der beiden pn-Übergänge berühren bzw. wenn die Kanalgebietlänge L kleiner als die Summe der beiden kanalseitigen Raumladungszonen der beiden pn-Übergänge wird. In diesem Fall tritt der Zustand der Inversion sofort bei Anlegen einer Gate-Spannung V_G ein, da das gesamte Gebiet unter dem MOS-Gate bereits vollständig kompensiert ist. Man bezeichnet diesen Effekt als „Kurzkanaleffekt" (SCE) und die durch diesen Effekt bewirkte Verkleinerung von V_T als den sogenannten „Roll-off" der Schwellwertspannung des Transistors (siehe Abb. 1.14.).

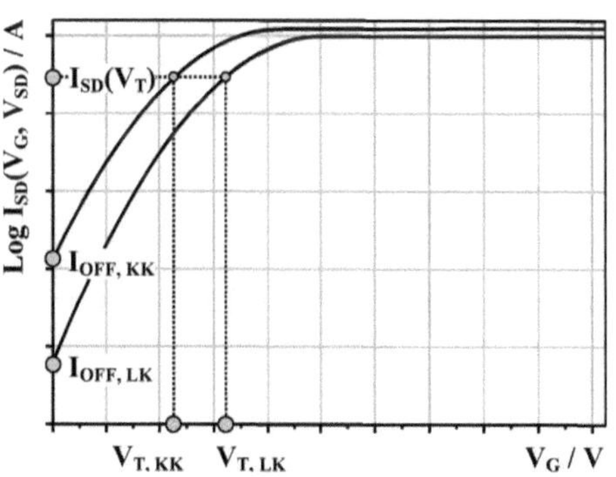

Abb. 1.14. „Roll-off" der Schwellwertspannung V_T beim Übergang von einem Langkanal-MOSFET (LK) zu einem Kurzkanal-MOSFET (KK)

Die Veränderung der Einsatzspannung des MOSFETs ΔV_T aufgrund des Kurzkanaleffektes lässt sich mit Hilfe der folgenden Formel

$$\Delta V_T = \frac{Q_K}{C_{GOX}} \cdot \left\{ 1 - \left[\sqrt{1 + \frac{2 \cdot d_K}{d_D}} - 1 \right] \cdot \frac{d_D}{L} \right\} \tag{1.35}$$

berechnen. Wie oben ausgeführt bzw. wie aus (1.35) ersichtlich, sind nur Änderungen in der Geometrie (Änderung des Verhältnisses von Source- und Drain-Dicke d_{SD} zur Kanallänge L bzw. von Kanaldicke d_K zur Source- und Drain-Dicke) des Kanalgebietes für den „Roll-off" der Einsatzspannung verantwortlich (siehe dazu auch Abb. 1.15., links oben).

Darüber hinaus ist erwiesen, dass sich mit immer kürzeren Kanalgeometrien auch das Auftreten des „Avalanches" zu immer kleineren Source-Drain-Spannungen V_{SD} verschiebt. Damit lässt sich die technologische Einführung von sogenannten „LDD-Gebieten" nach Source bzw. vor Drain erklären, die in den frühen 1980er Jahren stattfand [81Ogur]. Abb. 1.15. (rechts unten) zeigt einen MOSFET mit LDD-Gebieten.

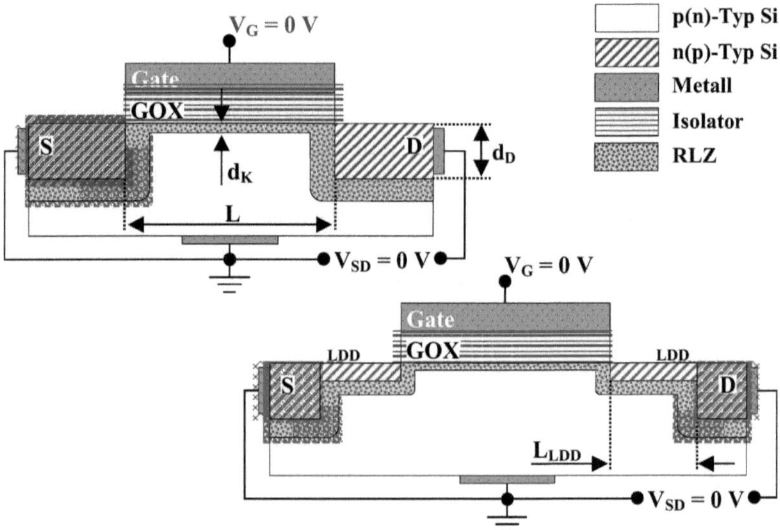

Abb. 1.15. Raumladungszonen im Kanalgebiet eines lateralen Kurzkanal-MOSFETs im spannungslosen Zustand ($V_G = V_{SD} = 0\ V$) mit „Lightly-Doped Drain"-Gebieten

Wie der Name sagt, waren diese LDD-Gebiete im Vergleich zu Source bzw. Drain relativ schwach dotiert, und ihre Länge L_{LDD} betrug mehrere hundert Nanometer. Die Funktion dieser Gebiete bestand darin, als Spannungsteiler hauptsächlich vor Drain zwischen dem Inversionskanal und dem hochdotierten Drain-Anschluss zu dienen, um dem „Avalanche" technologisch entgegen zu wirken.[26] Zusätzlich konnte damit die Geometrie des Source- und des Drain-Gebietes hinsichtlich ihrer Dicke so verändert werden, dass damit der Verschiebung der Schwellwertspannung ΔV_T aufgrund des SCE entgegenwirkt werden konnte.

Auch wenn LDD-Gebiete im Vergleich zu Source bzw. Drain schwächer dotiert sind, bedeutet dies nicht, dass beliebig kleine Dotierhöhen erlaubt sind, da mit Blick auf die Reduzierung der elektrischen Felder nun nicht nur der Übergang zwischen Inversionskanal und LDD zu berücksichtigen ist, sondern auch der Übergang vom LDD zum hochdotierten Drain. Wird die LDD-Dotierung unterdimensioniert, kommt es zwar zum Abbau der Spitze des elektrischen Feldes am Übergang des Inversionskanals zum LDD-Gebiet und damit zu einer Unterdrückung des „Avalanches" an diesem Punkt, allerdings tritt nun eine Spitze des elektrischen Feldes am Übergang des LDD-Gebietes zum Drain-Gebiet auf, was zum „Avalanche" an dieser Stelle führt. Gezeigt wird dieser Sachverhalt in Abb. 1.16. Hier wird die elektrische Feldverteilung im LDD-Gebiet vor Drain eines MOSFETs als Funktion der Implantationsdosis $\varphi_{I,\,LDD}$[27] für die LDD-Struktur gezeigt – für die Erzeugung von Source bzw. Drain wird eine Dosis von $\varphi_{I,\,S(D)} > 1 \cdot 10^{15}\ cm^{-2}$ verwendet [84Wern].

Diese Abbildung zeigt deutlich, dass erst ab Implantationsdosen $\varphi_I > 1 \cdot 10^{13}\ cm^{-2}$ weder am Übergang des Inversionskanals zum LDD-Gebiet noch am Übergang vom LDD zum Drain-Gebiet Feldspitzen, die zu einem „Avalanche" führen, auftreten. Berücksichtigt man, dass die Ladungsträgerkonzentration im Inversionskanal in der Größenordnung $\sigma_{Inv} \approx 1 \cdot 10^{12}\ cm^{-2}$ liegt, lässt sich folgern, dass die Implantationsdosis $\varphi_{I,\,LDD}$ für die LDD-Struktur im Bereich $1 \cdot 10^{12}\ cm^{-2} < \varphi_{I,\,LDD} < 1 \cdot 10^{15}\ cm^{-2}$ liegen muss.

Nach Einführung der LDD-Gebiete ergab sich bei der fortschreitenden Verkleinerung der physikalischen Transistorabmessungen aber zwangsläufig das Problem, dass der parasitäre ohmsche Widerstand R_{LDD}

---

[26] Normalerweise würde es zur Unterdrückung bzw. Reduzierung des Avalanches genügen, nur vor Drain ein LDD-Gebiet zu etablieren. Aus schaltungstechnischer Sicht ist es aber vorteilhafter, den MOSFET symmetrisch aufzubauen, also auch nach Source ein LDD-Gebiet einzufügen. Streng genommen müsste man nun von einem LDS – „Lightly-Doped Source" – sprechen, aber dieser Begriff hat sich nicht eingebürgert, und man spricht generell nur von LDD-Gebieten nach Source bzw. vor Drain.

[27] Die Implantationsdosis φ_I gibt an, wie viele Dotieratome pro Quadratzentimeter in den Siliziumkristall implantiert werden.

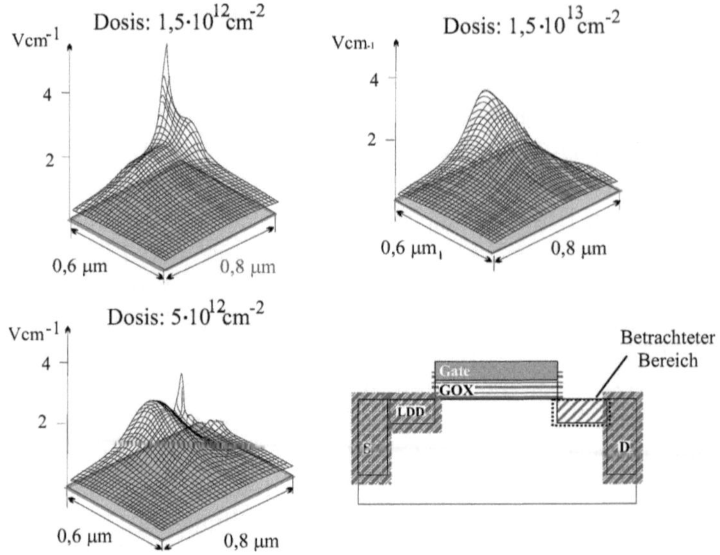

Abb. 1.16. Elektrische Feldverteilung als Funktion der Implantationsdosis φ_I für LDD-Strukturen, © 1984 IEEE [84Wern]

$$R_{LDD} = \rho_{LDD} \cdot \frac{L_{LDD}}{W \cdot d_{LDD}} = \frac{1}{e \cdot \mu(N_{LDD}) \cdot N_{LDD}} \cdot \frac{L_{LDD}}{W \cdot d_{LDD}} \tag{1.36}$$

der LDD-Gebiete aufgrund ihrer geringen Dotierung sehr hoch war. ρ_{LDD} gibt den spezifischen Wiederstand der LDD-Gebiete, N_{LDD} bzw. $\mu(N_{LDD})$ die Dotierstoffkonzentration bzw. die dotierstoffkonzentrationsabhängige Beweglichkeit der Ladungsträger in den LDD-Gebieten (siehe Abb. 1.17.).

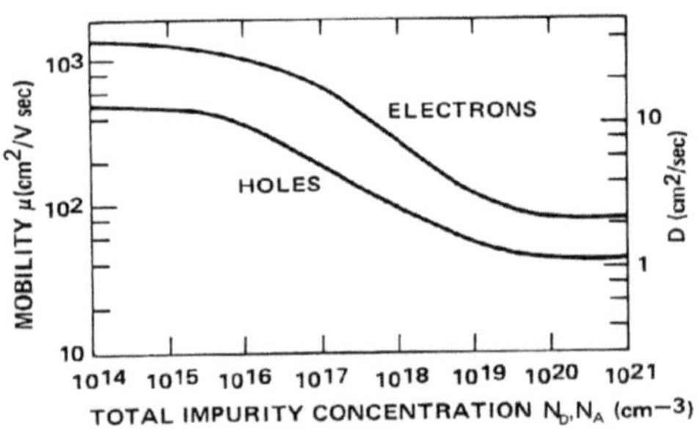

Abb. 1.17. Elektronen- bzw. Löcherbeweglichkeit $\mu_{n(p)}(N_{A/D})$ als Funktion der Dotierstoffkonzentration $N_{A/D}$ in Silizium [PIEise]

Dieser hohe Widerstand minderte die Geschwindigkeit der mit diesen Transistoren realisierten Schaltungen und stand somit der Skalierung der Versorgungsspannungen entgegen. Aus diesem Grund wurden die LDD-

Gebiete von Technologiegeneration zu Technologiegeneration stetig verkleinert und immer höher dotiert. Aktuell wird als Dotierhöhe in den LDD-Gebieten die Löslichkeitsgrenze der Dotierstoffe in Silizium angestrebt. Der ursprüngliche Begriff „LDD" widergespiegelt kaum mehr die Wirklichkeit. Aus diesem Grund spricht man gegenwärtig nur noch von „Source/Drain-Extensions" (S/D-E).[28] Die Dicke $d_{S/D\text{-}E}$ bzw. die Länge $L_{S/D\text{-}E}$ der Source-Drain-Extensions der neuesten Technologiegeneration liegen im Bereich $10 \leq d_{S/D\text{-}E} / nm \leq 15$ bzw. $20 \leq L_{S/D\text{-}E} / nm \leq 30$ bei einer Transistorkanalgebietlänge $50 \leq L / nm \leq 100$.

Wird im Kanalgebiet für die exakte Einstellung der Schwellwertspannung V_T der MOS-Elektrode eine VTC-Dotierung an der Grenzfläche des Kanalgebietes zum Gate-Oxid angebracht (im Bereich der VTC-Dotierung ist die Dotierstoffkonzentration höher als im übrigen Kanalgebiet), hat dies natürlich auch Einfluss auf die Ausdehnung der einzelnen Raumladungszonen (siehe Abb. 1.18., links). Werden nun Spannungen an die einzelnen Transistorelektroden angelegt ($V_{SD} = V_G = V_{CC}$), kommt es zu einer Vergrößerung der Drain-seitigen Raumladungszone bzw. zu einem Abbau der Source-seitigen Raumladungszone im Kanalbereich. Innerhalb dieser Raumladungszonen bewegen sich die Ladungsträger unbeeinflusst vom Gate. Es kommt somit zu einer Reduktion der effektiven Kanallänge $L_{eff}(V_{SD}) < L$, die umso größer wird, je höher die angelegte Source-Drain-Spannung V_{SD} ist (siehe Abb. 1.18., rechts). Man spricht von einer „Kanallängenmodulation" (CLM).

Das führt dazu, dass der Sättigungsstrom $I_{SD}(V_{SD}, V_G)$ für den Bereich $V_G - V_T < V_{SD}$ nicht mehr unabhängig von V_{SD} ist (siehe (1.22)). Nun gilt für diesen Bereich die empirische Beziehung:

$$\begin{aligned} I_{SD}(V_{SD}, V_G) &= \frac{W \cdot C_{GOX} \cdot \mu \cdot (V_G - V_T)^2}{2 \cdot L_{eff}(V_{SD})} \\ &= \frac{\lambda_1 \cdot W \cdot (V_G - V_T)^2 \cdot (1 + \lambda_2 \cdot V_{SD})}{2 \cdot L}. \end{aligned} \tag{1.37}$$

Darin sind λ_1 und λ_2 Fitparameter.

Die Auswirkung der Kanallängenmodulation auf die Ausgangscharakteristik $I_{SD}(V_{SD}, V_G)$ eines Kurzkanal-MOSFETs zeigt Abb. 1.19.

[28] Gelegentlich findet man in der Literatur auch noch den Begriff „**H**art **d**otiertes **D**rain" (HDD) in der deutschsprachigen Fachliteratur, z. B. in [03Hoff].

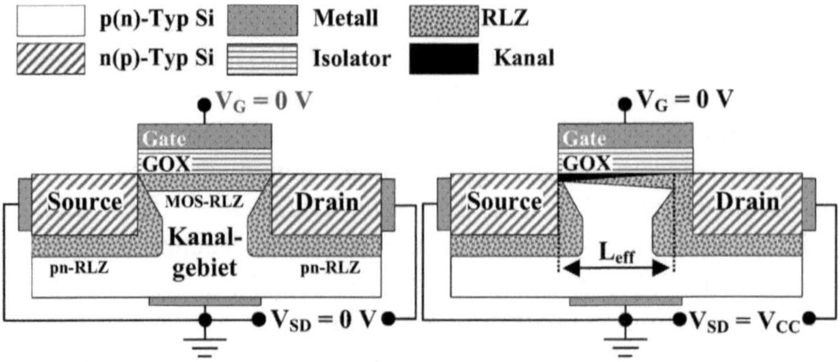

Abb. 1.18. Raumladungszonen im Kanalgebiet eines lateralen Kurzkanal-MOSEFTs im spannungslosen Zustand (links oben) und mit angelegten Spannungen $V_{SD} = V_G = V_{CC}$ (rechts unten)

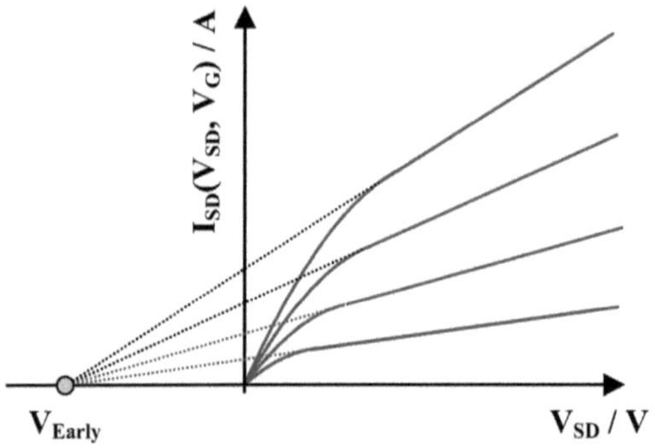

Abb. 1.19. Auswirkung der Kanallängenmodulation (CLM) auf die Ausgangscharakteristik $I_{SD}(V_{SD}, V_G)$ eines Kurzkanal-MOSFETs

Wie sich aus dieser Abbildung ergibt, zeigt ein Kurzkanal-MOSFET kein Sättigungsverhalten mehr. Zur besseren Quantifizierung des Effektes definiert man die sogenannte „Early“-Spannung V_{Early}. Sie stellt den gemeinsamen Schnittpunkt der rückextrapolierten Kennlinien im Bereich $V_G - V_T < V_{SD}$ mit der x-Achse ($I_{SD}(V_{SD}, V_G) = 0\ V$) dar (vgl. erneut Abb. 1.19.). Je stärker die Kanallängenmodulation ist, umso kleiner ist die Early-Spannung V_{Early}. Wird die Source-Drain-Spannung V_{SD} weiter erhöht, kommt es zu einer weiteren Ausdehnung der Raumladungszonen. Erreicht V_{SD} die kritische Spannung $V_{SD} = V_P$ (P: „**P**unch“), kommt es zu einem Aufeinanderprallen (*engl.*: „to punch“) der Source- und Drain-Raumladungszonen im Kanalgebiet (siehe Abb. 1.20.), und in diesem Gebiet ist das Kanalgebiet vollständig ausgeräumt („fully depleted“). Bei einer weiteren Spannungserhöhung kommt es daher in diesem Bereich zu einer Reduktion der npn-Barriere, da sich die Raumladungszonenweiten in diesem Gebiet nicht mehr verändern können, und damit kommt es zu einem exponentiell ansteigenden Source-Drain-Strom $I_{SD}(V_{SD}, V_G)$.

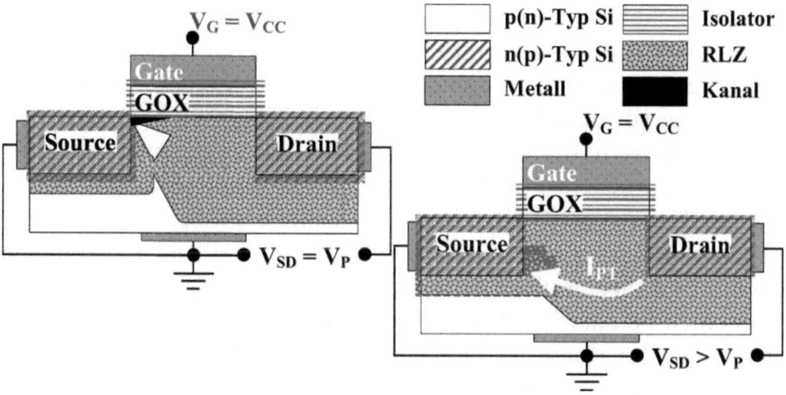

Abb. 1.20. Raumladungszonen im Kanalgebiet eines lateralen Kurzkanal-MOSEFTs mit angelegter Source-Drain-Spannung $V_{SD} = V_P$ (links oben) bzw. $V_{SD} > V_P$ (rechts unten)

An diesem Punkt spricht man vom „Felddurchgriff“ oder vom „Punchthrough“ (siehe Abb. 1.21.).

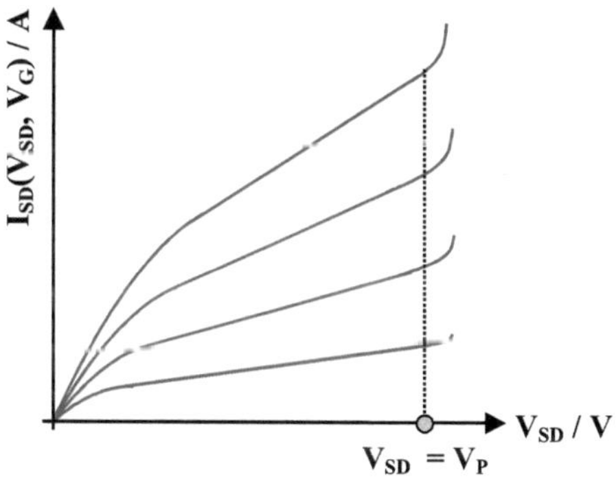

Abb. 1.21. Auswirkung des Felddurchgriffes („Punch-through“) auf die Ausgangscharakteristik $I_{SD}(V_{SD}, V_G)$ eines Kurzkanal-MOSFETs

Berechnen lässt sich die kritische Spannung V_P, ab welcher es im Transistor zum Felddurchgriff kommt, über die folgende Beziehung:

$$V_P = \left\{ \frac{L}{2} \cdot \left(\frac{2 \cdot \varepsilon_{rel} \cdot \varepsilon_0}{e} \cdot \frac{(N_D + N_A)}{N_D \cdot N_A} \right)^{-\frac{1}{2}} - \sqrt{\Phi_0} \right\}^2 - \Phi_0 . \qquad (1.38)$$

Damit erklärt sich, warum in aktuellen Kurzkanal-MOSFETs ein hochdotiertes „Anti-Punch“-Gebiet in das Kanalgebiet eingebaut wird, es verhindert den Felddurchgriff und damit den Kurzschluss des MOSFETs über den parasitären Bipolartransistor bei hohen Source-Drain-Spannungen V_{SD}.

Ein weiterer Effekt, der durch den Übergang von Lang- zu Kurzkanälen auftritt, ist der sogenannte „DIBL“-Effekt. Physikalisch betrachtet handelt es sich bei diesem Effekt ebenfalls um einen Felddurchgriff („Punch-through“), allerdings tritt dieser direkt im Kanal von Kurzkanal-MOSFETs auf, deren Kanalgebietlängen nur unwesentlich größer als die Raumladungszonenweiten im spannungslosen Fall sind. Bei solchen Abmessungen reicht das Anlegen einer geringen Source-Drain-Spannung V_{SD} bereits aus, um einen Felddurchgriff mit einer damit verbundenen Absenkung der Barrierenhöhe im Kanal zu induzieren. Daher kommt es mit steigender Spannung V_{SD} zu einem Absenken der Schwellwertspannung V_T des Transistors ähnlich der Absenkung der Schwellwertspannung durch den Kurzkanaleffekt (SCE) beim Übergang von Lang- zu Kurzkanälen (siehe erneut Abb. 1.14.).

Das erzwingt eine entsprechende Erhöhung der Dotierstoffkonzentration im Kanalgebiet, um eine hinreichend große Potenzialbarriere Φ_0 in der npn-Struktur zu erzielen. Um allerdings die Steuerbarkeit des Kanals über die MOS-Elektrode gewährleisten zu können, kann die Dotierstoffkonzentration im Kanalgebiet nicht beliebig erhöht werden (ein nahe der Löslichkeitsgrenze dotiertes Kanalgebiet lässt sich nicht mehr invertieren). Das ist der Grund, warum aktuelle Kurzkanal-MOSFETs sogenannte „Halos“, schmale und hochdotierte Gebiete im Kanalgebiet, besitzen (vgl. Abb. 1.22.).

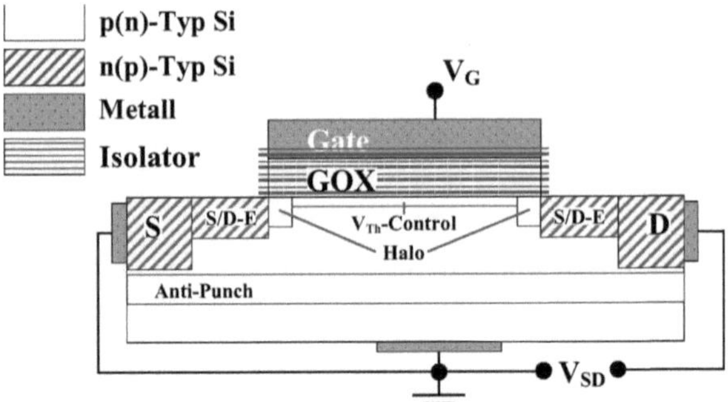

Abb. 1.22. Kurzkanal-MOSEFTs mit Source-Drain-Extensions, „VTC“-, „Anti-Punch“- und „Halo“-Dotierstrukturen

Die Halos sind dabei so hoch dotiert, dass der gesamte Barrierenhub durch den Source- bzw. Drain-seitigen pn-Übergang zwischen Extension und Halo erzeugt wird. Somit behält man die Freiheit, über die „VTC“-Dotierung die Schwellwertspannung des Transistors einzustellen.

Alle bisher diskutierten Effekte treten im eingeschalteten Zustand eines Kurzkanal-MOSFETs auf. Wie die Betrachtungen zum CMOS-Inverter und zum Power-Delay-Produkt gezeigt haben, befindet sich ein MOSFET in einer CMOS-Schaltung allerdings in erster Näherung zu *50 %* im ausgeschalteten Zustand.

Ein weiterer Effekt, der beim Übergang zu immer kürzeren Kanälen verstärkt an Bedeutung gewinnt, tritt aber gerade erst dann auf, wenn ein Kurzkanal-MOSFET im ausgeschalteten Zustand betrachtet wird und der sich auf eine nicht vermeidbare technologische Imperfektion zurückführen lässt. In den bisherigen Darstellungen und Betrachtungen wurde angenommen, dass das Gate eines MOSFETs perfekt selbstjustiert zu Source und Drain (bzw. zu den Source/Drain-Extensions) gelegen ist und daher nur eine Wirkung auf das Kanalgebiet des Transistors hat. Technologisch lässt sich dieses Ideal aber nicht realisieren, sondern es kommt stets zu einem Überhang des Gates über Drain bzw. Source (bzw. über die Source/Drain-Extensions). Dieser Sachverhalt ist in Abb. 1.23. dargestellt.

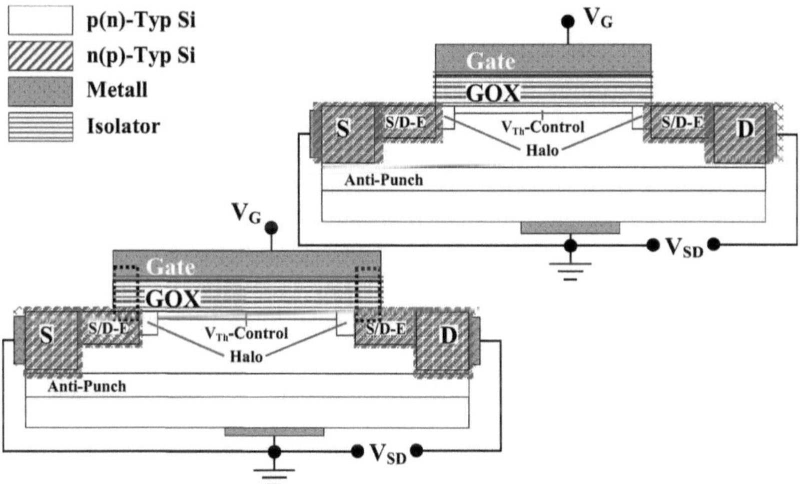

Abb. 1.23. Kurzkanal-MOSEFTs mit perfekt selbstjustiertem Gate (rechts oben) und mit einem überlappenden Gate (links unten)

Der Überlapp führt zu parasitären MOS-Kapazitäten (in der Abbildung mit einer gestrichelten Linie hervorgehoben), kurz „Überlappkapazitäten“ genannt. Diese haben zur Folge, dass im ausgeschalteten Zustand das Source- und das Drain-Gebiet bzw. die Gebiete der Source/Drain-Extensions, auf die das Gate wirken kann, in den Inversionszustand gebracht werden. Bedingt durch die Spannungssignale, die im ausgeschalteten Zustand an den Transistorelektroden anliegen[29], kommt es an Drain bzw. an der Extension vor Drain zu einem Tunnelleckstrom, der „Gate Induced Drain Leakage" (GIDL) genannt wird. Dieser Tunnelleckstrom lässt sich erklären, wenn man die vereinfachten, eindimensionalen Banddiagramme der invertierten Drain-Gebiete bzw. der Source/Drain-Extensions vor Drain eines PMOSFETs bzw. eines NMOSFETs betrachtet (Abb. 1.24.) und wenn man bedenkt, dass in der erzeugten Inversionsschicht in Drain bzw. in der Extension vor Drain derselbe Ladungsträgertyp als Majoritätsladungsträger vorherrscht wie im Kanalgebiet des Transistors und dass die Inversionsschicht mit dem Kanalgebiet kurzgeschlossen ist.

Wie dieser Abbildung weiterhin zu entnehmen ist, tunneln in einem NMOSFET Elektronen (Majoritätsladungsträger im NMOSFET), die z. B. durch die spontane Generierung eines Elektron-Loch-Paares erzeugt werden, aus der Inversionsschicht in das Drain-Gebiet bzw. in die Extension und fließen über Drain ab, während die Löcher über das Kanalgebiet abgesaugt werden. In einem PMOSFET tunneln analog Elektronen aus Drain bzw. aus der Extension in die Inversionsschicht und fließen über das Kanalgebiet ab, während die erzeugten Löcher (Majoritätsladungsträger im PMOSFET) über Drain abfließen. Die Tunneldistanz d_T wird hauptsächlich über die Dotierstoffhöhe N in den Drain-Gebieten bzw. in den Extensions vor Drain gegeben – je höher N umso kleiner d_T [91Mini, 03Hoff].

Eine Möglichkeit, dem GIDL entgegenzuwirken, ist die Realisierung von ultra-flachen Kontakten (USC), die mittels niederenergetischer Ionenimplantation erzeugt werden und bei deren thermischer Aktivierung kaum Unterdiffusion unter die Gate-Elektrode auftritt, in Verbindung mit sogenannten „elevated" Source- und Drain-Gebieten [91Orlo, 00Hoka, 00Sama]. Diese lassen sich z. B. mittels selektiver Epitaxie (SEG[30]) herstellen.

Einen Kurzkanal-MOSFET mit ultra-flachen Kotakten und „elevated" Source- und Drain-Gebieten zeigt Abb. 1.25.

---

[29] In einer Schaltung ist der ausgeschaltete Zustand durch $V_{SD} = V_{CC}$ und $V_G = 0\ V$ definiert – siehe Abschnitt: Die Kennlinienfelder und Kenngrößen eines Langkanal-MOSFETs in diesem Kapitel.

[30] Bei der selektiven Epitaxie (SEG) handelt es sich um einen CVD-Prozess, der auf maskierten Substraten durchgeführt wird. Als Maskierungsmaterial findet meist SiO_2 Verwendung. Diese Technologie basiert auf der Besonderheit, dass die CVD-Silizium-Abscheidung auf SiO_2 bzw. kristallines Silizium erst nach einer Inkubationszeit τ beginnt. Bei richtigen Druck- und Temperaturbedingungen gilt $\tau_{SiO2} > \tau_{Si}$, so dass Silizium selektiv nur auf kristallinen Silizium-Flächen abgeschieden wird, während auf der SiO_2-Maske nichts abgeschieden wird [92Aket, 93Goul, 96Miya, 02Ribo].

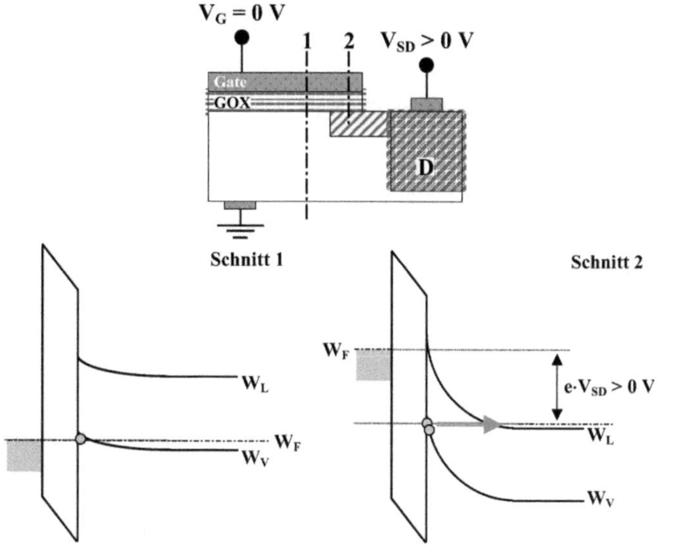

Abb. 1.24. GIDL in einem Kurzkanal-NMOSEFT mit überlappendem Gate: Im ausgeschalteten Zustand ($V_G = 0\ V$, $V_{SD} > 0\ V$) kommt es in den verschiedenen Kanalbereichen zu verschiedenen Bandverbiegungen (vgl. Schnitt 1 und 2). Dadurch wird der Akkumulationskanal im Kanalgebiet in die Extension fortgeführt. Durch die hohe Dotierung in den Drain-Gebieten bzw. in den Extensions vor Drain sind diese entartet, was dazu führt, dass in den Extensions ein Tunnelstrom von Elektronen aus der Akkumulationsschicht des Kanalgebietes kommt.

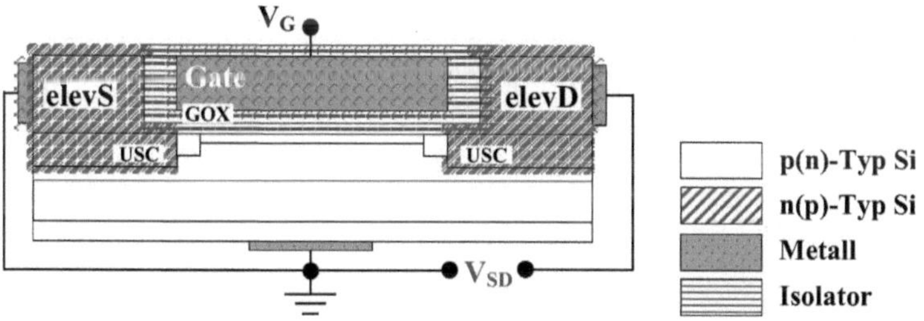

Abb. 1.25. Kurzkanal-MOSEFTs mit ultra-flachen, höchstdotierten Kontakten (USC) und mit einem „elevated“ Source- und Drain-Gebiet („elevS“ bzw. „elevD“)

Bezugnehmend auf die Merkmale und Besonderheiten des npn-Überganges lässt sich zusammenfassend sagen, dass sich mit Ausnahme des GIDL-Effekts alle diskutierten Kurzkanaleffekte durch eine Erhöhung der Dotierstoffkonzentrationen in den aktiven Transistorregionen unterdrücken bzw. mindern lassen. Je kleiner die physikalischen Abmessungen des herzustellenden MOSFETs sind, umso größer muss diese Erhöhung ausfallen und umso stärker tritt der GIDL-Effekt auf.

Der S-Parameter eines MOSFETs

Wie bei der Definition des Parameters S (1.15) bereits erwähnt, kann S in einem MOSFET, der auf der Halbleiterseite nur aus Silizium gefertigt ist, nicht kleiner als $S = 60\ mV{\cdot}Dek.^{-1}$ werden. Das soll nun bewiesen werden.

Der im Unterschwellwertbereich ($V_G - V_T < 0$, vgl. erneut Abb. 1.7.) eines MOSFETs von Source nach Drain fließende Unterschwellwertstrom $I_{SD}(V_{SD}, V_G)$ ist durch

$$I_{SD}(V_{SD},V_G) = \alpha \cdot (n-1) \cdot k_B^2 \cdot T^2 \cdot e^{\frac{e \cdot (V_G - V_T)}{n \cdot k_B \cdot T}} \cdot \left(1 - e^{\frac{e \cdot V_{SD}}{k_B \cdot T}}\right) \tag{1.39}$$

($\alpha = \frac{W \cdot C_{GOX} \cdot \mu}{L}$) gegeben [03Hoff].[31] Darin steht der Koeffizient n für:

$$n = 1 + \frac{C_{RLZ}}{C_{GOX}}. \tag{1.40}$$

C_{RLZ} bezeichnet die Kapazität der Raumladungszone, die bei Anlegen einer Gate-Spannung in der Silizium-Elektrode der MOS-Kapazität erzeugt wird. Logarithmierung liefert unter der Annahme $e \cdot V_{SD} >> k_B \cdot T$ (für $V_{SD} > 100\ mV$ ist dies erfüllt):

$$ln(I_{SD}(V_{SD},V_G)) = ln\left(\alpha \cdot (n-1) \cdot k_B^2 \cdot T^2\right) + \frac{e \cdot (V_G - V_T)}{n \cdot k_B \cdot T} \tag{1.41}$$

Mit dem Zusammenhang zwischen dekadischem und natürlichem Logarithmus

$$log(x) = \frac{ln(x)}{ln(10)} \tag{1.42}$$

[31] Auf die Herleitung dieser Beziehung wird verzichtet, da sie für die folgenden Betrachtungen nicht weiter von Belang ist.

ergibt sich für den *S*-Parameter:

$$S = \left(\frac{\partial log I_{SD}(V_G)}{\partial V_G} \right)^{-1} \Bigg|_{V_{SD}=konst.} = ln(10) \cdot \frac{n \cdot k_B \cdot T}{e}. \qquad (1.43)$$

Im Idealfall gilt $C_{RLZ} << C_{GOX}$, woraus der für n minimal mögliche Fall $n = 1$ folgt, und damit ergibt sich der minimal mögliche Wert für S:

$$S = ln(10) \cdot \frac{k_B \cdot T}{e} \approx \frac{60\,mV}{Dek.}. \qquad (1.44)$$

1.1.5 Herstellung eines lateralen MOSFETs der Technologiegeneration ≤ 0,25 μm

Da in den folgenden Kapiteln 2 bis 4 Transistoren und ihre Herstellung alternativ zu konventionellen lateralen MOSFETs diskutiert werden, soll im Folgenden kurz auf die prinzipielle Herstellung eines lateralen MOSFETs eingegangen werden (Abbildungen 1.26. und 1.27.). Auf besondere Herstellungsschritte, die nichts mit der Herstellung der eigentlichen MOSFET-Struktur zu tun haben (z. B. Isolationsstrukturen zwischen zwei MOSFETs), soll dabei aber an dieser Stelle verzichtet werden.

1. Ganzflächige Herstellung eines „Wells" zur definierten Einstellung einer homogenen Substratdotierung, einer „Anti-Punch"-Dotierung und einer „VTC"-Dotierung zur definierten Einstellung der Schwellwertspannung V_T des MOSFETs mittels Ionenimplantation in einem Silizium-Substrat.
2. Thermische Oxidation des Substrates zur Erzeugung eines Gate-Oxides (GOX).
3. Abscheidung eines polykristallinen Silizium-Films (der späteren Gate-Elektrode) und nasschemische Strukturierung und erneute Aufoxidation (Bildung des Spacers „0" – vgl. Abb. 1.26., links).
4. Ionenimplantation (I^2) senkrecht zur Oberfläche zur Erzeugung der Source/Drain-Extensions (S/D-E) und zur Dotierung der Poly-Silizium-Elektrode und Schrägimplantation zur Erzeugung der „Halo"-Strukturen. Die Source/Drain-Extensions sind durch die Implantation senkrecht zur Oberfläche selbstjustiert zum Gate angeordnet (vgl. Abb. 1.26., rechts).
5. Erzeugung von Spacern (aus SiO_2 oder Si_3N_4).

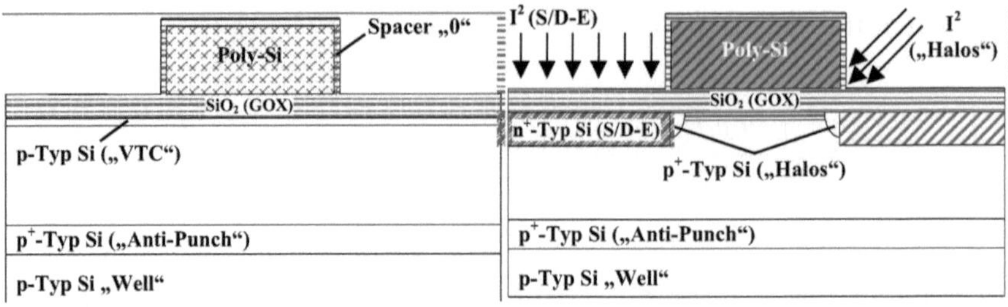

Abb. 1.26. Herstellungsprozess eines lateralen MOSFETs am Ende des 3. (links) und des 4. (rechts) Fertigungsschrittes (Seitenansicht)

6. Ionenimplantation senkrecht zur Oberfläche zur Erzeugung des Source- und Drain-Gebietes (vgl. Abb. 1.27., links).
7. Planarisierung und Kontaklochöffnung mit sich anschließender Kontaktlochfüllung und Metallisierung (vgl. Abb. 1.27., rechts).

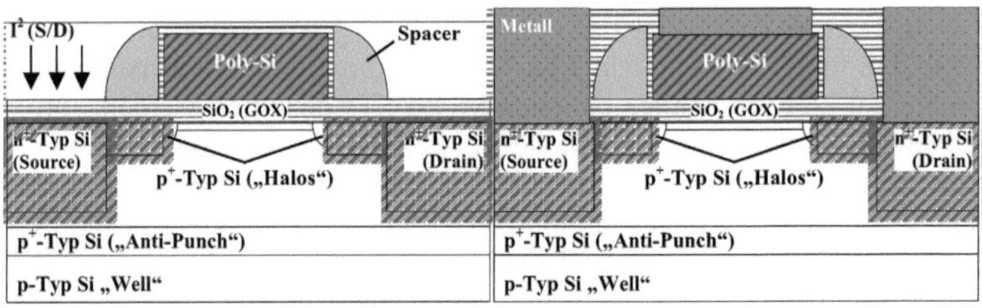

Abb. 1.27. Herstellungsprozess eines lateralen MOSFETs am Ende des 6. (links) und des 7. (rechts) Fertigungsschrittes (Seitenansicht)

1.1.6 Unterschiede zwischen vertikalen und lateralen MOSFETs

Abb. 1.28. zeigt den schematischen Aufbau eines vertikalen MOSFETs, wie er von vielen Arbeitsgruppen realisiert wurde (mehr dazu im folgenden Kapitel). Die npn-Barrierenstruktur wird typischerweise mit Hilfe der MBE hergestellt, die die Herstellung besonders kurzer Kanalgebietlängen relativ leicht ermöglicht. Allerdings ermöglicht die MBE nicht, das Kanalgebiet identisch dem eines lateralen Kurzkanal-MOSFETs zu gestalten. So fallen in einem vertikalen MOSFET Source bzw. Drain mit der dazugehörigen Extension zusammen, was zur Folge hat, dass Source und Drain eines vertikalen MOSFETs sehr hoch dotiert sind, um den ohmschen Widerstand klein zu halten.

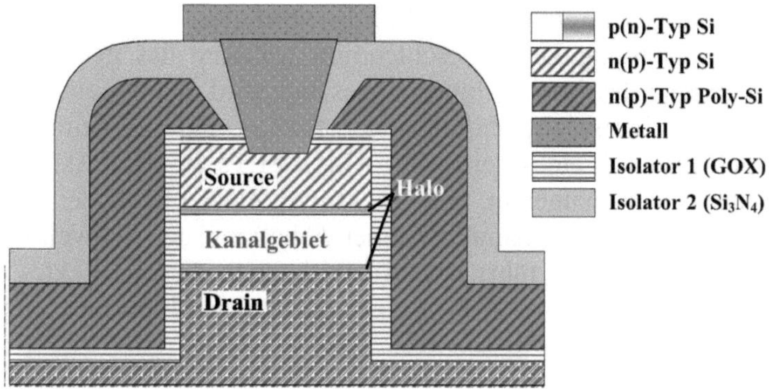

Abb. 1.28. Allgemeiner Aufbau eines vertikalen MOSFETs

Daraus folgt, dass auch in einem vertikalen Transistor Halos erforderlich sind, die z. B. über δ-Dotierstrukturen[32] realisiert werden können.

Separate „Anti-Punch"- und „VTC"-Dotierungen sind in einem vertikalen MOSFET nicht realisierbar. Die Schwellwertspannung V_T des Transistors kann hier nur über die Dotierung des Kanalgebietes eingestellt werden. Das hat zur Folge, dass es bei einem vertikalen MOSFET keinen Unterschied zwischen dem Felddurchgriff („Punch-through") und dem DIBL-Effekt gibt.

Außerdem bedingt der Aufbau eines vertikalen MOSFETs, dass das Kanalgebiet nur mit erheblichem Aufwand und über ungewollte Vergrößerung der Gesamttransistorstruktur auf ein definiertes Erdpotenzial (GND) wie bei einem lateralen MOSFET gelegt werden kann. Aus diesem Grund wird beim vertikalen Aufbau meist auf diese Erdung verzichtet, und man spricht in diesem Zusammenhang von einem „floatenden" Kanalgebiet. Daraus resultiert ein Effekt, der so im lateralen MOSFET nicht beobachtet wird[33], und der als „Kink"-Effekt bezeichnet wird.

Der „Kink"-Effekt

Der „Kink"-Effekt ist mit dem Lawinendurchbruch ($V_{SD} \geq V_{SCBE}$) verbunden. Wie bereits ausgeführt, ist bei so hohen Source-Drain-Spannungen die Stoßwechselwirkung der Ladungsträger im Kanal (z. B. Elektronen im Falle eines NMOSFETs) mit dem Silizium-Kristall so stark ist, dass eine Silizium-Silizium-Bindung im Kanalgebiet aufgebrochen wird und so ein zusätzliches Elektronen-Loch-Paar generiert wird.

[32] Siehe dazu Unterkapitel 2.3 des folgenden Kapitels.

[33] Zumindest solange nicht, wie das Kanalgebiet des lateralen MOSFETs auf definiertem Erdpotenzial liegt.

Im Falle eines lateralen NMOSFETs wird das zusätzlich generierte Elektron in Richtung Drain beschleunigt, während das generierte Loch über die Erdung des Kanalgebietes abgesaugt wird. Da bei einem vertikalen MOSFET eine solche Erdung meist fehlt, kommt es beim Lawinendurchbruch im Falle eines vertikalen NMOSFETs zu einer Akkumulation von Löchern im Kanalgebiet, was effektiv zu einer plötzlichen Erhöhung der Kanaldotierung und damit zu einer Erhöhung der Schwellwertspannung V_T des MOSFETs führt. Die Auswirkungen dieses Effektes auf die Transfercharakteristik $I_{SD}(V_G, V_{SD})$ eines vertikalen MOSFETs zeigt Abb. 1.29. [89Hafi].

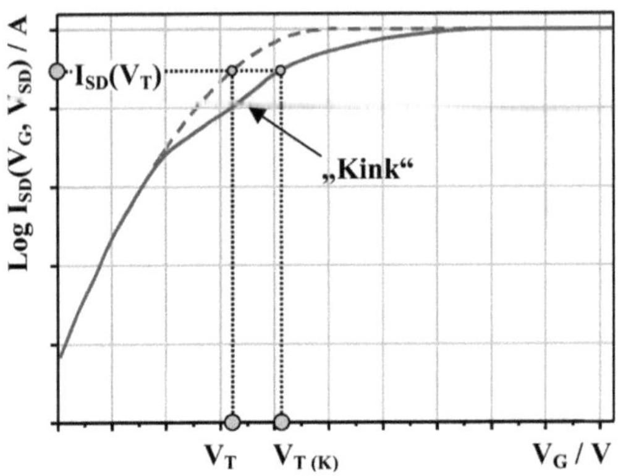

Abb. 1.29. Einfluss des „Kink“-Effektes (K) auf die Transfercharakteristik $I_{SD}(V_G, V_{SD})$ eines vertikalen MOSFETs

1.2 Silizium- und MOSFET-basierte Speicherstrukturen

An dieser Stelle soll die Funktionsweise und der prinzipielle Aufbau der drei wichtigsten Speicherstrukturen diskutiert werden, die in den vergangenen Jahrzehnten basierend auf Silizium-MOSFETs realisiert und industriell gefertigt wurden. Das sind die zwei „flüchtigen“ Speicherbausteine DRAM und SRAM (VM: **V**olatile **M**emory) und der zur Gruppe der „nicht-flüchtigen“ Speicher[34] (NVM: **N**on **V**olatile **M**emory) gehörende EEPROM Festwertspeicher[35]. Dabei bedeutet „flüchtig“, dass die Speicherinformation nach Abschaltung aller Versorgungsspannungen verloren geht, während dieses bei „nicht-flüchtigen“ Speichern nicht der Fall ist.

---

[34] Zu dieser gehören u. a. auch der ferroelektrische RAM (FeRAM) und der magnetoresistive RAM (MRAM).

[35] Eine Unterpruppe des EEPROM-Konzeptes bilden die „Flash“-EPROMs. Auf die Gemeinsamkeiten bzw. Unterschiede zwischen einem EEPROM und einem „Flash“-EPROM wird im Folgenden noch genauer eingegangen.

1.2.1 Der DRAM

Bei einem DRAM handelt es sich um ein dynamisches Speicherkonzept mit wahlfreiem Zugriff (engl.: „random access“) auf jede einzelne DRAM-Zelle des Speicherzellenfeldes.

Eine einzelne DRAM-Zelle besteht aus einem Auswahltransistor (AT), der über eine sogenannte „Wordline“ (WL) adressiert wird, und einer Speicherkapazität (SK), die über eine sogenannte „Bitline“ (BL) beschrieben bzw. ausgelesen wird. Abb. 1.30. zeigt den schematischen Aufbau und das Ersatzschaltbild einer einzelnen DRAM-Zelle.[36]

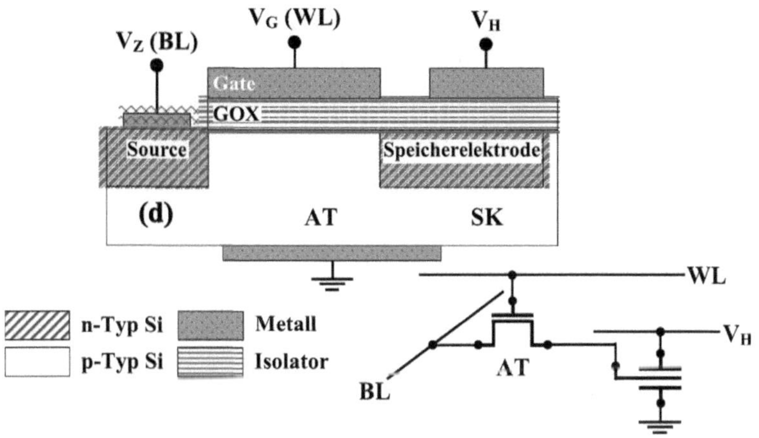

Abb. 1.30. Schematischer Aufbau und Ersatzschaltbild einer DRAM-Zelle (T-Zelle)

Wie dieser Abbildung zu entnehmen ist, wird über die „Wordline“ der Auswahltransistor geöffnet ($V_G > V_T$) bzw. geschlossen ($V_G = 0\ V$). In der Regel handelt es sich bei dem Auswahltransistor unabhängig vom Speicherkonzept um einen NMOSFET, da die Elektronenbeweglichkeit μ_n im N-Kanal eines NMOSFETs höher ist als die Löcherbeweglichkeit μ_p im P-Kanal eines PMOSFETs[37]. Das hat zur Folge, dass eine DRAM-Zelle mit einem NMOSFET als Auswahltransistor schneller angesprochen werden kann. Über die „Bitline“ lässt sich der Speicherkondensator laden ($V_Z < 0\ V$) bzw. entladen ($V_Z > 0\ V$).

Die DRAM-Zelle befindet sich im Speicherzustand „0“, wenn in der „floatenden“ Speicherelektrode der Speicherkapazität keine Ladungsträger

[36] Es handelt sich dabei um die sogenannte T-Zelle, die erste, im industriellen Maßstab gefertigte DRAM-Zelle.

[37] Vgl. erneut Abb. 1.17. im Unterpunkt 1.1.4

(Elektronen) gespeichert sind und im Speicherzustand „1“, wenn in der Speicherelektrode der Speicherkapazität Ladungen gespeichert sind. Bedingt durch den Aufbau der Zelle ist es erforderlich, eine Haltespannung $V_H > 0\ V$ an die Speicherkapazität zu legen, um die Ladung in der Speicherelektrode zu halten. In Abb. 1.31. sind die Schaltvorgänge zur Etablierung der beiden Speicherzustände „1“ bzw. „0“ schematisch dargestellt.

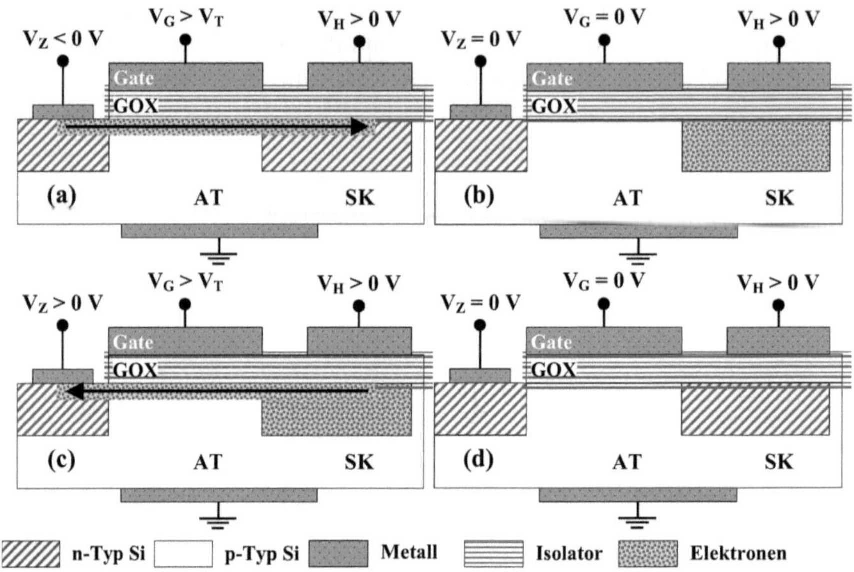

Abb. 1.31. Etablierung der Speicherzustände „1“ und „0“ in einer DRAM-Zelle

Durch Öffnung des Auswahltransistors ($V_G > V_T$) und Anlegen einer negativen Ziehspannung ($V_Z < 0\ V$) werden Elektronen über den influenzierten Transistorkanal in die Speicherelektrode geschoben und dort durch die Haltespannung $V_H > 0\ V$ gehalten (a); nach Abschaltung des „Wordline“- und des „Bitline“-Signals ($V_G = V_Z = 0\ V$) verbleiben die Elektronen, gehalten durch die Haltespannung V_H, in der Speicherelektrode – der Speicherzustand „1“ ist etabliert (b); wird anschließend der Auswahltransistor erneut geöffnet, allerdings eine positive Ziehspannung an die „Bitline“ gelegt, fließen die gespeicherten Elektronen aus der Speicherelektrode über den influenzierten Kanal ab (c), und nach Abschaltung der „Wordline“ und „Bitline“ ist der Speicherzustand „0“ etabliert (d). Das Auslesen des Speicherzustandes erfolgt über die Messung der Spannungsdifferenz ΔV zwischen dem „Bitline“-Kontakt der auszulesenden Zelle und dem „Bitline“-Kontakt einer Referenzzelle, die sich im Speicherzustand „0“ befindet, bei geöffneten Auswahltransistoren. Ist diese Spannungsdifferenz null, befindet sich die auszulesende Zelle im Speicherzustand „0“, ist ΔV von null verschieden, ist die auszulesende Zelle im Speicherzustand „1“.

Die Wahlfreiheit beim Zugriff (das bedeutet die Möglichkeit, jede DRAM-Zelle individuell anzusprechen) wird durch den Matrixaufbau der DRAM-Zellen bewerkstelligt, wie er schematisch in Abb. 1.32. dargestellt ist.

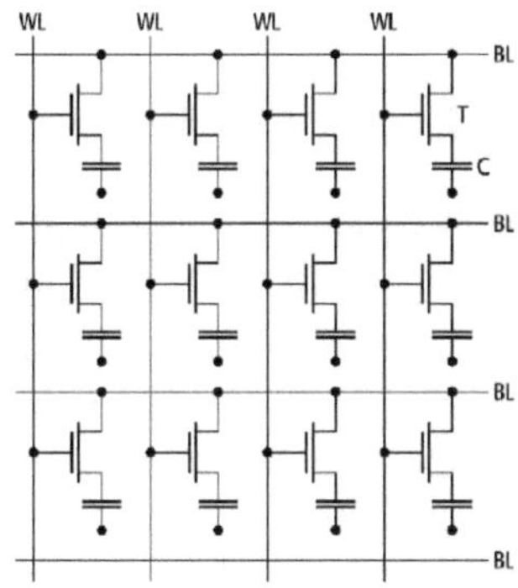

Abb. 1.32. Schematischer Matrixaufbau eines DRAM-Speicherzellenfeldes [PIEise]

Wie sich aus dieser Abbildung ergibt, lässt sich jede einzelne DRAM-Zelle des Speicherzellenfeldes über ein bestimmtes (WL, BL)-Paar ansprechen.

Durch die stets auftretenden Verlustströme, die trotz Haltespannung V_H zu einem Verlust an Ladungen in der Speicherelektrode führen (die Haltezeit der Information in einem DRAM beträgt nur wenige *100 ms*), muss der Speicherzustand „1“ stets erneuert (aufgefrischt) werden. Man spricht in diesem Zusammenhang vom „Refresh“-Zyklus. Dazu werden die Bitmuster des Speicherzellenfeldes alle $t_R = 50\ ms$ (t_R: „Refresh“-Zeit) zeilenweise umkopiert und verstärkt zurückgeschrieben. Diese „Refresh“-Zeit ergibt sich aus der folgenden Abschätzung: Gegenwärtig beträgt die Speicherkapazität einer DRAM-Zelle $C_{DRAM} \approx 40\ fF$, und eine typische Haltespannung liegt bei $V_H \approx 1,5\ V$. Das aktuelle technologische Kriterium für den immer auftretenden Leckstrom I_L, der zum Entladen der Speicherkapazität führt, ist $I_L < 1 \cdot 10^{-13}\ A$. Im ungünstigsten Fall ($I_L = 1 \cdot 10^{-13}\ A$) ist die Speicherkapazität nach

$$t = \frac{C_{DRAM} \cdot V_H}{I_L} \approx 600\ ms \tag{1.45}$$

zu *100 %* entladen (nach $t = 60\ ms$ zu *10 %*, was ein Auslesen der Speicherinformation gerade noch ermöglicht).

Beim Zusammenbruch der Haltespannung geht die Speicherinformation eines DRAM-Speicherzellenfeldes unwiederbringlich verloren. Der Vorteil eines DRAMs liegt in erster Linie darin, dass Informationen schnell (Nanosekunden) gespeichert und wieder abgerufen werden können und dass das Zellenfeld bei geeigneter Architektur sehr kompakt und damit platzsparend aufgebaut werden kann. (Ausführlicher wird dieser Sachverhalt im dritten Kapitel erörtert.)

1.2.2 Der SRAM

SRAM-Speicher sind statische Speicher, deren Speicherinhalt im Gegensatz zum DRAM nicht aufgefrischt werden muss, da der Speicherinhalt durch eine permanent anliegende Spannung gehalten wird. Aber ebenso wie bei einem DRAM geht bei einem Zusammenbruch der Haltespannung die Speicherinformation unwiederbringlich verloren.

Ausgeführt werden SRAM-Speicher als sogenannte „bistabile Kippstufen" (auch „Flipflops" genannt) mittels logischer Gatter (z. B. NAND-Gatter), die mit Hilfe einer Bipolar-, NMOS- oder CMOS-Technologie hergestellt werden. Abb. 1.33. zeigt die Realisierung eines „Flipflops", genauer: eines „RS-Flipflops", mit Hilfe zweier NAND-Gatter. Dabei steht „S" für „Set" (Setzen) und „R" für „Reset" (Rücksetzen). Abb. 1.34. zeigt das Schaltungs-Layout für ein NAND-Gatter.

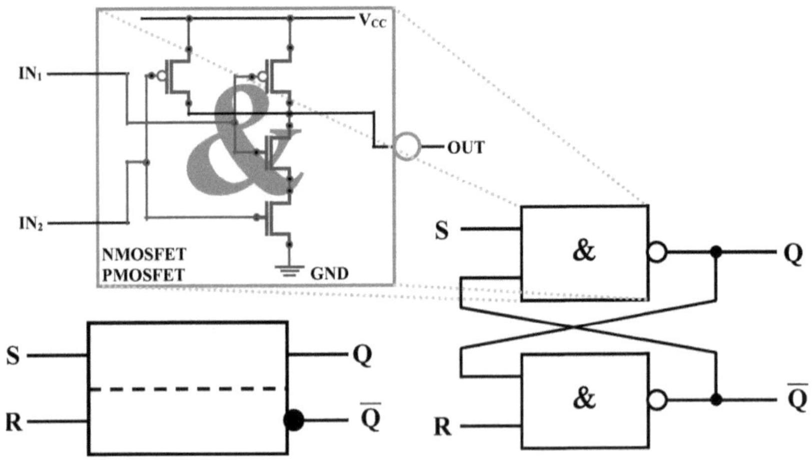

Abb. 1.33. Ersatzschaltbild eines „RS-Flipflops" (links unten) und Realisierung eines „RS-Flipflops" mit Hilfe zweier NAND-Gatter

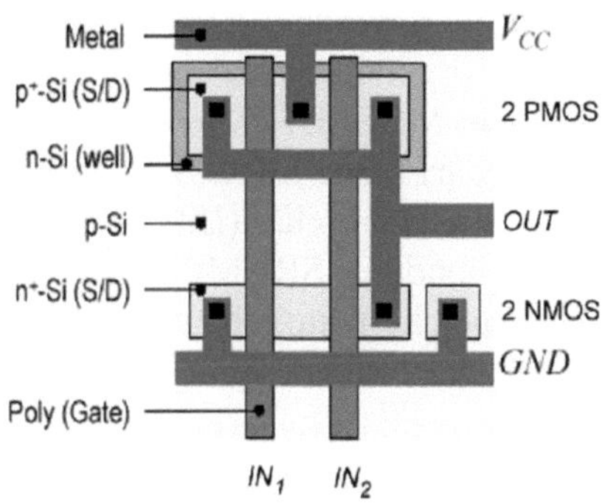

Abb. 1.34. Schaltungs-Layout eines NAND-Gatters in CMOS-Technologie [PIEise]

Das „Flipflop" befindet sich im sogenannten „Setzzustand", wenn am Q-Ausgang „1" und am $\overline{Q}$-Ausgang „0" anliegt; es befindet sich im sogenannten „Rücksetzzustand", wenn am Q-Ausgang „0" und am $\overline{Q}$-Ausgang „1" anliegt. (Liegt am Q-Ausgang „1(0)" an, liegt am $\overline{Q}$-Ausgang automatisch „0(1)" an.) Das „Flipflop" wird durch Anlegen eines Spannungspulses am S-Eingang in den Setzzustand gebracht; entsprechend wird das „Flipflop" durch einen Spannungspuls am R-Eingang in den Rücksetzzustand überführt (vgl. Abb. 1.35.).

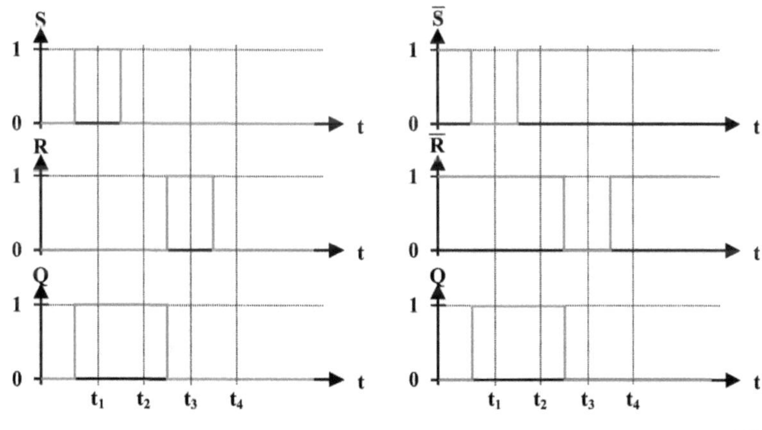

Abb. 1.35. Signal-Zeit-Plan für ein „RS-Flipflop" (links) und für ein „$\overline{RS}$-Flipflop"[38] (rechts)

Ebenso wie DRAMs sind SRAMs schnelle Speicher, und somit können auch mittels SRAM-Speicher Informationen schnell (ebenfalls im Nanose-

[38] Unter einem „$\overline{RS}$-Flipflop" versteht man einen „RS-Flipflop" mit negierten Eingängen.

kundenbereich) gespeichert und wieder abgerufen werden. Allerdings sind „Flipflops" komplexer aufgebaut als DRAMs (realisiert man einen SRAM z. B. mittels zweier NAND-Gatter, werden acht MOSFETs[39] benötigt). Daher ist die Herstellung teurer und der Platzbedarf eines SRAMs ist größer als der eines DRAMs. Entsprechend ist die Speicherdichte (Bits pro Quadratzentimeter) bei einem Speicherchip, bestehend aus SRAMs, kleiner als bei einem Speicherchip, der mittels DRAM-Speichern aufgebaut ist.

1.2.3 Der EEPROM

Unter einem EEPROM versteht man einen Festwertspeicher, der die eingeschriebene Speicherinformation sehr lange (bis zu zehn Jahre) halten kann, ohne dass dazu angelegte Versorgungsspannungen (im Gegensatz zu DRAM und SRAM) aufrechterhalten werden müssen.

Wie der Name des Speicherbausteins bereits sagt, wird die Speicherinformation elektrisch eingeprägt bzw. wieder gelöscht, dabei erfolgt das Schreiben bzw. Löschen der Speicherinformation für jede einzelne Zelle individuell. Den schematischen Aufbau und das Ersatzschaltbild eines EEPROMs zeigt Abb. 1.36.

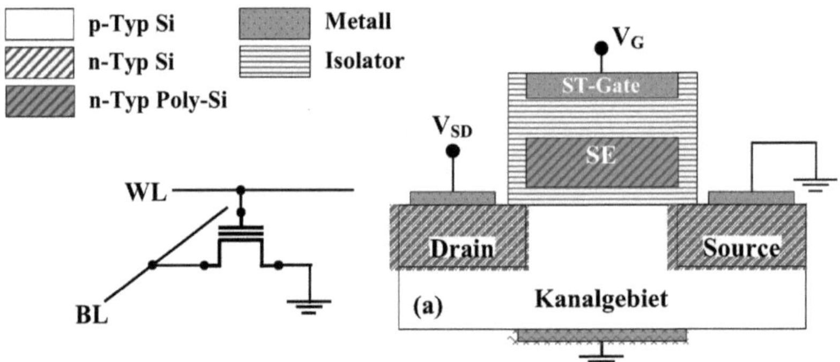

Abb. 1.36. Schematischer Aufbau und Ersatzschaltbild einer EEPROM-Zelle

Eine Untergruppe der EEPROMs stellen die sogenannten „Flash"-EPROMs dar. Bei einem „Flash"-EPROM wird die Speicherinformation einer jeden Zelle individuell geschrieben bzw. gesetzt. Das Löschen der individuellen Speicherinformationen erfolgt allerdings in einem einzigen Schritt, dem sogenannten „Flash", bei dem alle Speicherzellen des gesam-

[39] Bei Verbesserung des Schaltungskonzeptes lässt sich ein SRAM auch mit sechs MOSFETs realisieren. Dies wird ausführlicher im sechsten Kapitel der vorliegenden Arbeit besprochen.

ten Speicherbausteins zur gleichen Zeit angesprochen und gelöscht werden. Prinzipiell ist es nur eine Frage des Schaltungsdesigns, ob ein EPROM-Speicher als „Flash"-EPROM oder als EEPROM ausgeführt wird (für die Realisierung eines EEPROMs benötigt man eine Metallisierungsebene mehr als für einen „Flash"-EPROM). Der Aufbau eines EEPROMs ist ähnlich dem eines DRAMs, nur dass die Speicherkapazität des DRAMs bei einem EEPROM durch eine „floatende" Speicherelektrode (SE), die in die MOS-Steuerkapzität des Zellentransistors integriert ist, ersetzt wird. Diese Speicherelektrode, vollständig elektrisch durch eine Isolatorschicht (z. B. SiO_2) isoliert, ist kapazitiv mit der Gate-Elektrode (ST-Gate) und dem Kanalgebiet des Zellentransistors gekoppelt.

Im Gegensatz zum DRAM befindet sich die EEPROM-Zelle im Speicherzustand „0", wenn in der Speicherelektrode des Speichertransistors Ladungsträger (Elektronen) gespeichert sind und im Speicherzustand „1", wenn sich keine Ladungen in der Speicherelektrode befinden. Dies erklärt sich damit, dass eine beladene bzw. unbeladene Speicherelektrode wie eine freie Gate-Elektrode mit angelegeter Spannung $V_{G,fE} << 0\ V$ bzw. $V_{G,fE} = 0\ V$ wirkt, was dazu führt, dass bei Anlegen einer positiven Gate-Spannung $V_G > 0\ V$ über die Bitline (BL) der Zellentransistor geschlossen bleibt – die Schwellwertspannung V_T des Zellentransistors ist durch die gespeicherte Ladung zu sehr hohen positiven Werten verschoben – bzw. öffnet. Wird nun über die Wordline ($V_G > 0\ V$) und die Bitline ($V_{SD} > 0\ V$) die Speicherzelle adressiert, wird ein Strom (Information „1") bzw. kein Strom (Information „0") durch die Speicherzelle fließen, je nach dem, ob der Zellentransistor öffnet oder nicht. Das Be- und Entladen der Speicherelektrode erfolgt mit einem spannungsinduzierten Tunnelstrom. Man spricht vom sogenannten „Fowler-Nordheim-Tunneln" – FNT von Elektronen aus dem Kanalgebiet des Zellentransistors in die Speicherelektrode (Laden) bzw. aus der Speicherelektrode in das Kanalgebiet des Zellentransistors (Entladen). Dazu wird an die Gate-Elektrode des Zellentransistors eine hohe positive (Laden) bzw. hohe negative Gate-Spannung (Entladen) $V_G >> 0\ V$ bzw. $V_G << 0\ V$ angelegt. In Abb. 1.37. ist dies mit Hilfe des vereinfachten eindimensionalen Bandschemas der MOSOS-Elektrode des Zellentransistors für den Ladevorgang ($V_G >> 0\ V$) veranschaulicht.[40]

---

[40] Der in Abb. 2.7. schematische dargestellte Aufbau für eine EEPROM-Zelle mit einer MOSOS-Elektrode wird so z. B. bei der Infineon Technologies AG München, Deutschland, unter der Beteichnung „FLOTOX" realisiert. Hitachi Ltd., z. B., verwendet im Gegensatz dazu eine MONOS-Elektrode, die eine ähnliche Bandstruktur wie eine MOSOS-Elektrode besitzt. Allerdings besitzt die MONOS-Elektrode den Vorteil, dass sich die in der Nitridschicht gespeicherten Elektronen in dieser nicht frei bewegen können wie in einer quasi-metallischen

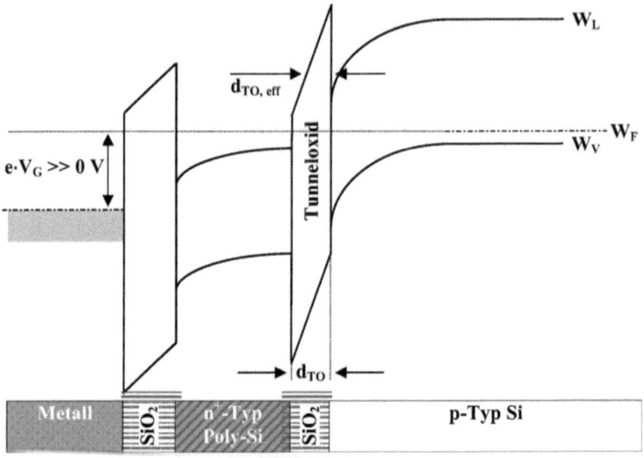

Abb. 1.37. Vereinfachtes, eindimensionales Bänderschema der MOSOS-Elektrode des Speichertransistors eines EEPROMs bei angelegter Steuerspannung $V_S > 0\ V$

Wie sich aus dieser Abbildung ergibt, wird durch das Anlegen der hohen positiven Gate-Spannung V_G an den Zellentransistor die effektive elektrische Dicke $d_{TO,\,eff} < d_{TO}$ des Oxides zwischen dem Kanalgebiet und der Speicherelektrode (Tunneloxid) für Elektronen im Leitungsband des Kanalgebietes reduziert, was zu einer exponentiellen Erhöhung der Tunnelwahrscheinlichkeit $|D(G)|^2$ für Elektronen aus dem Kanalgebiet in die Speicherelektrode führt. Nach *G.A. Gamow* gilt für die Tunnelwahrscheinlichkeit $|D(G)|^2$:

$$|D(G)|^2 \sim e^{-2 \cdot G} = exp\left(-2 \cdot \int_{-d_{TO}/2}^{d_{TO}/2} \sqrt{\frac{2m^*}{\hbar^2} \cdot \left[V(x, V_G) - W \right]}\, dx \right). \tag{1.46}$$

Poly-Elektrode aus polykristallinem Silizium. Dadurch geht bei einem durch Degradation im Tunneloxid entstandenen Leckstrompfad nur ein Bruchteil der gespeicherten Ladung verloren, während bei einer MOSOS-Struktur ein einziger Leckstrompfad genügt, um die gesamte gespeicherte Ladung zu verlieren. Entsprechend geringer ist daher die Ausfallrate eines EEPROMs mit MONOS-Elektrode bzw. entsprechend höher ist die Lebensdauer der gespeicherten Information in einem EEPROM mit MONOS-Elektrode im Vergleich mit einem EEPROM mit einer MOSOS-Elektrode.

Darin bezeichnet m^* die effektive Masse der tunnelnden Elektronen, $W > W_L$ ihre Gesamtenergie und $V(x, V_G)$ die von V_G abhängige Potenzialbarriere, hervorgerufen durch den (n^+-Typ Silizium/SiO_2/p-Typ Silizium)-Übergang (vgl. Abb. 1.38.).

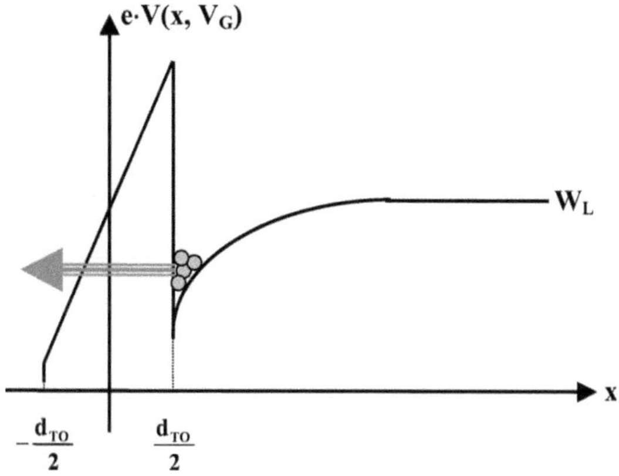

Abb. 1.38. Verlauf der spannungsabhängigen Potenzialbarriere $V(x, V_G)$, die beim Ladevorgang von Elektronen der Energie $W > W_L$ aus dem Kanalgebiet des Speichertransistors durchtunnelt wird

Ohne angelegte Spannung V_G entspricht die effektive elektrische Dicke $d_{TO,\,eff}$ des Tunneloxides der physikalischen Dicke d_{TO} des Oxides, die so gewählt wird, dass sich die Tunnelwahrscheinlichkeit praktisch auf null reduziert. Die Dicke des zweiten Oxides zwischen Steuer- und Speicherelektrode ist so gewählt, dass auch bei angelegter Gate Spannung $V_G >> 0\ V$ die Tunnelwahrscheinlichkeit null ist, um ein Entweichen der in der Speicherelektrode gesammelten Ladungen über dieses Oxid zu verhindern. Das Entladen der Speicherelektrode erfolgt auf demselben, aber in umgekehrter Richtung, ebenfalls über FNT durch Anlegen einer hohen negativen Gate-Spannung $V_G << 0\ V$ an den Zellentransistor. In Abb. 1.39. ist das Beladen der Speicherelektrode durch reines FNT dargestellt.

Wie sich aus Beziehung (1.46) ebenfalls ergibt, kann die Tunnelwahrscheinlichkeit $|D(G)|^2$ auch erhöht werden, wenn die Gesamtenergie W der tunnelnden Elektronen erhöht wird. Daraus resultiert ein zweites Konzept der Beladung der Speicherelektrode. Es beruht auf der Injektion „heißer" (d. h. sehr schneller bzw. hochenergetischer) Elektronen aus dem Kanalgebiet des Zellentransistors in die Speicherelektrode.

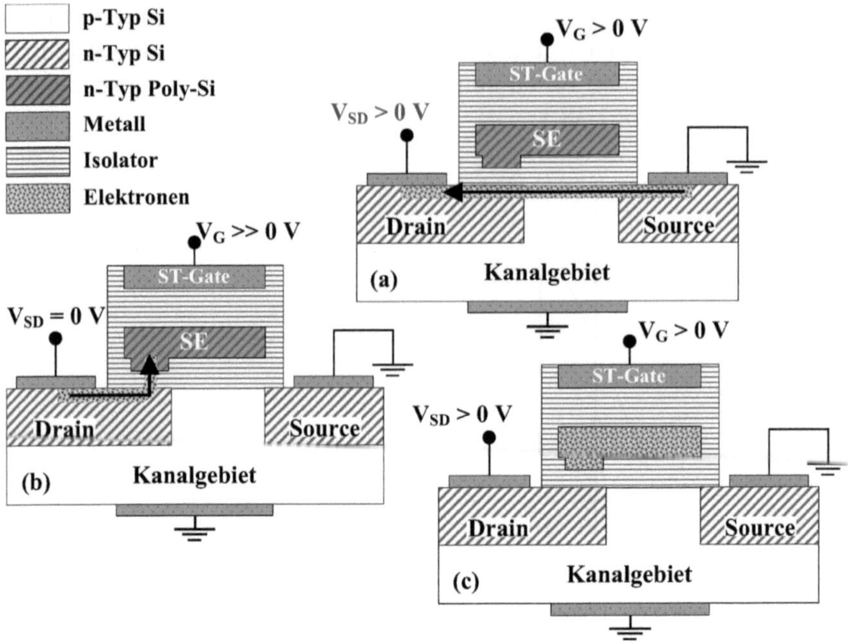

Abb. 1.39. Beladung der Speicherelektrode einer EEPROM-Zelle durch Fowler-Nordheim-Tunneln: Anfänglich befindet sich die Zelle im Speicherzustand „1" (a); durch Adressierung der Zelle über Wordline ($V_G >> 0\ V$) und Bitline ($V_{SD} = 0\ V$) wird ein Fowler-Nordheim-Tunnelstrom induziert, über den die Speicherelektrode mit Elektronen, kommend aus Drain, beladen wird (b); nach Abschaltung aller Spannungen befindet sich die Zelle im Speicherzustand „0", wird die Zelle erneut adressiert ($V_G > 0\ V$, $V_{SD} > 0\ V$) bleibt der Zellentransistor geschlossen (c).

Der Übergang vom Kanalgebiet in die Elektrode über das Oxid ist aber auch bei diesem Konzept Fowler-Nordheim-Tunneln. In Abb. 1.40. ist das Beladen der Speicherelektrode durch Injektion „heißer" Elektronen dargestellt.

Der Vorteil diese Konzeptes liegt in der Tatsache, dass beim Beladen der Speicherelektrode eine geringere Gate-Spannung $V_G > 0\ V$ (Verringerung des effektiven Stresses am Oxid) ausreicht als beim ersten Konzept, was zu einer längeren Lebensdauer des Oxides führt.[41]

[41] Ein Degradationsmechanismus, der zum Ausfall einer Speicherzelle führt, ist der sogenannte „**T**ime **D**ependent **D**ielectric **B**reakdown" (TDDB). Wird ein Dielektrikum eine bestimmte Zeit einem bestimmten elektrischen Stress durch Anlegen eines elektrischen Feldes ausgesetzt, kommt es zum irreparablen Durchbruch des Dielektrikums. Die angelegte Feldstärke ist dabei kleiner als

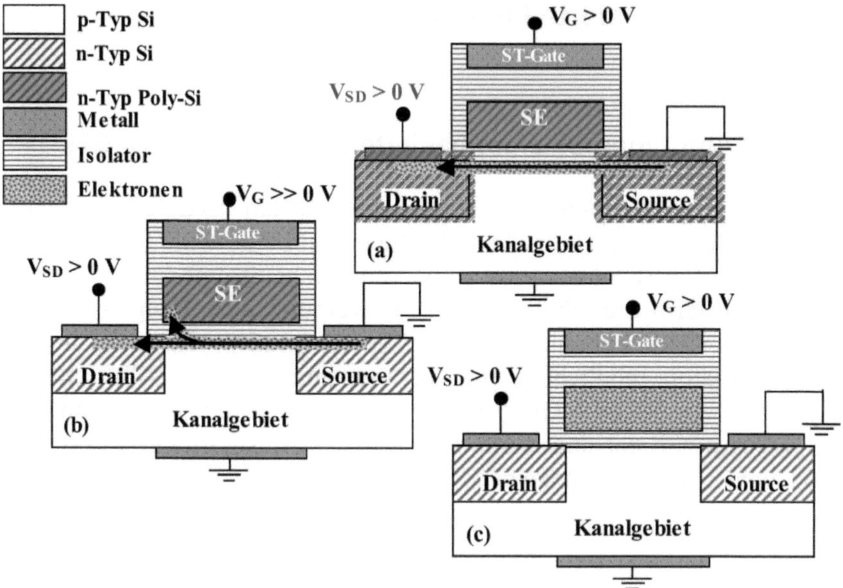

Abb. 1.40. Beladung der Speicherelektrode einer EEPROM-Zelle durch Injektion „heißer“ Elektronen: Anfänglich befindet sich die Zelle im Speicherzustand „1“ (a); durch Adressierung der Zelle über Wordline ($V_G >> 0\ V$) und Bitline ($V_{SD} >> 0\ V$) wird ein hoher Stromfluss durch das Kanalgebiet des Zellentransistors induziert, dabei treten hauptsächlich vor Drain „heiße“ Elektronen auf, die durch Anlegen einer positiven Gate-Spannung $V_G >> 0\ V$ über „Fowler-Nordheim-Tunneln“ in die Speicherelektrode gezogen werden (b); nach Abschaltung aller Spannungen befindet sich die Zelle im Speicherzustand „0“, wird die Zelle erneut adressiert ($V_G > 0\ V$, $V_{SD} > 0\ V$), bleibt der Zellentransistor geschlossen (c).

Das Entladen erfolgt wie auch schon beim ersten Konzept durch Anlegen einer hohen negativen Gate-Spannung $V_G << 0\ V$.

Nachteilig an einem EEPROM sind die notwendigen langen Programmierzeiten (Millisekunden), da der Fowler-Nordheim-Tunnelstrom, über den eine Speicherzelle beladen bzw. entladen wird, nur sehr gering ist.

---

die kritische Durchbruchfeldstärke des Dielektrikums, bei der es sofort zum irreparablen Durchbruch des Dielektrikums kommt. Bedingt durch den TDDB kann eine EEPROM-Zelle nur 10^5 bis 10^6-mal beladen bzw. entladen werden.

1.3 Silizium-basierte Leistungs-MOSFETs

1.3.1 Grundtypen Silizium-basierter Leistungs-MOSFETs

Bei Leistungstransistoren handelt es sich meist um diskrete Bauelemente mit möglichst kleiner Querschnittsfläche A, mit deren Hilfe hohe Betriebsspannungen V_{CC} (bis über 1000 V) und/oder hohe Ströme (mehrere Ampere) so verlustarm wie möglich geschaltet werden sollen. Hauptsächlich bedeutet dies, dass im eingeschalteten Zustand („ON"-Zustand) des Leistungstransistors möglichst kleine Verluste am Transistor selbst auftreten bzw. im Sperrzustand („OFF"-Zustand) des Transistors kein Strom durch den Transistor fließt und somit auch keine Verlustleistung auftritt. Abb. 1.41. zeigt einige Einsatzgebiete für Leistungsschalter mit den dazugehörenden Betriebsspannungen V_{CC} und Strukturgrößen $\sqrt{A}$.

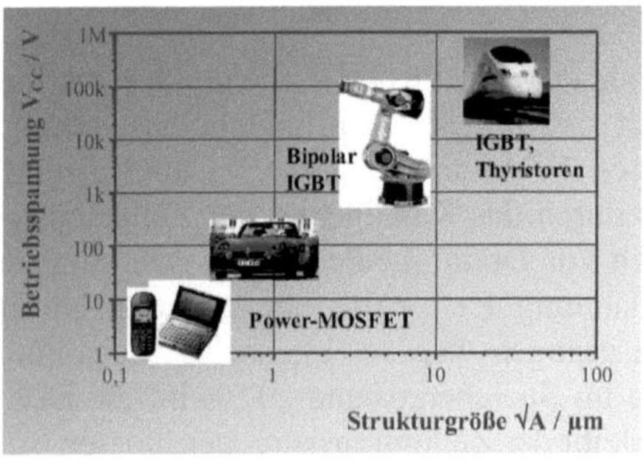

Abb. 1.41. Einsatzgebiete für Leistungsschalter mit dazugehörigen Betriebsspannungen V_{CC} und Strukturgrößen $\sqrt{A}$ [00Finkd]

Aus dieser Abbildung ist zu ersehen, dass für den sogenannten „Smartpower"-Sektor ($V_{CC} \leq 50\ V$) hauptsächlich Power-MOSFET-Konzepte eingesetzt werden. Bipolar- und IG(B)T-Konzepte werden für den Leistungssektor $50 < V_{CC} / V \leq 5000\ V$ eingesetzt, und für den Leistungssektor $V_{CC} > 5000\ V$ kommen neben IG(B)T-Konzepten hauptsächlich Thyristor-Konzepte zum Einsatz. In den zwei Bildern der Abb. 1.42. ist jeweils der schematische Aufbau eines quasivertikalen Power-MOSFET und eines quasivertikalen IG(B)Ts dargestellt. Sie stellen die beiden Grundtypen Silizium-basierter Leistungs-MOSFETs dar und lassen sich mit Silizium-basierter MOS-Technologie realisieren.

Wie man aus Abb. 1.42. erkennt, ist beiden Leistungstransistortypen eine nahezu intrinsische (n^{--}-Typ Silizium) Driftzone gemeinsam.

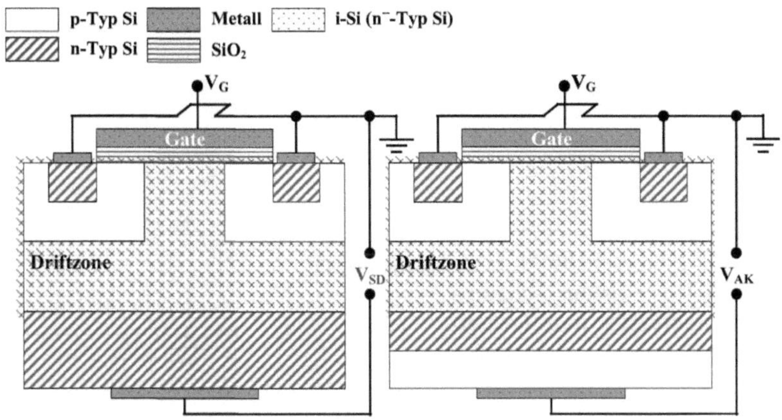

Abb. 1.42. Physikalischer Aufbau eines quasivertikalen Power-MOSFET (links) und eines quasivertikalen IG(B)Ts (rechts)

Über die Länge dieser Driftzone, die als Spannungsteiler wirkt, wird die Durchbruchspannung BV_{OFF} des Leistungstransistors eingestellt, bei der der Transistor sowohl im „OFF"- als auch im „ON"-Zustand in einen meist irreparablen und nicht mehr steuerbaren Durchbruch übergeht. Verbunden ist dieser Durchbruch mit einer rapiden Zunahme des Stromes durch den Transistor. Somit legt die Länge der Driftzone die mögliche Betriebsspannung $V_{CC} < BV_{OFF}$ fest, bei der der Leistungstransistor betrieben werden kann. Die Frage, über welche physikalischen Parameter des Leistungs-MOSFETs die im „ON"-Zustand am Transistor auftretende Verlustleistung $P_{el,\,Power}$ eingestellt werden kann, soll am Ersatzschaltbild eines eingeschalteten Leistungsschalters mit serieller Last betrachtet werden (Abb. 1.43.).
Für die zu minimierende gesamte elektrische Verlustleistung P_{el} gilt:

$$P_{el} = I_{ON}^{2} \cdot (R_L + R_{ON}) = P_{el,L} + P_{el,Power} \,. \tag{1.47}$$

Darin bezeichnet $P_{el,\,L}$ die an der Last entstehende elektrische Verlustleistung. R_{ON} bezeichnet den ohmschen Widerstand des Leistungstransistors im eingeschalteten Zustand. Daraus folgt, dass in erster Linie der ohmsche Widerstand R_{ON} des Leistungstransistors im eingeschalteten Zustand minimiert werden muss, um die obige Forderung nach möglichst kleinen Verlusten am Leistungstransistor selbst zu erfüllen.
Integriert man die Forderung nach möglichst kleiner Querschnittsfläche A des Leistungstransistors, so ergibt sich die technologisch zu erfüllende Forderung der Minimierung des Produktes

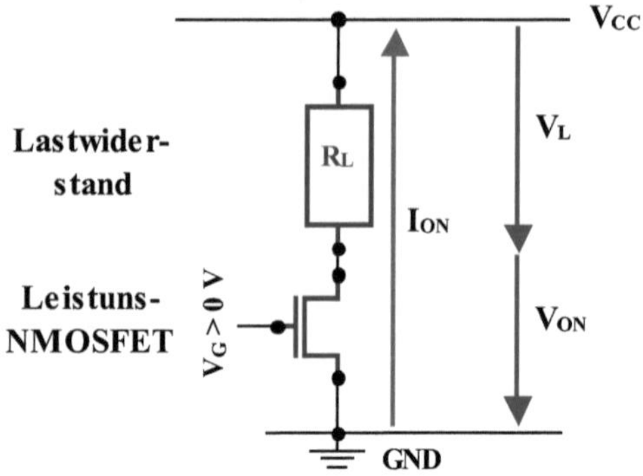

Abb. 1.43. Ersatzschaltbild eines eingeschalteten Leistungsschalters (Power-NMOSFET) mit Lastwiderstand R_L

$$Min\{R_{ON} \cdot A\} \tag{1.48}$$

für Leistungsschalter. Der ohmsche Widerstand R_{ON} des Leistungstransistors im „ON"-Zustand ist durch eine Kette von ohmschen Einzelwiderständen gegeben. Beispielhaft ist eine solche Kette in einem eingeschalteten quasivertikalen Power-MOSFET in Abb. 1.44. dargestellt.

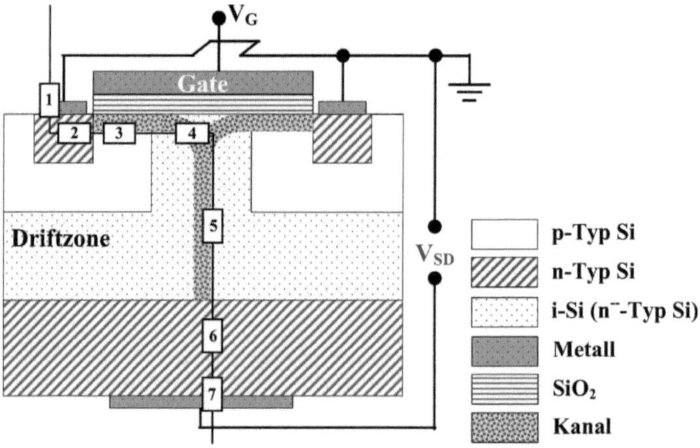

Abb. 1.44. Einzelkomponenten des ohmschen Widerstandes R_{ON} eines quasivertikalen MOSFETs (DMOS) im eingeschalteten Zustand

Konkret handelt es sich dabei um den Kontaktwiderstand $R_{K,S}$ des Source-Gebietes (1), den Source-Widerstand R_S (2), den Kanalwiderstand R_{Ch} (3), den sogenannten „Junction-FET"-Widerstand $R_{J\text{-}FET}$ (4), der durch die Wechselwirkung der aus den beiden Source-Gebieten kommenden Ströme verursacht wird, den Epi-Widerstand der Driftzone R_{Epi} (5), den Drain-Widerstand R_D (6) und den Kontaktwiderstand $R_{K,D}$ des Drain-Gebietes (7). Der prozentuale Anteil eines der genannten Einzelwiderstände am Gesamtwiderstand R_{ON} variiert, je nachdem, mit welcher Betriebsspannung V_{CC} der Transistor betrieben werden soll. In Abb. 1.45. ist dieser Sachverhalt graphisch dargestellt.

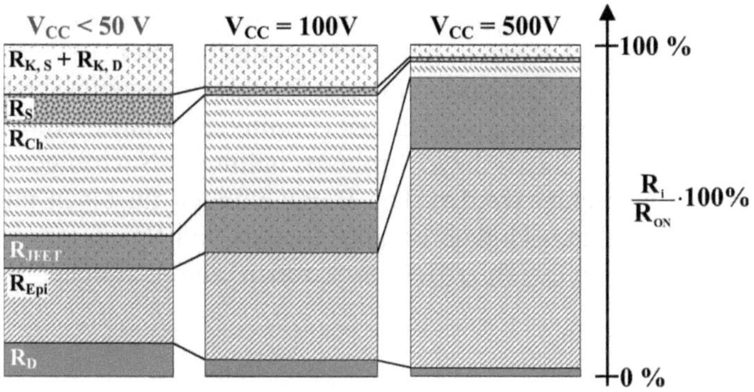

Abb. 1.45. Prozentuale Anteile der in einem quasivertikalen Power-MOSFET auftretenden Einzelwiderstände R_i $(i = 1, ..., 7)$ am Gesamtwiderstand R_{ON} im eingeschalteten Zustand [00Finkd]

So ergibt es sich zum Beispiel, dass mit zunehmender Durchbruchfestigkeit und damit zunehmender Driftzonenlänge der Anteil des Epi-Widerstand der Driftzone R_{Epi} am Gesamtwiderstand R_{ON} immer stärker an Einfluss gewinnt, während gleichzeitig der Einfluss des Source-Widerstandes R_S oder der Einfluss des Kanalwiderstandes R_{Ch} bei steigender Durchbruchfestigkeit schwindet. Diese Tatsache muss bei der Entwicklung von Konzepten für die Silizium-basierte Leistungselektronik berücksichtigt werden. Da das elektrische Verhalten eines Silizium-basierten Power-MOSFETs dem eines Langkanal-MOSFETs ähnelt (es treten lediglich höhere Spannungs- und Stromwerte auf), soll im Folgenden nur auf das elektrische Verhalten von Silizium-basierten IG(B)Ts eingegangen werden: Das Verhalten eines IG(B)Ts bzw. IGTs entspricht im Wesentlichen dem eines Thyristors, der selbst auf dem Bipolartransistor beruht. Daher soll für die Betrachtung das Verhalten von npn- bzw. pnp-Bipolartransistoren und npnp-Thyristoren etwas näher erörtert werden.[42]

[42] Da sich das vorliegende Buch mit MOSFET-Konzepten befasst, soll sich die Erörterung von Bipolartransistoren und Thyristoren auf die Nennung der wesentlichen Zusammenhänge beschränken. Die ausführlichen Herleitungen dieser Zusammenhänge findet sich in der einschlägigen Fachliteratur, z. B. [01Kasp, 03Hoff].

1.3.2 Bipolartransistoren

Bei einem Bipolartransistor (BT) handelt es sich im wesentlichen um einen npn- bzw. pnp-Übergang. Im Unterschied zum MOSFET sind allerdings bei einem BT alle drei Dotiergebiete, die als Emitter (E), Basis (B) und als Kollektor (C) bezeichnet werden, mit einem ohmschen Schottky-Kontakt versehen. Je nach Verschaltung wirkt ein BT als Spannungsverstärker (Basisschaltung) oder als Stromverstärker (Emitterschaltung). Abb. 1.46. zeigt einen npn-BT in Basis- bzw. Emitterschaltung. (Nachfolgend soll stets ein npn-BT betrachtet werden. Die Betrachtungen für einen pnp-BT ergeben sich analog durch Umkehren aller Strom- und Spannungsvorzeichen und durch Ersetzen des Begriffes „Elektronen“ durch „Löcher“.)

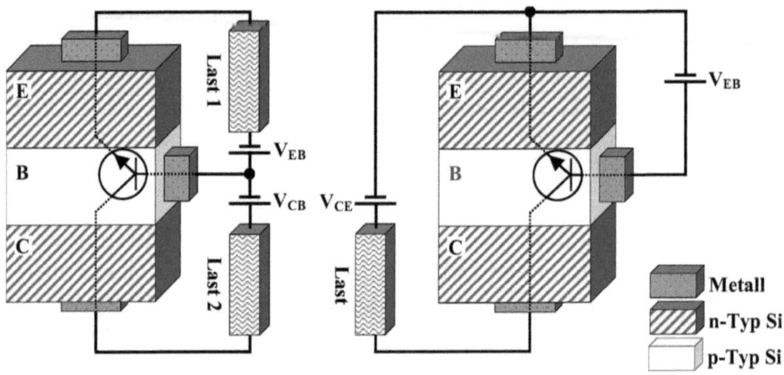

Abb. 1.46. Basis- (links) und Emitterschaltung mit eingezeichnetem Schaltsymbol (rechts) eines npn-Bipolartransistors

Diese Abbildung veranschaulicht, dass im Verstärkerbetrieb eines BTs die Emitter-Basis-Diode in Durchlassrichtung, die Kollektor-Basis-Diode in Sperrrichtung gepolt. Dadurch werden Elektronen aus dem Emitter in die Basis injiziert und diffundieren aufgrund des dadurch entstehenden Konzentrationsgefälles (in der Basis sind Elektronen Minoritätsladungsträger) durch die Basis zum Kollektor und werden dort abgesaugt. Daraus resultieren zwei Forderungen, die bei der Realisierung eines Bipolartransistors erfüllt sein sollten:

1. Der über die Emitter-Basis-Strecke fließende Strom sollte vollständig von Elektronen getragen sein.
2. Alle vom Emitter in die Basis injizierten Elektronen sollten den Kollektor erreichen, was bedeutet, dass die Rekombinationsrate der injizierten Elektronen mit den Löchern der Basis gegen null gehen sollte.

Sind diese beiden Forderungen erfüllt, dann ist die Stromverstärkung V_{BS} in der Basisschaltung über die folgende Beziehung definiert:

$$V_{BS} = \frac{I_C}{|I_E|} = \alpha_0 \,. \tag{1.49}$$

α_0 ist nahezu eins, da der vom Emitter injizierte Strom I_E vollständig über den Kollektor abfließt und der zusätzliche Löcherstrom I_{BE0}, der über den Basis-Emitter-Kreis (BEK) fließt, sehr viel kleiner ist als I_E, woraus

$$|I_E| = I_C + I_{BE0} \approx I_C \tag{1.50}$$

folgt.[43] Grund dafür sind die unterschiedlichen Dotierungen im Emitter und in der Basis, wie noch erklärt werden wird. Mathematisch lassen sich die beiden obigen Forderungen folgendermaßen erfassen:

$$\alpha_0 = \frac{I_C}{|I_E|} \approx 1 \approx \alpha_E \cdot \alpha_T \,. \tag{1.51}$$

Darin bezeichnet α_E weiterhin die sogenannte Emitterwirksamkeit und α_T den sogenannten Transportfaktor. Daraus folgt, dass der BT so zu dimensionieren ist, dass sowohl seine Emitterwirksamkeit als auch sein Transportfaktor nahezu eins ist. Die Emitterwirksamkeit ist über das Verhältnis der Elektronenstromdichte j_n zur Löcherstromdichte j_p in einem pn-Übergang wie folgt definiert:

$$\alpha_E = \frac{1}{1 + \frac{j_p}{j_n}} = \frac{1}{1 + \frac{D_{p(N)} \cdot W \cdot N_A^{(B)}}{D_{n(P)} \cdot L_p \cdot N_D^{(E)}}} \approx 1 - \frac{D_{p(N)} \cdot W \cdot N_A^{(B)}}{D_{n(P)} \cdot L_p \cdot N_D^{(E)}} \,. \tag{1.52}$$

---

43 Es ist eigentlich an dieser Stelle falsch, von einer Stromverstärkung V_{BS} zu sprechen, da in der Basisschaltung keine Stromverstärkung auftritt ($\alpha_0 \approx 1$). Dieser Begriff wird an dieser Stelle dennoch verwendet, weil er in der Fachliteratur gebräuchlich ist. Eine Spannungsverstärkung in dieser Schaltung könnte jedoch realisiert werden, wenn die beiden Lastwiderstände 1 und 2 unterschiedlich gewählt werden (vgl. erneut Abb. 1.46.). Begründet ist diese Möglichkeit mit der Tatsache, dass $\alpha_0 \approx 1$ in der Basisschaltung gilt, wobei $\alpha_0 \approx 1$ bedeutet, dass die durch die Lastwiderstände fließenden Ströme in der Basisschaltung stets gleich groß sind.

Die Basisweite W ist der physikalische Abstand zwischen Emitter und Kollektor, $D_{p(N)}$ bzw. $D_{n(P)}$ ist die Diffusionskonstante für Löcher bzw. Elektronen in n-Typ bzw. p-Typ Silizium, L_p ist die Diffusionslänge für Löcher in Silizium und $N_D^{(E)}$ bzw. $N_A^{(B)}$ ist die Donatorkonzentration im Emitter bzw. die Akzeptorkonzentration in der Basis. Eine Emitterwirksamkeit nahe eins lässt sich somit über eine kleine Basisweite W und über ein asymmetrisches Dotierverhältnis ($N_D^{(E)} >> N_A^{(B)}$) erzielen. Für den Transportfaktor α_T gilt mit der Diffusionslänge L_n für Elektronen in Silizium unter der Bedingung $\alpha_E = 1$ die Beziehung:

$$\alpha_T = 1 - \frac{1}{2} \cdot \left(\frac{W}{L_n} \right)^2 . \tag{1.53}$$

Wählt man die Basisweite W viel kleiner als die Diffusionslänge L_n, ergibt sich ein Transportfaktor nahe eins.

Die Spannungsverstärkung ergibt sich in der Basisschaltung aus der Tatsache, dass eingangsseitig (EBK) nur eine sehr geringe Spannung V_{EB} benötigt wird, um einen relative hohen Strom zu erzeugen, der in den gesperrten Kollektor-Basis-Kreis (KBK) injiziert wird. Wählt man nun einen entsprechend hohen Lastwiderstand im KBK, fällt an diesem ein spannungsmäßig verstärktes Signal ab.

Die Graphen in Abb. 1.47. zeigen die Kennlinienfelder eines npn-Bipolartransistors in Basisschaltung. Dabei wird die sogenannte „Kollektor-Emitter-Rückwirkung", ein Effekt ähnlich der Kanallängenmodulation beim MOSFET (siehe Unterabschnitt „Die Charakteristik eines MOSFETS beim Übergang zu Kanallängen im Bereich $\leq 0{,}25\ \mu m$" im vorangegangenen Unterpunkt 1.1.4), vernachlässigt.

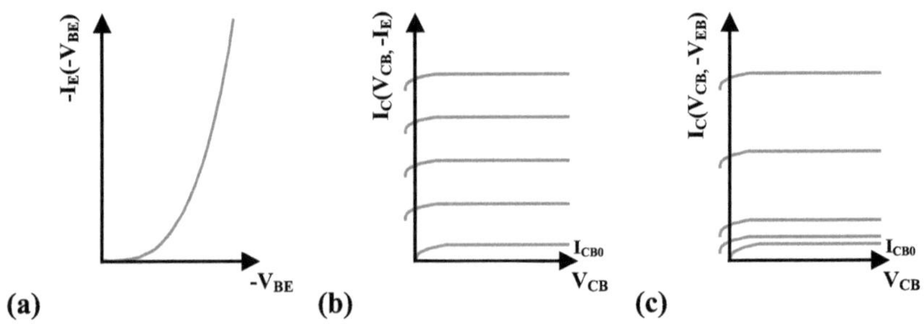

Abb. 1.47. Eingangskennlinie $-I_E(-V_{EB})$ (a) und Ausgangskennlinienfelder $I_C(V_{CB}, -I_E)$ bzw. $I_C(V_{CB}, -V_{BE})$ (b bzw. c) eines npn-Bipolartransistors in Basisschaltung

Wie man aus diesen Graphen erkennt, ergibt sich als Eingangskennlinie $-I_E(-V_{EB})$ der Verlauf einer in Durchlass geschalteten pn-Diode.
Der im Ausgangskennlinienfeld $I_C(V_{CB}, -I_E)$ bzw. $I_C(V_{CB}, -V_{BE})$ auftretende Strom I_{CB0} für $-I_E = 0\ A$ bzw. $-V_{BE} = 0\ V$ folgt dem Verlauf einer in Sperrrichtung gepolten pn-Diode. Außerdem ergibt sich im ersten Ausgangskennlinienfeld $I_C(V_{CB}, -I_E)$ bei äquidistanter Erhöhung des Emitterstromes $-I_E$ eine äquidistante Erhöhung des Kollektorstromes I_C; im zweiten Ausgangskennlinienfeld $I_C(V_{CB}, -V_{EB})$ bei äquidistanter Erhöhung des Emitter-Basis-Spannung $-V_{EB}$ eine exponentielle Erhöhung des Kollektorstromes I_C. In der Emitterschaltung gilt für die Stromverstärkung V_{ES}:

$$V_{ES} = \frac{I_C}{I_B} = \frac{\alpha_0}{1-\alpha_0} = \beta_0 \,. \tag{1.54}$$

Wird wieder $\alpha_E = 1$ vorausgesetzt, folgt:

$$\beta_0 = \frac{\alpha_T}{1-\alpha_T} \approx 2 \cdot \left(\frac{L_n}{W}\right)^2 . \tag{1.55}$$

Der über die Basiselektrode in den BT injizierte Löcherstrom (I_B) muss lediglich den notwendigen Löcherstrom zur Rekombination der Elektronen in der Basis, in der Raumladungszone zwischen Emitter und Basis und im Emitter aufbringen und ist im entsprechenden Transistordesign im Vergleich zum Kollektorstrom I_C sehr viel kleiner. Somit kann über einen sehr kleinen Strom (I_B) ein großer Strom (I_C) gesteuert werden. Wird jetzt auch noch $L_n >> W$ gewählt, lassen sich in dieser Schaltung sehr hohe Strom- als auch Spannungsverstärkungen erzielen. In der Praxis wird daher diese Schaltung bevorzugt. Abb. 1.48. zeigt das Ausgangskennlinienfeld $I_C(V_{CE}, I_B)$ eines npn-Transistors in Emitterschaltung.

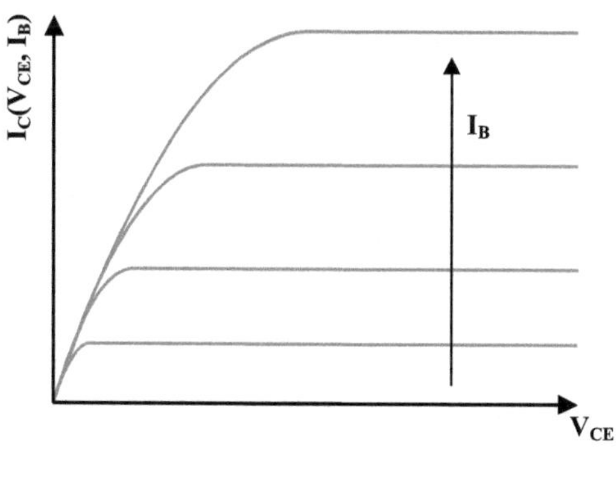

Abb. 1.48. Ausgangskennlinienfeld $I_C(V_{CE}, I_B)$ eines npn-Bipolartransistors in Emitterschaltung

Der Nachteil an der Strom- und Spannungsverstärkung mit Bipolartechnologie besteht darin, dass eine solche Verstärkung niemals verlustleistungslos realisiert werden kann, da immer ein Verluststrom (in der Emitterschaltung der Basisstrom) durch die Verstärkerschaltung fließt.

1.3.3 Thyristoren und IG(B)Ts

Den schematischen Aufbau eines Thyristors, der in der englischsprachigen Literatur auch oft Silicon Controlled Rectifier (SCR) genannt wird, zeigt Abb. 1.49.

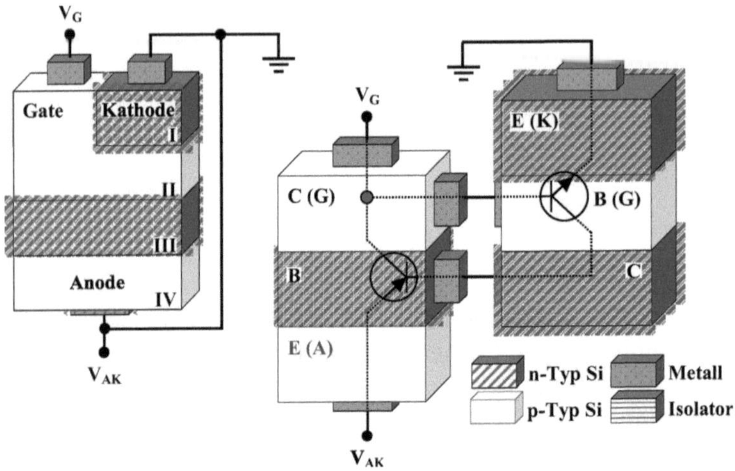

Abb. 1.49. Schematischer Aufbau eines Thyristors (oben links) und Ersatzschaltbild eines Thyristors (unten rechts)

Thristoren werden hauptsächlich in der Starkstromtechnik eingesetzt und haben dort die Röhrentechnik ersetzt. Davon zeugen die Bezeichnungen „Kathode“ (K) und „Anode“ (A) für die elektrischen Anschlüsse der Gebiete I und IV. Als Steuerelektrode, wie auch beim MOSFET „Gate“ (G) genannt, dient der elektrische Anschluss des Gebietes II. Wie sich ebenfalls aus dieser Abbildung ergibt, lässt sich ein Thyristor als eine Kopplung aus einem npn-BT (Gebiete I, II und III) und einem pnp-BT (Gebiete II, III und IV) auffassen. Dabei wird der npn-BT in Basisschaltung und der pnp-BT in der Kollektorschaltung betrieben. In Abb. 1.50. ist das Ausgangskennlinienfeld $I_A(V_{AK}, I_G)$ eines Thyristors, der in Serie mit einem Vorwiderstand R_V geschaltet ist, dargestellt. V_{AK} bezeichnet dabei den Anteil an der Gesamtspannung, der über dem Thyristor abfällt.

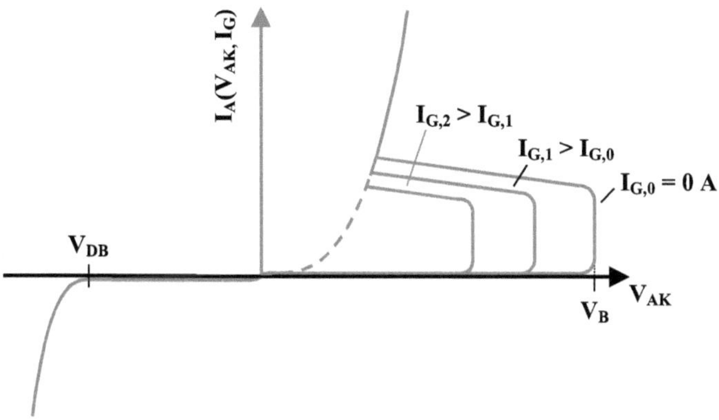

Abb. 1.50. Ausgangskennlinienfeld $I_A(V_{AK}, I_G)$ eines Thyristors

Im Folgenden soll die Entstehung dieses Kennlinienfeldes kurz erläutert werden: Wird an den Thyristor bei zunächst ausgeschaltetem Gate ($V_G = 0\ V$) eine negative Spannung $V_{AK} < 0\ V$ angelegt, so befindet sich der pn-Übergang II/III im Durchlass, allerdings sperren die pn-Übergänge I/II bzw. III/IV. Somit sperrt der Thyristor, und es fließt nur ein geringer Sperrstrom. Die Sperrkennlinie reicht bis zur Durchbruchspannung V_{DB}, die hauptsächlich durch technologische Größen wie Abmessungen und Dotierhöhen beeinflusst wird. Ab V_{DB} geht der Thyristor in den Zener-Durchbruch über. Fällt an der Anode eine positive Spannung $V_{AK} > 0\ V$ ab (das Gate sei zunächst immer noch ausgeschaltet), sind die pn-Übergänge I/II und III/IV in Durchlass geschaltet und der pn-Übergang II/III sperrt. Der Thyristor sperrt also ebenfalls, und es fließt wie auch schon bei $V_{AK} < 0\ V$ ein sehr geringer Sperrstrom. Bei Überschreitung der sogenannten „Blockierspannung" V_B, oft auch als „Nullspannung" oder „Kippspannung" bezeichnet, wird infolge eines Durchbruchmechanismus[44] ein Rückkoppelmechanismus in Gang gesetzt, der zu einem starken und schnellen Anstieg des Stromes führt. Der Thyristor geht in seinen niederohmigen Zustand über (sein ohmscher Widerstand sinkt), und die angelegte Versorgungsspannung fällt zunehmend nur noch am Vorwiderstand R_V ab. Das ist der Grund, warum im sogenannten „aktiven Bereich" bzw. im „Übergangsbereich" des Thyristors der Strom bei fallender Spannung bis zu einem Haltestrom I_H steigt. Die Kennlinie geht schließlich in den Durchlassbereich über. Hier werden die Gebiete II und III von beiden Seiten mit Ladungsträgern „überschwemmt". Der Durchlassbereich gleicht dem einer normalen p(i)n-Diode. Wird die Versorgungsspannung V_{AK} wieder abge-

[44] Dafür kommen der Zener-Durchbruch, der Lawinendurchbruch („Avalanche") oder der Felddurchgriff („Punch-through") in Frage.

senkt und unterschreitet diese den Wert der sogenannten „Haltespannung“ V_H, geht der Thyristor wieder in seinen hochohmigen Zustand über (vgl. Abb. 1.51.).

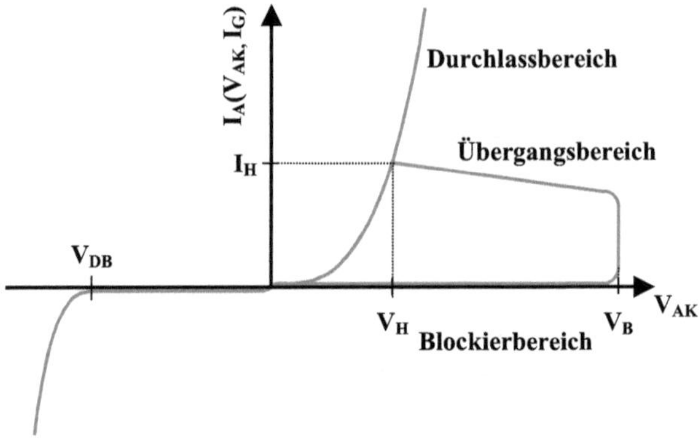

Abb. 1.51. Ausgangskennlinienfeld $I_A(V_{AK}, I_G)$ eines Thyristors für $I_G = 0\,A$

Für eine genauere Erörterung des Rückkoppelmechanismus, der auch „Thyristoreffekt“ genannt wird, soll erneut das Ersatzschaltbild eines Thyristors in Abb. 1.49. betrachtet werden: Befindet sich der Thyristor im Blockierbereich ($0\,V < V_{AK} < V_B$), fließen sowohl im pnp- als auch im npn-BT nur Sperrströme. Dabei sind die Sperrströme der beiden BTs gleichzeitig die Basisströme des jeweils anderen BTs. Ab einer bestimmten Spannung (V_B) wird der Sperrstrom eines BTs so groß, dass er beginnt, den anderen BT aufzusteuern. Beide Bipolartransistoren treten in einen wechselseitigen, sehr schnell verlaufenden „Aufsteuerungsprozess“. Diesen Prozess bezeichnet man als Thyristoreffekt. Der Übergang vom Sperrbereich in den aktiven Bereich wird nur erreicht, wenn der Thyristor die technologisch einzustellende „Zündbedingung“

$$\alpha_{npn} + \alpha_{pnp} = \beta_{npn} \cdot \beta_{pnp} = 1\,. \tag{1.56}$$

erfüllt. Diese ergibt sich aus den folgenden Überlegungen (vgl. dazu erneut Abb. 1.49.). Für die Verstärkung des npn-BT gilt:

$$V_{BS} = \frac{I_{C,npn}}{\left|I_{E,npn}\right|} = \frac{I_{C,npn}}{I_K} = \alpha_{npn}\,. \tag{1.57}$$

Darin bezeichnen $I_{C(E),\, npn}$ den Kollektorstrom (Emitterstrom) des npn-BT und I_K den Kathodenstrom des Thyristors. Für die Verstärkung des pnp-BT gilt:

$$V_{KS} = \frac{\left|I_{E,pnp}\right|}{I_{B,pnp}} = \frac{\left|I_A\right|}{I_{B,pnp}} = \frac{1}{1-\alpha_{pnp}} = \gamma_{pnp} \,. \tag{1.58}$$

Darin bezeichnen $I_{E(B),\, pnp}$ den Emitterstrom (Basisstrom) des pnp-BT und I_A den Anodenstrom des Thyristors. Mit $I_K = \left|I_A\right|$, $I_G = 0\,A$ $(V_G = 0\,V)$ und

$$I_{C,npn} = \alpha_{npn} \cdot I_K = I_{B,pnp} \tag{1.59}$$

folgt die obige Bedingung (1.50).

Wird der Übergang vom Sperrbereich in den aktiven Bereich des Thyristors (gemeint ist das „Zünden" des Thyristors, für das eine gewisse Mindeststromdichte durch den Thyristor fließen muss) durch Überschreiten der Kippspannung V_B induziert, nennt man dies „Überkopfzünden". Die andere Möglichkeit, den Thyristor zu zünden, besteht darin, mit Hilfe eines Spannungspulses am Gate ($V_G > 0\,V$) die erforderte Mindeststromdichte durch Injektion von Elektronen in das Gebiet II zu erbringen. So wird im Normalfall auch der Thyristor betrieben. Der Thyristor zündet dann bereits bei geringeren Spannungen $V_{AK} < V_B$ (siehe Abb. 1.52.).

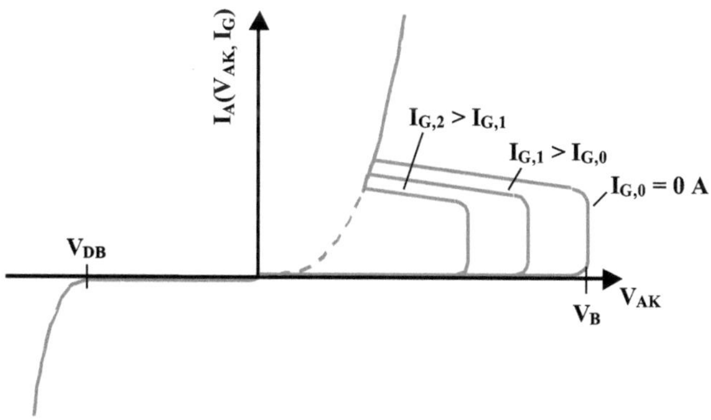

Abb. 1.52. Ausgangskennlinienfeld $I_A(V_{AK}, I_G)$ eines Thyristors für $I_G \geq 0\,A$

Der Vorteil eines IG(B)Ts (vgl. Abbildungen 1.42. und 1.53.) ist im Vergleich zu einem npnp-Thyristor der, dass die Zündung des Thyristors verlustleistungslos über einen Strom eingeleitet wird, der über ein MOS-Gate aus der Kathode (Gebiet I) in das Gebiet II injiziert wird.

Durch geeignetes Design – besonders hinsichtlich Dotierhöhen in den einzelnen Thyristorgebieten – ist es möglich, einen IG(B)T herzustellen, der durch Anlegen eines negativen Spannungspulses am Gate ($V_G < 0\ V$) den IG(B)T wieder auszuschalten, ihn also vom niederohmigen wieder in den hochohmigen Zustand zu überführen. Dazu muss durch das Gate ein Abschaltestrom induziert werden, der ca. *20–30 %* des Laststromes beträgt. Ein solcher IG(B)T wird GTO-IG(B)T genannt [W³2, 01Kasp].

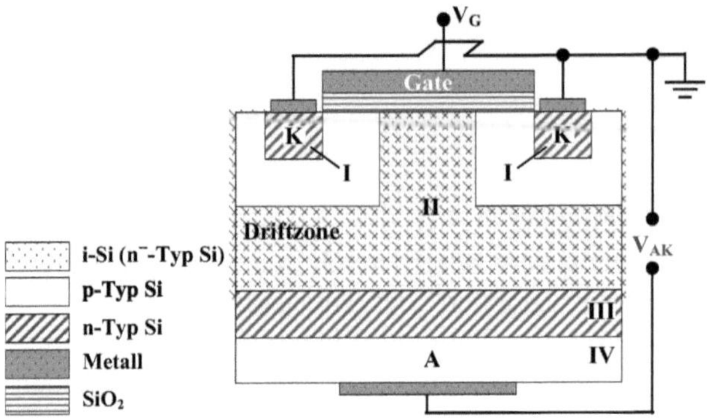

Abb. 1.53. Verschaltung eines IG(B)Ts

2 Konzepte der CMOS-Logik und HF-Technologie

Im vorliegenden Kapitel soll das erste Hauptthema der Arbeit „Vertikale und quasivertikale Bauelementkonzepte Silizium-basierter CMOS-Logik und Hochfrequenz-Technologie" behandelt werden. Dieses umfasst die in den Tabellen E.7. und E.8. aufgeführten realisierten Konzepte sowie neuere Konzeptansätze, die in dieser Form bisher noch nicht publiziert wurden, da sie sich entweder noch in der Entwicklung befinden oder im Moment nur als Konzeptidee auf dem Papier existieren.[45] Tabelle 2.1. gibt eine Übersicht über alle Konzepte, die in diesem Kapitel diskutiert werden.

Tabelle 2.1. Vertikal- und Quasivertikalkonzepte der Silizium-basierten CMOS-Logik und Hochfrequenz-Technologie

Vertikalkonzepte			Quasivertikal-konzepte
Konventionelle MOSFETs	IC-MOSFETs	Quanten-MOSFETs	
VIGAT	SOI-MOSFET	TMOSFET	BG-MOSFET
VMOSFET	SON-MOSFET	SET	SiGe-MODFET
SOI-VMOSFET			SiGe-MOSFET
MOSFET			SiGe-SOI-MOSFET
VRG-MOSFET			ALD-MOSFET
Pillar-MOSFET			SON-MOSFET
SOI-MOSFET			
PDBFET			
SSC-MOSFET			

[45] Die Tabellen E.7. und E.8. (siehe Einleitung des Buches) umfasst nur jene Konzepte, die auf den drei internationalen Konferenzen IEDM, ESSDERC und SSDM vorgestellt wurden und die die Quellenbasis dieser Arbeit darstellen. Darüber hinaus werden in dem vorliegenden zweiten Kapitel sowie in den folgenden Kapiteln drei und vier auch die Konzepte dargestellt, von denen der Autor der vorliegenden Arbeit durch zusätzliches Quellenmaterial Kenntnis besitzt. Somit ist diese Arbeit hinsichtlich der Konzepte, die auf den besagten Tagungen vorgestellt wurden, vollständig, allerdings kann und wird nicht der generelle Vollständigkeitsanspruch erhoben.

Wie dieser Tabelle zu entnehmen ist, basieren die meisten quasivertikalen MOSFET-Konzepte sowie das Konzept des vertikalen SiGe-MOSFET, die in den folgenden Unterkapiteln diskutiert werden, auf einer SiGe-Heterostruktur, die das Kanalgebiet dieser Transistoren bildet. Daher soll im Folgenden zunächst einiges über die Besonderheiten von SiGe-Heterostrukturen zusammengetragen werden.

Im Allgemeinen versteht man unter Heterostrukturen oder genauer Halbleiterheterostrukturen monokristallin aufeinander gewachsene Schichten von Halbleitermaterialien unterschiedlicher Zusammensetzung. Ein Beispiel für eine Heterostruktur ist in der folgenden Abb. 2.1. gegeben.

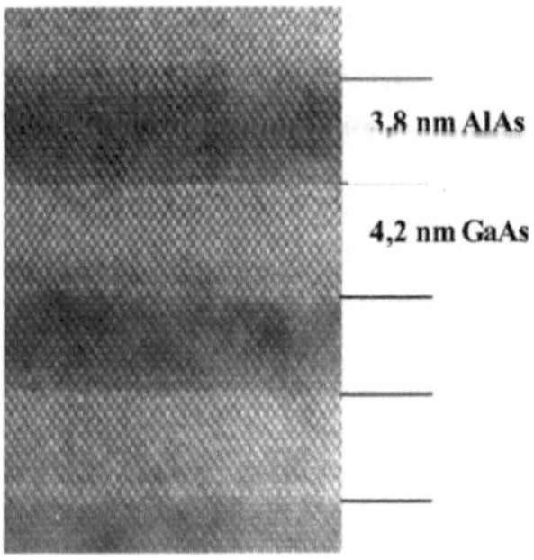

Abb. 2.1. Transmissionselektronenmikroskopische Aufnahme einer GaAs/AlAs-Halbleiterheterostruktur (abwechselnde Schichten von GaAs und AlAs); man erkennt die Fortsetzung des Kristallgitters über die Materialgrenzen hinweg[46] (aus Lexikon der Physik, 2000 © Elsevier GmbH, Spektrum Akademischer Verlag, Heidelberg)

Die Besonderheit solcher Heterostrukturen liegt darin, dass der Bandverlauf an den Heteroübergängen in solchen Strukturen Sprünge aufweist, mit denen sich Potenzialbarrieren oder -töpfe in diesen Halbleitermaterialien realisieren lassen. Man unterscheidet zwei Typen von Heteroübergängen – siehe Abb. 2.2.

Ist die sogenannte „Gitterfehlanpassung“

$$f = \frac{a_1 - a_2}{a_2} \tag{2.1}$$

(a_1 bezeichnet die Gitterkonstante des Materials 1, auf welches epitaktisch das Material 2 mit der Gitterkonstanten a_2 aufgewachsen wird) zwischen den beiden Materialien 1 und 2 eines Heteroübergangs null, dann ergibt sich der Sprung im Bandverlauf am Heteroübergang in erster Linie durch die unterschiedlich großen Energielücken $\Delta W_{G,i}$ und die unterschiedlichen Elektronenaffinitäten χ_i ($i = 1, 2$) beider Materialien.

---

[46] Realisiert wurde diese Heterostruktur in der Arbeitsgruppe *K. Eberls* am Max-Planck-Institut (MPI) für Festkörperforschung, Stuttgart [00LdP].

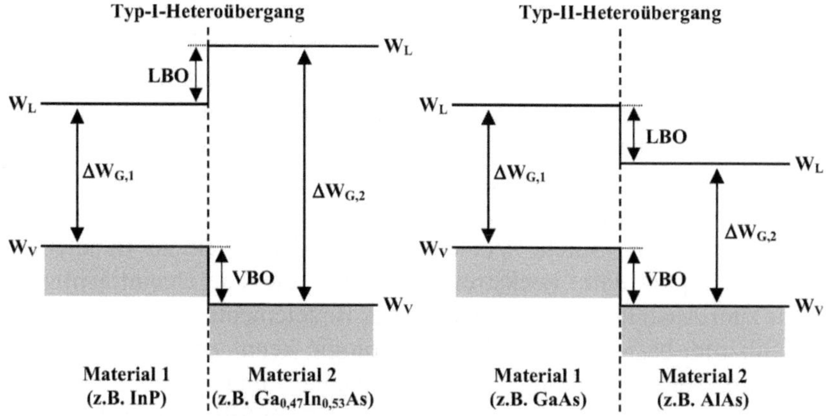

Abb. 2.2. Vereinfachtes, eindimensionales Bänderdiagramm eines Typ-I-Heteroübergangs (links) und eines Typ-II-Heteroübergangs (rechts); die Abkürzungen LBO bzw. VBO stehen für Leitungsband- bzw. Valenzbandoffset

In diesem Fall spricht man von homomorph verspannten Heteroübergängen. Ist die Gitterfehlanpassung dagegen von null verschieden, treten zusätzlich in den Atomlagen des Heteroübergangs mechanische Verspannungen auf, die ebenfalls einen Einfluss auf den Sprung im Bandverlauf haben. Man spricht in diesem Fall von pseudomorph verspannten Heteroübergängen.

Man unterscheidet zwei Arten der mechanischen Verspannung: Zug- und Druckverspannung (vgl. Abb. 2.3.).

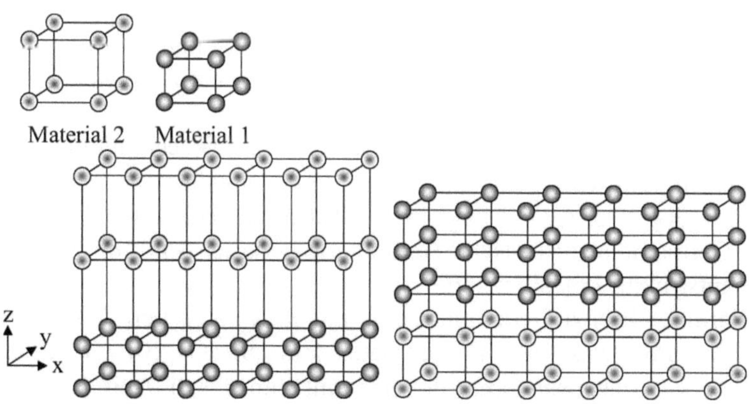

Abb. 2.3. In einem Heteroübergang mit einer Gitterfehlanpassung $f > 0$ entstehen Druckverspannungen in der x-y-Ebene und eine Zugverspannungen in der z-Richtung (links), bei einer Gitterfehlanpassung $f < 0$ tritt der umgekehrte Fall ein (rechts)

Im Hinblick auf die Verwendung von Heteroübergängen in elektronischen Bauelementen kommt im Falle $f \neq 0$ erschwerend hinzu, dass die Dicke d_2 des zweiten Materialfilms, der auf den ersten Materialfilm ($d_1 >> d_2$) epitaktisch (pseudomorph) abgeschieden wird, einen materialabhängigen kritischen Wert d_{krit} nicht überschreiten kann, da bei Filmdicken $d_2 > d_{krit}$ die mechanische Verspannung so groß wird, dass der abgeschiedene Materialfilm über Versetzungen in seine natürlichen Gitterabmessungen relaxiert. Solche Versetzungen stellen in einem Bauelement hauptsächlich parasitäre Leckstrompfade dar, die zur Beeinträchtigung oder gar zum Ausfall der Funktionalität des Bauelements führen.

Die Silizium-basierte MOSFET-Technologie kennt zwei technologisch verwertbare, einkristalline Heteroübergänge und zwar: a) den $Si_{1-y}Ge_y/Si_{1-x}Ge_x$-Übergang ($0 \leq x, y \leq 1$) und b) den Silizium-Saphir-Übergang. Der letztere stellt den Übergang aus einkristallinem halbleitendem Silizium und einkristallinem isolierendem Al_2O_3[47] dar. Dieser Übergang stellt die Grundstruktur der sogenannten „Silicon-On-Sapphire“-Technologie (SOS-Technologie) dar, die Ende der 1970er/Anfang der 1980er Jahre entwickelt wurde. Der Übergang aus einer sehr dünnen Silizium-Schicht und einer dicken Substratschicht aus Saphir zeichnet sich durch hohe Strahlungsresistenz gegenüber ionisierender Strahlung aus, was diesen Übergang für elektronische Schaltungen für militärische Anwendungen sehr interessant machte. In den letzten Jahrzehnten wurden zwar immer wieder vereinzelt SOS-Konzepte diskutiert (siehe z. B. [82Tiha]), allerdings setzte sich diese Technologie hauptsächlich aus Kostengründen nicht im zivilen Technologiesektor durch und wurde mit Aufkommen der SOI-Technologie, die später noch in diesem Kapitel diskutiert wird, vollkommen verdrängt. Es herrscht auch die einhellige Meinung darüber, dass die SOS-Technologie für militärische Anwendungen nur noch wenig Relevanz besitzt.

Daher kennt die Silizium-basierte MOSFET-Technologie nur den $Si_{1-y}Ge_y/Si_{1-x}Ge_x$-Übergang ($0 \leq x, y \leq 1$) als technologisch relevanten Heteroübergang. Der Grund liegt in der Tatsache, dass sowohl Silizium als auch Germanium intrinsische Halbleitermaterialien sind, die beide in der Diamantstruktur kristallisieren.

Allerdings besitzt Germanium eine um ca. *4 %* größere Gitterkonstante als Silizium, was zur Folge hat, dass $Si_{1-y}Ge_y/Si_{1-x}Ge_x$-Übergänge ($0 \leq x, y \leq 1$) stets pseudomorph verspannt sind ($f \neq 0$). Abb. 2.4. zeigt den

[47] Unter „Korund“ versteht man ein sehr hartes Mineral, welches, chemisch betrachtet, aus Al_2O_3 gebildet wird. Man unterteilt die Korunde in die edlen Korunde und in die gemeinen Korunde. Die edeln Korunde sind der rot gefärbte Rubin und der blau gefärbte Saphir [71MKL2].

Leitungsbandoffset ($LBO = W_{L,x} - W_{L,y}$) und den Valenzbandoffset ($VBO = W_{V,x} - W_{V,y}$) in Elektronenvolt an einem $Si_{1-y}Ge_y/Si_{1-x}Ge_x$-Übergang zwischen einem pseudomorph verspannten $Si_{1-x}Ge_x$-Film der Dicke d_x (in den Abbildungen „Active Material" genannt) und einem $Si_{1-y}Ge_y$-Substrat der Dicke $d_y >> d_x$ [99Penn].

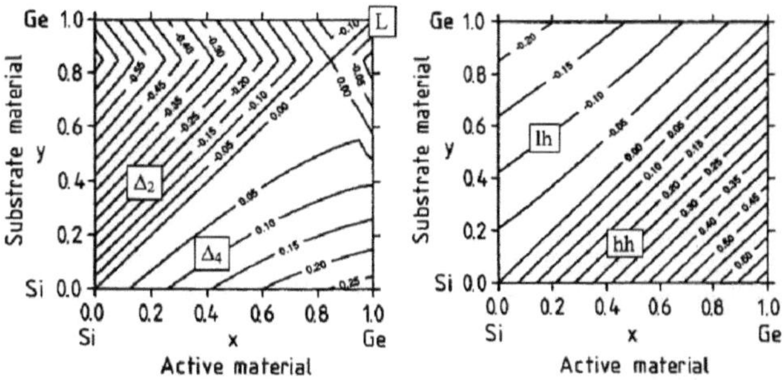

Abb. 2.4. Leitungsbandoffset ($LBO = W_{L,x} - W_{L,y}$) in eV (links) und Valenzbandoffset ($VBO = W_{V,x} - W_{V,y}$) in eV (rechts) an einem $Si_{1-y}Ge_y/Si_{1-x}Ge_x$-Übergang zwischen einem pseudomorph verspannten $Si_{1-x}Ge_x$-Film der Dicke d_x („Active Material") und einem $Si_{1-y}Ge_y$-Substrat der Dicke $d_y >> d_x$, © 2000 INSPEC Publication – EMIS Datareviews Series [99Penn]

Die experimentell ermittelte kritische Schichtdicke $d_{krit}(x)$ eines $Si_{1-x}Ge_x$-Films, welcher pseudomorph auf einem Silizium-Substrat abgeschieden wird, zeigt Abb. 2.5. [89Houg]. Man erkennt aus dieser Abbildung, dass z. B. die kritische Schichtdicke $d_{krit}(x = 1)$ eines reinen Germanium-Films, der pseudomorph verspannt auf ein Silizium-Substrat abgeschieden wird, nur wenige Nanometer beträgt.[48]

Neben der Möglichkeit, durch den Einsatz von SiGe-Heterostrukturen den Bandverlauf hauptsächlich im Kanalgebiet eines SiGe-basierten elektronischen Bauelementes „Maß zu schneidern", ist der Einsatz von SiGe in der Silizium-basierten MOSFET-Technologie auch noch aus einem anderen Grund interessant, der sich aus den Stoffdaten beider Materialien ergibt. Tabelle 2.2. stellt einige Stoffdaten für Silizium und Germanium vergleichend einander gegenüber.

[48] Wird reines Silizium pseudomorph auf ein unverspanntes $Si_{1-x}Ge_x$-Substrat abgeschieden, ergeben sich ebenfalls kritische Schichtdicken $d_{krit}(x)$, die vom Germanium-Gehalt im $Si_{1-x}Ge_x$-Substrat abhängen und bei deren Überschreitung der Silizium-Film über Bildung von Versetzungen in seine natürlichen Gitterparameter relaxiert. Auch hier gilt, dass mit steigendem Germanium-Gehalt im Substrat $d_{krit}(x)$ sinkt.

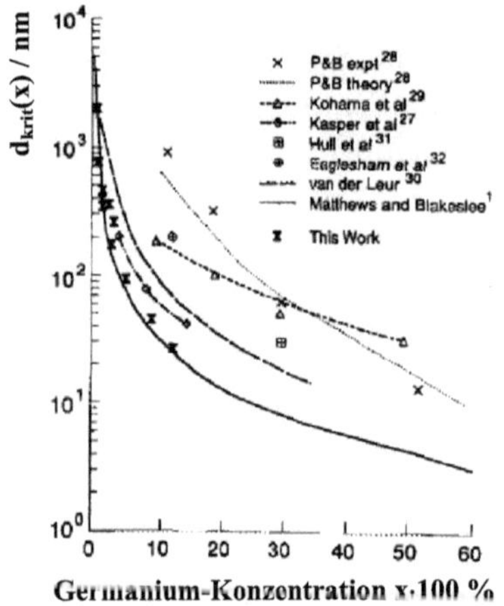

Abb. 2.5. Experimentell ermittelte kritische Schichtdicke $d_{krit}(x)$ eines $Si_{1-x}Ge_x$-Films, welcher pseudomorph auf einem Silizium-Substrat abgeschieden wird [89Houg]

Tabelle 2.2. Stoffdaten von intrinsischem Silizium und intrinsischem Germanium (Alle Angaben beziehen sich auf $T = 300\ K$.) [81Sze]

Eigenschaft	Symbol	Ge	Si
El. Durchbruchfeldstärke	E_{krit}	$\sim 10^5\ V \cdot cm^{-1}$	$\sim 3 \cdot 10^5\ V \cdot cm^{-1}$
Dielektrizitätszahl	ε_{rel}	$16{,}0$	$11{,}9$
Eff. Zustandsdichte im VB	N_V	$1{,}04 \cdot 10^{19}\ cm^{-3}$	$2{,}8 \cdot 10^{19}\ cm^{-3}$
Eff. Zustandsdichte im LB	N_L	$6{,}0 \cdot 10^{18}\ cm^{-3}$	$1{,}04 \cdot 10^{19}\ cm^{-3}$
Eff. Massen für Elektronen		$m_l^* / m_0 = 1{,}64$	$m_l^* / m_0 = 0{,}98$
		$m_t^* / m_0 = 0{,}082$	$m_t^* / m_0 = 0{,}19$
Eff. Massen für Löcher		$m_{lh}^* / m_0 = 0{,}044$	$m_{lh}^* / m_0 = 0{,}16$
		$m_{hh}^* / m_0 = 0{,}28$	$m_{hh}^* / m_0 = 0{,}49$
Elektronenaffinität	χ	$4{,}0\ V$	$4{,}05\ V$
Bandlücke	W_G	$0{,}66\ eV$	$1{,}12\ eV$
intrinsische Ladungsträger-konzentration	n_i	$2{,}4 \cdot 10^{13}\ cm^{-3}$	$1{,}45 \cdot 10^{10}\ cm^{-3}$
Lebensdauer der Minoritätsladungsträger	τ	$\sim 10^{-3}\ s$	$2{,}5 \cdot 10^{-3}\ s$
Driftbeweglichkeit	μ_e/μ_h	$3900\ cm^2 \cdot V^{-1} \cdot s^{-1}$ (Elektronen) $1900\ cm^2 \cdot V^{-1} \cdot s^{-1}$ (Löcher)	$1500\ cm^2 \cdot V^{-1} \cdot s^{-1}$ (Elektronen) $450\ cm^2 \cdot V^{-1} \cdot s^{-1}$ (Löcher)
mittlere freie Weglänge	λ_0	$10{,}5\ nm$ (Elektronen)	$7{,}6\ nm$ (Elektronen) $55\ nm$ (Löcher)

Wie sich aus diesen Daten ergibt, zeichnet sich Germanium im Vergleich mit Silizium unter anderem durch eine wesentlich höhere Elektronen- bzw. Löcherdriftbeweglichkeit $\mu_{e(h)}$ aus, was gleichbedeutend mit einer wesentlich höheren Elektronen- bzw. Löchergeschwindigkeit ist. Dies wird klar, wenn man erneut die Beziehung (4.28) für die V_{SD}-abhängige Driftgeschwindigkeit $v_D(V_{SD})$ der Ladungsträger im MOSFET-Kanal betrachtet:

$$v_D(V_{SD}) = \frac{1}{\tau}\int_0^{\tau} v(t)\,dt = a \cdot t = -\frac{e \cdot V_{SD} \cdot \tau}{2 \cdot m^* \cdot L} = -\frac{e \cdot \tau}{2 \cdot m^*} \cdot E_D \tag{2.2}$$

(E_D bezeichnet das elektrische Driftfeld, welches zwischen Source und Drain durch die Source-Drain-Spannung V_{SD} erzeugt wird). Aus dieser Beziehung ergibt sich die Definition der Elektronen- bzw. Löcherdriftbeweglichkeit $\mu_{e(h)}$:

$$\mu_{e(h)} = \frac{e \cdot \tau}{2 \cdot m^*_{e(h)}}. \tag{2.3}$$

Da die effektiven Massen der Elektronen bzw. Löcher in Germanium kleiner sind, verglichen mit den effektiven Massen in Silizium, resultiert eine höhere Elektronen- bzw. Löcherdriftbeweglichkeit (und damit eine höhere Elektronen- bzw. Löchergeschwindigkeit) in Germanium.

Allerdings sollten diese Betrachtungen nicht zu der Annahme verleiten, dass für unverspanntes (mechanisch relaxiertes) $Si_{1-x}Ge_x$ gilt:

$$\mu_{e(h),Si} \le \mu_{e(h),Si_{1-x}Ge_x} \le \mu_{e(h),Ge} \quad (0 \le x \le 1). \tag{2.4}$$

Der Grund dafür ist in einem zusätzlichen Streumechanismus zu finden, der so nur in der $Si_{1-x}Ge_x$-Legierung auftritt. Entsprechend spricht man in diesem Zusammenhang von der Legierungsstreuung [94Schä, 99Schä]. Abb. 2.6. zeigt die experimentell ermittelten Beweglichkeiten für Elektronen und Löcher in unverspanntem $Si_{1-x}Ge_x$-Schichten als Funktion der Germanium-Konzentration x [99Schä].

Wie man dieser Abbildung entnimmt, gilt (2.4) nur für Germanium-Konzentrationen $x > 0{,}9$ für die Elektronenbeweglichkeit bzw. $x > 0{,}6$ für die Löcherbeweglichkeit.

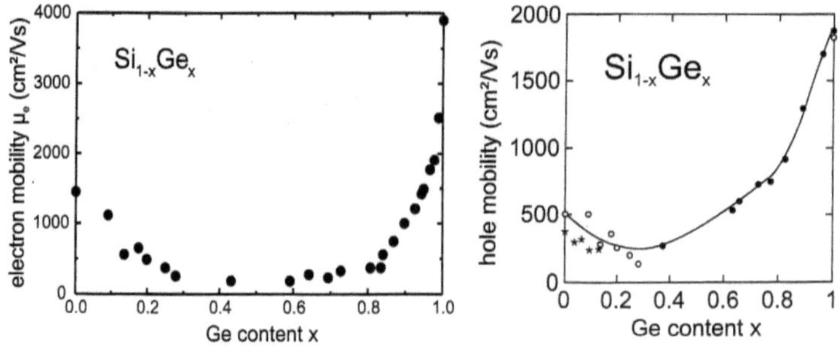

Abb. 2.6. Experimentell ermittelte Elektronenbeweglichkeiten (links) und Löcherbeweglichkeiten (rechts) in unverspannten $Si_{1-x}Ge_x$-Schichten bei $T = 300\,K$ als Funktion der Germanium-Konzentration x, © 2000 INSPEC Publication – EMIS Datareviews Series [99Schä]

Anders stellt sich dies allerdings dar, wenn man pseudomorph verspannte $Si_{1-x}Ge_x$-Schichten auf unverspannten $Si_{1-y}Ge_y$-Schichten betrachtet. Hier lassen sich bei richtiger Wahl[49] der Germanium-Konzentrationen in den Schichten mitunter erhebliche Beweglichkeitssteigerungen erzielen. Beispielhaft sei dies für die Löcherbeweglichkeit in einem pseudomorph verspannten $Si_{1-x}Ge_x$-Film auf einem unverspannten $Si_{1-y}Ge_y$-Substrat in Abb. 2.7. gezeigt [99Schä].

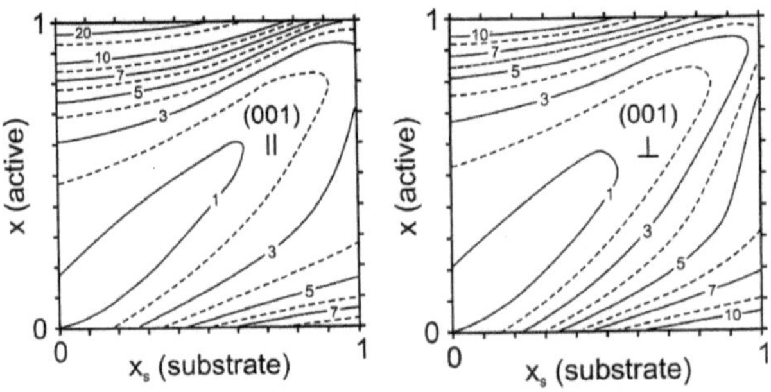

Abb. 2.7. Löcherbeweglichkeiten in einer pseudomorph verspannten $Si_{1-x}Ge_x$-Schicht auf einem unverspannten $Si_{1-y}Ge_y$-Substrat parallel (links) und senkrecht (rechts) zum Substrat bei $T = 300\,K$ als Funktion der Germanium-Konzentrationen x und y, © 2000 INSPEC Publication – EMIS Datareviews Series [99Schä]

[49] Die „richtige Wahl" wird von mehreren Parametern wie der Substratorientierung, der Richtung der angelegten elektrischen Felder, der Richtung des Stromtransports und der Lage der mechanischen Stressfelder in der verspannten Schicht bestimmt und kann daher nicht generell für einen $Si_{1-y}Ge_y/Si_{1-x}Ge_x$-Übergang ($0 \leq x, y \leq 1$) beantwortet werden. Näheres zu dieser Problematik findet sich in [73Dord].

Daraus lässt sich ableiten, warum der Einsatz von SiGe-Heterostrukturen zur Herstellung von Transistoren für die Hoch- und Höchstfrequenzelektronik ein intensiv diskutiertes und untersuchtes Thema war und ist, da MOSFETs mit SiGe-Kanalgebieten konventionelle Silizium-basierte MOSFETs an Schaltgeschwindigkeit übertreffen [02Hoyt].[50]

An dieser Stelle sei ein wichtiger Vorgriff gestattet: Bei der späteren Behandlung einiger quasivertikaler MOSFET-Konzepte und alternativer Speicherkonzepte wird der Heteroübergang Silizium/pseudomorph verspanntes SiGe/Silizium eine besondere Rolle spielen. Folgt man [99Penn], dann ergibt sich mit Abb. 2.4. ein Typ-II-Heteroübergang. Dieser Sachverhalt ist bis heute in der Wissenschaftsgemeinde umstritten, und andere Arbeiten zur Bandstruktur dieses Heteroübergangs ergeben einen Typ-I-Heteroübergang. Die Uneinigkeit in den Arbeiten bezieht sich dabei ausschließlich auf den Leitungsbandoffset ($LBO = W_{L,x} - W_{L,y}$), der, je nach Autor, negativ und sehr klein bzw. positiv und sehr klein ist. An dieser Stelle muss daher angemerkt werden, dass diese Arbeiten alle auf theoretischen Berechnungen zur Leitungsbandstruktur mit relativ hohen Fehlern beruhen und dass bis zum heutigen Tage weder ein Typ-I- noch ein Typ-II-Übergang experimentell nachgewiesen werden konnte, da der *LBO*, ob nun negativ oder positiv, sehr klein ist und auf Leitungsbandelektronen selbst bei sehr tiefen Temperaturen keinen nennenswerten Einfluss besitzt. Für die elektronische Anwendung dieses Heteroübergangs in Bauelementen ist es also unerheblich, wie in Zukunft die Frage nach dem *LBO* in diesem Übergang beantwortet wird. Es ist gerechtfertigt, $LBO = 0\ eV$ bei der Betrachtung dieses Übergangs in Bauelementen anzunehmen [PIKasp].

---

[50] Eine umfangreiche Materialsammlung für das Silizium/SiGe-Heterosystem stellen: „*Properties of Strained and Relaxed Silicon Germanium*“ (Ed. *E. Kasper*), INSPEC Publication – EMIS Datareviews Series #12, und „*Properties of Silicon, Germanium, and SiGe:Carbon*“ (Ed.s *E. Kasper*, *K. Lytovich*), INSPEC Publication – EMIS Datareviews Series #24, dar [95Kasp, 00Kasp]. Die im Text angegebenen Zitate [99Penn], [94Schä] und [99Schä] wurden diesen beiden Büchern entnommen.

2.1 Konventionelle vertikale MOSFET-Konzepte

2.1.1 V-Graben Konzepte

Mit der Entwicklung der Silizium-basierten Molekularstrahlepitaxie (MBE) und der damit verbundenen kontrollierbaren Abscheidung von Silizium-Schichtstapeln mit beliebigen Dotierprofilen und Schichtdicken (vom Subnanometer- bis in den Mikrometerbereich) kam die Idee des vertikalen Aufbaus von Kurzkanal-MOSFETs. Die ersten in diesem Zusammenhang realisierten Konzepte stellen sogenannte „V-Graben"-MOSFETs dar (VMOSFETs), die in der Fachliteratur hauptsächlich im Zeitraum 1973–1979 diskutiert wurden.

Das Wesensmerkmal dieser Transistorkonzepte ist ein V-förmiges Kanalgebiet, welches durch sogenanntes anisotropes, nasschemisches Silizium-Ätzen mittels geeigneter Ätzlösung erzeugt wird. Bei diesen Ätzverfahren macht man sich die physikalische Tatsache zunutze, dass die Bindungsenergien W_B der Oberflächenatome einer *(hkl)*-Silizium-Oberfläche von der Oberflächenorientierung abhängen. Das hat zur Folge, dass geeignete Ätzlösungen unterschiedliche Oberflächenorientierungen unterschiedlich schnell ätzen (vgl. mit Tabelle 2.3.).

Tabelle 2.3. Aktivierungsenergien W_A für das Ätzen verschiedener Silizium-Kristallfacetten mit unterschiedlichen anisotropen Ätzlösungen [89Heub]

(hkl)	$W_{A,(100)}/eV$	$W_{A,(110}/eV$	$W_{A,(111)}/eV$
KOH	*0,59*	*0,61*	*0,67*
NaOH	*0,66*	*0,67*	*0,72*
LiOH	*0,61*	*0,61*	*0,67*
EDP	*0,40*	*0,33*	*0,52*

Für die Silizium-basierte Technologie sind solche geeigneten Lösungen basische Ätzlösungen. Am häufigsten findet dabei eine KOH/H_2O-Lösung Einsatz (alternativ finden Verwendung: EDP/H_2O[51], N_2H_4/H_2O und TMAH[52]). Für die KOH/H_2O-Lösung zeigt Abb. 2.8. die Abhängigkeit der Ätzrate von der Oberflächenorientierung der zu ätzenden Silizium-Oberfläche [89Heub]. Wie sich aus dieser Abbildung ergibt, wird die *(100)*-Orientierung im Gegensatz zur *(111)*-Orientierung viel stärker geätzt, was z. B. bei der Ätzung eines *(100)*-orientierten Silizium-Substrates Gräben

[51] EDP: **E**thylen**d**iamin**p**yrocatechol [98Kova]

[52] TMAH: **T**etra**m**ethyl**a**mmonium**h**ydroxid [98Kova, 91Taba]

bzw. Löcher entstehen lässt, deren Seitenwände *(111)*-orientiert sind. Aufgrund der extrem geringen *(111)*-Ätzrate wird die Ätzung entlang dieser Facetten quasi gestoppt. Die ersten intensiven Untersuchung des anisotropen Ätzverhaltens der KOH-Lauge bezüglich Siliziums wurden Anfang der 1970er Jahre durchgeführt.[53]

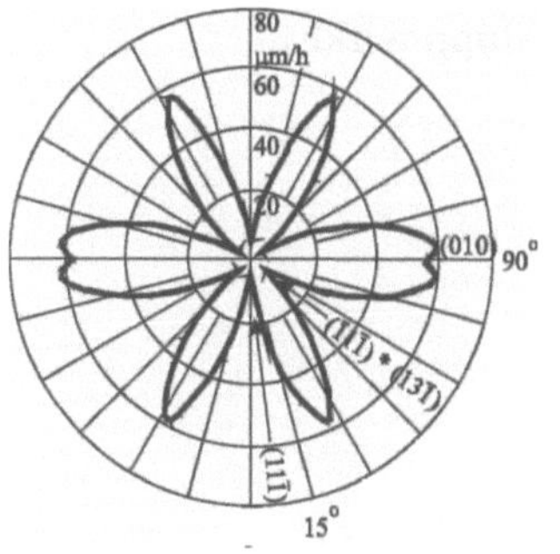

Abb. 2.8. Kristallrichtungsabhängigkeit der lateralen Silizium-Ätzrate einer 50-prozentigen KOH-Lösung bei einer Ätztemperatur von $T = 78\ °C$ [89Heub]

Die Idee, diese neue Technologie der nasschemischen Strukturierung von Silizium für die CMOS-Technologie zu nutzen, trug im internationalen Rahmen zuerst *M.J. Declercq* auf der 1974er IEDM in Washington, D.C., USA, unter dem Titel: *„Application of the Anisotropic Etching of Silicon to the Development of Complementary Structures“* vor [74Decl]. Konkret schlug er die Nutzung des anisotropen Silizium-Ätzens mittels KOH für die Herstellung von Isolationsstrukturen zwischen den komplementären lateralen MOSFETs eines CMOS-Inverters vor und präsentierte die erste, auf diese Weise hergestellte, Inverterstruktur (vgl. Abb. 2.9.).

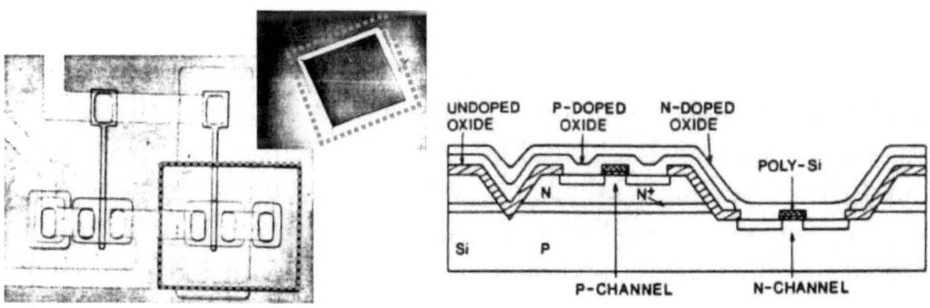

Abb. 2.9. *Durch M. J. Declercq* mittels anisotropen KOH-Silizium-Ätzens realisierte CMOS-Inverterstruktur: Fotographie der mittels KOH erzeugten Ätzgrube, in der sich der NMOSFET befindet (links oben), fotographische Draufsicht auf den realisierten CMOS-Inverter (links unten) und schematische Inverterstruktur (rechts), © 1974 IEEE [74Decl]

[53] Das erklärt, warum die ersten Arbeiten zum vertikalen Konzept gleich mit dieser neuen Technologie der Silizium-Strukturierung verbunden wurde.

Allerdings ergeben sich besonders im Hinblick auf KOH/H_2O als Ätzlösung zwei Probleme. Zum einen wird die Silizium-Ätzrate unabhängig von der Orientierung der zu ätzenden Silizium-Oberflächen stark reduziert, wenn das zu ätzende Silizium hoch Bor dotiert ist [89Heub]. Abb. 2.10. zeigt die Abhängigkeit der Ätzrate verschiedener KOH/H_2O-Ätzlösungen von der Bor-Konzentration im zu ätzenden Silizium-Material. Man erkennt, dass eine hohe Bor-Konzentration als Ätzstopp wirkt.

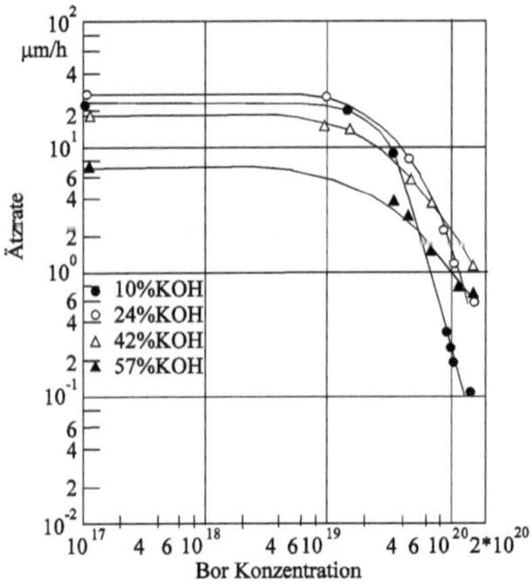

Abb. 2.10. Abhängigkeit der Silizium-Ätzraten verschiedener KOH/H_2O-Lösungen von der Bor-Konzentration im Silizium-Material [89Heub]

Das Ausnutzen des KOH/H_2O-Ätzstopps für hohe Bor-Konzentrationen ermöglicht es zwar, komplexe mikromechanische Strukturen in Silizium zu fertigen (siehe Abb. 2.11.), allerdings wirkt sich dieses Verhalten der KOH/H_2O-Ätzlösung negativ auf die Fertigung von MOSFETs aus, da z. B. für einen guten ohmschen Kontakt zum Source- bzw. Drain-Gebiet eines PMOSFETs hohe Bor-Dotierungen (dem Standarddotierstoff für p-Typ Dotierungen) notwendig sind. Zum anderen lösen sich die Kalium-Ionen aus der Lauge sehr leicht und bevorzugt in benachbarten SiO_2-Schichten und diffundieren auch sehr leicht in Silizium. Da SiO_2 nach wie vor bei der Herstellung von MOSFETs als Standard-Gate-Oxid verwendet wird und in SiO_2 gelöste Kalium-Ionen bewegliche Oxidladungen darstellen, die einen nachhaltigen und unkontrollierbaren Einfluss auf die Schwellwertspannung V_T des MOSFETs haben, muss in der Mikroelektronik jegliche Kalium-Kontamination der Bauelementstrukturen vermieden werden.[54] Mit Blick auf die Verwendung dieses anisotropen nasschemischen Ätzens in der CMOS-Technologie wäre aus diesem Grund z. B. TMAH KOH vorzuziehen.

[54] Was man allerdings zu diesem Zeitpunkt so noch nicht wusste.

Abb. 2.11. Ausnutzung des KOH-Ätzstopps auf hoch Bor dotierten Silizium-Schichten zur Realisierung komplexer mikromechanischer Silizium-Strukturen, hier geätzte Silizium-Brückenstruktur [PIEise, PIWach]

2.1.2 Der V-Graben „Insulated Gate Avalanche Transistor" (VIGAT)

Das erste V-Graben-Transistorkonzept, welches sich die anisotrope KOH-Ätztechnik als Strukturierungsmethode zu nutze machte, wurde 1973 auf der fünften SSDM in Tokyo, Japan, durch *Y. Hayashi et al.*[55] vom Tokyoter Elektrotechnischen Laboratorium Tanashi unter der Bezeichnung „Insulated Gate Avalanche Transistor" (VIGAT) vorgestellt und diskutiert [73Haya]. Abb. 2.12. zeigt den schematischen Aufbau eines VIGAT und eine Fotographie des durch *Y. Hayashi et al.* realisierten Transistors.

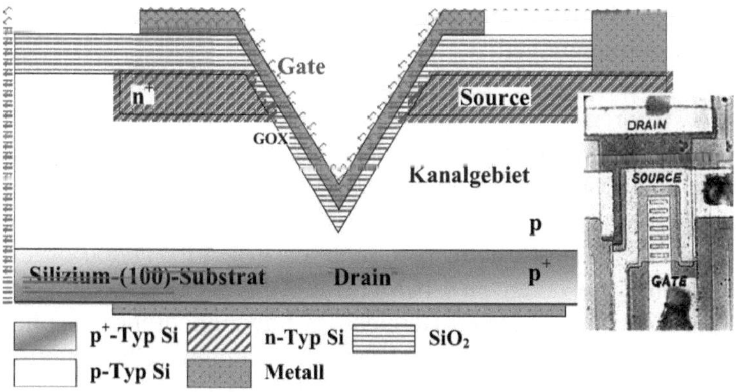

Abb. 2.12. Schematischer Aufbau und Fotographie eines durch *Y. Hayashi et al.* realisierten V-Graben Insulated Gate Avalanche Transistors (VIGAT) [73Haya]

Wie man dieser Abbildung entnehmen kann, handelt es sich um einen MOS-gesteuerten pn-Übergang. Gesteuert wird dieser Transistor, dessen pn-Struktur in Sperrichtung ($V_{SD} < 0\ V$) betrieben wird, mit einer negativen Gate-Spannung V_G. Ziel dabei ist die Beeinflussung bzw. Steue-

[55] Koautoren der Arbeit waren *T. Sekigawa* und *Y. Tarui*.

rung des Lawinendurchbruchs (dem sogenannten „Avalanche“) im Sperrbereich mit Hilfe des MOS-Gates (siehe Abb. 2.13.).

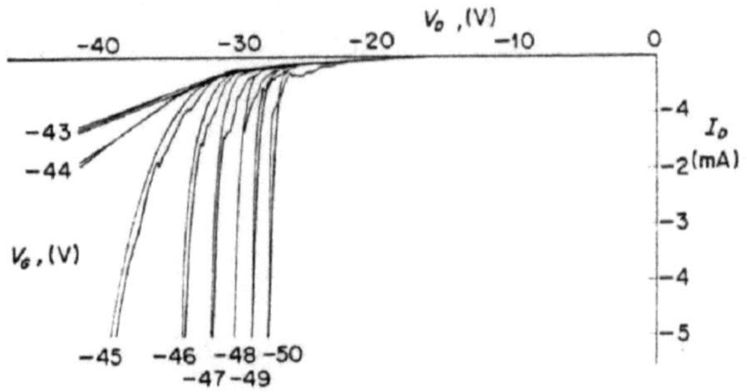

Abb. 2.13. Sperrverhalten des MOS-gesteuerten pn-Übergangs eines VIGAT nach *Y. Hayashi et al.* als Funktion der angelegten Gate-Spannung V_G [73Haya]

Erreicht wird dies durch eine hohe negative Gate-Spannung $V_G < 0\ V$, die einen Löcherkanal entlang der Gate-Fläche im Kanalgebiet influenziert (die MOS-Steuerelektrode des Transistors befindet sich im Zustand der Akkumulation). Je kleiner die Gate-Spannung wird, umso größer ist der direkt am pn-Übergang abfallende Anteil der negativen Sperrspannung $V_{SD} < 0\ V$, die über der gesamten Source-Drain-Strecke abfällt. Der Lawinendurchbruch des pn-Übergangs verschiebt sich daher zu immer größeren Source-Drain-Spannungen.

Wie man schon aus der Beschaltung des Transistors im Betrieb erkennt, hatten die Autoren bei ihrer Arbeit am VIGAT nicht im Sinn, einen konventionellen MOSFET zu bauen. Ihnen ging es hauptsächlich um die Schaffung einer MOS-gesteuerten IMPATT-Struktur für die Mikrowellenerzeugung bzw. als Hochfrequenz-Stromoszillator.[56]

Bei einer IMPATT-Struktur (oft auch als IMPATT-Diode bezeichnet), handelt es sich um einen pn-Übergang mit einer nachgeschalteten Laufstrecke für Elektronen, der im Bereich des Lawinendurchbruchs betrieben wird. Bei Überschreiten der kritischen Sperrspannung (Überschreitung der Durchbruchfeldstärke) wird eine Ladungslawine induziert, die zu einem Kurzschluss des pn-Übergangs führt, was solange zu einem Zusammenbruch der Spannung am pn-Übergang führt (Unterschreitung der Durchbruchfeldstärke), bis die Ladung aus der Lawine über die Laufstrecke abgeflossen ist. Danach liegt sofort wieder die überkritische Sperrspannung

[56] Die Idee, einen MOS-gesteuerten p(i)n-Übergang als MOSFET-Struktur für Logikanwendungen zu benutzen, wurde im Intrinsic Channel Tunneling-MOSFET (IC-TMOSFET) verwirklicht und wird im folgenden Unterpunkt 2.4.1 dieses Kapitels diskutiert.

am pn-Übergang an (Überschreitung der Durchbruchfeldstärke), und die nächste Ladungslawine wird induziert, was wieder zu einem Kurzschluss des pn-Übergangs führt. Diese periodische Wiederholung verursacht Stromfluktuationen im Gigahertzbereich. Der genaue Frequenzwert, mit dem der Strom in einer IMPATT-Diode oszilliert (und damit die Frequenz der erzeugten Mikrowellenstrahlung), wird hauptsächlich durch die Länge der Laufstrecke bestimmt.

Abb. 2.14. zeigt einen Ausschnitt aus der schematischen Struktur eines VIGAT mit eingezeichnetem „Avalanache"-Bereich (AB) und eingezeichneter Laufstrecke (LS).

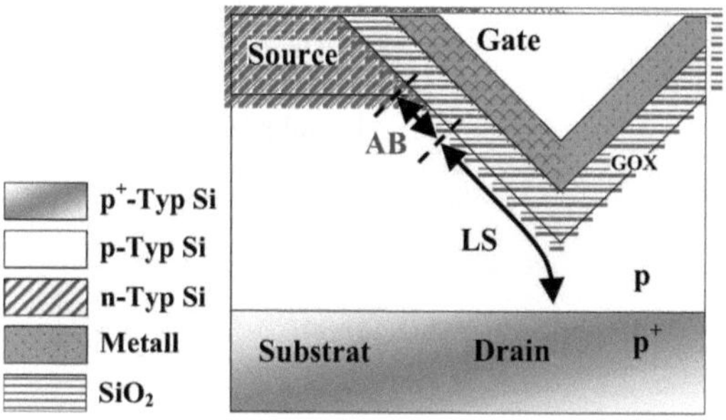

Abb. 2.14. Schematischer Aufbau eines durch *Y. Hayashi et al.* realisierten VIGAT mit eingezeichnetem „Avalanche"-Bereich (AB) und eingezeichneter Laufstrecke (LS) [73Haya]

Abb. 2.15. zeigt das Frequenzspektrum der durch einen VIGAT (in der Abbildung mit „nonplanar" bezeichnet) stabil abgestrahlten elektrischen Leistung für verschiedene Source-Drain-Spannungen V_{SD} (in der Abbildung nur mit V_D bezeichnet) und Source-Drain-Ströme I_{SD} (in der Abbildung nur mit I_D bezeichnet), die über die angelegte Gate-Spannung V_G eingestellt werden können (vgl. dazu erneut mit Abb. 2.13.).

Abb. 2.15. Frequenzspektrum der durch einen VIGAT („nonplanar") nach *Y. Hayashi et al.* stabil abgestrahlten elektrischen Leistung für verschiedene Source-Drain-Spannungen V_{SD} (V_D) und Source-Drain-Ströme I_{SD} (I_D) [73Haya]

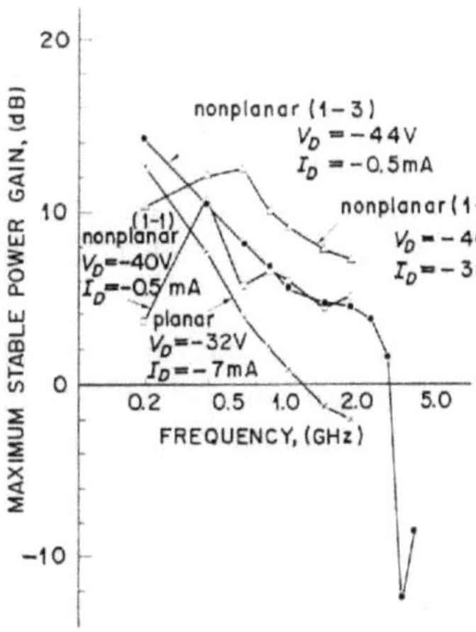

2.1.3 Der V-Graben MOSFET (VMOSFET)

Der erste „V-Graben"-MOSFET (VMOSFET), welcher mit Hilfe der anisotropen KOH-Ätztechnik als Strukturierungsmethode hergestellt wurde und dessen schematischer Aufbau Abb. 2.16. zeigt, wurde von zwei verschiedenen Gruppen gleichzeitig auf der 1976er IEDM in Washington, D.C., USA, diskutiert. Dies waren zum einen *I. S. Bhatti et al.*[57] (American Microsystems Inc., Santa Clara, USA) und zum anderen *S. R. Combs et al.*[58] (Stanford University, USA) [76Bhat, 76Comb].

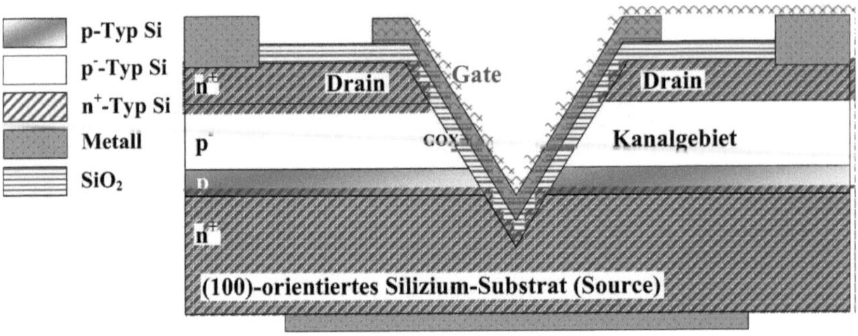

Abb. 1.16. Schematischer Aufbau eines „V-Graben"-MOSFETs nach *I. S. Bhatti et al.* [76Bhat] bzw. *S. R. Combs et al.* [76Comb]

Wie im vorangegangenen Unterpunkt 2.1.1 erläutert, wird die Silizium-Ätzrate unabhängig von der Orientierung der zu ätzenden Silizium-Oberflächen stark beeinflusst, wenn das zu ätzende Silizium mit Bor dotiert ist und das sehr hoch mit Bor dotierte Silizium-Schichten einen Ätzstopp für die KOH-Ätzlösung darstellen. Aus diesem Grund wurde bei der Fertigung von VMOSFETs stets mit n-Typ oder p^--Typ dotierten Schichten bzw. Substraten gearbeitet, die sich noch gut mittels KOH/H_2O ätzen lassen. Die hoch Bor-dotierten Gebiete wurden durch eine zuweilen komplizierte Abfolge von Diffusions- und/oder Ionenimplantationsschritten realisiert. Dies sei an der Herstellungssequenz (vgl. Abbildungen 2.17. und 2.18.) für einen VNMOSFETs nach *I. S. Bhatti et al.* exemplarisch gezeigt.

1. Bor-Implantation zur Erzeugung einer dünnen p-Typ dotierten Schicht an der Oberfläche eines n^+-Typ Silizium-Substrates, und Abscheidung einer leicht Bor-dotierten Schicht (p^--Typ) mittels MBE. Die MBE-Abscheidetemperatur ist dabei so gewählt, dass Bor

[57] Neben *I. S. Bhatti* waren *T. J. Rodgers* und *J. R. Edwards* Koautoren der vorgestellten Arbeit.

[58] Als Koautoren dieser Arbeit werden *D. C. D'Avanzo* und *R. W. Dutton* genannt.

aus der zuvor einimplantierten Schicht in die abgeschiedene Schicht diffundiert.

2. Etablierung eines thermischen Oxides an der Oberfläche des hergestellten Schichtstapels und Abscheiden eines Nitrides mittles LP-CVD.
3. Strukturierung der Nitridschicht mit Hilfe einer Photolackmaske (vgl. Abb. 2.17., links).
4. Erzeugung einer dünnen Bor-dotierten Schicht (p-Typ) durch Ionenimplantation (das SiO_2 wirkt dabei als Streuoxid).
5. Entfernung der Photolackmaske und thermische Oxidation der Gesamtstruktur. Nitrid wirkt als Diffusionsbarriere für Sauerstoff, daher werden nur die Bereiche aufoxidiert, die nicht mit Nitrid abgedeckt sind (1. LOCOS-Prozess).
6. Erneute Abscheidung einer Nitridschicht mittels LP-CVD und Strukturierung der Nitridschicht mit Hilfe einer Photolackmaske (vgl. Abb. 2.17., rechts).

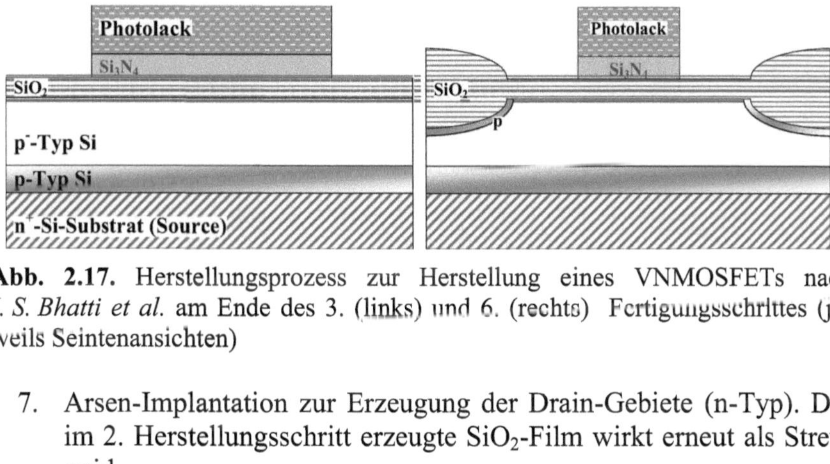

Abb. 2.17. Herstellungsprozess zur Herstellung eines VNMOSFETs nach *I. S. Bhatti et al.* am Ende des 3. (links) und 6. (rechts) Fertigungsschrittes (jeweils Seintenansichten)

7. Arsen-Implantation zur Erzeugung der Drain-Gebiete (n-Typ). Der im 2. Herstellungsschritt erzeugte SiO_2-Film wirkt erneut als Streuoxid.
8. Entfernung der Photolackmaske und thermische Oxidation der Gesamtstruktur (2. LOCOS-Prozess).
9. Entfernung des Nitrides und des Streuoxides und anisotropes KOH-Ätzen zur Erzeugung des V-Grabens.
10. Thermische Oxidation zur Erzeugung des Gate-Oxides (GOX) im V-Graben und Abscheidung einer hoch dotierten Poly-Silizium-Schicht (n^+-Typ) als Gate-Elektrode (vgl. Abb. 2.18., links).
11. Strukturierung des Poly-Siliziums.
12. Erzeugung von Kontaktlöchern für den Drain-Anschluss, Auffüllen der Kontaktlöcher und Abscheidung eines Aluminium-Films.

13. Strukturierung des Metalls und Etablieren eines Rückseitenkontaktes für den Source-Anschluss (vgl. Abb. 2.18., rechts).

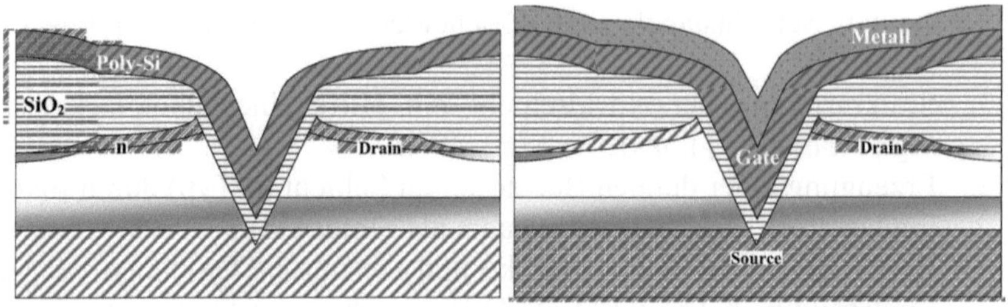

Abb. 2.18. Herstellungsprozess zur Herstellung eines VNMOSFETs nach *I. S. Bhatti et al.* am Ende des 10. (links) und 13. (rechts) Fertigungsschrittes (jeweils Scintenansichten)

Abb. 2.19. zeigt das gemessene und simulierte Ausgangskennlinienfeld eines „V-Graben"-PMOSFETs, der durch *S. R. Combs et al.* mit Hilfe eines ähnlichen Verfahrens hergestellt und auf der 1976er IEDM präsentiert wurde. Man erkennt eine sehr gute Übereinstimmung zwischen modellhafter Beschreibung und Messung.

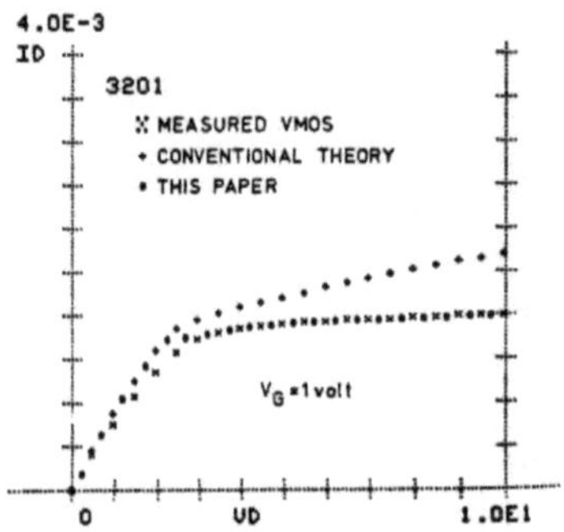

Abb. 2.19. Gemessenes und simuliertes Ausgangskennlinienfeld „V-Graben"-PMOSFETs nach *S. R. Combs et al.*, © 1976 IEEE [76Comb]

Neben den Schwierigkeiten, die die Herstellung entsprechend hoch p-Typ dotierter Gebiete und der damit verbundenen definierten Einstellung wichtiger MOSFET-Parameter wie der Schwellwertspannung V_T bereitet, besteht für einen VMOSFET die Hauptschwierigkeit in der hohen Grenzflächenzustandsdichte D_{it} der *(111)*-orientierten Grenzfläche zwischen dem Kanalgebiet und dem Gate-Oxid (zum Zeitpunkt der Entwicklung des VMOSFETs war dies ausschließlich thermisch hergestelltes SiO_2).[59]

[59] Warum besonders eine hohe Grenzflächenzustandsdichte D_{it} für die Herstellung eines MOSFETs nachteilig ist, soll im folgenden Unterpunkt 1.2.2 dieses Kapitels näher erläutert werden.

Diese beiden Schwierigkeiten waren der Anlass dazu, dass die Entwicklung von VMOSFETs für CMOS-Anwendungen Ende der 1970er Jahre wieder eingestellt wurde. Allerdings konnte erstmalig damit gezeigt werden, dass vertikale Transistoren insbesondere mit Hilfe der Silizium-basierten MBE mit hoher Qualität herstellbar sind und eine Alternative zum Lateralkonzept darstellen bzw. darstellen könnten.

Ein letztes Mal wurde ein „V-Graben"-MOSFET-Konzept auf der 1992er ESSDERC in Leuven, Belgien, von *T. Ifström et al.* diskutiert [92Ifst]. Hier wurde ein integriertes SOI-Konzept für die Realisierung von leistungselektronischen Schaltungen basierend auf quasivertikalen DMOS-Leistungstransistoren[60] mit integrierten CMOS-Logik- und Bipolarkomponenten vorgestellt, bei dem die PMOSFETs der CMOS-Logikkomponenten als „V-Graben"-PMOSFETs realisiert waren (siehe Abb. 2.20.).

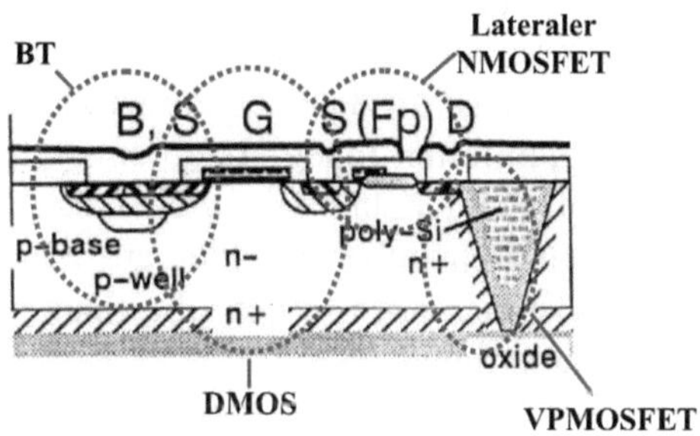

Abb. 2.20. Leistungselektronische SOI-Schaltung basierend auf quasivertikalen DMOS-Leistungstransistoren mit integrierten CMOS-Logikkomponenten (lateralen N-MOSFETs und „V-Graben"-P-MOSFETs) und Bipolarkomponenten (BT) nach *T. Ifström et al.* [92Ifst]

2.1.4 SOI-Substrate

Da im vorangegangenen Unterabschnitt zum ersten Mal ein SOI-Konzept vorgestellt wurde, sollen an dieser Stelle einige erläuternde Kommentare zur SOI-Technik eingeschoben werden.

Die SOI-Technik stellt die aktuellste Technik zur vollständigen elektrischen Isolierung von Bauelementen in der Halbleiterelektronik dar, die zunehmend die Technik der sogenannten „Shallow Trench Isolation" (STI) ablöst.[61] Diese Technik erfordert spezielle SOI-Substrate, die eine perfekt

[60] Leistungsschalter wie der DMOS sind Gegenstand des vierten Kapitels.

[61] Zum Beginn der Halbleiterelektronik wurden pn-Übergange für die elektrische Isolierung von Bauelementen genutzt. Durch die stetige Miniaturisierung der Bauelemente wurde allerdings ein Punkt erreicht, an dem der Platzbedarf für die isolierenden pn-Übergänge größer wurde als für die aktiven Bauelemente selbst. An diesem Punkt wurde zu einer neuen Isolationstechnik, der LOCOS-Technik, übergegangen, die im vorangegangenen Unterpunkt 2.1.3 diskutiert wurde. Als auch hier der Platzbedarf für die Isolierung den Platzbedarf der

einkristalline Silizium-Schicht einer bestimmten Dicke und Dotierung auf einer SiO_2-Schicht besitzen.

Derzeit existieren drei alternative Wege zur Herstellung von SOI-Substraten, die kurz vorgestellt werden sollen.

SOI-Substratherstellung mittels SIMOX

SIMOX steht für Silicon on Implanted Oxygen. Diese Technik basiert auf der Implantation einer hohen Dosis ($D_O \sim 1 \cdot 10^{18}\ cm^{-2}$) von Sauerstoff-Ionen in ein Silizium-Substrat in eine bestimmte Tiefe, die durch die Primärenergie der Sauerstoff-Ionen bei der Implantation bestimmt wird. Während des Hochtemperaturschrittes zum Ausheilen der Strahlenschäden bildet sich eine perfekt einkristalline Silizium-Schicht auf einer vergrabenen SiO_2-Schicht (vgl. Abb. 2.21.).

Diese Technik basiert auf einer Eigenheit der Ionenimplantation: Die in den Kristall eingeschossenen Ionen passieren zunächst die oberflächennahen Schichten des Silizium-Kristalls, ohne diese mechanisch zu zerstören. Erst in tieferen Schichten werden die implantierten Ionen abgebremst und die dabei frei gesetzte Energie amorphisiert den Kristall. Wie viele oberflächennahe Schichten von der Ionenimplantation unberührt bleiben, hängt von der Masse der eingeschossenen Primärionen ab, von der Oberflächenorientierung des Substrates und vom Implantationswinkel.

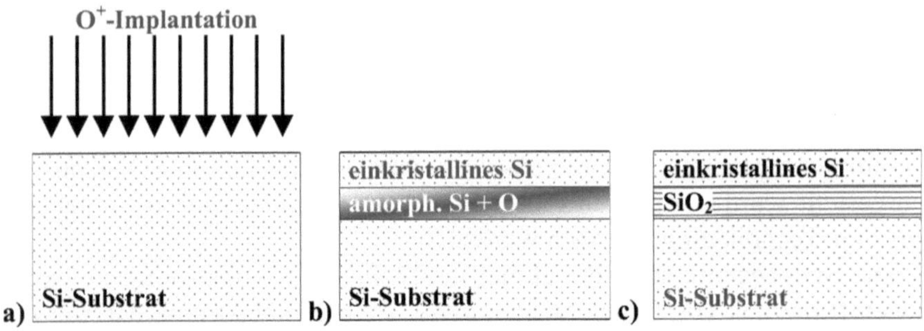

Abb. 2.21. Herstellung eines SOI-Substrates mittels SIMOX: Sauerstoff-Implantation in ein Silizium-Substrat (a), durch die Implantation ergibt sich eine vergrabene amorphisierte Silizium-Schicht vermischt mit Sauerstoff (b), nach einem Hochtemperaturschritt zum Ausheilen der Strahlenschäden ergibt sich das SOI-Substrat (c)

---

aktiven Bauelemente übertraf, ging man in der Technologie zur sogenannten „Shallow Trench Isolation“ (STI) über [88Dava, 91Mini].

SOI-Substratherstellung mittels BESOI

BESOI steht für Back Etched Silicon-On-Insulator. Hier werden, wie in Abb. 2.22. schematisch gezeigt, zwei Silizium-Substrate oxidiert und anodisch miteinander gebonded. Anschließend wird das obere Silizium-Substrat bis zur gewünschten Dicke zurückgeschliffen bzw. geätzt.

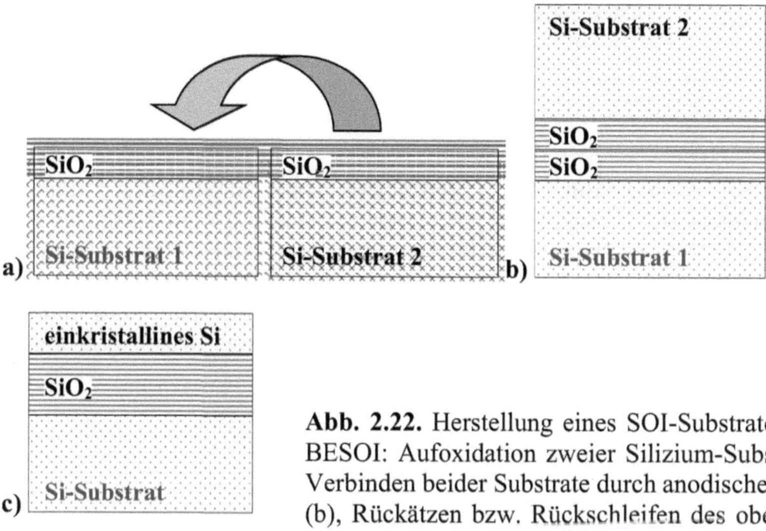

Abb. 2.22. Herstellung eines SOI-Substrates mittels BESOI: Aufoxidation zweier Silizium-Substrate (a), Verbinden beider Substrate durch anodisches Bonden (b), Rückätzen bzw. Rückschleifen des oberen Substrates ergibt das SOI-Substrat (c)

SOI-Substratherstellung mittels „Smart-Cut"

Der Nachteil der BESOI-Technik besteht darin, dass für die Herstellung eines SOI-Substrates zwei Silizium-Substrate benötigt werden, was die Herstellung verteuert. Dieses Problem wird durch die „Smart-Cut"-Technik behoben, die eine Kombination aus SIMOX und BESOI darstellt.

Bei dieser Technik wird ein aufoxidiertes Silizium-Substrat anodisch mit einem zweiten Substrat verbunden, in welches vorher Wasserstoff-Ionen bis zu einer bestimmten Tiefe einimplantiert wurden, was zu einem Aufbrechen der Silizium-Silizium-Bindungen in dieser Tiefe führt. Anschließend wird das obere Substrat mechanisch abgespalten und steht für die erneute Herstellung eines SOI-Substrates zur Verfügung (vgl. Abb. 2.23.).

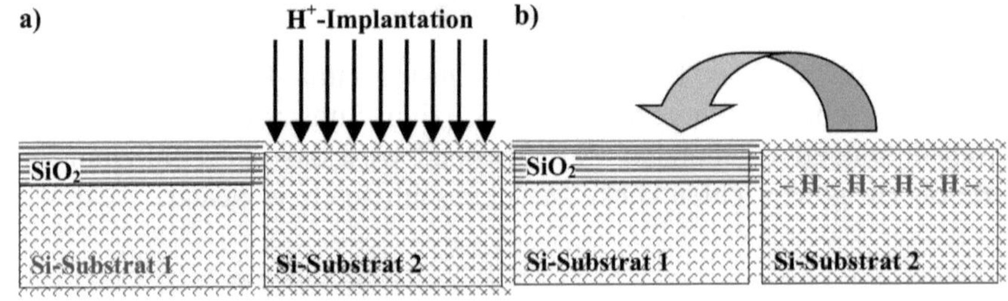

Abb. 2.23. Herstellung eines SOI-Substrates mittels „Smart-Cut“: Aufoxidation eines Silizium-Substrates und Wasserstoff-Implantation in ein zweites Substrat (a), Verbinden beider Substrate durch anodisches Bonden (b), mechanisches Abspalten des oberen Substrates entlang der Ebene mit dem einimplantierten Wasserstoff ergibt das SOI-Substrat (c)

2.1.5 Der vertikale MOSFET

Über die generelle Möglichkeit des vertikalen Aufbaus eines MOSFETs wurde bereits auf der 1975er IEDM in Washington, D.C., USA, diskutiert. Als Beispiel hierfür sei der Übersichtsbeitrag von *C. A. Liechti* (Hewlett-Packard, USA) mit dem Titel: „*Recent Advances in High-Frequency Field-Effect Transistors*“ genannt [75Liec].

Auch wenn bereits 1980 und 1983 Konzepte mit vertikalen MOSFETs diskutiert wurden[62], so wurde der erste Beitrag, der sich ausschließlich mit dem vertikalen MOSFET beschäftigt, erst auf der 1985er IEDM in Washington, D.C., USA, geliefert. Gegeben wurde dieser Beitrag von *S. Nakajima et al.*[63] [85NakaB] von den NTT Atsugi Electrical Communication Laboratories (Kanagawa, Japan). Bei diesem Konzept handelt es sich um einen sogenannten „T-Drain“-MOSFET (TMOSFET), dessen schematischer Aufbau in der folgenden Abb. 2.24. gegeben ist.

---

[62] Zu nennen sind hier die Beiträge von *G. R. David et al.* (RTC, Frankreich): „*A New V.MOS/Bipolar Darlington Transistor for Power Applications*“ (Bipolar/CMOS-Technologie, IEDM-1980) und von *M. Denda et al.* (Mitsubishi, Japan): „*A PtSi Schottky-Barrier Infrared MOS Area Imager with Large Fill Factor*“ (IR-Detektoren, IEDM-1983) [80Davi, 83Dend].

[63] *K. Miura*, *T. Somatani* und *E. Arai* waren hier die Koautoren.

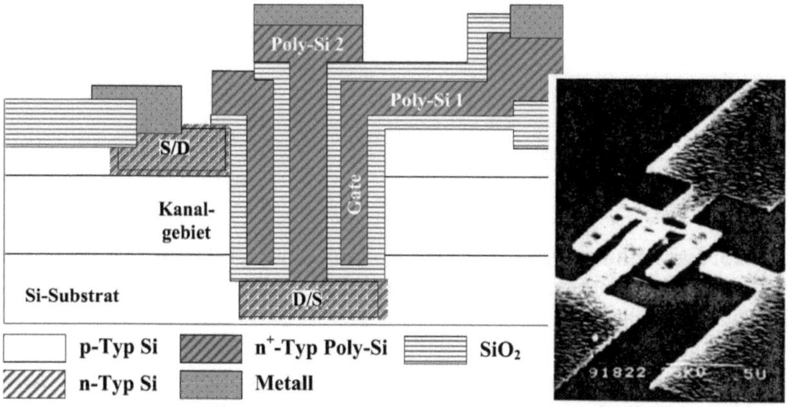

Abb. 2.24. Schematischer Aufbau und rasterelektronenmikroskopische Aufnahme eines „T-Drain"-MOSFETs nach *S. Nakajima et al.*, © 1985 IEEE [85NakaB]

Wie man dieser Abbildung entnehmen kann, handelt es sich bei einem TMOSFET um einen Innenlochtransistor mit einer umlaufenden Gate-Elektrode („Surrounding Gate"), welche den T-förmigen Drain-Anschluss umschließt. Das Drain(Source)-Gebiet dieses Transistors wird über Diffusion (der polykristalline und hoch n-Typ dotierte Drain(Source)-Anschluss dient dabei als Dotierstoffquelle), das Source(Drain)-Gebiet über Ionenimplantation realisiert. Die Herstellung eines solchen TMOSFETs soll im Folgenden mit Hilfe der Abbildungen 2.25. bis 2.27. erklärt werden.

1. Herstellung von LOCOS-Strukturen auf einem p-Typ Silizium-Substrat (vgl. dazu erneut Abb. 2.17.).
2. Bor-Implantation zur Herstellung einer vergrabenen p^+-Typ Silizium-Schicht, die das Kanalgebiet des späteren Transistors bildet (das beim LOCOS-Prozess durch den Nitridfilm geschützte SiO_2 dient dabei wieder als Streuoxid). Die Dotierhöhe in dieser Schicht bestimmt die Schwellwertspannung V_T des MOSFETs.
3. Anisotropes Trockenätzen (RIE) eines Grabens der Tiefe *0,8 μm* (oder *1,3 μm*) in das LOCOS-Fenster und nasschemische Entfernung des Streuoxides (vgl. Abb. 2.25., links).
4. Thermische Oxidation der Gesamtstruktur zur Erzeugung des Gate-Oxides (GOX).
5. Konforme Abscheidung eines hoch n-Typ dotierten Poly-Silizium-Films (Poly-Si 1) als Gate-Elektrode.
6. Öffnung des Grabenbodens mittels RIE (vgl. Abb. 2.25., rechts).
7. Thermische Oxidation der Gesamtstruktur zur Bildung eines Isolationsoxides (die Oxidationsgeschwindigkeit ist in der Poly-Elektrode ca. 10 mal höher als im kristallinen p-Typ Silizium).

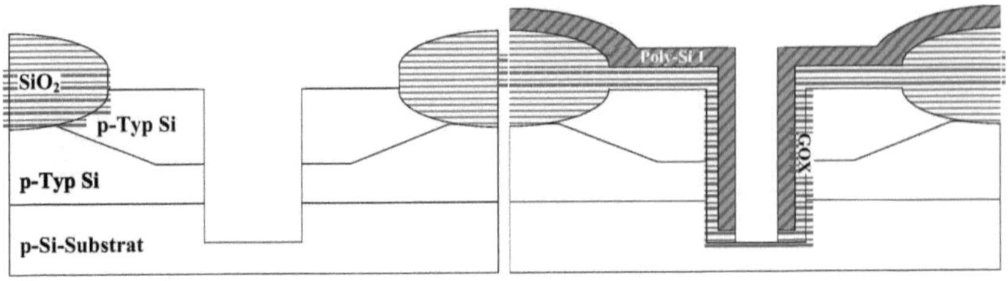

Abb. 2.25. Herstellungsprozess zur Herstellung eines „T-Drain“-MOSFETs nach *S. Nakajima et al.* am Ende des 3. (links) und 6. (rechts) Fertigungsschrittes (jeweils Seintenansichten)

8. Nasschemische Öffnung des Grabenbodens mittels HF und Auffüllung des Grabens mit hoch n-Typ dotiertem Poly-Silizium (Poly-Si 2 – vgl. Abb. 2.26., links).
9. Strukturierung der beiden Poly-Silizium-Schichten und Ionenimplantation zur Bildung des Source(Drain)-Gebietes.
10. Hochtemperaturschritt zum Ausheilen der Strahlenschäden, hervorgerufen durch die Ionenimplantation (bei diesem Schritt diffundiert der n-Typ Dotierstoff aus dem T-förmigen Drain(Source)-Anschluss in das Substrat und bildet somit das Drain(Source)-Gebiet – vgl. Abb. 2.26., rechts).

Abb. 2.26. Herstellungsprozess zur Herstellung eines „T-Drain“-MOSFETs nach *S. Nakajima et al.* am Ende des 8. Fertigungsschrittes (Seintenansicht) und rasterelektronenmikroskopische Aufnahme, © 1985 IEEE [85NakaB]

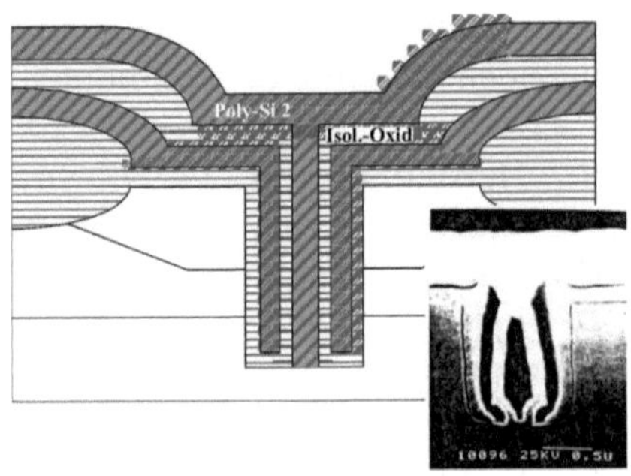

11. Abscheidung eines dicken Isolationsoxides, Kontaktlochöffnung und Kontaktlochfüllung.
12. Ganzflächige Abscheidung von Aluminium und Strukturierung.

Die experimentell ermittelte Ausgangs- bzw. Transfercharakteristik eines TMOSFETs nach *S. Nakajima et al.* zeigt Abb. 2.28.

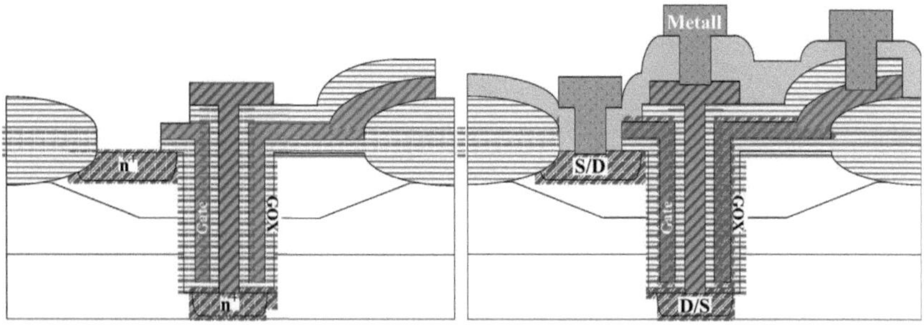

Abb. 2.27. Herstellungsprozess zur Herstellung eines „T-Drain"-MOSFETs nach *S. Nakajima et al.* am Ende des 10. (links) und 12. (rechts) Fertigungsschrittes (jeweils Seintenansichten)

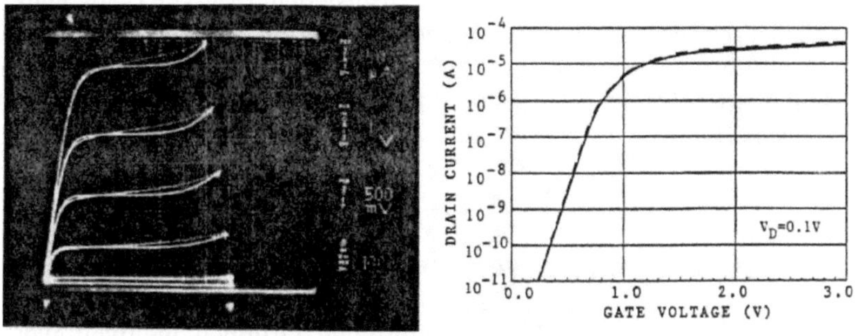

Abb. 2.28. Ausgangskennlinienfeld (links) und Transferkennlinienfeld eines „T-Drain"-MOSFETs nach *S. Nakajima et al.*, © 1985 IEEE [85NakaB]

Abb. 2.29. zeigt die Schwellwertspannung V_T und den S-Parameter[64] (in der Abbildung mit δ bezeichnet) eines durch *S. Nakajima et al.* realisierten TMOSFETs als Funktion der Implantationsdosis, die beim Implantationsschritt zur Einstellung der Kanaldotierung (2. Herstellungsschritt der obigen Herstellungssequenz) gewählt wurde.

Wie man dieser Abbildung entnimmt, kann die Schwellwertspannung V_T und auch der S-Parameter unabhängig von der Kanalgebietslänge L (d_{SD} in der Abbildung) eingestellt werden.

[64] Die Definition des S-Parameters – des „Subthreshold Swings" – wurde im ersten Kapitel im Unterpunkt 1.1.4 gegeben.

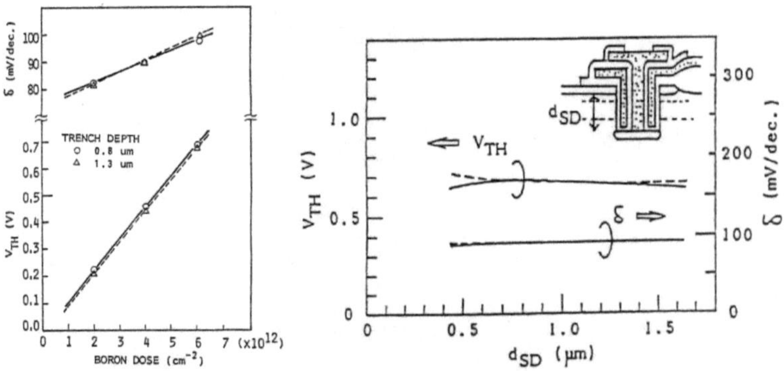

Abb. 2.29. Schwellwertspannung V_T und den S-Parameter (in der Abbildung mit δ bezeichnet) eines durch *S. Nakajima et al.* realisierten TMOSFETs als Funktion der Implantationsdosis, die beim Implantationsschritt zur Einstellung der Kanaldotierung gewählt wurde (links) bzw. als Funktion der Kanalgebietslänge L (d_{SD} in der Abbildung) bei einer Implantationsdosis von $7 \cdot 10^{12}\ cm^{-2}$ (rechts), © 1985 IEEE [85NakaB]

2.1.6 Übersicht weiterer vertikaler MOSFET-Konzepte

In den Folgejahren wurden durch zahlreiche Gruppen weltweit weitere vertikale MOSFET-Konzepte erarbeitet und vorgestellt, die einander prinzipiell ähnlich sind, auch wenn sie sich hinsichtlich der Herstellungsmethoden, der Anordnung von Source und Drain und der Form der Gate-Elektrode voneinander unterscheiden. Ziel dieses Unterpunktes soll es sein, zunächst einen allgemeinen Überblick über diese weiteren Konzepte zu geben.

Der in Abb. 2.30. dargestellte vertikale MOSFET, der dem TMOSFET (vgl. mit dem vorangegangenen Unterpunkt 2.1.4) sehr ähnlich ist und auch als Innenlochtransistor ausgeführt wird, wurde von *A. H. Perera et al.* (Motorola Inc., Austin. USA) auf der 1994er IEDM in San Francisco, USA, diskutiert [94Pere]. Dieses Konzept zeichnet sich durch eine T-Gate-Struktur aus, deren Herstellung sich aus der Realisierung eines TMOSFETs leicht ableiten lässt. Der hauptsächliche Unterschied zum TMOSFET besteht darin, dass sowohl der Drain(Source)- als auch der Source(Drain)-Anschluss nach außen gelegt sind. Daraus ergibt sich der größte Nachteil dieser Struktur – für die Kontaktierung von Source und Drain wird sehr viel Platz benötigt. Mit Blick auf die Anwendung dieses Konzepts bei der Herstellung vertikaler Auswahltransistoren für DRAMs [99Grue, 00Rade, 01Weis] bzw. bei der Herstellung vertikaler Transistoren für ROM-Bausteine [96Bert, 97Bert] kann allerdings über diesen Nachteil hinweggesehen werden. Im dritten Kapitel „Silizium-Speicherstrukturen basierend auf vertikalen bzw. quasivertikalen (Auswahl)Transistoren“ wird daher noch näher auf dieses Transistorkonzept eingegangen.

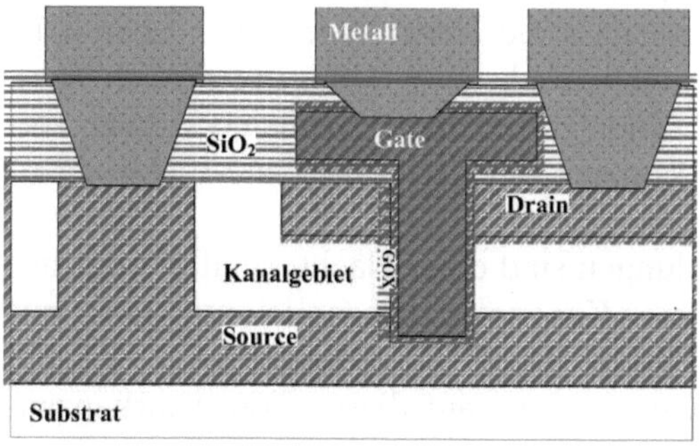

Abb. 2.30. „T-Gate“-MOSFET nach *A. H. Perera et al.*

Sehr intensiv wurde das Konzept des vertikalen „Surrounding Gate“-MOSFETs (oft kurz nur mit SGT – „Surrounding Gate“-Transistor –bezeichnet) untersucht, welches erstmals 1988 von *H. Takato et al.* [88Taka] von Toshiba, Japan, auf der IEDM in San Francisco, USA, vorgestellt und dann von vielen Gruppen aufgegriffen wurde [89Suno, 93Pein, 95Hana, 01Endo, 02Goeb]. Zur Herstellung des Transistors, der schematisch in Abb. 2.31. gezeigt ist, werden in ein Silizium-Substrat rechteckige oder runde Säulen geätzt, die das Kanalgebiet des Transistors bilden. Die Kanaldotierung wird vor der Ätzung durch Ionenimplantation eingestellt. Ebenfalls mit Ionenimplantation (Einfallswinkel *0°*) werden dann die Source- und Drain-Gebiete realisiert. Das Gate-Oxid wird durch Aufoxidation der Säulen hergestellt.

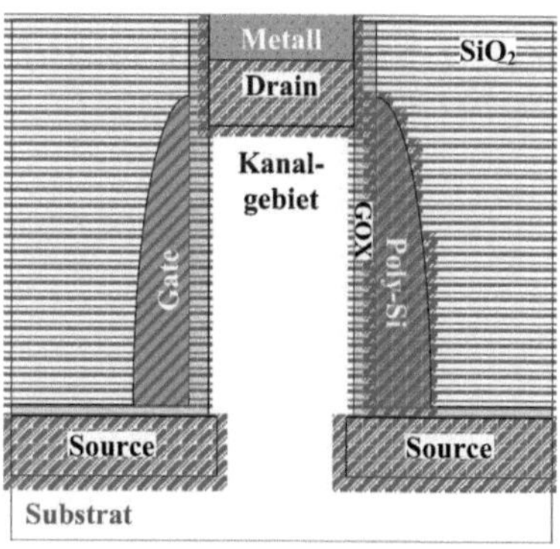

Abb. 2.31. „Surrounding Gate“-MOSFET nach *H. Takato et al.*

Eine konform abgeschiedene und anisotrop mit reaktivem Ionenätzen (RIE) zurückgeätzte Poly-Silizium-Schicht bildet die Gate-Elektrode, die über Ionenimplantation nachträglich dotiert wird.

Der große Vorteil bei diesem Transistor-Konzept liegt in der einfachen Realisierbarkeit des elektrischen Kanalgebietsanschlusses über das Substrat und in der Möglichkeit, das Gate relativ gut zu Source und Drain justieren zu können, was kleine parasitäre Überlappkapazitäten bedeutet. Nachteilig an diesem Konzept ist, dass die Kanalgebietslänge über RIE-Ätzung eingestellt wird, was problematisch wird, wenn mit diesem Konzept MOSFETs mit sehr kleinen Kanalgebietslängen realisiert werden sollen. Außerdem ist es in diesem Konzept schwierig, die Gate-Elektrode zu kontaktieren.

Mit Blick auf Speicheranwendungen sind diese Nachteile allerdings unerheblich, was erklärt, warum dieses Konzept hauptsächlich mit Bezug auf solche Anwendungen diskutiert wurde. Daher wird ebenfalls im sechsten Kapitel der vorliegenden Arbeit noch näher auf dieses Transistorkonzept eingegangen.

Das in Abb. 2.32. dargestellte Konzept eines vertikalen MOSFETs wurde von *H. Gossner et al.* in einer Kooperation zwischen der Universität der Bundeswehr München (UniBw M) und der Siemens AG, München, Deutschland, entwickelt und auf der 1993er SSDM in Chiba, Japan, erstmals vorgestellt [93Goss]. Realisiert wurde dieses Konzept ausschließlich durch den Einsatz der MBE. Der Transistor wird aus einer quadratischen oder runden mittels MBE gewachsenen pnp- bzw. npn-Mesa gebildet. Das Gate-Oxid wird durch Aufoxidation dieser Mesa hergestellt. Eine konform abgeschiedene, hoch dotierte Poly-Silizium-Schicht bildet die Gate-Elektrode, die vorwiegend als „Surrounding Gate" realisiert wird. Durch den Einsatz der MBE können in diesem Konzept MOSFETs mit beliebig kurzen Kanalgebietslängen realisiert werden.

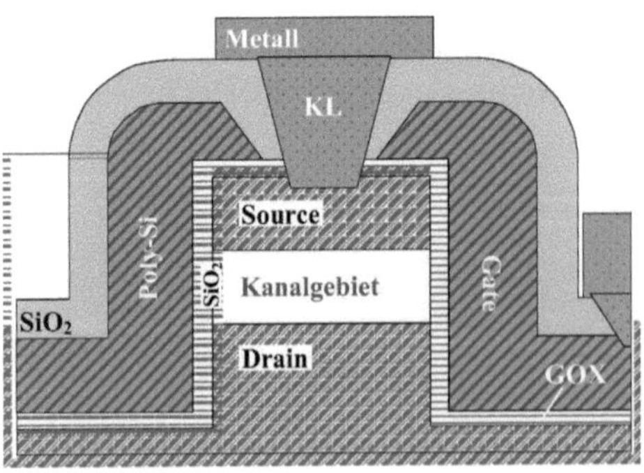

Abb. 2.32. MBE-MOSFET nach *H. Gossner et al.*

Nachteilig an diesem Konzept ist, dass das Kanalgebiet elektrisch isoliert („floatend") ist und nicht kontaktierbar ist. Daraus folgt, dass sich das Kanalgebiet nicht auf einem definierten Potenzial (z. B. Erdpotenzial) befindet, sondern kapazitiv mit dem Source- bzw. Drain-Gebiet gekoppelt ist. Somit wird hauptsächlich durch die Source-Drain-Spannung V_{SD} das Potenzial im Kanalgebiet vorgegeben. Außerdem kann das Gate nicht selbstjustiert zu Source und Drain gefertigt werden, was zu hohen parasitären Überlappkapazitäten führt, die diesen MOSFET unbrauchbar für Hochfrequenzanwendungen machen. Bei der Behandlung des „Planar-Doped Barrier"-MOSFETs (PDBFETs) im Unterpunkt 2.2.7 des vorliegenden Kapitels wird näher auf dieses Transistorkonzept eingegangen.

Das letzte Konzept (vgl. Abb. 2.33.) eines vertikalen MOSFETs, welches an dieser Stelle näher diskutiert werden soll, und welches eine Verbindung eines MBE-MOSFETs mit einem „Surrounding Gate"-MOSFET darstellt, wurde 1997 von *L. Risch* bzw. 2000 von *T. Schulz et al.*, beide Infineon Technologies AG, Deutschland (1997 noch Siemens AG), auf der ESSDERC in Stuttgart, Deutschland bzw. auf der IEDM in San Francisco, USA, unter der Bezeichnung „Vertikaler Sidewall-Transistor" vorgestellt [97Risc, 00SchuA, 01Schu].

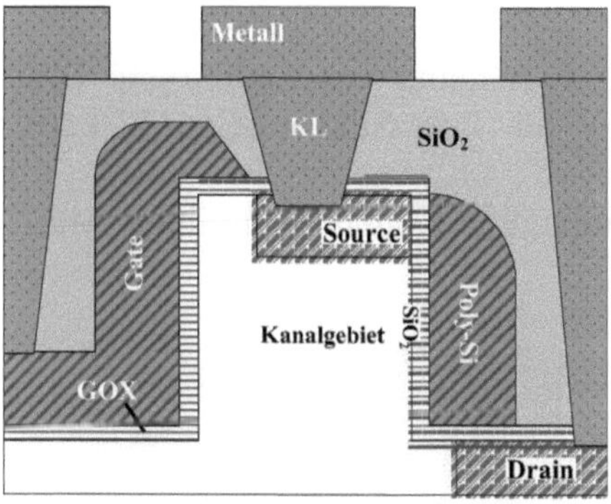

Abb. 2.33. Vertikaler „Sidewall"-MOSFET nach *T. Schulz et al.*

Realisiert wurden zwei Varianten, deren Herstellung mit den folgenden Abbildungen 2.34. und 2.35. bzw. 2.36. und 2.37. illustriert werden soll.

Der vertikale Sidewall-MOSFET (Variante 1 – Herstellung mittels Ätzung)

1. Herstellung einer Silizium-Mesa aus einem p(n)-Typ Silizium-Substrat mittels einer „Hard mask" aus SiO_2 und anisotropen Ätzens (RIE).
2. Entfernung der „Hard mask" und thermische Oxidation der Gesamtstruktur zur Bildung des Gate-Oxides (GOX).

3. Ganzflächige, konforme Abscheidung einer undotierten Poly-Silizium-Schicht mittels CVD als Gate-Elektrode (vgl. Abb. 2.34., links).
4. Maskierung der Poly-Silizium-Schicht und anisotropes Rückätzen mittels RIE (die gestrichelt gezeichneten Linien zeigen an, dass das Poly-Gate die Mesa umläuft – vgl. Abb. 2.34., rechts).

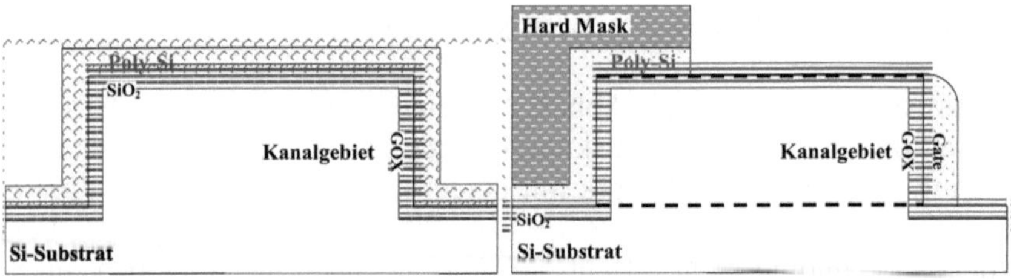

Abb. 2.34. Herstellungsprozess zur Herstellung eines vertikalen „Sidewall"-MOSFET (Variante 1) nach *T. Schulz et al.* am Ende des 3. (links) und 4. (rechts) Fertigungsschrittes (jeweils Seintenansichten)

5. Entfernung der „Hard mask".
6. Ionenimplantation unter *0°* zur Erzeugung von Source und Drain und zur Dotierung (n(p)-Typ) der Poly-Silizium-Gate-Elektrode (vgl. Abb. 2.35., links).
7. Planarisierung, Kontaktlochöffnung und Kontaktlochfüllung, Metallisierung (vgl. Abb. 2.35., rechts).

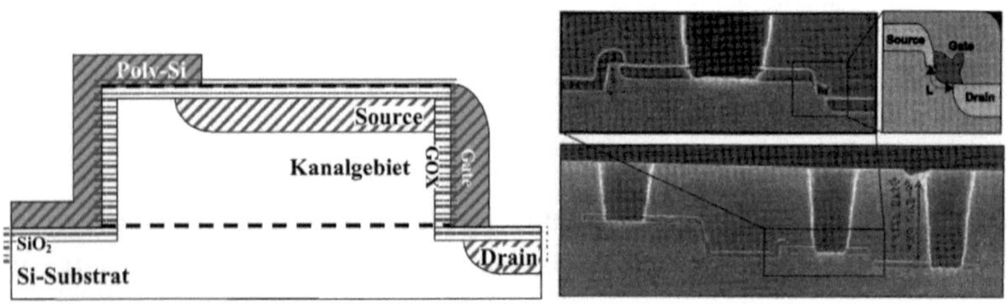

Abb. 2.35. Herstellungsprozess zur Herstellung eines vertikalen „Sidewall"-MOSFET (Variante 1) nach *T. Schulz et al.* am Ende des 6. (links – Seitenansicht) und 7. Fertigungsschrittes (rechts – transmissionselektronenmikroskopische Aufnahme) [01Schu]

Der vertikale Sidewall-MOSFET (Variante 2 – Herstellung mittels selektiver Epitaxie)

1. Herstellung einer „Hard mask" aus SiO_2 und anisotropes Ätzen (RIE) von Grabenstrukturen in ein n(p)-Typ Silizium-Substrat.

2. Abscheidung eines einkristallinen npn-Schichtstapels mittels selektiver Epitaxie[65] in die geätzten Grabenstrukturen (vgl. Abb. 2.36., links).
3. Maskierung des selektiv gewachsenen Schichtstapels und Mesa-Ätzung mittels RIE (vgl. Abb. 2.36., rechts).

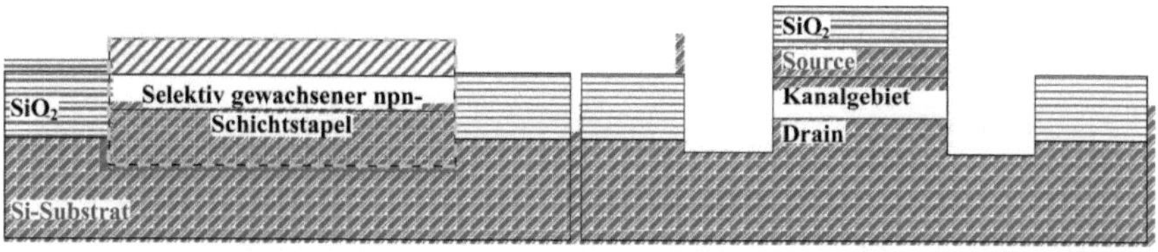

Abb. 2.36. Herstellungsprozess zur Herstellung eines vertikalen „Sidewall"-MOSFET (Variante 2) nach *T. Schulz et al.* am Ende des 2. (links) und 3. (rechts) Fertigungsschrittes (jeweils Seintenansichten)

4. Entfernung der „Hard mask" auf dem selektiv gewachsenen Schichtstapel und thermische Oxidation der Gesamtstruktur zur Bildung des Gate-Oxides (GOX).
5. Die nachfolgenden Schritte sind identisch mit den Herstellungsschritten 3 bis 7 der ersten Variante dieses Transistors (vgl. Abb. 2.37.).

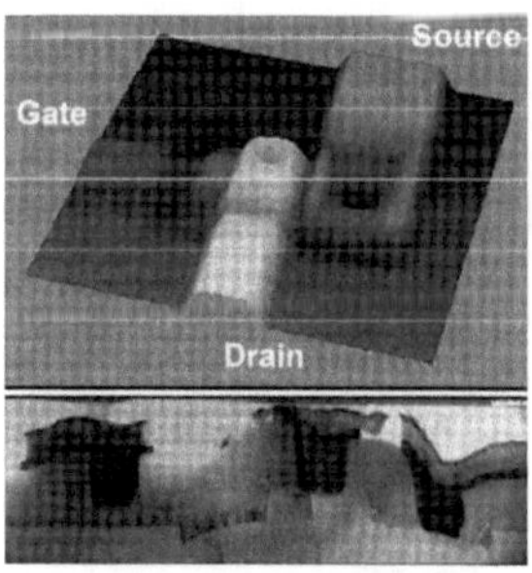

Abb. 2.37. Herstellungsprozess zur Herstellung eines vertikalen „Sidewall"-MOSFET (Variante 2) nach *T. Schulz et al.* am Ende des 5. Fertigungsschrittes: AFM-Aufnahme (oben) und transmissionselektronenmikroskopische Aufnahme (unten) [01Schu]

Die Abbildungen 2.38. und 2.39. zeigen die Transfer- und Ausgangscharakteristiken sowie die Ausgangsleitwerte im Anlaufbereich g_0 (in den

[65] Bei der selektiven Epitaxie (SEG) handelt es sich um einen CVD-Prozess, der auf maskierten Substraten durchgeführt wird. Als Maskierungsmaterial findet meist SiO_2 Verwendung. Diese Technologie basiert auf der Besonderheit, dass die CVD-Silizium-Abscheidung auf SiO_2 bzw. kristallines Silizium erst nach einer Inkubationszeit τ beginnt. Bei richtigen Druck- und Temperaturbedingungen gilt $\tau_{SiO2} > \tau_{Si}$, so dass Silizium selektiv nur auf kristallinen Silizium-Flächen abgeschieden wird, während auf der SiO_2-Maske nichts abgeschieden wird [92Aket, 93Goul, 96Miya, 02Ribo].

Abbildungen mit g_{DS} bezeichnet) und die Steilheiten g_m vertikaler „Sidewall"-PMOSFETs mit Kanalgebietslängen von $L = 130\ nm$ und $L = 90\ nm$, die mit dem eben beschriebenen selektiven Epitaxieverfahren durch *T. Schulz et al.* hergestellt und vermessen wurden [01Schu].[66] Als Kanaldotierung (Phosphor) wurden $N_D = 1 \cdot 10^{18}\ cm^{-3}$ gewählt, die Kanalgebietsweite bzw. die Gate-Oxiddicke betrug in beiden Fällen $W = 5{,}6\ \mu m$ bzw. $d_{GOX} = 3\ nm$.

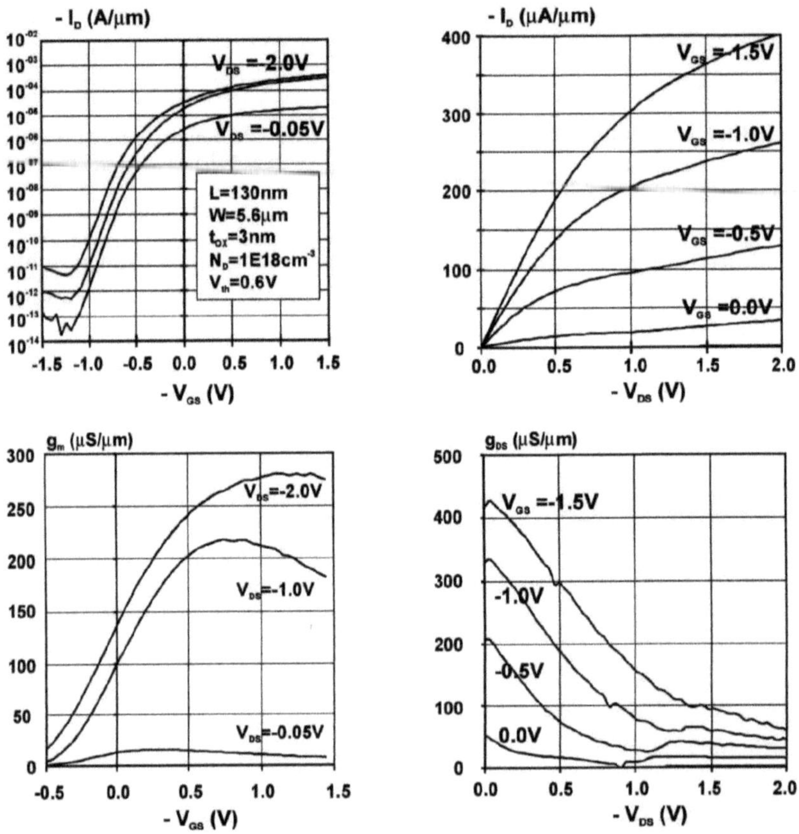

Abb. 2.38. Transfercharakteristik (oben links), Ausgangscharakteristik (oben rechts), sowie der Ausgangsleitwert im Anlaufbereich g_0 (in der Abbildung mit g_{DS} bezeichnet) und die Steilheit g_m eines vertikalen „Sidewall"-PMOSFETs (hergestellt mit selektiver Epitaxie) mit einer Kanalgebietslänge $L = 130\ nm$ nach *T. Schulz et al.* [01Schu]

[66] Zur Definition des Ausgangsleitwerts im Anlaufbereich g_0 bzw. der Steilheit g_m siehe erneut Unterpunkt 1.1.4 des ersten Kapitels.

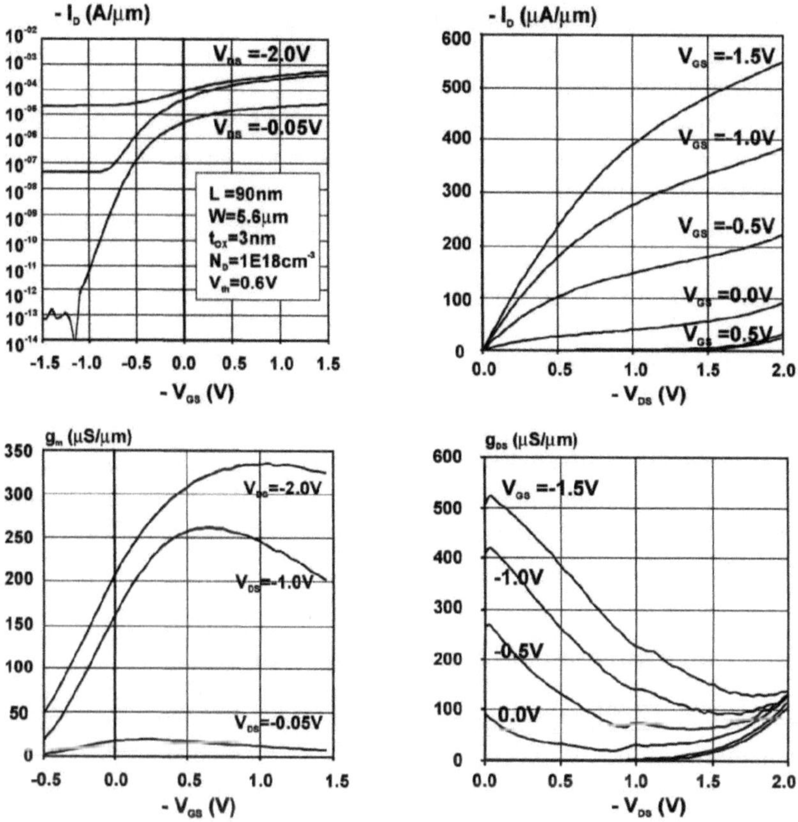

Abb. 2.39. Transfercharakteristik (oben links), Ausgangscharakteristik (oben rechts), sowie der Ausgangsleitwert im Anlaufbereich g_0 (in der Abbildung mit g_{DS} bezeichnet) und die Steilheit g_m eines vertikalen „Sidewall"-PMOSFETs (hergestellt mit selektiver Epitaxie) mit einer Kanalgebietslänge $L = 90\ nm$ nach *T. Schulz et al.* [01Schu]

2.2 Alternative vertikale MOSFET-Konzepte

Wie bereits im letzten Unterkapitel mehrfach angedeutet, bereitet die Realisierung vertikaler MOSFETs in gewissen Punkten technologische Schwierigkeiten, die im Vergleich zu einem konventionellen lateral aufgebauten MOSFET zu Schwachstellen bei einem vertikal aufgebauten MOSFET führen. Eine konkrete Betrachtung aller vorgestellten vertikalen Konzepte offenbart die folgenden Schwachstellen, die durch den vertikalen Aufbau bedingt sind bzw. bedingt sein können:

- Die großen Überlappkapazitäten, hervorgerufen durch die metallische Elektrode (n^+-Typ bzw. p^+-Typ Poly-Silizium oder Metalle bzw. Metallverbindungen) des MOS-Gates,
- Die hohe Grenzflächenzustandsdichte $D_{it}(W)$ an der Grenzfläche des Kanalgebietes zum Gate-Oxid bzw. die hohe Grenzflächenrauhigkeit dieser Grenzfläche,
- Verminderte Beweglichkeiten der Ladungsträger im vertikalen Transistorkanal,
- Das „floatende“ Kanalgebiet.

Zunächst soll kurz umrissen werden, was unter dem „Problem der Überlappkapazitäten“ und dem „Problem der Grenzflächenzustandsdichten und Grenzflächenrauhigkeiten“, welches mit dem „Problem der verminderten Ladungsträgerbeweglichkeiten“ verknüpft ist, verstanden wird (die Auswirkungen eines „floatenden“ Kanalgebietes auf des elektrische Verhalten eines MOSFETs wurden bereits im vierten Kapitel bei der Erörterung des „Kink-Effektes“ dargelegt.[67]

2.2.1 Das Problem der Überlappkapazitäten

Das Problem der Überlappkapazitäten wird deutlich, wenn man erneut das schematische Bild z. B. eines MBE-MOSFETs betrachtet (Abb. 2.40.), der im vorangegangenen Unterpunkt 2.1.6 kurz andiskutiert wurde. Die Überlappkapazitäten, die bei diesem Transistorkonzept auftreten, sind durch schwarze Kondensatorsymbole gekennzeichnet.

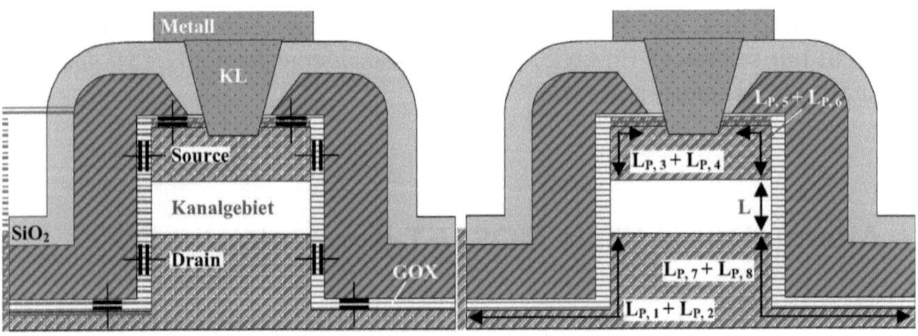

Abb. 2.40. Parasitäre Überlappkapazitäten hervorgerufen durch die Gate-Elektrode in einem vertikalen MBE-MOSFET

[67] Vgl. erneut Unterpunkt 1.1.6 des ersten Kapitels

Die Überlappkapazitäten treten auf, da die meisten Konzepte zur Herstellung vertikaler MBE-MOSFETs die Realisierung selbstjustierter Gate-Strukturen nicht zulassen.

Es tritt zu Tage, wenn die Hoch- und Höchstfrequenzeigenschaften vertikaler Transistoren untersucht werden. Aktuelle CMOS-basierte Prozessoren arbeiten mit Taktfrequenzen τ_T im Bereich $\tau_T = 2\ GHz$. Das bedeutet, dass alle aktiven Kapazitäten im Prozessor pro Sekunde 10^9-mal umgeladen werden müssen. Da ein Transistor erst dann stabil arbeitet, wenn alle Kapazitäten vollständig umgeladen sind, folgt daraus, dass alle Kapazitäten maximal nach $\tau_U = 1 \cdot 10^{-9}\ s$ umgeladen sein müssen. Diese enorme Geschwindigkeit, die in den folgenden Jahren noch gesteigert werden soll, kann nur erreicht werden, wenn die auftretenden Kapazitäten nur so groß wie nötig bzw. so klein wie möglich gehalten werden.

Welchen Einfluss nun Überlappkapazitäten auf die Taktfrequenz (und damit auf die Umladezeit τ_u) haben, mit der ein vertikaler MOSFET maximal betrieben werden kann, soll die folgende Abschätzung zeigen.

In Kapitel eins wurde für die sogenannte Transitfrequenz f_T, ab der der Transistorkanal eines MOSFETs nur mehr begrenzt einer oszillierenden Gate-Spannung V_G folgen bzw. nicht mehr folgen kann, die Beziehung (1.35)

$$f_T = \frac{g_m}{2 \cdot \pi \cdot L \cdot W \cdot C_{GOX}}, \tag{2.5}$$

abgeleitet. Berücksichtigt man nun alle auftretenden parasitären Überlapp kapazitäten $C_{p,i}$ $(i = 1, 2, 3, \ldots)$, die in Parallelschaltung mit der aktiven Gate-Kapazität C_{GOX} verknüpft sind, dann folgt für die pro Takt umzuladende Gesamtkapazität C_{Ges}:

$$C_{Ges} = C_{GOX} + \sum_i C_{p,i} = C_{GOX} + C_p . \tag{2.6}$$

Dadurch verringert sich die Transitfrequenz f_T auf:

$$f_T = \frac{g_m}{2 \cdot \pi \cdot L \cdot W \cdot C_{Ges}} = \frac{g_m}{2 \cdot \pi \cdot L \cdot W \cdot (C_{GOX} + C_p)}. \tag{2.7}$$

Aus (1.24) ergibt sich für den Wert der Steilheit im Sättigungsbereich der Kennlinie bei elektrischen Feldern $E_{SD} < 2 \cdot 10^4\ V \cdot cm^{-1}$:

$$g_m = \left.\frac{\partial I_{SD}(V_G)}{\partial V_G}\right|_{V_{SD}=konst.,\ V_G-V_T \geq V_{SD}} = \frac{W \cdot C_{GOX} \cdot \mu \cdot V_{SD}}{L}. \tag{2.8}$$

(Ein Arbeitspunkt im Sättigungsbereich der Kennlinie eines MOSFET ist ein stabiler Arbeitspunkt.) Für die Driftgeschwindigkeit v_D der Ladungsträger im Kanal gilt nach (4.27)

$$v_D = \mu \cdot E_{SD} = \frac{\mu \cdot V_{SD}}{L}, \tag{2.9}$$

woraus

$$g_m = W \cdot C_{GOX} \cdot v_D \tag{2.10}$$

und damit

$$f_T = \frac{v_D}{2 \cdot \pi \cdot L \cdot \left(1 + \frac{C_p}{C_{GOX}}\right)} = \frac{v_D}{2 \cdot \pi \cdot (L + L_p)} \tag{2.11}$$

folgt. Dabei wurde die parasitäre Überlappgesamtkapazität $C_p = \sum_i C_{p,i}$ als Plattenkondensator mit der gleichen Oxiddicke d_{GOX}, der Länge $L_p = \sum_i L_{p,i}$ (vgl. erneut Abb. 2.40.) und der Weite W angenommen.

Betrachtet man nun z. B. einen MBE-NMOSFET mit einer Kanalgebietlänge $L = 60\ nm$, und nimmt man für v_D die maximal mögliche Elektronendriftgeschwindigkeit in Silizium $v_{D,\,max} = 1 \cdot 10^7\ cm \cdot s^{-1}$ an, so ergibt sich die in Abb. 2.41. dargestellte Abhängigkeit der Transitfrequenz $f_T(L_p)$ von der Länge L_p der parasitären Überlappgesamtkapazität. Bezieht man nun noch die parasitären Kapazitäten der Verdrahtung mit ein, die bei aktuellen Schaltkreisen zu einer zusätzlichen Verkleinerung der maximal möglichen Taktfrequenz der Gesamtschaltung ca. um den Faktor *100* führen, wird klar, warum z. B. CMOS-Prozessoren aus vertikalen MBE-Transistoren, dargestellt wie in Abb. 2.40., unmöglich mit Taktfrequenzen $\tau_T > 2\ GHz$ betrieben werden können: Für $L = 60\ nm$ und $L_P = 0\ nm$ ergäbe sich eine maximal mögliche Taktfrequenz von $f_T(L = 60\ nm,\ L_P = 0\ nm) = 265\ GHz$.

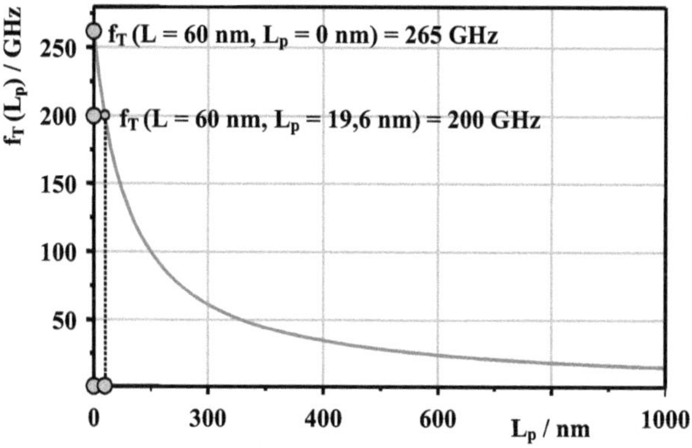

Abb. 2.41. Abhängigkeit der Transitfrequenz $f_T(L_p)$ von der Länge L_p der parasitären Überlappgesamtkapazität (Kanalgebietlänge des MOSFETs: $L = 60\ nm$)

Bedingt durch die parasitären Kapazitäten der Verdrahtung reduziert sich die maximal mögliche Taktfrequenz auf $f_T = 2{,}65\ GHz$. Überschreitet die Länge der parasitären Überlappkapazitäten $L_P = 20\ nm$, liegt die maximal mögliche Taktfrequenz unter $\tau_T = 2\ GHz$. Technologiebedingt gilt für einen vertikalen MBE-MOSFET $L_P >> L$, so dass im gewählten Beispiel $L_P >> 60\ nm$ gilt.

2.2.2 Das Problem der Grenzflächenzustandsdichten, Grenzflächenrauhigkeiten und verminderten Ladungsträgerbeweglichkeiten im vertikalen Transistorkanal

Bei Grenzflächenzuständen handelt es sich um lokale Energiezustände im verbotenen Band zwischen Valenzbandober- und Leitungsbandunterkante an der Grenzfläche des Gate-Oxides zum Kanalgebiet des Transistors. Diese können je nach Stärke der angelegten Gate-Spannung besetzt oder unbesetzt sein.

Die technologische Verwertbarkeit einer mit Grenzflächenzuständen behafteten Grenzfläche in einem MOSFET hängt stark vom Verhältnis der im Inversionszustand (in diesem Zustand ist der Transistor eingeschaltet) an der Grenzfläche vorhandenen freien Ladungen Q_{frei} (bzw. freien Flächenladungen σ_{frei}) zu den in den Grenzflächenzuständen gebundenen Ladungen Q_{it} (bzw. gebundenen Flächenladung σ_{it}) ab. Es muss

$$\frac{Q_{frei}}{Q_{it}} = \frac{\sigma_{frei}}{\sigma_{it}} > 1 \tag{2.12}$$

gelten, da sonst keine freien Ladungen für den Stromtransport von Source nach Drain zur Verfügung stehen würden. Der Zusammenhang zwischen Q_{it} und der Grenzflächenzustandsdichte $D_{it}(W)$ ist über die folgende Beziehung gegeben:

$$Q_{it} = A_G \cdot \sigma_{it} = A_G \cdot \int_0^{W_F} D_{it}(W)\, dW \,. \tag{2.13}$$

$A_G = W \cdot L$ gibt die effektive Gate-Fläche des Transistors gibt, wobei W für die Kanalgebietsweite und L für die Kanalgebietlänge steht.

Zur Abschätzung der technologisch noch vertretbaren Grenzflächenzustandsdichte $D_{it}(W)$ sei angenommen, dass die erlaubte Schwankung ΔV_{ON} der Gate-Spannung $V_G = V_{ON}$, bei der ein MOSFET vom „OFF"- in den „ON"-Zustand wechselt, eines jeden einzelnen MOSFETs einer integrierten Schaltung durch

$$\Delta V_{ON} = \frac{V_{ON}}{100} \tag{2.14}$$

gegeben ist, um zu gewährleisten, dass bei einheitlicher Versorgungsspannung $V_{CC} = V_{ON}$ alle Transistoren der gesamten Schaltung gleich und stabil arbeiten, und dass SiO_2 als Gate-Oxidmaterial der MOSFETs Verwendung findet.[68] Damit lässt sich nun die technologisch noch vertretbare Grenzflächenzustandsdichte $D_{it}(W)$ wie folgt abschätzen: Zunächst sei angenommen, dass $D_{it}(W) = \sigma_{it} = Q_{it} = 0$ gilt. Die kritische TDDB-Feldstärke $E_{krit,\,TDDB}$ liegt für SiO_2 bei $E_{krit,\,TDDB} = 5 \cdot 10^6\ V \cdot cm^{-1}$.[69] Damit folgt für die maximal erlaubte Spannung $V_{max} = V_{CC} = V_{ON}$, die am Gate-Oxid (GOX) der Dicke d_{GOX} abfallen darf:

$$V_{max} = \frac{E_{krit,TDDB}}{d_{GOX}} \,. \tag{2.15}$$

---

[68] Zur Definition der Gate-Spannung $V_G = V_{ON}$ eines MOSFETs bzw. der Schwellwertspannung V_T einer MOSFETs vgl. erneut mit Fußnote 22 im ersten Kapitel.

[69] Wird ein Dielektrikum für längere Zeit seiner TDDB-Feldstärke ausgesetzt, kommt es zum dielektrischen Durchbruch. Diese Feldstärke ist nicht mit der kritischen Durchbruchfeldstärke zu verwechseln, bei der es sofort zum dielektrischen Durchbruch kommt. Für SiO_2 beträgt die kritischen Durchbruchfeldstärke $E_{krit} = (1\text{–}2) \cdot 10^7\ V \cdot cm^{-1}$.

Bei dieser Spannung wird maximal die Flächenladung

$$\sigma_{max} = \frac{Q_{max}}{A_G} = \frac{C \cdot V_{max}}{e \cdot A_G} = \frac{\varepsilon_{rel}\varepsilon_0}{e} \cdot \frac{V_{max}}{d_{GOX}} = \frac{\varepsilon_{rel}\varepsilon_0}{e} \cdot E_{krit,TDDB} \tag{2.16}$$

unter der effektiven Gate-Fläche A_G an der Grenzfläche des Kanalgebietes zum Gate-Oxid akkumuliert. Mit den gegeben Zahlenwerten ergibt sich $\sigma_{max} \approx 1 \cdot 10^{13}\ cm^{-2}$. Da zunächst $\sigma_{it} = 0$ angenommen wird, gilt $\sigma_{max} = \sigma_{frei}$. Diese freie Flächenladung darf nur maximal um

$$\Delta\sigma_{max} = \frac{\varepsilon_{rel}\varepsilon_0}{e} \cdot \frac{\Delta V_{Th}}{d_{GOX}} = \frac{\varepsilon_{rel}\varepsilon_0}{e} \cdot \frac{E_{krit}}{100} \approx 1 \cdot 10^{11}\ cm^{-2} \tag{2.17}$$

schwanken, um (2.7) zu gewährleisten, woraus $\sigma_{it,\ max} = \Delta\sigma_{max}$ und damit

$$D_{it,\ max} \approx 1 \cdot 10^{11}\ cm^{-2} \cdot eV^{-1} \tag{2.18}$$

folgt. Der Beziehung (2.18) liegt die zusätzliche Annahme zu Grunde, dass die Grenzflächenzustände homogen in der Silizium-Bandlücke $\Delta W_G = 1{,}12\ eV \approx 1\ eV$ verteilt sind.

Da die Spannungen in einer integrierten Schaltung niemals so gewählt sind, dass damit Schaltungskomponenten an ihr physikalisches Limit geführt werden, gilt:

$$D_{it,\ max} << 1 \cdot 10^{11}\ cm^{2} \cdot eV^{-1} \tag{2.19}$$

Einer der Gründe für die Wahl des Siliziums als Hauptmaterial für die Halbleiterelektronik ist das Vorhandensein eines leicht herzustellenden natürlichen Siliziumoxids (SiO_2) mit guten Grenzflächeneigenschaften zum Silizium-Substrat und mit ausgezeichneter dielektrischer Qualität, was dazu führte, dass SiO_2 zum Standard-Gate-Oxid der MOSFET-Technologie wurde. Allerdings muss erwähnt werden, dass das Argument der guten Grenzflächeneigenschaften nur richtig für die Wasserstoff-getemperte[70]

---

[70] Man stellt fest, dass die Grenzflächenzustandsdichte D_{it} auch für die *(100)*-Orientierung direkt nach der Oxidation größer als $10^{11}\ cm^{-2} \cdot eV^{-1}$ ist. Erst durch das Absättigen mit atomarem Wasserstoff (H) reduzieren sich die Werte drastisch. Dies wird durch einen Temperschritt mit Formiergas (N_2/*5 %* H_2) bei $T = 450°C$ für $t = (5–30)\ min$ nach dem Metallisierungsschritt (Aluminium-Abscheidung) erreicht. Aluminium ist dafür verantwortlich, dass H_2 katalytisch zerlegt wird.

Grenzfläche eines SiO_2-Films ist, der thermisch auf der Oberfläche eines *(100)*-orientierten Silizium-Substrates hergestellt wurde, wie die folgende Abb. 2.42. zeigt [68Arno].

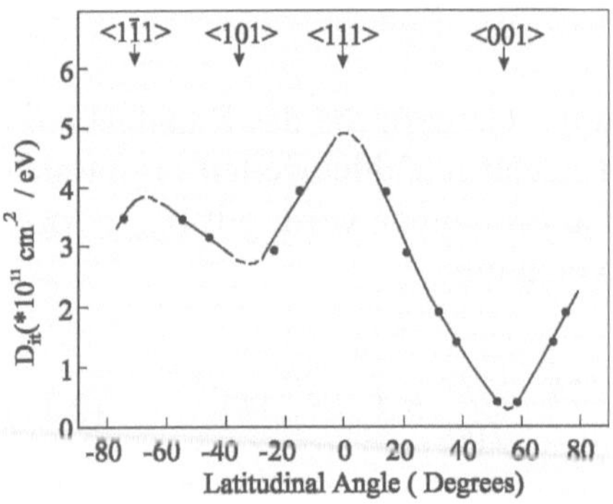

Abb. 2.42. Grenzflächenzustandsdichten in Bandmitte für in Formiergas getemperte SiO_2-Filme, die auf verschieden orientierten Silizium-Substraten hergestellt wurden [68Arno]

In diesem Sachverhalt ist auch die Begründung zu finden, warum in der industriellen Fertigung von CMOS-Logikschaltungen *(100)*-orientierte Silizium-Substrate verwendet werden und warum V-Graben MOSFET-Konzepte mit *(111)*-orientierte Gate-Grenzflächen, die ausführlich zu Beginn dieses Kapitels diskutiert wurden, nur für eine kurze Zeitspanne Gegenstand der Forschung waren.

Prinzipiell lassen sich auch vertikale Transistoren mit *(100)*-orientierten Grenzflächen zwischen Kanalgebiet und Gate-Oxid herstellen. Dazu müssen rechteckige oder quadratische Transistor-Mesen auf einem *(100)*-orientierten Silizium-Substrat erzeugt werden, die relativ zum *[110]*-Flat des Substrates um *45°* gedreht sind. Durch die Tatsache, daß diese Mesen aber in der Regel durch anisotropes Ätzen erzeugt werden, sind diese *(100)*-orientierten Mesa-Flächen im Gegensatz zu einer polierten Substratoberfläche nie atomar glatt, sondern rauh, was in diesem Zusammenhang „facettiert" heißt. Wird eine solche facettierte *(100)*-orientierte Oberfläche thermisch aufoxidiert, ist die Qualität der erzeugten Grenzfläche hinsichtlich der Grenzflächenzustandsdichte zwischen Kanalgebiet und Gate-Oxid zwangsläufig schlechter als idealerweise erreichbar wäre, da sich die Rauhigkeit der Ausgangsoberfläche auf die erzeugte Grenzfläche überträgt. Erschwerend kommt hinzu, daß diese Rauhigkeit der Grenzfläche außerdem eine Abnahme der Ladungsträgerbeweglichkeit durch eine erhöhte Grenzflächenstreuung im Kanal zur Folge hat, was die Hoch- und Höchstfrequenzeigenschaften des Transistors mindert.

Dem kann aber entgegengehalten werden, dass das Problem der SiO_2-Grenzflächenzustandsdichten mit zunehmender Verkleinerung der Transistoren immer unbedeutender wird, da z. B. für eine effektive Gate-Fläche A_G einer zukünftigen Transistorgeneration von $A_G = (20 \times 20)\ nm^2$ die

Grenzflächenzustandsdichte D_{it} nahezu null ist, unabhängig von der Orientierung des benutzten Substrats.

Allerdings tritt mit der zunehmenden Verkleinerung der Transistorabmessungen und damit auch mit der zunehmenden Verkleinerung der Dicke d_{GOX} des Gate-Oxides ein anderes Problem auf: Eine zunehmende Verkleinerung der Gate-Oxiddicke führt dazu, dass der durch die Gate-Spannung V_G induzierte parasitäre Tunnelleckstrom von Ladungsträgern aus dem Kanalgebiet in die Gate-Elektrode exponentiell mit abnehmender Oxiddicke steigt. Ab einer Oxiddicke $d_{GOX} < 1\,nm$ ist dieser Leckstrom so groß, dass alle aus Source kommenden Ladungsträger von der Gate-Elektrode abgesaugt werden und es zu einem Zusammenbruch des Source-Drain-Stromes im eingeschalteten Zustand I_{ON} kommt (Funktionsausfall des Transistors). Aus diesem Grund kann in zukünftigen Transistorgenerationen SiO_2 nicht mehr als Gate-Oxid eingesetzt werden.[71]

Für zukünftige Transistorgenerationen müssen daher Isolatormaterialien gefunden werden, die physikalisch dick genug sind, um den parasitären Tunnelleckstrom kontrollierbar klein zu halten, die in ihrem elektrischen Verhalten aber einem SiO_2-Film der Dicke $d_{GOX} < 1\,nm$ entsprechen.

Zur Zeit konzentriert sich die industrielle Forschung daher in diesem Punkt auf sogenannte „High-κ"- oder „Hκ"-Materialen. Darunter versteht man Materialien mit einer relativen Dielektrizitätskonstante $\varepsilon_{rel} > \varepsilon_{rel,SiO_2}$. (In der englischsprachigen Fachliteratur wird die relative Dielektrizitätskonstante ε_{rel} mit κ bezeichnet.)

Aus der Kondensatorformel folgt für die Kapazität C eines Plattenkondensators mit einer Querschnittsfläche A:

$$C = \frac{Q}{V} = \frac{\varepsilon_{rel,SiO_2} \cdot \varepsilon_0 \cdot A}{d_{SiO_2}} = \frac{\varepsilon_{rel,H\kappa} \cdot \varepsilon_0 \cdot A}{d_{H\kappa}}. \tag{2.20}$$

Und damit ergibt sich:

$$d_{H\kappa} = \frac{\varepsilon_{rel,SiO_2}}{\varepsilon_{rel,H\kappa}} \cdot d_{SiO_2} > d_{SiO_2}. \tag{2.21}$$

---

[71] Die Skalierung eines Bauelementes bedeutet nicht nur die Skalierung der physikalischen Abmessungen, sondern auch die Skalierung der elektrischen Parameter (z. B. Versorgungsspannungen). Aus diesem Grund ist es notwendig, bei jedem neuen Skalierungsschritt auch die Gate-Oxiddicke d_{GOX} mit zu skalieren.

Ein „Hκ"-Isolator der Dicke $d_{H\kappa}$ entspricht elektrisch effektiv einer SiO_2-Schicht der Dicke d_{SiO_2} [72]. Konkret werden an diese Materialien die folgenden Bedingungen gestellt:

- Hohe Dielektrizitätskonstante ε_{rel} (> 10), um ein Oxidäquivalent von $EOT \leq 1\ nm$ (CMOS-Logik) bzw. $EOT \leq 2\ nm$ (DRAM) zu ermöglichen (Erhaltung der Skalierbarkeit der Bauelemente),
- Kleine Tunnelleckstromdichten bei Raumtemperatur (DRAM: $j_{Leck} < 1 \cdot 10^{-8}\ A \cdot cm^{-2}$, CMOS-Logik: $j_{Leck} < 0{,}1\ A \cdot cm^{-2}$), um Leistungsverluste bzw. Ladungsverluste im Betrieb so klein wie möglich zu halten),
- Große Bandlücke ΔW_G und großer Abstand zwischen der Leitungsbandunterkante des „Hκ"-Materials und der Silizium-Leitungsbandunterkante am Übergang Isolator-Silizium (Kriterium, um Punkt 2 zu gewährleisten),
- Gleiche oder höhere dielektrische Durchbruchfestigkeit wie SiO_2 (gewünscht: $E_{krit} > 10\ MV \cdot cm^{-1}$),
- Hohe thermische Belastbarkeit (DRAM: *1050 °C* für *2 min*, CMOS-Logik: *1050 °C* für *20 s*), damit das dielektrische Material einen Hochtemperaturschritt z. B. zur Ausheilung von Implantationsschäden unbeschadet übersteht,
- Geringe Tendenz zur Zwischenoxidbildung an der Grenzschicht zwischen Silizium und dem „Hκ"-Dielektrikum, da man sonst einen (Silizium/SiO_2/„Hk"-Isolator)-Übergang erhält, was die Skalierung zerstört,
- Kleine Grenzflächenzustandsdichte und -rauhigkeit am Übergang Isolator-Silizium (für ausreichende Beweglichkeit der Ladungsträger im Kanal),
- Großes $\dfrac{I_{ON}}{I_{OFF}}$-Verhältnis in einem Kurzkanal-CMOS-MOSFET mit einem solchen Dielektrikum als Gate-Material bei größtmöglichem I_{ON}-Strom (geringe Verlustleistung im „OFF"-Zustand bei gut messbaren Signalhöhen im „ON"-Zustand),[73]

[72] In diesem Zusammenhang gibt man in der Regel nicht die tatsächliche Dicke $d_{H\kappa}$ an, sondern nur die auf SiO_2 bezogene effektive Oxiddicke (EOT). Exemplarisch siehe z. B. [00Lee].

[73] I_{ON} bzw. I_{OFF} bezeichnet den Source-Drain-Strom $I_{SD}(V_{SD}, V_G)$ der im ein- bzw. im ausgeschalteten Zustand von Source nach Drain fließt. Vgl. dazu die Definitionen von I_{ON} bzw. I_{OFF} im Unterpunkt 1.1.4 des ersten Kapitels.

- Keine oder vernachlässigbare *C(V)*-Hysterese (keine oder begrenzte Anzahl beweglicher Ladungen im Isolator).

Gegenwärtig werden als mögliche SiO_2-Nachfolgekandidaten in Betracht gezogen:

- Klassische binäre Metalloxide (MO) wie z. B. Al_2O_3, HfO_2 oder Pr_2O_3,
- Silikate der Form $(MO)_x(SiO_2)_{1-x}$, (M = Zr, Hf, La, Y, ...),
- Aluminate der Form $(MO)_x(Al_2O_3)_{1-x}$ (M = Zr, Hf, La, Y, ...),
- Mischoxide der Form M1-M2-Si-O (M1, M2 = Zr, Hf, La, Y, ...).

Unter der gewaltigen Anzahl möglicher Kandidaten muss gegenwärtig erst noch ein Material gefunden werden, welches neben dem siebten Kriterium alle übrigen Kriterien erfüllt, wobei an dieser Stelle aber auch klar herausgestellt werden muss, dass die technologische Beschränkung auf *(100)*-orientierte Silizium-Substrate damit ihre Rechtfertigung verliert und sich erst erneut zeigen muss, welche der möglichen und technologisch gut herstellbaren Silizium-Oberflächenorientierungen sich als die Beste herausstellt. Das gilt insbesondere auch deshalb, weil SiO_2-Nachfolgekanndidaten nur mit Abscheideverfahren wie CVD oder ALD auf die Silizium-Oberfläche aufgebracht werden können, was generell zu schlechteren Grenzflächeneigenschaften zum Silizium führt als es bei einer thermisch gewachsenen (Silizium/SiO_2)-Grenzfläche der Fall ist.

2.2.3 Lösung des Problems der Überlappkapazitäten – Der VRG-MOSFET und „Pillar"-MOSFET-Konzepte

Mit dem Vertical Replacement Gate MOSFET (VRG-MOSFET) wurde auf der 1999er IEDM in Washington, D.C., USA, erstmals ein Konzept vorgestellt, welches die Herstellung vertikaler Transistoren mit selbstjustierter Gate-Struktur, ähnlich denen lateraler Konzepte, ohne Überlappkapazitäten ermöglicht [99Herg]. Entwickelt wurde dieses Konzept in den Bell Laboratories von Lucent Technologies (ehemals AT&T), USA, von der Entwicklungsgruppe um *J. Hergenrother* und *D. Monroe.*[74]

---

[74] Dem Entwicklungstem um *J. Hergenrother* und *D. Monroe* gehörten zu diesem Zeitpunkt an: *S.-H. Oh*, *T. Nigam*, *F. P. Klemens*, *A. Kornblit*, *G. R. Weber*, *W. M. Mansfield*, *M. R. Baker*, *D. L. Barr*, *F. H. Baumann*, *K. J. Bolan*, *T. Boone*, *J. E. Bower*, *N. A. Ciampa*, *R. A. Cirelli*, *J. I. Colonell*, *D. J. Eaglesham*, *J. Frackoviak*, *H. J. Gossmann*, *M. L. Green*, *S. J. Hillenius*, *R. Johnson*, *C. A. King*, *R. N. Kleiman*, *W. Y-C. Lai*, *J. T-C. Lee*, *R. C. Liu*, *H. L. Maynard*, *M. D. Morris*,

Der erste VRG-MOSFET war ein PMOSFET mit einer Kanalgebietlänge *L = 50 nm* (vgl. Abb. 2.43.). Der zu diesem Transistor komplementäre VRG-NMOSFET wurde ein Jahr später auf der 2000er SSDM in Sendai, Japan, vorgestellt [00Herg]. Als Kanalgebietlängen wurden *L = (200, 100, 50) nm* realisiert. Im darauf folgenden Jahr wurde auf der 2001er IEDM, ebenfalls Washington, D.C., der VRG-NMOSFET (*L = 50 nm*) mit „Hκ"-Materialien (SiO_2/HfO_2 and SiO_2/Al_2O_3) als Gate-Dielektrika diskutiert [01Herg].

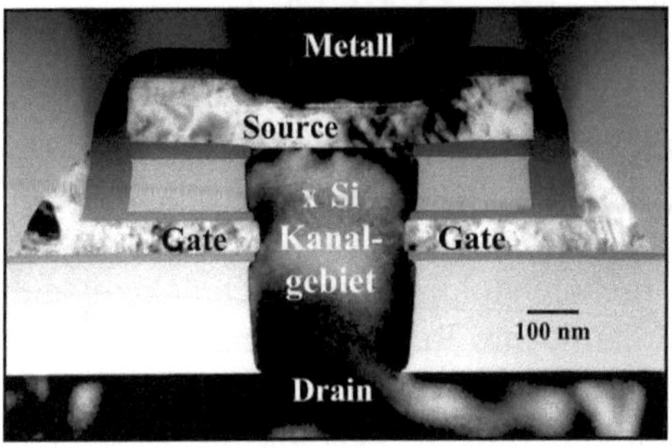

Abb. 2.43. Transmissionselektronenmikroskopische Aufnahme eines VRG-PMOSFETs nach *J. Hergenrother et al.* mit einer Kanalgebietlänge *L = 50 nm* [00Herg]

Im Folgenden sei der Herstellungsprozess für einen VRG-NMOSFET kurz skizziert.

1. Arsen-Implantation in ein Epi-Substrat zur Erzeugung des Drain-Gebietes.
2. Erzeugung einer dünnen Diffusionsbarriere aus SiO_2 an der Oberfläche des Substrates.
3. Bildung eines ($PSG/Si_3N_4/SiO_2/Si_3N_4/PSG/Si_3N_4$)-Schichtstapels.[75] Die SiO_2-Schicht dient als Opferschicht nur zur Festlegung der Länge des Kanalgebietes.
4. Erzeugung eines Grabens mit nahezu vertikalen Seitenwänden in dem abgeschiedenen Schichtstapel durch anisotropes Ätzen (vgl. Abb. 2.44.).
5. Auffüllen des Grabens durch selektives epitaktisches Wachstum (SEG) mit Bor-dotiertem Silizium zur Herstellung des Kanalgebietes (vgl. Abb. 2.45. a).

C-S. Pai, *C. S. Rafferty*, *J. M. Rosamilia*, *T. W. Sorsch*, *A. G. Timko*, *H-H. Vuong*, sowie die Mitarbeiter des „Silicon Fabrication Research Laboratory"

[75] PSG (**P**hosphor-**S**ilicat-**G**las) ist ein mit Phosphor angereicherstes SiO_2, welches oft in der Halbleitertechnologie als Diffusionsquelle für Phosphor benutzt wird.

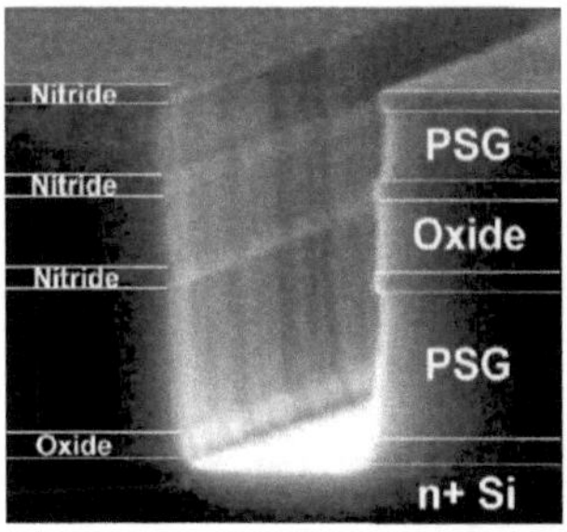

Abb. 2.44. Herstellungsprozess zur Herstellung eines Vertical Replacement Gate MOSFET nach *J. Hergenrother et al.* am Ende des 4. Fertigungsschrittes: Elektronenmikroskopische Aufnahme [00Herg]

6. Planarisierung der Gesamtstruktur bis zum obersten Si_3N_4-Film durch CMP zur Entfernung des überschüssigen Bor-dotierten Siliziums (vgl. Abb. 2.45. b).

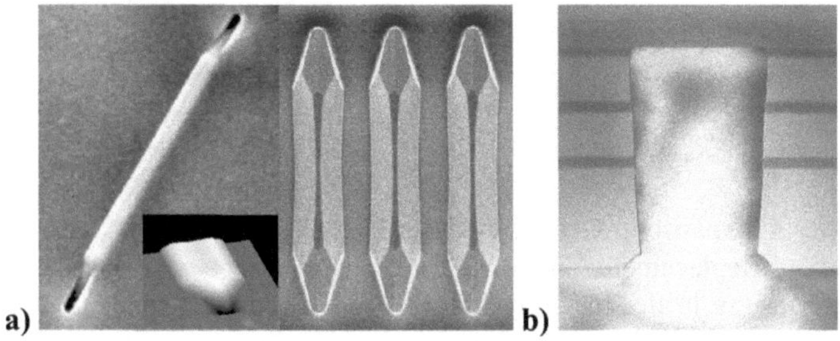

Abb. 2.45. Herstellungsprozess zur Herstellung eines Vertical Replacement Gate MOSFET nach *J. Hergenrother et al.* am Ende des a) 5. und b) 6. Fertigungsschrittes: Elektronenmikroskopische Aufnahmen der a) Draufsicht und b) Seitenansicht [00Herg]

7. Ganzflächige Abscheidung eines durch Arsen-Implantation dotierten Poly-Silizium-Films und einer Si_3N_4-Schicht.
8. Herstellung einer Mesa-Struktur durch anisotropes Ätzen mit Ätzstop auf der SiO_2-Opferschicht.
9. Herstellung eines Si_3N_4-Schicht zur Herstellung von Spacern (vgl. Abb. 2.46.).
10. Öffnung der Si_3N_4-Schicht neben den Spacern und Entfernung der SiO_2-Opferschicht durch nasschemisches Ätzen (vgl. Abb. 2.47.).
11. Bildung eines SiO_2-Gate-Oxides durch thermische Oxidation der Gesamtstruktur (die dafür notwendigen hohen Temperaturen bewirken eine Ausdiffusion des Phosphors bzw. des Arsens aus den PSG-Filmen bzw. aus den Arsen-dotierten Silizium-Schichten in das Kanalgebiet, was zur Bildung der Source-Drain-Extensions und zu einer Verbindung dieser Extensions mit Source und Drain führt).

12. Konforme Abscheidung hoch Phosphor-dotierten Poly-Siliziums mittels CVD zur Herstellung der Poly-Elektrode (vgl. Abb. 2.48.).
13. Strukturierung der Poly-Elektrode und Herstellung von Metallkontakten.

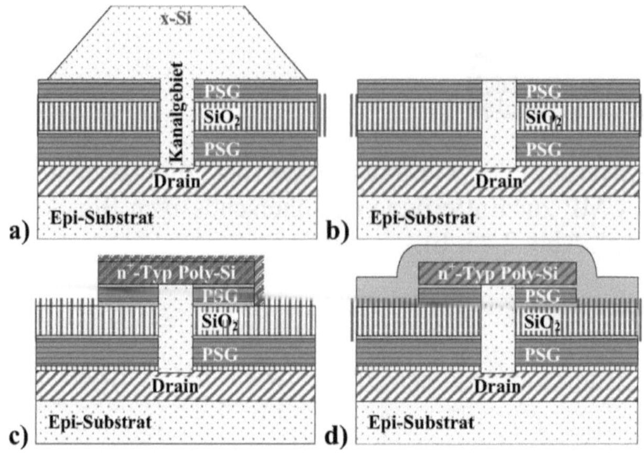

Abb. 2.46. Schematische Darstellung des Herstellungsprozesses zur Herstellung eines Vertical Replacement Gate MOSFET nach *J. Hergenrother et al.* vom Ende des 5. Fertigungsschrittes bis zum Ende des 9. Fertigungsschrittes (jeweils Seitenansichten)

Abb. 2.47. Herstellungsprozess zur Herstellung eines Vertical Replacement Gate MOSFET nach *J. Hergenrother et al.* am Ende des 10. Fertigungsschrittes: Elektronenmikroskopische Aufnahme [00Herg]

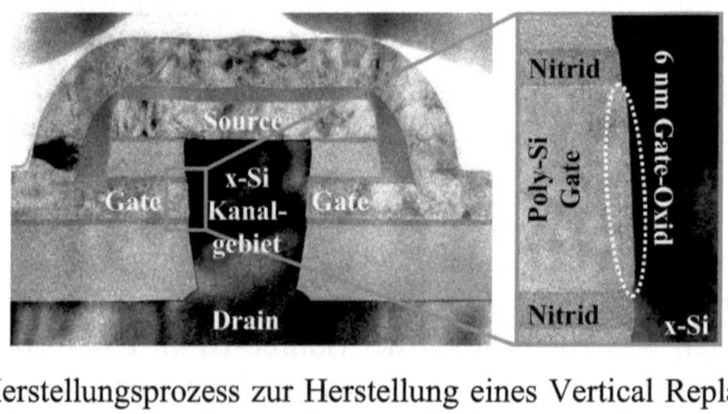

Abb. 2.48. Herstellungsprozess zur Herstellung eines Vertical Replacement Gate MOSFET nach *J. Hergenrother et al.* am Ende des 12. Fertigungsschrittes: Elektronenmikroskopische Aufnahmen von Seitenansichten [00Herg]

In Abb. 2.49. sind die Dotierprofile, gemessen mittels Rastersonden-Kapazitätsmikroskopie (SCM), in verschiedenen VRG-MOSFETs dargestellt.

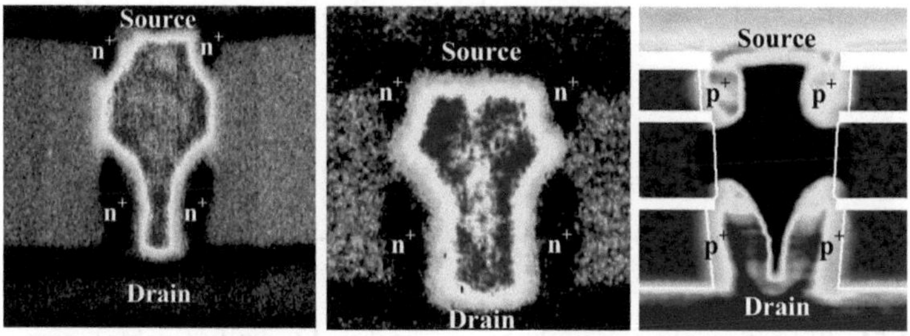

Abb. 2.49. Mittels Rastersonden-Kapazitätsmikroskopie (SCM) gemessene Dotierprofile in einem VRG-NMOSFET nach *J. Hergenrother et al.* der Kanalgebietlänge $L = 100\ nm$ (links) bzw. $L = 50\ nm$ (Mitte) und in einem VRG-PMOSFET der Kanalgebietlänge $L = 200\ nm$ (links) [00Herg]

Bei der Herstellung eines zu einem VRG-NMOSFET komplementären PMOSFETs würde anstelle des ($PSG/Si_3N_4/SiO_2/Si_3N_4/PSG/Si_3N_4$)-Schichtstapels ein ($BSG/Si_3N_4/SiO_2/Si_3N_4/BSG/Si_3N_4$)-Schichtstapel verwendet werden. Source und Drain sind in einem VRG-PMOSFET ebenfalls Bor-dotiert. Als Kanalgebietdotierung könnte Phosphor oder Arsen verwendet werden. In den folgenden Abbildungen 2.50. bis 2.52. sind die Transfer- und Ausgangscharakteristiken für VRG-NMOSFETs mit verschiedenen Kanalgebietlängen dargestellt.

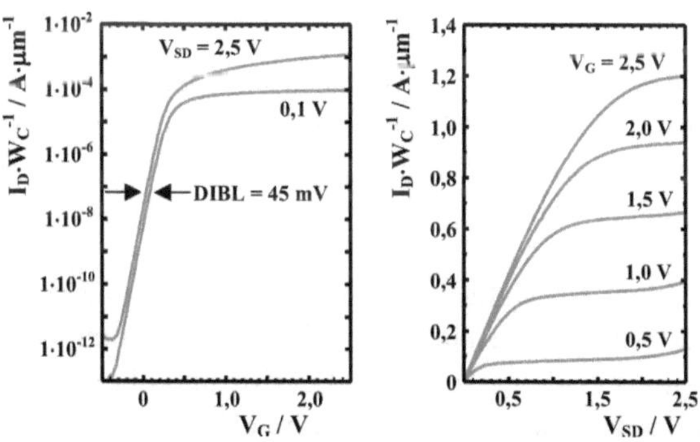

Abb. 2.50. Transfer- (links) und Ausgangscharakteristik (rechts) eines VRG-NMOSFETs nach *J. Hergenrother et al.* mit einer Kanalgebietlänge $L = 200\ nm$, $S = 76\ mV \cdot dec.^{-1}$, $d_{GOX} = 2{,}8\ nm$, $N_A = 5{,}0 \cdot 10^{17}\ cm^{-3}$, $j_{ON} = 1{,}1 \cdot 10^{-3}\ A \cdot \mu m^{-1}$, $j_{OFF} = 1{,}1 \cdot 10^{-11}\ A \cdot \mu m^{-1}$ *[00Herg]*[76]

[76] Zur Definition des Parameters *S* (des „Sub-threshold Swings“) und für die Betrachtung des sogenannten DIBL vgl. Unterpunkt 1.1.4 des ersten Kapitels.

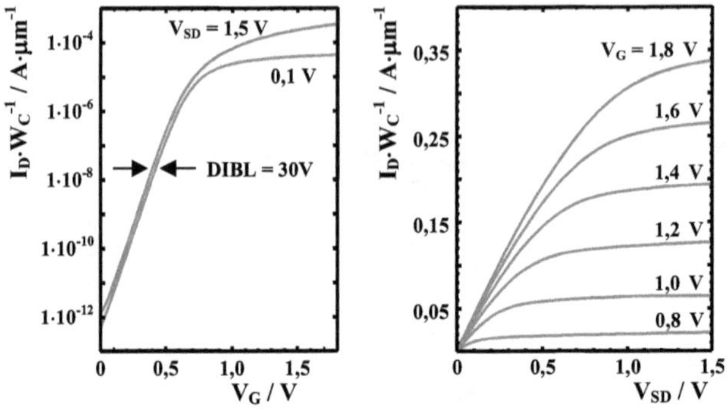

Abb. 2.51. Transfer- (links) und Ausgangscharakteristik (rechts) eines VRG-NMOSFETs nach *J. Hergenrother et al.* mit einer Kanalgebietlänge $L = 100\ nm$, $S = 90\ mV \cdot dec.^{-1}$, $d_{GOX} = 2{,}8\ nm$, $N_A = 3{,}5 \cdot 10^{18}\ cm^{-3}$, $j_{ON} = 2{,}8 \cdot 10^{-4}\ A \cdot \mu m^{-1}$, $j_{OFF} = 2{,}7 \cdot 10^{-11}\ A \cdot \mu m^{-1}$ [00Herg]

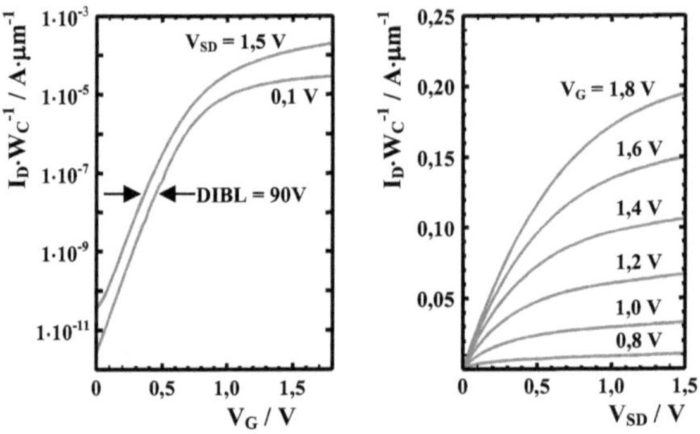

Abb. 2.52. Transfer- (links) und Ausgangscharakteristik (rechts) eines VRG-NMOSFETs nach *J. Hergenrother et al.* mit einer Kanalgebietlänge $L = 50\ nm$, $S = 105\ mV \cdot dec.^{-1}$, $d_{GOX} = 2{,}8\ nm$, $N_A = 3{,}5 \cdot 10^{18}\ cm^{-3}$, $j_{ON} \approx 1 \cdot 10^{-4}\ A \cdot \mu m^{-1}$, $j_{OFF} \approx 1 \cdot 10^{-11}\ A \cdot \mu m^{-1}$ [00Herg]

In Abb. 2.53. ist die Gate-Leckstromdichte $j_G(V_G)$ eines VRG-NMOSFETs mit einer Kanalgebietlänge $L = 50\ nm$ und einer Kanalgebietweite $W = 9060\ \mu m$ im Vergleich zu Gate-Leckstromdichten von thermischem SiO_2 vergleichbarer Dicke dargestellt. Man erkennt, dass es trotz des vertikalen Aufbaus keine Einbußen bei der Qualität des Gate-Oxides bezüglich der durch das Gate induzierten Leckstromdichte gibt.

Die Autoren diskutierten auch die Anwendung dieser VRG-N- bzw. PMOSFETs in CMOS-Inverterstrukturen (vgl. schematische Darstellung in Abb. 2.54.) und hoben hervor, dass der technologische Aufwand zur Herstellung eines VRG-CMOS-Inverters vergleichbar dem Aufwand zur Herstellung eines lateralen Standard-CMOS-Inverters ist.

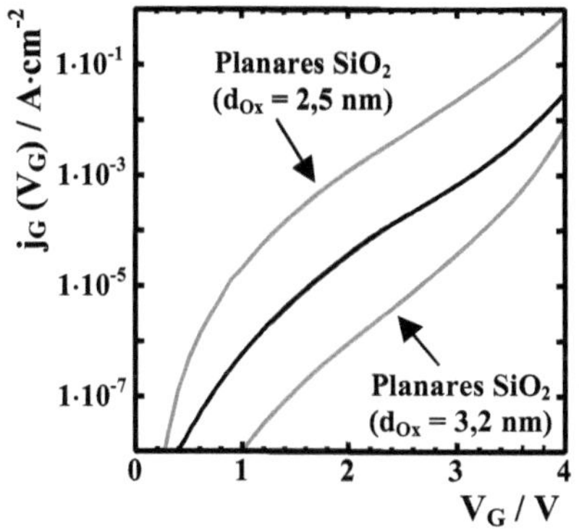

Abb. 2.53. Gate-Leckstromdichte $j_G(V_G)$ eines VRG-NMOSFETs nach *J. Hergenrother et al.* mit einer Kanalgebietlänge $L = 50\ nm$ und einer Kanalgebietweite $W = 9060\ \mu m$ im Vergleich zu Leckstromdichten von thermischem SiO_2 vergleichbarer Dicke [00Herg]

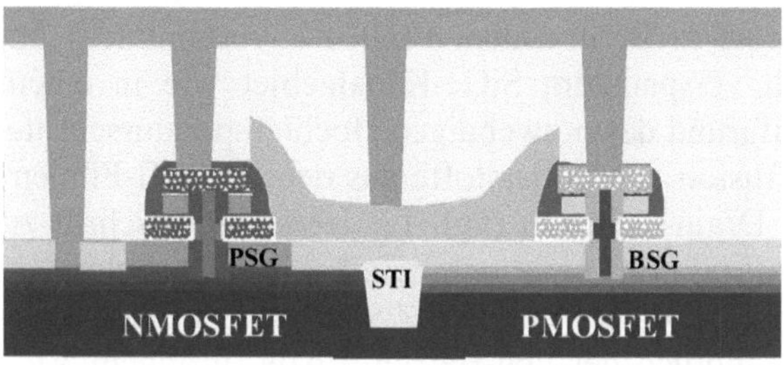

Abb. 2.54. Schematische Darstellung eines CMOS-Inverters realisiert mit VRG-MOSFETs nach *J. Hergenrother et al.* [00Herg]

Weiterhin zeigten sie für eine $F = 0{,}25\ \mu m$ CMOS-Technologie, dass sich VRG-CMOS-Inverter vergleichbar dicht (dichter parallel zueinander, weniger dicht seriell zueinander) in einer integrierten Logikschaltung packen lassen wie laterale Standard-CMOS-Inverter (vgl. Abb. 2.55.).[77] Anzumerken ist, dass im Vergleich mit einem lateralen Standard-CMOS-Inverter der gleichen Technologiegeneration in einem VRG-CMOS-Inverter doppelt so hohe Stromdichten fließen, da jeder VRG-MOSFET eine Parallelschaltung zweier konventioneller MOSFETs darstellt.

Der Nachteil des eben diskutierten Konzepts des „Vertical Replacement Gates“ ist, dass es sich nur auf reine Silizium-MOSFETs mit homogen dotiertem Kanalgebiet anwenden lässt.

[77] In der Halbleitertechnologie wird mit *F* die kleinste laterale Strukturabmessung angegeben, die mit der gewählten Lithographiemethode bzw. mit dem gewählten Lithographieverfahren realisierbar ist. Man spricht auch vom sogenannten „Pitch“, wenn man von *F* spricht.

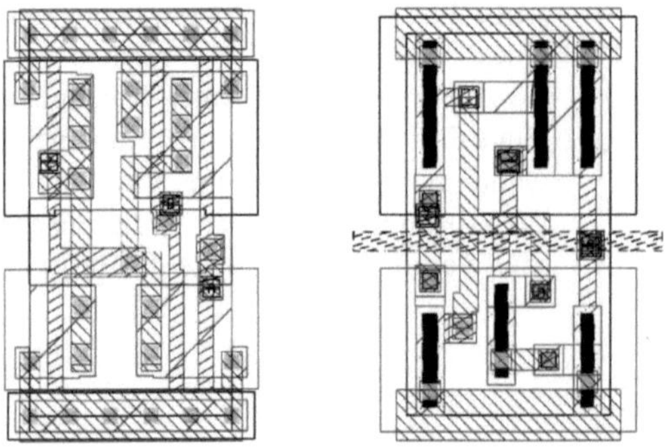

Abb. 2.55. Schaltungslayout eines lateralen Standard-CMOS-Inverters (links) im Vergleich zum Schaltungslayout eines VRG-CMOS-Inverters (rechts) [00Herg]

Die Herstellung eines VRG-MOSFETs mit inhomogenen Kanaldotierungen (wie sie z. B. in einem PDBFET vorkommen) bzw. mit einem pseudomorph verspanntem SiGe-Kanalgebiet wie in einem SiGe MOSFET wäre aufgrund des notwendigen Hochtemperaturschrittes zur Aktivierung der Diffusion der Dotierstoffe aus den P(B)SG-Filmen bzw. aus den Source- und Drain-Gebieten (vgl. 11. Herstellungsschritt zur Herstellung eines VRG-MOSFETs) nicht möglich. Ein solcher Schritt würde in einem VRG-PDBFET zu einem völligen Zerlaufen des inhomogenen Dotierprofils führen (Einbruch der npn-Barriere) bzw. in einem VRG-SiGe-MOSFET zu einem Abbau der mechanischen Verspannungen im SiGe-Kanalgebiet durch Relaxation über Versetzungen im Kristall (Kurzschluss zwischen Source und Drain).

Für diese Transistorkonzepte, die im späteren Verlauf des Kapitels noch ausführlich diskutiert werden, könnte die folgende Herstellungssequenz (vgl. Abbildungen 2.56. bis 2.60.), entwickelt an der University of California Los Angeles (UCLA), USA, durch *T. Suligoj*, zur Reduktion der Überlappkapazitäten verwendet werden [01Suli].

1. Herstellung der npn-Transistorgrundstruktur, Mesa-Ätzung und Etablierung einer dünnen SiO_2-Passivierungsschicht durch nassthermische Oxidation (vgl. Abb. 2.56., links).
2. Ganzflächige Abscheidung einer dicken SiO_2-Schicht mittels CVD (vgl. Abb. 2.56., rechts).
3. Planarisierung mittels CMP (vgl. Abb. 2.57., links).
4. Isotropes, nasschemisches Rückätzen der SiO_2-Schicht bis zur vollständigen Freilegung des Kanalgebietes (vgl. Abb. 2.57., rechts).
5. Ganzflächige Abscheidung einer dicken n^+-Typ dotierten Poly-Silizium-Schicht mittels MBE oder CVD (vgl. Abb. 2.58.).
6. Erneute Planarisierung mittels CMP (vgl. Abb. 2.59., links).

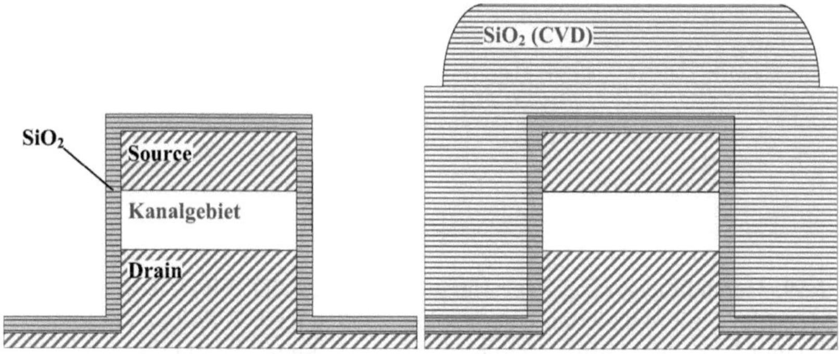

Abb. 2.56. Herstellungsprozess zur Herstellung eines PDBFETs bzw. vertikalen SiGe-MOSFETs mit reduzierten Überlappkapazitäten nach *T. Suligoj* am Ende des 1. (links) und 2. (rechts) Fertigungsschrittes (jeweils Seitenansichten)

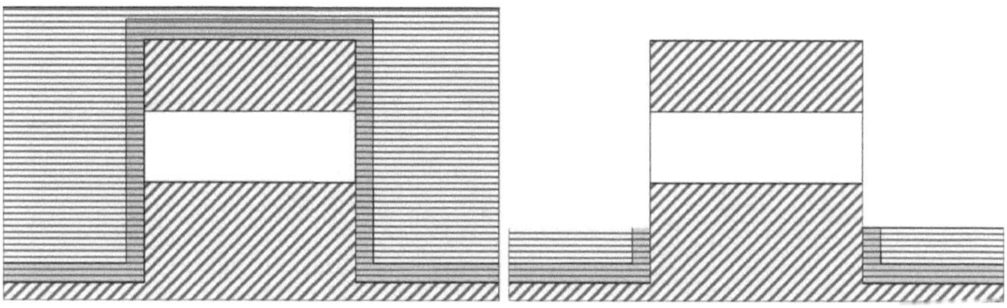

Abb. 2.57. Herstellungsprozess zur Herstellung eines PDBFETs bzw. vertikalen SiGe-MOSFETs mit reduzierten Überlappkapazitäten nach *T. Suligoj* am Ende des 3. (links) und 4. (rechts) Fertigungsschrittes (jeweils Seitenansichten)

Abb. 2.58. Herstellungsprozess zur Herstellung eines PDBFETs bzw. vertikalen SiGe-MOSFETs mit reduzierten Überlappkapazitäten nach *T. Suligoj* am Ende des 5. Fertigungsschrittes (Seitenansicht)

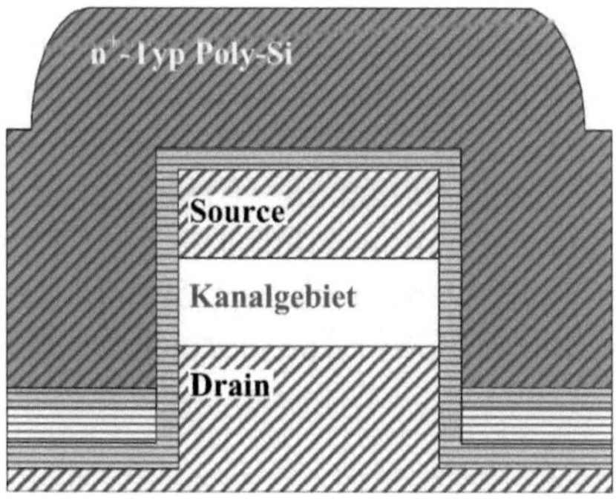

7. Isotropes, nass-chemisches Rückätzen der Poly-Schicht (das Kanalgebietes muss dabei vollständig von der Poly-Gate-Elektrode überdeckt sein – vgl. Abb. 2.59., rechts).
8. Fertigstellung des Transistors mit reduzierten Überlappkapazitäten (vgl. Abb. 2.60.).

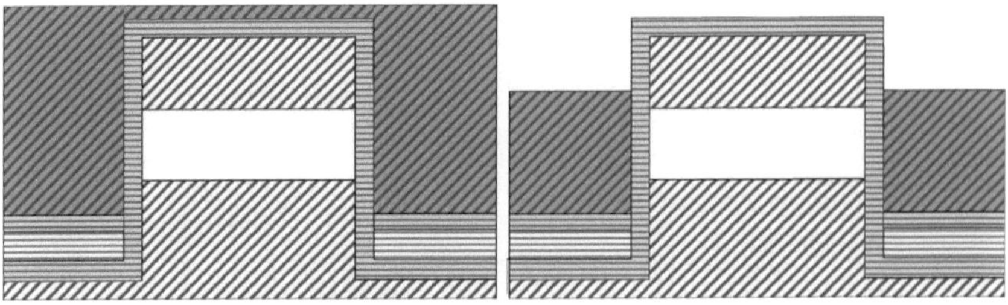

Abb. 2.59. Herstellungsprozess zur Herstellung eines PDBFETs bzw. vertikalen SiGe-MOSFETs mit reduzierten Überlappkapazitäten nach *T. Suligoj* am Ende des 6. (links) und 7. (rechts) Fertigungsschrittes (jeweils Seitenansichten)

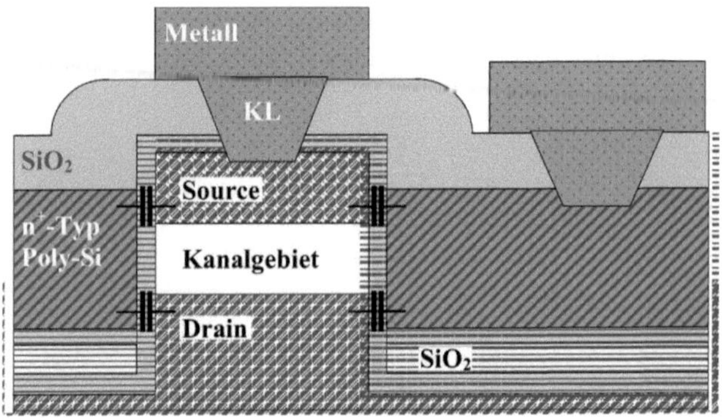

Abb. 2.60. Herstellungsprozess zur Herstellung eines PDBFETs bzw. vertikalen SiGe-MOSFETs mit reduzierten Überlappkapazitäten nach *T. Suligoj* am Ende des 8. Fertigungsschrittes (Seitenansicht)

Zwei andere, zueinander ähnliche, aber technologisch anspruchsvollere Konzepte zur Realisierung vertikaler MOSFETs mit reduzierten Überlappkapazitäten wurden unabhängig voneinander durch *T. Aeugle et al.* [97Aeug, 00SchuA 01Schu], Infineon Technologies AG München, Deutschland, und durch *R. Li*, UCLA, USA, realisiert [01Li]. In der Fachliteratur werden die mit diesem Konzept realisierten MOSFETs auch als „Pillar"-MOSFETs[78] bezeichnet. Das Konzept der Münchner Gruppe um

[78] Dabei handelt es sich nicht nur um MOSFETs mit einem säulenförmigen Transistoraufbau sondern auch um MOSFETs von der Form einer Bootsfinne. Ähnliche laterale Transistoren werden daher auch „FinFETs" genannt. Um aber Missverständnissen vorzubeugen, wird auf die Bezeichnung FinFET oder vertikaler FinFET in diesem Zusammenhang verzichtet. Gelegentlich findet sich auch die Bezeichnung „Omega"-MOSFET für dieses Transistorkonzept [03Park].

T. Aeugle wurde auf der 1997er ESSDERC in Stuttgart, Deutschland, diskutiert [97Aeug].[79]

Zunächst soll wieder kurz auf den Herstellungsprozess (vgl. Abbildungen 2.61. bis 2.67.) eingegangen werden (aufgrund ihrer Ähnlichkeit soll hier nur die Herstellungssequenz des Münchner Konzeptes gegeben werden).

1. Herstellung der npn-Transistorgrundstruktur (z. B. mittels MBE) und Etablierung SiO_2-Deckschicht durch einen TEOS-Prozess[80] (vgl. Abb. 2.61., links).
2. Stufenätzung und Abscheidung einer Si_3N_4-Schicht. Die Dicke dieser Schicht bestimmt die Dicke der zukünftigen Transistor-Mesa (vgl. Abb. 2.61., rechts).

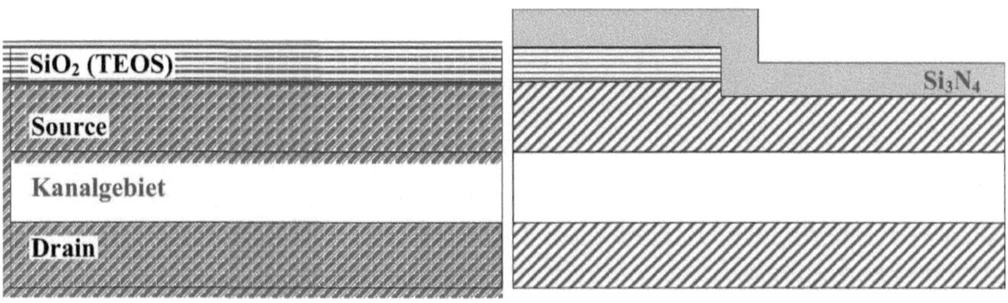

Abb. 2.61. Herstellungsprozess zur Herstellung eines „Pillar"-MOSFETs mit reduzierten Überlappkapazitäten nach *T. Aeugle et al.* am Ende des 1. (links) und 2. (rechts) Fertigungsschrittes (jeweils Seitenansichten)

3. Anisotropes Rückätzen der Si_3N_4-Schicht zur Bildung einer Si_3N_4-„Hard mask" (vgl. Abb. 2.62., links).
4. Strukturierung des npn-Schichtstapels zur Bildung der Transistor-Mesa (vgl. Abb. 2.62., rechts)
5. Ganzflächige Abscheidung einer Si_3N_4-Schicht für die Herstellung von Nitrid-Spacern (vgl. Abb. 2.63., links).
6. Anisotropes Rückätzen der Si_3N_4-Schicht zur Bildung der Nitrid-Spacer (vgl. Abb. 2.63., rechts).

---

[79] Koautoren der Arbeit waren *L. Risch*, *W. Rösner*, *T. Schulz* und *D. Behammer*.

[80] $Si(C_2H_5O)_4$ (TEOS: **T**etra**e**thyl**o**rtho**s**ilan) ist eine bei Raumtemperatur flüssige Silizium-Verbindung mit einem Siedepunkt bei $T_S = 167\ °C$. TEOS hat Silanprozesse (Silan: SiH_4) abgelöst, da es bei relativ niedriger Temperatur eine konforme Silizium- oder SiO_2-Abscheidung ermöglicht. Bei der Herstellung eines konformen SiO_2-Films läuft die folgende Reaktion bei $T = 730\ °C$ ab: $Si(C_2H_5O)_4 + 12O_2 \rightarrow SiO_2 + 8CO_2 + 10H_2O$. Es handelt sich dabei um einen Ofenprozess [91Rosl].

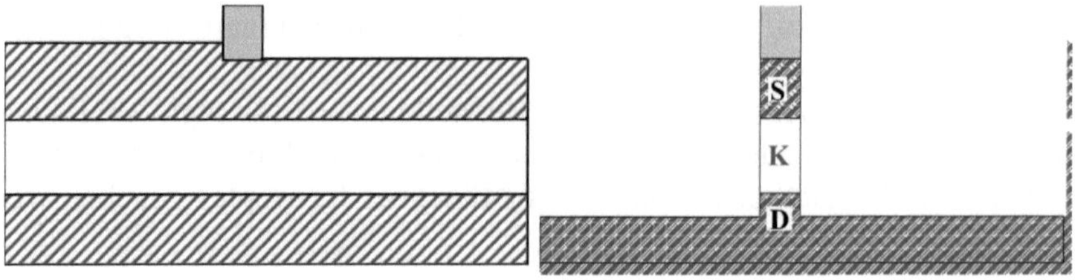

Abb. 2.62. Herstellungsprozess zur Herstellung eines „Pillar"-MOSFETs mit reduzierten Überlappkapazitäten nach *T. Aeugle et al.* am Ende des 3. (links) und 4. (rechts) Fertigungsschrittes (jeweils Seitenansichten)

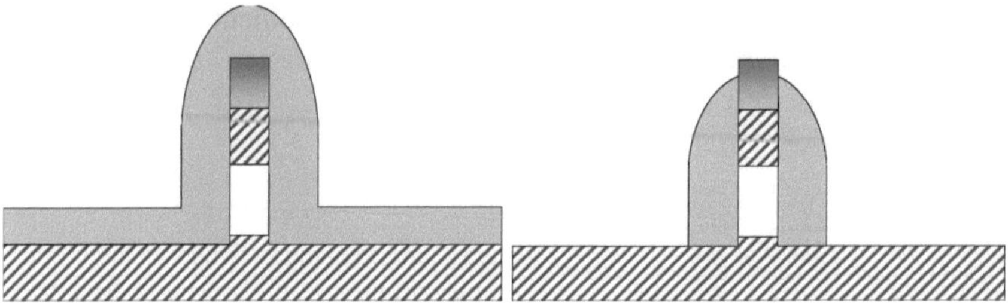

Abb. 2.63. Herstellungsprozess zur Herstellung eines „Pillar"-MOSFETs mit reduzierten Überlappkapazitäten nach *T. Aeugle et al.* am Ende des 5. (links) und 6. (rechts) Fertigungsschrittes (jeweils Seitenansichten)

7. Herstellung einer SiO_2-Schicht zur kapazitiven Entkopplung von Drain und Gate. Dieses Oxid kann durch thermische Oxidation der Struktur oder durch Sauerstoffimplantation mit anschließendem RTP-Schritt erzeugt werden (vgl. Abb. 2.64., links).
8. Vollständige Entfernung der Nitrid-Spacer (Freilegung der nun fertigen „Pillar"-Struktur und Bildung des Gate-Oxides (z. B. SiO_2) durch thermische Oxidation oder durch Abscheidung eines „Hκ"-Materials mittels CVD (vgl. Abb. 2.64., rechts).

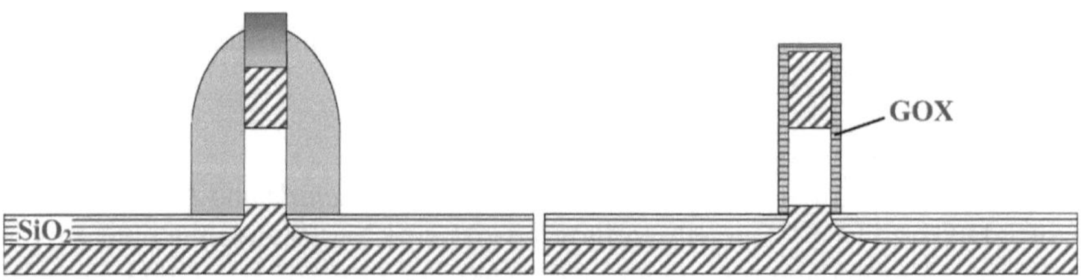

Abb. 2.64. Herstellungsprozess zur Herstellung eines „Pillar"-MOSFETs mit reduzierten Überlappkapazitäten nach *T. Aeugle et al.* am Ende des 7. (links) und 8. (rechts) Fertigungsschrittes (jeweils Seitenansichten)

9. Ganzflächige Abscheidung einer n^+-Typ dotierten Poly-Silizium-Schicht mittels MBE oder CVD (zukünftige Poly-Gate-Elektrode) und ganzflächige Abscheidung einer Si_3N_4-Schicht für die Herstellung eines weiteren Nitrid-Spacers (vgl. Abb. 2.65., links).
10. Anisotropes Rückätzen der Si_3N_4-Schicht zur Bildung der Nitrid-Spacer und isotropes, nasschemisches Rückätzen der Poly-Schicht (der Teil der Poly-Gate-Elektrode, welche später kontaktiert werden soll, muss dabei von einer Photolackmaske geschützt sein – (vgl. Abb. 2.65., rechts).

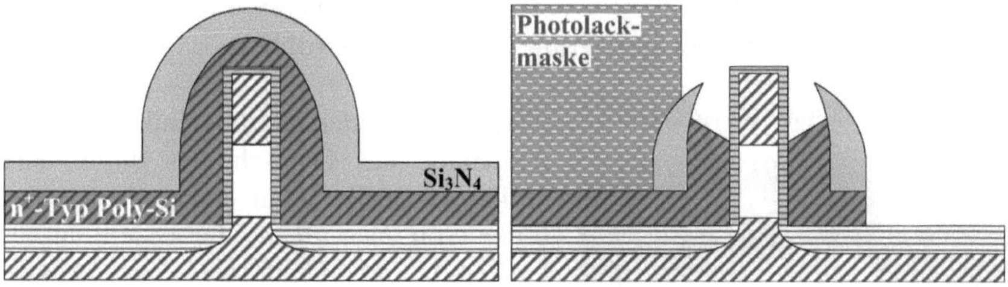

Abb. 2.65. Herstellungsprozess zur Herstellung eines „Pillar"-MOSFETs mit reduzierten Überlappkapazitäten nach *T. Aeugle et al.* am Ende des 9. (links) und 10. (rechts) Fertigungsschrittes (jeweils Seitenansichten)

11. Erneute ganzflächige Abscheidung und anisotropes Rückätzen einer Si_3N_4-Schicht zur Verkapselung der Struktur.
12. Etablierung einer dicken SiO_2-Deckschicht durch einen TEOS-Prozess und Planarisierung mittels CMP (vgl. Abb. 2.66., links).
13. Öffnen von Kontaktlöchern in der planarisierten SiO_2-Schicht (vgl. Abb. 2.66., rechts).
14. Fertigstellung des Transistors mit reduzierten Überlappkapazitäten (vgl. Abb. 2.67.).

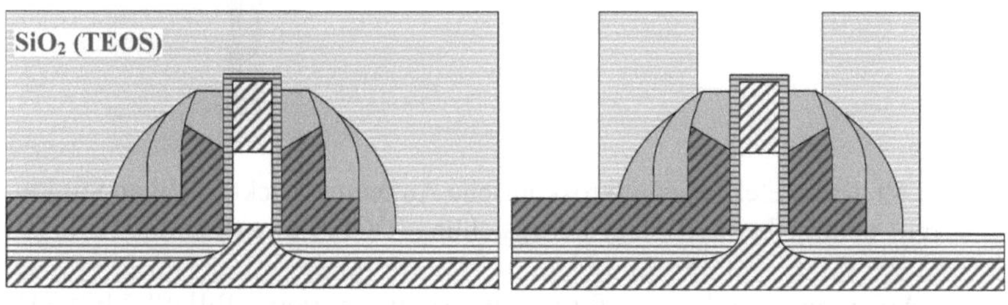

Abb. 2.66. Herstellungsprozess zur Herstellung eines „Pillar"-MOSFETs mit reduzierten Überlappkapazitäten nach *T. Aeugle et al.* am Ende des 12. (links) und 13. (rechts) Fertigungsschrittes (jeweils Seitenansichten)

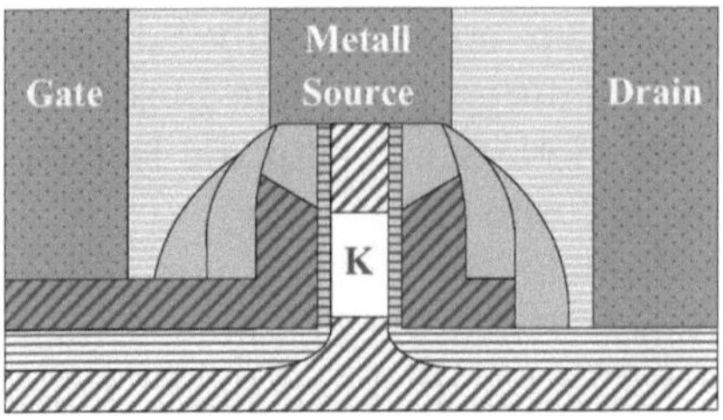

Abb. 2.67. Herstellungsprozess zur Herstellung eines „Pillar"-MOSFETs mit reduzierten Überlappkapazitäten nach *T. Aeugle et al.* am Ende des 14. Fertigungsschrittes (Seitenansicht)

In der folgenden Abb. 2.68. ist der Querschnitt durch einen vertikalen „Pillar"-MOSFET zu sehen, wie er an der UCLA mit einem ähnlichen Verfahren realisiert wurde. Abb. 2.69. zeigen die nackten „Pillar"-Strukturen unmittelbar nach ihrer Fertigung (UCLA-Strukturen).

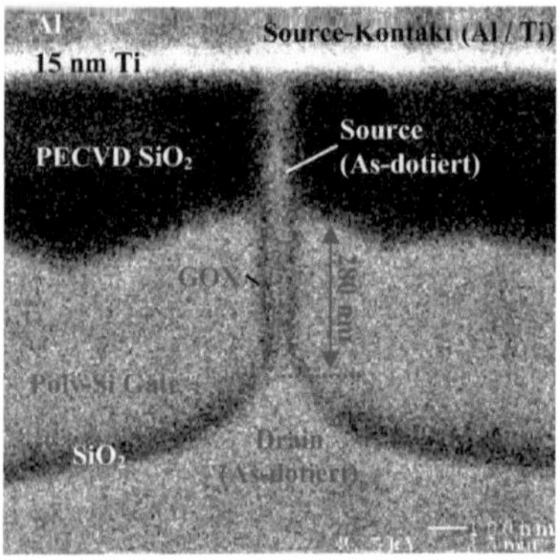

Abb. 2.68. Rasterelektronenmikroskopische Aufnahme des Querschnittes durch einen „Pillar"-MOSFETs mit einer „Pillar"-Stegbreite von $b_P = 50\,nm$, hergestellt an der University of California Los Angeles (UCLA), USA, von *R. Li* [01Li]

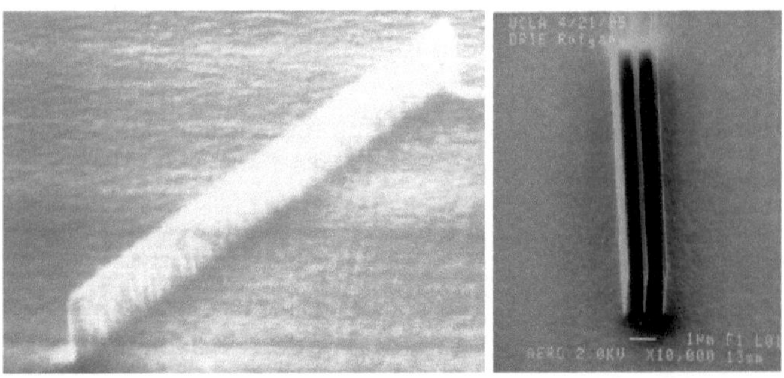

Abb. 2.69. Rasterelektronenmikroskopische Aufnahme nackter „Pillar-Strukturen" unmittelbar nach ihrer Fertigstellung (UCLA-Strukturen) [01Li]

Die Ausgangs- und Transfercharakterisitiken von „Pillar"-MOSFETs (UCLA) mit unterschiedlichen „Pillar"-Stegbreiten d_P und Kanalgebietweiten W sind in den Abbildungen 2.70. und 2.71. gezeigt. Die Kanalgebietlänge der einzelnen Transistoren war stets $L = 280\,nm$, die Gate-

Oxiddicke $d_{GOX} = 20\,nm$ und die Kanalgebietdotierung $N_A = 1 \cdot 10^{17}\,cm^{-3}$ (Bor-Dotierung).

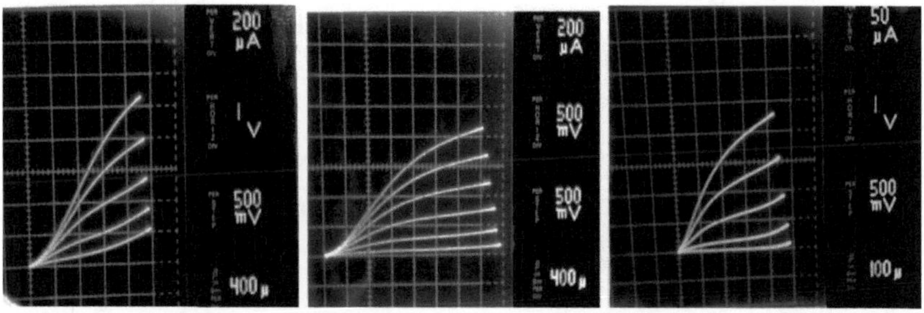

Abb. 2.70. Ausgangscharakteristiken von „Pillar-MOSFETs“ (UCLA) mit unterschiedlichen „Pillar“-Stegbreiten d_P und Kanalgebietweiten W: $d_P = 300\,nm$, $W = 6\,\mu m$ (links), $d_P = 50\,nm$, $W = 6\,\mu m$ (Mitte) und $d_P = 50\,nm$, $W = 2\,\mu m$ (rechts) [01Li]

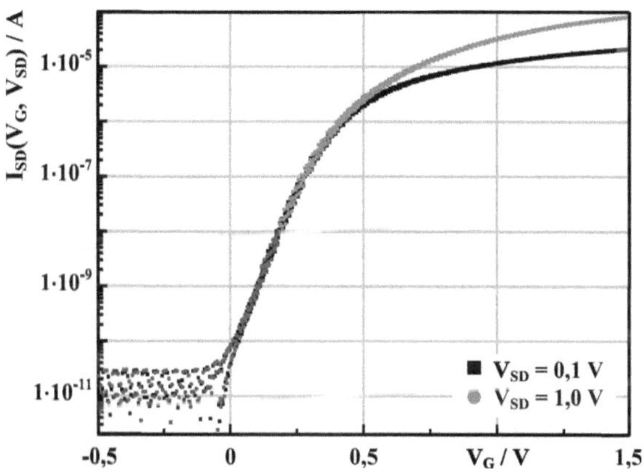

Abb. 2.71. Transfercharakteristik eines „Pillar“-MOSFETs (UCLA) mit einem $d_P = 50\,nm$ breiten „Pillar“ und einer Kanalgebietweite $W = 2\,\mu m$ ($S = 75\,mV \cdot dec.^{-1}$, $V_{Th} = 0{,}43V$) [01Li]

Im Zusammenhang mit der Entwicklung solcher „Pillar“-MOSFETs wurde auch über die Möglichkeit der Herstellung von CMOS-Invertern mit diesen Transistoren nachgedacht. Die nachfolgenden Abbildungen 2.72. bis 2.75. zeigen die von *R. Li*, UCLA, USA, vorgeschlagene prinzipielle Herstellungssequenz [01Li].

1. Herstellung von „Pillar”-Strukturen und Verkapselung dieser Strukturen mittels Si_3N_4.

2. Strukturierung des Nitrides und Aufoxidation der Gesamtstruktur zur Herstellung einer LOCOS-Isolation (vgl. Abb. 2.72., links).
3. Maskierung des „Pillars“ mit Photolack und Erzeugung eines n-Typ dotierten Bereiches an einem Ende des „Pillars“ mittels Ionenimplantation (vgl. Abb. 2.72., rechts).

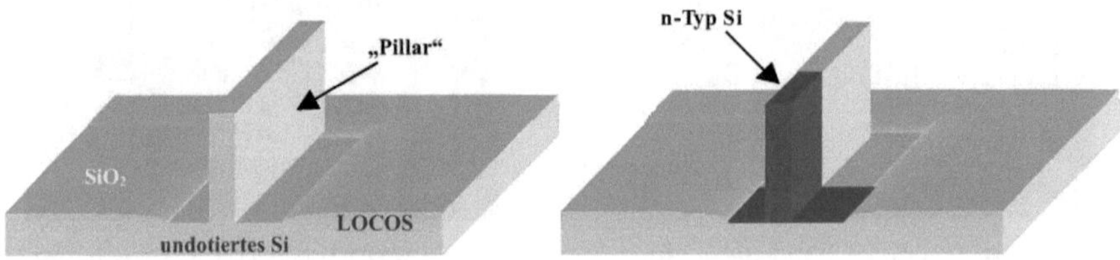

Abb. 2.72. Herstellungsprozess zur Herstellung eines CMOS-Inverters bestehend aus „Pillar“-MOSFETs mit reduzierten Überlappkapazitäten nach *R. Li et al.* am Ende des 2. (links) und 3. (rechts) Fertigungsschrittes

4. Erneute Maskierung des „Pillars“ mit Photolack und Erzeugung eines p-Typ dotierten Bereiches am entsprechend anderen Ende des „Pillars“ mittels Ionenimplantation (vgl. Abb. 2.73., links).
5. Hochtemperaturschritt zum Ausheilen der durch die Ionenimplantation erzeugten Strahlenschäden und zur Aktivierung der Dotierstoffe.
6. Erzeugung eines Gate-Oxides mittels thermischer Oxidation und konforme Abscheidung eines n-Typ dotierten Poly-Silizium-Films mittels CVD.
7. Anisotropes Rückätzen des Poly-Films mittels RIE zur Herstellung der Gate-Elektroden (vgl. Abb. 2.73., rechts).

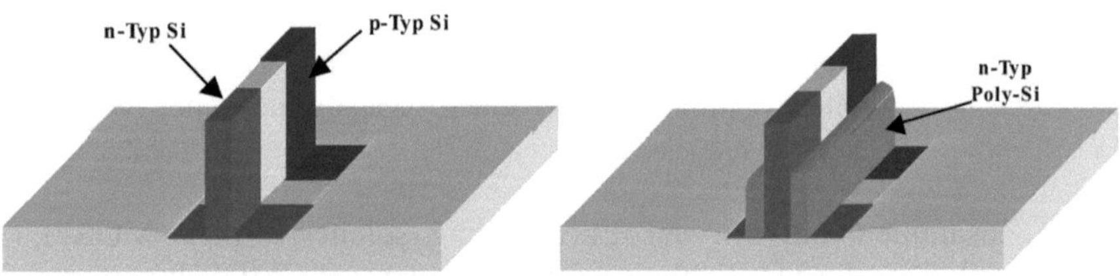

Abb. 2.73. Herstellungsprozess zur Herstellung eines CMOS-Inverters bestehend aus „Pillar“-MOSFETs mit reduzierten Überlappkapazitäten nach *R. Li et al.* am Ende des 4. (links) und 7. (rechts) Fertigungsschrittes

8. Maskierung der Gesamtstruktur mit Photolack und Herstellung der Source/Drain-Gebiete des NMOSFETs mittels Ionenimplantation im p-Typ dotierten Bereich des „Pillars“. Bei diesem Schritt wird auch die Poly-Gate-Elektrode hoch n-Typ dotiert – vgl. Abb. 2.74., links).

9. Erneute Maskierung der Gesamtstruktur mit Photolack und Herstellung der Source/Drain-Gebiete des PMOSFETs mittels Ionenimplantation im n-Typ dotierten Bereich des „Pillars“. Bei diesem Schritt wird auch hier die Poly-Gate-Elektrode hoch p-Typ dotiert – vgl. Abb. 2.74., rechts).

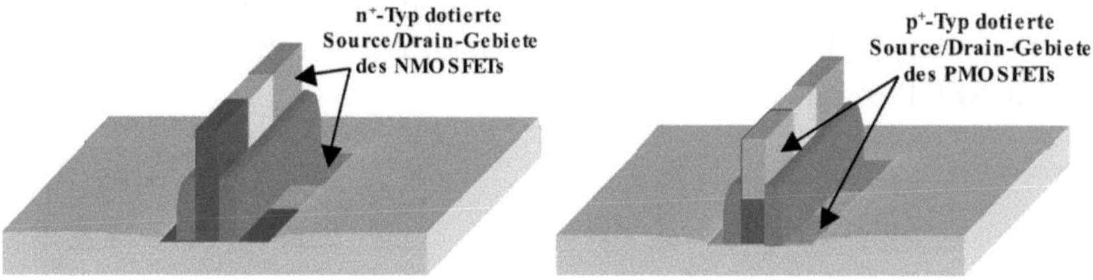

Abb. 2.74. Herstellungsprozess zur Herstellung eines CMOS-Inverters bestehend aus „Pillar“-MOSFETs mit reduzierten Überlappkapazitäten nach *R. Li et al.* am Ende des 8. (links) und 9. (rechts) Fertigungsschrittes

10. Ausheilen der Strahlenschäden mit Hilfe eines Hochtemperaturschrittes und Verkapselung der Transistorstrukturen.
11. Abscheidung hoch n-Typ dotierten Siliziums und Strukturierung (Herstellung der Verdrahtung im Inverter bzw. zwischen den Inverterstrukturen – vgl. Abb. 2.75., links).
12. Planarisierung der Gesamtstruktur, Kontaktlochöffnung und –füllung, Herstellung der zweiten Verdrahtungsebene (vgl. Abb. 2.75., rechts).

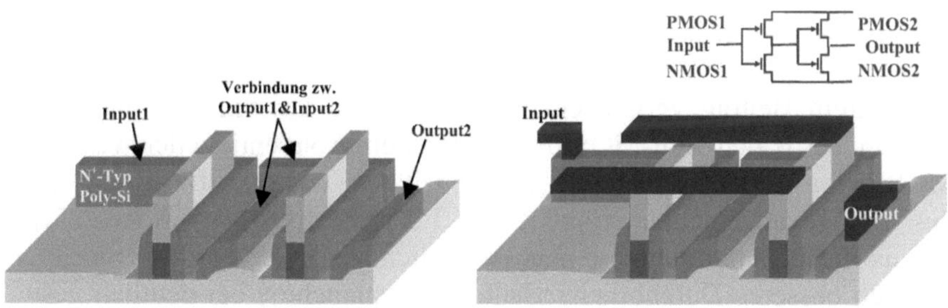

Abb. 2.75. Herstellungsprozess zur Herstellung eines CMOS-Inverters bestehend aus „Pillar“-MOSFETs mit reduzierten Überlappkapazitäten nach *R. Li et al.* am Ende des 11. (links) und 12. (rechts) Fertigungsschrittes

2.2.4 Der vertikale „Pillar“-MOSFET mit einem „Silicon-On-Insulator“-Kanalgebiet (SOI-MOSFET)

In ihrem 1997er ESSDERC-Beitrag diskutierten *T. Aeugle et al.* außerdem die Verwendung der in der Abbildungssequenz 2.61. bis 2.67. wiedergegebenen Herstellungsfolge eines „Pillar“-MOSFETs für die Herstellung eines vertikalen „Pillar“-MOSFETs mit einem „Silicon-On-Insulator“-Kanalgebiet (SOI-MOSFET) [97Aeug]. Den schematischen Aufbau eines solchen SOI-MOSFETs zeigt Abb. 2.76.

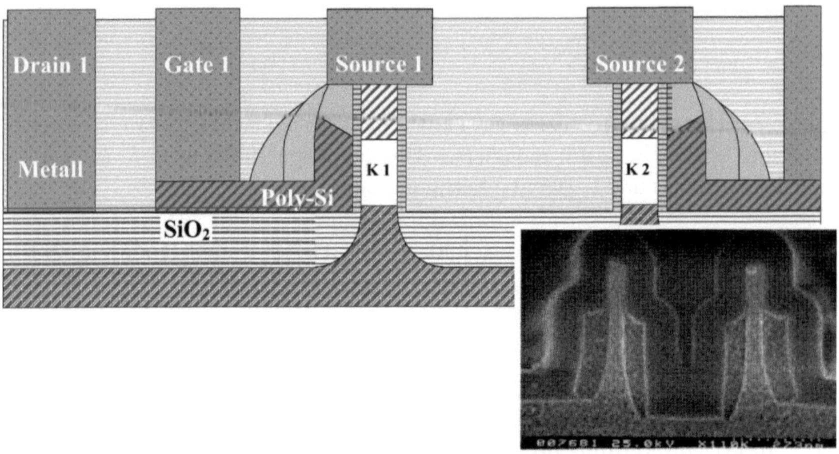

Abb. 2.76. Realisierung eines vertikalen SOI-MOSFETs aus einem „Pillar“-MOSFET und rasterelektronenmikroskopische Aufnahme eines Querschnittes durch diese Doppel-„Pillar“-Struktur („Pillar“-Stegbreite: $b_P = 50\ nm$), hergestellt von der Infineon Technolgies AG München, Deutschland [01Schu]

In ihrem Beitrag verglichen die Autoren die Leistungsfähigkeit eines solchen vertikalen SOI-MOSFETs mit einem konventionellen vertikalen MOSFET mit reduzierten Überlappkapazitäten, wie er z. B. in Abb. 2.60. des vorangegangenen Unterpunktes 2.2.3 dargestellt ist (vgl. Abb. 2.77.).

Aus dieser Abbildung ist klar ersichtlich, dass der SOI-MOSFET ein deutlich besseres Durchbruchverhalten („Avalanche“) bei deutlich gesteigerten Strömen I_{ON} im eingeschalteten Zustand im Vergleich zu einem konventionellen vertikalen MOSFET mit reduzierten Überlappkapazitäten besitzt.

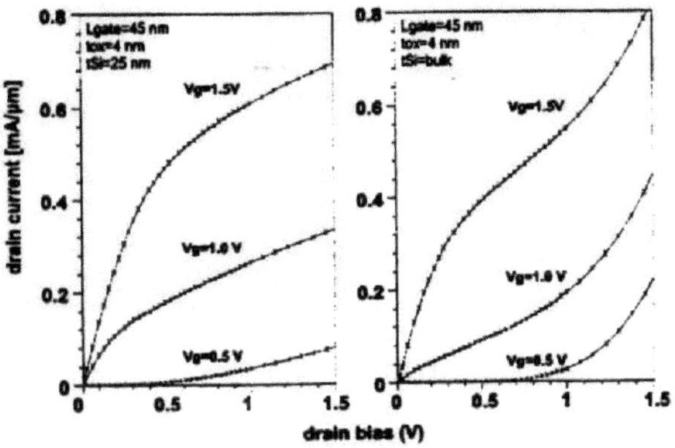

Abb. 2.77. Links: Ausgangscharakteristik eines SOI-MOSFETs mit einer Kanalgebietlänge $L = 45\ nm$, einer Gate-Oxiddicke $d_{GOX} = 4\ nm$ und einer „Pillar"-Stegbreite $b_P = 25\ nm$, rechts: Ausgangscharakteristik eines konventionellen vertikalen MOSFET mit reduzierten Überlappkapazitäten mit einer mit einer Kanalgebietlänge $L = 45\ nm$, einer Gate-Oxiddicke $d_{GOX} = 4\ nm$ und einer Kanalgebietbreite >> *25 nm* [97Aeug]

2.2.5 Mögliche Lösung des Problems der Grenzflächenzustandsdichte durch „Surface Engineering" – Oberflächenphasen

Bei der gegenwärtigen Suche nach potentiellen Nachfolgern für SiO_2 als Gate-Oxid mit hohen relativen Dielektrizitätszahlen ε_{rel} und vergleichbaren guten Grenzflächeneigenschaften zum kristallinen Silizium wird unter Aufbietung gewaltiger Geld- und Personalmittel nach der Methode „Versuch und Irrtum" verfahren, was einer Suche nach der berühmten „Nadel im Heuhaufen" gleichkommt.

Einen möglicherweise eleganteren und effektiveren Zugang zur Lösung des Problems könnte in der gezielten Manipulation der Silizium-Oberfläche vor Etablierung des Gate-Oxides gefunden werden. Manipulation meint dabei die Überführung der reaktiven, nackten Silizium-Oberfläche in einen passivierten Zustand durch Etablierung sogenannter Silizium-Oberflächenphasen. Beispielhaft seien in Abb. 2.78. *(111)*-orientierte Silizium-Oberflächen gezeigt, welche im einen Fall ganzflächig mit Bor – man spricht in diesem Zusammenhang von einer *Si(111)-*$\sqrt{3}\times\sqrt{3}$ *-R30°-Bor-Oberflächenphase* (BOP) – und im anderen Fall partiell mit Stickstoff – man spricht in diesem Zusammenhang von einer *Si(111)-8×8-Stickstoff-Oberflächenphase* – terminiert sind.

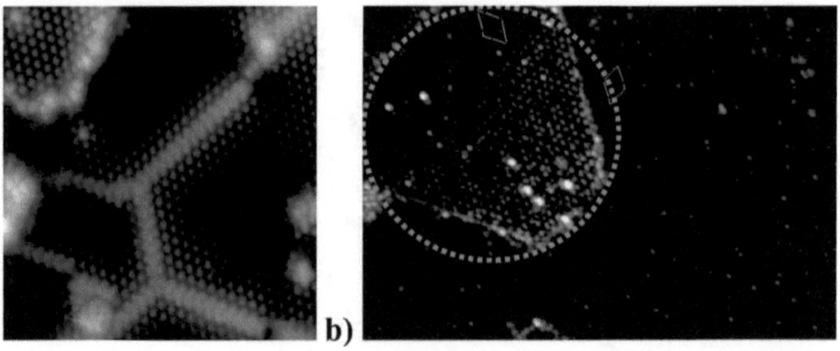

a) b)

Abb. 2.78. Rastertunnelmikroskopische Aufnahme a) einer *Si(111)-*$\sqrt{3}\times\sqrt{3}$*-R30°-Bor-Oberflächenphase* (BOP), die eine *(111)*-orientierte Silizium-Oberfläche terminiert und b) einer *Si(111)-8×8-Stickstoff-Oberflächenphase* (durch den Kreis markiert) auf einer *7×7*-rekonstruierten *Si(111)*-Oberfläche [00SchuB, 00SchuBb, 00Stima, 00Stimb, 03Suli]

Darüber hinaus existiert noch eine Vielzahl von Phasen verschiedenster Elemente auf den verschiedensten Silizium-Oberflächenorientierungen [94Lifs]. Allerdings ist die technologische Verwertbarkeit dieser Phasen für eine gezielte Passivierung bzw. Präparierung einer *(hkl)*-orientierten Silizium-Oberfläche über große Teile der Fläche bisher nicht wirklich untersucht. Der Vorteil hinsichtlich der Schaffung einer perfekten Grenzfläche zwischen dem Kanalgebiet und der Isolatorschicht der MOS-Steuerkapazität des Transistors liegt aber auf der Hand: Die Bildung solcher Phasen ist ein durch die Natur selbstorganisiert ablaufender Prozess, der unter entsprechenden Bedingungen zur Bildung einer atomar glatten Passivierung einer *(hkl)*-orientierten Oberfläche führt. Im Idealfall kann der Grad der Passivierung über weite Teile der Oberfläche *100 %* betragen. Dieser Prozess ist außerdem selbstlimitierend; überschüssig angebotenes Material kann leicht von der Oberfläche bei höheren Temperaturen desorbiert werden. Diese Phasen können, je nach benutztem Material (z. B. Stickstoff), außerdem thermisch sehr stabil sein.

Auf eine so passivierte Oberfläche kann dann irgendein geeignetes amorphes oder kristallines „Hκ"-Material als Gate-Isolator abgeschieden werden.

Diese Methode könnte natürlich bei allen Bauelementkonzepten (vertikal, quasivertikal und lateral) Anwendung finden und eine entsprechende Forschung müsste dabei zunächst och zeigen, welche Silizium-Oberflächenorientierung in Kombination mit welcher Oberflächenphase die Geeignetste ist.

Mit Blick auf das Vertikalkonzept bzw. Quasivertikalkonzept ist die *(111)*-orientierte Oberfläche eine der interessantesten Oberflächen, da sich *(111)*-orientierte Oberflächen mit atomarer Glätte sehr leicht herstellen lassen, wie dies in den Unterpunkten 2.1.1 bis 2.1.3 dieses Kapitels anhand des anisotropen Ätzverhaltens von KOH gezeigt wurde.

Zur Unterstreichung dieses Sachverhaltes seien in Abb. 2.79. vertikale Mesa-Strukturen mit atomar glatten *(111)*-orientierten Seitenwänden gezeigt. Erzeugt wurden diese Strukturen durch reaktives Ionenätzen (RIE) eines *(110)*-orientierten Silizium-Substrats mit anschließender Glättung der Seitenwände durch einen KOH-Ätzschritt [01Suli].

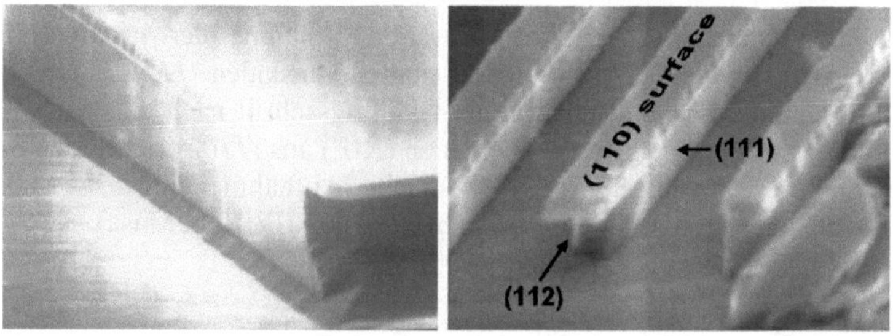

Abb. 2.79. Rasterelektronenmikroskopische Aufnahme atomar glatter vertikaler *(111)*-Flächen, hergestellt durch einen nasschemischen KOH-Glättungsschritt nach der Mesa-Herstellung durch anisotropes reakitives Ionenätzen (RIE) aus *(110)*-orientierten Substraten [01Suli]

Die Ausnutzung dieser Technologie für die Herstellung vertikaler MOSFETs findet sich erstmals beim „I"-MOSFET, einem „Pillar"-MOSFET, der 2002 auf der IEDM in San Francisco, USA, und ein Jahr später auf der DRC in Salt Lake City, ebenfalls USA, von *M. Masahara et al.* (National Institute of Advanced Industry Science & Technology, Japan) diskutiert wurde [02Masa[81], 03Masa[82]]. Abb. 2.80. zeigt eine rasterelektronenmikroskopische Aufnahme der nackten „Pillar"-Struktur eines „I"-MOSFETs mit atomar glatten *(111)*-Seitenwänden bzw. eine transmissionsmikroskopische Aufnahme der gesamten „I"-MOSFET-Struktur. Abb. 2.81. zeigt Transfercharakteristiken von „I"-MOSFETs mit unterschiedlichen „Pillar"-Stegbreiten (in der Abbildung mit „Si Wall Thickness – T_{SW}" bezeichnet). Wie man dieser Abbildung und der folgenden Abb. 2.82. entnimmt, verbessern sich die MOSFET-Eigenschaften hinsichtlich DIBL (Konstanz der Schwellwertspannung V_T des „I"-MOSFETs) und S-Parameter mit stetiger Verkleinerung von T_{SW}.

---

[81] Koautoren der Arbeit: *T. Matsukawa, K-I. Ishii, Y. Liu, H. Tanoue, K. Sakamoto, T. Sekigawa, H. Yamauchi, S. Kanemaru, E. Suzuki*

[82] *T. Matsukawa, S. Hosokawa, K-I. Ishii, Y. Liu, H. Tanoue, K. Sakamoto, T. Sekigawa, H. Yamauchi, S. Kanemaru, E. Suzuki* werden hier als Koautoren der Arbeit genannt.

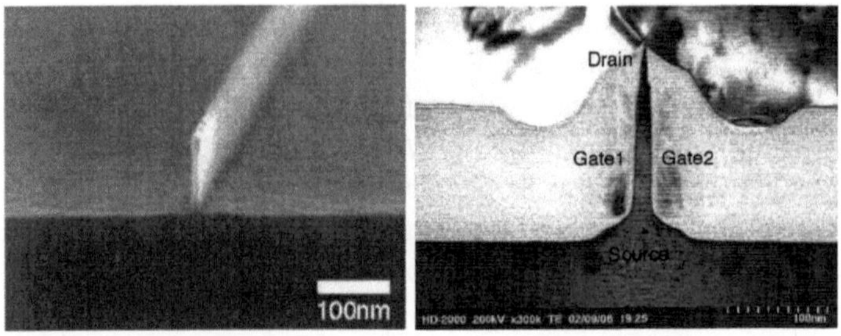

Abb. 2.80. Rasterelektronenmikroskopische Aufnahme der nackten „Pillar“-Struktur eines „I“-MOSFETs mit atomar glatten vertikalen *(111)*-Flächen, hergestellt durch einen nasschemischen KOH-Glättungsschritt nach der Mesa-Herstellung durch anisotropes reakitives Ionenätzen (RIE) aus *(110)*-orientierten Substraten (links) bzw. transmissionsmikroskopische Aufnahme eines „I“-MOSFETs (rechts), realisiert durch *M. Masahara et al.*, © 2002 IEEE [02Masa]

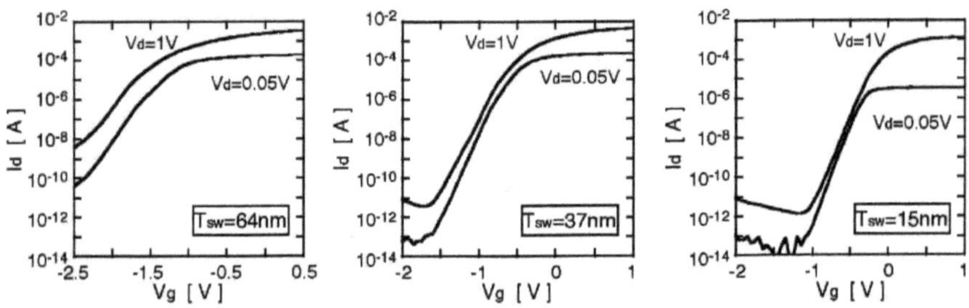

Abb. 2.81. Transfercharakteristiken von „I“-MOSFETs mit unterschiedlichen „Pillar“-Stegbreiten (in der Abbildung mit „Si Wall Thickness – T_{SW}“ bezeichnet) nach *M. Masahara et al.*, © 2002 IEEE [02Masa]

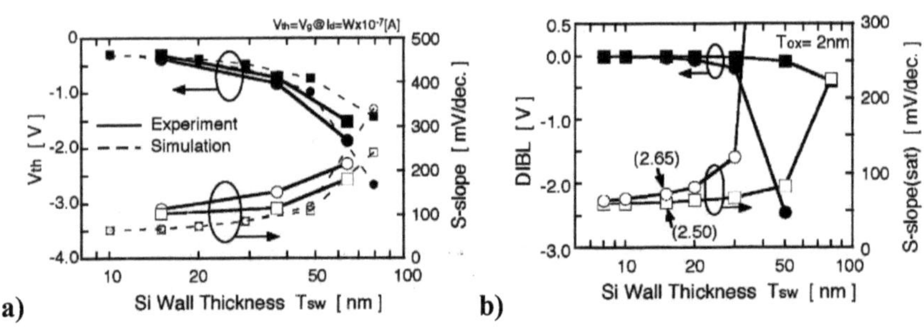

Abb. 2.82. a) Abhängigkeit der Schwellwertspannung V_T und des *S*-Parameters des „I“-MOSFETs von der „Pillar“-Stegbreite (in der Abbildung mit „Si Wall Thickness – T_{SW}“ bezeichnet), b) berechneter DIBL als Funktion der „Pillar“-Stegbreite des „I“-MOSFETs nach *M. Masahara et al.*, © 2002 IEEE [02Masa]

2.2.6 Lösung des Problems der geringeren Ladungsträgerbeweglichkeiten und des Problems des „floatenden“ Kanalgebietes durch „Channel Engineering“ – Der vertikale MOSFET mit verspanntem Silizium-Kanal auf SiGe (SSC-MOSFET)

Wie in der Einleitung des vorliegenden Kapitels herausgearbeitet, stellt der Einsatz von pseudomorph verspannten SiGe/Silizium-Heterostrukturen ein interessantes Konzept zur Steigerung der Elektronen- bzw. Löcherbeweglichkeit dar.

Bezogen auf das vertikale MOSFET-Konzept wurde erstmals durch *K. C. Liu et al.* (University of Texas at Austin, USA) die Anwendung dieser Technologie demonstriert. Die gewonnenen Ergebnisse wurden auf der 1999er IEDM in Washington, D.C., USA vorgestellt und publiziert [99Liu].[83] Abb. 2.83. zeigt den schematischen Aufbau des durch *K. C. Liu et al.* realisierten vertikalen NMOSFETs mit verspanntem Silizium-Kanal auf SiGe (SSC-NMOSFET[84]).

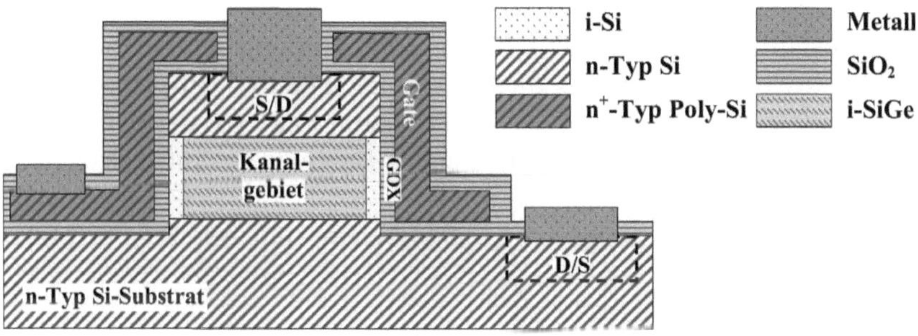

Abb. 2.83. Schematischer Aufbau eines vertikalen SSC-NMOSFETs nach *K. C. Liu et al.*

Die Herstellung eines solchen vertikalen SSC-MOSFETs ist ähnlich der Herstellung eines vertikalen MBE-MOSFETs, die bereits kurz in Unterpunkt 2.1.6 des vorliegenden Kapitels vorgestellt wurde und dessen Herstellung im folgenden Unterpunkt 2.2.7 bei der Behandlung des „Planar-Doped Barrier“-MOSFETs (PDBFETs) diskutiert wird. Deshalb sollen an dieser Stelle nur die wesentlichen Herstellungsschritte aufgelistet werden:

---

[83] Neben *K. C. Liu* werden *X. Wang*, *E. Quinones*, *X. Chen*, *X. D. Chen*, *D. Knecke*, *B. Anantharam*, *R. D. Chang*, *S. K. Ray*, *S. K. Oswal*, *C. Y. Tu* und *S. K. Banerjee* als Mitautoren aufgezählt.

[84] SSC: **S**trained **S**ilicon **C**hannel

1. Abscheidung einer intrinsischen, pseudomorph verspannten $Si_{1-x}Ge_x$-Schicht auf einem n-Typ dotierten Silizium-Substrat (die Schichtdicke von ca. *70 nm* liegt dabei unterhalb der kritischen Schichtdicke[85]),
2. Abscheidung einer n-Typ dotierten Silizium-Deckschicht mittels MBE oder CVD,
3. Anisotropes Ätzen einer Mesa-Struktur mittels RIE,
4. Konformes Überwachsen der Mesa mit einer *12 nm* dünnen intrinsischen Silizium-Schicht mittels CVD,
5. Niedertemperatur-Feuchtoxidation ($T = 750\ °C$) zur Bildung des Gate-Oxides (GOX) – eine höhere Oxidationstemperatur ist nicht möglich, da die pseudomorph verspannte $Si_{1-x}Ge_x$-Schicht über die Bildung von Versetzungen mechanisch in ihre natürlichen Gitterparameter relaxieren würde,
6. Abscheidung eines hoch n-Typ dotierten Poly-Silizium-Films und Strukturierung dieser Schicht (Bildung der Poly-Gate-Elektrode),
7. Ionenimplantation zur Erzeugung hoch n-Typ dotierter Source- und Drain-Gebiete.
8. Ausheilen der Strahlenschäden und Bildung eines thermischen Passivierungsoxids (bei diesem wie auch beim 5. Prozessschritt diffundiert der Dotierstoff aus dem Substrat bzw. aus der n-Typ dotierten Deckschicht in die angrenzenden Bereiche des intrinsischen Silizium-Films),
9. Öffnung und Füllung von Kontaktlöchern und Bildung der Metallisierung.

In ihrem IEDM-Beitrag diskutierten *K. C. Liu et al.* das elektrische Verhalten verschiedener SSC-NMOSFETs mit verschiedenen Germanium-Konzentrationen x im Kanalgebiet ($x = 0,1/0,2/0,25$).

Die Abbildungen 2.84. bis 2.86. zeigen die Transfercharakteristiken der realisierten SSC-NMOSFETs. Es ergibt sich, dass der SSC-NMOSFETs für eine Germanium-Konzentration $x = 0,2$ die höchsten Werte für die Steilheit g_m zeigt (die geringste Steilheit g_m zeigt der SSC-NMOSFETs für $x = 0,25$ – damit zeigt dieser SSC-NMOSFETs den größten S-Parameter[86]). Bei allen drei Varianten ergeben sich gute Ausgangscharakteristiken mit einem guten $\frac{I_{ON}}{I_{OFF}}$-Verhältnis (vgl. Abb. 2.87.). Wie aller-

[85] Vgl. dazu mit der Einleitung dieses Kapitels.

[86] Zur Definition der Steilheit g_m bzw. des Parameters S siehe erneut Unterpunkt 1.1.4 im ersten Kapitel.

dings auch aus den Transfercharakteristiken zu entnehmen ist, handelt es sich bei den durch *K. C. Liu et al.* realisierten SiGe-NMOSFETs um „Normally-ON"-Transistoren[87], da bei der Herstellung auf eine p-Typ Kanaldotierung verzichtet wurde und negative Raumladungszonen aufgrund ionisierter p-Typ Dotierstoffatome im Kanalgebiet nicht existieren.

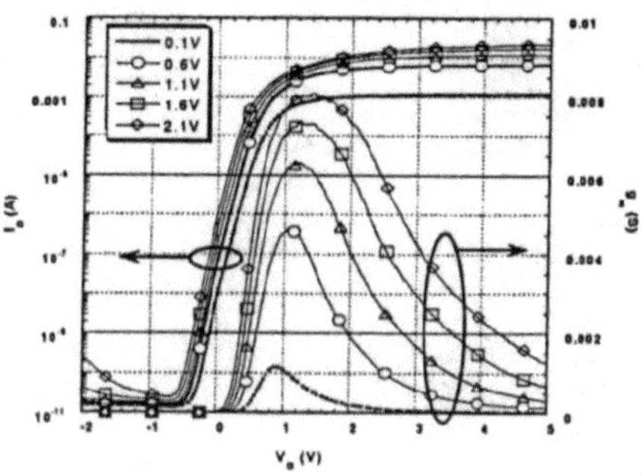

Abb. 2.84. Transfercharakteristiken der durch *K. C. Liu et al.* realisierten SSC-NMOSFETs ($x = 0{,}1$), © 1999 IEEE [99Liu]

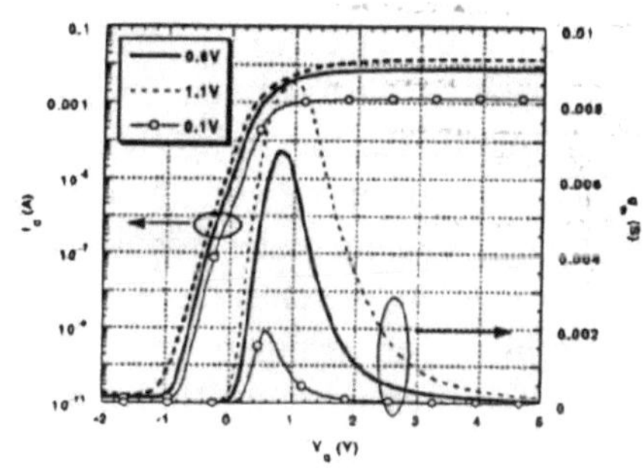

Abb. 2.85. Transfercharakteristiken der durch *K. C. Liu et al.* realisierten SSC-NMOSFETs ($x = 0{,}2$), © 1999 IEEE [99Liu]

Genau dadurch wird aber erreicht, dass der bei diesen physikalischen Transistordimensionen und Spannungen beobachtete „Kink"-Effekt trotz des „floatenden" Kanalgebietes nicht auftritt, da eine „Avalanche"-induzierte Akkumulation von Löchern im Kanalgebiet, die für das Auftreten des „Kink"-Effektes verantwortlich ist, nicht auftreten kann, da durch „Avalanche" erzeugte Löcher sofort über Source abfließen können.

---

[87] Ein „Normally ON"-Transistor leitet bei angelegter Source-Drain-Spannung V_{SD} trotz ausgeschaltetem Gate ($V_G = 0\ V$) den elektrischen Strom. Zum Ausschalten des Transistors muss eine Gate-Spannung $V_G < 0\ V$ im Falle eines NMOSFETs bzw. $V_G < 0\ V$ im Falle eines PMOSFETs angelegt werden. Bei einem „Normally OFF"-MOSFET ist der eingeschaltete Zustand durch $V_{SD} = V_G > 0$ (NMOSFET) bzw. $V_{SD} = V_G < 0$ (PMOSFET) und der ausgeschaltete Zustand durch $V_{SD} > 0$ (NMOSFET) bzw. $V_{SD} < 0$ (PMOSFET) und $V_G = 0$ gegeben. Bisher wurde stets von „Normally OFF"-MOSFETs ausgegangen.

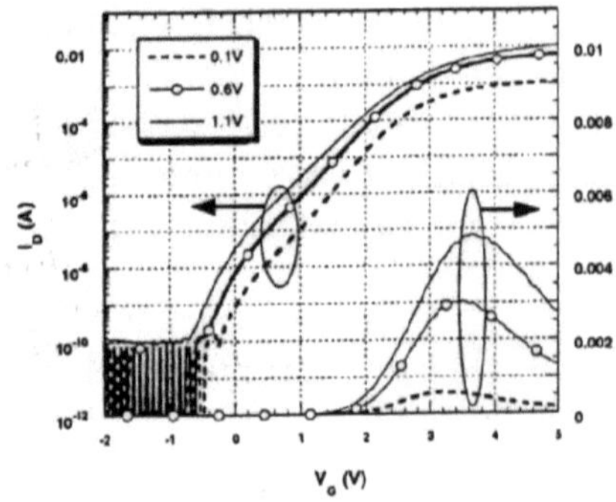

Abb. 2.86. Transfercharakteristiken der durch *K. C. Liu et al.* realisierten SSC-NMOSFETs ($x = 0,25$), © 1999 IEEE [99Liu]

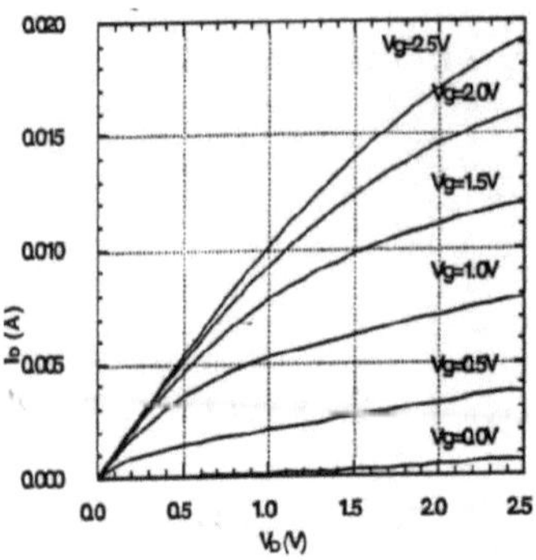

Abb. 2.87. Ausgangscharakteristik eines vertikalen SSC-NMOSFETs nach *K. C. Liu et al.*, © 1999 IEEE [99Liu]

Entsprechend weisen die Transfercharakteristiken (vgl. erneut Abbildungen 2.84. bis 2.86.) keinen „Kink" und damit keine Verschiebung der Schwellwertspannung V_T im Betrieb mit konstanter Gate-Spannung V_G auf.

Da die Realisierung von „Normally OFF"-Transistoren aber an eine Dotierung des Kanalgebietes gebunden ist, muss nach einem anderen Konzept gesucht werden, welches das Problem des „floatenden" Kanalgebietes und das Problem der geringen Ladungsträgerbeweglichkeit löst und gleichzeitig die Realisierung von „Normally OFF"-Transistoren ermöglicht. Dieses Konzept findet sich im vertikalen „Planar-Doped Barrier"-MOSFET (PDBFET).

2.2.7 Lösung des Problems der geringeren Ladungsträgerbeweglichkeiten und des Problems des „floatenden" Kanalgebietes durch „Channel Engineering" – Der vertikale „Planar-Doped Barrier"-MOSFET (PDBFET)

Das Konzept des vertikalen MBE-MOSFETs, aus dem sich der vertikale „Planar-Doped Barrier"-MOSFET (PDBFET) entwickelte, wurde Anfang der 1990er Jahre entwickelt.

Wie bereits in der Einleitung des vorliegenden Buches ausgeführt, wurde diese Entwicklung durch die enormen Fortschritte ermöglicht, die in den 1980er Jahren bei der Silizium- bzw. SiGe-Molekularstrahlepitaxie hinsichtlich Bauelementqualität der durch MBE hergestellten Silizium- bzw. SiGe-Strukturen gemacht wurden [81Bean, 83Shir, 86Bean, 88Kaspa, 88Kaspb].

Die ersten experimentellen Ergebnisse, die an vertikalen MBE-MOSFETs gewonnen wurden, wurden erstmals auf der 1993er SSDM im japanischen Chiaba einem internationalen Fachpublikum durch *H. Gossner et al.* [93Goss] vorgestellt. Dabei handelte es sich um eine Gemeinschaftsentwicklung der Universität der Bundeswehr München (UniBw M) und der Siemens AG München, Deutschland.

Den schematischen Aufbau des durch *H. Gossner et al.* realisierten vertikalen MBE-MOSFETs zeigt Abb. 2.88.

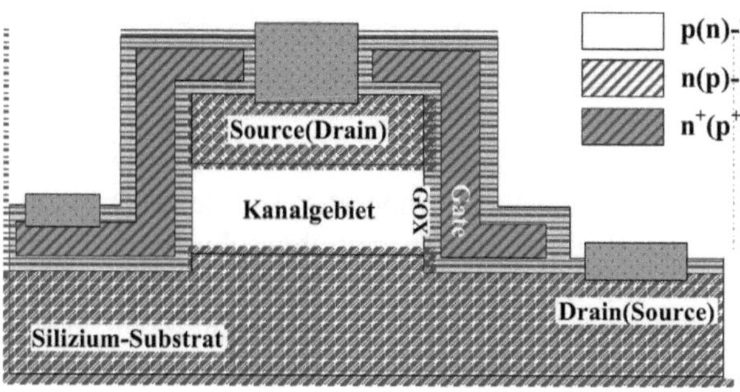

Abb. 2.88. Schematischer Aufbau eines vertikalen MBE-MOSFETs nach *H. Gossner et al.*

Das Wesen eines vertikalen PDBFETs besteht darin, dass die gesamte Kanalgebietsdotierung, die im vertikalen MBE-MOSFET klassisch homogen verteilt ist, in einer sogenannten δ-Dotierung (einer nur wenige Nanometer[88] dicken und hoch dotierten Silizium-Schicht) vereinigt ist und dass das restliche Kanalgebiet im Idealfall intrinsisch, also undotiert bleibt (vgl. Abb. 2.89.).

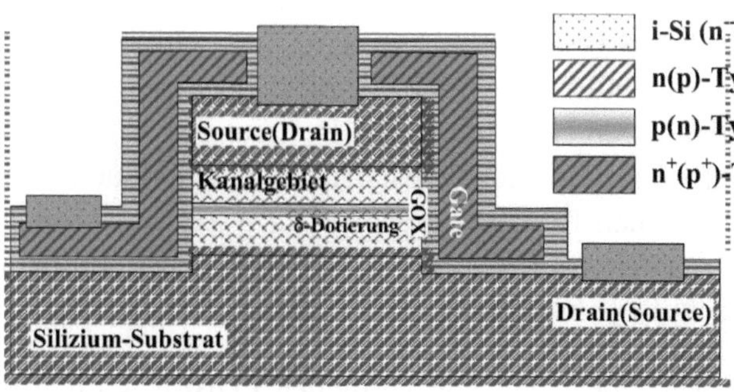

Abb. 2.89. Schematischer Aufbau eines vertikalen PDBFETs nach *V. R. Rao et al.*

---

[88] Typische Dicken in den diskutierten PDBFETs liegen zwischen $d_\delta = 3\ nm$ und $d_\delta = 6\ nm$.

Dieses Transistorkonzept wurde erstmals durch *V. R. Rao et al.* (ebenfalls UniBw M) auf der 1997er IEDM in Washington, D.C., USA, diskutiert [97Rao]. Zur Erzeugung einer δ-Dotierung mittels MBE macht man sich ein Verfahren zu Nutze, welches als „Solid Phase Epitaxie“ (SPE) bezeichnet wird. Konkret gliedert sich die Herstellung einer δ-Dotierung mittels MBE in die folgenden Schritte:

1. Abscheidung der gewünschten Dotierstoffkonzentration pro Quadratzentimeter auf eine Silizium-Oberfläche bei einer Oberflächentemperatur, die niedrig genug ist, damit der Haftkoeffizient des Dotierstoffes auf der Silizium-Oberfläche nahezu eins ist (Vorbelegung).
2. Überwachsen dieser Dotierstofflage mit einem dünnen intrinsischen Silizium-Film bei einer Wachstumstemperatur T_W, die niedrig genug ist, damit die Dotierstoffsegregation in den abgeschiedenen Film so gering wie möglich wird. Die Dicke d_δ des abgeschiedenen intrinsischen Films ergibt sich auch aus der Segregationsfähigkeit, die der Dotierstoff bei T_W besitzt – sie muss so gewählt sein, dass nach dem Überwachsen die gesamte Dotierstoffmenge in der Schicht eingeschlossen ist.
3. Tempern der hergestellten Schicht bei Temperaturen > *550 °C* zum Ausheilen eventuell vorhandener Punktdefekte [95Stör] bzw. zum Rekristallisieren der abgeschiedenen Schicht und zur Aktivierung des eingeschlossenen Dotierstoffes.

Die erste δ-Dotierung (Antimon) in Silizium wurde 1987 von *H. P. Zeindl et al.* auf diese Weise realisiert [87Zein]. In den nachfolgenden Jahren gelang die Herstellung von entsprechenden Phosphor- [92Frie], Gallium- [90Zeina] und Bor-δ-Dotierungen [90Matt]. Eine Übersicht über diese Arbeiten gibt [96Goss, 90Eise]. Abb. 2.90. zeigt eine transmissionsmikroskopische Aufnahme von 15 Antimon-δ-Dotierungen mit *50 nm* dicken intrinsischen Silizium-Schichten zwischen zwei individuellen δ-Dotierungen [90Zeinb] und den Konzentrationsverlauf $N_B(x)$ einer Bor-δ-Dotierung in Silizium mit einer vorgelegten Bor-Gesamtkonzentration von $\sigma_B = 2{,}4 \cdot 10^{14}\ cm^{-3}$ [00SchuBb]. Gemessen wurde dieser Konzentrationsverlauf mit der ERD-Methode [W^{3}3].

Bevor auf das elektrische Verhalten von vertikalen PDBFETs im Vergleich zu vertikalen MBE-MOSFETs mit homogenen Kanaldotierungen eingegangen wird, soll an dieser Stelle zunächst der von *H. Gossner et al.* verwendete Herstellungsprozess für beide Transistortypen kurz in der Abbildungsserie 2.91. bis 2.93. dargestellt werden.

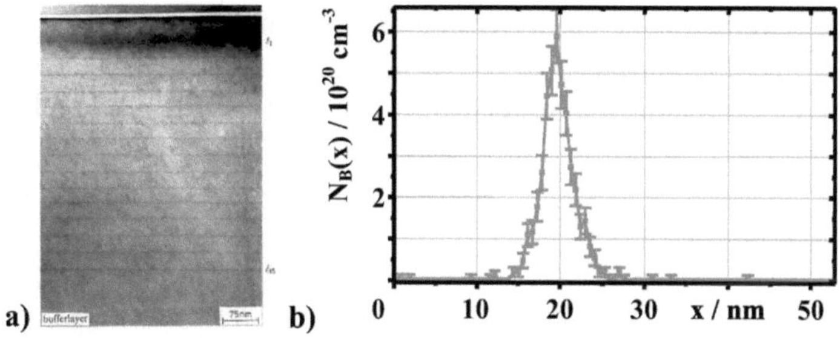

Abb. 2.90. a) Transmissionsmikroskopische Aufnahme von 15 Antimon-δ-Dotierungen mit *50 nm* dicken intrinsischen Silizium-Schichten zwischen zwei individuellen δ-Dotierungen [90Zeinb] und b) Konzentrationsverlauf $N_B(x)$ einer Bor-δ-Dotierung in Silizium mit einer vorgelegten Bor-Gesamtkonzentration von $\sigma_B = 2{,}4 \cdot 10^{14}\ cm^{-2}$, gemessen mit ERD [00SchuBb, PIEise]

1. Herstellung eines npn- bzw. pnp-Schichtstapels mittels MBE (MBE-MOSFET) oder eines ni(δp)in- bzw. pi(δn)ip-Schichtstapels (PDBFET) mittels MBE und SPE (vgl. dazu die Erklärung der SPE auf Seite 157).
2. Herstellung einer Transistor-Mesa-Struktur mittels anisotropen Ätzens (RIE – vgl. Abb. 2.91.)

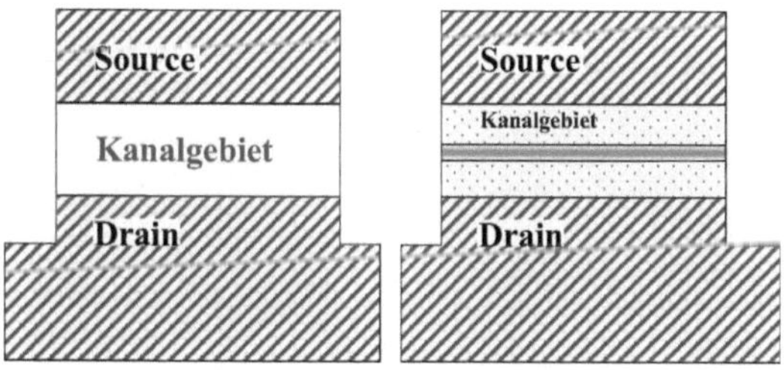

Abb. 2.91. Herstellungsprozess zur Herstellung eines MBE-MOSFETs (links) bzw. eines PDBFETs (rechts) am Ende des 2. Fertigungsschrittes (jeweils Seitenansichten

3. Thermische Oxidation bei Oxidationstemperaturen zwischen $750 \leq T_{Ox}/°C \leq 850$ und zur Erzeugung eines Gate-Oxides (GOX); T_{Ox} ist so gewählt, dass die Dotierprofile während der Oxidation nur so wenig wie möglich infolge von Diffusion verlaufen.
4. Ganzflächige Abscheidung einer hoch n-Typ bzw. p-Typ dotierten Poly-Silizium-Schicht mittels MBE (vgl. Abb. 2.92., links).
5. Strukturierung der hoch dotierten Poly-Silizium-Schicht (Erzeugung der Gate-Elektrode).

6. Erzeugung eines Passivierungsoxides durch thermische Oxidation bei Temperaturen $750 \leq T_{Ox}/°C \leq 850$ oder Abscheidung eines Passivierungsnitrids mittels LP-CVD (vgl. Abb. 2.92., rechts).

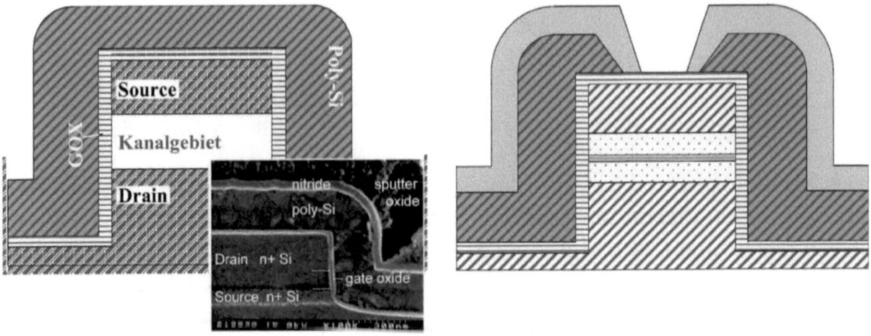

Abb. 2.92. Herstellungsprozess zur Herstellung eines MBE-MOSFETs bzw. eines PDBFETs am Ende des 4. (links) und 6. (rechts) Fertigungsschrittes (jeweils Seitenansichten und rasterelektronenmikroskopische Aufnahme) [PIEise]

7. Öffnen und Auffüllen von Kontaktlöchern (KL), ganzflächige Abscheidung einer Metallschicht (Aluminium) und Strukturierung der Metallschicht zur Erzeugung von Kontakten (vgl. Abb. 2.93.)

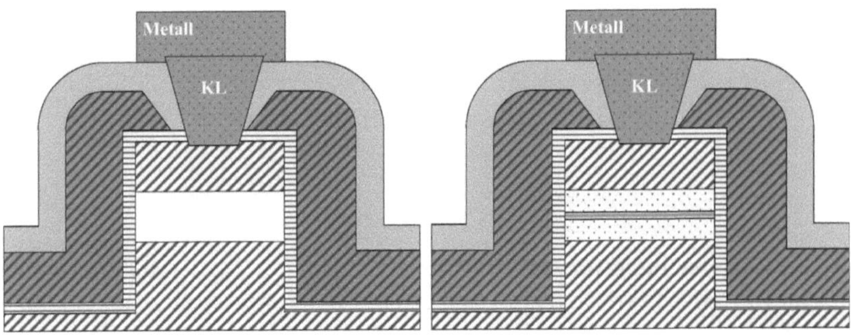

Abb. 2.93. Herstellungsprozess zur Herstellung eines MBE-MOSFETs bzw. eines PDBFETs am Ende des 7. Fertigungsschrittes (jeweils Seitenansichten): MBE-MOSFETs (links) und PDBFET (rechts)

Zum elektrischen Vergleich der beiden Transistortypen ist in Abb. 2.94. das Ausgangskennlinienfeld eines vertikalen MBE-NMOSFETs und eines vertikalen NPDBFETs in einem gemeinsamen Diagramm gezeigt. Beide Transistoren besitzen eine Kanalgebietlänge von $L = 85\ nm$. Im MBE-MOSFET beträgt die homogene Kanalgebietsdotierung $N_A = 2 \cdot 10^{18}\ cm^{-3}$, die Flächendotierung der Bor-δ-Dotierung (mittig im Kanalgebiet gelegen) im PDBFET beträgt $\sigma_B = 4 \cdot 10^{12}\ cm^{-2}$, die δ-Dicke beträgt ca. $d_\delta = 3\ nm$.

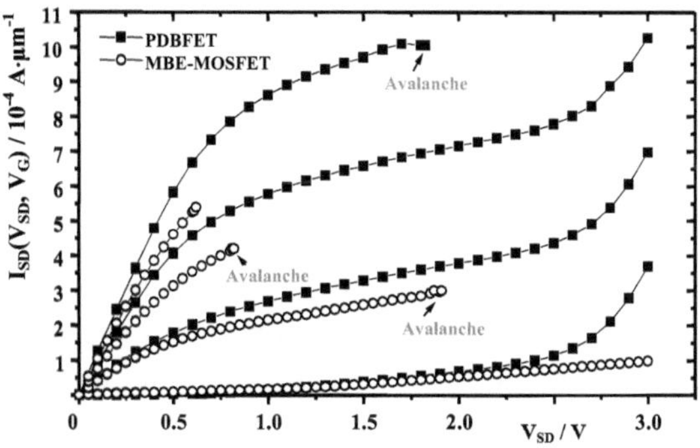

Abb. 2.94. Ausgangskennlinienfeld eines vertikalen MBE-NMOSFETs und eines vertikalen NPDBFETs: $L = 85\ nm$, $N_A = 2 \cdot 10^{18}\ cm^{-3}$ (MBE-NMOSFET) bzw. $\sigma_B = 4 \cdot 10^{12}\ cm^{-2}$ (NPDBFET), $N_{D,S} = 2 \cdot 10^{19}\ cm^{-3}$, $N_{D,D} = 3 \cdot 10^{18}\ cm^{-3}$, $1 \leq V_G/V \leq 4$ ($\Delta V_G = 1\ V$) [97Rao, PIEise]

Source- bzw. Drain-Gebiet haben eine Donatordotierung (Antimon) von $N_{D,S} = 2 \cdot 10^{19}\ cm^{-3}$ bzw. $N_{D,D} = 3 \cdot 10^{18}\ cm^{-3}$. Die Gate-Oxiddicke beträgt $d_{GOX} = 14\ nm$, und die Gate-Spannung V_G wurde in Schritten von $\Delta V_G = 1\ V$ von $V_G = 1\ V$ bis $V_G = 4\ V$ variiert.

An dieser Stelle ist es wichtig zu betonen, dass es unter realen MBE-Herstellungsbedingungen ausgeschlossen ist, intrinsische Silizium-Gebiete herzustellen. Während der Herstellung erfolgt immer eine ungewollte Dotierung der epitaktisch gewachsenen Schichten. Diese Dotierung (man spricht in diesem Zusammenhang auch vom „unintentional doping") stammen aus dem Hintergrund der stets mit Dotierstoff kontaminierten MBE-Kammer. Typischerweise handelt es sich um eine n-Typ Hintergrunddotierung in der Größenordnung $1 \cdot 10^{15} \leq N_{HD}/cm^{-3} \leq 1 \cdot 10^{16}$.

Aus Abb. 2.94. werden drei Dinge deutlich. Ein zu einem vertikalen MBE-NMOSFET äquivalenter vertikaler NPDBFET besitzt: 1) Bei gleicher Source-Drain-Spannung V_{SD} bzw. Gate-Spannung V_G höhere I_{ON}-Ströme, 2) einen größeren Ausgangsleitwert g_0 im Anlaufbereich (im linearen Bereich der Kennlinie) und 3) eine größere Festigkeit in Bezug auf den „Avalanche"-Durchbruch.[89]

Um diese Besonderheiten des PDBFETs im Vergleich zum MBE-MOSFET erklären zu können, soll in den folgenden Abbildungen 2.95. bis 2.97.

[89] Die Definition des Ausgangsleitwert g_0 im Anlaufbereich sowie die Erklärung des „Avalanche"-Durchbruchs findet sich im ersten Kapitel.

das durch eine Gate-Spannung von $V_G = 2\ V$ und durch die Source-Drain-Spannung $V_{SD} = 2\ V$ normal zum Elektronenkanal erzeugte elektrische Feld E_N, das durch die gleiche Gate- bzw. Source-Drain-Spannung erzeugte laterale elektrische Feld E_L von Source nach Drain, die sich ergebenden Elektronengeschwindigkeiten im Kanal v_E und die Elektronenkonzentrationsverteilung im Kanal c_E bei diesen Spannungen dargestellt werden (es handelt sich dabei um Simulationsergebnisse).

Durch die angelegten Spannungen (insbesondere durch die Versorgungsspannung $V_{CC} = V_{SD}$ an der Source-Drain-Strecke) werden die Akzeptoren in den Kanalgebieten durch die Ausdehnung der Raumladungszonen vollständig ionisiert (man spricht von einem vollständig ausgeräumten Kanalgebiet bzw. man sagt, das Kanalgebiet ist „fully depleted"[90]). Die vor Drain auftretenden elektrischen Felder sind in diesem Zustand noch zu gering, um zum „Avalanche" zu führen.

Bei einer weiteren Erhöhung der Source-Drain-Spannung V_{SD} vergrößern sich natürlich auch in einem PDBFET die elektrischen Feldstärken, allerdings setzt nun sofort der DIBL-Effekt ein, der mit steigender Source-Drain-Spannung V_{SD} zu einem Abbau der Barriere im Transistor führt. Bei Erreichen der kritischen „Avalanche"-Feldstärke ist die nipin-Barriere eines PDBFETs durch den DIBL-Effekt bereits soweit abgebaut, dass es nicht zu einer „Avalanche"-induzierten Akkumulation von Löchern im Kanalgebiet kommt, da diese sofort über Source abfließen können.

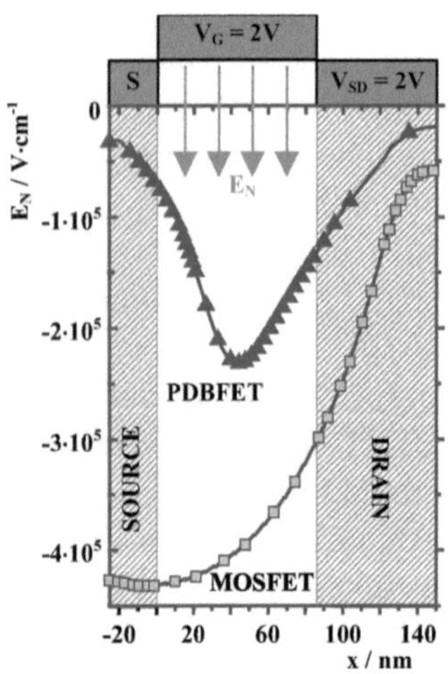

Abb. 2.95. Das durch eine Gate-Spannung von $V_G = 2\ V$ und durch die Source-Drain-Spannung $V_{SD} = 2\ V$ normal zum Elektronenkanal erzeugte elektrische Feld E_N in einem vertikalen MBE-NMOSFET (grau) bzw. in einem vertikalen NPDBFET (schwarz) [97Rao, PIEise]

[90] Es hat sich eingebürgert, Transistorkanäle ohne jegliche Dotierung, wie z. B. beim zuvor diskutierten vertikalen SSC-MOSFET, ebenfalls mit „fully depleted" zu bezeichnen, auch wenn dies ein wenig irreführend ist, da es in solchen Kanälen nichts auszuräumen gibt.

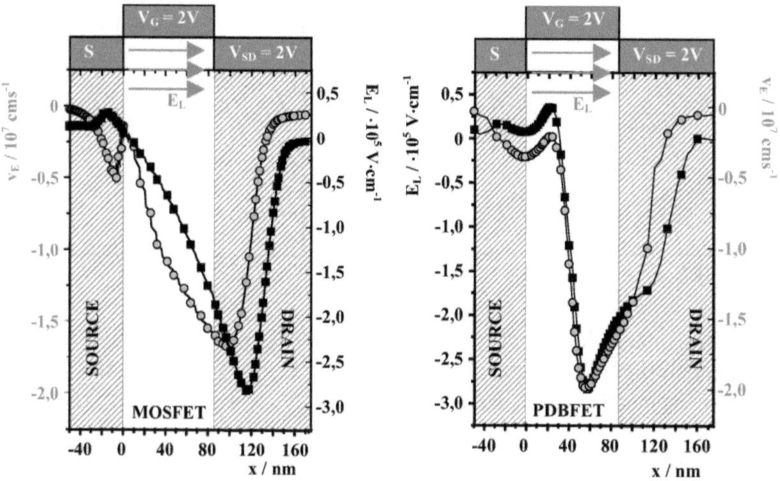

Abb. 2.96. Das durch eine Gate-Spannung von $V_G = 2\ V$ und durch die Source-Drain-Spannung $V_{SD} = 2\ V$ erzeugte laterale elektrische Feld E_L von Source nach Drain und die sich dabei ergebenden Elektronengeschwindigkeiten im Kanal v_E in einem vertikalen MBE-NMOSFET (links) bzw. in einem vertikalen NPDBFET (rechts) [97Rao, PIEise]

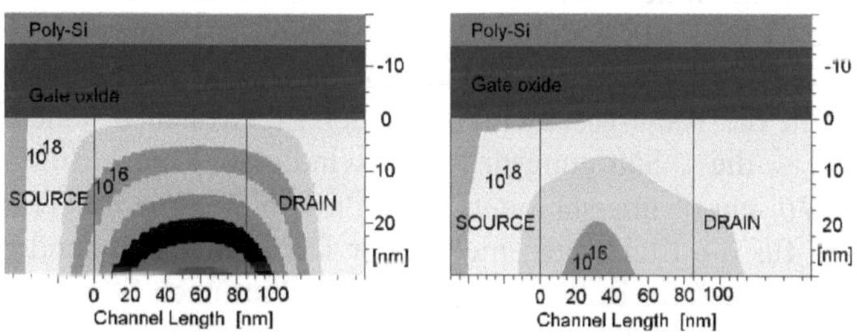

Abb. 2.97. Die durch eine Gate-Spannung von $V_G = 2\ V$ und durch die Source-Drain-Spannung $V_{SD} = 2\ V$ erzeugte Elektonenkonzentrationsverteilung im Kanal c_E in einem vertikalen MBE-NMOSFET (links) bzw. in einem vertikalen NPDB-FET (rechts) [97Rao, PIEise]

Entsprechend weist die Transfercharakteristik z. B. des NPDBFETs (vgl. Abb. 2.98.) keinen „Kink" und damit keine Verschiebung der Schwellwertspannung V_T im Betrieb mit konstanter Gate-Spannung V_G auf.

Des weiteren ergibt sich, dass in einem NPDBFET die Elektronengeschwindigkeit v_E im Kanal ihr Maximum – korreliert mit dem maximalen lateralen elektrischen Feld E_L – unmittelbar an der Drain-seitigen Begrenzung der δ-Dotierung besitzt und nicht wie bei einem MBE-NMOSFET vor Drain und dass dieses Maximum bedeutend höher ist als es im MBE-MOSFET der Fall ist (vgl. erneut Abb. 2.96.).

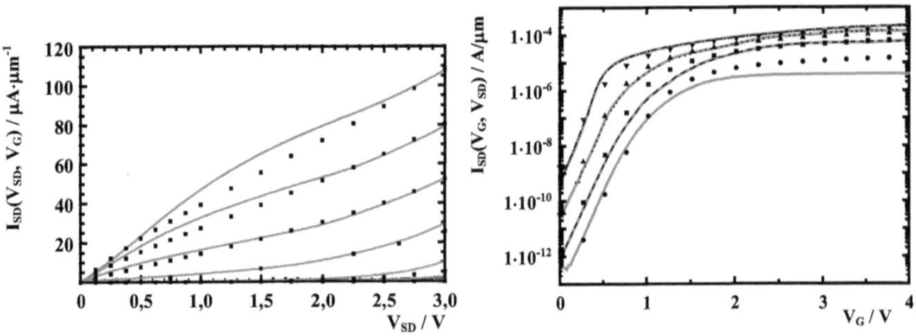

Abb. 2.98. Links: Ausgangskennlinienfeld: $0 \le V_G/V \le 3$ ($\Delta V_G = 0{,}5\ V$) und rechts: Transferkennlinienfeld: $V_{SD}/V = 0{,}2/1/2/3$ eines vertikalen NPDBFETs ($L = 85\ nm$, $\sigma_B = 4 \cdot 10^{12}\ cm^{-2}$, $N_{D,S} = 2 \cdot 10^{19}\ cm^{-3}$, $N_{D,D} = 3 \cdot 10^{18}\ cm^{-3}$) [PIHans]

Damit tritt die Besonderheit eines „realen" NPDBFETs mit ungewollt dotierten intrinsischen Kanalgebieten zu Tage: Es handelt sich hier um einen vertikalen MBE-MOSFET mit homogener p-Typ Kanaldotierung und einer effektiven Kanalgebietlänge von $L = d_\delta$.

Die ursprünglich durch *V. R. Rao et al.* als intrinsisch geplanten Kanalgebiete wirken als LDD-Gebiete, was die Verschiebung der lateralen Feldspitze vom Beginn des Drain-Gebietes zum Ende der δ-Dotierung (an den Beginn des LDDs vor Drain) erklärt. Bedenkt man nun noch, dass die mittlere freie Weglänge eines Elektrons in Silizium ca. *10 nm* beträgt, wird klar, warum die Kanalgeschwindigkeit der Elektronen in einem „realen" NPDBFET die Sättigungsdriftgeschwindigkeit in Silizium von $v_{d,max} = 1 \cdot 10^7\ cm \cdot s^{-1}$ überschreitet, da in diesem Regime der Transportmechanismus für die Elektronen nicht mehr Drift-Diffusion sondern nahezu wechselwirkungsfreie Ballistik vom LDD-Gebiet nach Source zum LDD-Gebiet vor Drain ist [99Timp, 00Ren].[91]

Verstärkend kommt hinzu, dass die effektive Dotierung in den LDD-Gebieten durch die Gate-Spannung V_G im Betrieb noch erhöht wird (die LDD-Gebiete befinden sich im Zustand der Akkumulation), da aufbaubedingt das MOS-Gate mit diesen LDD-Gebieten vollständig überlappt.[92] Außerdem kommt ebenfalls verstärkend hinzu, dass bei einem realen PDBFET ein wesentlicher Streumechanismus, der die Beweglichkeit μ der Ladungsträger mindert, nur im sehr kurzen effektiven Kanalbereich der δ-Dotierung zum tragen kommt. Das ist die Streuung der Ladungsträger an der Grenzfläche zum Gate-Oxid (vgl. erneut Abb. 2.97.).

[91] Vgl. dazu mit Kapitel eins, Unterpunkt 1.1.4

[92] In diesem Zusammenhang könnte man von dynamischen, d. h. Gate-gesteuerten LDD-Gebieten sprechen.

Die Überschreitung dieser Sättigungsdriftgeschwindigkeit in Silizium wird in der Literatur auch „velocity overshoot“ genannt [86Shah, 97Rao].

Der Wechsel des Transportmechanismus erklärt auch, warum $I_{SD}(V_{SD}, V_G) = I_{ON}$ im Sättigungsbereich nicht mehr quadratisch sondern nur noch linear mit der Gate-Spannung V_G wächst (vgl. dazu erneut mit den Abbildungen 2.94. und 2.98.). Deutlich wird dies mit Hilfe der folgenden eindimensionalen Überlegung: Mit dem ohmschen Gesetz

$$j(x) = \sigma \cdot E(x) = n \cdot e \cdot \mu \cdot \frac{dV(x)}{dx} \tag{2.22}$$

folgt im ballistischen Regime:

$$\begin{aligned} I_{ON} &= I_{SD}(V_{SD}, V_G) \propto j(x) \cdot dx = n \cdot e \cdot \mu \cdot dV(x) \\ &\propto n \cdot e \cdot \mu \cdot (V_{SD} - V_G - V_T) \end{aligned} . \tag{2.23}$$

Und mit $\Phi \propto (V_{SD} - V_G - V_T)$ folgt aus der kinetischen Energie der im ballistischen Regime durch Φ beschleunigten Elektronen

$$\frac{1}{2} \cdot m_e^* \cdot v_E^2 = e \cdot \Phi \tag{2.24}$$

für die Elektronengeschwindigkeit im Kanal v_E:

$$v_E = \sqrt{\frac{2 \cdot e \cdot \Phi}{m_e^*}} . \tag{2.25}$$

Es muss an dieser Stelle betont werden, dass jeder ideale NPDBFET mit intrinsischen Kanalgebieten Drain- bzw. Source-seitig von der δ-Dotierung „velocity overshoot“ zeigt, unabhängig von der Länge dieser intrinsischen Kanalgebiete, da bereits geringste Gate-Spannungen V_G ausreichen, um diese intrinsischen Gate-Gebiete n-Typ-artig zu machen. Gezeigt wurde dies für einen idealen NPDBFET der Kanalgebietlänge $L = 50\ nm$ durch eine theoretische Arbeit von *A. Rein et al.*, die auf der 1994er IEDM in San Francisco, USA, diskutiert wurde [94Rein]. Die linke Graphik in Abb. 2.99. zeigt den simulierten Verlauf des lateralen elektrischen Feldes E_L in einer solchen idealen NPDBFET-Struktur ohne und mit angelegten Spannungen ($V_G = 1{,}4\ V$, $V_{SD} = 0{,}2\ V$). Die rechte Graphik in der gleichen Abbildung zeigt die berechneten Elektronengeschwindigkeiten im Kanal eines solchen NPDBFETs für zwei verschiedenen Source-Drain-Spannungen ($V_{SD} = 0{,}2\ V$, $V_{SD} = 0{,}6\ V$) bei konstanter Gate-Spannung $V_G = 1{,}4\ V$ ($x = 30\ nm$: Ende des Source-Gebietes, $x = 80\ nm$: Beginn des Drain-Gebietes).

Man erkennt, dass mit Anlegen einer Gate-Spannung (im dargestellten Fall $V_G = 1{,}4\ V$) die intrinsischen Gebiete n-Typ-artig (es tritt Akkumulation in diesen Gebieten auf) und mit Source bzw. Drain kurzgeschlossen sind, und dass Änderungen des lateralen elektrischen Feldes nur noch in bzw. an der δ-Dotierung auftreten.

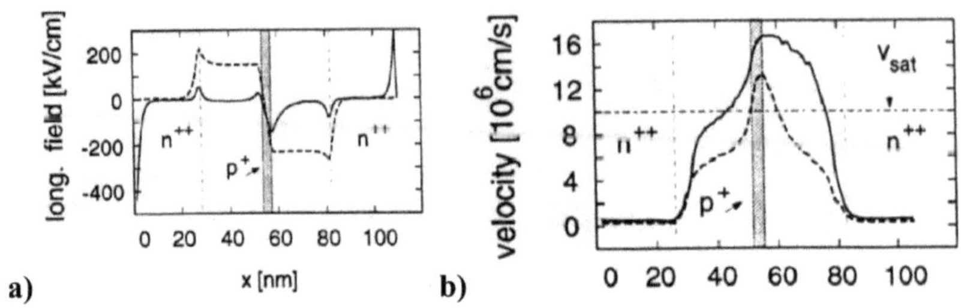

Abb. 2.99. a) Simulierten Verlauf des lateralen elektrischen Feldes E_L in einem idealen NPDBFET mit einer Kanalgebietlänge $L = 50\ nm$ ohne (gestrichelte Linie) und mit (durchgezoge Linie) angelegten Spannungen ($V_G = 1{,}4\ V$, $V_{SD} = 0{,}2\ V$), b) berechnete Elektronengeschwindigkeiten im Kanal eines solchen NPDBFETs für zwei verschiedenen Source-Drain-Spannungen ($V_{SD} = 0{,}2\ V$, $V_{SD} = 0{,}6\ V$) bei konstanter Gate-Spannung $V_G = 1{,}4\ V$, © 1994 IEEE [94Rein]

Dieser, durch die Gate-Spannung induzierte Feldverlauf des lateralen elektrischen Feldes, gleicht aber dem eines homogen dotierten MOSFETs mit einer effektiven Kanalgebietlänge $L = d_\delta$. Gestützt wird dies dadurch, dass die maximale Elektronengeschwindigkeit im Kanal an der Sourceseitigen δ-Begrenzung auftritt

Zusammenfassend lässt sich sagen, dass im PDBFET ein Konzept gefunden ist, welches das Problem der geringen Beweglichkeiten aufgrund seiner extrem kleinen effektiven Kanallänge löst, da bei diesen Längen der Ladungsträgertransport über Drift-Diffusion durch den ballistischen Transport abgelöst wird. Das begegnet dem Problem des „floatenden" Kanalgebietes, wenn die δ-Dotierhöhe so gewählt ist, dass das Kanalgebiet im Betrieb vollständig ausgeräumt („fully depleted") ist, die vor Drain auftretenden elektrischen Felder aber noch nicht zum „Avalanche" führen. Außerdem ermöglicht dieses Konzept die Realisierung von „Normally OFF"-Transistoren.

Der Nachteil eines PDBFETs liegt aber darin, dass die als dynamische LDD-Gebiete wirkenden und ungewollt dotierten Bereiche des Kanalgebietes als relative hohe serielle ohmsche Widerstände wirken, so dass ein realer PDBFET immer eine schlechtere Charakteristik aufweisen wird als theoretisch möglich.

Die Formulierung „im Betrieb vollständig ausgeräumt" ist an dieser Stelle sehr wichtig. Ein homogen dotierter MOSFET als auch ein PDBFET lassen sich von vornherein so dimensionieren, dass ihre Kanalgebiete bereits ohne angelegte Source-Drain-Spannung V_{SD} vollständig ausgeräumt sind. Das zieht dann aber bereits bei geringsten Source-Drain-Spannung V_{SD} den DIBL-Effekt nach sich, da sich in einer solchen Dimensionierung die Raumladungszonen bei Anlegen einer Spannung nicht mehr ausdehnen können. Die homogene Kanalgebietdotierung eines MOSFETs bzw. die δ-Dotierhöhe in einem PDBFET muss daher auf die für den Betrieb gewünschte Source-Drain-Spannung V_{SD} abgestimmt werden.

Um das zu verdeutlichen, soll an dieser Stelle für einen idealen NPDBFET mit einer Kanalgebietlänge L die minimal erforderliche δ-Dotierkonzentration berechnet werden, um ohne extern angelegte Spannung ein vollständig ausgeräumtes Kanalgebiet bei vollem Barrierenhub Φ_0 zu erreichen.

Dazu soll der NPDBFET als die Hintereinanderschaltung einer nip- und einer pin-Diode betrachtet werden. Die Länge der intrinsischen Zone der nip-Diode sei L_1, die der pin-Diode L_2. Das gemeinsame p-Typ dotierte Gebiet (das δ-Dotiergebiet des NPDBFETs) habe eine Dicke von d_δ. Damit beträgt der Abstand L der beiden n-Typ dotierten Gebiete (die Kanalgebietlänge L des NPDBFETs):

$$L = d_\delta + L_1 + L_2. \tag{2.26}$$

Um den Fall eines vollständig ausgeräumten p-Typ Gebietes zu erhalten, müssen die Raumladungszone $x_{p,1}$ im p-Typ dotierten Gebiet der nip-Diode und die Raumladungszone $x_{p,2}$ im p-Typ dotierten Gebiet der pin-Diode über

$$d_\delta = x_{p,1} + x_{p,2} \tag{2.27}$$

miteinander verknüpft sein. Wird weiterhin angenommen, dass die δ-Dotierung symmetrisch im Kanalgebiet des NPDBFETs liegt und dass die Dotierstoffkonzentrationen in den beiden n-Typ dotierten Diodengebieten gleich hoch und N_D seien, folgt:

$$L_1 = L_2,\ x_{p,1} = x_{p,2} = x_p,\ d_\delta = 2 \cdot x_p,\ x_{n,1} = x_{n,2} = x_n. \tag{2.28}$$

Um den maximal möglichen Barrierenhub Φ_0 zu erreichen, muss die Dotierstoffkonzentration im gemeinsamen p-Typ dotierten Gebiet der Dioden N_A so gewählt sein, dass die Bedingungen

$$\begin{aligned}\Phi_0 &= \frac{e}{2 \cdot \varepsilon_{rel} \cdot \varepsilon_0} \cdot \left\{ N_A \cdot x_p^2 + N_D \cdot \left(x_n^2 + x_n \cdot [L - d_\delta] \right) \right\} \\ &= \frac{k_B \cdot T}{e} \cdot ln\left(\frac{N_D \cdot N_A}{n_i^2} \right),\end{aligned} \tag{2.29}$$

$$N_D \cdot x_n = N_A \cdot x_p \tag{2.30}$$

erfüllt sind. Mit den Beziehungen (2.26–28) lassen sich (2.29) und (2.30) zu einer Forderung verknüpfen und zwar zu:

$$\begin{aligned}&\frac{e}{2 \cdot \varepsilon_{rel} \cdot \varepsilon_0} \cdot \left\{ \frac{N_A^2}{N_D} \cdot \frac{d_\delta^2}{4} + N_A \cdot \left(\left[\frac{L - d_\delta}{2} \right] \cdot d_\delta + d_\delta^2 \right) \right\} \\ &= \frac{k_B \cdot T}{e} \cdot ln\left(\frac{N_D \cdot N_A}{n_i^2} \right).\end{aligned} \tag{2.31}$$

Für ein konkretes Beispiel mit $d_\delta = 3 \cdot 10^{-7}\ cm$, $N_D = 1 \cdot 10^{19}\ cm^{-3}$, $n_i = 1 \cdot 10^{10}\ cm^{-3}$ zeigt die folgende Abb. 2.100. die graphische Lösung von (2.31) für verschiedene Kanalgebietlängen L.

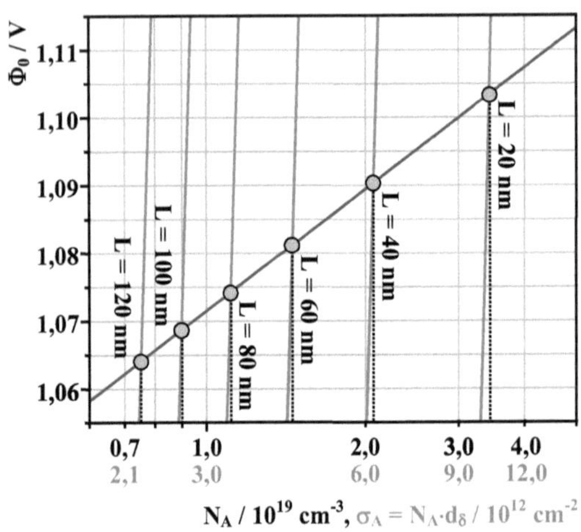

Abb. 2.100. Graphische Lösung von (2.31) für verschiedene Kanalgebietlängen L unter den Nebenbedingungen $d_\delta = 3 \cdot 10^{-7}\ cm$, $N_D = 1 \cdot 10^{19}\ cm^{-3}$ und $n_i = 1 \cdot 10^{10}\ cm^{-3}$

So ergibt sich z. B., dass für die Realisierung eines idealen NPDBFETs mit einer Kanalgebietlänge $L = 60\,nm$ eine δ-Dotierhöhe von $\sigma_A = 4{,}65 \cdot 10^{12}\,cm^{-2}$ ($N_A = 1{,}55 \cdot 10^{19}\,cm^{-3}$ homogen auf $d_\delta = 3 \cdot 10^{-7}\,cm$ verteilt) erforderlich ist, um ohne angelegte externe Spannung ein vollständig ausgeräumtes Kanalgebiet herzustellen. Außerdem ist zu beachten, dass sich mit der so bestimmten δ-Dotierkonzentration der maximale Barrierenhub Φ_0 nur unter der Bedingung absoluter Kanalgebietssymmetrie ($L_1 = L_2$) ergibt. Eine Asymmetrie ($L_1 < L_2$ oder $L_1 > L_2$) führt trotz unveränderter Dotierhöhen zu einem Abbau der Barriere. Dies soll kurz mit einer analytischen Rechnung gezeigt werden.

Für den asymmetrischen NPDBFET gelten auch hier die Bedingungen:

$$L = d_\delta + L_1 + L_2, \tag{2.32}$$

$$d_\delta = x_{p,1} + x_{p,2}. \tag{2.33}$$

Allerdings gilt nun:

$$L_1 \neq L_2,\; x_{p,1} \neq x_{p,2},\; x_{n,1} \neq x_{n,2}. \tag{2.34}$$

Für den sich ergebenden Barrierenhub $\widetilde{\Phi}_0$ gelten nun die zu (2.29) und (2.30) analogen Beziehungen:

$$\widetilde{\Phi}_0 = \frac{e}{2 \cdot \varepsilon_{rel} \cdot \varepsilon_0} \cdot \left\{ N_A \cdot x_{p,1}^2 + N_D \cdot \left(x_{n,1}^2 + 2 \cdot x_{n,1} \cdot L_1 \right) \right\}, \tag{2.35}$$

$$\widetilde{\Phi}_0 = \frac{e}{2 \cdot \varepsilon_{rel} \cdot \varepsilon_0} \cdot \left\{ N_A \cdot x_{p,2}^2 + N_D \cdot \left(x_{n,2}^2 + 2 \cdot x_{n,2} \cdot L_2 \right) \right\}, \tag{2.36}$$

$$N_D \cdot x_{n,1(2)} = N_A \cdot x_{p,1(2)}. \tag{2.37}$$

Setzt man (2.35) und (2.36) unter Zuhilfenahme von (2.37) und (2.32–34) gleich und löst auf, ergibt sich

$$x_{p,1}(L_1) = \frac{d_\delta}{2} \cdot \left[\frac{\xi + 2 \cdot (\gamma - N_A \cdot L_1)}{\xi + \gamma} \right] \tag{2.38}$$

mit:

$$\xi = d_\delta \cdot \frac{N_A}{N_D} \cdot (N_D + N_A),\ \ \gamma = N_A \cdot (L - d_\delta). \tag{2.39}$$

Damit ist man nun in der Lage, $\tilde{\Phi}_0(L_1)$ für jede Lage der δ-Dotierung zu berechnen. Bleibt man im gewählten Beispiel eines NPDBFETs mit einer Kanalgebietlänge $L = 60\ nm$, dann ergibt sich mit $N_A = 1{,}55 \cdot 10^{19}\ cm^{-3}$ – homogen im Delta auf $d_\delta = 3 \cdot 10^{-7}\ cm$ verteilt – für $\tilde{\Phi}_0(L_1)$ der in Abb. 2.101. dargestellte Verlauf.

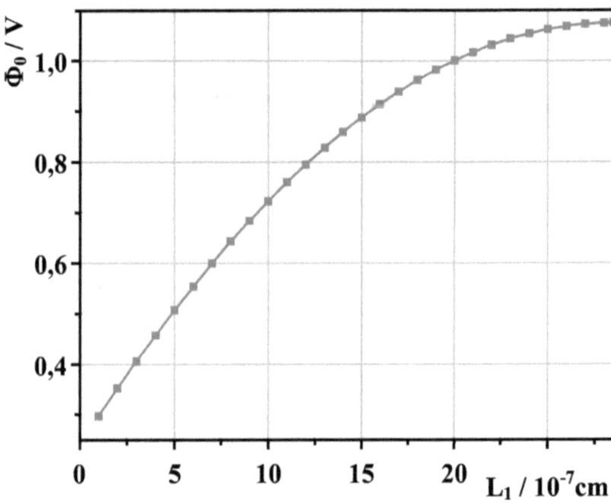

Abb. 2.101. Abhängigkeit des Potenzialhubs $\tilde{\Phi}_0(L_1)$ in einem NPDBFET mit einer Kanalgebietlänge $L = 60\ nm$ und einer δ-Dotierung der Dicke $d_\delta = 3 \cdot 10^{-7}\ cm$ von der Lage des Deltas im Kanal ($N_A = 1{,}55 \cdot 10^{19}\ cm^{-3}$, $N_D = 1 \cdot 10^{19}\ cm^{-3}$)

Um nun dem DIBL, der mit Anlegen einer Source-Drain-Spannung V_{SD} bei diesen Bedingungen sofort auftreten würde, entgegenzuwirken, muss die δ-Dotierhöhe abhängig von der gewünschten Source-Drain-Spannung V_{SD} im Betrieb um $\Delta\sigma_A(V_{SD})$ erhöht werden, um trotz angelegter Source-Drain-Spannung V_{SD} den maximal möglichen Bandhub Φ_0 zu erhalten.

Exemplarisch sei dies für eine Source-Drain-Spannung $V_{SD} = 1{,}5\ V$ und einen symmetrischen NPDBFET für verschiedene Kanalgebietlängen L gezeigt. Es gilt:

$$L = d_\delta + L_1 + L_2, \tag{2.40}$$

$$d_\delta = x_{p,1} + x_{p,2}, \tag{2.41}$$

$$L_1 = L_2,\ x_{p,1} \neq x_{p,2},\ x_{n,1} \neq x_{n,2}. \tag{2.42}$$

Bei maximal möglichem Bandhub und angelegter Source-Drain-Spannung V_{SD} gilt[93]:

$$\Phi_0 = \frac{e}{2 \cdot \varepsilon_{rel} \cdot \varepsilon_0} \cdot \left\{ N_A \cdot x_{p,1}^2 + N_D \cdot \left(x_{n,1}^2 + 2 \cdot x_{n,1} \cdot L_1 \right) \right\} = \frac{k_B \cdot T}{e} \cdot ln\left(\frac{N_D \cdot N_A}{n_i^2} \right), \tag{2.43}$$

$$\Phi_0 + V_{SD} = \frac{e}{2 \cdot \varepsilon_{rel} \cdot \varepsilon_0} \cdot \left\{ N_A \cdot x_{p,2}^2 + N_D \cdot \left(x_{n,2}^2 + 2 \cdot x_{n,2} \cdot L_2 \right) \right\}, \tag{2.44}$$

$$N_D \cdot x_{n,1(2)} = N_A \cdot x_{p,1(2)} . \tag{2.45}$$

Setzt man (2.43) und (2.44) unter Zuhilfenahme von (2.45) und (5.40–42) gleich und löst auf, ergibt sich:

$$x_{p,1}(N_A) = \frac{d_\delta}{2} \cdot \left[\frac{\xi + \gamma - \eta}{\xi + \gamma} \right], \; \eta = \frac{2 \cdot \varepsilon_{rel} \cdot \varepsilon_0 \cdot V_{SD}}{e \cdot d_\delta} . \tag{2.46}$$

Setzt man (2.46) mit (2.45) in (2.43) ein und löst die Gleichung wieder graphisch ($d_\delta = 3 \cdot 10^{-7}$ cm, $N_D = 1 \cdot 10^{19}$ cm^{-3}, $n_i = 1 \cdot 10^{10}$ cm^{-3}), ergibt sich der in Abb. 2.102. dargestellte Verlauf für verschiedene Kanalgebietlängen L eines NPDBFETs.

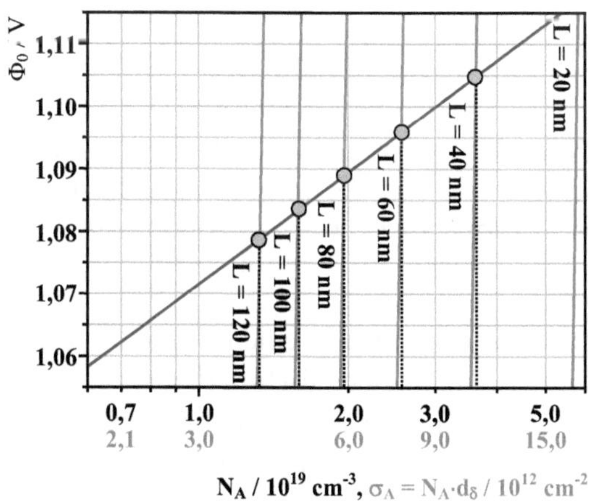

Abb. 2.102. Graphische Lösung von (2.43) für verschiedene Kanalgebietlängen L unter den Nebenbedingungen $d_\delta = 3 \cdot 10^{-7}$ cm, $N_D = 1 \cdot 10^{19}$ cm^{-3} und $n_i = 1 \cdot 10^{10}$ cm^{-3}

---

93 Dabei wird stillschweigend vorausgesetzt, dass sich das Kanalgebiet des NPDBFETs auf definiertem Erdpotenzial befindet.

Daraus folgt z. B. wieder für die Realisierung eines idealen NPDBFETs mit einer Kanalgebietlänge $L = 60\,nm$, dass eine δ-Dotierhöhe von $\sigma_A = 7{,}8 \cdot 10^{12}\ cm^{-2}$ ($N_A = 2{,}6 \cdot 10^{19}\ cm^{-3}$ homogen auf $d_\delta = 3 \cdot 10^{-7}\ cm$ verteilt) erforderlich ist, um mit einer angelegten Source-Drain-Spannung $V_{SD} = 1{,}5\ V$ ein vollständig ausgeräumtes Kanalgebiet herzustellen. Somit folgt für das gewählte Beispiel $\Delta\sigma_A(V_{SD} = 1{,}5\ V) = 3{,}15 \cdot 10^{12}\ cm^{-2}$.

Detailliert wurden diese Zusammenhänge experimentell durch *F. K. Kaesen* (Universität der Bundeswehr München, jetzt Infineon Technologies AG, Deutschland) untersucht und bestätigt [98Kaes].

An dieser Stelle seien kurz die gewonnenen Ergebnisse zur Stützung der obigen Betrachtungen zur Vermeidung der Fehldimensionierung eines PDBFETs zusammengestellt.

Abb. 2.103. zeigt das Transfer- und das Ausgangskennlinienfeld eines „realen" NPDBFETs mit symmetrischer Lage der δ-Dotierung und mit einer Kanalgebietlänge $L = 120\,nm$. Die Dotierhöhe in der δ-Dotierung beträgt $\sigma_A \approx 4 \cdot 10^{12}\ cm^{-2}$. Source- bzw. Drain-Gebiet besitzen eine Dotierhöhe von $N_{D,S} = 2 \cdot 10^{19}\ cm^{-3}$ bzw. $N_{D,D} = 8 \cdot 10^{18}\ cm^{-3}$. Die Dotierhöhe im Kanalgebiet Source- bzw- Drain-seitig von der δ-Dotierung beträgt $N_D \approx 1 \cdot 10^{16}\ cm^{-3}$.

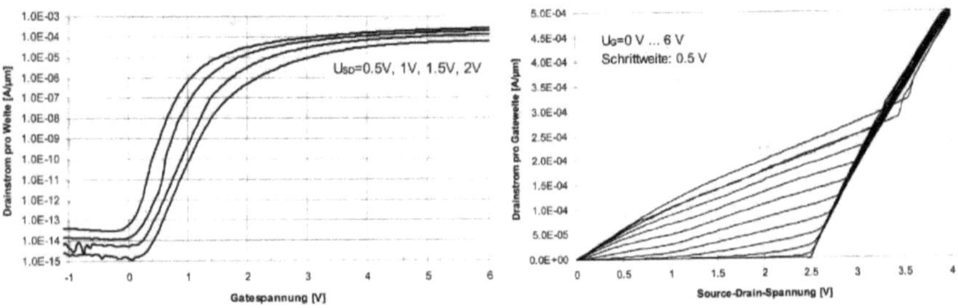

Abb. 2.103. Transferkennlinienfeld (links) und Ausgangskennlinienfeld (rechts) eines „realen" NPDBFETs mit symmetrischer Lage der δ-Dotierung und mit einer Kanalgebietlänge $L = 120\,nm$ ($\sigma_A \approx 4 \cdot 10^{12}\ cm^{-2}$, $N_{D,S} = 2 \cdot 10^{19}\ cm^{-3}$, $N_{D,D} = 8 \cdot 10^{18}\ cm^{-3}$) [98Kaes]

Wie man Abb. 2.102. entnimmt, benötigt man in einem idealen NPDBFET mit einer Kanallänge $L = 120\,nm$ eine δ-Dotierhöhe von ca. $\sigma_A \approx 4{,}55 \cdot 10^{12}\ cm^{-2}$, um den DIBL im Spannungsbereich der Source-Drain-Spannung $V_{SD} \leq 1{,}5\ V$ zu unterdrücken (durch die ungewollte n-Typ Dotierung der Kanalgebiete ist hier die erforderliche Konzentration sogar noch etwas höher: $\sigma_A \approx 4{,}7 \cdot 10^{12}\ cm^{-2}$). Der NPDBFET ist dadurch für $V_{SD} = 1{,}5\ V$ leicht unterdimensioniert, arbeitet aber im Bereich $V_{SD} < 1{,}5\ V$ mit einer guten Charakteristik hinsichtlich kleinem, vertretbaren DIBL und hohem $\frac{I_{ON}}{I_{OFF}}$-Verhältnis. Der „Avalanche"-Durchbruch tritt für Source-Drain-Spannungen $V_{SD} = 2,5\ V$ auf.

Die folgenden Abbildungen 2.104. und 2.105. zeigen die Transfer- und die Ausgangskennlinienfelder „realer" NPDBFETs mit symmetrischer Lage der δ-Dotierungen und mit Kanalgebietlängen $L = 60\ nm$ und $L = 30\ nm$. Die Dotierhöhen in den δ-Dotierungen betragen $\sigma_A \approx 8 \cdot 10^{12}\ cm^{-2}$ und $\sigma_A \approx 1 \cdot 10^{13}\ cm^{-2}$. Die Source- bzw. Drain-Gebiete besitzen eine Dotierhöhe von $N_{D,S} = 2 \cdot 10^{19}\ cm^{-3}$ bzw. $N_{D,D} = 8 \cdot 10^{18}\ cm^{-3}$.

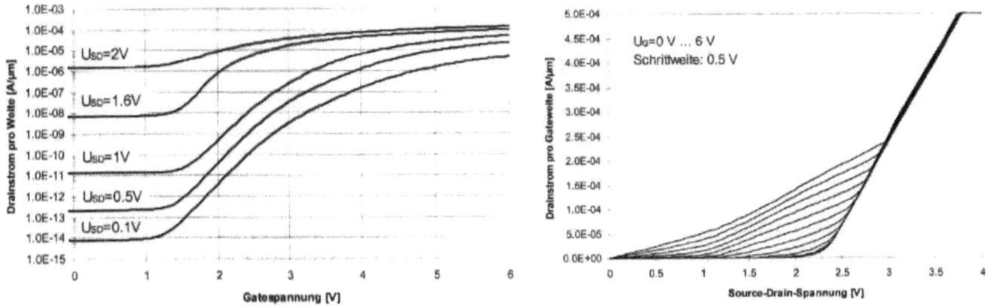

Abb. 2.104. Transferkennlinienfeld (links) und Ausgangskennlinienfeld (rechts) eines „realen" NPDBFETs mit symmetrischer Lage der δ-Dotierung und mit einer Kanalgebietlänge $L = 60\ nm$ ($\sigma_A \approx 8 \cdot 10^{12}\ cm^{-2}$, $N_{D,S} = 2 \cdot 10^{19}\ cm^{-3}$, $N_{D,D} = 8 \cdot 10^{18}\ cm^{-3}$) [98Kaes]

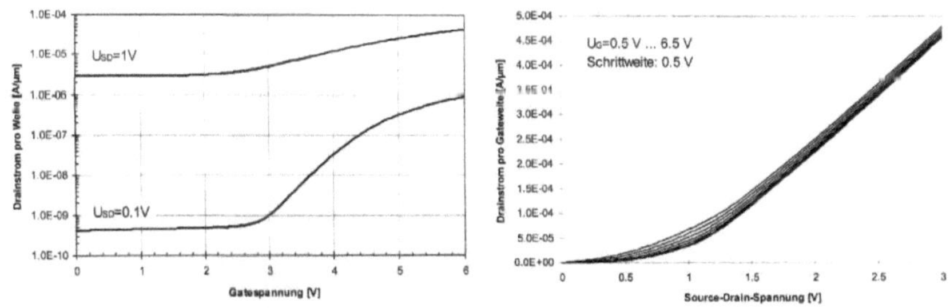

Abb. 2.105. Transferkennlinienfeld (links) und Ausgangskennlinienfeld (rechts) eines „realen" NPDBFETs mit symmetrischer Lage der δ-Dotierung und mit einer Kanalgebietlänge $L = 30\ nm$ ($\sigma_A \approx 1 \cdot 10^{13}\ cm^{-2}$, $N_{D,S} = 2 \cdot 10^{19}\ cm^{-3}$, $N_{D,D} = 8 \cdot 10^{18}\ cm^{-3}$) [98Kaes]

Ein Vergleich mit Abb. 2.102. zeigt, dass in beiden Transistoren die δ-Dotierhöhe für den Betrieb mit $V_{SD} = 1,5\ V$ deutlich unterdimensioniert ist. Die Dimensionierung des NPDBFETs mit einer Kanalgebietlänge $L = 60\ nm$ wäre für eine Betriebsspannung $V_{SD} = 1\ V$ geeignet.

In diesem Bereich arbeitet dieser Transistor mit einer guten Charakteristik wieder hinsichtlich kleinem, vertretbaren DIBL und hohem $\frac{I_{ON}}{I_{OFF}}$-Verhältnis. Der „Avalanche“-Durchbruch tritt hier bei kleineren Source-Drain-Spannungen auf ($V_{SD} \approx 2{,}2\ V$).

Im Gegensatz dazu ist die Dimensionierung des NPDBFETs mit einer Kanalgebietlänge $L = 30\ nm$ selbst für eine Betriebsspannung $V_{SD} = 1\ V$ ungeeignet. Eine Abschätzung ergibt, dass bereits ab einer Source-Drain-Spannung $V_{SD} \approx 0{,}5\ V$ die Barriere im Kanalgebiet vollständig abgebaut ist (entsprechend groß ist der auftretende DIBL bei $V_{SD} = 1\ V$). Das ist auch die Ursache, warum das Ausgangskennlinienfeld praktisch bei diesem MOSFET zusammengebrochen ist.

In Abb. 2.106. sind die Transferkennlinienfelder von drei „realen“ NPDBFETs mit Kanalgebietlängen von $L = 120\ nm$ gezeigt. Die Dotierhöhen in den δ-Dotierungen betragen in allen drei Transistoren $\sigma_A \approx 4 \cdot 10^{12}\ cm^{-2}$, und die Source- bzw. Drain-Gebiete besitzen eine Dotierhöhe von $N_{D,S} = 2 \cdot 10^{19}\ cm^{-3}$ bzw. $N_{D,D} = 8 \cdot 10^{18}\ cm^{-3}$. Unterschiedlich ist in den Transistoren die Lage L_2 der δ-Dotierungen relativ zu Drain ($L_2 = 30/60/90\ nm$).

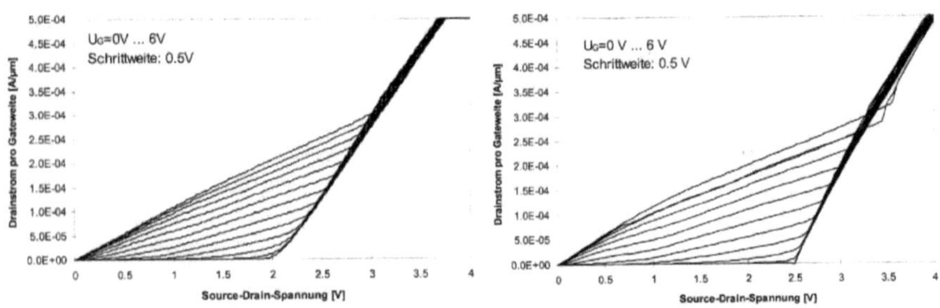

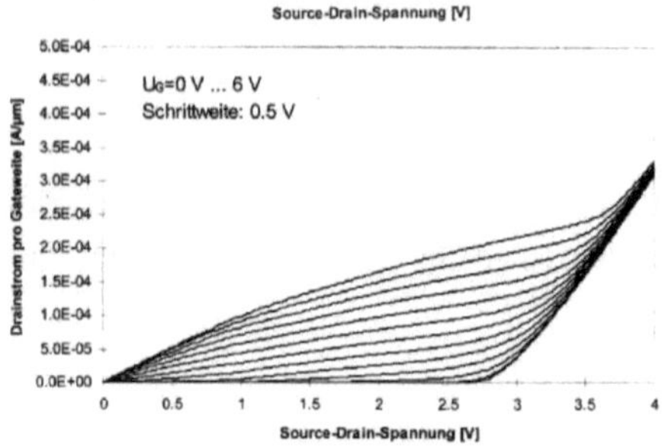

Abb. 2.106. Ausgangskennlinienfelder „realer“ NPDBFETs mit einer Kanalgebietlänge $L = 120\ nm$, allerdings mit unterschiedlicher Lage L_2 der δ-Dotierung relativ zu Drain: $L_2 = 30\ nm$ (links oben), $L_2 = 60\ nm$ (rechts oben), $L_2 = 30\ nm$ (links); weitere Parameter: $\sigma_A \approx 4 \cdot 10^{12}\ cm^{-2}$, $N_{D,S} = 2 \cdot 10^{19}\ cm^{-3}$, $N_{D,D} = 8 \cdot 10^{18}\ cm^{-3}$ [98Kaes]

Da ein NPDBFET mit symmetrischer Lage ($L_2 = 60\ nm$) bereits am Anfang diskutiert wurde, seien hier nur die Effekte hervorgehoben, die aufgrund der Verschiebung des Deltas im Kanal auftreten. So erkennt man, dass sich der „Avalanche“-Durchbruch mit wachsendem Abstand der δ-Dotierung vom Drain-Gebiet zu höheren Source-Drain-Spannungen V_{SD} verschiebt. Das wird verständlich, da das LDD-Gebiet vor Drain größer wird und sich somit die Wirkung des LDDs als Spannungsteiler[94] zum Abbau des lateralen elektrischen Feldes vor Drain erhöht. Außerdem lässt sich aus diesen Kennlinienfeldern ablesen, dass die Wirkung des Gates früher bei den asymmetrischen NPDBFETs einsetzt als es beim symmetrischen NPDBFET der Fall ist. Das lässt sich durch eine Reduktion der Potenzialbarriere aufgrund der Verschiebung der δ-Dotierung relativ zur symmetrischen Lage erklären lässt.

Es sei erneut darauf hingewiesen, dass alle diskutierten PDBFET-Ausgangskennlinienfelder eine lineare Abhängigkeit des Source-Drain-Stromes I_{ON} im eingeschalteten Zustand von der Gate-Spannung zeigen, d. h., dass ballistischer Transport dominiert.

Abschließend sei auf einen Effekt eingegangen, der bei immer kleineren Kanalgebietlängen eines PDBFETs dominant wird und der die Skalierungsgrenzen dieses Konzeptes aufzeigt.

Betrachtet man erneut die diskutierten Transfercharakteristiken, so wird deutlich, dass mit stetiger Verkleinerung des Kanalgebietes und zwangsläufiger Erhöhung der δ-Dotierhöhe die Schwellwertspannung V_T des PDBFETs ebenfalls steigt.

Bei sehr hohen Dotierungen kommt es außerdem zum sogenannten „Band-Gap-Narrowing“ (zur „Entartung“ des Siliziums) und der damit verbundenen Bildung von Störstellensubbändern. Die „Entartung“ setzt in Silizium für Dotierhöhen $N_{A(D)} > 1 \cdot 10^{19}\ cm^{-3}$ ein. Bei so hohen Dotierungen wird es immer schwieriger, MOS-gesteuert, das Kanalgebiet in der δ-Dotierung zu invertieren (was einer Verschiebung des Fermi-Niveaus W_F gleichkommt). Bei Dotierhöhen $N_{A(D)} >> 1 \cdot 10^{19}\ cm^{-3}$ wird dies sogar gänzlich unmöglich, und das MOS-Gate verliert seine Steuerwirkung. In diesem Zustand ist eine Verschiebung des Fermi-Niveaus W_F unmöglich. Man spricht in diesem Zustand davon, dass das Fermi-Niveau W_F „gepinnt“ („festgesteckt“) ist. Vergleicht man erneut mit Abb. 2.102., erkennt man, dass das Skalierungslimit eines PDBFETs bei ca. $L = 60\ nm$ liegt.

Ab diesem Punkt wäre eine Vereinigung des PDBFET-Konzeptes mit dem SSC-MOSFET-Konzept, diskutiert im vorangegangenen Unterpunkt

[94] Vgl. dazu mit Unterpunkt 1.1.4 im ersten Kapitel

2.2.5 sinnvoll (siehe die in Abb. 2.107. dargestellte schematische Zeichnung). Hier würde eine höchstdotierte δ-Struktur im pseudomorph verspannten SiGe-Kanal für eine Eliminierung des parasitären Volumenstroms sorgen (Übergang vom „Normally ON"- zum „Normally OFF"-Transistor), während der ebenfalls pseudomorph verspannte intrinsische Silizium-Film, der dann das eigentliche Kanalgebiet darstellt, gut über das Gate steuerbar wäre.

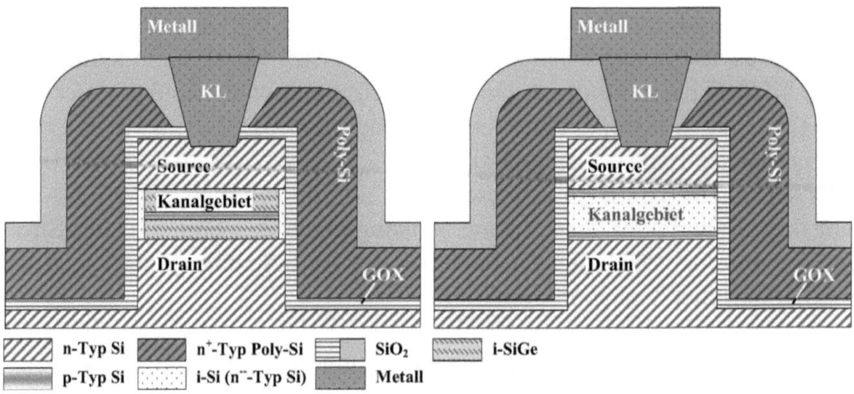

Abb. 2.107. Vereinigung des PDBFET-Konzepts nach *V. R. Rao et al.* mit dem SSC-MOSFET-Konzept nach *K. C. Liu et al.* (links), Konzept des „Double Planar-Doped Barrier"- MOSFET (recht)

Eine andere Möglichkeit, die ebenfalls in Abb. 2.107. graphisch illustriert ist, wäre der Übergang zu einem „Double Planar-Doped Barrier"-MOSFET (DPDBFET), bei dem die notwendige Dotierkonzentration auf zwei δ-Dotierstrukturen aufgeteilt wäre.

Abschließend sei noch eine Bemerkung zu vollständig ausgeräumten („fully depleted") Kanalgebieten in „Pillar"-MOSFETs und dazu äquivalenten Transistorstrukturen[95] angefügt: Bei einer entsprechend geringen „Pillar"-Stegbreite b_P sind die Kanalgebiete solcher MOSFETs unter Betriebsbedingungen stets ausgeräumt, unabhängig von der Höhe der gewählten Kanaldotierung. Der Grund dafür ist in der Ausräumung des Kanalgebietes durch die sich im Kanalgebiet bildende Raumladungszone der Weite $w_{RLZ,\ MOS\text{-}Gate}$ des MOS-Gates senkrecht zur Kanalebene, für die bei entsprechend geringen „Pillar"-Stegbreite $w_{RLZ,\ MOS\text{-}Gate} > b_P$ gilt. Das führt dazu,

[95] Ein Beispiel wären klassische laterale MOSFETs mit einem „Silicon-On-Insulator"-Kanalgebiet.

dass der „Kink“-Effekt in solchen Strukturen auch über die „Pillar“-Stegbreite b_P kontrolliert werden kann.

Abb. 2.108. zeigt das Ausgangskennlinienfeld des bereits in Unterpunkt 2.2.4 diskutierten vertikalen „Pillar“-MOSFETs mit einem „Silicon-On-Insulator“-Kanalgebiet (SOI-MOSFETs) als Funktion der „Pillar“-Stegbreite b_P. Die Eliminierung des „Kink“-Effektes für „Pillar“-Stegbreiten $b_P < 35\ nm$ für alle betrachteten Gate-Spannungen V_G wird deutlich.

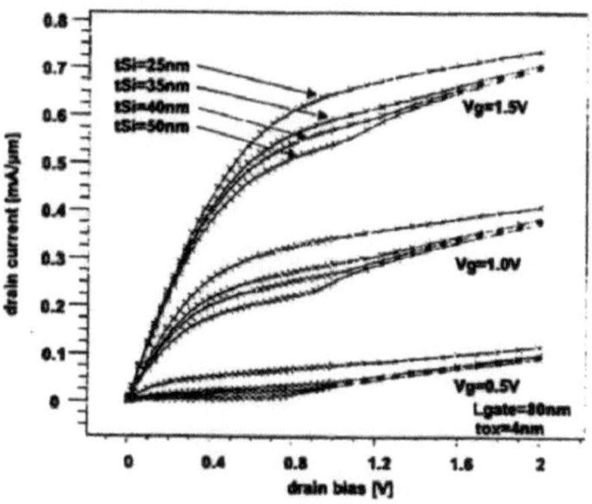

Abb. 2.108. Ausgangskennlinienfeld eines vertikalen „Pillar“-MOSFETs mit einem „Silicon-On-Insulator“-Kanalgebiet (SOI-MOSFETs) als Funktion der „Pillar“-Stegbreite b_P ($b_P = 25/35/40/50\ nm$, Gate-Oxiddicke: $d_{GOX} = 4\ nm$, Kanalgebietlänge: $L = 80\ nm$) [97Aeug]

Diese Eliminierung erklärt sich damit, dass das Anlegen einer Gate-Spannung V_G bei sehr kleinen „Pillar“-Stegbreiten das gesamte Kanalgebiet invertiert wird und keine npn-Barriere mehr verbleibt. Durch „Avalanche“ induzierte Löcher fließen sofort über das Source-Gebiet ab.

2.3 Vertikale MOSFET-Konzepte mit intrinsischem Kanalgebiet

Eine der Hauptschwachstellen des lateralen MOSFET-Konzeptes ist die Verwendung der Ionenimplantation z. B. für die Herstellung der notwendigen homogenen Dotierungen. Durch die stete Verkleinerung der Strukturgrößen ergibt sich aus der statistischen Natur der Ionenimplantation das Problem, dass echte Homogenität der Dotierstoffe in den Kanalgebieten der Transistoren nicht mehr erreicht werden kann, wie das anhand von Abb. 2.109. deutlich wird.

Erschwerend kommt hinzu, dass sich für jeden Transistor eines Chips ein individuelles Bild der Dotierstoffverteilung ergibt. Die räumliche Verteilung der Dotierstoffe hat aber einen entscheidenden Einfluss auf die Potenzialverteilung und damit auf die Schwellwertspannung V_T des MOSFETs und die Form des Elektronenkanals im eingeschalteten Zustand.

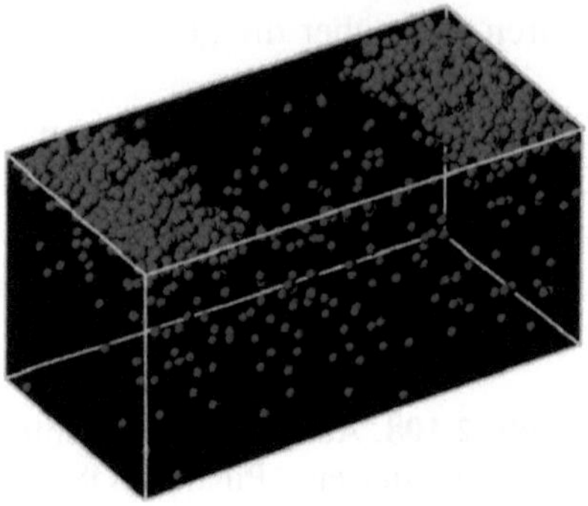

Abb. 2.109. Statistische, räumliche Verteilung der Dotierstoffe in einem lateralen MOSFET mit einer Gate-Fläche von $A_G = (50 \times 50)\ nm^2$ [W³4]

Abb. 2.110. illustriert diesen Sachverhalt.[96] Betrachtet werden zwei laterale MOSFETs mit gleicher Gate-Fläche von $A_G = (50 \times 50)\ nm^2$ und gleicher Anzahl von Dotieratomen im Kanalgebiet. Einziger Unterschied ist die räumliche Verteilung der Dotieratome im Kanalgebiet.

Abb. 2.110. Schwellwertspannung V_T und Form des Elektronenkanals in einem eingeschalteten lateralen MOSFET mit einer Gate-Fläche $A_G = (50 \times 50)\ nm^2$ in Abhängigkeit von der räumlichen Verteilung der Dotierstoffe im Kanalgebiet [W³4]

Kommen nun noch statistische Schwankungen in der totalen Anzahl der Dotieratome im Kanalgebiet des MOSFETs hinzu, verstärken sich die Schwankungen z. B. der Schwellwertspannung noch (Abb. 2.111.). Daraus resultiert, dass für die MOSFET-Generation mit einer Kanallänge $L = 50\ nm$ technologisch bedingte Schwankungen der Schwellwertspannung von $50 \leq \Delta V_T/mV \leq 100$ zu erwarten sind. Laut „International Technology Roadmap of Semiconductors“ (ITRS) ist für diese Generation aber nur ein Wert von $\Delta V_T \leq 40\ mV$ zulässig.

[96] An dieser Stelle werden Ergebnisse der „Device Modelling Group“ um *A. Asenov* der University of Glasgow, UK, zitiert [W³4].

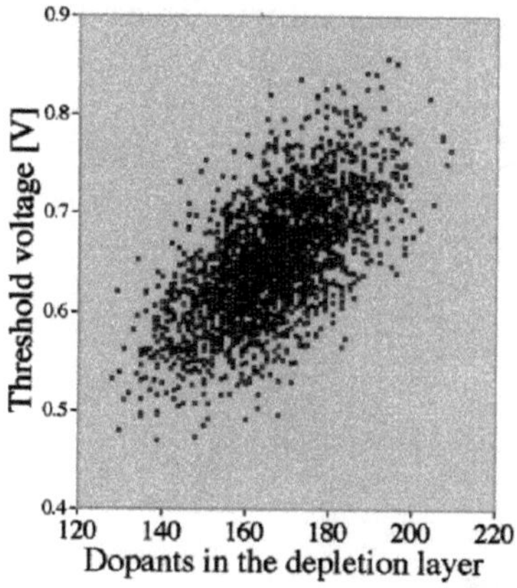

Abb. 2.111. Schwankung der Schwellwertspannung ΔV_T eines lateralen MOSFETs bei Schwankung in der totalen Anzahl von Dotierstoffatomen im Kanalgebiet des Transistors [W^{3}4]

Motiviert durch diese Vorhersage sind derzeit MOSFET-Konzepte mit intrinsischem, d. h. undotiertem Kanalgebiet stark ins Blickfeld des Interesses gerückt. Die grundlegende Idee dieser Konzepte ist die Herstellung extrem dünner, intrinsischer Kanalgebiete, mit denen sich das Problem der Dotierstofffluktuation erübrigt und bei denen die Austrittsarbeit der Gate-Elektrode genügt, eine Potenzialbarriere zu erzeugen (was normalerweise von den ionisierten Dotierstoffatomen im Kanal bewerkstelligt wird). Dazu ist es notwendig, insbesondere die Dicke des Kanalgebietes im Sub-*100 nm*-Bereich zu halten und das Kanalgebiet selbst elektrisch zu isolieren, was den Einsatz von sogenannten „Silicon-On-Insulator(Nothing)"-Techniken (SOI(N)-Techniken) notwendig macht.

Zusätzlich erhofft man sich bei der Realisierung solcher Konzepte eine Verbesserung der Beweglichkeit der Ladungsträger im Kanal, da in einem intrinsischen Gebiet die Streuung an ionischen Störstellen (ionisierten Akzeptoren oder Donatoren) wegfällt.

Im folgenden Unterkapitel sollen zwei Konzepte für die Herstellung vertikaler MOSFETs mit intrinsischem Kanalgebiet vorgestellt werden.

2.3.1 Der vertikale „Intrinsic Channel"-MOSFET mit einem „Silicon-On-Insulator"-Kanalgebiet (IC-SOI-FET)

Die Idee eines vertikalen „Intrinsic Channel"-MOSFETs mit einem „Silicon-On-Insulator"-Kanalgebiet (IC-SOI-FET) wurde erstmals durch *H. Okada et al.*[97] vom Tokyo Institute of Technology, Japan, auf der 1987er

[97] Neben *H. Okada* waren an der Entwicklung beteiligt: *Y. Uchida* (Takushoku Universität, Tokyo, Japan), *M. Arai*, *S. Oda* und *M. Matsumura*. Eine ähnliche Struktur wurde ein Jahr zuvor in [86Uchi] diskutiert.

SSDM vorgetragen [87Okad]. Den schematischen Aufbau dieses Transistors zeigt Abb. 2.112.

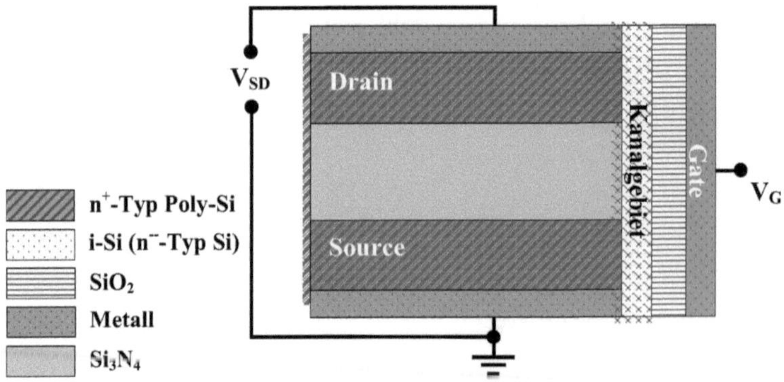

Abb. 2.112. Schematischer Aufbau eines IC-SOI-FETs nach *H. Okada et al.*

Wie sich aus dieser Abbildung ergibt, besteht die Mesa des Transistors aus einer Metall/Poly-Si/SiN/Poly-Si/Metall-Schichtfolge[98], die auf einem Silizium-Substrat abgeschieden wird. Als Metall in dieser Schichtfolge verwendeten *H. Okada et al.* Tantal, das polykristalline Source- bzw. Drain-Gebiet war n^+-Typ dotiert und die Dicken der einzelnen Schichten betrugen: $d_S = 200\ nm/300\ nm/1000\ nm/300\ nm/200\ nm$. Die Strukturierung der Mesa erfolgte durch Reaktives Ionenätzen (RIE) mit Hilfe einer Chrom-Maske. Über diese Mesa wird ein intrinsischer, amorpher Silizium-Film abgeschieden, der als Kanalgebiet fungiert. (In der vorgestellten Arbeit betrug die Dicke dieses Films $d_K = 80\ nm$.)

Das Gate-Oxid (SiO_2) wird durch das natürliche Oxid ($d_{GOX,1} \approx 1\ nm$) der amorphen Kanalgebietoberfläche und einem Niedertemperatur-CVD-Oxid (hier der Dicke $d_{GOX,2} = 10\ nm$) gebildet. Nach Etablierung des Gate-Oxides wird eine Gate-Elektrode abgeschieden und strukturiert. *H. Okada et al.* verwendeten eine Mo/Al-Elektrode mit den Schichtdicken $d_{Mo} = 500\ nm$ und $d_{Al} = 1000\ nm$.

Die Ausgangs- bzw. Transfercharakteristik des durch *H. Okada et al.* realisierten Transistors zeigen die Graphen in Abb. 2.113.

Die nötige Gate-Spannung $V_G = V_{ON}$ zum Einschalten des IC-SOI-MFETs liegt bei $V_{ON} = 1{,}3\ V$, die Beweglichkeit der Elektronen im Kanal beträgt $\mu_e = 1{,}1\ cm^2 \cdot V^{-1} \cdot s^{-1}$, und die maximal mögliche Source-Drain-Spannung $V_{SD,\ max}$ bzw. Gate-Spannung $V_{G,\ max}$ liegt unter $2\ V$.

[98] Die Autoren sprechen anstelle von polykristallinem Silizium von mikrokristallinem Silizium.

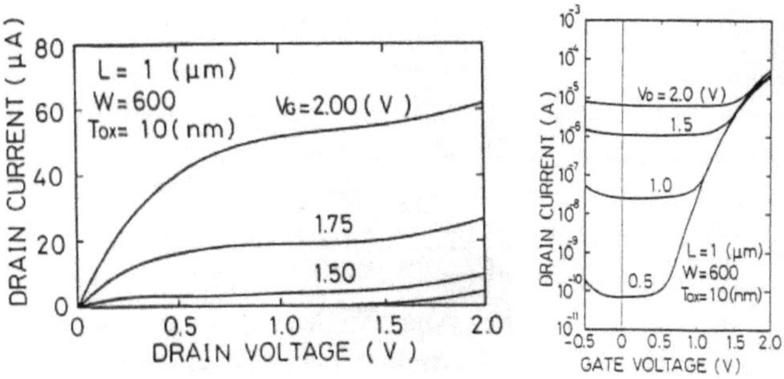

Abb. 2.113. Ausgangscharakteristik (links) und Transfercharakteristik (rechts) eines IC-SOI-FETs mit einer Kanallänge $L = 1\ \mu m$ bzw. –weite $W = 600\ \mu m$ und einer Gate-Oxiddicke $d_{GOX} = 10\ nm$ [87Okad]

Darüber hinaus steigt mit höheren Source-Drain-Spannungen der Strom I_{OFF} im ausgeschalteten Zustand ($V_G = 0\ V$) des Transistors um nahezu fünf Größenordnungen.

Die Ursache für diese relativ unbefriedigenden Werte sind zum einen in der Verwendung eines relativ dicken ($d_K = 80\ nm$), amorphen Kanalgebietes (hohe Streuung der Ladungsträger im Kanal verbunden mit einem relativ kleinen parasitären ohmschen Widerstand) und zum anderen in der Verwendung eines Niedertemperatur-CVD-Oxides (in der Regel haben solche Oxide ungenügende Qualität, um als Gate-Oxide für MOSFETs in Frage zu kommen) zu finden. Allerdings zeigt dieses Konzept, dass „Normally-OFF"-MOSFETs mit intrinsischen Kanalgebieten realisierbar sind.

Im Jahre 2003 wurde dieses Konzept durch *H. Liu et al.*[99] mit modifizierter und verbesserter Technologie erneut aufgegriffen und publiziert [03Liu]. Abb. 2.114. zeigt eine rasterelektronenmikroskopische Aufnahme des durch *H. Liu et al.* realisierten Transistors.

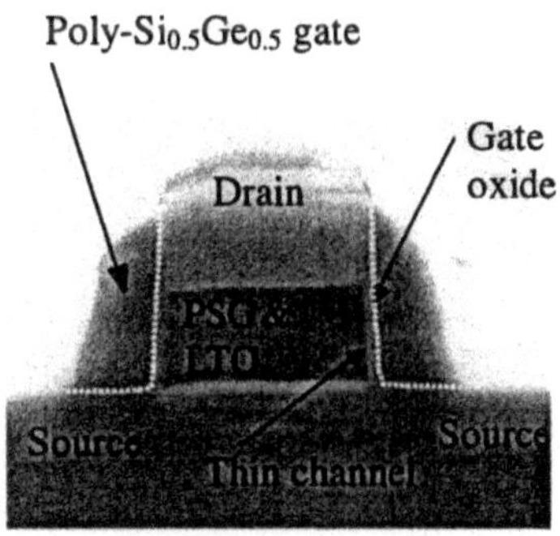

Abb. 2.114. Rasterelektronenmikroskopische Aufnahme des durch *H. Liu et al.* realisierten IC-SOI-FETs mit einem intrinsischen Silizium-Kanalgebiet der Dicke $d_{GOX} = 15\ nm$, © 2003 IEEE [03Liu]

[99] *Z. Xiong*, *J. K. O. Sin* werden als *Ko-Autoren* genannt.

Das intrinsische Silizium-Kanalgebiet wurde zunächst amorph mit einer Dicke von $d_K = 15\ nm$ auf einem p-Typ Silizium-Substrat/Oxid/PSG/n^+-Typ Poly-Si-Schichtstapel abgeschieden, die n-Typ Source-Gebiete wurden mit Hilfe der Ionenimplantation realisiert.

Anschließend wurde der Transistor bei $T = 590\ °C$ für *10* Stunden getempert, was zu einer Rekristallisierung des Kanalgebietes und zu einem Ausdiffundieren des n-Typ Dotierstoffes (Phosphor) in Teile des intrinsischen Kanalgebietes führt. Auf diese Schicht wurde thermisch ($T = 750\ °C$) ein $d_{GOX} = 3{,}3\ nm$ dickes Gate-Oxid gewachsen. Als Gate-Elektrode diente hoch Bor-dotiertes Poly-$Si_{0,5}Ge_{0,5}$. Die Ausgangs- und Transfercharakteristik zeigt Abb. 2.115., den Einfluss der Kanalgebietlänge L auf die Einsatzspannung V_T des Transistors zeigt Abb. 2.116.

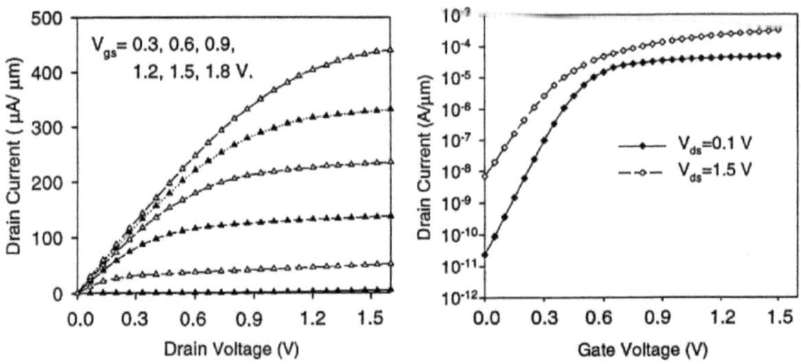

Abb. 2.115. Ausgangskennlinienfeld (links) und Transferkennlinienfeld (rechts) eines IC-SOI-FETs mit einem intrinsischen Silizium-Kanalgebiet der Dicke $d_{GOX} = 15\ nm$ nach *H. Liu et al.*, © 2003 IEEE [03Liu]

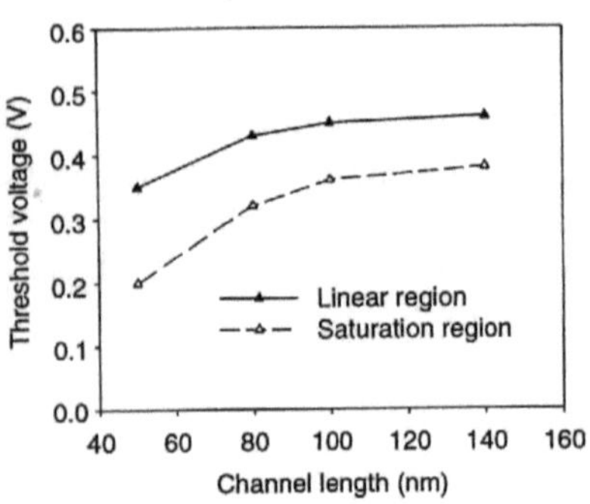

Abb. 2.116. Einfluss der Kanalgebietlänge L auf die Einsatzspannung V_T eines IC-SOI-FETs mit einem intrinsischen SiliziumKanalgebiet der Dicke $d_{GOX} = 15\ nm$ nach *H. Liu et al.*, © 2003 IEEE [03Liu]

2.3.2 Der vertikale „Intrinsic Channel"-MOSFET mit einem „Silicon-On-Nothing"-Kanalgebiet (IC-SON-FET)

Bei einem vertikalen „Intrinsic Channel Silicon-On-Nothing"-MOSFET (IC-SON-FET) handelt es sich um ein bisher noch nicht vollständig realisiertes Transistorkonzept, welches die Herstellung von Kanalgebietlängen und –breiten im *Sub-20 nm*-Bereich ohne den Einsatz aufwendiger und kostspieliger Lithographie (wie z. B. der Elektronenstrahllithographie) ermöglichen soll. Das Kanalgebiet selbst wird aus intrinsischem und, bedingt durch den Herstellungsprozess, pseudomorph verspanntem Silizium gebildet, was dieses Bauelement für Hoch- und Höchstfrequenzanwendungen prädestiniert.

Die Konzeptidee geht auf *I. Eisele* und *J. Schulze*, beide Universität der Bundeswehr München (UniBw M), Deutschland, zurück. Gegenwärtig (Emde 2004/Beginn 2005) wird dieses Konzept im Rahmen eines gemeinsamen Forschungsvorhabens zwischen der UniBw M, dem US Naval Research Laboratory, Washington, D.C., USA, und der Universität Zagreb, Kroatien, realisiert. Insgesamt sollen zwei verschiedene Varianten eines IC-SON-FETs realisiert werden und zwar der „Diffused-Drain"-IC-SON-FET (DD-IC-SON-FET) und der „Substrate-Drain"-IC-SON-FET (SD-IC-SON-FET). Vgl. dazu mit Abb. 2.117.

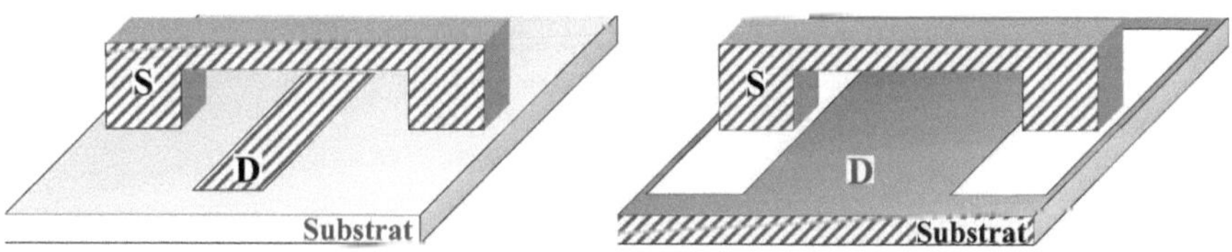

Abb. 2.117. Räumliche Anordung von Source (S) und Drain (D) in einem „Diffused-Drain"- (links) bzw. „Substrate-Drain"- (rechts) IC-SON-FETs; weiß markierte Flächen bedeuten p(n)-Typ Silizium, grau markierte Flächen n(p)-Typ Silizium

In beiden Varianten sind Source und Drain über npn-Übergänge elektrisch voneinander isoliert. Beide Varianten sollen mit einem Einzel- oder einem Doppel-Gate ausgeführt werden. Den schematischen Querschnitt durch einen vollständigen IC-SON-FET mit einem Einzel- bzw. einem Doppel-Gate zeigt Abb. 2.118.

Im Folgenden sei der Herstellungsprozess eines DD-IC-SON-NFETs skizziert.

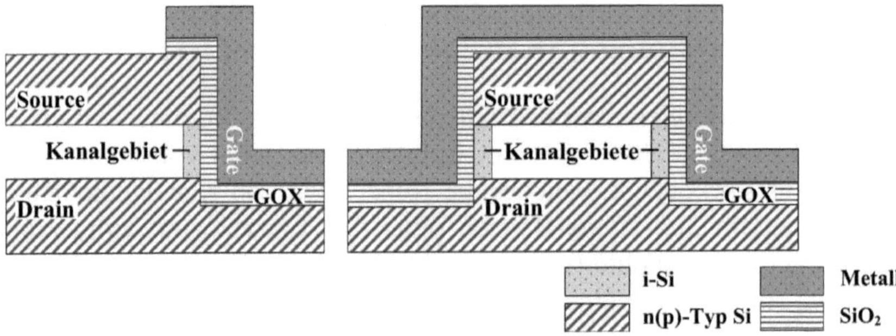

Abb. 2.118. Querschnitt eines IC-SON-FETs mit einem Einzel-Gate (links) und einem Doppel-Gate (rechts)

1. Herstellung einer dicken SiO_2 „Hard mask" durch thermische Nassoxidation eines p-Typ Silizium-Substrates.
2. Entfernung des SiO_2-Films an den Stellen der zukünftigen Drain-Gebiete durch nasschemisches Ätzen (vgl. Abb. 2.119., links).
3. Erzeugung von n-Typ dotierten Drain-Gebieten durch thermisch aktivierte Diffusion. Als Dotierstoffquelle dient Phosphor-Silicat-Glas (PSG), welches vorher aufgeschleudert wurde.
4. Entfernung der PSG-Schicht und der SiO_2 „Hard mask" (vgl. Abb. 2.119., rechts).

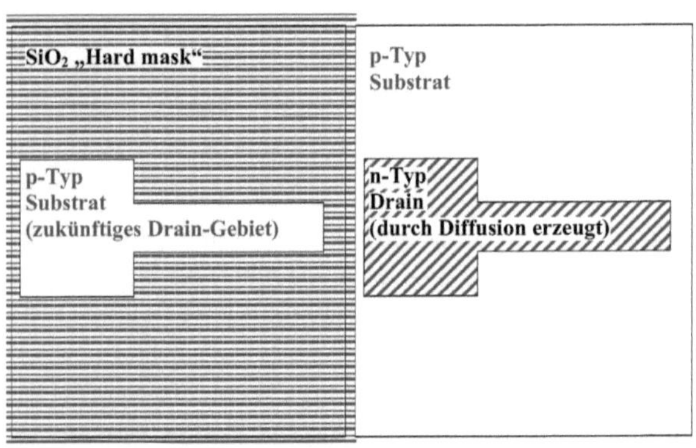

Abb. 2.119. Herstellungsprozess zur Herstellung eines DD-IC-SON-NFETs am Ende des 2. (links) und 4. (rechts) Fertigungsschrittes (jeweils Draufsichten)

5. Ganzflächige Abscheidung einer epitaktischen $Si_{1-x}Ge_x$-Opferschicht und einer n-Typ dotierten Silizium-Deckschicht mittels Molekularstrahlepitaxie. Die Dicke d_l der $Si_{1-x}Ge_x$-Opferschicht legt die Länge des Kanalgebietes des Transistors fest.
6. Herstellung einer Mesa-Struktur durch anisotropes reaktives Ionenätzen (RIE – vgl. Abb. 2.120., links).

7. Ganzflächige, konforme Abscheidung intrinsischen Siliziums mittels CVD. Die Dicke d_2 der intrinsischen Silizium-Schicht legt die Breite des Kanalgebietes des Transistors fest (vgl. Abb. 2.120., rechts).

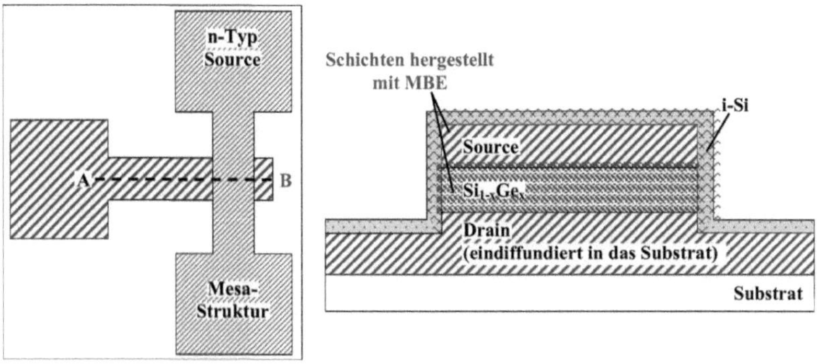

Abb. 2.120. Herstellungsprozess zur Herstellung eines DD-IC-SON-NFETs am Ende des 6. (links) und 7. (rechts) Fertigungsschrittes (Draufsicht und A-B Querschnitt)

8. Ausdiffusion des Dotierstoffes aus Drain bzw. Source in den intrinsischen Film mittels RTP und Abscheidung des Gate-Oxides (GOX) mittels MOCVD. Als GOX muss ein Material verwendet werden, welches der später verwendeten Ätzlösung zur selektiven Entfernung der epitaktischen $Si_{1-x}Ge_x$-Opferschicht standhält (vgl. Abb. 2.121.)

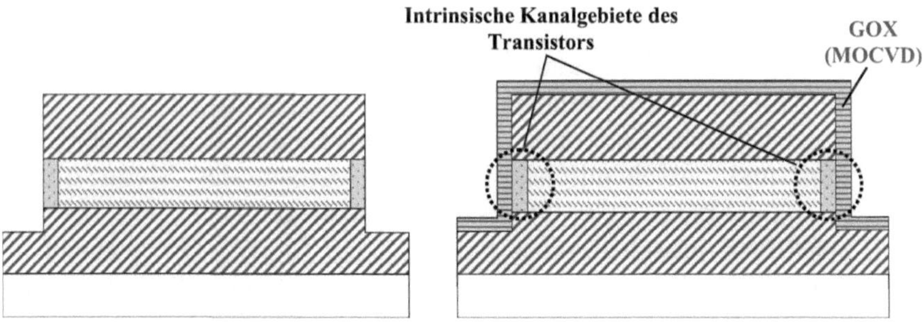

Abb. 2.121. Herstellungsprozess zur Herstellung eines DD-IC-SON-NFETs nach dem RTP-Schritt des 8. Fertigungsschrittes (der RTP-Schritt bewirkt eine Ausdiffusion des Dotierstoffes aus Source bzw. Drain – links) und am Ende des 8. Fertigungsschrittes (jeweils A-B Querschnitte, vgl. Abb. 2.120., links)

9. Ganzflächige Abscheidung einer polykristallinen n-Typ dotierten Silizium-Schicht (erster Teil der Gate-Elektrode) mittels MBE.
10. Strukturierung des abgeschiedenen Poly-Films mittels Poly-Ätzschritt (vgl. Abb. 2.122.).

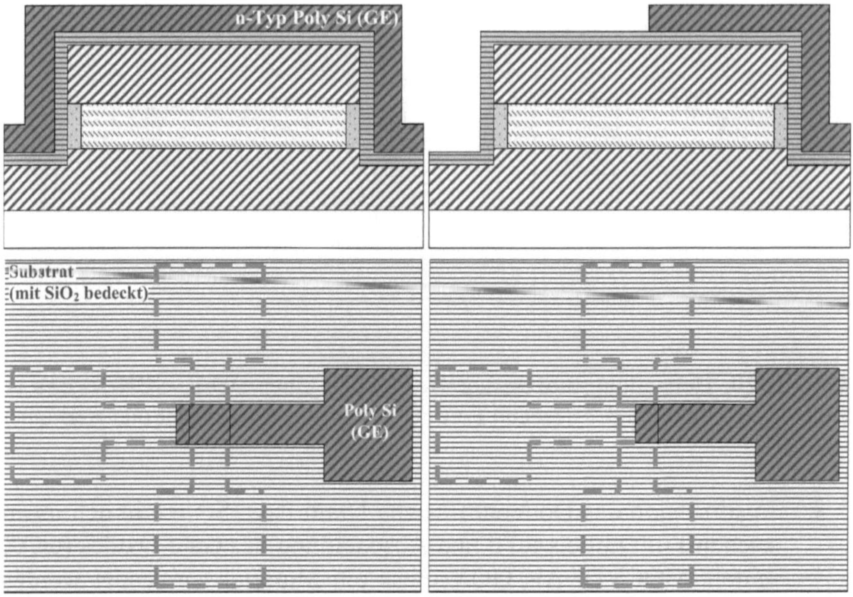

Abb. 2.122. Herstellungsprozess zur Herstellung eines DD-IC-SON-NFETs am Ende des 10. Fertigungsschrittes (jeweils Draufsichten und A-B Querschnitte, vgl. Abb. 2.120., links): DD-IC-SON-NFET mit Doppel-Gate (links) bzw. mit Einzel-Gate (rechts)

11. Ganzflächige Abscheidung von Photolack und Öffnung eines Fensters für die abschließenden Ätzprozesse (vgl. Abb. 2.123.).
12. Nasschemische Entfernung des GOX im Bereich des Photolackfensters und nasschemisches isotropes Anätzen der Mesa-Struktur ($> d_2$), um die $Si_{1-x}Ge_x$-Opferschicht freizulegen.
13. Selektives, nasschemisches Entfernen der $Si_{1-x}Ge_x$-Opferschicht im Bereich des Photolackfensters. Die so erzeugte physikalische Struktur des Transistors war ausschlaggebend für die Namensgebung: „Silicon-On-Nothing“ (vgl. Abb. 2.124.).
14. Entfernung des Photolacks und Abscheidung eines LPCVD-Nitrides.
15. Anisotropes Ätzen von Kontaktlöchern; Auffüllung der Kontaktlöcher und Fertigung von Kontaktflächen (vgl. Abb. 2.125.).

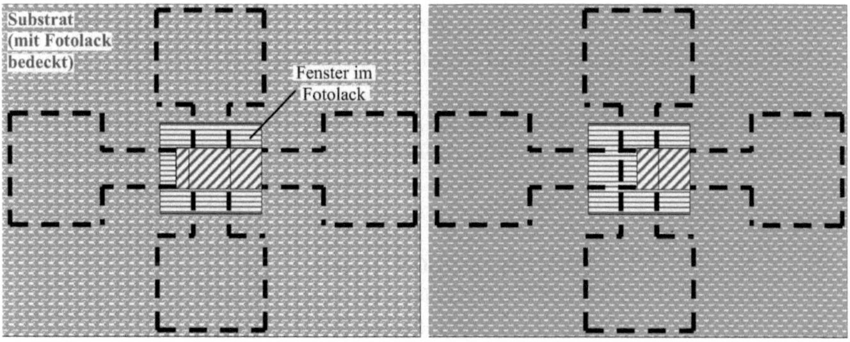

Abb. 2.123. Herstellungsprozess zur Herstellung eines DD-IC-SON-NFETs am Ende des 11. Fertigungsschrittes (jeweils Draufsichten): DD-IC-SON-NFET mit Doppel-Gate (links) bzw. mit Einzel-Gate (rechts)

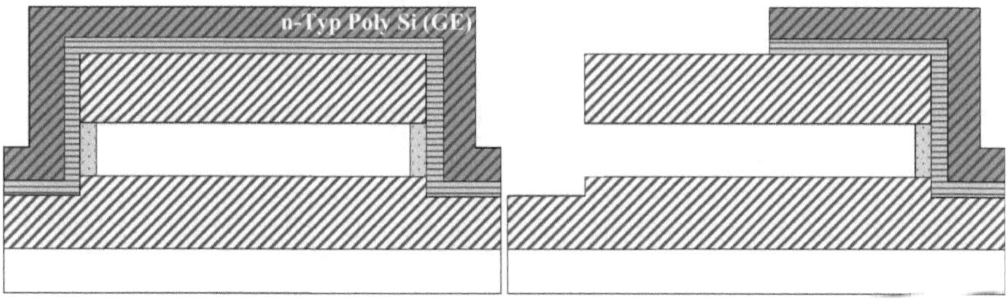

Abb. 2.124. Herstellungsprozess zur Herstellung eines DD-IC-SON-NFETs am Ende des 13. Fertigungsschrittes (jeweils Querschnitte, vgl. Abb. 2.120., links): DD-IC-SON-NFET mit Doppel-Gate (links) bzw. mit Einzel-Gate (rechts)

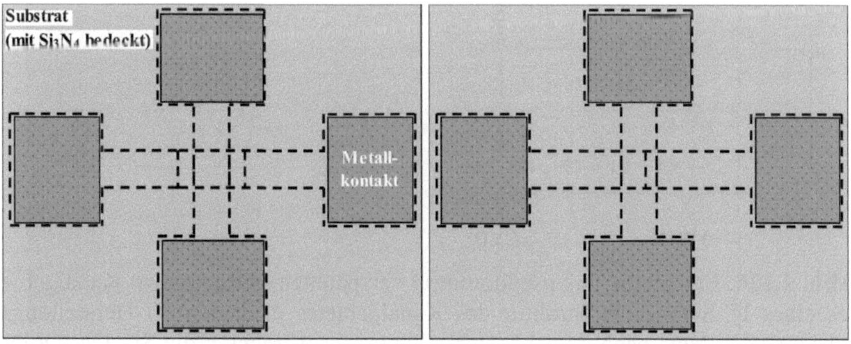

Abb. 2.125. Herstellungsprozess zur Herstellung eines DD-IC-SON-NFETs am Ende des 15. Fertigungsschrittes (jeweils Draufsichten): DD-IC-SON-NFET mit Doppel-Gate (links) bzw. mit Einzel-Gate (rechts)

Das Entfernen der $Si_{1-x}Ge_x$-Opferschicht (13. Herstellungsschritt) erfolgt mit Hilfe einer nasschemischen Ätzlösung, die mit hoher Selektivität

$Si_{1-x}Ge_x$ im Vergleich zu Silizium ätzt. Tabelle 2.4. stellt einige bekannte und publizierte Ätzlösungen und deren Selektivitäten zusammen.

Tabelle 2.4. Bekannte und publizierte $Si_{1-x}Ge_x$-Ätzlösungen und deren Selektivitäten relativ zu Silizium [90Godb, 90Kris, 94Feij, 95Carna, 95Carnb, 97Wang]

Ge-Anteil *x*	Ätzlösung	Selektivität $Si_{1-x}Ge_x$ vs. Si
?	$NH_4OH:H_2O_2:H_2O$ (*1:6:20*)	*5:1*
0,3	$HF:HNO_3:H_2O$ (*10:35:20*)	*100:1*
?	$HF:H_2O_2:CH_3COOH$ (*1:2:3*)	*1:1*
0,1	$HF:H_2O_2:CH_3COOH$ (*1:2:3*)	*30:1*
0,2	$HF:H_2O_2:CH_3COOH$ (*1:2:3*)	*150:1*
0,4	$HF:H_2O_2:CH_3COOH$ (*1:2:3*)	*1100:1*
0,6	$HF:H_2O_2:CH_3COOH$ (*1:2:3*)	*11000:1*
0,3	$HNO_3:H_2O:HF$ (*40:20:5*)	*13:1*

Bedingt durch das gesamte Herstellungsverfahren ist das geschaffene Kanalgebiet des Transistors pseudomorph verspannt, was anhand von Abb. 2.126. illustriert werden soll.

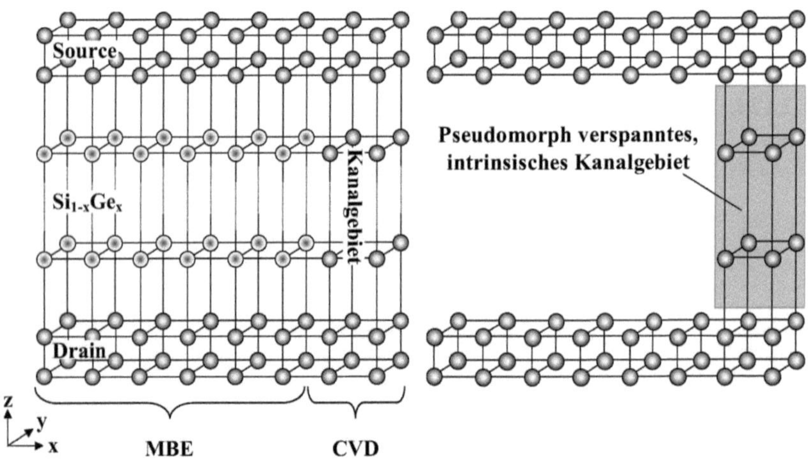

Abb. 2.126. Erzeugung des pseudomorph verspannten, intrinsischen Kanalgebietes eines IC-SON-FET: Struktur des Kanalgebietes nach dem 7. Herstellungsschritt (links) bzw. nach dem 13. Herstellungsschritt (rechts); die $Si_{1-x}Ge_x$-Opferschicht wird durch weiße Kugeln symbolisiert

Die durch den Epitaxieschritt (5. Herstellungsschritt) erzeugte $Si_{1-x}Ge_x$-Opferschicht ist aufgrund der größeren Gitterkonstante des $Si_{1-x}Ge_x$-Mischkristalls pseudomorph verspannt (in der *(x, y)*-Ebene ist das $Si_{1-x}Ge_x$-Gitter druckverspannt, in der *z*-Richtung zugverspannt). Das führt dazu, dass der durch CVD abgeschiedene intrinsische Silizium-Film (7. Herstellungsschritt) im Bereich der Opferschicht ebenfalls pseudomorph verspannt ist (vgl. Abb. 2.126., links). Nach dem Herauswaschen der Opferschicht verbleibt dieser Silizium-Film, gehalten durch die Gesamtstruktur, pseudomorph verspannt (vgl. Abb. 2.126., rechts).

Wird bei der Herstellung ein *(100)*-Substrat gewählt, würde der Strom von Source nach Drain in *[100]*-Richtung durch einen intrinsischen Kanal fließen, der in der *(x, y)*-Ebene druckverspannt und in der *z*-Richtung zugverspannt ist. Gemäß [73Dord] ist hier eine Elektronenbeweglichkeit im verspannten intrinsischen Silizium-Kanal zu erwarten, die über der Elektronenbeweglichkeit im unverspannten intrinsischen Silizium liegt.

Abb. 2.127. zeigt eine rasterelektronenmikroskopische Aufnahme einer Brückenstruktur, die durch selektives SiGe-Ätzen aus einem Silizium/$Si_{0,7}Ge_{0,3}$/Silizium/-Schichtstapel hergestellt wurde. Als Ätzlösung wurde CH_3COOH:HF:H_2O_2 im Verhältnis *1:2:3* verwendet.

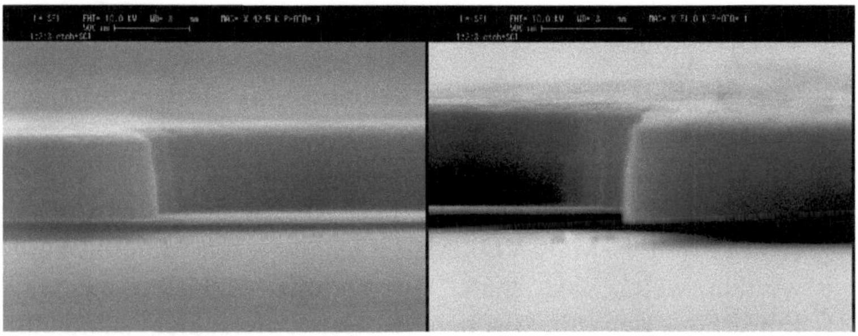

Abb. 2.127. Rasterelektronenmikroskopische Aufnahme einer Brückenstruktur, die durch selektives SiGe-Ätzen aus einem Silizium/$Si_{0,7}Ge_{0,3}$/Silizium/-Schichtstapel hergestellt wurde (Ätzlösung: CH_3COOH:HF:H_2O_2 = *1:2:3*)

An diesem Gesamtherstellungsprozess muss nur wenig geändert werden, um einen SD-IC-SON-FET herzustellen, was im Folgenden kurz am Beispiel eines NMOSFETs gezeigt werden soll.

1. Herstellung einer dicken SiO_2 „Hard mask“ durch thermische Nassoxidation eines n-Typ Silizium-Substrates.
2. Entfernung des SiO_2-Films an den Stellen der zukünftigen Isolations-Gebiete durch nasschemisches Ätzen (vgl. Abb. 2.128., links).
3. Erzeugung von p-Typ dotierten Isolations-Gebieten durch thermisch aktivierte Diffusion. Als Dotierstoffquelle dient Bor-Silicat-Glas (BSG), welches vorher aufgeschleudert wurde.
4. Entfernung der PSG-Schicht und der SiO_2 „Hard mask“ (vgl. Abb. 2.128., rechts).

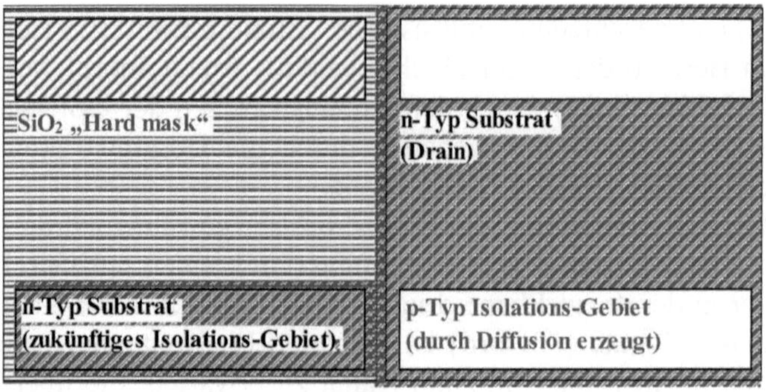

Abb. 2.128. Herstellungsprozess zur Herstellung eines SD-IC-SON-NFETs am Ende des 2. (links) und 4. (rechts) Fertigungsschrittes (jeweils Draufsichten)

5. Ganzflächige Abscheidung einer epitaktischen $Si_{1-x}Ge_x$-Opferschicht und einer n-Typ dotierten Silizium-Deckschicht mittels MBE.
6. Herstellung einer Mesa-Struktur durch anisotropes RIE (vgl. Abb. 2.129., links).
7. Ganzflächige, konforme Abscheidung intrinsischen Siliziums mittels CVD.
8. Ausdiffusion des Dotierstoffes aus Drain bzw. Source in den intrinsischen Film mittels RTP und Abscheidung des Gate-Oxides (GOX) mittels MOCVD. Als GOX muss ein Material verwendet werden, welches der später verwendeten Ätzlösung zur selektiven Entfernung der epitaktischen $Si_{1-x}Ge_x$-Opferschicht standhält.
9. Ganzflächige Abscheidung einer polykristallinen n-Typ dotierten Silizium-Schicht (erster Teil der Gate-Elektrode) mittels MBE.
10. Strukturierung des abgeschiedenen Poly-Films mittels Poly-Ätzschritt (vgl. Abb. 2.129., rechts).

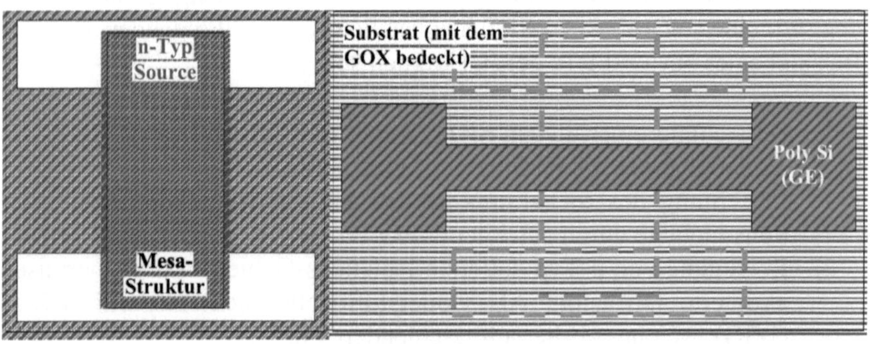

Abb. 2.129. Herstellungsprozess zur Herstellung eines SD-IC-SON-NFETs am Ende des 6. (links) und 10. (rechts) Fertigungsschrittes (jeweils Draufsichten)

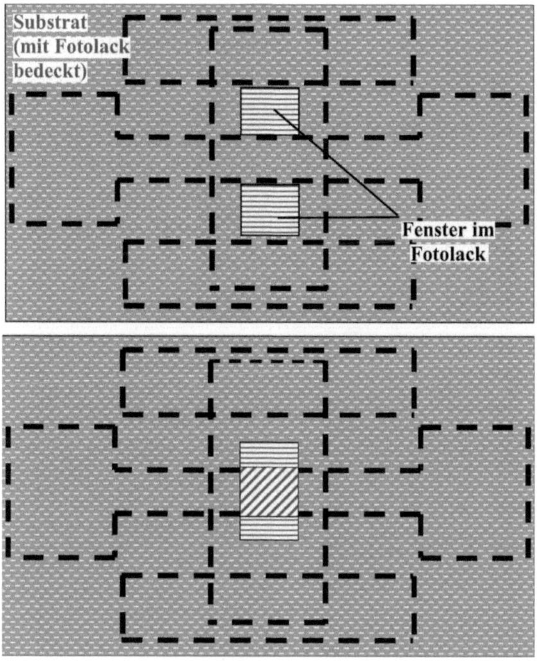

Abb. 2.130. Herstellungsprozess zur Herstellung eines SD-IC-SON-NFETs am Ende des 11. Fertigungsschrittes (jeweils Draufsichten): SD-IC-SON-NFET mit Doppel-Gate (links) bzw. mit Einzel-Gate (rechts)

11. Ganzflächige Abscheidung von Photolack und Öffnung eines Fensters für die abschließenden Ätzprozesse (vgl. Abb. 2.130.).
12. Anisotropes RIE im Bereich des Photolackfensters bis zum Substrat, um die $Si_{1-x}Ge_x$-Opferschicht freizulegen.
13. Selektives, nass-chemisches Entfernen der $Si_{1-x}Ge_x$-Opferschicht im Bereich des Photolackfensters.
14. Entfernung des Photolacks und Abscheidung eines LPCVD-Nitrides.
15. Anisotropes Ätzen von Kontaktlöchern; Auffüllung der Kontaktlöcher und Fertigung von Kontaktflächen (vgl. Abb. 2.131.).

Bedingt durch den Aufbau eines vertikalen IC-SON-N(P)FETs eröffnet sich die Möglichkeit für eine völlig neue vertikale Architektur eines CMOS-Inverters (siehe Abb. 2.132.).

Der Prozess zur Herstellung eines solchen vertikalen CMOS-Inverters (VCMOS) würde die mit der folgenden Abbildungssequenz 2.133. bis 2.135. illustrierten Prozessschritte umfassen.

1. Erzeugung von p^+-Typ dotierten Regionen mittels Diffusion an der Oberfläche eines n^+-Typ dotierten Silizium-Substrates.

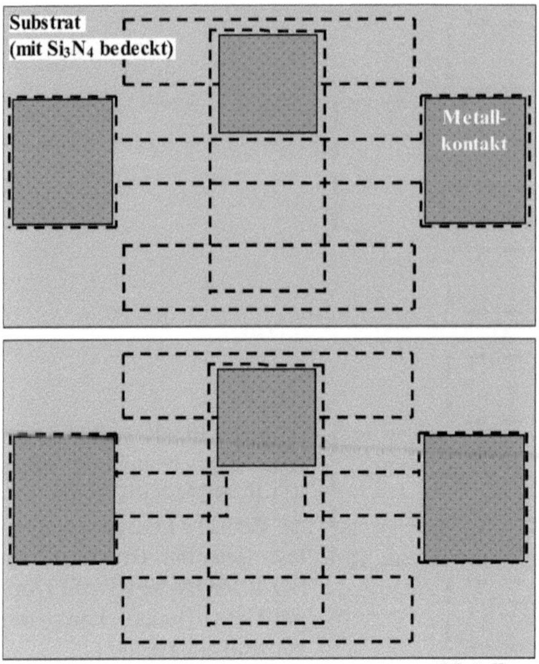

Abb. 2.131. Herstellungsprozess zur Herstellung eines SD-IC-SON-NFETs am Ende des 15. Fertigungsschrittes (jeweils Draufsichten): SD-IC-SON-NFET mit Doppel-Gate (links) bzw. mit Einzel-Gate (rechts)

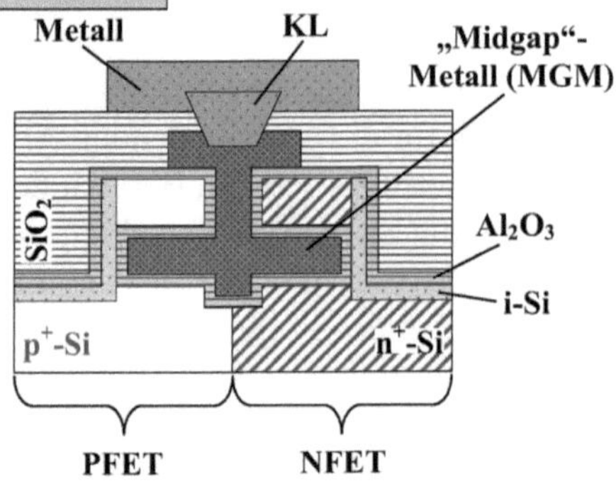

Abb. 2.132. Vertikaler CMOS-Inverter mit neuartiger Architektur, realisiert mit IC-SON-N(P)FETs

2. Ganzflächige Abscheidung einer intrinsischen $Si_{1-x}Ge_x$-Schicht der Dicke L_C mittels MBE (diese definiert die Kanalgebietlänge der komplementären Transistoren).
3. Selektive Epitaxie zur Erzeugung von $p^+(n^+)$-Typ dotierten Regionen und Ätzen von Mesa-Strukturen (vgl. Abb. 2.133.).
4. Konformes Überwachsen der geätzten Mesa-Struktur mit einer intrinsischen Silizium-Schicht der Dicke $d_C \leq 10\ nm$ mittels CVD. Diese Schicht stellt das zukünftige Kanalgebiet der Transistoren dar. Durch die Gitterfehlanpassung zwischen Silizium und $Si_{1-x}Ge_x$ kommt es zu einer pseudomorphen Verspannung des Siliziums im Kanalgebiet.

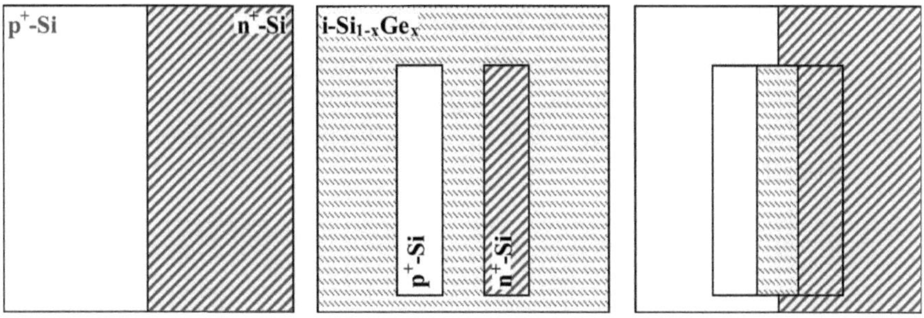

Abb. 2.133. Prozessschritte 1–3 des Gesamtprozesses zur Herstellung eines VCMOS (jeweils Draufsichten)

5. Anisotropes Öffnen der Mesa bis zum Substrat und selektives Herauswaschen der $Si_{1-x}Ge_x$-Schicht. Die $Si_{1-x}Ge_x$-Schicht wird soweit entfernt, bis an der linken und an der echten Mesa-Flanke nur noch das intrinsische – nach wie vor pseudomorph verspannte – Silizium-Kanalgebiet stehen bleibt ($Si_{1-x}Ge_x$ wird bis zur gepunkteten Linie entfernt – vgl. mit der folgenden Abb. 2.134., Mitte).
6. Konformes Überwachsen aller freien Flächen z. B. mit einer Al_2O_3- oder Pr_2O_3-Schicht der Dicke $d_{GOX} < 10\ nm$ mittels MOCVD. Diese Schicht stellt das zukünftige Gate-Oxid der Transistoren dar (vgl. Abb. 2.134.).

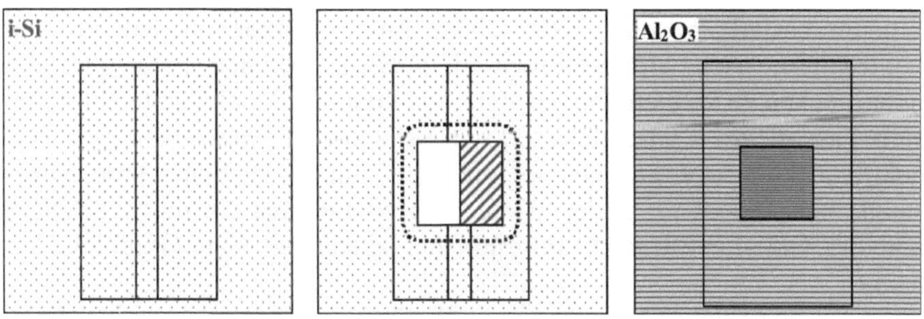

Abb. 2.134. Prozessschritte 4–6 des Gesamtprozesses zur Herstellung eines VCMOS (jeweils Draufsichten)

7. Auffüllen des entstandenen Hohlraumes mit n^+-Typ dotierten Poly-Silizium und Poly-Strukturierung (diese Schicht stellt die zukünftige Gate-Elektrode dar).
8. Öffnen der oberen und der unteren Mesa-Flanke und selektives Herauswaschen der verbliebenen $Si_{1-x}Ge_x$-Schicht, um den von dieser Schicht gebildeten Kurzschluss zwischen Source und Drain zu entfernen.

9. Abscheidung einer Si_3N_4-Schicht mittels LPCVD zur Verkapselung der Inverterstruktur und Kontaktlochöffnung.
10. Füllen der Kontaktlöcher und ganzflächige Abscheidung eines Metalls (z. B. Aluminium) mit sich anschließender Strukturierung (vgl. Abb. 2.135.).

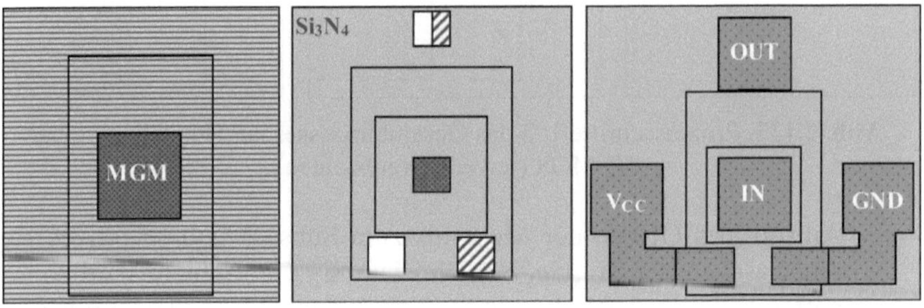

Abb. 2.135. Prozessschritte 7–10 des Gesamtprozesses zur Herstellung eines VCMOS (jeweils Draufsichten)

2.4 Vertikale Quanten-MOSFETs

Mit zunehmender Miniaturisierung elektronischer Bauelemente wird die Silizium-basierte Technologieforschung immer stärker mit dem Problem konfrontiert, nach Möglichkeiten zu suchen, störende Parasitäreffekte unterdrücken zu können, die der Funktionalität der Bauelemente abträglich sind. Fast alle diese Effekte lassen sich auf den quantenmechanischen Tunneleffekt zurückführen, der exponentiell mit sinkenden Dimensionen steigt. Beispielhaft seien der „Gate Induced Leakage Current" (GIDL)[100] und der Gate-Leckstrom[101] aufgrund der sinkenden Gate-Oxiddicke genannt.

Es erscheint daher konsequent, nach Konzepten zu suchen, die dieses Problem umgehen, indem sie gezielt den Tunneleffekt und andere quantenmechanische Effekte ausnutzen.

Das folgende Unterkapitel hat zum Ziel, zwei vertikale MOSFET-Konzepte vorzustellen und zu diskutieren, deren Funktionsweise auf quanten-

[100] Vgl. Unterpunkt 1.1.4 des ersten Kapitels.

[101] Worin der Grund zu finden ist, warum die „Hκ"-Materialforschung in jüngster Zeit so intensiv betrieben wird. Vgl. dazu außerdem Unterpunkt 2.2.2 des vorliegenden Kapitels.

mechanischen Effekten (den Tunneleffekt bzw. auf Energiequantisierung in Potenzialtöpfen) beruhen.

2.4.1 Der vertikale Tunnel-FET mit MOS-Gate-gesteuertem Tunnelübergang (Tunnel-MOSFET)

Der vertikale Tunnel-MOSFET wurde erstmals durch *W. S. Hansch et al.*[102] auf der 1999er IJC-Si[103] in Miyagi, Japan, vorgestellt [99Hans] und in den Folgejahren intensiv publiziert[104], unter anderem auch auf der 2000er SSDM im japanischen Sendai.

In Abb. 2.136. ist der prinzipielle Aufbau eines eingeschalteten ($V_G > 0\ V$, $V_{SD} > 0\ V$) vertikalen Tunnel-NMOSFETs, wie er durch *W. S. Hansch et al.* realisiert wurde, skizziert.

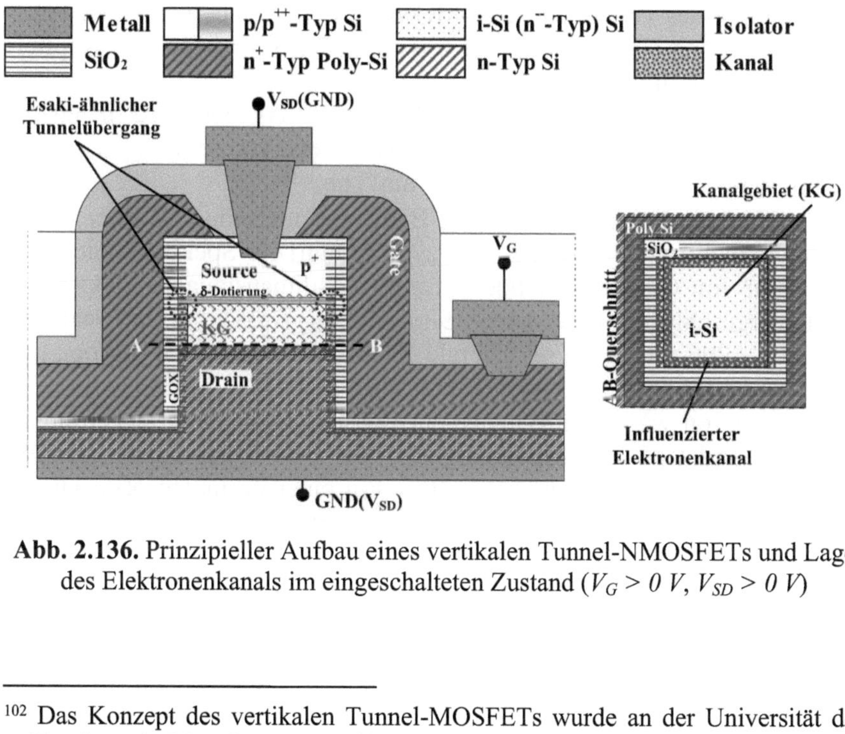

Abb. 2.136. Prinzipieller Aufbau eines vertikalen Tunnel-NMOSFETs und Lage des Elektronenkanals im eingeschalteten Zustand ($V_G > 0\ V$, $V_{SD} > 0\ V$)

---

[102] Das Konzept des vertikalen Tunnel-MOSFETs wurde an der Universität der Bundeswehr München, Deutschland, entwickelt und realisiert. An der Entwicklung waren neben *W. S. Hansch* (jetzt TU München, Deutschland) *J. Schulze*, *C. Fink* und *I. Eisele* beteiligt.

[103] IJC-Si: **I**nternational **J**oint **C**onference on **Si**licon Epitaxy and Heterostructures (bei dieser Konferenz handelt es sich um die internationale MBE-Konferenz, die alle 2 Jahre im Wechsel in Europa in Nordamerika und in Japan stattfindet.

[104] siehe z. B. [00SchuBc, 00Hans, 01Hans, 02Sede]

Wie man der Abbildung entnimmt, handelt es sich bei diesem Tunnel-MOSFET um eine vertikale pin-Struktur mit einem seitlichen MOS-Gate, bestehend aus einem thermischen SiO_2 als Gate-Oxid (GOX) und einer hoch n-Typ dotierten, metallisierten Poly-Silizium-Schicht als Gate-Elektrode. Als Drain dient ein metallisiertes, n-Typ dotiertes Silizium-Substrat, als Source eine hoch p-Typ dotierte, ebenfalls metallisierte, epitaktische Silizium-Schicht. Zwischen Drain und dem intrinsischen Kanalgebiet befindet sich eine höchstdotierte δ-Dotierung (p-Typ), um einen möglichst abrupten Dotierübergang vom Source-Gebiet zum intrinsischen Kanalgebiet zu realisieren. Source und δ-Dotierschicht sind dabei so hoch dotiert, dass dort entartetes p-Typ Silizium vorliegt (Schaffung eines Störstellenbandes am Valenzband im p-Typ Silizium).

Mit Ausnahme der Anfangsschichtfolge, die auch hier mittels MBE realisiert wird, ist die Herstellung eines solchen Transistors identisch mit der Herstellung eines vertikalen MBE-MOSFETs oder eines vertikalen PDB-FETs, die in den Unterpunkten 2.1.6 und 2.2.7 des vorliegenden Kapitels Gegenstand der Diskussion waren.

Wie sich im Verlauf der weiteren Erörterung ergeben wird, hängt die Charakteristik des Tunnel-MOSFETs entscheidend von seiner Beschaltung („Common-Source“ oder „Common-Drain“) ab.[105]

Eine ähnliche Struktur in lateraler Bauweise aber ohne δ-Dotierschicht wurde erstmalig durch *J. J. Quinn et al.* [78Quin] für Spektroskopieuntersuchungen von Quantenzuständen in einem 2-dimensionalen Elektronenkanal vorgeschlagen und dann 1988 von *E. Takeda et al.* realisiert [88Take]. 1996 wurde dieses laterale Konzept erneut durch *J. Koga* und *A. Toriumi* diskutiert [96Koga].

Die Funktionsweise des Bauelements lässt sich folgendermaßen erklären: Ohne angelegte Gate-Spannung $V_G = 0\ V$ besitzt der Tunnel-NMOSFET die Ausgangscharakteristik $j_{SD}(V_{SD}, V_G)$ einer normalen p(i)n-Diode, die qualitativ mit Hilfe der Shockley-Gleichung:

$$j_{SD}(V_{SD}, V_G)\Big|_{V_G=0V} = \frac{I_{p(i)n}(V_{SD})}{A} = \frac{I_0}{A} \cdot \left(e^{\frac{e \cdot V_{SD}}{n \cdot k_B \cdot T}} - 1 \right) \tag{2.47}$$

beschrieben werden kann (A gibt die Querschnittsfläche der Diode an). In Abb. 2.137. ist $I_{p(i)n}(V_{SD})$ für $T = 300\ K$, $I_0 = 1 \cdot 10^{-10}\ A$ und $n = 1$ dargestellt (hellgraue Kurve).

[105] „Common-Source(Drain)“ bedeutet, dass das Source(Drain)-Gebiet auf Erdpotenzial (GND) liegt.

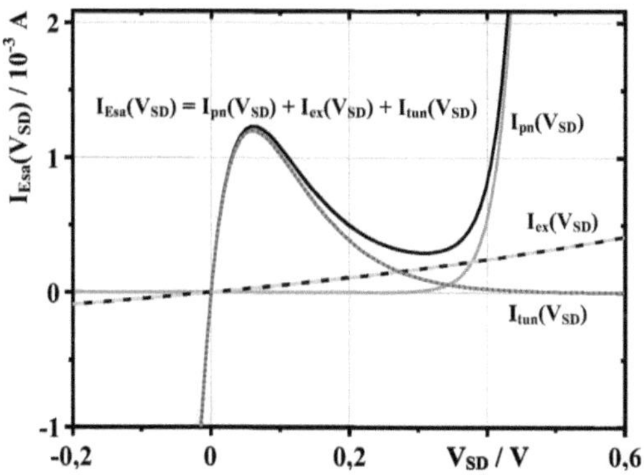

Abb. 2.137. Strom-Spannungs-Charakteristik $I_{Esa}(V_{SD})$ einer Esaki-Tunneldiode

Im Gegensatz dazu ist die Diskussion der Ausgangscharakteristik für $V_G > 0\ V$ umfangreicher. Zunächst soll mit der Diskussion der Ausgangscharakteristik für $V_G = V_T > 0\ V$ begonnen werden: Die Schwellwertspannung V_T des Tunnel-NMOSFETs ist diejenige Gate-Spannung, bei der an der Grenzfläche des intrinsischen Kanalgebietes zum Gate-Oxid ein nur wenige Nanometer dicker, entarteter Elektronenkanal influenziert wird, der mit dem Drain-Gebiet kurzgeschlossen ist und unmittelbar vor der entarteten p-Typ δ-Dotierschicht endet (siehe Abbildungen 3.137. und 2.138.).

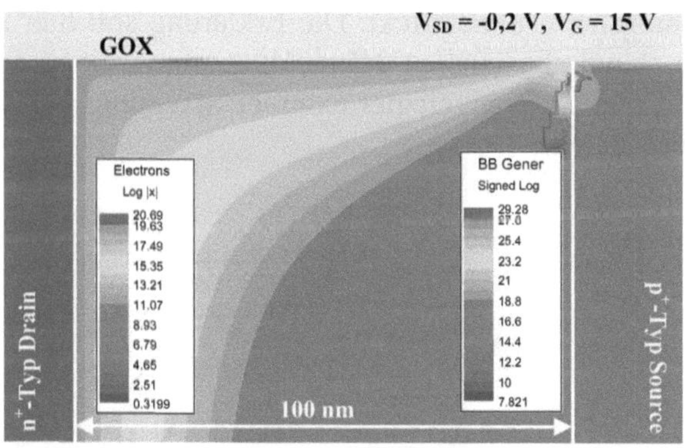

Abb. 2.138. Simulierte Verteilung der Elektronenkonzentration in einem eingeschalteten Tunnel-NMOSFET ($V_G = 15\ V$, $V_{SD} = 0{,}2\ V$)

Dieser durch das Gate erzeugte Übergang zwischen einem entarteten p-Typ und einem entarteten n-Typ Gebiet stellt ein Analogon zum entarteten pn-Übergang in einer Esaki-Tunneldiode dar. Die qualitative $I_{Esa}(V_{SD})$-Charakteristik einer Esaki-Tunneldiode ist in Abb. 2.137. dargestellt (schwarze Kurve). 1958 erkannte *L. Esaki*, dass die $I_{Esa}(V_{SD})$-Charakteristik dieser Diode eine Linearkombination dreier Ströme ist:

$$I_{Esa}(V_{SD}) = I_{pn}(V_{SD}) + I_{ex}(V_{SD}) + I_{tun}(V_{SD}), \tag{2.48}$$

einem Diodenstrom $I_{pn}(V_{SD})$, der durch (5.48) gegeben ist, einem sogenannten „Excess-Strom" $I_{ex}(V_{SD})$, der durch die folgende Beziehung gegeben ist:

$$I_{ex}(V_{SD}) = I_{0,ex} \cdot \left(e^{\alpha \cdot V_{SD}} - 1\right) \tag{2.49}$$

und einem Tunnelstrom $I_{tun}(V_{SD})$, der durch die folgende Gleichung beschrieben wird:

$$I_{tun}(V_{SD}) = I_{0,tun} \cdot \beta \cdot V_{SD} \cdot e^{1-\gamma \cdot V_{SD}}. \tag{2.50}$$

Die Koeffizienten α und β sind diodenspezifische Kenngrößen [58Esak]. In Abb. 2.137. sind diese drei Stromkomponenten ebenfalls eingezeichnet. Dafür wurden die folgenden Werte angenommen: $I_{0,ex} = 5 \cdot 10^{-3}\ A$, $\alpha = 1\ V^{1}$, $I_{0,tun} = 2 \cdot 10^{-2}\ A$, $\beta = 1\ V^{1}$ und $\gamma = 16{,}7\ V^{1}$. *L. Esaki* erklärte diesen Verlauf anhand der Bandstruktur eines pn-Überganges mit einem entarteten n-Typ und einem entarteten p-Typ Gebiet und dem quantenmechanischen Tunneleffekt. Die Erklärung soll hier mit Hilfe des vereinfachten, eindimensionalen Bänderdiagramms eines entarteten pn-Übergangs mit und ohne angelegter externer Spannung V_{SD} skizziert werden (siehe Abb. 2.139.).

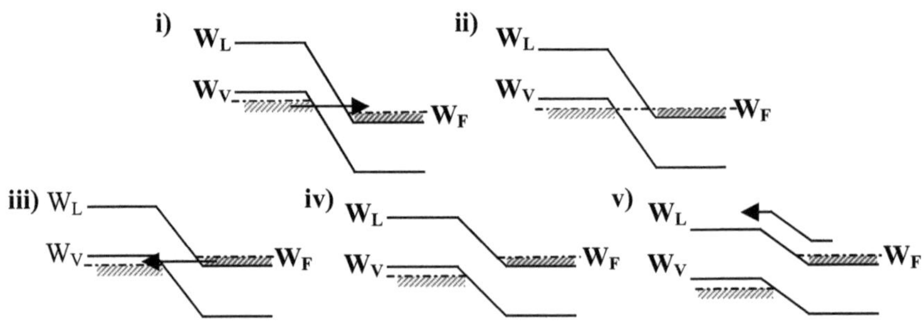

Abb. 2.139. Entstehung der Strom-Spannungs-Charakteristik $I_{Esa}(V_{SD})$ einer Esaki-Tunneldiode

Wird die Esaki-Tunneldiode in Sperrichtung geschaltet (i), fließen die Elektronen aus dem Valenzband des p^+-Typ dotierten Gebietes über einen Tunnelstrom in die unbesetzten Zustände des Leitungsbandes im n-Gebiet. Dieser Tunnelstrom wird umso stärker, je größer die an der Diode abfallende Sperrspannung ist, da mit steigender Sperrspannung die Breite der Tunnelbarriere verringert wird. Im thermodynamischen Gleichgewicht (ohne angelegte Spannung) fließt kein Strom durch die Diode (ii). Wird die Diode in Vorwärtsrichtung gepolt, tunneln zunächst bei kleinen Spannungen Elektronen aus dem Störstellenband des n^+-Typ dotierten Gebietes in die freien Zustände des Störstellenbandes im p^+-Typ dotierten Gebiet. Dieser Tunnelstrom hat sein Maximum, wenn beide Störstellenbänder maximal überlappen (iii). Bei einer weiteren Erhöhung der Spannung nimmt der Tunnelstrom infolge der abnehmenden Überlappung beider Störstellenbänder ab. In diesem Bereich weist die Kennlinie einen sogenannten negativ-differentiellen Widerstand (NDR) auf.

Der Gesamtstrom erreicht ein lokales Minimum, wenn keine Überlappung der Störstellenbänder mehr auftritt (iv). An diesem Punkt ist der Tunnelstrom null. Eine noch weitere Erhöhung der Durchlassspannung führt dann nur noch zur Erhöhung des normalen pn-Stromes (v). Die Kennlinie der Esaki-Tunneldiode geht in die Kennlinie eines normalen pn-Übergangs über.[106]

Diese charkteristischen Punkte (i)-(v) sind in Abb. 2.140. zusammen mit der $I_{Esa}(V_{SD})$-Kennlinie einer Esaki-Tunneldiode dargestellt.

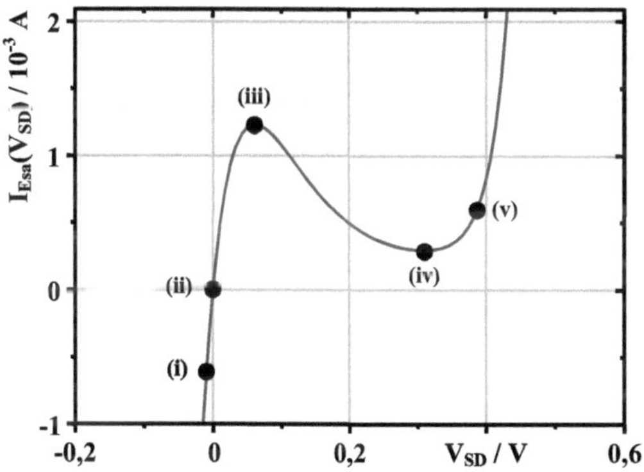

Abb. 2.140. Charakteristische Punkte der Strom-Spannungs-Charakteristik $I_{Esa}(V_{SD})$ einer Esaki-Tunneldiode

Es sei an dieser Stelle angemerkt, dass es einen Unterschied gibt zwischen der $I_{Esa}(V_{SD})$-Charakteristik einer Esaki-Diode aus reinem Germanium (die ursprüngliche Esaki-Diode war aus reinem Germanium) und der einer Esaki-Diode aus reinem Silizium. Dieser Unterschied tritt am deutlichsten bei tiefen Temperaturen zu Tage (siehe Abb. 2.141.).

[106] *L. Esaki* erhielt 1973 für seine Arbeiten zur Tunneldiode zusammen mit *I. Giaever* und *B. D. Josephson* den Nobelpreis für Physik.

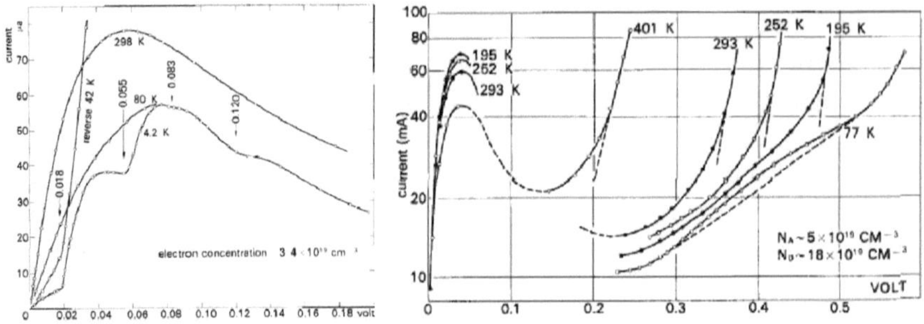

Abb. 2.141. $I_{Esa}(V_{SD} > 0\ V)$-Charakteristik einer Esaki-Diode aus reinem Silizium (links) und reinem Germanium (rechts) bei verschiedenen Temperaturen, © 1973 IEEE [73Esak]

Während bei einer Esaki-Diode aus Germanium die $I_{Esa}(V_{SD})$-Kennlinie bei allen Temperaturen den in Abb. 2.140. dargestellten Verlauf zeigt, zeigt die Kennlinie einer entsprechenden Silizium-Diode bei tiefen Temperaturen einen davon abweichenden Verlauf. So ergeben sich bei den Spannungswerten $V_{SD} = (0{,}018/0{,}055/0{,}083/0{,}120)\ V$ relativ starke Einbrüche (vgl. erneut Abb. 2.141.). Vergleicht man dies mit dem Spektrum akustischer und optischer Phononen im Silizium-Kristall (Abb. 2.142.), erkennt man, dass diese Spannungswerte exakt mit den Energiewerten $W = h{\cdot}f$ ($f \equiv$ Phononenfrequenz, $h \equiv$ Plancksches Wirkungsquantum), bei denen Phononen im Silizium-Kristall auftreten, korreliert sind [73Esak, 01Lake].

Daraus lässt sich schließen, dass der Tunnelprozess in einer Silizium-Esaki-Diode Phononen-assistiert ist, während er in einer Esaki-Diode aus Germanium direkt erfolgt.

Mit einem vergleichenden Blick auf die vollständigen Banddiagramme von Germanium und Silizium (Abb. 2.143.) wird dies verständlich. Wie sich aus dieser Abbildung ergibt, ist Germanium ebenso wie Silizium ein indirekter Halbleiter. Im Gegensatz zum Silizium ist allerdings die direkte Energielücke am Γ-Punkt für einen direkten Übergang eines Elektrons (bei einem solchen Übergang ändert sich nur die Energie, nicht der Impuls des Elektrons) vom Germanium-Valenzband in das Germanium-Leitungsband nur unwesentlich größer als die indirekte Energielücke $\Delta W_{G,Ge} = 0{,}66\ eV$. Demzufolge ist die Wahrscheinlichkeit für direkte Elektronenübergänge zwischen Valenz- und Leitungsband im Germanium sehr hoch. Im Silizium ist die direkte Energielücke am Γ-Punkt zu groß ($\Delta W_{\Gamma} > 3\ eV$), als dass direkte Elektronenübergänge stattfinden könnten. Im Silizium treten also nur indirekte Übergänge auf, was gleichbedeutend mit „Phononen-assistiert“ ist, da bei einem indirekten Übergang sich neben der Energie auch der Impuls des Elektrons ändert. Diese Änderung geschieht in der Regel durch Wechselwirkungen mit Phononen.

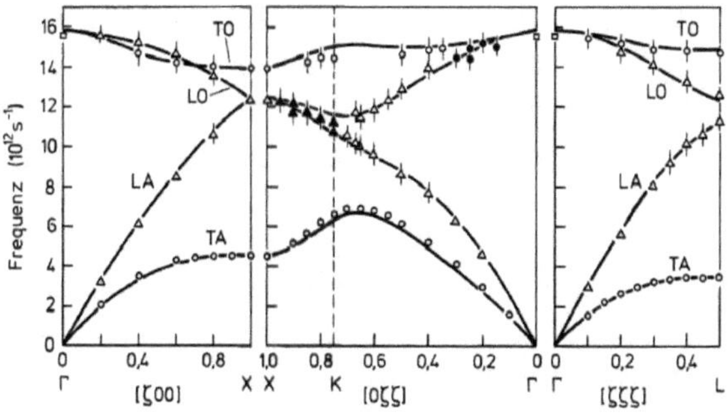

Abb. 2.142. Spektrum akustischer und optischer Phononen im Silizium-Kristall [99Ibac]

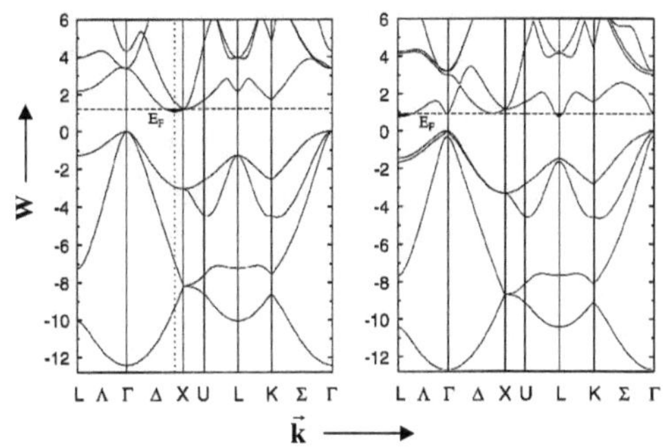

Abb. 2.143. Vollständiges Bänderdiagramm für Silizium (links) und Germanium (rechts) [97Find, PIRieg]

Darüber hinaus sind die in einer Esaki-Tunneldiode ablaufenden Prozesse Volumenprozesse, d. h., dass alle auftretenden Ströme aus einem entarteten 3-dimensionalen Gebiet in ein entgegengesetzt dotiertes, entartetes 3-dimensionales Gebiet fließen. Strompfade treten dabei an allen Punkten der Querschnittsfläche der Diode auf.

Im Tunnel-NMOSFET finden die zur Esaki-Tunneldiode analogen Vorgänge am Übergang zwischen einem entarteten 3-dimensionalen p-Typ dotierten Gebiet und einem 2-dimensionalen Elektronengas statt; die dazugehörigen Strompfade treten nur in der Akkumulationsschicht des Transistorkanals auf. Volumenströme werden nur die p(i)n-Charakteristik, beschreibbar mit (2.47), aufweisen. Die Zweidimensionalität des Kanals bewirkt eine Quantisierung der Elektronenenergie $W_{E,2D}$ im Kanal senkrecht zur Kanalfläche (in z-Richtung), und es gilt:

$$W_{E,2D} = \frac{\hbar^2 \cdot k_x^2}{2 \cdot m_x^*} + \frac{\hbar^2 \cdot k_y^2}{2 \cdot m_y^*} + W_z^i \;\; (i = 1, 2, 3, \ldots). \qquad (2.51)$$

Darin stehen $k_{x(y)}$ für den Betrag des Elektronenimpulses in $x(y)$-Richtung (in der Kanalebene), und $m_{x(y)}^*$ steht für die effektive Elektronenmasse in $x(y)$-Richtung. In einer Esaki-Tunneldiode tritt eine solche Quantisierung nicht auf. Außerdem stellt der influenzierte Kanal im Tunnel-NMOSFET immer auch einen ohmschen Widerstand dar. Dadurch ist der durch das Gate erzeugte Tunnelübergang an der Grenze zwischen Elektronenkanal und der p-Typ δ-Dotierung immer mit einem seriellen Widerstand gekoppelt; in einer Esaki-Tunneldiode existiert ein solcher Widerstand nicht.

Somit lässt sich das in Abb. 2.144. dargestellte Ersatzschaltbild für einen Tunnel-NMOSFET aufstellen, mit dessen Hilfe die Ausgangscharakteristik $I_{SD}(V_{SD}, V_G)$ für $V_G = V_T$ vollständig diskutiert werden kann. In diesem Ersatzschaltbild treten neben der durch das Gate influenzierten Esaki-Tunneldiode und der Volumen-pin-Diode vier ohmsche Widerstände auf: der oben bereits erwähnte serielle Kanalwiderstand R_{Kanal} des influenzierten Elektronenkanals, der Übergangswiderstand $R_{Kontakte}$ der Metallkontakte an Source und Drain, der ohmsche Widerstand des Source- bzw. Drain-Gebietes $R_{Source(Drain)}$ und ein parallel zur Esaki-Tunneldiode und Volumen-pin-Diode geschalteter Leckwiderstand R_{Leck}. Mit diesem Leckwiderstand werden parasitäre Oberflächenströme berücksichtigt, die z. B. auf Grund von Feuchtefilmen über die vertikale Transistormesa fließen.

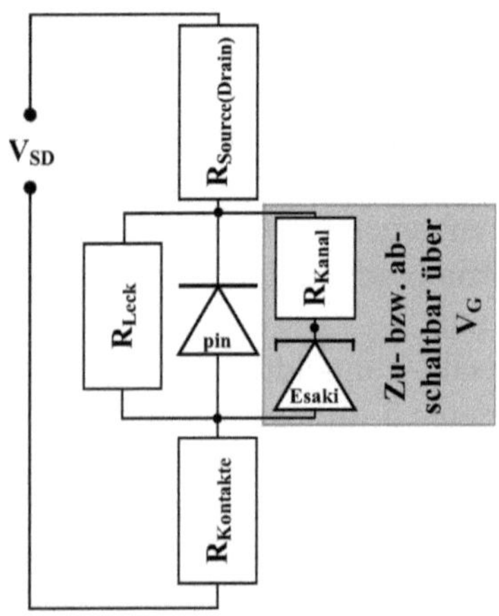

Abb. 2.144. Ersatzschaltbild eines Tunnel-NMOSFETs

Diskussion der Ausgangscharakteristik $j_{SD}(V_{SD}, V_G)$ für $V_G = V_T$ eines idealen Tunnel-NMOSFETs

Ein idealer Tunnel-NMOSFET ist durch die Bedingungen:

$$R_{Kanal} = R_{Kontakte} = R_{Source(Drain)} = 0,\ R_{Leck} = \infty \tag{2.52}$$

gegeben. In diesem Fall ergibt sich die Ausgangscharakteristik $j_{SD}(V_{SD}, V_G)$ für $V_G = V_T$ aus Superposition einer idealen pin-Dioden- und einer dazu parallel geschalteten idealen Esaki-Dioden-Charakteristik, wie sie in den vorangegangenen Abschnitten diskutiert wurden (vgl. Abb. 2.145.).

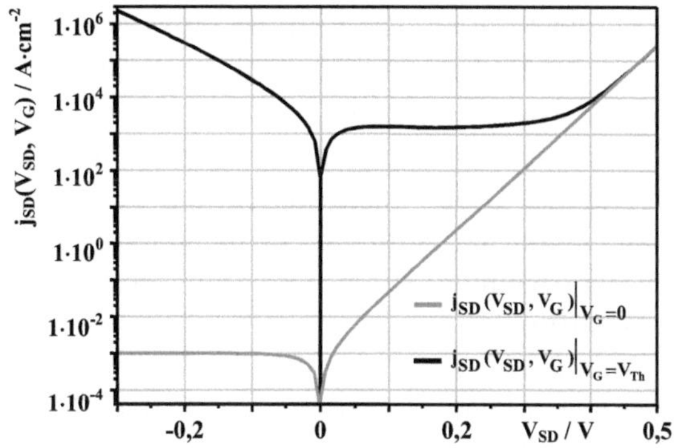

Abb. 2.145. Ausgangscharakteristik $j_{SD}(V_{SD}, V_G)$ eines idealen Tunnel-NMOSFETs für $V_G = 0\ V$ und $V_G = V_T$

Die Differenz

$$\Delta j_{SD}(V_{SD}, V_G) = j_{SD}(V_{SD}, V_G = V_T) - j_{SD}(V_{SD}, V_G = 0\ V) \qquad (2.53)$$

beschreibt dabei den Stromdichteanteil des influenzierten Elektronenkanals an der Gesamtstromdichte. In Abb. 2.146. ist dieser Anteil für den Vorwärtsbereich ($V_{SD} > 0\ V$) graphisch dargestellt. Wie erwartet, ergibt sich eine Stromdichtecharakteristik ähnlich einer gewöhnlichen Esaki-Tunneldiode.

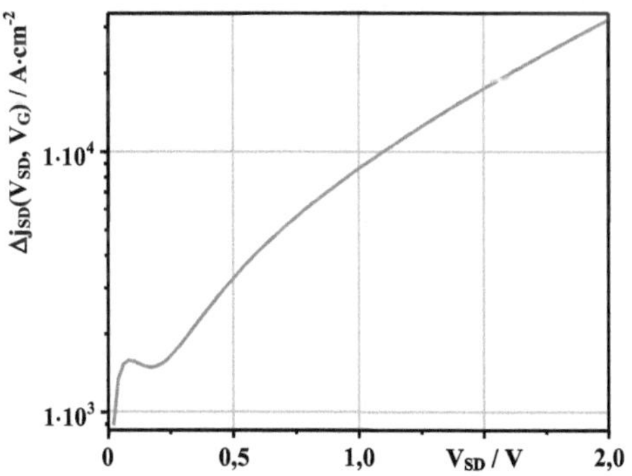

Abb. 2.146. Anteil $\Delta j_{SD}(V_{SD}, V_G)$ des influenzierten Elektronenkanals an der Gesamtstromdichte in einem eingeschalteten idealen Tunnel-N-MOSFET

Diskussion der Ausgangscharakteristik $j_{SD}(V_{SD}, V_G)$ für $V_G = V_T$ eines realen Tunnel-MOSFETs

In einem realen Tunnel-MOSFET besitzen die in Abb. 2.144. dargestellten Widerstände endliche Werte und die Ausgangscharakteristik $j_{SD}(V_{SD}, V_G)$ für $V_G = V_T$ ergibt sich aus Superposition einer realen pin-Dioden- und einer realen Esaki-Dioden-Charakteristik; dabei versteht man unter „real" die von den endlichen Widerständen beeinflussten idealen Charakteristiken.

Betrachtet man den Einfluss eines endlich großen Kontaktwiderstandes $R_{Kontakt}$ und eines endlich großen Widerstandes des Source- bzw. Drain-Gebietes $R_{Source(Drain)}$ ($R_{Kanal} = 0$, $R_{Leck} = \infty$) auf den Verlauf einer pin-Dioden-Charakteristik, ergibt sich, dass beide Widerstände nur den Durchlassbereich der Diode beeinflussen. Sie bewirken, dass für höhere Durchlassspannungen der Strom nicht mehr exponentiell, sondern nur noch linear mit der Spannung steigt. Der Sperrbereich bleibt von diesen Widerständen unbeeinflusst.

Abb. 2.147. zeigt die Situation für eine Esaki-Tunneldiode. Hier beeinflussen beide Widerstände sowohl den Durchlass- als auch den Sperrbereich der Diode. Zum einen bewirken sie, dass für höhere Durchlass- bzw. Sperrspannungen der Strom nicht mehr exponentiell, sondern nur noch linear mit der Spannung steigt und zum anderen bewirken sie, dass sich der NDR-Bereich zu höheren Durchlassspannungen verschiebt. Mit steigenden Widerstandswerten nimmt mit dieser Verschiebung auch die Ausprägung des lokalen Maximums in der Charakteristik ab.

Kommt nun noch ein endlicher Widerstand R_{Leck} aufgrund von Leckstrompfaden parallel zu den Dioden hinzu, dann ändert sich die $I_{p(i)n}(V_{SD})$-Charakteristik wie in Abb. 2.148. gezeigt (aufgrund des kleinen Widerstandes einer Esaki-Tunneldiode hat dieser Widerstand kaum Einfluss auf deren Charakteristik). Zum Vergleich ist in dieser Abbildung auch noch einmal der Verlauf einer idealen $I_{p(i)n}(V_{SD})$-Charakteristik dargestellt.

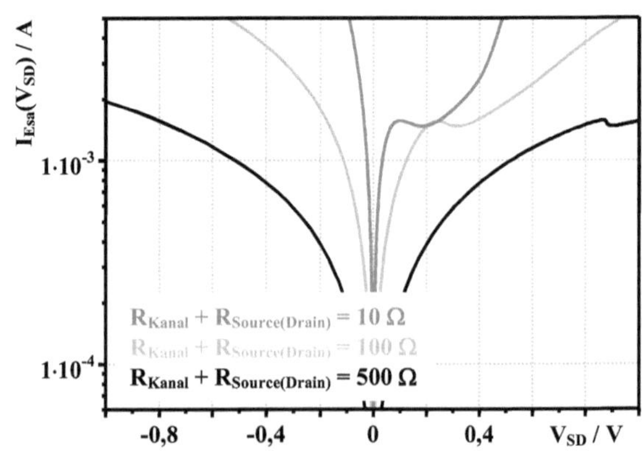

Abb. 2.147. Einfluss eines endlichen Kontaktwiderstandes $R_{Kontakt}$ und eines endlichen Widerstandes $R_{Source(Drain)}$ des Source- bzw. Drain-Gebietes auf den Verlauf einer $I_{Esa}(V_{SD})$-Charakteristik ($R_{Kanal} = 0$, $R_{Leck} = \infty$)

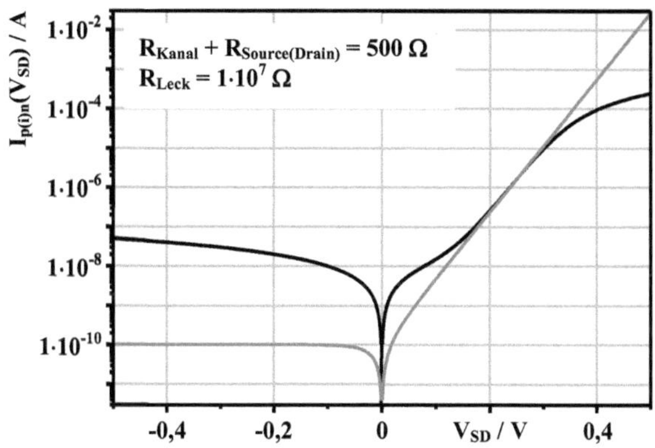

Abb. 2.148. Einfluss eines endlichen Kontaktwiderstandes $R_{Kontakt}$, eines endlichen Widerstandes $R_{Source(Drain)}$ des Source- bzw. Drain-Gebietes und eines endlichen Widerstandes R_{Leck} aufgrund von Leckstrompfaden auf den Verlauf einer $I_{p(i)n}(V_{SD})$-Charakteristik;

Wie sich zeigt, hat dieser Widerstand einen starken Einfluss auf den gesamten Sperrbereich und auf den Anfangsbereich des Durchlasses der Diode. Er bewirkt in erster Linie einen um mehrere Größenordnungen höheren Sperrstrom, der linear mit der Spannung steigt.

Der Widerstand R_{Kanal} des durch die Gate-Spannung im Tunnel-NMOSFET influenzierten Elektronenkanals besitzt nur einen Einfluss auf die Charakteristik der Esaki-Tunneldiode, da er im eingeschalteten Tunnel-NMOSFET nur dort auftritt. Da dieser Elektronenkanal ähnlich dem Elektronenkanal in einem konventionellen MOSFET ist, soll für die Abschätzung dieses Widerstandes der serielle Kanalwiderstand eines MOSFET berechnet werden.

Aufgrund des im Kapitel 1 diskutierten Driftmodells[107] ergibt sich aus dem Ohmschen Gesetz für die $I_{SD}(V_{SD}, V_G)$-Charakteristik eines MOSFET im eingeschalteten Zustand ($V_G \geq V_T$):

$$I_{SD}(V_{SD}, V_G) = \frac{W}{L} \cdot C_{GOX} \cdot \mu \cdot \left(V_{GOX} \cdot V_{SD} - \frac{V_{SD}^2}{2} \right). \qquad (2.54)$$

Darin bezeichnen W die Kanalgebietweite, L die Kanalgebietlänge, μ die Beweglichkeit der Elektronen im Kanal und C_{GOX} die auf die Fläche normierte Kapazität des Gate-Oxids. Für diese gilt ferner:

[107] Vgl. dazu mit Unterpunkt 1.1.4 des ersten Kapitels

$$C_{GOX} = \frac{\varepsilon_0 \cdot \varepsilon_{SiO_2}}{d_{GOX}}. \tag{2.55}$$

Unter der Bedingung $V_{GOX} >> V_{SD}$ (diese Bedingung ist für den eingeschalteten Tunnel-NMOSFET stets erfüllt) ergibt sich mit (2.54) aus (2.55) für den seriellen Kanalwiderstand:

$$R_{Kanal} = \frac{V_{SD}}{I_{SD}} = \frac{d_{GOX} \cdot L}{W \cdot \varepsilon_0 \cdot \varepsilon_{SiO_2} \cdot \mu \cdot V_{GOX}}. \tag{2.56}$$

Somit ergibt sich für die reale Ausgangscharakteristik $j_{SD}(V_{SD}, V_G)$ unter der Einschaltbedingung $V_G = V_T$ der in Abb. 2.149. dargestellte Verlauf ($R_{Leck} = 1 \cdot 10^7\ \Omega$, $R_{Kanal} + R_{Source(Drain)} = 500\ \Omega$). Den Stromdichteanteil des influenzierten Elektronenkanals an der Gesamtstromdichte im Vorwärtsbereich ($V_{SD} > 0$) zeigt Abb. 2.150. Es ergibt sich eine deutliche Abweichung vom idealen Verhalten mit einer deutlichen Verschiebung des NDR-Bereiches zu höheren Spannungen. Außerdem geht dieser Anteil, ebenso im Gegensatz zum idealen Fall, für höhere Spannungen kontinuierlich gegen null, was sich einzig auf die seriellen Widerstände $R_{Kontakt}$ und $R_{Source(Drain)}$ zurückführen lässt.

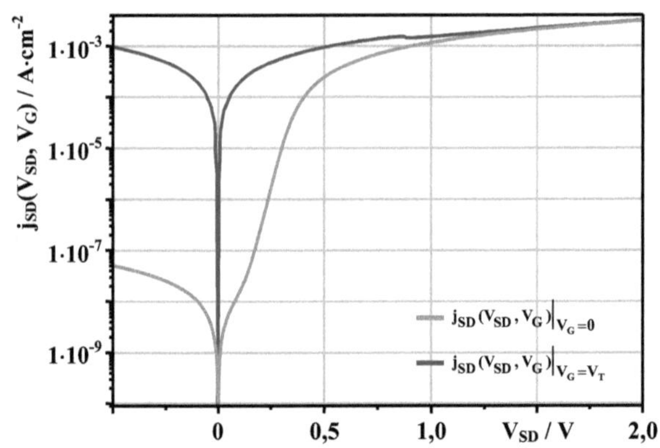

Abb. 2.149. Ausgangscharakteristik $j_{SD}(V_{SD}, V_G)$ eines realen Tunnel-NMOSFETs für $V_G = 0\ V$ und $V_G = V_T$ (unter der Annahme: $R_{Kanal} + R_{Source(Drain)} = 500\ \Omega$ und $R_{Leck} = 1 \cdot 10^7\ \Omega$)

In den folgenden Abbildungen 2.151. und 2.152. sind die Ausgangs- und die Transferkennlinienfelder eines durch *W. S. Hansch et al.* realisierten Tunnel-NMOSFETs dargestellt.

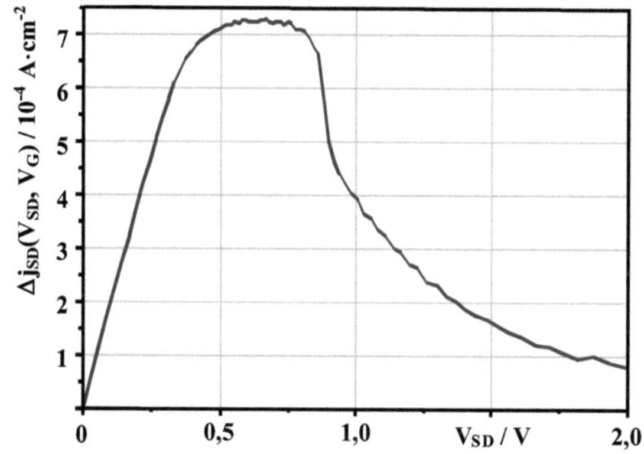

Abb. 2.150. Anteil $\Delta j_{SD}(V_{SD}, V_G)$ des influenzierten Elektronenkanals an der Gesamtstromdichte des Vorwärtsbereichs in einem eingeschalteten realen Tunnel-NMOSFET (unter der Annahme: $R_{Kanal} + R_{Source(Drain)} = 500\ \Omega$, $R_{Leck} = 1 \cdot 10^7\ \Omega$)

Die Dotierhöhe des Drain-Gebietes beträgt $N_D = 5 \cdot 10^{18}\ cm^{-3}$ (Antimon-Dotierung); die Höhe der Dotierung im Source-Gebiet (Bor-Dotierung) beträgt $N_A = 2 \cdot 10^{19}\ cm^{-3}$. Die dem Source-Gebiet vorgelagerte δ-Dotierschicht ist mit einer Bor-Flächenkonzentration von $\sigma_B = 2{,}6 \cdot 10^{14}\ cm^{-2}$ dotiert. Die Länge des Kanalgebietes (durch das „unintentional doping" leicht n$^-$-Typ dotiert) beträgt $L = 100\ nm$ und die Dicke des Gate-Oxides $d_{GOX} = 20\ nm$. Die Dotierstoffkonzentration in den n-Typ (Antimon) dotierten Poly-Silizium-Elektroden beträgt $N_D = 1 \cdot 10^{20}\ cm^{-3}$ [00SchuB].

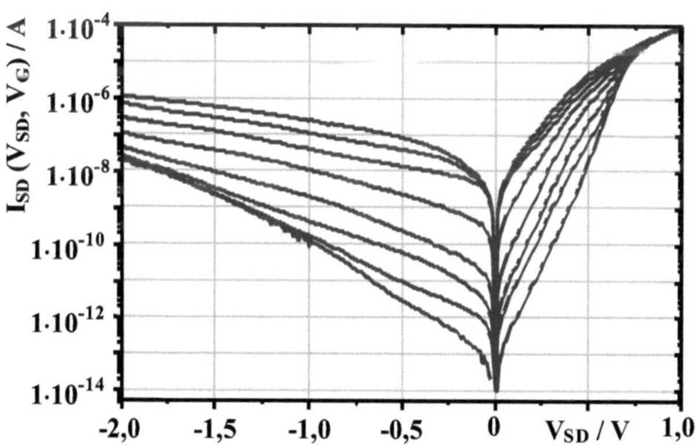

Abb. 2.151. Ausgangskennlinienfeld $I_{SD}(V_{SD}, V_G)$ eines durch *W. S. Hansch et al.* realisierten Tunnel-NMOSFETs: $V_G = (0,\ 4{,}5\ -\ 13{,}5)\ V$, Schritte zu $1{,}5\ V$ ($A = 1600\ \mu m^2$), Beschaltung: „Common-Drain" [00SchuB]

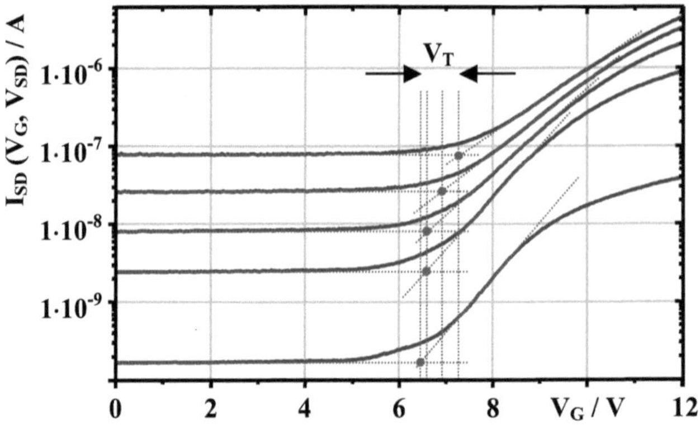

Abb. 2.152. Transferkennlinienfeld $I_{SD}(V_G, V_{SD})$ eines durch *W. S. Hansch et al.* realisierten Tunnel-NMOSFETs: $V_{SD} = -(0{,}01 - 1{,}01)\ V$, Schritte zu $-0{,}2\ V$ ($A = 900\ \mu m^2$) , Beschaltung: „Common-Drain" [00SchuB]

In Abb. 2.152. ist außerdem die von *J. Schulze* in [00SchuB] eingeführte Definition der Schwellwertspannung V_T des Transistors eingezeichnet. Bei diesem Transistor ergibt sich eine Schwellwertspannung von $V_T = (6{,}8 \pm 0{,}4)\ V$.

Die Stromdichteanteile des influenzierten Elektronenkanals an der Gesamtstromdichte im Vorwärtsbereich ($V_{SD} > 0\ V$) zeigt Abb. 2.153. Es ergibt sich ein Verhalten, welches in den vorangegangenen Betrachtungen für einen realen Tunnel-NMOSFETs abgeleitet wurde. Konkret ergeben sich Kennlinienfelder eines realen Tunnel-NMOSFETs mit einem relativ hohen seriellen Kanal-, Kontakt- und Source- bzw. Drain-Widerstand.

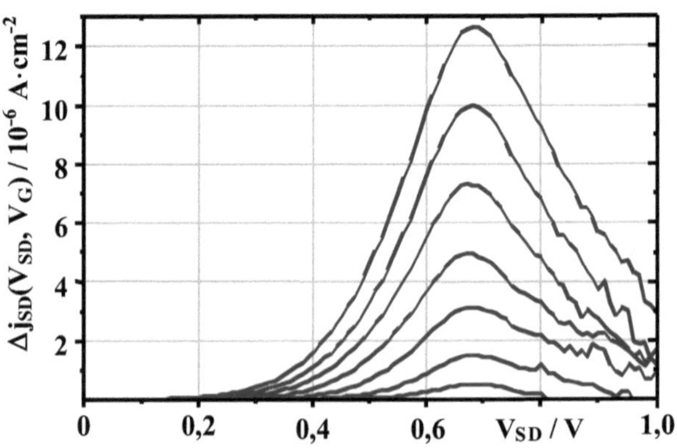

Abb. 2.153. Anteil $\Delta j_{SD}(V_{SD}, V_G)$ des influenzierten Elektronenkanals an der Gesamtstromdichte im Vorwärtsbereich ($V_{SD} > 0\ V$) eines durch *W. S. Hansch et al.* realisierten Tunnel-NMOSFETs (vgl. Abb. 2.151.) [00SchuB]

Durch die Verschiebung des NDR-Gebietes auf einen Wert von ca. $V_{SD} = 0{,}7\ V$ lässt sich schließen, dass der serielle Gesamtwiderstand in diesem Tunnel-NMOSFET bei ca. $R_{Kanal} + R_{Kontakt} + R_{Source(Drain)} = 800\ \Omega$ liegt. In Abb. 2.154. ist erneut das Ausgangskennlinienfeld $I_{SD}(V_{SD}, V_G)$ des gerade diskutierten Tunnel-NMOSFETs dargestellt. Allerdings wurde die Messung des Kennlinienfeldes nun bei einer Temperatur von $T = 77\ K$ durchgeführt.

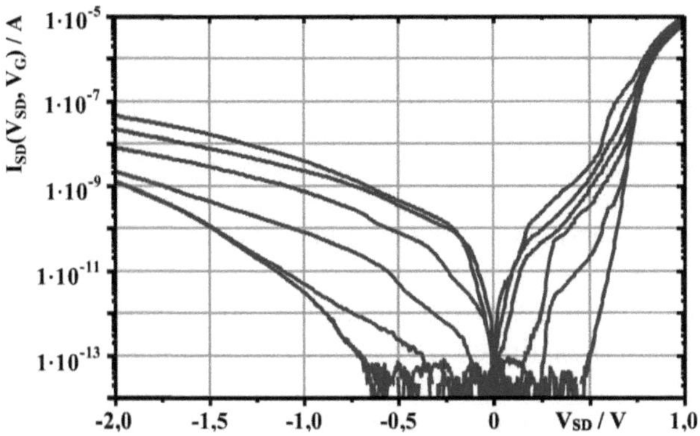

Abb. 2.154. Ausgangskennlinienfeld $I_{SD}(V_{SD}, V_G)$ bei $T = 77\ K$ eines durch *W. S. Hansch et al.* realisierten Tunnel-NMOSFETs: $V_G = (0 - 12)\ V$, Schritte zu $2\ V$ ($A = 1600\ \mu m^2$), Beschaltung: „Common-Drain“ [01Hans]

Wie schon zuvor bei der Betrachtung einer einzelnen Silizium-Esaki-Tunneldiode lassen sich auch bei tiefen Temperaturen relativ starke Abweichungen (Einbrüche in den einzelnen Kennlinien) von der Raumtemperaturcharakteristik feststellen. Analysiert man dieses Kennlinienfeld genauer, indem man das Kennlinienfeld zweimal nach V_{SD} ableitet, so stellt man auch hier fest, dass die Einbrüche in den Kennlinien genau bei jenen Spannungswerten auftreten, die mit den Energiewerten korreliert sind, bei denen Phononen im Silizium-Kristall auftreten, (vgl. Abb. 2.155. und erneut Abb. 2.142.).

Bisher wurden bei der Diskussion der Kennlinienfelder eines Tunnel-NMOSFETs sowohl der Vorwärtsbereich ($V_{SD} > 0\ V$) als auch der Rückwärtsbereich ($V_{SD} < 0\ V$) gleichberechtigt nebeneinander diskutiert, obwohl für den MOSFET-Betrieb nur der Rückwärtsbereich von Interesse ist. Darauf bezogen stellt man allerdings anhand der diskutierten Kennlinienfelder fest, dass der Tunnel-NMOSFET kein echtes Sättigungsverhalten zeigt und dass scheinbar der DIBL-Effekt[108] sehr ausgeprägt ist.

[108] Vgl. mit Unterpunkt 1.1.4 des ersten Kapitels

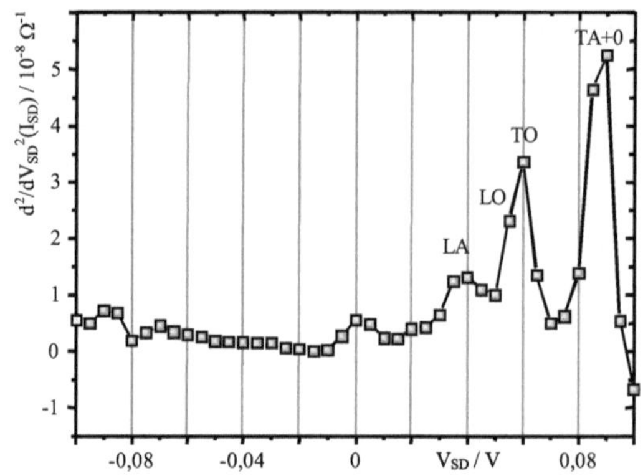

Abb. 2.155. Zweifach nach V_{SD} abgeleitetes Ausgangskennlinienfeld $I_{SD}(V_{SD}, V_G)$ bei $T = 77\,K$: Relative Maxima treten bei Spannungswerten auf, die mit den Energiewerten der im Silizium möglichen Phononen korreliert sind [01Hans]

Der Grund hierfür ist in der gewählten Verschaltung des Transistors („Common-Drain") zu finden. Bei dieser Beschaltung wird der Esaki-ähnliche Tunnelübergang vom Source-Gebiet in den influenzierten Elektronenkanal im Kanalgebiet trotz konstanter Gate-Spannung V_G durch die Variation der Source-Drain-Spannung V_{SD} permanent verändert (am Tunnelübergang fällt stets die Spannungsdifferenz $\Delta V(V_G, V_{SD}) = V_G - V_{SD}$ ab.

Ein deutlich besseres MOSFET-Verhalten ergibt sich mit einer „Common-Source"-Beschaltung, da nun die am Tunnelübergang abfallende Spannung ausschließlich durch die angelegte und konstante Gate-Spannung V_G gegeben ist ($\Delta V(V_G) \neq f(V_{SD})$). Gezeigt wurde dies durch die Fortführung der Arbeiten von *W. S. Hansch et al.* durch *S. Sedlmaier*, die sich hauptsächlich auf die Reduktion der seriellen Kontaktwiderstände $R_{Kontakt}$ und des seriellen Source- bzw. Drain-Widerstandes $R_{Source(Drain)}$ konzentrierte [03Sedl]. Abb. 2.156. zeigt das Ausgangskennlinienfeld $j_{SD}(V_{SD}, V_G)$ eines durch *S. Sedlmaier* realisierten Tunnel-NMOSFETs in „Common-Source"-Beschaltung.

Wie man aus dieser Abbildung deutlich sieht, zeigt der Tunnel-NMOSFET ein ideales Sättigungsverhalten. Außerdem zeigt sich, dass der Strom im eingeschalteten Zustand I_{ON} nicht mehr quadratisch sondern exponentiell mit der Gate-Spannung V_G steigt, was erneut belegt, dass der Transportmechanismus in einem Tunnel-MOSFET „Tunnel-Drift" ist und nicht mehr „Drift-Diffusion", wie bei einem konventionellen MOSFET. Abb. 2.157. zeigt den Anteil $\Delta j_{SD}(V_{SD}, V_G)$ des influenzierten Elektronenkanals an der Gesamtstromdichte im Vorwärtsbereich ($V_{SD} > 0\,V$) dieses Transistors bei $T = 300\,K$ und bei $T = 200\,K$.

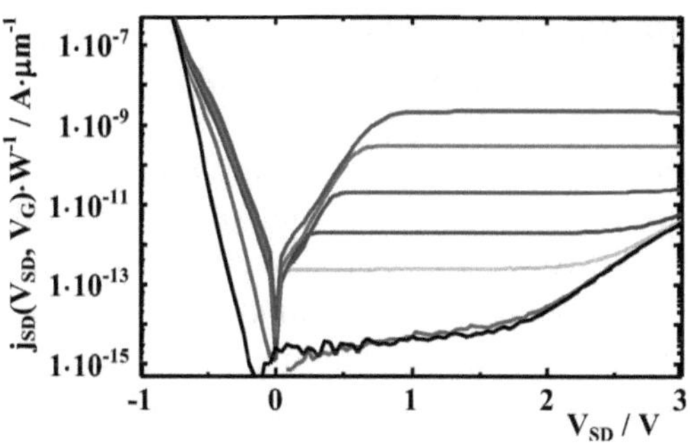

Abb. 2.156. Ausgangskennlinienfeld $j_{SD}(V_{SD}, V_G)$ eines durch *S. Sedlmaier* realisierten Tunnel-NMOSFETs: $V_G = (0, 3 - 8)$ V, Schritte zu *1 V* ($A = 1600$ μm^2), Beschaltung: „Common-Source" [03Sedl]

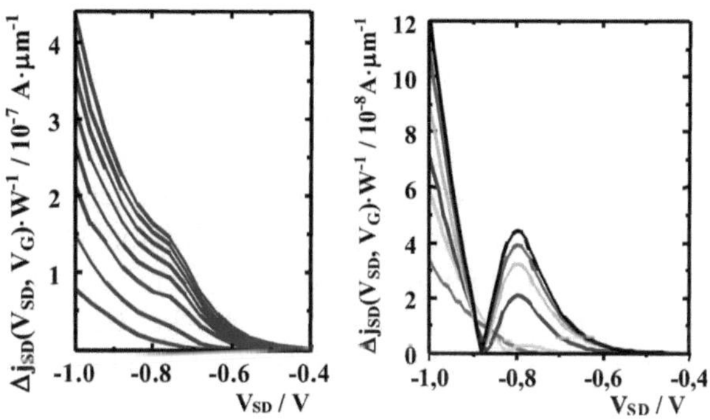

Abb. 2.157. Anteil $\Delta j_{SD}(V_{SD}, V_G)$ des influenzierten Elektronenkanals an der Gesamtstromdichte im Vorwärtsbereich ($V_{SD} < 0$ V) gemessen bei $T = 300$ K (links) und bei $T = 200$ K (rechts) eines durch *S. Sedlmaier* realisierten Tunnel-NMOSFETs (vgl. Abb. 2.156.) [03Sedl]

Im Gegensatz zu den bisher diskutierten Tunnel-NMOSFETs nach *W. S. Hansch et al.* zeigt sich auch hier deutlich ein NDR, allerdings konvergiert $\Delta j_{SD}(V_{SD}, V_G)$ für große Source-Drain-Spannungen nicht mehr gegen null, was eine deutliche Reduktion der seriellen Kontaktwiderstände $R_{Kontakt}$ und des seriellen Source- bzw. Drain-Widerstandes $R_{Source(Drain)}$ belegt. Da der NDR-Bereich trotzdem unverändert bei $V_G \approx 0{,}7$ V liegt, muss geschlossen werden, dass der serielle Kanalwiderstand R_{Kanal} den Hauptanteil an dieser Verschiebung ausmacht, womit man mit (2.56) auf eine deutlich reduzierte Elektronendriftbeweglichkeit im Kanal des vertikalen Tunnel-NMOSFETs schließen muss. In seiner Arbeit zeigte *S. Sedlmaier* außerdem, dass sich der komplementäre Tunnel-PMOSFET ebenfalls realisieren lässt, was dieses Konzept zu einer interessanten Alternative zu klassischen lateralen CMOSFETs macht.

2.4.2 Der vertikale „Few Electron“-Transistor (VFET) bzw. „Single Electron“-Transistor (VSET)

Bei einem vertikalen „Few Electron“-Transistor (VFET) bzw. „Single Electron“-Transistor (VSET) handelt es sich um einen CMOS-kompatiblen MOSFET auf Silizium-Basis, der sich aus einem vertikalen PDBFET ergibt, wie er im vorangegangenen Unterpunkt 2.2.6 des vorliegenden Kapitels diskutiert wurde. Um ein Verständnis für diesen Transistortyp entwickeln zu können, ist es zunächst erforderlich, das Verhalten des klassischen lateralen „Single Electron Transistors“ (SET) zu betrachten.

Der SET beruht auf dem Effekt der „Coulomb-Blockade“, der in extrem kleinen (Abmessungen von nur wenigen Nanometern), elektrisch isolierten, leitfähigen Strukturen (sogenannten „Quantentöpfen“) auftritt. Er bewirkt, dass für jedes weitere Elektron, mit dem der Quantentopf beladen werden soll (hauptsächlich über einen Tunnelprozess), wegen der elektrostatischen Wechselwirkung zwischen dem zu ladenden Elektron und dem(n) bereits in der Struktur gespeicherten Elektron(en) eine höhere Energie aufgewendet werden muss als für das vorherige Elektron notwendig war. Steht diese Energie den zu ladenden Elektronen nicht zur Verfügung, so verhält sich der Quantentopf wie ein Isolator. Die mit der Coulomb-Blockade verbundene Energie ist nur bei tiefen Temperaturen größer als das thermische Rauschen und kann daher nur bei tiefen Temperaturen gut gemessen werden. Die quantenmechanische Ursache des Effekts liegt in der Quantisierung der erlaubten Elektronengesamtenergie W_{n_x,n_y,n_z} ($n_{x(y,\,z)} = 1, 2, \ldots$), die in solchen Quantentöpfen auftritt (es treten diskrete Energieniveaus auf). Die Besetzung dieser Niveaus erfolgt nach dem Pauli-Prinzip. Die Elektronengesamtenergie W_{n_x,n_y,n_z} ergibt sich aus der Lösung der zeitunabhängigen Schrödingergleichung:

$$-\frac{\hbar^2}{2\cdot m}\cdot \Delta\Psi(x,y,z) + V(x,y,z)\cdot\Psi(x,y,z) = W_{n_x,n_y,n_z}\cdot\Psi(x,y,z)\,. \tag{2.57}$$

Darin bezeichnen $\Psi(x, y, z)$ die Wellenfunktion des Elektrons und $V(x, y, z)$ seine potentielle Energie im Quantentopf. Unter der Annahme:

$$V(x,y,z) = \begin{cases} 0, 0 \le x,y,z \le L_{x,y,z} \\ +\infty, L_{x,y,z} < x,y,z \text{ und } x,y,z < 0 \end{cases}, \tag{2.58}$$

die gewährleistet, dass sich das Elektron nur im Quantentopf aufhalten kann ($L_{x(y,\,z)}$ sind die Abmessungen des Quantentopfes, der vereinfachend die Form eines Quaders haben soll), ergibt sich unter den Nebenbedingungen:

$$\int_{-\infty}^{\infty}\int_{-\infty}^{\infty}\int_{-\infty}^{\infty}\left|\Psi(x,y,z)\right|^2 dxdydz = \int_0^{L_z}\int_0^{L_y}\int_0^{L_x}\left|\Psi(x,y,z)\right|^2 dxdydz \overset{!}{=} 1, \tag{2.59}$$

$$\Psi(x,y,z) \overset{!}{=} 0 \text{ für } L_{xyz} \le x,y,z \text{ bzw. } x,y,z \le 0, \tag{2.60}$$

die aus der Interpretation des Betragsquadrates der Wellenfunktion $\left|\Psi(x,y,z)\right|^2$ als statistische Aufenthaltswahrscheinlichkeitsdichte ableitbar sind, als Lösung von (2.57):

$$\Psi_{n_x,n_y,n_z}(x,y,z) = \sqrt{\frac{8}{L_x \cdot L_y \cdot L_z}} \cdot sin(k_x \cdot x) \cdot sin(k_y \cdot y) \cdot sin(k_z \cdot z) \tag{2.61}$$

mit

$$\begin{gathered} W_{n_x,n_y,n_z} = \frac{\hbar^2}{2 \cdot m} \cdot \left(k_x^2 + k_y^2 + k_z^2\right), \\ k_x = \frac{2 \cdot \pi \cdot n_x}{L_x},\ k_y = \frac{2 \cdot \pi \cdot n_y}{L_y},\ k_z = \frac{2 \cdot \pi \cdot n_z}{L_z} \end{gathered} \tag{2.62}$$

($n_{x(y,\,z)}$ = $1, 2, 3, \ldots$). Für die statistische Aufenthaltswahrscheinlichkeitsdichte des Elektrons ergibt sich aus (2.61):

$$\left|\Psi_{n_x,n_y,n_z}(x,y,z)\right|^2 = \frac{8 \cdot sin^2(k_x \cdot x) \cdot sin^2(k_y \cdot y) \cdot sin^2(k_z \cdot z)}{L_x \cdot L_y \cdot L_z}. \tag{2.63}$$

Für einen zweidimensionalen Quantentopf folgt:

$$W_{n_x,n_y} = \frac{\hbar^2}{2 \cdot m} \cdot \left(k_x^2 + k_y^2\right) = \frac{2 \cdot \hbar^2 \cdot \pi^2}{m} \cdot \left(\frac{n_x^2}{L_x^2} + \frac{n_y^2}{L_y^2}\right) \tag{2.64}$$

($n_{x(y,z)} = 1, 2, 3, \ldots$) und:

$$\left|\Psi_{n_x,n_y}(x,y)\right|^2 = \frac{4}{L_x \cdot L_y} \cdot sin^2\left(\frac{2 \cdot \pi \cdot n_x}{L_x} \cdot x\right) \cdot sin^2\left(\frac{2 \cdot \pi \cdot n_y}{L_y} \cdot y\right). \quad (2.65)$$

Abb. 2.158. zeigt die Aufenthaltswahrscheinlichkeitsdichte des Elektrons mit der Gesamtenergie $W_{1,1}$ bzw. $W_{1,2}$ im zweidimensionalen Quantentopf. Wie man anhand dieser Abbildungen erkennt, bildet das Elektron stehende Wellen im Quantentopf aus, die sich der physikalischen Symmetrie des Quantentopfes anpassen.

Mit diesen Betrachtungen ist es nun möglich, den Effekt der Coulomb-Blockade beim Beladen eines (der Einfachheit halber eindimensional angenommenen) Quantentopfes, wie in Abb. 2.159. dargestellt, zu illustrieren.

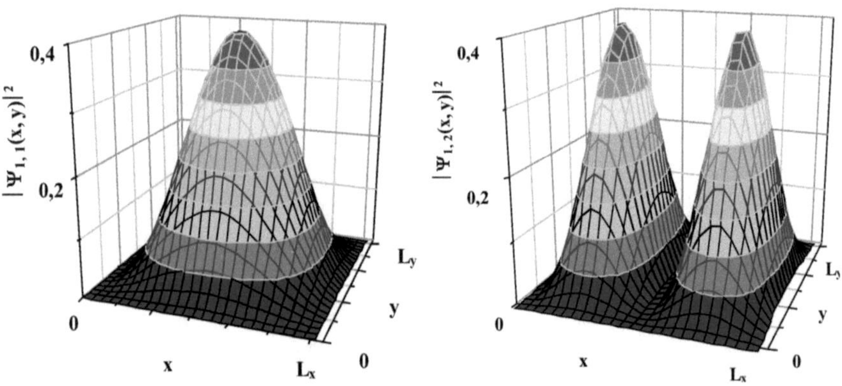

Abb. 2.158. Aufenthaltswahrscheinlichkeitsdichte eines Elektrons mit der Gesamtenergie $W_{1,1}$ (links) und $W_{1,2}$ (rechts) in einem zweidimensionalen Quantentopf der Abmessung L_x und L_y

Mehrere Gruppen erkannten unabhängig voneinander, dass sich bei Einführung einer Gate-Elektrode, mit deren Hilfe die potentielle Energie $V(x, y, z)$ im Quantentopf gezielt verändert – was zu einer Verschiebung der Lage der erlaubten Energieniveaus im Quantentopf führt – und die Beladung eines Quantentopfes mit Elektronen gesteuert werden kann. Dieser Sachverhalt ist in Abb. 2.160. dargestellt. Der sich damit ergebende prinzipielle Stromfluss in den Quantentopf ist in der folgenden Abb. 2.161. dargestellt.

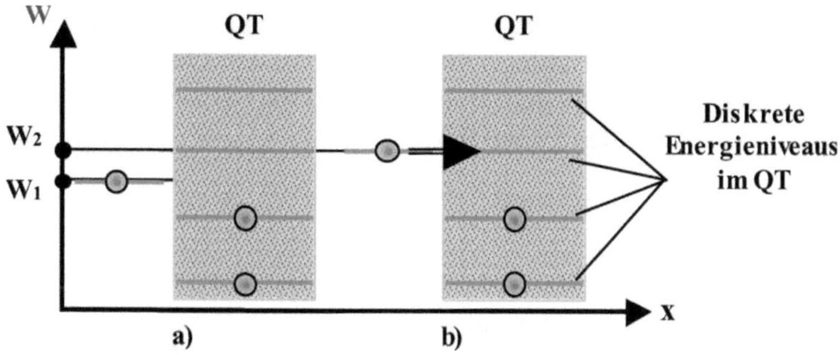

Abb. 2.159. Besitzt das zu ladende Elektron nicht genügend Energie (z. B. W_1), um die Coulomb-Blockade des im Quantentopf (QT) gespeicherten Elektrons zu überwinden, kann es nicht in den QT gelangen, der QT selbst verhält sich wie ein Isolator (a); besitzt es hingegen genügend Energie (z. B. W_2), kann es in den QT geladen werden (b).

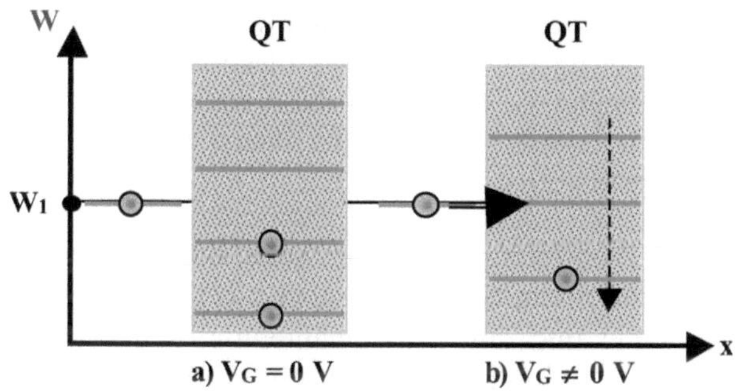

Abb. 2.160. Ohne am Quantentopf (QT) angelegte Gate-Spannung V_G besitzt das zu ladende Elektron nicht genügend Energie, um die Coulomb-Blockade des im QT gespeicherten Elektrons zu überwinden (a); mit angelegter Gate-Spannung V_G lassen sich die diskreten Energieniveaus „durchstimmen“ und das zu ladende Elektron kann in den QT gelangen (b).

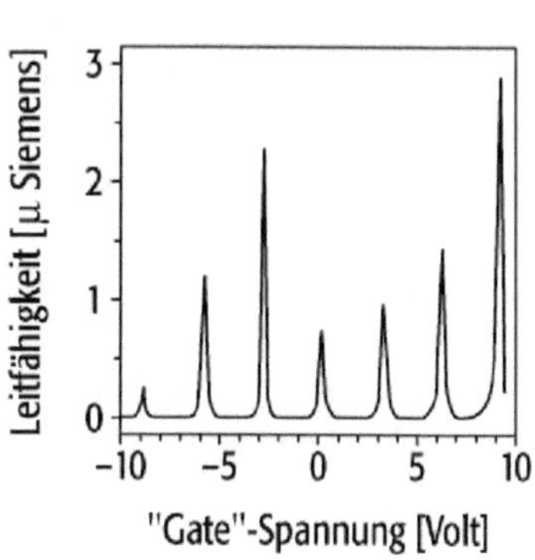

Abb. 2.161. Stromfluss in einem Quantentopf mit Coulomb-Blockade in Abhängigkeit von einer angelegten Gate-Spannung V_G; jede Spitze entspricht einem weiteren besetzten Elektronenniveau (die ungleiche Höhe der Spitzen rührt von zusätzlichen quantenmechanischen Effekten her); die periodische Wiederkehr der Leitfähigkeit mit angelegter Gate-Spannung bezeichnet man als Coulomb-Oszillationen, aus Lexikon der Physik, © 2000 Elsevier GmbH, Spektrum Akad. Verlag, Heidelberg [00LdP].

Einen SET erhält man daraus, wenn man noch eine zweite Kontaktelektrode an den Quantentopf anlegt, über den die in den Quantentopf geladenen Elektronen durch Anlegen einer Source-Drain-Spannung V_{SD} wieder abgezogen werden können (siehe Abb. 2.162.).

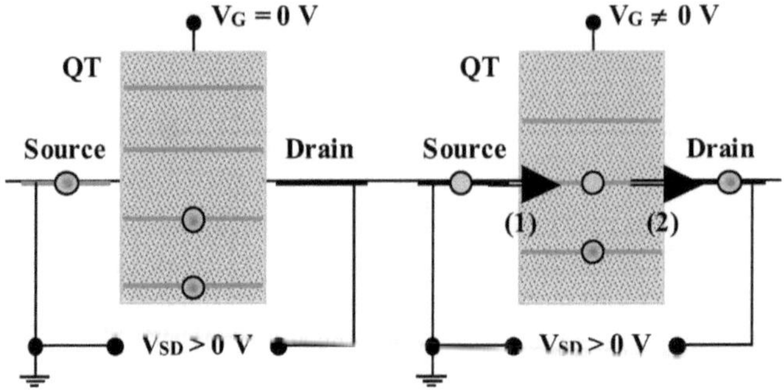

Abb. 2.162. Stromfluss durch einen Quantentopf (QT): Ohne angelegte Gate-Spannung V_G besitzt das zu ladende Elektron nicht genügend Energie, um die Coulomb-Blockade der im QT gespeicherten Elektronen zu überwinden (a); mit angelegter Gate-Spannung V_G lassen sich die diskreten Energieniveaus „durchstimmen" und das zu ladende Elektron kann über zwei Tunnelmechanismen (1) und (2) den QT passieren (b).

Wie man dieser Abbildung entnehmen kann, kommt es durch den Quantentopf erst dann zu einem Stromfluss über zwei Tunnelmechanismen (in den Quantentopf (1) und aus dem Quantentopf (2) – vgl. erneut Abb. 2.162.), wenn die Coulomb-Blockade mit Hilfe der angelegten Gate-Spannung V_G der im Quantentopf gespeicherten Elektronen überwunden werden kann. Tritt dieser Fall ein, tunnelt ein Elektron aus der Drain-Elektrode in den Quantentopf (Tunnelmechanismus (1)). Für ein nachfolgendes Elektron ist der Quantentopf nun aufgrund der Coulomb-Blockade des ersten Elektrons gesperrt. Erst wenn dieses Elektron den Quantentopf über die Drain-Elektrode wieder verlässt (Tunnelmechanismus (2)), wird der Quantentopf für ein nachfolgendes Elektron wieder passierbar. Der Nettostrom durch den Quantentopf wird daher stets nur von einem Elektron getragen (daher auch der Name des Transistorkonzepts: „Single Electron Transistor" – „Ein-Elektron-Transistor").

Der erstmalige Nachweis der Realisierbarkeit eines SETs gelang 1987 *T. A. Fulton* und *G. J. Dolan* von den AT&T Bell Laboratories, New Jersey, USA [87Fult]. Seitdem arbeiten verschiedene Gruppen weltweit an der Entwicklung und Charakterisierung von SETs [94Taka, 95Mats, 96Mats, 02Taka, 02Furu].

Stellvertretend für diese Gruppen sei das SET-Konzept *K. Matsumoto et al.*[109] vorgestellt und kurz diskutiert [95Mats, 96Mats]. Den schematischen Aufbau eines SETs nach *K. Matsumoto et al.* zeigt Abb. 2.163. Die nachfolgende Abb. 2.164. zeigt eine rasterkraftfeldmikroskopische Aufnahme des realisierten SETs.

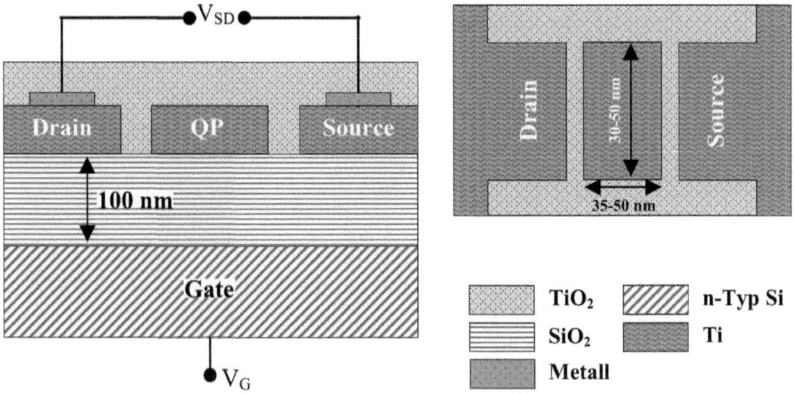

Abb. 2.163. Schematische Darstellung eines SETs nach *K. Matsumoto et al.*

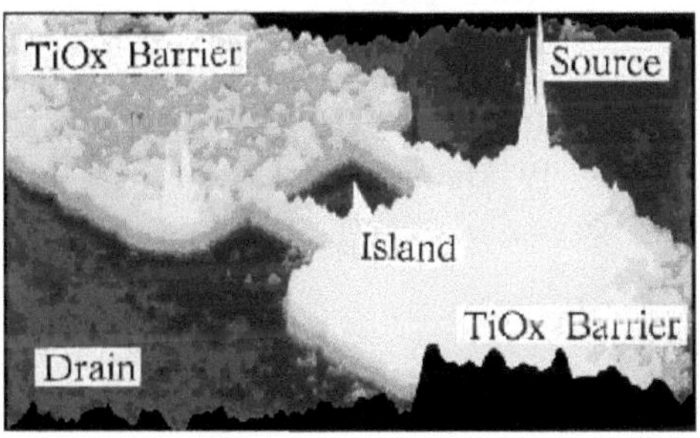

Abb. 2.164. Rasterkraftfeldmikroskopische Aufnahme eines durch *K. Matsumoto et al.* realisierten SETs [95Mats, 96Mats]

Zur Herstellung des SETs nach *K. Matsumoto et al.* wird auf einem SiO_2-Film (dem Gate-Oxid) ein dünner Titan-Film ($d_{Ti} = 3\ nm$) abgeschieden, der dann mit Hilfe der Spitze eines Rastertunnelmikroskops lokal durch anodische Oxidation in TiO_2 umgewandelt wird, welches zum einen als Tunnelbarriere zwischen Source und Quantentopf (dem Kanalgebiet des SETs) bzw. zwischen Drain und Quantentopf dient und zum anderen als elektrische Isolation der aktiven Transistorgebiete.

Die relative Dielektrizitätszahl des so erzeugten TiO_2 beträgt $\varepsilon_{rel} = 24$, die Barrierenhöhe des Tunnelübergangs Ti/TiO_2 beträgt $W_B = 285\ meV$.

[109] Die Arbeiten zum SET wurden hauptsächlich an der Universität Stanford, USA, durchgeführt.

Die physikalische Breite bzw. –länge der TiO_2-Tunnelbarrieren liegt typischerweise im Bereich $15 \leq B_{TB}/nm \leq 25$ bzw. $30 \leq L_{TB}/nm \leq 50$. Das Gate-Oxid selbst wird durch thermische Oxidation auf einem n-Typ dotierten Silizium-Substrat hergestellt. Das Substrat dient dabei als Gate-Elektrode. Berücksichtigt man, dass der Titan-Film selbst einem natürlichen Oxidationsprozess unterliegt (die Dicke des natürlichen Titan-Oxids liegt bei $d_N \approx 1\ nm$), dann ergibt sich für die Kapazität C_T eines Tunnelübergangs zu:

$$C_T = \varepsilon_{rel} \cdot \varepsilon_0 \cdot \frac{(d_{Ti} - d_N) \cdot L_{TB}}{B_{TB}} \cong 8{,}5 \cdot 10^{-19}\, F \,. \tag{2.66}$$

Diese geringe Kapazität ermöglicht es, dass der SET selbst bei Raumtemperatur arbeitet, was durch die Ausgangscharakteristik für $T = 300\ K$ (vgl. Abb. 2.165.) bestätigt wird. Generell bestimmt die Größe dieser Tunnelkapazität die Periode der Coulomb-Oszillationen ΔV_{CO}. Im diskutierten SET ergibt sich für diese Periode $\Delta V_{CO} \approx 150\ mV$.

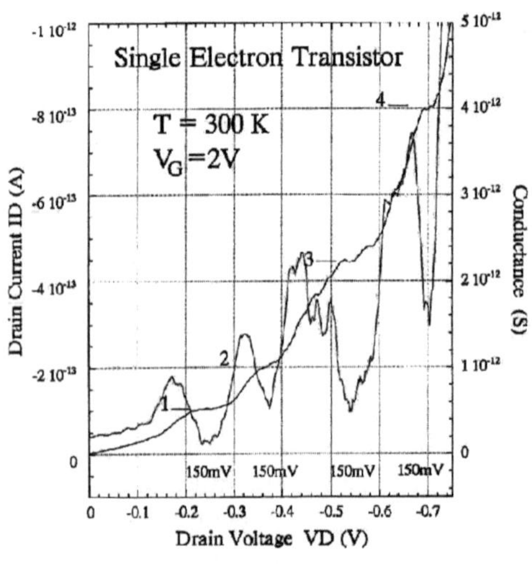

Abb. 2.165. Ausgangscharakteristik $I_{SD}(V_{SD}, V_G)$ und S-Parameter eines durch *K. Matsumoto et al.* realisierten SETs bei $T = 300\ K$ [95Mats, 96Mats]

Die Betrachtungen zum SET sind für die Silizium-basierte MOSFET-Technologie bedeutsam, wenn die physikalischen Abmessungen der Transistoren (insbesondere die Kanalgebietlängen) den Sub-*50 nm*-Bereich erreichen. Die folgende Abb. 2.166. zeigt die Transfercharakteristik bei $T = 4.2\ K$ eines in Unterabschnitt 2.2.6 des vorliegenden Kapitels diskutierten vertikalen NPDBFETs mit einer Kanalgebietlänge $L = 85\ nm$ und einer Kanalgebietweite $W = 80\ \mu m$ bzw. die Transfercharakteristik bei

$T = 4.2\,K$ eines vertikalen NPDBFETs mit einer Kanalgebietlänge $L = 85\,nm$ und –weite $W = 9\,\mu m$. Die δ-Dotierstoffflächenkonzentration (als Dotierstoff wurde Bor gewählt) ist bei beiden MOSFETs $\sigma_B > 4 \cdot 10^{12}\,cm^{-2}$. Bei beiden Transistoren beträgt die Dicke des Gate-Oxides $d_{GOX} = 14\,nm$, und die gewählte Source-Drain-Spannung V_{SD} beträgt in beiden Fällen nur $V_{SD} = 4\,mV$.

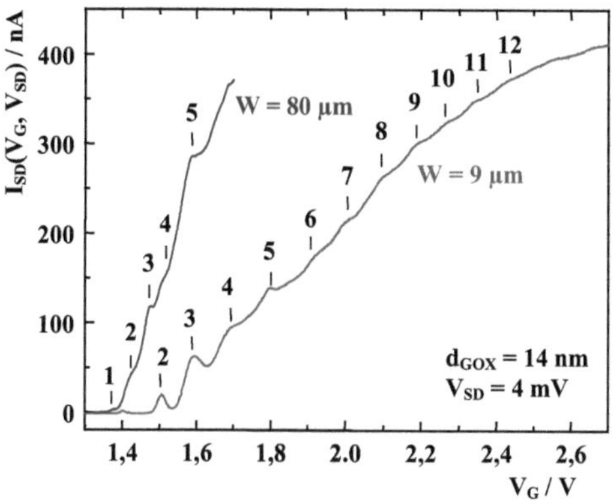

Abb. 2.166. Transfercharakteristik $I_{SD}(V_G, V_{SD})$ bei $T = 4{,}2\,K$ eines PDBFETs der Kanalgebietlänge $L = 85\,nm$ und –weite $W = 80\,\mu m$ (schwarz) bzw. $L = 85\,nm$ und $W = 9\,\mu m$ (grau) [PIHans]

Man erkennt auch hier deutlich das Auftreten von Stromoszillationen mit steigender Gate-Spannung V_G, ähnlich denen eines SETs. Eine genauere Analyse dieser Transfercharakteristiken ergibt, dass die Periode der Oszillationen $\Delta V_G = (95 \pm 5)\,mV$ ($W = 9\,\mu m$) bzw. $\Delta V_G = (44 \pm 5)\,mV$ ($W = 80\,\mu m$) beträgt (vgl. Abb. 2.167.).

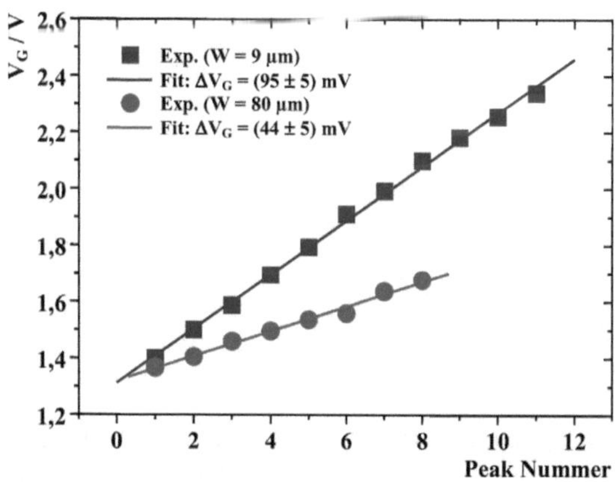

Abb. 2.167. Gemessene Gate-Spannungen V_G, bei denen ein Strompeak in den in Abb. 2.166. dargestellten Transfercharakteristiken auftritt [PIHans]

Weitere Messungen ergaben, dass sich die Lage der Strompeaks und damit die Periode der Oszillationen bei Erhöhung der Source-Drain-Spannung V_{SD} nicht verändert (vgl. Abb. 2.168.) und dass die Stromoszillationen im weiten Temperaturbereich $4,2 \leq T/K \leq 77$ beobachtbar sind (Abb. 2.169.).

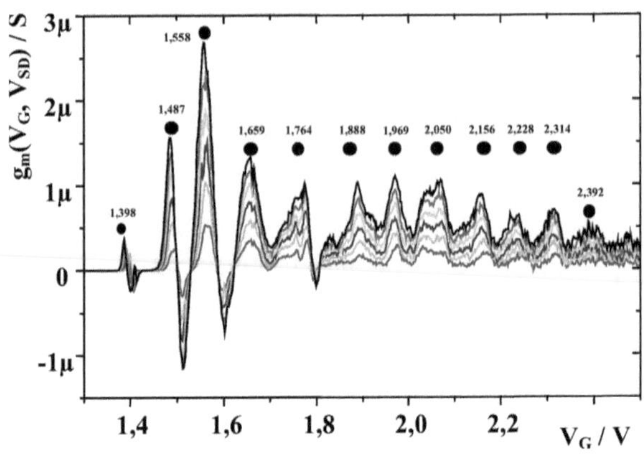

Abb. 2.168. Steilheit g_m der Ausgangscharakteristiken eines NPDBFETs als Funktion der Gate-Spannung V_G; die Zahlen über den Peaks geben den mittleren V_G-Wert an, bei dem dieser Peak auftritt. ($L = 85\ nm$, $W = 9\ \mu m$, $d_{GOX} = 14\ nm$, $\Delta V_G = (90 \pm 5)\ mV$, $V_{SD} = 2/2/3/4/5/6\ mV$) [PIHans]

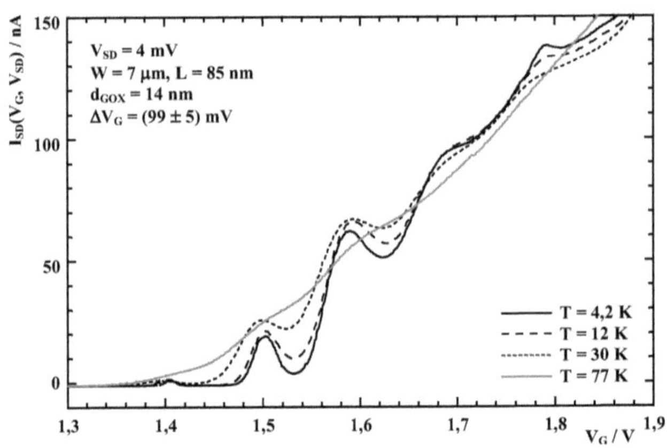

Abb. 2.169. Transfercharakteristik $I_{SD}(V_G, V_{SD})$ eines NPDBFETs der Kanalgebietlänge $L = 85\ nm$ und –weite $W = 7\ \mu m$ bei verschiedenen Temperaturen [PIHans]

In der Forschungsgemeinschaft werden diese Oszillationen kontrovers diskutiert und es gibt zwei Modellansätze zur Erklärung: Der erste Modellansatz sieht in diesen Oszillationen einen Beweis, dass es in sehr kleinen MOSFETs zu Coulomb-Oszillationen kommt, da ein MOSFET bei immer kleiner werdenden Strukturgrößen und den damit verbundenen höheren Dotierungen im Kanalgebiet und in den Source- bzw. Drain-Gebieten in einen SET übergeht. Der zweite Modellansatz vermutet hinter diesen Oszillationen zweidimensionale dynamische Wigner-Kristalle aus Elektronen, die sich im Inversionskanal ausbilden.

Zunächst soll der erste Modellansatz hypothetisch als richtig angenommen und die Oszillationen mit diesem Ansatz als Coulomb-Oszillationen erklärt werden: Wesensmerkmal eines PDBFETs ist die Vereinigung der gesamten Kanalgebietdotierung in einem Delta in der Mitte des Kanalgebietes. Diese δ-Dotierung ist durch Zonen intrinsischen Siliziums, welche in der Praxis meist unvermeidbar n^--Typ dotiert sind ($N_D \approx 1 \cdot 10^{16}\ cm^{-3}$), von Source bzw. Drain getrennt, die selbst n^+-Typ dotiert sind. Dies hat zur Folge, dass bereits geringe Gate-Spannungen $V_G > 0\ V$ ausreichen, um in den intrinsischen Zonen einen Elektronenkanal zu formen (vgl. erneut die Diskussion „dynamischer LDD-Gebiete eines PDBFETs im Unterpunkt 2.2.7 dieses Kapitels), während der Kanalbereich an der δ-Dotierung noch nahezu unbeeinflusst von V_G ist, wenn die Dotierung im Delta so hoch gewählt ist, dass Entartung vorliegt, und V_G noch im Unterschwellwertbereich der Transfercharakteristik liegt. Dieser Elektronenkanal führt das Source- bzw. das Drain-Gebiet bis unmittelbar an die δ-Dotierung heran (die diskutierten Effekte sind daher für NPDBFETs, die sich nur in den Kanalgebietlängen voneinander unterscheiden, gleich).

Abb. 2.170. zeigt den berechneten Verlauf der Silizium-Leitungsbandunterkante W_L in einer n-Typ dotierten ($N_D = 1 \cdot 10^{16}\ cm^{-3}$) Silizium-Schicht mit einer eingebetteten n-Typ δ-Dotierung mit einer Dotierstoffflächenkonzentration $\sigma_d = 2 \cdot 10^{13} cm^{-2}$ [89Eise]. Das Fermi-Niveau W_F wird in dieser Abbildung mit E_F bezeichnet.

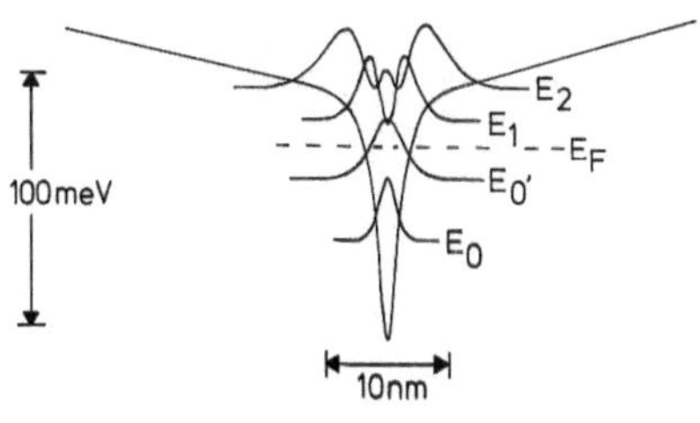

Abb. 2.170. Quantisierte Energiezustände, Fermi-Niveau E_F und Aufenthaltswahrscheinlichkeitsdichte der Elektronen in einer n-Typ δ-Dotierung mit einer Dotierstoffflächenkonzentration $\sigma_D = 2 \cdot 10^{13} cm^{-2}$ in einer n-Typ dotierten Silizium-Schicht [89Eise]

Man erkennt deutlich, wie eine so hoch dotierte δ-Dotierschicht einen Quantentopf endlicher Tiefe in der Silizium-Leitungsbandunterkante W_L bildet, in dem sich diskrete Energiezustände für Elektronen ausbilden.

Ein entsprechender Quantentopf für Löcher bildet sich im Valenzband einer schwach p-Typ dotierten Silizium-Schicht mit einer eingebetteten p-Typ δ-Dotierung mit einer entsprechend hohen Dotierstoffflächenkonzentration.

Der Bandverlauf in einem NPDBFET unter diesen Bedingungen ist in den Abbildungen 2.171. und 2.172. dargestellt. Dabei wird davon ausgegangen, dass die δ-Dotierung sowie die Source- und Drain-Dotierung so hoch gewählt wird, dass Entartung vorliegt.

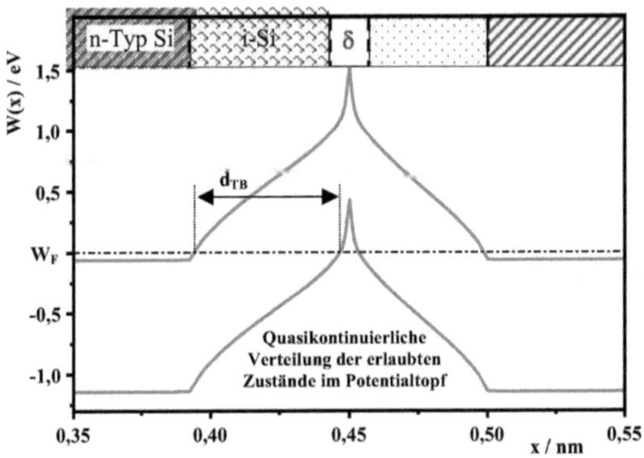

Abb. 2.171. Vereinfachter, eindimensionaler Bandverlauf in einem NPDBFET mit einer kurzen Kanalgebietlänge, mit einer entarteten δ-Dotierung und mit einem entarteten Source- bzw. Drain-Gebiet im ausgeschalteten Zustand ($V_G = 0\ V$)

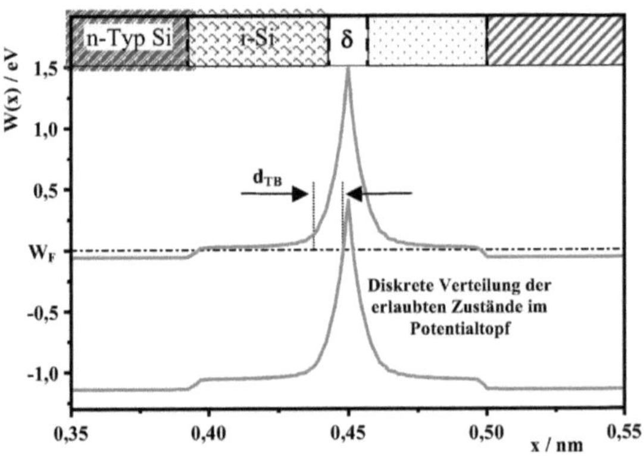

Abb. 2.172. Vereinfachter, eindimensionaler Bandverlauf in einem NPDBFET mit einer kurzen Kanalgebietlänge, mit einer entarteten δ-Dotierung und mit einem entarteten Source- bzw. Drain-Gebiet bei angelegter Gate-Spannung ($V_G > 0\ V$) im Unterschwellwertbereich der Transfercharakteristik

Induziert durch die Gate-Spannung V_G wird der durch die Silizium-Valenzbandoberkante gebildete Potenzialtopf so stark in seiner Breite verkürzt, dass die quasikontinuierliche Verteilung der erlaubten Zustände in diesem Topf in eine diskrete Verteilung übergeht. Dies wird verständlich, wenn man Beziehung (2.64) für einen eindimensionalen Quantentopf betrachtet:

$$W_{n_x} = \frac{\hbar^2 \cdot k_x^2}{2 \cdot m} = \frac{2 \cdot \hbar^2 \cdot \pi^2 \cdot n_x^2}{m \cdot L_x^2} = W_0 \cdot n_x^2, \tag{2.67}$$

($n_x = 1, 2, 3, \ldots$) für einen eindimensionalen Potenzialtopf der Breite L_x mit unendlich hohen Wänden in Erinnerung ruft. Je größer (kleiner) L_x ist, umso kleiner (größer) wird W_0, und je kleiner diese Grundzustandsenergie W_0 ist, umso mehr gleicht die diskrete Verteilung der erlaubten Energieniveaus im Potenzialtopf einem Kontinuum (siehe Abb. 2.173.).

Gleichzeitig verkürzt sich die Breite der Tunnelbarriere d_{TB} zwischen der Silizium-Leitungsbandunterkante im Kanal und der Silizium-Valenzbandoberkante im δ-Dotiergebiet, so dass ein Zener-Tunneln vom Source-seitigen Kanal in das δ-Gebiet bzw. vom δ-Gebiet in den Drain-seitigen Kanal möglich ist. Der gebildete Potenzialtopf wirkt somit wie ein Quantentopf und der NPDBFET stellt abhängig von der Kapazität C_T der gebildeten Tunnelübergänge einen Silizium-basierten vertikalen „Few Electron"-Transistor (VFET) bzw. „Single Electron"-Transistor (VSET) dar.

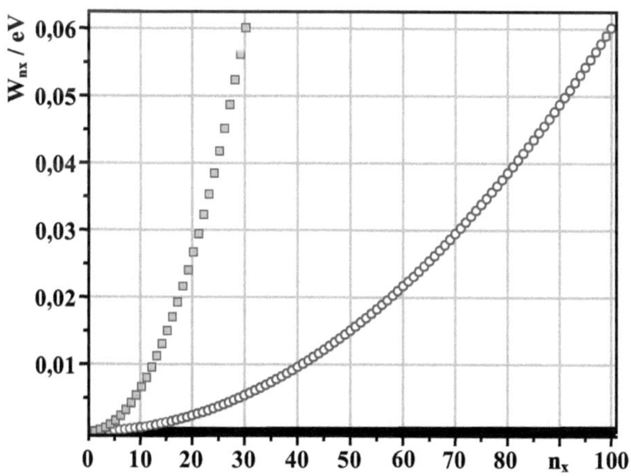

Abb. 2.173. Erlaubte Energieniveaus in einem eindimensionalen Potenzialtopf mit unendlich hohen Potenzialwänden und der Breite $L_x = 100\ nm$ (schwarz), $L_x = 5\ nm$ (rot) und $L_x = 1,5\ nm$ (blau)

Die folgende Abb. 2.174. zeigt die Periode der Oszillationen ΔV_G verschiedenster NPDBFETs (Kanalgebietlängen: $70 \leq L/nm \leq 85$, Kanalgebietweiten: $7 \leq W/\mu m \leq 700$, Gate-Oxiddicken: $d_{GOX} = 14\ nm$, δ-Dotierhöhen: $\sigma_A > 4 \cdot 10^{12}\ cm^{-2}$). Die Daten der drei in den Abbildungen 2.166. bis 2.169. diskutierten NPDBFETs fließen in dieses Diagramm mit ein. Man erkennt, dass die Periode der Oszillationen ΔV_G eine Funktion $\Delta V_G = \Delta V_G(W)$ der Kanalgebietweite W ist und mit abnehmendem W zunimmt.

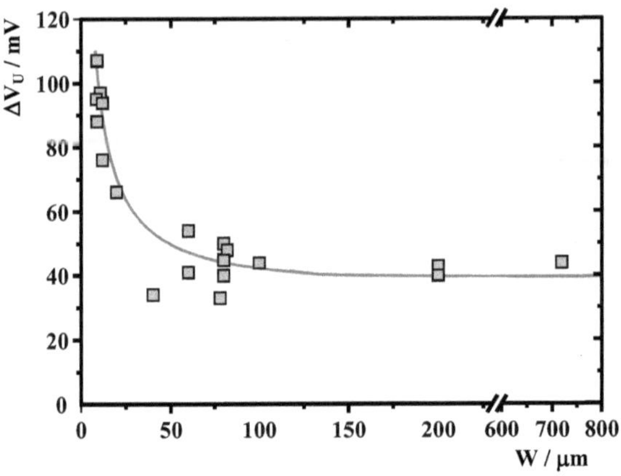

Abb. 2.174. Abhängigkeit der Periode der Oszillationen ΔV_G von der Kanalgebietweite W in den Transfercharakteristiken von PDBFETs, die sich nur in der Kanalgebietweite voneinander unterscheiden

Außerdem ist bei allen dargestellten NPDBFETs die Periode der Oszillationen selbst konstant. Die Ursache für diese Äquidistanz im Auftreten der Strompeaks in den Transfercharakteristiken lässt sich mit der parabolischen Form des gebildeten Potenzialtopfes erklären, da die Abstände zwischen den erlaubten Energieniveaus in einem parabolischen Potenzialtopf äquidistant sind [92Grei].

Da es sich bei den betrachteten NPDBFETs um VF(S)ETs handelt, muss es sich bei den auftretenden Oszillationen um Coulomb-Oszillationen handeln und somit gilt $\Delta V_G = \Delta V_{CO}$. Da ΔV_{CO} von der Kapazität C_T des Tunnelübergangs abhängt, muss sich die in Abb. 2.174. gezeigte Abhängigkeit $\Delta V_G = \Delta V_G(W)$ daraus ableiten lassen: Abschätzungsweise gilt:

$$C_T = \varepsilon_{rel} \cdot \varepsilon_0 \cdot \frac{A_{TB}}{d_{TB}} = \varepsilon_{rel} \cdot \varepsilon_0 \cdot \frac{d_{EK} \cdot W}{d_{TB}}. \tag{2.68}$$

Darin bezeichnet d_{EK} die Dicke der in den intrinsischen Zonen der NPDB-FETs influenzierten Elektronenkanäle. Und weiterhin gilt:

$$V = \frac{Q}{C_T} = \frac{Q \cdot d_{TB}}{\varepsilon_{rel} \cdot \varepsilon_0 \cdot d_{EK}} \cdot \frac{1}{W} = \frac{\alpha}{W}. \tag{2.69}$$

Die in dieser Beziehung auftretende Ladung Q korrespondiert mit der im Quantentopf gespeicherten Ladung, die selbst direkt proportional zur Anzahl der im Quantentopf erlaubten Energieniveaus ist. Bei einem zeitlich konstanten Potenzialtopf mit einer äquidistanten Verteilung der Energieniveaus gilt:

$$\frac{\Delta W}{e} = \Delta V_{CO} = \Delta V_G \sim Q. \tag{2.70}$$

Darin bezeichnet ΔW den energetischen Abstand zweier benachbarter Energieniveaus. Aus (2.69) und (2.70) folgt mit Blick auf die in Abb. 2.174. dargestellten experimentellen Ergebnisse:

$$\Delta V_G(W) = \frac{\alpha}{W} + V_\infty \tag{2.71}$$

mit:

$$\lim_{W \to \infty} \Delta V_G(W) = V_\infty. \tag{2.72}$$

Für die betrachteten NPDBFETs ist α eine Konstante und somit folgt die Periode der Oszillationen $\Delta V_G(W) = \Delta V_{CO}(W)$ einem W^{-1}-Gesetz.

In Abb. 2.174. ist der durch (2.71) gegebene Verlauf von $\Delta V_G(W)$ mit den Fitparametern $\alpha = 444{,}57\ mV \cdot \mu m$ und $V_\infty = 39{,}85\ mV$ ebenfalls eingezeichnet.

Die in (2.71) eingeführte Spannung V_∞ lässt sich aus dem Energiespektrum des dreidimensionalen Quantentopfes herleiten. Dazu soll angenommen werden, dass der in den NPDBFETs gebildete dreidimensionale Quantentopf vom Typ (2.58) ist und seine Abmessungen durch $L_x = \Delta$

(Breite der δ-Dotierung), $L_y = W$ (Kanalgebietweite eines NPDBFETs) und $L_z = H$ gegeben sind.[110] Dann folgt mit (2.62):

$$W_{n_x,n_y,n_z} = \frac{2 \cdot \pi^2 \cdot \hbar^2}{m} \cdot \left(\frac{n_x^2}{\Delta^2} + \frac{n_y^2}{W^2} + \frac{n_z^2}{H^2} \right), \qquad (2.73)$$

($n_{x(y,\,z)} = 1, 2, 3, \ldots$). Bleiben die Abmessungen Δ und H des Quantentopfes konstant (für die diskutierten NPDBFETs ist das der Fall, und darüber hinaus sind diese in den betrachteten NPDBFETs gleich) und konvergiert die Kanalgebietweite W gegen unendlich, geht das Energiespektrum (2.73) in das Energiespektrum

$$W_{n_x,n_z} = \frac{2 \cdot \pi^2 \cdot \hbar^2}{m} \cdot \left(\frac{n_x^2}{\Delta^2} + \frac{n_z^2}{H^2} \right), \qquad (2.74)$$

($n_{x(z)} = 1, 2, 3, \ldots$) über, das von der Kanalgebietweite W unabhängig ist. Für den Quantentopf eines NPDBFETs mit sehr großer Kanalgebietweite W ist der Abstand der Energieniveaus unabhängig von W $e \cdot V_\infty$ (im konkreten Beispiel $e \cdot V_\infty \approx 40\ meV$).

Der zweite Modellansatz zur Erklärung der Oszillationen beruht auf der Annahme, dass sich bei einer bestimmten Elektronenflächendichte ΔN_S im nahezu zweidimensionalen influenzierten Kanal ($V_G > 0\ V$) eines NPDBFETs zweidimensionale dynamische Wigner-Kristalle aus Elektronen bilden. Diese Elektronenflächendichte ΔN_S selbst ist dabei ein ganzzahliges Vielfaches einer universellen Elektronenflächendichte $\Delta N_{S,0}$

$$\Delta N_S = \Delta N_S(n_W) = n_W \cdot \Delta N_{S,0},\ n_W = 1, 2, 3, \ldots, \qquad (2.75)$$

bei der sich der erste ($n_W = 1$) Wigner-Kristall bildet.

Eine Grundannahme in diesem Modell ist, dass sich ein Wigner-Kristall nur dann ungestört ausbilden kann, wenn die Elektronen nahezu eine gleiche Energie und einen gleichen Impuls besitzen, was im influenzierten Kanal eines PDBFETs aufgrund der Dreiecksbarriere im Kanalgebiet des NPDBFETs gegeben ist, da diese bei kleinen Gate-Spannungen V_G sowohl

---

[110] In einem solchen quaderförmigen Quantentopf sind die Abstände der Energieniveaus untereinander nicht äquidistant. Für das allgemeine Verständnis der Größe V_∞ ist diese Annahme aber prinzipiell geeignet.

als Energie- als auch als Impulsfilter für die Elektronen aus dem Source-Gebiet wirkt. Dabei bedeutet Energie- bzw. Impulsfilter, dass durch diese Barriere bei kleinen V_G-Spannungen energetisch monochromatische Elektronen erzeugt werden, deren Impulse nahezu parallel zueinander sind (siehe Abb. 2.175.).

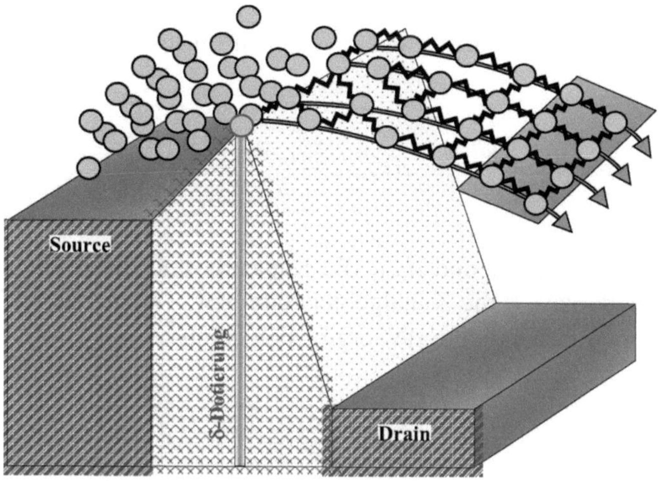

Abb. 2.175. Die Dreiecksbarriere eines NPDBFETs wirkt als Energie- und Impulsfilter für Elektronen aus dem Source-Gebiet. Beträgt die Elektronenflächendichte im Kanal $\Delta N_S = n_W \cdot \Delta N_{S,0}$ ($n_W = 1, 2, 3, \ldots$), bildet sich nach der Barriere ein dynamischer Wigner-Kristall aus [PIHans].

Bedingung dafür, dass diese Monochromasie nach Passieren der Barriere erhalten bleibt, ist ein Wechsel des Transportmechanismus der Elektronen im Kanal beim Übergang zu kleinen Kanalgebietlängen und zwar vom Mechanismus der Drift-Diffusion zum ballistischen Transport.[111]

Arrangieren sich die Elektronen in einem Wigner-Kristall, können sie sich durch die stark unterdrückte Elektron-Elektron-Streuung relativ ungestört durch den Kristall kollektiv bewegen, was sich in einem Stromanstieg in der Transfercharakteristik bemerkbar macht. Unter- oder überschreitet die Elektronenflächendichte $\Delta N_S(n_W)$, bricht der n_W-te Wigner-Kristall zusammen, und die nun wieder auftretende Elektron-Elektron-Streuung bewirkt eine Abnahme des Source-Drain-Stromes – in der Transfercharakteristik des NPDBFETs treten Oszillationen auf.

[111] Vgl. zu diesem Punkt erneut die Diskussion des sogenannten „velocity overshoots“ im Unterpunkt 2.2.7 des vorliegenden Kapitels.

Die Berechnung dieser universellen Elektronenflächendichte $\Delta N_{S,0}$ ergibt sich aus der folgenden Herleitung: Bei einer Änderung der Gate-Spannung um ΔV_G folgt aus

$$\Delta Q = C_{GOX} \cdot \Delta V_G \tag{2.76}$$

für die Änderung der Anzahl der Elektronen im influenzierten Kanal ΔN eines PDBFETs

$$\Delta N = \frac{C_{GOX}}{e} \cdot \Delta V_G = \frac{\varepsilon_{rel} \cdot \varepsilon_0 \cdot W \cdot L}{e \cdot d_{GOX}} \cdot \Delta V_G \,. \tag{2.77}$$

Darin bezeichnen C_{GOX} und d_{GOX} die Kapazität und die Dicke des Gate-Oxides und W bzw. L die Kanalgebietweite bzw. –länge des NPDBFETs. Die Elektronenflächendichte ΔN_S ergibt sich daraus:

$$\Delta N_S = \frac{\Delta N}{W \cdot L} = \frac{\varepsilon_{rel} \cdot \varepsilon_0}{e \cdot d_{GOX}} \cdot \Delta V_G \,. \tag{2.78}$$

Gibt ΔV_G die Periode der Oszillationen in der Transfercharakteristik, dann folgt bei gegebener Oxiddicke d_{GOX}:

$$\Delta N_S = \Delta N_{S,0} = \frac{\Delta N}{W \cdot L} = \frac{\varepsilon_{rel} \cdot \varepsilon_0}{e \cdot d_{GOX}} \cdot \Delta V_G \,. \tag{2.79}$$

Damit erklärt sich die Konstanz der Periode ΔV_G, da bei einer stetigen Erhöhung der Gate-Spannung um ΔV_G die Elektronenflächendichte um den Wert $\Delta N_{S,0}$ zunimmt und so der nächsthöher indizierte Wigner-Kristall entsteht. Normiert man die Gate-Oxiddicke mittels

$$\frac{\Delta V_G}{d_{GOX}} = \frac{\Delta V_U}{d_{NORM}} , \tag{2.80}$$

ergibt sich aus (2.79):

$$\Delta N_{S,0} = \frac{\varepsilon_{rel} \cdot \varepsilon_0}{e \cdot d_{NORM}} \cdot \Delta V_U \,. \tag{2.81}$$

Da es sich bei der Elektronenflächendichte $\Delta N_{S,0}$ um eine universelle Größe handelt, handelt es sich bei ΔV_U ebenfalls um eine universelle Größe, die sich bei allen Messungen ergeben muss. Zur Untermauerung dieser in (2.81) formulierten Hypothese einer universellen Spannung ΔV_U, die unabhängig von den Bauelementgeometrien und –dotierungen ist, wird erneut Abb. 2.174. herangezogen (nun allerdings in der Auftragung $\Delta V_U(W)$ – vgl. Abb. 2.176.).

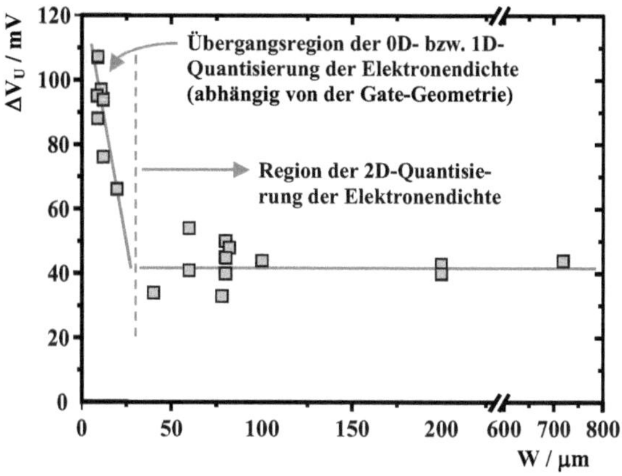

Abb. 2.176. Abhängigkeit der universellen Größe ΔV_U, die sich aus der Periode der Oszillationen in den Transfercharakteristiken ergibt, von der Kanalgebietweite W verschiedener NPDBFETs [PIHans]

Mit der Erklärung der Abweichungen für Kanalgebietweiten $W < 30\ \mu m$ als Gate-Geometrie-abhängige null- bzw. eindimensionale Quantisierung der Elektronendichte (für die Ausbildung eines Wigner-Kristalls in einem NPDBFET ist eine zweidimensional quantisierte Elektronendichte erforderlich), ergibt sich eine konstante Spannung $\Delta V_U \approx 43\ mV$. Die Schwankungen von ΔV_U bei konstanter Kanalgebietweite W werden als technologische Fluktuationen z. B. der Gate-Oxiddicke erklärt.

Normiert man die Gate-Oxiddicke auf $d_{NORM} = 10\ nm$, dann ergibt sich mit dem gewonnenen Wert für ΔV_U aus (5.80) $\Delta N_{S,0} \approx 1 \cdot 10^{11}\ cm^{-2}$.

Bewertung beider Modelle

Ein zentraler Unterschied zwischen beiden Modellen besteht in der Abschätzung des Einflusses der Gate-Spannung V_G auf den Potenzialverlauf im NPDBFET. Während das CO-Modell[112] einen sehr starken Einfluss an-

[112] CO: **C**oulomb-**O**szillationen

nimmt (vgl. erneut Abbildungen 2.171. und 2.172.), sieht das WK-Modell[113] kaum einen Einfluss der Gate-Spannung auf den Barrierenverlauf.

Ruft man sich die experimentellen Untersuchungen an vertikalen MBE-MOSFETs bzw. NPDBFETs mit dynamischen LDD-Gebieten aufgrund der überlappenden Gate-Elektrode in Erinnerung[114] und betrachtet man weiterhin, dass selbst bei ideal intrinsischen Zonen im NPDBFET eine Gate-Spannung von $V_G = 0{,}99\ V$ genügt, um in diesen Zonen eine Elektronenflächendichte von $\sigma_E = 4{,}64 \cdot 10^{12}\ cm^{-2}$ zu influenzieren (das entspricht einer n-Typ Dotierung von $N_D = 1 \cdot 10^{19}\ cm^{-3}$, wenn man einen Elektronenkanal der Dicke $d_{EK} = 1\ nm$ annimmt), muss man der Annahme des CO-Modells beipflichten. Erhärtet wird diese Aussage durch die Tatsache, dass die in den NPDBFET beobachteten Oszillationen bei Gate-Spannungen $V_G > 1\ V$ beginnen.

Desweiteren stützt sich die Annahme der Bildung eines Wigner-Kristalls im WK-Modell auf die Funktion der durch die δ-Dotierung erzeugten Potenzialbarriere als Energie- und Impulsfilter und auf den ungestörten ballistischen Transport der Elektronen nach Passieren der Barriere. Dem wird durch experimentelle Tieftemperaturmessungen an homogen dotierten lateralen NMOSFETs mit Gate-Flächen $A_G = (L \times W) = (0{,}24 \times 0{,}34)\ \mu m^2$ widersprochen. In Abb. 2.177. ist die Transfercharakteristik mit deutlichen Oszillationen bei $T = 4{,}2\ K$ eines solchen NMOSFETs dargestellt.[115]

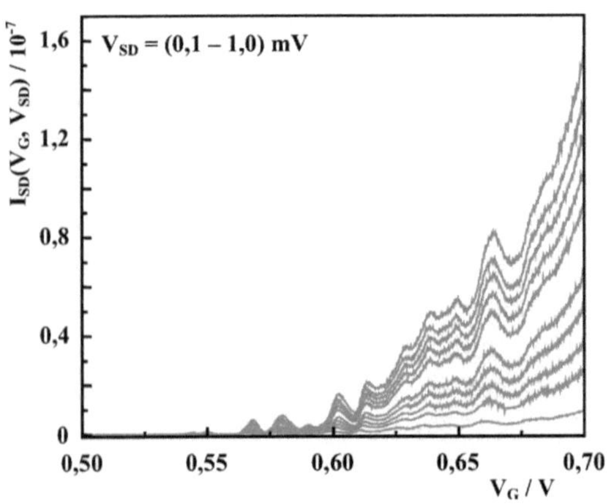

Abb. 2.177. Transfercharakteristik $I_{SD}(V_G, V_{SD})$ eines lateralen NMOSFETs bei $T = 4{,}2\ K$ mit homogener Kanaldotierung ($A_G = (L \times W) = (0{,}24 \times 0{,}34)\ \mu m^2$) [02Zhan]

---

[113] WK: **W**igner-**K**ristall

[114] Vgl. zu diesem Punkt erneut die Diskussion beider Transistorkonzepte im Unterpunkt 2.3.7 dieses Kapitels.

[115] Solche Oszillationen wurden in lateralen MOSFETs mit den verschiedensten Konfigurationen gemessen. Siehe dazu außerdem [91Miev, 97Wirt, 02Frab]

In einem solchen MOSFET kann aufgrund der homogenen Kanaldotierung die wannenförmige Potenzialbarriere nicht als Energie- und Impulsfilter dienen, und ein Ballistischer Transport ist bei so großen Kanalgebietlängen auszuschließen.

Außerdem erklärt das WK-Modell die experimentelle Beobachtung nicht, dass die Oszillationen in den NPDBFETs unabhängig von einem externen Magnetfeld sind, welches senkrecht zur Kanalebene orientiert ist (ein solches Magnetfeld müsste bei den Kanalelektronen zu Zyklotronresonanzen führen, die den Wigner-Kristall zerstören).

Im CO-Modell lässt sich diese Tatsache damit erklären, dass es durch Anlegen eines externen Magnetfeldes lediglich zur energetischen Aufspaltung entarteter, erlaubter Energieniveaus kommt, was die Gesamtanzahl der möglichen Zustände im Quantentopf unverändert lässt. Da diese Aufspaltung sehr gering ist, bleibt die experimentell gemessene Periode der Oszillationen davon nahezu unbeeinflusst.

Darüber hinaus erklärt das CO-Modell das Auftreten einer Parameter-unabhängigen Spannung $V_\infty \approx \Delta V_U \approx 40\,mV$ ohne weitere Annahmen schlüssiger für die experimentellen Daten.

Auch wenn die experimentelle Datenlage für die Gültigkeit des CO-Modells spricht, bleibt ein Aspekt ungeklärt. In einem „kritischen“ Experiment wäre zu prüfen, ob sich die Annahme, dass die δ-Dotierung entartet und dass das Fermi-Niveau im Bereich der δ-Dotierung „gepinnt“ ist und sich nicht durch das Anlegen einer Gate-Spannung V_G verschieben lässt, bestätigen lassen.

Im Falle einer Falsifizierung dieser Annahme, wäre das gesamte Modell zu verwerfen bzw. die Datenlage weist auf einen anderen Erklärungszusammenhang hin.

Zunächst ist diese Annahme bewiesen für Dotierstoffflächenkonzentrationen in der δ-Struktur von $\sigma >> 1 \cdot 10^{13}\ cm^{-2}$ und für eine effektive Dicke der δ-Dotierung $d_\delta \leq 1\ nm$ (das entspricht einer homogenen Dotierung in der δ-Struktur von $N_A >> 1 \cdot 10^{20}\ cm^{-3}$). Für Dotierstoffflächenkonzentrationen in der δ-Struktur von $\sigma \leq 1 \cdot 10^{12}\ cm^{-2}$ (für $d_\delta \leq 1\ nm$ entspricht das einer homogenen Dotierung in der δ-Struktur von $N_A \leq 1 \cdot 10^{19}\ cm^{-3}$) liegt ebenfalls erwiesenermaßen keine Entartung im Bereich der δ-Dotierung vor.

Nach dem CO-Modell müsste daher ein NPDBFET mit einer homogenen δ-Dotierstoffhöhe von $N_A >> 1 \cdot 10^{20}\ cm^{-3}$ unabhängig von der Dicke d_δ der δ-Dotierschicht Oszillationen zeigen, ein NPDBFET mit einer homogenen δ-Dotierstoffhöhe von $N_A \leq 1 \cdot 10^{19}\ cm^{-3}$ unabhängig von der Dicke d_δ der δ-Dotierschicht jedoch nicht.

Die kritische minimale δ-Dotierstoffhöhe, ab der ein NPDBFET keine Oszillationen mehr zeigt, muss daher im Bereich $1 \cdot 10^{19} < N_A/cm^{-3} < 5 \cdot 10^{20}$ liegen. Dies wird verständlich, wenn man sich den vereinfachten, eindimensionalen Bandverlauf in einem NPDBFET mit kleiner Source-Drain-Spannung $V_{SD} > 0\ V$ ohne bzw. mit angelegter Gate-Spannung $V_G = 0\ V$ bzw. $V_G = 1{,}5\ V$ als Funktion der δ-Dotierstoffhöhe betrachtet (Abb. 2.178.).

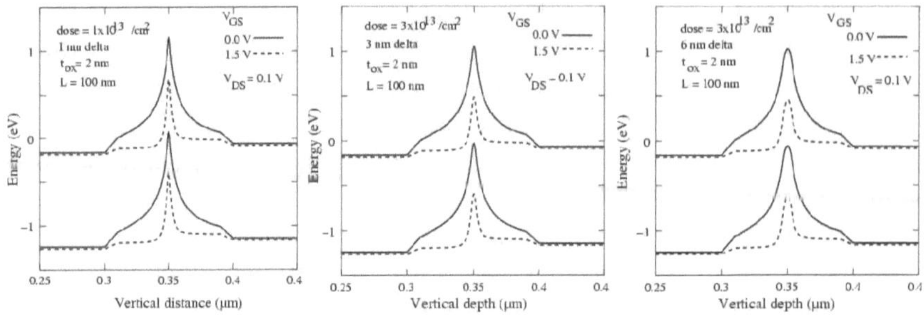

Abb. 2.178. Vereinfachter, eindimensionaler Bandverlauf in einem NPDBFET (Kanallänge: $L = 100\ nm$, Gate-Oxiddicke: $d_{GOX} = 2\ nm$) mit kleiner Source-Drain-Spannung $V_{SD} > 0\ V$ ohne bzw. mit angelegter Gate-Spannung $V_G = 0\ V$ bzw. $V_G = 1{,}5\ V$ als Funktion der homogenen δ-Dotierstoffhöhe N_A: a) $N_A = 3 \cdot 10^{20}\ cm^{-3}$, b) $N_A = 1 \cdot 10^{20}\ cm^{-3}$ und c) $N_A = 5 \cdot 10^{19}\ cm^{-3}$ (Wie man den Abbildungen entnimmt, kann es im Fall c nicht mehr zu Oszillationen kommen, das es keinen resonanten Tunnelstrom von Source nach Drain mehr geben kann.)

Bei den bisherigen Untersuchungen zu den Oszillationen in einem NPDBFET wurde diese letzte Überlegung bisher unberücksichtig gelassen, so dass es für die existierenden Strukturen keine verlässlichen Daten zur genauen δ-Dotierhöhe und δ-Dicke gibt. Für die endgültige Bewertung der beiden Modelle wären dahingehende Untersuchungen allerdings unerlässlich.

2.5 Quasivertikale MOSFET-Konzepte

2.5.1 Der quasivertikale „Buried Gate"-MOSFET (BG-MOSFET)

Der quasivertikale „Buried-Gate"-MOSFET (BG-MOSFET) wurde erstmals im Jahre 1976 nahezu zeitgleich von zwei verschiedenen Gruppen vorgestellt und diskutiert. Zum einen war dies die Gruppe *S. Nishimatsu et al.*[116] vom Central Research Laboratory der Hitachi Ltd., Japan, zum anderen waren dies *B. K. Ahuja* und *A. R. Boothroyd* von der kanadischen Carleton University in Ottawa [76Ahuj, 76Nish]. *S. Nishimatsu et al.* diskutierten ihr Konzept unter dem Titel „*Grooved Gate MOSFET*“ auf der SSDM 1976 in Tokyo, Japan, *B. K. Ahuja* und *A. R. Boothroyd* unter dem Titel „*Modeling of V-Channel MOS Transistor*“ auf der IEDM 1976 in Washington, D.C., USA.

Abb. 2.179. zeigt den schematischen Aufbau eines „Buried Gate“-MOSFETs nach *S. Nishimatsu et al.*, die darauf folgende Abb. 2.180. den schematischen Aufbau eines „Buried Gate“-MOSFETs nach *B. K. Ahuja* und *A. R. Boothroyd.*

Wie man beiden Abbildungen entnimmt, handelt es sich bei einem „Buried Gate“-MOSFET um einen lateralen MOSFET, dessen Gate-Struktur und damit dessen Kanalstruktur 3-dimensional in die Tiefe des Substrates gefaltet wird. Während sich *B. K. Ahuja* und *A. R. Boothroyd* der KOH-Ätztechnik zur Erzeugung eines V-Grabens bedienten, nutzten *S. Nishimatsu et al.* reaktives Ionenätzen (RIE) zur Erzeugung des Kanalgrabens.

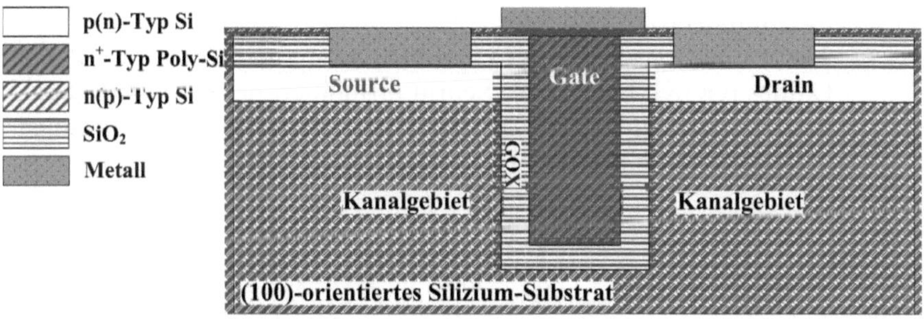

Abb. 2.179. Schematischer Aufbau eines „Buried Gate“-MOSFETs nach *S. Nishimatsu et al.*

Da die Herstellung eines BG-MOSFETs nach *B. K. Ahuja* und *A. R. Boothroyd* prinzipiell identisch der Herstellung eines vertikalen V-Graben MOSFETs ist, der ausführlich im Unterpunkt 2.1.3 des vorliegenden Kapitels diskutiert wurde, sei an dieser Stelle nur auf die Herstellung eines BG-MOSFETs nach *S. Nishimatsu et al.* eingegangen (vgl. mit der Abbildungsfolge 2.181. bis 2.183.).

---

[116] Koautoren der Arbeit: *Y. Kawamoto, H. Masuda, R. Hori, O. Minato*

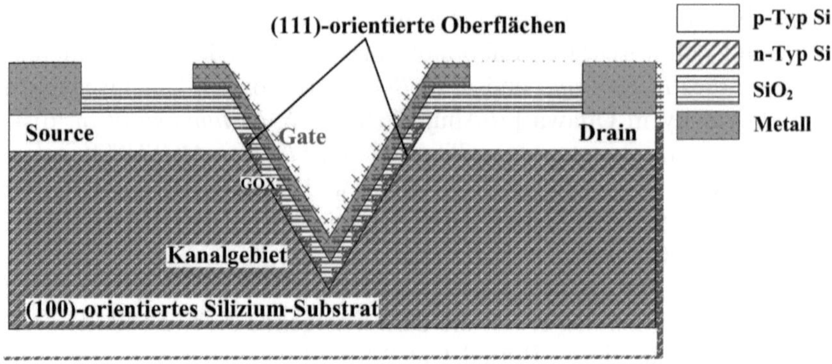

Abb. 2.180. Schematischer Aufbau eines „Buried Gate"-PMOSFETs nach *B. K. Ahuja* und *A. R. Boothroyd*

1. Herstellung von LOCOS-Strukturen auf einem p-Typ Silizium-Substrat.
2. Freiätzen der aktiven Transistorgebiete mittels HF-Säure und Abscheidung einer hoch n-Typ dotierten polykristallinen Silizium-Schicht (Poly-Si 1) mittels CVD.
3. Maskierung der Poly-Si 1-Schicht und Ätzen eines vertikalen Grabens mittels RIE (vgl. Abb. 2.181., links).
4. Thermische Oxidation der Gesamtstruktur zur Erzeugung des Gate-Oxides (GOX); bei diesem Schritt diffundiert der Dotierstoff aus der Poly-Si 1-Schicht in das darunter liegende p-Typ Silizium-Substrat und bildet somit Source und Drain (vgl. Abb. 2.181., rechts).

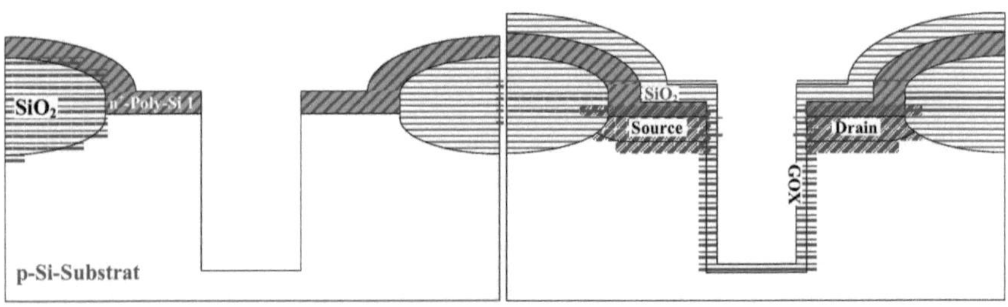

Abb. 2.181. Herstellungsprozess zur Herstellung eines BG-MOSFETs nach *S. Nishimatsu et al.* am Ende des 3. (links) und 4. (rechts) Fertigungsschrittes (jeweils Seitenansichten)

5. Abscheidung einer zweiten hoch n-Typ dotierten polykristallinen Silizium-Schicht (Poly-Si 2) mit gleichzeitiger Füllung des geätzten Kanalgrabens.

6. Abdecken der Poly-Si 2-Schicht mit Photolack im Bereich der Grabenstruktur (vgl. Abb. 2.182., links).
7. Strukturierung der Poly-Si 2-Schicht und Abscheidung einer Schicht aus PSG l. Abb hts .

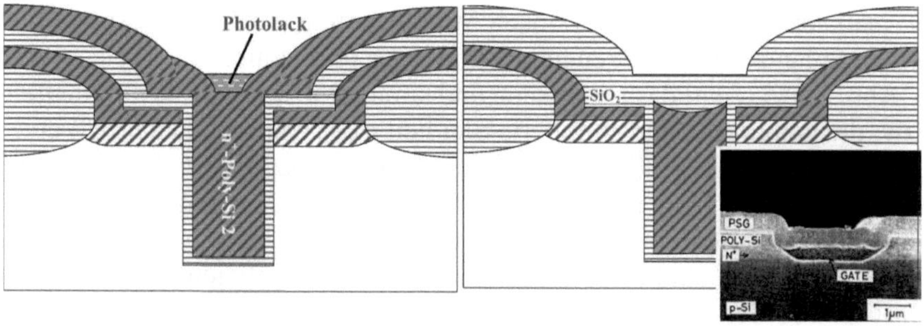

Abb. 2.182. Herstellungsprozess zur Herstellung eines BG-MOSFETs nach *S. Nishimatsu et al.* am Ende des 6. (links) und 7. (rechts) Fertigungsschrittes (jeweils Seitenansichten und rasterelektronenmikroskopische Aufnahme [76Nish])

8. Kontaktlochöffnung und Kontaktlochfüllung.
9. Ganzflächige Abscheidung von Aluminium und Strukturierung (vgl. Abb. 2.183.).

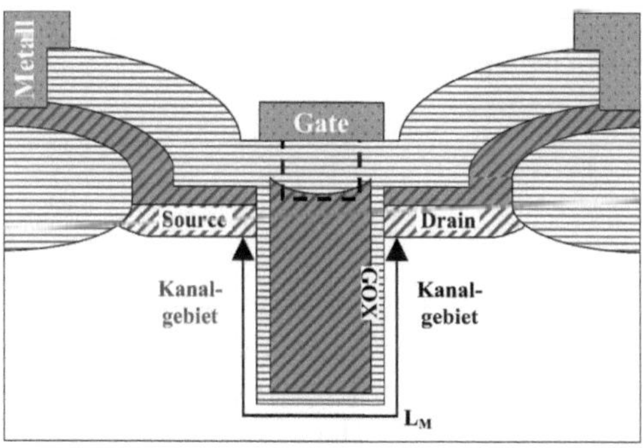

Abb. 2.183. Herstellungsprozess zur Herstellung eines BG-MOSFETs nach *S. Nishimatsu et al.* am Ende des 9. Fertigungsschrittes (Seitenansicht)

1993 publizierten *H. Fukuda et al.* (Oki Electric Industry Corp., Japan) auf der SSDM im japanischen Chiba das Konzept von *S. Nishimatsu et al.* mit verbesserter Technologie und vereinfachter Herstellungssequenz erneut, nun allerdings unter dem Schlagwort „*Buried Gate-MOSFET*“ [93Fuku].[117]

---

[117] Dem Autor der vorliegenden Arbeit erscheint die Bezeichnung „Buried Gate“-MOSFET für dieses quasivertikale Transistorkonzept als die passendste.

H. Fukuda et al. erweiterten die konventionelle Sequenz für die Herstellung eines lateralen MOSFETs mit LOCOS-Isolation lediglich um das Ätzen eines Grabens in das Substrat der LOCOS-Fenster vor Etablierung des Gate-Oxides (GOX), welches mittels RTP-Oxidation bzw. mittels Ofenoxidation hergestellt wurde.[118] Abb. 2.184. zeigt einen durch *H. Fukuda et al.* realisierten BG-MOSFETs nach Strukturierung der Gate-Elektrode und Ionenimplantation zur Erzeugung von Source und Drain.

Abb. 2.185. zeigt das gemessene und simulierte Ausgangskennlinienfeld bzw. die gemessene und simulierte Steilheit g_m („Transconductance") eines „Buried Gate"-PMOSFETs, der durch *B. K. Ahuja* und *A. R. Boothroyd* realisiert wurde. Man erkennt eine sehr gute Übereinstimmung zwischen modellhafter Beschreibung und Messung.

In Abb. 2.186. sind die gemessenen Ausgangskennlinienfelder von BG-NMOSFETs verschiedener Kanalgebietlängen, die durch *S. Nishimatsu et al.* bzw. durch *H. Fukuda et al.* realisiert wurden, dargestellt. Bei *S. Nishimatsu et al.* bezeichnet L_M die gesamte effektive Kanalgebietlänge (vgl. erneut mit Abb. 2.183.). Bei *H. Fukuda et al.* bezeichnet D die Tiefe des geätzten Grabens (der laterale Source-Drain-Abstand beträgt *1 µm* bis *2 µm*).

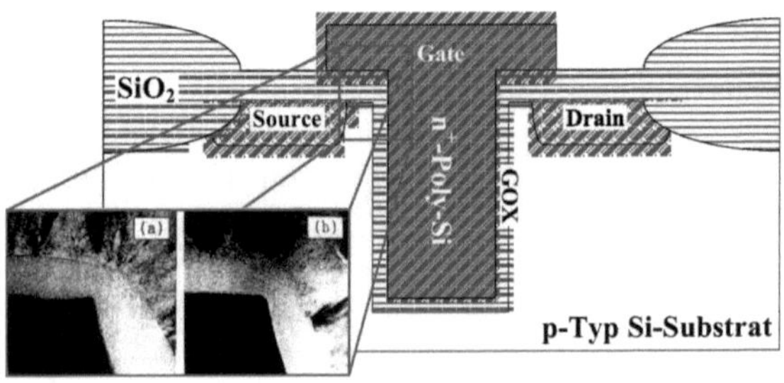

Abb. 2.184. Stand der Herstellung eines durch *H. Fukuda et al.* realisierten BG-MOSFETs nach Strukturierung der Gate-Elektrode und Ionenimplantation zur Erzeugung von Source und Drain. (Seitenansicht) und rasterelektronenmikroskopische Aufnahme der gebildeten Kante bei Source: GOX-Herstellung mittels Ofenoxidation (a) bzw. mittels RTP(b) [93Fuku]

Wie man aus diesen Abbildungen erkennt, wird mit Hilfe dieses Konzeptes hauptsächlich dem „Avalanche"-Durchbruch bei hohen Source-Drain-Spannungen V_{SD} durch die effektive Kanalgebietverlängerung entgegengewirkt, ohne dabei den lateralen Platzbedarf des Transistors erhöhen zu müssen. Dieser positive Effekt ist allerdings mit einem Verlust an Gesamtstrom im eingeschalteten Zustand I_{ON} verbunden. Der Grund findet

[118] Vgl. dazu mit Unterpunkt 1.1.5 des ersten Kapitels.

sich in den schlechteren Grenzflächeneigenschaften der vertikalen Flanken des Kanalgebietes und damit in den geringeren Beweglichkeiten entlang dieser Bereiche des Kanalgebietes.

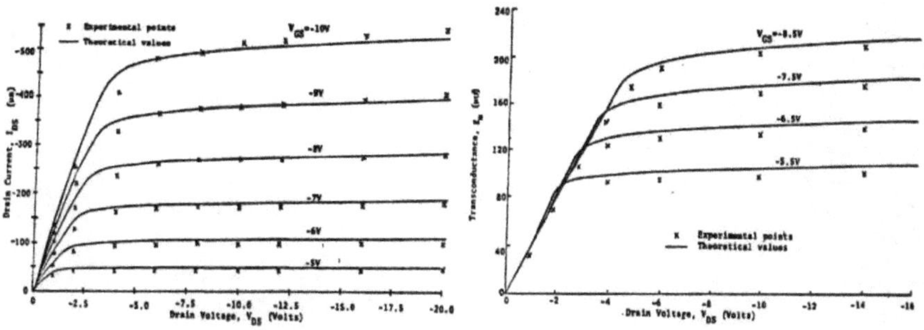

Abb. 2.185. Gemessenes und simuliertes Ausgangskennlinienfeld (oben) bzw. gemessene und simulierte Steilheit (unten) eines „Buried Gate"-PMOSFETs nach *B. K. Ahuja* und *A. R. Boothroyd*, © 1976 IEEE [76Ahuj]

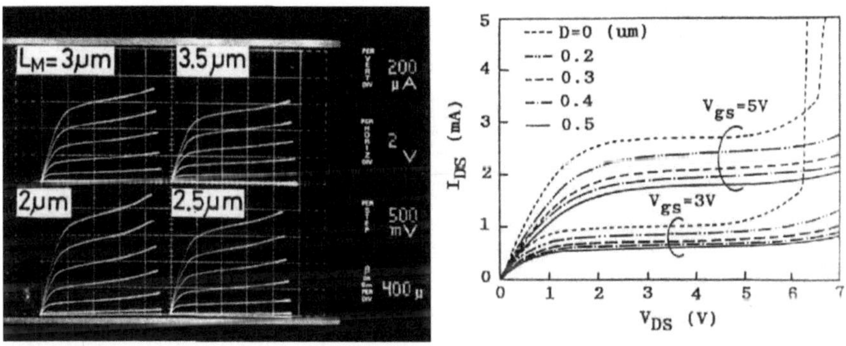

Abb. 2.186. Gemessene Ausgangskennlinienfelder verschiedener BG-NMOSFETs nach *S. Nishimatsu et al.* (links) bzw. nach *H. Fukada et al.* (rechts) [76Nish, 93Fuku]

2.5.2 Der quasivertikale „Modulation Doped" SiGe-FET (SiGe-MODFET)

Der quasivertikale SiGe-MODFET stellt den Hochgeschwindigkeitstransistor unter den (MOS-)Feldeffekt-gesteuerten Bauelementen der Silizium-basierten Technologie dar. Einen bedeutenden Anteil an der Entwicklung und Erforschung von SiGe-NMODFETs hat die Gruppe um *H. Dämbkes* und *E. Kasper* vom ehemaligen AEG Forschungszentrum Ulm, Deutschland (jetzt Daimler-Chrysler Forschungszentrum Ulm). Um die Entwicklung des SiGe-PMODFET hat sich im besonderen Maße die Gruppe um *T. P. Pearsall* und *J. C. Bean* von den AT & T Bell Laboratories („Bell Labs"), USA, verdient gemacht. Aus diesem Grund sollen in diesem Unterabschnitt hauptsächlich aus den Arbeiten dieser beiden Gruppen zitiert werden. Der erste SiGe-NMODFET, realisiert als „Recessed Shottky-Gate"-NMODFET, wurde 1985 durch *H. Dämbkes et al.* auf der IEDM in Washington, D.C., USA, vorgestellt und diskutiert [85Daem]. Den schematischen Aufbau dieses Transistors zeigt Abb. 2.187.

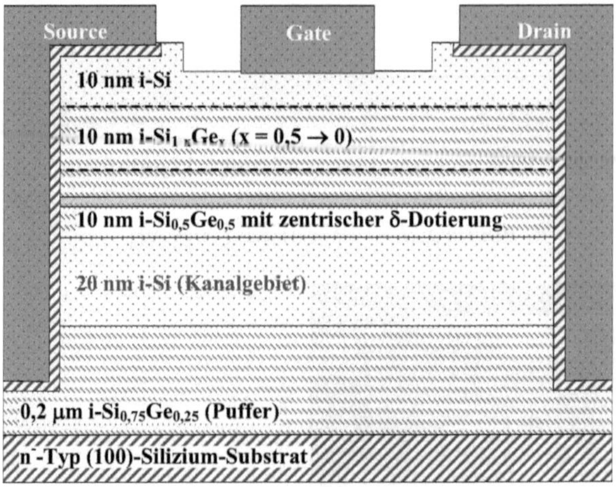

Abb. 2.187. Schematischer Aufbau eines „Recessed Shottky-Gate"-NMODFET nach *H. Dämbkes et al.*

Wie die Abbildung veranschaulicht, sind die Kernstücke dieses MODFETs eine pseudomorph verspannte intrinsische Silizium-Schicht als Kanalgebiet (eingebettet in relaxiertes, ebenfalls intrinsisches SiGe) und einer hoch n-Typ dotierten δ-Dotierschicht (Antimon) nahe dieser intrinsischen Silizium-Schicht in der oberen $Si_{0,5}Ge_{0,5}$-Schicht. Diese obere intrinsische $Si_{0,5}Ge_{0,5}$-Schicht mit zentrischer δ-Dotierung nennt man auch „modulationsdotierte" Schicht. Daraus folgt der Transistorname: „Modulation Doped"-FET. Hergestellt wurde diese Schichtfolge mit Hilfe der Molekularstrahlepitaxie auf einem hochohmigen *(100)*-Silizium-Substrat. Der Drain- bzw. der Source-Kontakt wurde mit Hilfe einer Legierungselektrode aus Gold und Antimon realisiert. Aus dieser Elektrode diffundiert Antimon in die darunter gelegenen Schichten, was zur Ausbildung eines guten ohmschen Kontaktes führt. Die räumlich etwas tiefer gelegte (engl.: „recessed") Gate-Elektrode besteht aus einer Schichtfolge aus Platin, Titan und Gold, die zum darunter gelegenen intrinsischen Silizium einen Schottky-Kontakt ausbildet.

Die Abb. 2.188. zeigt die Ausgangskennlinienfelder zweier durch *H. Dämbke et al.* realisierten NMODFETs mit Kanalgebietlängen $L = 1{,}5\ \mu m$ und $L = 2\ \mu m$ und Kanalgebietweiten $W = 160\ \mu m$ und $W = 160\ \mu m$ bei Raumtemperatur. Da es sich bei einem SiGe-MODFET um einen „Normally ON"-Transistor handelt, wird der Transistor mit steigender Gate-Spannung $V_G > 0\ V$ ausgeschaltet.

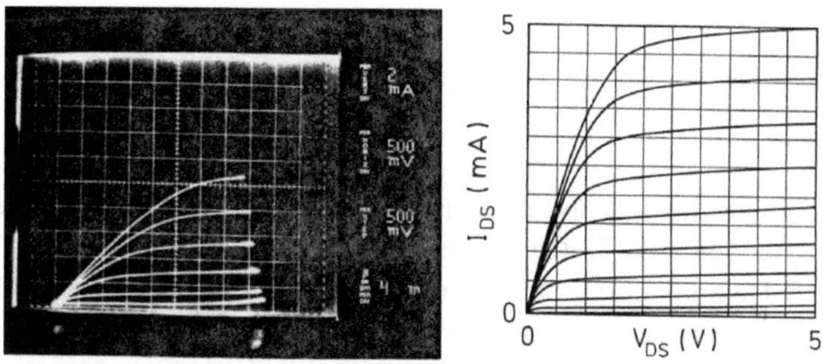

Abb. 2.188. Ausgangskennlinienfeld eines durch *H. Dämbke et al.* realisierten NMODFETs bei Raumtemperatur (Kanalgebietlänge: $L = 1{,}5\ \mu m$, Kanalgebietwiete: $W = 160\ \mu m$) [85Daem] Ausgangskennlinienfeld eines durch *H. Dämbke et al.* realisierten NMODFETs bei Raumtemperatur (Kanalgebietlänge: $L = 2\ \mu m$, Kanalgebietweite: $W = 90\ \mu m$) [86Kasp]

Um die Funktionsweise und damit die Ausgangscharakteristik eines SiGe-NMODFETs zu verstehen, muss das vereinfachte eindimensionale Bänderschema der hergestellten SiGe/Silizium/SiGe/Silizium-Heterostruktur unter der Gate-Elektrode bei Raumtemperatur betrachtet werden (Abb. 2.189.).[119]

[119] Zum damaligen Zeitpunkt war das einzig bekannte, elektrisch hochwertige und damit für MOS-Elektroden geeignete Dielektrikum SiO_2 (Germanium selbst bildet kein stabiles thermisches Oxid), welches mittels thermischer Oxidation bei hohen Temperaturen erzeugt wird. Bei einer einkristallinen SiGe/Silizium/SiGe- bzw. Silizium/SiGe/Silizium-Struktur mit pseudomorph verspanntem Silizium bzw. SiGe führen diese Temperaturen zum Relaxieren der pseudomorph verspannten Schicht in ihre natürlichen Gitterparameter (Abbau der mechanischen Verspannung) über die Bildung von Versetzungen. Außerdem induzieren diese Temperaturen eine Germanium-Diffusion, was zu einer Verschmierung der abrupten Übergänge führt. Beide Mechanismen führen zu einem Zusammenbruch der durch die Verspannungen induzierten Heterobandstruktur und damit zu einem Zusammenbruch der Funktionalität der pseudomorph verspannten Schicht. Aus diesem Grund wurde bei den ersten realisierten MODFETs Schottky-Gates zur Steuerung des Transistors eingesetzt. Erst mit der Entwicklung von hochwertigen Niedertemperaturoxiden bzw.

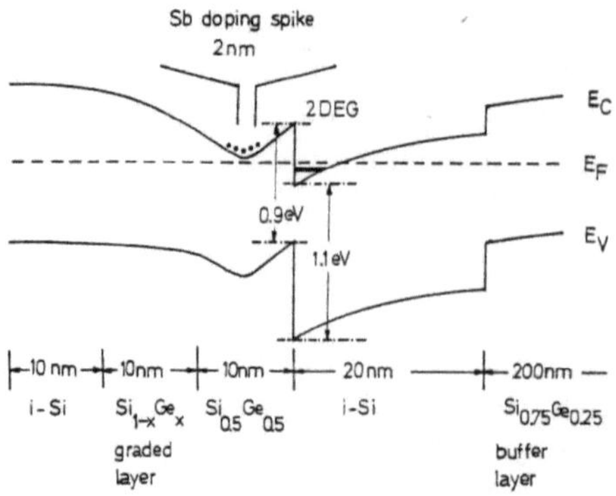

Abb. 2.189. Vereinfachtes eindimensionales Bänderschema der hergestellten SiGe/Silizium/SiGe/Silizium-Heterostruktur eines SiGe-NMODFETs nach *H. Dämbke et al.* unter der Gate-Elektrode bei Raumtemperatur [85Daem]

Wie sich aus dieser Abbildung ergibt, bildet sich ein Typ-II-Heteroübergang im Bereich der $Si_{0,5}Ge_{0,5}$/Silizium/$Si_{0,75}Ge_{0,25}$-Heterostruktur.[120] Dieser Typ-II-Heteroübergang bildet in Kombination mit der n-Typ δ-Dotierung in der Leitungsbandunterkante W_L (in der Abbildung mit E_C bezeichnet) einen endlich tiefen Potenzialtopf für Elektronen, in dem sich, abhängig von den gewählten Germanium-Konzentrationen und der Breite des intrinsischen Kanalgebietes, ein diskretes Energieniveau für Elektronen ausbildet. Bei Raumtemperatur liegt dieses Niveau unterhalb des Fermi-Niveaus W_F (in der Abbildung mit E_F bezeichnet) und unterhalb der diskreten Donator-Zustände[121], so dass alle Donatoren in der vorgelagerten δ-Dotierung ihre überschüssigen Elektronen in diesen Potenzialtopf abgeben. Auf diese Weise bildet sich ein leitfähiges entartetes 2-dimensionales Elektronengas (2DEG) im Potenzialtopf (dem Kanalgebiet des Transistors).[122] Dieses 2DEG schließt Source- und Drain-Gebiet kurz, so dass es beim Anlegen einer Source-Drain-Spannung V_{SD} zu einem Stromfluss kommt („Normally ON"). Durch Anlegen einer positiven Gate-Spannung

„High-κ"-Dielektrika, die bei niedrigen Temperaturen gewachsen bzw. aus der Gasphase abgeschieden werden können, wurde die Realisierung von MODFETs mit MOS-Gate-Strukturen möglich.

[120] Vgl. dazu erneut mit den einführenden Betrachtungen zu Beginn des vorliegenden Kapitels.

[121] Dies gilt nur im Falle einer vergleichsweise moderaten δ-Dotierung in der Größenordnung $1 \cdot 10^{12}\ cm^{-2}$, wenn also im Delta noch keine Entartung vorliegt – vgl. dazu nochmals den vorangegangenen Unterabschnitt 2.4.2 des vorliegenden Kapitels.

[122] Es treten immer wieder Elektronen auf (besonders bei höheren Temperaturen), deren Energie hoch genug ist, um aus dem 2DEG zurück in einen diskreten Donator-Zustand zu springen und dort kurzfristig gebunden sind. Im statistischen Mittel sind bei Raumtemperatur in dieser Struktur aber alle Donator-Niveaus unbesetzt.

werden die Bandkanten Gate-seitig nach unten gezogen, so dass es zu einer Umkehrung der Verhältnisse kommt: Nun liegen die diskreten Donator-Niveaus unterhalb des Energieniveaus im Potenzialtopf, und induziert durch die Gate-Spannung werden die Elektronen aus dem 2DEG in die diskreten Donator-Niveaus zurücktransferiert und bleiben dort gebunden (unter der Voraussetzung, dass die Gate-Spannung V_G nicht über den kritischen Wert erhöht wird, was zum Durchbruch der Schottky-Barriere führen würde).[123] Durch Erhöhung der Gate-Spannung V_G nimmt also die Konzentration der freien Elektronen im Kanalgebiet kontinuierlich ab, und der Transistor schaltet ab.

Wie eingangs erwähnt, ist der quasivertikale SiGe-MODFET der Hochgeschwindigkeitstransistor unter den (MOS-)Feldeffekt-gesteuerten Bauelementen der Silizium-basierten Technologie. Dies wird verständlich, wenn man die temperaturabhängige Beweglichkeit $\mu(T)$ der freien Elektronen im 2DEG eines SiGe-NMODFETs (δ-Dotierkonzentration: $\sigma_{SB} = 7 \cdot 10^{12}\ cm^{-2}$, Puffer: i-$Si_{0,68}Ge_{0,38}$) betrachtet (Abb. 2.190.).

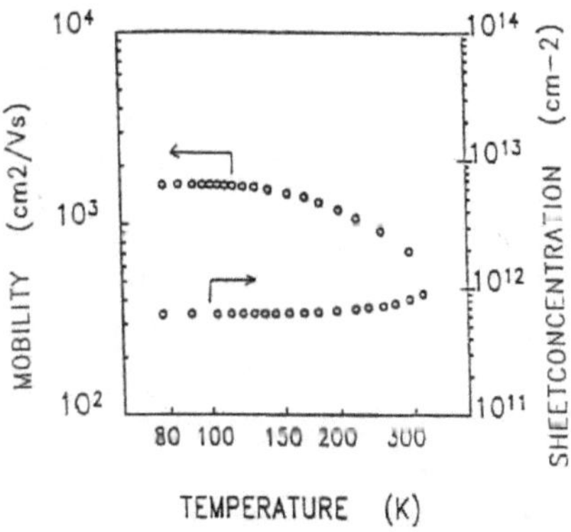

Abb. 2.190. Die Phononenstreuung (Wechselwirkung der freien Ladungsträger mit dem Kristallgitter) tritt aber auch in einem MODFET-Kanal auf. Diesbezüglich unterscheidet sich ein MODFET-Kanal nicht von einem Kanal aus dotiertem Silizium [88Kaspa].

Aus dieser Abbildung ergibt sich einerseits, dass sich im gesamten betrachteten Temperaturbereich alle überschüssigen Elektronen der Donator-Atome im 2DEG befinden (bei Temperaturen nahe Raumtemperaturen befinden sich im 2DEG sogar mehr Elektronen, als es Donatoren in der δ-Dotierung gibt, dabei handelt es sich um intrinsisch generierte Elektronen, deren Konzentration aber exponentiell mit fallender Temperatur abnimmt). In einem MODFET kommt es also nicht zu einem „Ausfrieren" der freien

[123] Das erklärt nun auch, warum *H. Dämbke et al.* das Kanalgebiet mit einer graduierten $Si_{1-x}Ge_x$ ($x = 0,5 \rightarrow 0$) und einer Silizium-Deckschicht abschließen: Dies verhindert die Ausbildung eines zweiten Potenzialtopfes zwischen Gate-Elektrode und δ-Dotierung, die ein Ausschalten des Transistors verhindern würde.

Ladungsträger, wie es im dotierten Silizium der Fall ist. Andererseits erkennt man, dass im gesamten betrachteten Temperaturbereich die Elektronenbeweglichkeit um ein Vielfaches höher liegt als im unverspannten dotierten Silizium mit einer vergleichbaren Elektronenkonzentration (ca. $N_D = 5 \cdot 10^{18}\ cm^{-2}$). Bei $T \leq 100\ K$ werden sogar Beweglichkeiten nahe der Elektronenbeweglichkeit im intrinsischen Silizium erreicht. Vgl. dazu mit der folgenden Abb. 2.191.[124]

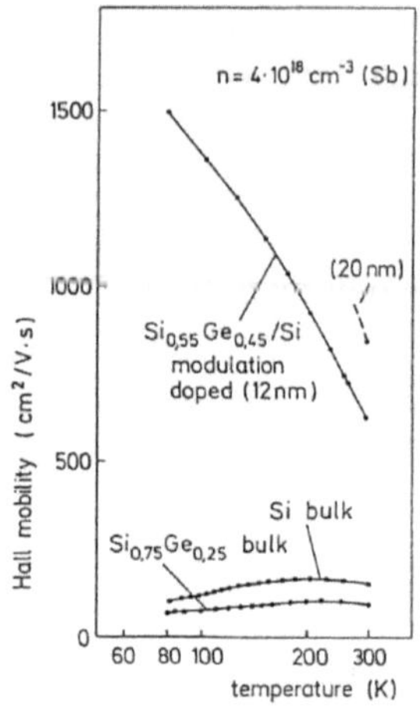

Abb. 2.191. Temperaturabhängige Elektronenbeweglichkeit $\mu(T)$ der freien Elektronen im 2DEG eines NMODFETs mit einem *12(20) nm* dicken Kanalgebiet aus intrinsischem Silizium auf einem $Si_{0,55}Ge_{0,45}$ Puffer, realisiert durch *H. Dämbke et al.*, im Vergleich zur Beweglichkeit der freien Elektronen im homogen n-Typ dotierten ($N_D = 4 \cdot 10^{18}\ cm^{-3}$) $Si_{0,75}Ge_{0,25}$ ($Si_{0,75}Ge_{0,25}$ bulk) bzw. Silizium (Si bulk) [86Kasp]

Der Grund dafür ist darin zu finden, dass der Streumechanismus freier Ladungsträger an ionisierten Störstellen (z. B. den ionisierten Donatoren im n-Typ Silizium) nicht auftritt, da hier die von den Donatoren abgegeben Elektronen und die ionisiert zurückbleibenden Donatoren räumlich voneinander getrennt sind, was im dotierten Silizium nicht der Fall ist.[125]

Der erste quasivertikale SiGe-PMODFET wurde 1985 durch *T. P. Pearsall et al.* auf dem „1. Internationalen Symposium über Silizium-MBE“ in Toronto, Kanada, diskutiert [85Pear, 86Kasp]. Vom prinzipiellen Aufbau her unterscheidet sich der SiGe-PMODFET vom SiGe-NMODFET nur im Aufbau der Kanalgebietstruktur und der modulationsdotierten Struktur, die in Abb. 2.192. dargestellt ist. Auch hier wird die Funktionsweise verständlich, wenn man das vereinfachte eindimensionale Bänderschema der hergestellten Silizium/SiGe/Silizium-Heterostruktur unter der Gate-Elektrode bei Raumtemperatur betrachtet (Abb. 2.193.).

---

[124] Vgl. dazu auch mit der Abb. 1.17. im Unterpunkt 1.1.4 des ersten Kapitels.

[125] Die Phononenstreuung (Wechselwirkung der freien Ladungsträger mit dem Kristallgitter) tritt aber auch in einem MODFET-Kanal auf. Diesbezüglich unterscheidet sich ein MODFET-Kanal nicht von einem Kanal aus dotiertem Silizium.

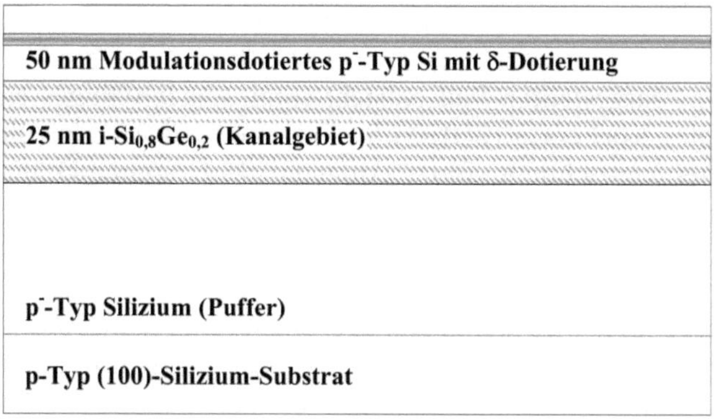

Abb. 2.192. Schematischer Aufbau der Kanalgebietstruktur und der modulationsdotierten Struktur eines quasivertikalen PMODFETs nach *T. P. Pearsall et al.*

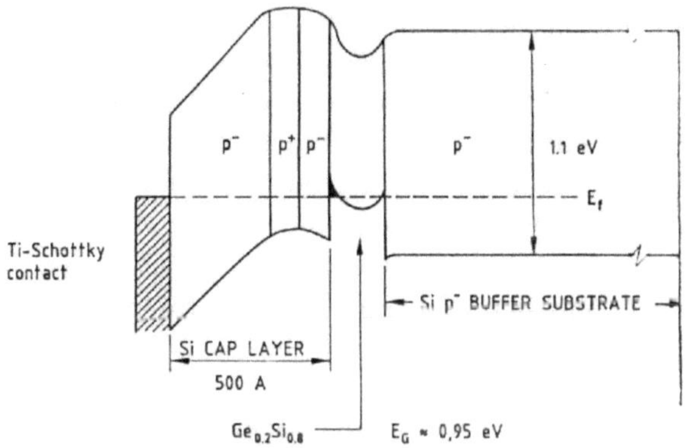

Abb. 2.193. Vereinfachtes eindimensionales Bänderschema der hergestellten Silizium/SiGe/Silizium-Heterostruktur eines PMODFETs nach *T. P. Pearsall et al.* unter der Gate-Elektrode bei Raumtemperatur [86Kasp]

Wie sich aus dieser Abbildung ergibt, bildet sich hier ein Typ-I-Heteroübergang im Bereich der Silizium/$Si_{0,8}Ge_{0,2}$/Silizium-Heterostruktur.[126] Dieser Typ-I-Heteroübergang bildet in Kombination mit der p-Typ δ-Dotierung (Bor) in der Valenzbandoberkante W_V einen endlich tiefen Potenzialtopf für Löcher. Abhängig von der Höhe der δ-Dotierung, vom Abstand der δ-Dotierung zum intrinsischen $Si_{0,8}Ge_{0,2}$-Kanalgebiet, von der gewählten Germanium-Konzentration und der Dicke des intrinsischen Kanalgebietes taucht das Fermi-Niveau W_F (in der Abbildung mit E_f bezeich-

[126] Vgl. dazu erneut mit den einführenden Betrachtungen zum Beginn des vorliegenden Kapitels.

net) in diesen Potenzialtopf ein (wie in Abb. 2.193.) oder liegt oberhalb des Topfes.

Im ersten, dargestellten Fall entsteht somit ein leitfähiges entartetes 2-dimensionales Löchergas (2DHG) im Potenzialtopf, welches Source- und Drain-Gebiet kurzschließt. Beim Anlegen einer Source-Drain-Spannung V_{SD} kommt es daher sofort zu einem Stromfluss („Normally ON“). Durch Anlegen einer positiven Gate-Spannung V_G werden die Bandkanten Gateseitig nach unten gezogen, so dass das Fermi-Niveau W_F aus dem Potenzialtopf geschoben wird und somit die Löcher aus dem Potenzialtopf gedrängt werden (der Transistor schaltet aus). Im zweiten Fall befinden sich keine Löcher im Potenzialtopf, und beim Anlegen einer Source-Drain-Spannung V_{SD} kommt es zu keinem Stromfluss („Normally OFF“). Durch Anlegen einer negativen Gate-Spannung werden die Bandkanten Gate-seitig nach oben gezogen, so dass das Fermi-Niveau W_F in den Potenzialtopf eintaucht und somit Löcher in den Potenzialtopf fließen (der Transistor schaltet ein). Die für den Stromfluß verantwortlichen Löcher im 2DHG werden dabei stets von den Akzeptoren der δ-Dotierung geliefert.

Abb. 2.194. zeigt das Ausgangskennlinienfeld eines durch *T. P. Pearsall et al.* realisierten „Normally ON“-SiGe-PMODFETs mit einer in Abb. 2.192. skizzierten Kanalgebietstruktur und einer in Abb. 2.193. skizzierten Bandstruktur. Die Kanallänge beträgt $L = 2\ \mu m$, die δ-Dotierhöhe $\sigma_B = 2{,}5 \cdot 10^{11}\ cm^{-2}$ und der Abstand zwischen δ-Dotierung und intrinsischem $Si_{0,2}Ge_{0,8}$-Kanalgebiet $a = 10\ nm$.

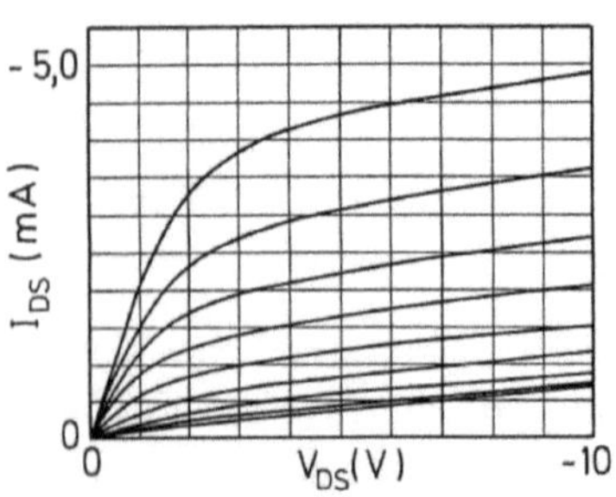

Abb. 2.194. Ausgangskennlinienfeld eines durch *T. P. Pearsall et al.* realisierten „Normally ON“-PMODFETs bei Raumtemperatur (Kanalgebietlänge: $L = 2\ \mu m$, δ-Dotierhöhe: $\sigma_B = 2{,}5 \cdot 10^{11}\ cm^{-2}$, Abstand zwischen δ-Dotierung und intrinsischem $Si_{0,2}Ge_{0,8}$-Kanalgebiet: $a = 10\ nm$) [86Kasp]

Um einen „Normally OFF“-SiGe-PMODFET zu bauen, müsste die Kanalgebietstruktur und die Struktur der modulationsdotierten Schicht wie folgt geändert werden (vgl. Abb. 2.195.).

Vorgestellt und diskutiert wurde der mit dieser Struktur realisierte „Normally OFF“-SiGe-PMODFET durch *E. Murakami et al.* auf der 1990er IEDM in San Francisco, USA [90Mura].[127]

[127] Koautoren der Arbeit: *K. Nakagawa, H. Etoh, A. Nishida, M. Miyao*

Abb. 2.195. Schematischer Aufbau der Kanalgebietstruktur und der modulationsdotierten Struktur eines quasivertikalen PMODFETs nach *E. Murakami et al.*

Als Dotierstoff für die δ-Dotierung wählten *E. Murakami et al.* Gallium. Source und Drain wurden über eine Legierungselektrode aus Gold und Gallium kontaktiert, und als Steuer-Gate fungierte eine MOS-Elektrode mit einem $d_{GOX} = 50\ nm$ dicken SiO_2 als Gate-Dielektrikum (abgeschieden mittels CVD) und einer Metallelektrode aus Aluminium.

Hauptaugenmerk der Untersuchungen lag auf dem Einfluss der Silizium-Konzentration $(1-x)$ in der Pufferschicht auf die PMODFET-Eigenschaften. In der zitierten Arbeit wird dieser Parameter im Bereich $0{,}2 \leq (1-x) \leq 0{,}35$ variiert. Abb. 2.196. zeigt den experimentell ermittelten Einfluss dieses Parameters auf die Löcherkonzentration im 2DHG (in der Abbildung mit N_S bezeichnet) und die dazugehörige Löcherbeweglichkeit (in der Abbildung mit μ_H bezeichnet) bei $T = 77\ K$.

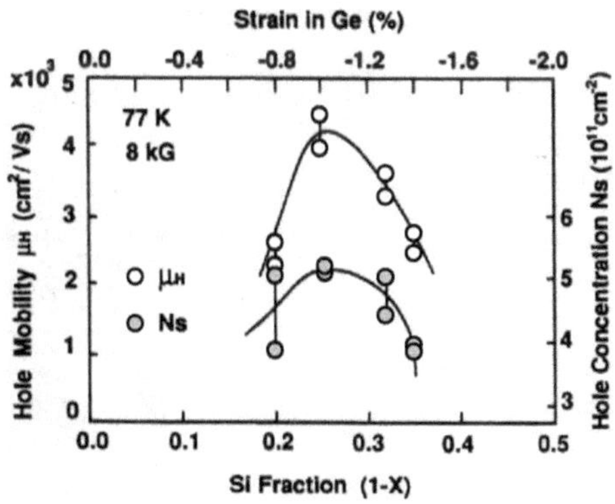

Abb. 2.196. Einfluss der Silizium-Konzentration $(1-x)$ in der Pufferschicht auf die Löcherkonzentration im 2DHG (in der Abbildung mit N_S bezeichnet) und die dazugehörige Löcherbeweglichkeit(in der Abbildung mit μ_H bezeichnet) bei $T = 77\ K$, © 1990 IEEE [90Mura]

Man erkennt, dass mit zunehmender Silizium-Konzentration $(1-x)$ in der Pufferschicht und damit mit zunehmender mechanischer Verspannung im intrinsischen Germanium-Kanal sowohl die Löcherkonzentration im 2DHG und die Löcherbeweglichkeit zunimmt, was auf die immer stärkere Ausbildung eines Potenzialtopfes in der Valenzbandoberkante, in den das Fermi-Niveau W_F immer stärker eintaucht, zurückzuführen ist. Die Abnahme sowohl der Löcherbeweglichkeit als auch der Löcherkonzentration im 2DHG im Bereich $(1-x) > 0{,}25$ führen die Autoren auf Versetzungen zurück, die zu einem Zusammenbruch der mechanischen Verspannungen in der Heterostruktur führen und damit zu einem Ausfall der Funktionalität des Kanalgebiets des PMODFETs (Unterschreitung der kritischen Schichtdicke $d_{krit} = 20\ nm$).

Die Kennlinienfelder eines durch *E. Murakami et al.* realisierten SiGe-PMODFETs mit einer Silizium-Konzentration $(1-x) = 0{,}25$ in der Pufferschicht bei $T = 77\ K$ zeigt Abb. 2.197. Kanalgebietlänge und –weite betragen $L = W = 50\ \mu m$.

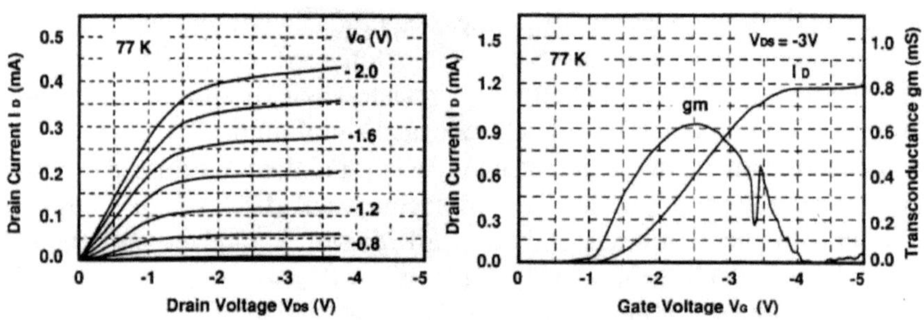

Abb. 2.197. Ausgangskennlinienfeld (links) und Transferkennlinienfeld (rechts) eines durch *E. Murakami et al.* realisierten „Normally OFF"-SiGe-PMODFETs mit einer Silizium-Konzentration $(1-x) = 0{,}25$ in der Pufferschicht bei $T = 77\ K$ (Kanalgebietlänge und –weite: $L = W = 50\ \mu m$), © 1990 IEEE [90Mura]

Man erkennt deutlich, wie der Transistor mit betragsmäßig zunehmender negativer Gate-Spannung V_G einschaltet.

In der rechten Grafik der Abb. 2.197. ist zusätzlich die Steilheit $g_m(V_G)$ der Kennlinie als Funktion der Gate-Spannung V_G eingezeichnet.[128] Diese ist durch (1.14) definiert als:

$$g_m = \left.\frac{\partial I_{SD}(V_G)}{\partial V_G}\right|_{V_{SD}=konst.} . \tag{2.82}$$

[128] Für die folgenden Betrachtungen vgl. erneut mit Unterpunkt 1.1.4 des ersten Kapitels

Das Ausgangskennlinienfeld eines MODEFTs lässt sich analog zum Ausgangskennlinienfeld eines MOSEFTs beschreiben. Dieses war durch (1.22) gegeben:

$$I_{SD}(V_{SD},V_G) = \alpha \cdot \begin{cases} (V_G - V_T)\cdot V_{SD} - \dfrac{V_{SD}^2}{2}, & V_G - V_T \geq V_{SD} \\ \dfrac{(V_G - V_T)^2}{2}, & V_G - V_T < V_{SD} \end{cases} \tag{2.83}$$

($\alpha = \dfrac{W \cdot C_{GOX} \cdot \mu}{L}$). Für die Gate-spannungsabhängige Feldeffektbeweglichkeit μ_{FE} der Ladungsträger im Kanal des MODFETs folgt mit (2.82) und (2.83):

$$\mu_{FE} = \frac{L}{W \cdot C_{GOX}} \cdot \left.\frac{\partial I_{SD}(V_G)}{\partial V_G}\right|_{V_{SD}=konst.} \cdot \begin{cases} \dfrac{1}{V_{SD}}, V_G - V_T \geq V_{SD} \\ \dfrac{1}{V_G - V_T}, V_G - V_T < V_{SD} \end{cases}, \tag{2.84}$$

also:

$$\mu_{FE} = \begin{cases} \dfrac{L \cdot g_m}{W \cdot C_{GOX} \cdot V_{SD}}, V_G - V_T \geq V_{SD} \\ \dfrac{L \cdot g_m}{W \cdot C_{GOX} \cdot (V_G - V_T)}, V_G - V_T < V_{SD} \end{cases}. \tag{2.85}$$

Aus der Kenntnis der Steilheit $g_m(V_G)$ als Funktion der Gate-Spannung V_G und den physikalischen Parameters des Transistors lässt sich damit die Gate-spannungsabhängige Feldeffektbeweglichkeit μ_{FE} der Ladungsträger im Kanal des MODFETs berechnen. Für den von *E. Murakami et al.* realisierten und oben diskutierten „Normally OFF"-SiGe-PMODFET ergibt sich für $T = 77\,K$ eine maximale Beweglichkeit von $\mu_{FE}(V_G) \sim 9000\ cm^2 \cdot V^{-1} \cdot s^{-1}$.

2.5.3 Der quasivertikale SiGe-MOSFET

Auch wenn der SiGe-MODFET das schnellste Bauelement der Silizium-basierten Technologie darstellt und durch die Möglichkeit der Steuerung über eine MOS-Gate der Kandidat für verlustleistungslose Hochfrequenztechnologie ist, so ist er dennoch für CMOS-Anwendungen ungeeignet, da sich keine „Normally OFF"-SiGe-NMODFETs realisieren lassen, die in ihrer Funktionalität komplementär zu „Normally OFF"-SiGe-PMODFETs sind.

Aus diesem Grund wurden Anfang der 1990er Jahre Forschungen und Entwicklungen an einem zweiten quasivertikalen SiGe-Transistorkonzept aufgenommen, das die Beweglichkeitserhöhung in verspannten $Si_{1-x}Ge_x$-Schichten ausnutzt, um das Problem der Realisierung komplementärer Transistoren zu lösen. Bei diesem Konzept handelt es sich um den quasivertikalen SiGe-MOSFET.

Der erste quasivertikale SiGe-PMOSFET, dessen schematischer Aufbau Abb. 2.198. zeigt, wurde von *P. M. Garone et al.*[129] (Princeton University, USA) auf der IEDM in San Francisco, USA, 1990 vorgestellt [90Garo].

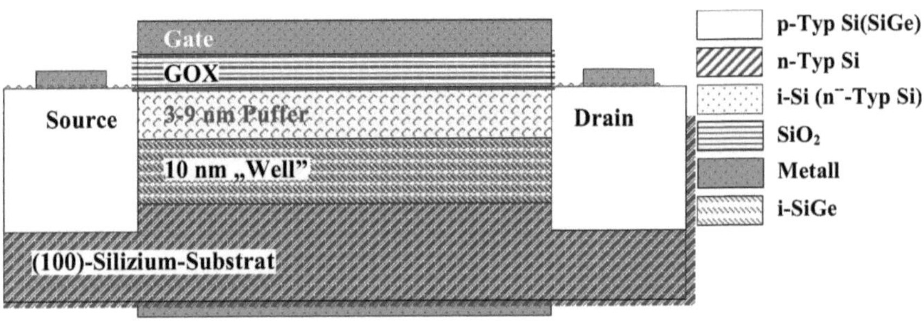

Abb. 2.198. Schematischer Aufbau eines SiGe-PMOSFETs nach *P. M. Garone et al.*

Wie sich aus dieser Abbildung ergibt, handelt es sich bei einem SiGe-PMOSFET um einen gewöhnlichen lateralen PMOSFET mit dem Unterschied, dass das Kanalgebiet aus einer Schichtfolge – bestehend aus intrinsischem $Si_{1-x}Ge_x$ (dem sogenannten „Well") und intrinsischem Silizium (dem Puffer) – gebildet wird, welche mittels CVD auf ein n-Typ *(100)*-Silizium-Substrat abgeschieden wurden. Das SiO_2 Gate-Dielektrikum wurde Plasma-unterstützt ebenfalls mittels CVD (PE-CVD) abgeschieden.

Source und Drain wurden selbstjustiert zum Gate mittels Ionenimplantation (Bor) erzeugt. Ein anschließender Temperschritt bei $T = 700\ °C$ für

[129] Koautoren der Arbeit waren *V. Venkataraman* und *J. C. Strum*.

$t = 30\,min$ unter Schutzgasatmosphäre diente zur Rekristallisation von Source und Drain und zur Verdichtung des Gate-Oxides. Als Metallisierung diente Aluminium. Das thermische Budget wurde während der gesamten Herstellung so klein wie möglich gelassen, um eine Ausdiffusion des Germaniums und eine Relaxation des $Si_{1-x}Ge_x$-Films über die Bildung von Versetzungen zu verhindern.

Abb. 2.199. zeigt das vereinfachte Bänderdiagramm der Heterostruktur eines durch *P. M. Garone et al.* realisierten SiGe-PMOSFETs mit und ohne angelegter Gate-Spannung V_G ($10\,nm$ i-$Si_{0,6}Ge_{0,4}$/$7,5\,nm$ i-Si Puffer), das die Funktionsweise eines SiGe-PMOSFETs deutlich macht.

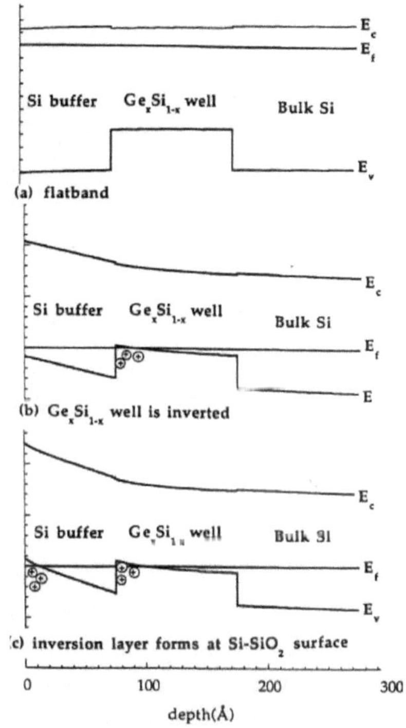

Abb. 2.199. Vereinfachtes Bänderdiagramm der Heterostruktur eines durch *P. M. Garone et al.* realisierten SiGe-PMOSFETs mit und ohne angelegter GateSpannung V_G ($10\,nm$ i-$Si_{0,6}Ge_{0,4}$/$7,5\,nm$ i-Si Puffer): Ohne angelegte Gate-Spannung V_G liegt Flachbandzustand vor, und die Heterostruktur verhält sich n-Typ-artig (a), mit angelegter negativer Gate-Spannung $V_G < 0\,V$ werden die Bänder Gateseitig nach oben gezogen und das Fermi-Niveau W_F (E_F in der Abbildung) taucht in den Potenzialtopf in der Valenzbandoberkante W_V (E_V in der Abbildung), und analog zum PMODFET wird ein entartetes 2-dimensionales Löchergas gebildet (b), bei weiterer betragsmäßiger Erhöhung der Gate-Spannung V_G wird zusätzlich an der Grenzfläche zum SiO_2 ein Inversionskanal wie im konventionellen MOSFET gebildet (c), © 1990 IEEE [90Garo].

Ein SiGe-MOSFET verhält sich also wie ein konventioneller MOSFET, allerdings tritt ein zusätzlicher, paralleler Strompfad auf, in dem die Ladungsträgebeweglichkeit wie in einem MODFET[130] aufgrund der fehlenden Streuung an ionisierten Störstellen nicht auftritt.

Abb. 2.200. zeigt die simulierten Löcherkonzentrationen in einem SiGe-PMOSFET als Funktion der Gate-Spannung V_G für drei verschiedene SiGe-PMOSFETs mit unterschiedlichem „Well" und Puffer.

130 Vgl. dazu mit dem vorangegangenen Unterabschnitt 2.5.2 des vorliegenden.

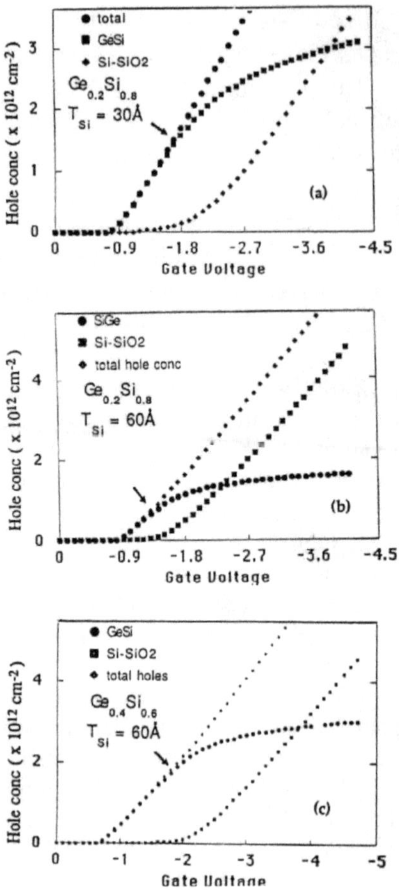

Abb. 2.200. Simulierte Löcherkonzentrationen als Funktion der Gate-Spannung V_G in einem SiGe-PMOSFET nach *P. M. Garone et al.* für drei verschiedene SiGe-PMOSFETs mit unterschiedlichem „Well"/Puffer:
10 nm $Si_{0,8}Ge_{0,2}$/*3 nm* Silizium (oben),
10 nm $Si_{0,8}Ge_{0,2}$/*6 nm* Silizium (Mitte),
10 nm $Si_{0,6}Ge_{0,4}$/*6 nm* Silizium (unten),
© 1990 IEEE [90Garo]

Man erkennt, dass erst für höhere Gate-Spannungen: $V_G \sim -1{,}8\ V$ (Abb. 2.200., oben), $V_G \sim -1{,}4$ (Abb. 2.200., Mitte), $V_G \sim -1{,}8\ V$ (Abb. 2.200., unten) der Inversionskanal an der Grenzfläche zum Gate-Oxid zum Stromtransport beiträgt. Unterhalb dieser Spannungen wird der Stromtransport ausschließlich durch das erzeugte 2DHG im Potenzialtopf getragen.

Abb. 2.201. zeigt die Ausgangscharakteristik des durch *P. M. Garone et al.* realisierten SiGe-PMOSFETs („Well": *10 nm* intrinsisches $Si_{0,6}Ge_{0,4}$, Puffer: *7,5 nm* intrinsisches Silizium). Abb. 2.202. zeigt die experimentell bestimmte Löcherkonzentration in diesem SiGe-PMOSFET als Funktion der Gate-Spannung V_G.

Man erkennt die gute Übereinstimmung zwischen experimenteller Messung und modellhafter Beschreibung (bei diesem SiGe-PMOSFET trägt erst ab einer Gate-Spannung von $V_G \leq -4{,}2\ V$ der Inversionskanal an der Grenzfläche zum Gate-Oxid zum Stromtransport bei.

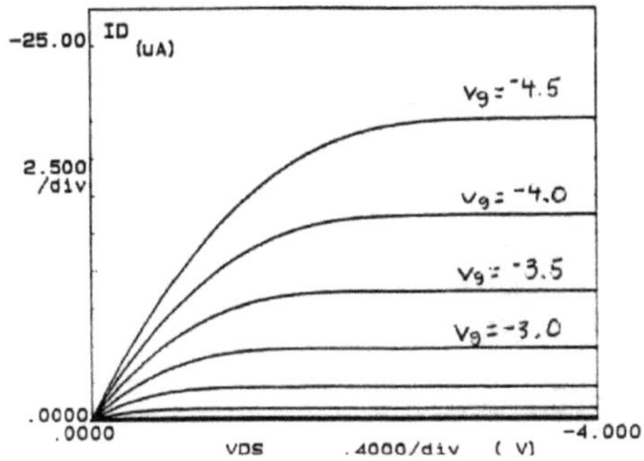

Abb. 2.201. Ausgangscharakteristik eines durch *P. M. Garone et al.* realisierten SiGe-PMOSFETs („Well“: *10 nm* intrinsisches $Si_{0,6}Ge_{0,4}$, Puffer: *7,5 nm* intrinsisches Silizium), © 1990 IEEE [90Garo]

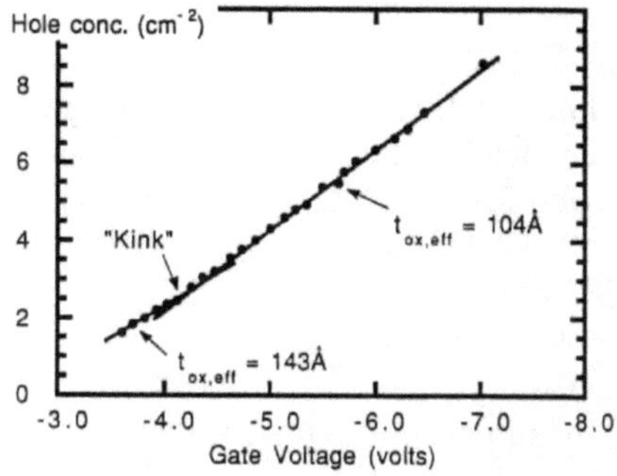

Abb. 2.202. Experimentell bestimmte Löcherkonzentration in dem durch *P. M. Garone et al.* realisierten SiGe-PMOSFET („Well“: *10 nm* intrinsisches $Si_{0,6}Ge_{0,4}$, Puffer: *7,5 nm* intrinsisches Silizium) als Funktion der Gate-Spannung V_G, © 1990 IEEE [90Garo]

Eine erneute Diskussion des gleichen Konzeptes fand ein Jahr später auf der IEDM in Washington, D.C., USA, erneut durch die *P. M. Garone et al.* und durch *V. P. Kesan et al.*[131] (IBM, New York, USA) statt [91Garo, 91Kesa]. Hier wurde nun verstärkt auf den Vergleich zwischen einem quasivertikalen SiGe-PMOSFET und einem vergleichbaren konventionellen lateralen PMOSFET eingegangen. Im Folgenden seien die Ergebnisse von *V. P. Kesan et al.* wiedergegeben.

Abb. 2.203. zeigt die Gate-spannungsabhängige Feldeffektbeweglichkeit $\mu_{FE}(V_G)$ im linearen Bereich der Kennlinie ($V_G - V_T >> V_{SD}$)

$$\mu_{FE}(V_G) = \frac{L \cdot g_m(V_G)}{W \cdot C_{GOX} \cdot V_{SD}} \tag{2.86}$$

(vgl. mit Beziehung (2.85) im Unterabschnitt 2.5.2) der Ladungsträger im Kanal eines SiGe-PMOSFETs („Well“: intrinsisches $Si_{0,8}Ge_{0,2}$) und eines äquivalenten konventionellen lateralen MOSFETs bei $V_{SD} = -0,05\ V$ (Kanalgebietlänge beider MOSFETs: $L = 1,85\ \mu m$, Kanalgebietweite: $W = 9,2\ \mu m$) bei $T = 300\ K$ und $T = 82\ K$. Diese Graphen ergeben sich aus

[131] Koautoren dieser Arbeit waren *S. Subbanna, P. Restle, M. Tejwani, J. Aitken, S. Iyer* und *J. Ott.*

Steilheiten $g_m(V_G)$ beider Transistoren, die aus den gemessenen Transfercharakteristiken bestimmt wurden.

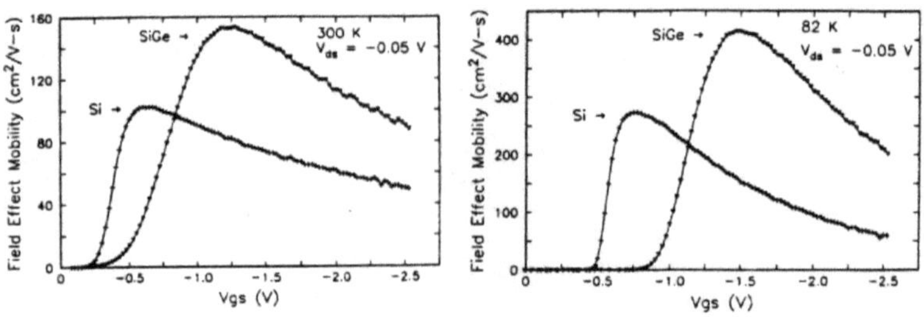

Abb. 2.203. Gate-spannungsabhängige Feldeffektbeweglichkeit $\mu_{FE}(V_G)$ im linearen Bereich der Kennlinie ($V_G - V_T >> V_{SD}$) der Ladungsträger im Kanal eines SiGe-PMOSFETs („Well": i-$Si_{0,8}Ge_{0,2}$) und eines äquivalenten konventionellen lateralen MOSFETs bei $V_{SD} = -0{,}05\ V$ (Kanalgebietlänge und –weite beider MOSFETs: $L = 1{,}85\ \mu m$, $W = 9{,}2\ \mu m$): a) $T = 300\ K$, b) $T = 82\ K$, © 1991 IEEE [91Kesa]

Man erkennt deutlich, dass hinsichtlich Ladungsträgerbeweglichkeit der quasivertikale SiGe-PMOSFET im betrachteten Temperaturbereich für Betriebsspannungen $V_G < -1\ V$ dem konventionellen lateralen PMOSFET überlegen ist. Diese Überlegenheit bleibt bestehen, wenn der SiGe-MOSFET bzw. der konventionelle PMOSFET zu kleineren Strukturgrößen hin skaliert werden. Deutlich wird dies, wenn man die experimentell bestimmten maximalen Steilheiten g_m (mit „Transconductance" in der Abbildung bezeichnet) von SiGe-MOSFETs bzw. äquivalenten konventionellen MOSFETs mit verschiedenen Kanalgebietlängen $L < 2\ \mu m$ bei $T = 300\ K$ und $T = 82\ K$ betrachtet (Abb. 2.204. – zur besseren Deutlichkeit ist in diesen Graphen auch das Verhältnis dieser Steilheiten bei gleicher Kanalgebietlänge L gegeben). Die deutliche Überlegenheit nimmt zwar für immer kleiner werdende Strukturgrößen ab, bleibt aber auch für kleine Strukturgrößen (hier bis $L = 0{,}25\ \mu m$ betrachtet) erhalten.
Die ersten Untersuchungen zum Einsatz von quasivertikalen SiGe-MOSFETs in CMOS-Anwendungen wurden von der Forschungsgruppe um *J. Welser* und *J. L. Hoyt* (damals Stanford University, USA) durchgeführt.[132]

[132] Die Gruppe um *J. Welser* (jetzt IBM, New York, USA) und *J.L. Hoyt* (jetzt MIT, Cambridge, USA) bzw. die daraus hervorgegangenen Gruppen gehörten in den letzten elf Jahren zu den aktivsten auf dem Gebiet des quasivertikalen SiGe-MOSFETs, was die zahlreichen Publikationen, hauptsächlich auf der IEDM, belegen [92Wels, 93Wels, 94Wels, 95Rim, 98Rim, 02Hoyt, 02Rim].

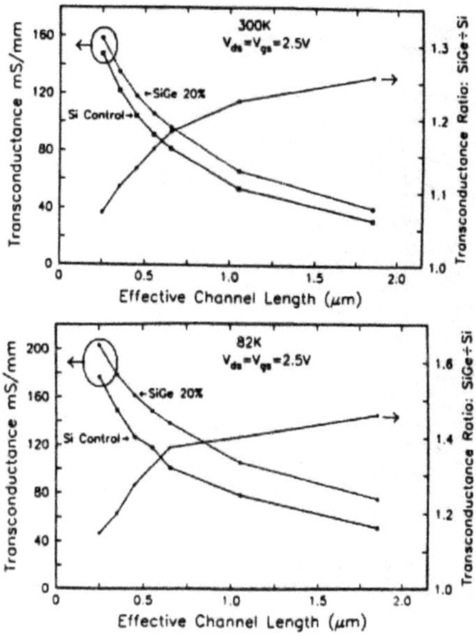

Abb. 2.204. Experimentell bestimmte maximale Steilheiten g_m („Transconductance“) von SiGe-PMOSFETs bzw. äquivalenten konventionellen PMOSFETs mit verschiedenen Kanalgebietlängen $L < 2\ \mu m$ (das Verhältnis dieser Steilheiten bei gleicher Kanalgebietlänge L ist ebenfalls gegeben): $T = 300\ K$ (oben), $T = 82\ K$ (unten), © 1991 IEEE [91Kesa]

Die erste Arbeit zu komplementären SiGe-NMOSFETs und SiGe-PMOSFETs wurde durch diese Gruppe 1992 auf der IEDM in San Francisco, USA, vorgestellt [92Wels].[133] Für die Realisierung eines SiGe-NMOSFETs bzw. SiGe-PMOSFETs schlugen *J. Welser et al.* die in Abb. 2.205. dargestellten alternativen Kanalgebietstrukturen vor.

In dieser Arbeit zeigten *J. Welser et al.*, dass es nur von der gewählten Substratdotierung (bei der Abscheidung dient das Substrat als Dotierstoffquelle zur leichten Dotierung der jeweiligen Kanalgebietstruktur – der Dotierstoff segregiert bei der Abscheidung aus dem Substrat in die abgeschiedenen Filme) bzw. der Dotierung der polykristallinen Silizium-Gate-Elektrode abhängt, ob man mit einer dieser alternativen Kanalgebietstrukturen einen quasivertikalen SiGe-NMOSFET oder einen SiGe-PMOSFET realisiert, was mit Hilfe der Abb. 2.206., die die vereinfachten, eindimensionalen Bänderschemata der beiden alternativen Kanalgebietstrukturen unter der Gate-Elektrode zeigt, für einen quasivertikalen SiGe-NMOSFET deutlich wird. Wie man erkennt, treten in beiden Strukturen Potenzialtöpfe für die Bildung eines 2DEGs und eines 2DHGs auf: An der Grenzfläche zum Gate-Oxid („Surface Well“) und in einem Abstand von dieser Grenzfläche („Buried Well“), der in erster Näherung durch die Dicke der Deckschicht (vgl. erneut mit Abb. 2.205.) gegeben ist.

133 *J. F. Gibbons* wird hier neben *J. Welser* und *J. L. Hoyt* als Koautor der Arbeit genannt.

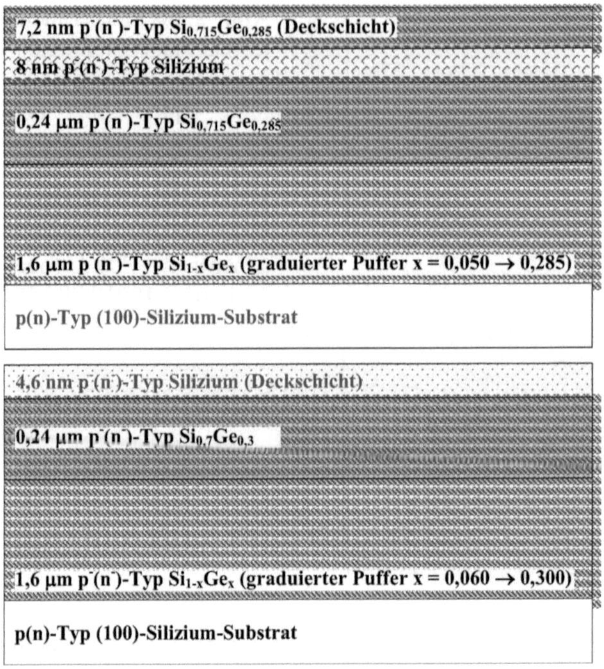

Abb. 2.205. Schematischer Aufbau der Kanalgebietstruktur zur Realisierung von quasivertikalen SiGe-NMOSFETs bzw. SiGe-PMOSFETs nach *J. Welser et al.*: „Surface Strained"-Struktur (oben), „Buried Strained"-Struktur (unten)

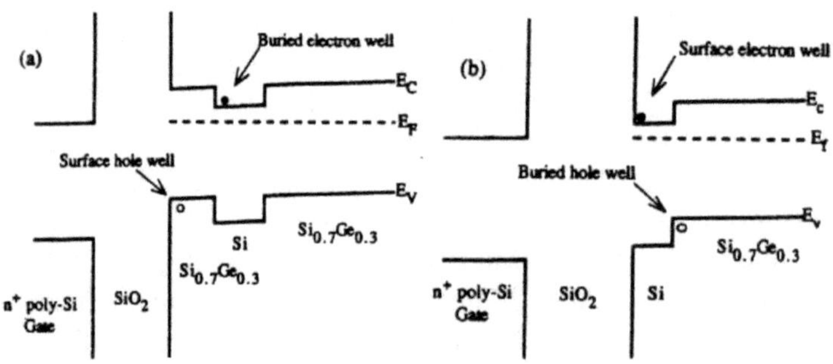

Abb. 2.206. Vereinfachte eindimensionale Bänderschemata der beiden alternativen Kanalgebietstrukturen (vgl. Abb. 2.105.) unter der Gate-Elektrode ohne angelegte Gate-Spannung V_G: „Buried Strained-Si"-Struktur (links), „Surface Strained-Si"-Struktur (rechts), © 1992 IEEE [92Wels]

Welches 2-dimensionale Ladungsträgergas letztendlich im SiGe-MOSFET gebildet wird, hängt nur von der Dotierung des Substrates und der polykristallinen Silizium-Gate-Elektrode ab.

Abb. 2.207. zeigt die Ausgangscharakteristik eines durch *J. Welser et al.* realisierten SiGe-NMOSFETs und die Ausgangscharakteristik eines SiGe-PMOSFETs (beide mit einem „Surface Well" für das Ladungsträgergas).

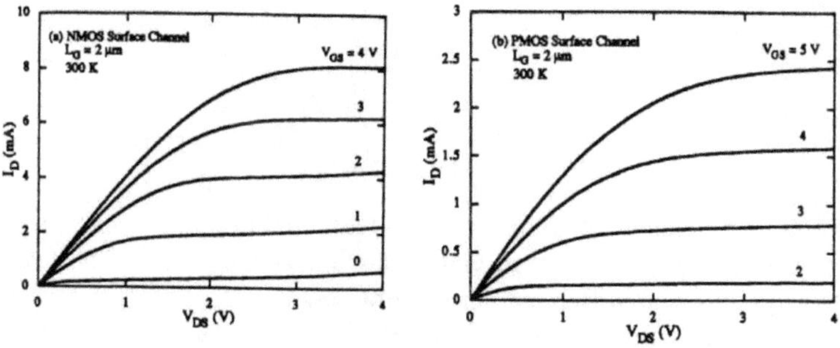

Abb. 2.207. Ausgangscharakteristiken eines durch *J. Welser et al.* realisierten SiGe-NMOSFETs (links) und eines SiGe-PMOSFETs (rechts) mit einem „Surface Well" für das Ladungsträgergas (Kanalgebietlänge: $L = 2\ \mu m$, Gate-Oxiddicke: $d_{GOX} = 12,8\ nm$), © 1992 IEEE [92Wels]

Zur Bewertung der beiden möglichen SiGe-MOSFET-Konfigurationen („Surface Well" oder „Buried Well") sei wieder die Steilheit $g_m(V_G)$ als Funktion der Gate-Spannung V_G und die daraus ableitbare Gate-spannungsabhängige Feldeffektbeweglichkcit μ_{FE} im linearen Bereich der Kennlinie ($V_G - V_T >> V_{SD}$) der Ladungsträger betrachtet.

Vergleichend wird die Steilheit $g_m(V_G)$ und die daraus abgeleitete Feldeffektbeweglichkeit μ_{FE} der Ladungsträger eines äquivalenten konventionellen lateralen MOSFETs betrachtet (Abb. 2.208.).
Wie diese Abbildung verdeutlicht, ist mit Blick auf die Beweglichkeit der Ladungsträger im Kanal die „Buried Channel"-Struktur für kleine Gate-Spannungen V_G sowohl der „Surface Strained"-Struktur als auch der klassischen Struktur überlegen. Dies liegt daran, dass sich die Ladungsträger nur im verspannten Silizium-Kanal bewegen und keinerlei Grenzflächenstreuung und kaum Streuung an ionischen Störstellen (ionisierten Donatoren oder Akzeptoren) erleiden. Im Gegensatz dazu erleiden die Ladungsträger in der „Surface Channel"-Struktur Grenzflächenstreuung, selbst wenn auch hier kaum Streuung an ionischen Störstellen auftritt. In der klassischen MOSFET-Struktur erleiden die Ladungsträger sowohl Grenzflächenstreuung als auch Streuung an ionischen Störstellen. Außerdem liegt die Ladungsträgerbeweglichkeit im unverspannten Silizium unter der Beweglichkeit im verspannten Silizium, so dass der klassische MOSFET im Vergleich zum „Buried Channel"- als auch zum „Surface Channel"-SiGe-MOSFET die geringsten Beweglichkeiten zeigt.

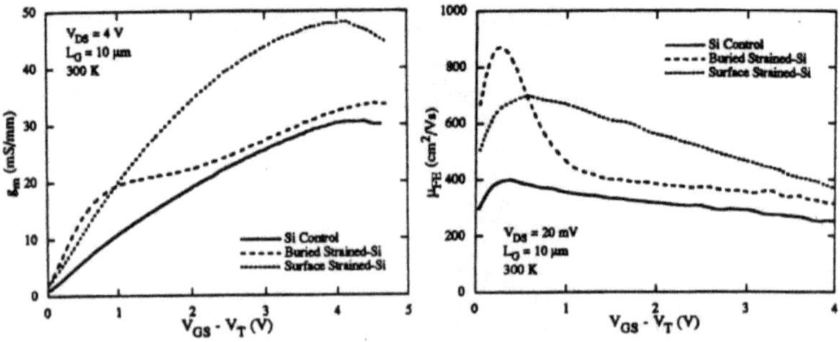

Abb. 2.208. Vergleich der Steilheiten $g_m(V_G)$ als Funktion der Gate-Spannung V_G (links) und die daraus ableitbaren Gate-spannungsabhängigen Feldeffektbeweglichkeiten μ_{FE} im linearen Bereich der Kennlinien ($V_G - V_T >> V_{SD}$) der Ladungsträger (rechts) eines SiGe-NMOSFETs mit einem „Surface Well", eines SiGe-NMOSFETs mit einem „Buried Well" und eines äquivalenten lateralen NMOSFETs, © 1992 IEEE [92Wels]

Für höhere Gate-Spannungen V_G ergibt sich mit Blick auf die Ladungsträgerbeweglichkeit eine Überlegenheit der „Surface Channel"-Struktur im Vergleich zur „Buried Channel"-Struktur. Der Grund dafür ist darin zu finden, dass sich bei hohen Gate-Spannungen V_G in der „Buried Channel"-Struktur zwei parallele Strompfade ergeben. Zum einen bewegt sich ein Teil der Ladungsträger im „Buried Channel", der andere Teil bewegt sich wie auch im „Surface Channel"-SiGe-MOSFET als auch im klassischen MOSFET entlang der Grenzfläche zum Gate-Oxid in unverspanntem SiGe. Dieser Teil erleidet während des Transports sowohl Grenzflächenstreuung als auch Legierungsstreuung (SiGe). Dieser Teil am Gesamtstrom wird umso größer, je größer V_G gewählt wird. Für sehr hohe Gate-Spannungen V_G findet der Stromtransport nur noch im SiGe entlang der Grenzfläche zum Gate-Oxid statt. Da die Beweglichkeiten im unverspannten SiGe ebenfalls höher ist als im unverspannten Silizium, bleibt der „Buried Channel"-SiGe-MOSFET hinsichtlich Beweglichkeit dem klassischen MOSFET überlegen, allerdings verliert er dadurch seine Überlegenheit gegenüber der „Surface Channel"-Struktur.

Da mit Blick auf die maximal möglichen Schaltzeiten einer integrierten Schaltung bestehend aus SiGe-MOSFETs die „Surface Channel"-Struktur gegenüber der „Buried Channel"-Struktur zu bevorzugen ist (die effektive Gate-Kapazität in einem „Buried Channel"-SiGe-MOSFET besteht aus dem Gate-Isolator und der SiGe-Deckschicht, was dazu führt, dass die Schaltzeiten für einen „Buried Channel"-SiGe-MOSFET größer sind als für einen „Surface Channel"-SiGe-MOSFET), lässt sich abschließend bewertend sagen, dass der „Surface Channel"-SiGe-MOSFET die optimale

Struktur für einen quasivertikalen MOSFET mit hohen Beweglichkeiten und kleinen Schaltzeiten ist.

Der Vollständigkeit halber sei an dieser Stelle erwähnt, dass zur Beurteilung der Geschwindigkeit von MOSFETs auch die sogenannte effektive Ladungsträgerbeweglichkeit $\mu_{eff}(E_{eff})$ als Funktion der effektiven vertikalen Feldstärke $E_{eff}(V_G - V_T)$ im Transistorkanal betrachtet wird. Die effektive Ladungsträgerbeweglichkeit $\mu_{eff}(E_{eff})$ leitet sich aus dem linearen bzw. quadratischen Bereich ($V_G - V_T \geq V_{SD}$) des Ausgangskennlinienfeldes (1.22)[134] eines MOSFETs

$$I_{SD}(V_{SD}, V_G) = \frac{W \cdot C_{GOX} \cdot \mu}{L} \cdot \left\{ (V_G - V_T) \cdot V_{SD} - \frac{V_{SD}^2}{2} \right\} \tag{2.87}$$

mit Hilfe des Ausgangsleitwertes g_0 im Anlaufbereich her. Dieser ist durch (1.13) definiert als:

$$g_0 = \left. \frac{\partial I_{SD}(V_{SD})}{\partial V_{SD}} \right|_{V_G = konst.} . \tag{2.88}$$

Mit diesen beiden Beziehungen folgt:

$$\begin{aligned} \mu_{eff} &= \frac{L}{W \cdot C_{GOX}} \cdot \frac{1}{V_G - V_T - V_{SD}} \cdot \left. \frac{\partial I_{SD}(V_{SD})}{\partial V_{SD}} \right|_{V_G = konst.} \\ &= \frac{L \cdot g_0}{W \cdot C_{GOX} \cdot (V_G - V_T - V_{SD})} . \end{aligned} \tag{2.89}$$

Mit

$$C_{GOX} = \varepsilon_{rel} \cdot \varepsilon_0 \cdot \frac{W \cdot L}{d_{GOX}} \tag{2.90}$$

lässt sich das effektive vertikale elektrische Feld $E_{eff}(V_G - V_T)$ definieren:

[134] Für die folgenden Betrachtungen vgl. erneut Unterpunkt 1.1.4 des ersten Kapitels.

$$E_{eff}(V_G - V_T) = \left. \frac{d_{GOX}}{V_G - V_T - V_{SD}} \right|_{V_{SD}=konst.} . \tag{2.91}$$

Somit folgt:

$$\mu_{eff}(E_{eff}) = \frac{g_0}{W^2 \cdot \varepsilon_{rel} \cdot \varepsilon_0 \cdot E_{eff}} . \tag{2.92}$$

Abb. 2.109. zeigt die sich ergebenden effektiven Ladungsträgerbeweglichkeiten $\mu_{eff}(E_{eff})$ im Kanal eines quasivertikalen SiGe-NMOSFETs mit einem „Surface Well" im Vergleich mit einem dazu äquivalenten quasivertikalen SiGe-NMOSFETs mit einem „Buried Well" bzw. konventionellen lateralen NMOSFETs.

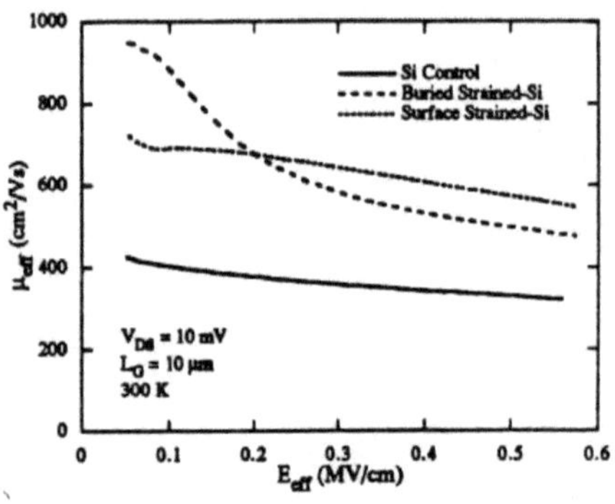

Abb. 2.209. Effektive Ladungsträgerbeweglichkeit $\mu_{eff}(E_{eff})$ im Kanal eines quasivertikalen SiGe-NMOSFETs mit einem „Surface Well" im Vergleich mit einem dazu äquivalenten quasivertikalen SiGe-NMOSFETs mit einem „Buried Well" bzw. konventionellen lateralen NMOSFETs, © 1992 IEEE [92Wels]

Auch aus dieser Abbildung ergibt sich, dass sich mit der „Surface Strained"-Struktur die schnellsten MOSFETs realisieren lassen, die bedeutend schneller als vergleichbare konventionelle laterale MOSFETs sind.

Betrachtet man erneut die statistische Analyse der Konferenzbeiträge der Konferenzen ESSDERC, IEDM und SSDM zum quasivertikalen Konzept in der Einleitung der Arbeit, wird deutlich, dass besonders die Anzahl der Publikationen zum quasivertikalen SiGe-MOSFET in den letzten fünf Jahren deutlich, im Vergleich zu den sonst publizierten Konzepten, gestiegen sind. Der Grund dafür findet sich in der Löcherbeweglichkeit in einem PMOSFET, die um das Zwei- bis Dreifache geringer ist als die Elektronenbeweglichkeit in einem zu diesem PMOSFET komplementären NMOSFET. Durch die zunehmende Verkleinerung der Transistoren wurde dieser Unterschied, der sich hauptsächlich in der unterschiedlichen Schaltgeschwindigkeit und in den unterschiedlichen Strömen $I_{ON,\,PMOSFET}$ bzw. $I_{ON,\,NMOSFET}$ im eingeschalteten Zustand der komplementären MOSFETs wiederfindet, von Technologiegeneration zu Technologiegeneration immer stärker betont. Inzwischen tritt der Unterschied so deutlich zu Tage, dass das elektrische Verhalten eines CMOS-Inverters der kommenden Technologiegenerationen nur noch durch den PMOSFET limitiert wird.

Gegenwärtig stellt eine Möglichkeit der Behebung dieses Ungleichgewichts zwischen PMOSFET und NMOSFET in einer CMOS-Schaltung, die zur Zeit sehr intensiv im industriellen Maßstab diskutiert wird, die Herstellung heterogener CMOS-Inverter dar, bestehend aus einem konventionellen lateralen NMOSFET und einem quasivertikalen SiGe-PMOSFET mit deutlich erhöhten Löcherbeweglichkeiten.

2.5.4 Der quasivertikale SiGe-MOSFET mit einem „Strained-Silicon-On-Insulator“ Kanalgebiet (SiGe-SSOI-MOSFET)

Der aktuellste Stand bei der Entwicklung quasivertikaler SiGe-MOSFETs findet sich in der Entwicklung quasivertikaler SiGe-MOSFETs mit einem „Strained-Silicon-On-Insulator“ Kanalgebiet (SiGe-SSOI-MOSFETs). Dies wurde durch die Entwicklung von „Strained-Silicon-On-Insulator“-Substraten ermöglicht, die mit den Techniken analog zu „Smart-Cut“ und BESOI hergestellt werden [03Ghys, 03Drak].

Abb. 2.210. zeigt die Herstellungssequenz eines SSOI-Substrates mittels „Smart-Cut“, wie sie durch den französischen SOI- und SSOI-Substrathersteller SOITEC durchgeführt wird [03Ghys].

Die Herstellung eines SSOI-Substrates mittels BESSOI (Back-Etched Strained-Silicon-On-Insulater), die gegenwärtig am Massachusetts Institute of Technology (MIT) in Cambridge, USA, verfolgt wird, gleicht der Herstellung mittels „Smart-Cut“ bis zum anodischen Bonden der beiden Substrate. Das Entfernen der überflüssigen Schichten erfolgt mittels selektiver nass-chemischer Ätzlösungen [03Drak].

Bei beiden Herstellungsmethoden kann optional die obere unverspannte SiGe-Schicht selektiv zur darunter liegenden verspannten Silizium-Schicht nass-chemisch entfernt werden, so dass ein reines SSOI-Substrat verbleibt.

Erste Untersuchungen zeigen, dass auf diese Weise hergestellte SSOI-Substrate thermischen Belastungen von $T = 900\ °C$ für $t = 1\ s$ Stand halten [03Drak].[135]

---

[135] Es muss gewährleistet sein, dass trotz der auftretenden thermischen Belastungen bei der Herstellung eines MOSFETs mit diesen Substraten der pseudomorph verspannte, anodisch auf die SiO_2-Schicht gebondete Silizium-Film nicht in

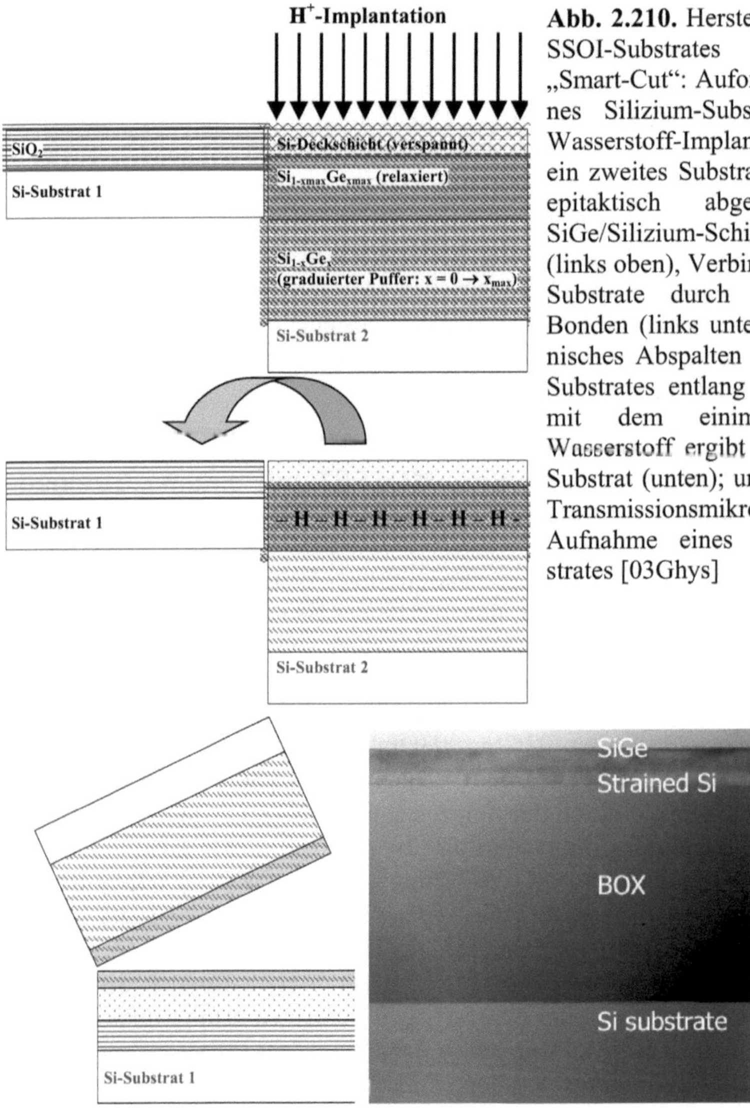

Abb. 2.210. Herstellung eines SSOI-Substrates mittels „Smart-Cut“: Aufoxidation eines Silizium-Substrates und Wasserstoff-Implantation in ein zweites Substrat mit einer epitaktisch abgeschiedenen SiGe/Silizium-Schichtfolge (links oben), Verbinden beider Substrate durch anodisches Bonden (links unten), mechanisches Abspalten des oberen Substrates entlang der Ebene mit dem einimplantierten Wasserstoff ergibt das SSOI-Substrat (unten); unten rechts: Transmissionsmikroskopische Aufnahme eines SSOI-Substrates [03Ghys]

Die Entwicklung von SiGe-SSOI-MOSFETs auf diesen Substraten befindet sich momentan im Anfangsstadium. (Eine Vorreiterrolle spielt aber auch hier wieder die Gruppe um *J. L. Hoyt* vom MIT, Cambridge, USA.)

---

seine natürlichen Gitterparameter relaxiert. Dadurch würde aus einem SSOI-Substrat ein gewöhnliches SOI-Substrat werden.

2.5.5 Der „Atomic Layer Deposition“-MOSFET (ALD-MOSFET)

Anfang bis Mitte der 1990er Jahre wurde unter dem Namen „Atomic Layer Deposition“-MOSFET (ALD-MOSFET) ein weiteres quasivertikales Transistorkonzept diskutiert, dessen zentrales Element eine δ-Dotierstruktur ist.

Der erste ALD-MOSFET wurde 1992 von *A. G. O'Neill et al.*[136] auf der ESSDERC in Leuven, Belgien, als ALD-NMOSFET vorgestellt und diskutiert [92ONei]. Ein Jahr später diskutierten *K. Nakamura et al.*[137] (Hitatchi, Japan) auf der SSDM im japanischen Chiba einen ähnlichen ALD-MOSFET [93Naka, 93Hoda]. Abb. 2.211. zeigt den schematischen Aufbau des durch *A. G. O'Neill et al.* realisierten ALD-NMOSFETs.

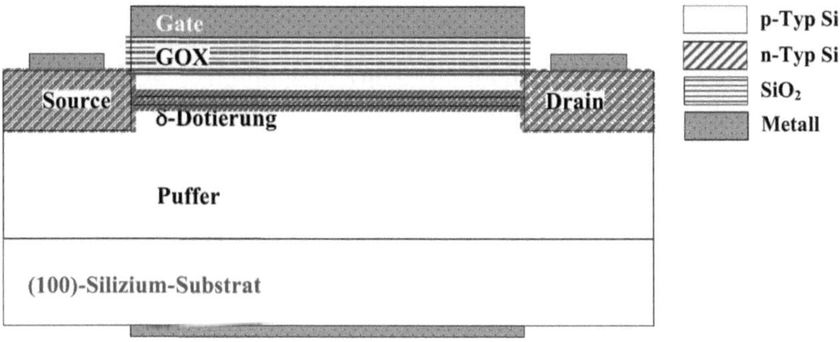

Abb. 2.211. Schematischer Aufbau eines ALD-NMOSFETs nach *A. G. O'Neill et al.*

Die Idee hinter diesem Konzept ist, die Gate-induzierte Inversionsschicht, die für das Einschalten eines gewöhnlichen MOSFETs notwendig ist, durch eine δ-Dotierschicht zu ersetzen, um so die Grenzflächenstreuung der Ladungsträger an der Grenzfläche des Kanalgebiets zum Gate-Oxid und die Gate-Oxiddegradation durch „heiße“ Elektronen zu vermeiden, die zur Beweglichkeitsminderung der Ladungsträger und zum Ausfall des Transistors führen.

Für die Herstellung des ALD-NMOSFETs nutzten *A. G. O'Neill et al.* die Molekularstrahlepitaxie, mit der sie auf ein hochohmiges p^--Typ *(100)*-Silizium-Substrat einen schwach p-Typ dotierten ($N_A = 1 \cdot 10^{16}\ cm^{-3}$) Silizi-

[136] Koautoren der Arbeit waren *A. C. G. Wood, P. Phillips, T. E. Whall, E. H. C. Parker, A. Gundlach* und *S. Taylor*. Bei der vorgestellten Arbeit handelte es sich um eine Wissenschaftskooperation der britischen Universitäten Newcastle-upon-Tyne, Warwick, Edinburgh und Liverpool.

[137] Koautoren: *H. Noda, S. Kimura*

um-Puffer der Dicke $d_P = 0{,}4\ \mu m$ wuchsen, darauf mit Hilfe der Solid-Phase-Epitaxy (SPE)[138] eine n-Typ (Antimon) δ-Dotierung mit einer δ-Dotierhöhe von $\sigma_{Sb} = 1 \cdot 10^{12}\ cm^{-2}$ erzeugten und die Schichtfolge mit einer $d_D = 50\ nm$ dicken Deckschicht abschlossen. Als Gate-Oxid diente thermisch gewachsenes SiO_2, Source und Drain wurden mittels Ionenimplantation erzeugt.

Wie man an den in Abb. 2.212. dargestellten Charakteristiken eines realisierten ALD-NMOSFETs erkennt, erkauft man sich diese Vorteile eines ALD-MOSFETs gegenüber einem konventionellen lateralen MOSFET mit dem Nachteil einer „Normally ON“-Charakteristik, da bei ausgeschaltetem Gate die δ-Dotierung Source und Drain kurzschließt. Man benötigt bei einem ALD-N(P)MOSFET daher eine negative(positive) Gate-Spannung V_G, um den Transistor auszuschalten. Für positive(negative) Gate-Spannung V_G verhält sich der ALD-N(P)MOSFET wie ein konventioneller lateraler MOSFET, da sich bei genügend hohen Gate-Spannungen ein gewöhnlicher Inversionskanal an der Grenzfläche des Kanalgebietes zum Gate-Oxid ausbildet und somit der Kanalwiderstand zwischen Source- und Drain-gebiet drastisch reduziert wird (vgl. erneut Abb. 2.212., rechts).

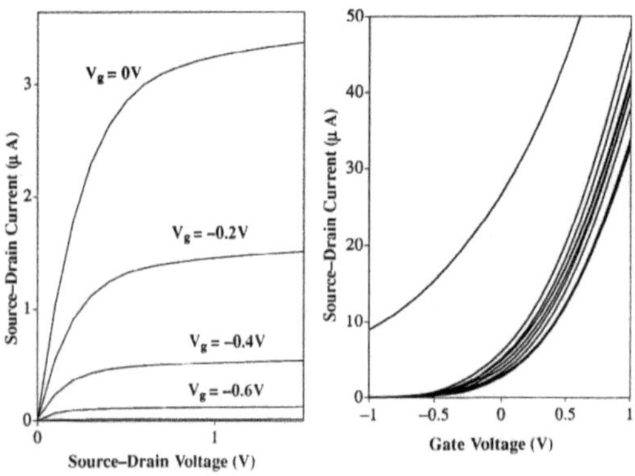

Abb. 2.212. Ausgangskennlinienfeld (links) eines ALD-NMOSFETs mit einer Kanallänge bzw. –weite von $L = W = 3\ \mu m$ und Transferkennlinienfelder (rechts) von 11 verschiedenen ALD-NMOSFETs ($L = W = 3\ \mu m$) [92ONei]

Für Hochfrequenzanwendungen ist dieses Transistorkonzept allerdings ungeeignet, da das effektive Gate-Dielektrikum hier aus der SiO_2-Schicht der MOS-Elektrode und der Silizium-Schicht zwischen Oxid und δ-Dotierung gegeben ist, was die möglichen Schaltgeschwindigkeiten einer integrierten Schaltung bestehend aus ALD-MOSFETs deutlich limitiert.

Auf der 2002er IEDM in San Francisco, USA, wurde die Idee des ALD-MOSFETs erneut, bei der Vorstellung des quasivertikalen SODEL-

[138] Vgl. erneut Unterpunkt 2.2.7 des vorliegenden Kapitels.

FETs[139], aufgegriffen. Diskutiert wurde dieser Transistortyp (NMOSFET) von *S. Inaba et al.*[140] von der Toshiba Corp., Japan [02Inab].

Der Unterschied zum klassischen ALD-MOSFET liegt darin, dass die Kanaldotierung so hoch wie in einem konventionellen lateralen MOSFET gewählt wird. Dadurch wird zum einen erreicht, dass der Transistor im „Normally OFF"-Betrieb arbeitet und zum anderen, dass die n-Typ δ-Dotierung[141] vollständig ausgeräumt („Fully Depleted") ist. Damit fungiert diese n-Typ δ-Dotierung nicht mehr als leitfähiger Kanal wie in einem ALD-MOSFET, sondern als „Quasi"-Isolationsschicht des Transistors zum Substrat. Entsprechend diskutierten *S. Inaba et al.* den SODEL-FET hauptsächlich als Alternative zu lateralen bzw. quasivertikalen SOI-MOSFETs. Da sich außerdem der SODEL-FET in klassischer lateraler CMOS-Technologie fertigen lässt, wertet der Autor den SODEL-FET nicht als quasivertikales Konzept.

2.5.6 Der quasivertikale „Intrinsic Channel"-MOSFET mit einem „Silicon-On-Nothing"-Kanalgebiet (IC-SON-FET)

In den Jahren 2001 und 2002 stellten *S. Monfray et al.*[142] [01Monf, 02Monf] auf der IEDM (Washington, D.C., bzw. San Francisco, USA) das aktuellste quasivertikale Transistorkonzept vor, den quasivertikalen „Intrinsic Channel"-MOSFET mit einem „Silicon-On-Nothing"-Kanalgebiet[143] (IC-SON-FET). Den schematischen Aufbau des quasivertikalen IC-SON-FETs zeigt Abb. 2.213.

---

[139] SODEL-FET: **S**ilicon-**O**n-**D**epletion **L**ayer-**F**ield-**E**ffect **T**ransistor

[140] Koautoren der Arbeit: *K. Miyano, A. Hokazono, K. Ohuchi, I. Mizushima, H. Oyamatsu, Y. Tsunashima, Y. Toyoshima, H. Ishiuchi.*

[141] Da diese Dotierung mittels Ionenimplantation erzeugt wird, ist diese δ-Dotierung sehr stark verbreitert.

[142] Koautoren dieser Publikationen waren: *T. Skotnicki, Y. Morand, S. Descombes, M. Paoli, P. Ribot, A. Talbot, D. Dutarte, F. Leverd, Y. Le Friec, R. Pantel, M. Haond, D. Renand, M.-E. Nier, C. Vizioz, D. Louis, N. Buffet, B. Tavel, C. Jenny, P. Mazoyer, R. Palla, C. Charbuillet.*

[143] Genau genommen handelt es sich um einen quasivertikalen IC-SOI-MOSFET (**I**ntrinsic **C**hannel-MOSFET mit einem „**S**ilicon-**O**n-**I**nsulator"-Kanalgebiet), wobei nur das Kanalgebiet des MOSFETs ein SOI-Gebiet ist.

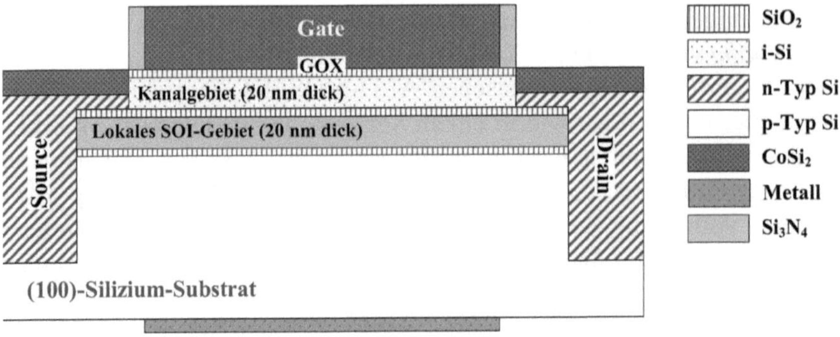

Abb. 2.213. Schematischer Aufbau eines quasivertikalen IC-SON-FETs nach *S. Monfray et al.*

In der folgenden Abbildungssequenz 2.214. bis 2.218. ist der Herstellungsprozess eines quasivertikalen IC-SON-FETs zusammengestellt.

1. Herstellung von STI-Strukturen auf einem (100)-Silizium-Substrat.
2. Epitaktische Abscheidung einer pseudomorph verspannten $Si_{0,7}Ge_{0,3}$-Schicht und einer intrinsischen Silizium-Schicht mittels selektiver Epitaxie (SEG – vgl. Abb. 2.214., links).
3. Thermische Oxidation der Gesamtstruktur zur Erzeugung eines Gate-Oxides (GOX).
4. Abscheidung einer polykristallinen Silizium-Schicht mittels CVD und nass-chemische Strukturierung dieser Schicht (Bildung der Gate-Elektrode).
5. Abscheidung einer Nitridschicht (Si_3N_4) mittels LPCVD und anisotropes Rückätzen mittels RIE zur Erzeugung eines Nitridspacers.
6. Abscheidung einer Oxidschicht (SiO_2) mit Hilfe eines TEOS-Prozesses und anisotropes Rückätzen mittels RIE zur Erzeugung eines Oxidspacers.
7. Freiätzung des Source- und des Drain-Gebietes mittels RIE selbstjustiert zur Gate-Struktur (vgl. Abb. 2.214., rechts).
8. Selektives, nass-chemisches Herausätzen des vergrabenen $Si_{0,7}Ge_{0,3}$-Films (Bildung des „Silicon-On-Nothing“).
9. Aufoxidation der Gesamtstruktur und Füllung des gebildeten Tunnels unter der aktiven Gate-Struktur mit Si_3N_4 durch einen LPCVD-Prozess (Füllung des „Silicon-On-Nothing“-Gebietes und Umwandlung in ein lokales „Silicon-On-Insulator“-Gebiet). Dadurch wird die Gesamtstruktur mit einem Nitridfilm überzogen (vgl. Abb. 2.215.).

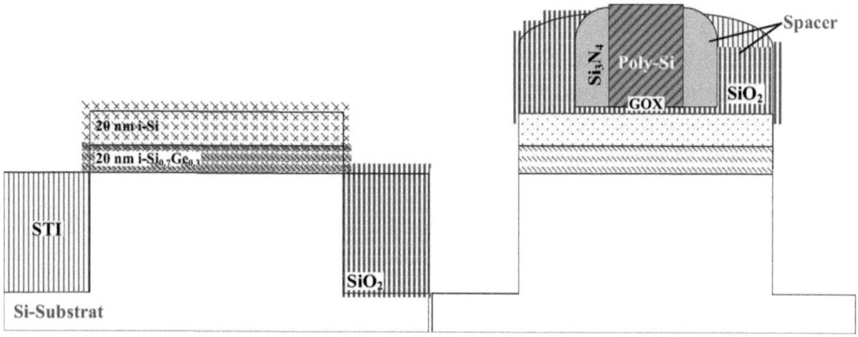

Abb. 2.214. Herstellungsprozess zur Herstellung eines quasivertikalen IC-SON-FETs nach *S. Monfray et al.* am Ende des 2. (links) und 7. (rechts) Fertigungsschrittes (jeweils Seitenansichten)

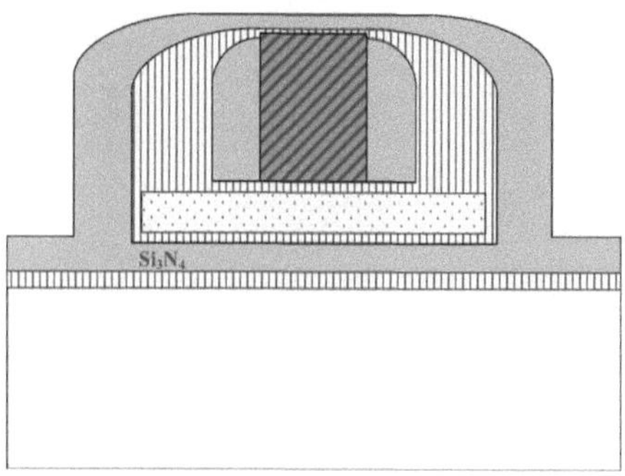

Abb. 2.215. Herstellungsprozess zur Herstellung eines quasivertikalen IC-SON-FETs nach *S. Monfray et al.* am Ende des 9. Fertigungsschrittes (Seitenansicht – relativ zu Abb. 2.214. um *90°* gedreht)

10. Isotropes Entfernen der umhüllenden Nitrid- und Oxidschichten (vgl. Abb. 2.216.).

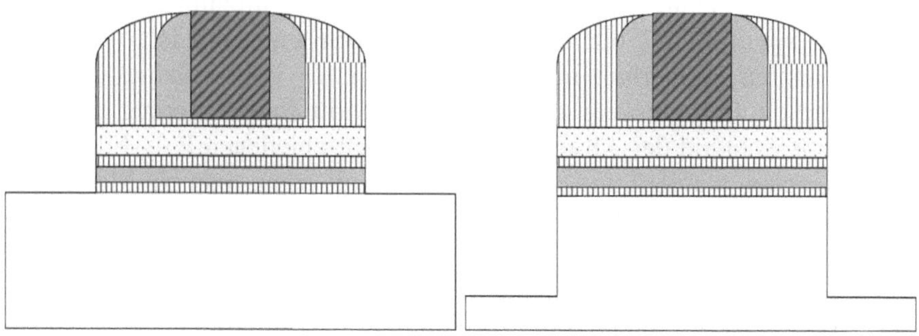

Abb. 2.216. Herstellungsprozess zur Herstellung eines quasivertikalen IC-SON-FETs nach *S. Monfray et al.* am Ende des 10. Fertigungsschrittes (jeweils Seitenansichten – rechts: relativ zur linken Abbilding um *90°* gedreht)

11. Bildung des Source- und Drain-Gebietes durch Abscheidung epitaktischer Silizium-Schichten mittels SEG mit anschließender Ionenimplantation und Rekristallisation (vgl. Abb. 2.217., links).
12. Entfernung des Oxidspacers.
13. Erneute Ionenimplantation und Rekristallisation (Erzeugung der Source-Drain-Extensions).
14. Ganzflächige Abscheidung einer Cobalt-Schicht (vgl. Abb. 2.217., rechts).

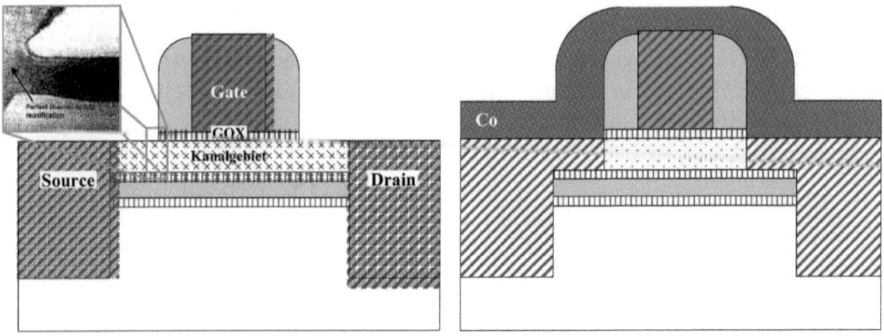

Abb. 2.217. Herstellungsprozess zur Herstellung eines quasivertikalen IC-SON-FETs nach *S. Monfray et al.* am Ende des 11. (links) und 14. (rechts) Fertigungsschrittes (jeweils Seitenansichten und rasterelektronenmikroskopische Aufnahme), © 2002 IEEE [02Monf]

15. Silizidierung des Cobalts zu $CoSi_2$ (im Bereich des Si_3N_4-Spacers findet diese Silizidierung nicht statt) und Entfernen des nicht umgewandelten Cobalts selektiv zu $CoSi_2$. Je nach Dicke des abgeschiedenen Cobalt-Films wird die polykristalline Silizium-Gate-Elektrode unvollständig oder vollständig zu $CoSi_2$ umgewandelt. Im erstgenannten Fall erhält man ein metallisiertes Poly-Silizium-Gate (in diesem Fall muss im 4. Herstellungsschritt eine Dotierung, z. B. insitu während der Abscheidung, des abgeschiedenen Poly-Films vorgesehen werden), im zweitgenannten Fall erhält man ein Metall-Gate (vgl. Abb. 2.218.).

Es sei an dieser Stelle angemerkt, dass nach der Bildung der Source- und Drain-Gebiete mittels SEG im Herstellungsschritt elf die Herstellungssequenz für einen quasivertikalen IC-SON-FET und die Herstellungssequenz für einen konventionellen lateralen MOSFET der *80 nm*-Technologiegeneration identisch sind.

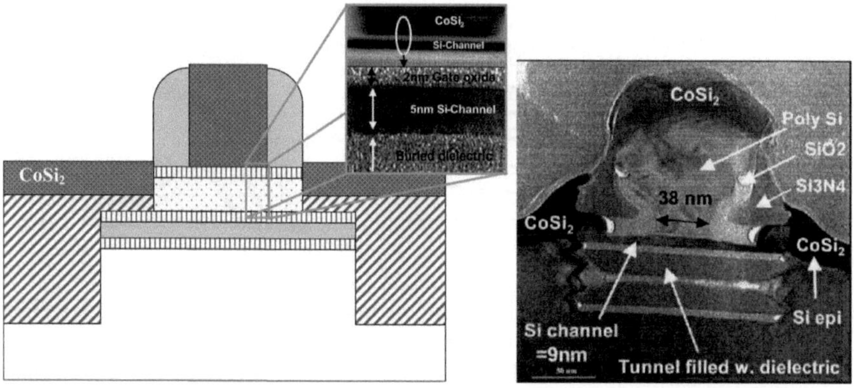

Abb. 2.218. Herstellungsprozess zur Herstellung eines quasivertikalen IC-SON-FETs nach *S. Monfray et al.* am Ende des 15. Fertigungsschrittes (Seitenansicht und rasterelektronenmikroskopische Aufnahmen), © 2002 IEEE [02Monf]

Abb. 2.219. zeigt die Transfercharakteristik eines quasivertikalen IC-SON-NFETs mit einer Kanalgebietlänge $L = 80\ nm$, einer Gate-Oxiddicke $d_{GOX} = 1,7\ nm$ und einem Poly-Gate im Vergleich mit einem dazu äquivalenten konventionellen lateralen NMOSFET der gleichen Technologiegeneration. Abb. 2.220. zeigt die dazugehörigen Ausgangscharakteristiken und Steilheiten $g_m(V_G)$. Abb. 2.221. zeigt die Transfercharakteristik eines quasivertikalen IC-SON-PFETs mit einer Kanalgebietlänge $L = 55\ nm$, einer Gate-Oxiddicke $d_{GOX} = 2\ nm$ und einem Metall-Gate ($CoSi_2$) im Vergleich mit einem dazu äquivalenten quasivertikalen IC-SON-PFET mit einem Poly-Gate.

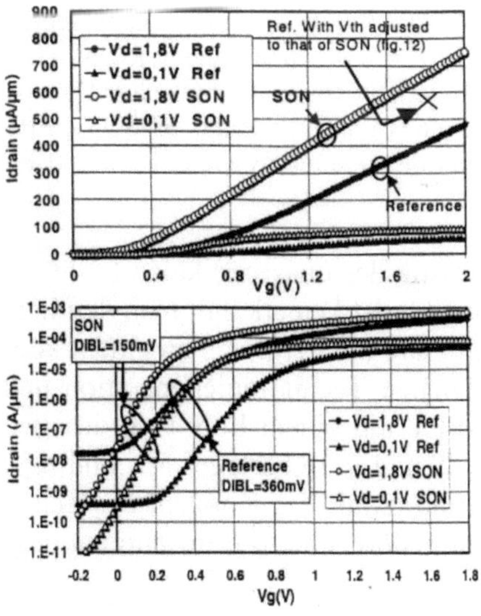

Abb. 2.219. Transfercharakteristik (in linearer Darstellung oben und in logarithmischer Darstellung unten) eines quasivertikalen IC-SON-NFETs mit einer Kanalgebietlänge $L = 80\ nm$, einer Gate-Oxiddicke $d_{GOX} = 1,7\ nm$ und einem Poly-Gate im Vergleich mit einem dazu äquivalenten konventionellen lateralen NMOSFET der gleichen Technologiegeneration, © 2001 IEEE [01Monf]

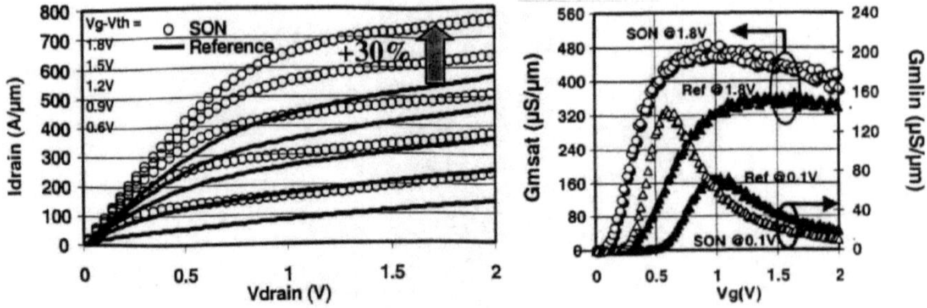

Abb. 2.220. Ausgangscharakteristik (links) und Steilheit $g_m(V_G)$ (rechts) eines quasivertikalen IC-SON-NFETs mit einer Kanalgebietlänge $L = 80\ nm$, einer Gate-Oxiddicke $d_{GOX} = 1{,}7\ nm$ und einem Poly-Gate im Vergleich mit einem dazu äquivalenten konventionellen lateralen NMOSFET der gleichen Technologiegeneration, © 2001 IEEE [01Monf]

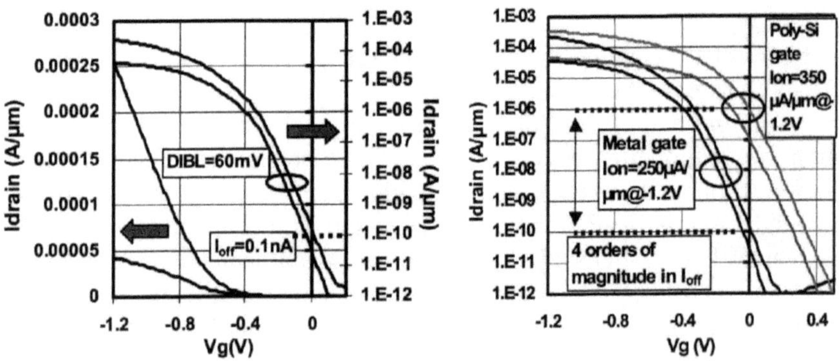

Abb. 2.221. Transfercharakteristik (in linearer Darstellung und logarithmischer Darstellung links) eines quasivertikalen IC-SON-PFETs mit einer Kanalgebietlänge $L = 55\ nm$, einer Gate-Oxiddicke $d_{GOX} = 2\ nm$ und einem Metall-Gate ($CoSi_2$) und Vergleich dieser Transfercharakteristik (in logarithmischer Darstellung rechts) mit der Transfercharakteristik eines quasivertikalen IC-SON-PFET mit den gleichen Transistorabmessungen, aber mit einem Poly-Gate, © 2002 IEEE [02Monf]

Abb. 2.222. zeigt die Ausgangscharakteristik des quasivertikalen IC-SON-PFETs mit Metall-Gate. Aus diesen Charakteristiken erkennt man deutlich, dass der IC-SON-FET mit einem Metall-Gate im Vergleich zu einem konventionellen lateralen MOSFET der gleichen Technologiegeneration und sogar im Vergleich zu einem IC-SON-FET mit einem Poly-Gate in allen relevanten Parametern (DIBL, I_{ON}, I_{OFF}, S und g_m) überlegen ist, und man kann sagen, dass dieser Transistortyp (und damit das Konzept des quasivertikalen IC-SON-FETs) zu den besten gehört, über die im internationalen Maßstab gegenwärtig berichtet wird.

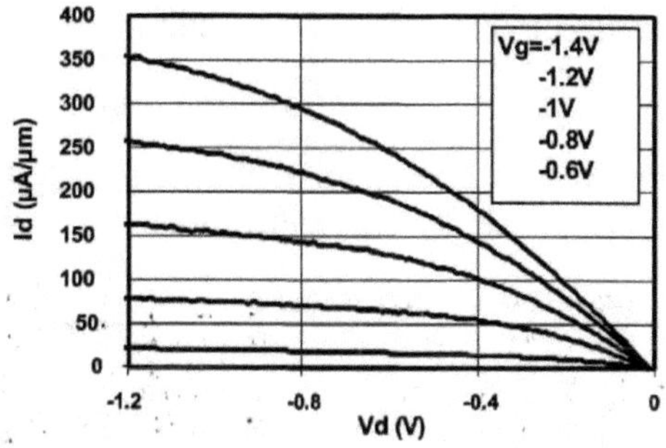

Abb. 2.222. Ausgangscharakteristik des quasivertikalen IC-SON-PFETs mit einer Kanalgebietlänge $L = 55\ nm$, einer Gate-Oxiddicke $d_{GOX} = 2\ nm$ und einem Metall-Gate ($CoSi_2$), © 2002 IEEE [02Monf]

Abschließend sei an dieser Stelle noch auf ein sehr originelles und unkonventionelles Konzept eines „Silicon-On-Nothing"-MOSFETs eingegangen, das auf der sogenannten ESS-Technik[144] beruht. Entwickelt wurde die ESS-Technik von *T. Sato et al.*[145] von der Toshiba Corp., Japan. Erstmals einem internationalen Publikum vorgestellt wurde diese Technik auf der 2001er IEDM in Washington, D.C., USA [01Sato].

Mit den folgenden Abbildungen 2.223. bis 2.224. ist die Herstellung eines MOSFETs auf einem „Empty Space in Silicon" illustriert.

1. Herstellung von Grabenstrukturen mit einem hohen Aspektverhältnis in einem Silizium-Substrat mit reaktivem Ionenätzen (RIE – vgl. Abb. 2.223., links).
2. Tempern der Gesamtstruktur unter Wasserstoff-Atmosphäre bei $T = 1100\ °C$, $P = 300\ Torr$ für $t = 3\ min$ zur Bildung eines Hohlraums („Empty Space") im Silizium unter einer perfekt einkristallinen Silizium-Schicht (vgl. Abb. 2.223., rechts).

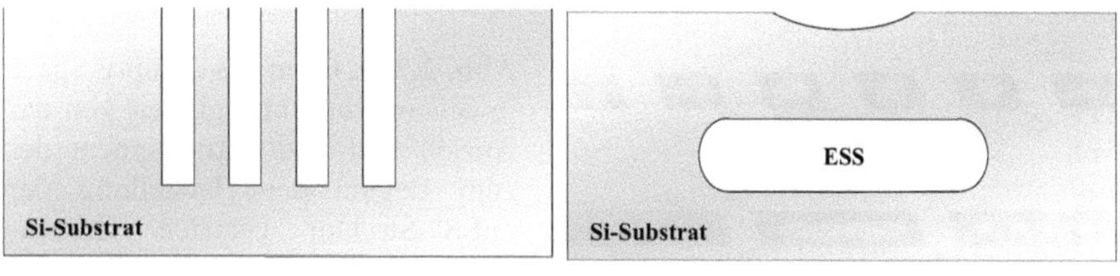

Abb. 2.223. Herstellungsprozess am Ende des 1. Fertigungsschrittes (Seitenansicht) Herstellungsprozess am Ende des 2. Fertigungsschrittes (Seitenansicht)

[144] EES: **E**mpty **S**pace in **S**ilicon

[145] Dem Entwicklungsteam um *T. Sato* gehörten an: *H. Nii*, *M. Hutano*, *K. Takenaka*, *H. Hayashi*, *K. Ishigo*, *T. Hirano*, *K. Ida*, *N. Aoki*, *T. Ohguro*, *K. Ino*, *I. Mizushima* und *Y. Tsunashima*.

3. Etablierung einer „Shallow Trench Isolation“ (STI) mittels Grabenätzung und SiO_2-Füllung (RIE-/LPCVD-Prozess – vgl. Abb. 2.224., links oben).
4. Herstellung eines lateralen MOSFETs über dem Hohlraum mittels Standard-CMOS-Technologie (vgl. Abb. 2.224., rechts oben).

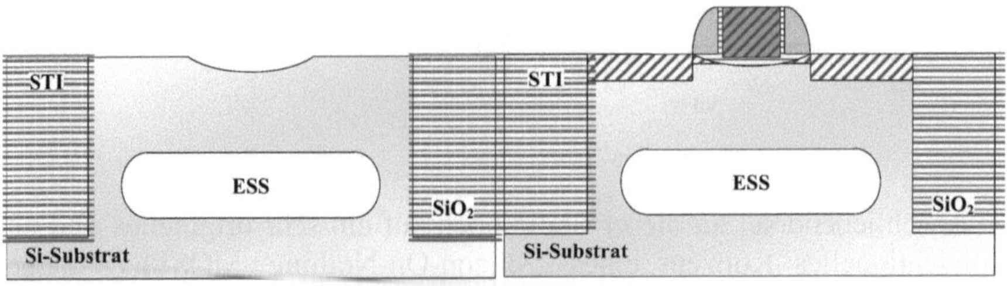

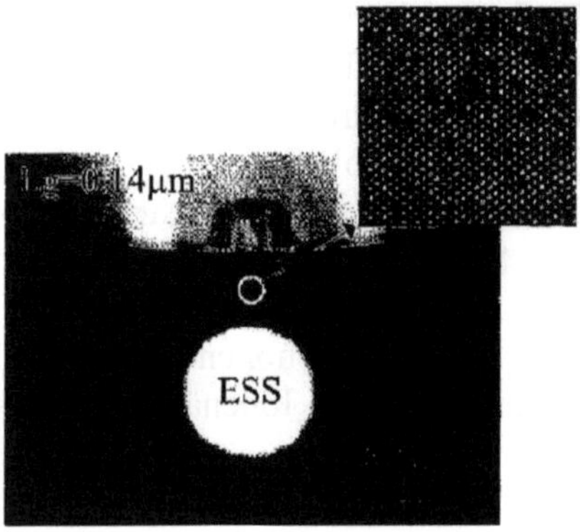

Abb. 2.224. Herstellungsprozess am Ende des 3. Fertigungsschrittes (Seitenansicht) Herstellungsprozess am Ende des 4. Fertigungsschrittes (Seitenansicht und rastertunnelmikroskopische Aufnahmen), © 2001 IEEE [01Sato]

Die Form des „Empty Space in Silicon“ hängt bei dieser Technik entscheidend von der Anzahl und vom Arrangement der im ersten Schritt geätzten Grabenstrukturen ab, wie dies in Abb. 2.225. verdeutlicht wird.

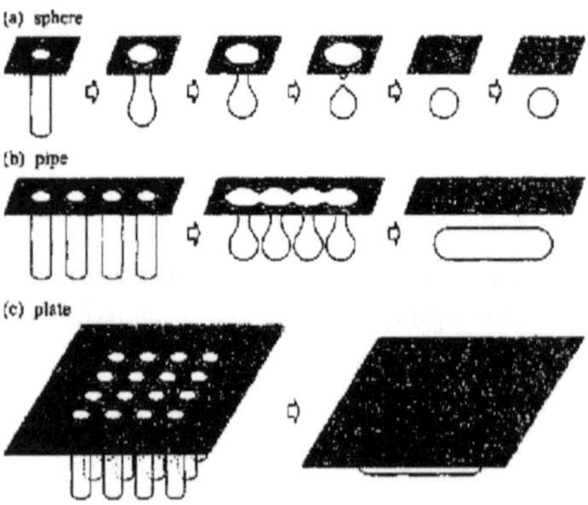

Abb. 2.225. Form des „Empty Space in Silicon“ in Abhängigkeit von der Anzahl und vom Arrangement der zum Beginn der Herstellung der „ESS“-Struktur geätzten Grabenstrukturen, © 2001 IEEE [01Sato]

Mit den in den folgenden Abbildungen 2.226. und 2.227. dargestellten Charakteristiken von lateralen P- bzw. NMOSFETs, die auf „ESS-Substraten“ und konventionellen Substraten hergestellt wurden, ist die technologische Verwertbarkeit dieser Technik mit Blick auf CMOS-Anwendungen gezeigt.

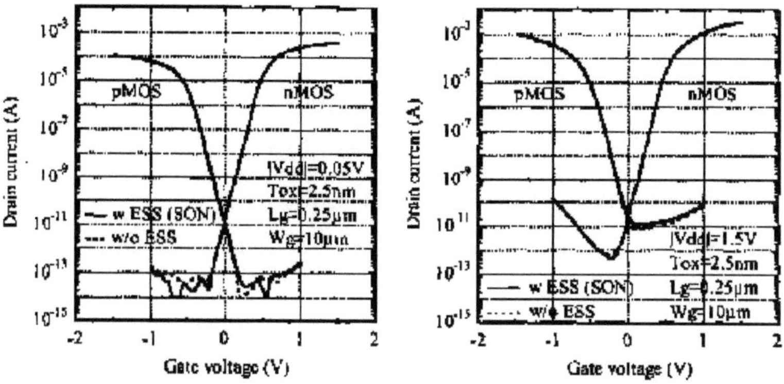

Abb. 2.226. Transfercharakteristiken bei $V_{SD} = 0{,}05\ V$ (links) bzw. $V_{SD} = 0{,}05\ V$ (rechts) von konventionellen lateralen P- bzw. NMOSFETs auf „ESS-Substraten“ („w ESS (SON)“ in der Abbildung) bzw. auf Standardsubstraten („w/o ESS“ in der Abbildung), Kanalgebietweite: $W = 10\ mm$, Kanalgebietlänge: $L = 0{,}25\ mm$, Gate-Oxiddicke: $d_{GOX} = 2{,}5\ nm$, © 2001 IEEE [01Sato]

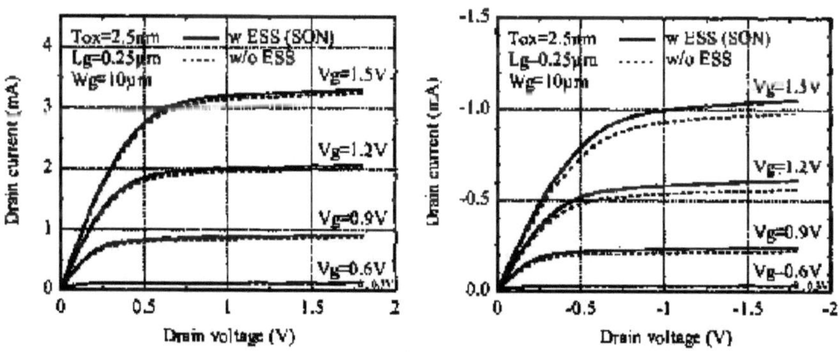

Abb. 2.227. Ausgangscharakteristiken von konventionellen lateralen NMOSFETs (links) bzw. PMOSFETs (rechts) auf „ESS-Substraten“ („w ESS (SON)“ in der Abbildung) bzw. auf Standardsubstraten („w/o ESS“ in der Abbildung), Kanalgebietweite: $W = 10\ mm$, Kanalgebietlänge: $L = 0{,}25\ mm$, Gate-Oxiddicke: $d_{GOX} = 2{,}5\ nm$, © 2001 IEEE [01Sato]

3 Auf vertikalen bzw. quasivertikalen Transistoren basierende Speicher

Das zweite Hauptthema des vorliegenden Buches befasst sich mit vertikalen, Silizium-basierten Speicherstrukturen, wobei unter „vertikal“ in erster Linie der vertikale Aufbau des Auswahltransistors verstanden wird.

Konkret sollen in diesem Kapitel Konzepte für vertikale DRAMs, SRAMs und EEPROMs (Flash-PROMS) besprochen werden. Dabei wird sich auch hier nicht nur auf die in den Tabellen E.7. und E.8. der Einleitung dieses Buches aufgeführten Konzepte beschränkt. Es werden auch Konzepte, die in anderen Quellen diskutiert und vorgestellt wurden, bzw. neuere, unpublizierte Konzeptansätze vorgestellt.

3.1 Vertikale DRAM-Konzepte

Neben den CMOS-Invertern gehören DRAMs zu den wichtigsten Bauelementen der Silizium-basierten Halbleiterelektronik, da die Entwicklung hochleistungsfähiger Logikschaltungen fest mit der Entwicklung schneller, kostengünstig produzierbarer Speicher mit hohem Fassungsvermögen (das bedeutet eine hohe Anzahl von Bits pro Chipfläche) verknüpft ist und DRAM-Speicher das Potenzial besitzen, alle dafür erforderlichen Kriterien (schnell, kostengünstig, hohe Bitdichte) zu erfüllen. Das bedeutet aber zwangsläufig, dass DRAM-Zellen dem gleichen „Skalierungsdruck“ wie CMOS-Schaltungen unterworfen waren und sind. Dabei bezieht sich dieser Skalierungsdruck stets auf die lateralen Ausdehnungen der Bauteile.

Lässt man für den Moment die aktuelle „Hκ“-Entwicklung[146] außeracht, dann ergibt sich die zu überwindende Schwierigkeit, dass der Speicherkondensator selbst nicht skalierbar ist, wie die folgende Abschätzung für die sogenannte T-Zelle mit einem lateralen Auswahltransistor und einem planaren Speicherkondensator zeigt: Um verlässlich die in der Zelle eingeschriebene Speicherinformation für die technisch geforderte Zeit halten zu können, müssen genügend Ladungen im Speicherkondensator gespeichert

---

[146] „Hκ“- oder „High-κ“-Materialien bezeichnen Dielektrika mit einer relativen Dielektrizitätszahl ε_{rel} größer als der des Siliziumdioxids (SiO_2)

werden können. Dabei bedeutet „genügend“ ca. $5 \cdot 10^5$ Elektronen. Daraus ergibt sich mit einer angenommenen Haltespannung $V_H = 2\ V$ am Kondensator für die minimal zulässige Kapazität C_{min} der Speicherkapazität

$$C_{min} = \frac{Q}{V_H} = \varepsilon_{rel} \cdot \varepsilon_0 \cdot \frac{A}{d_{Ox}} = 40\ fF\ . \tag{3.1}$$

Darin ist A die Querschnittsfläche des Speicherkondensators und d_{Ox} die Dicke des benutzten Isolators (hauptsächlich SiO_2 oder aufoxidiertes Nitrid). Da d_{Ox} nicht beliebig verkleinert werden kann, da sonst gespeicherte Ladungen über Tunnelströme durch den Isolator abfließen (was den Verlust der Speicherinformation bedeutet) ist die minimal zulässige Querschnittsfläche A_{min} bei gegebenem Isolatormaterial festgelegt:

$$A_{min} = \frac{d_{Ox,min} \cdot 40\ fF}{\varepsilon_{rel} \cdot \varepsilon_0}. \tag{3.2}$$

Darin steht $d_{Ox,\ min}$ für die durch das Tunnellimit festgelegte minimal erlaubte Isolatordicke. Die Lösung dieses Skalierungsproblems lag und liegt in der Umgehung des Problems durch die Änderung in der Zellenarchitektur – in der dreidimensionalen Faltung der Speicherkapazität.

Nimmt man das studierte Quellenmaterial als Grundlage, wurden in den vergangenen Jahrzehnten insgesamt drei DRAM-Konzeptionen verfolgt, die in der folgenden Tabelle 3.1. zusammengestellt sind.

Tabelle 3.1. Silizium-basierte DRAM-Konzepte

DRAM-Speicherkonzepte		
Lateralkonzepte		Vertikalkonzepte
STC-Konzept	Trench-Konzept	
	TRC-Zelle	VMOS-Zelle
	Luna-Zelle	SGT-Zelle
	BEST-Zelle	FD-SGT-Zelle
	VERIBEST-Zelle	

Das Grundprinzip bei den beiden verfolgten Lateralkonzepten ist die Kombination eines lateralen Auswahltransistors mit einem räumlich darüber aufgebauten Kondensator (STC-Konzept[147]) bzw. mit einem Grabenkondensator, der räumlich neben dem Auswahltransistor im Substrat aufgebaut ist (Trench-Konzept[148]). Den prinzipiellen Aufbau von DRAM-Zellen, die mit diesen Konzepten realisiert werden, zeigen die Abbildungen 3.1. und 3.2.

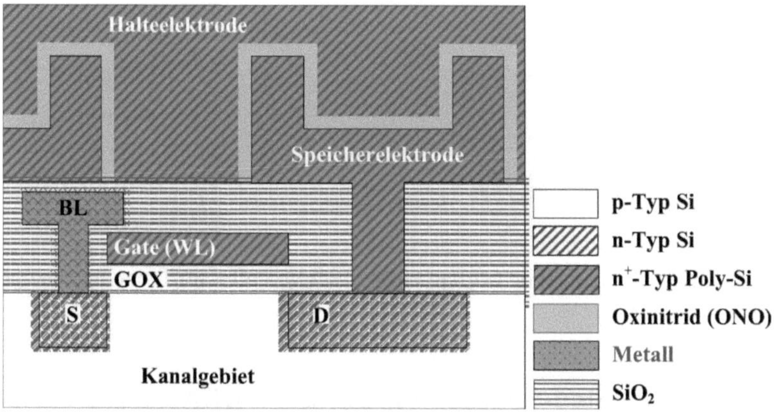

Abb. 3.1. Schematischer Aufbau einer DRAM-Zelle im Stacked Capacitor-Konzept (STC-Konzept)

Im Gegensatz zu diesen beiden Lateralkonzepten verfolgte das Vertikalkonzept den Ansatz, die gesamte DRAM-Struktur räumlich kompakt mit vertikalen Auswahltransistoren aufzubauen. Dabei wurde im Fall der VMOS-Zelle noch einen Schritt weitergegangen, indem Überlegungen zu einer Ladungsspeicherstruktur alternativ zum klassischen MOS-Kondensator angestellt wurden.

Im Folgenden sollen die einzelnen Varianten des Vertikalkonzeptes, welche in den vergangenen Jahren entwickelt und vorgestellt wurden, ausführlicher diskutiert werden. Auf die beiden Lateralkonzepte wird näher bei der Besprechung der sogenannten VERIBEST-DRAM-Zelle eingegangen.

---

[147] Dieses Konzept wird hauptsächlich von Hitatchi Ltd., Japan, und von Samsung, Süd-Korea, zur Herstellung von DRAM-Zellen angewandt (STC: **St**acked **C**apacitor).

[148] Das Trench-Konzept wurde und wird in erster Linie von der Infineon Technologies AG, Deutschland, entwickelt und zur Herstellung von DRAM-Speichern benutzt.

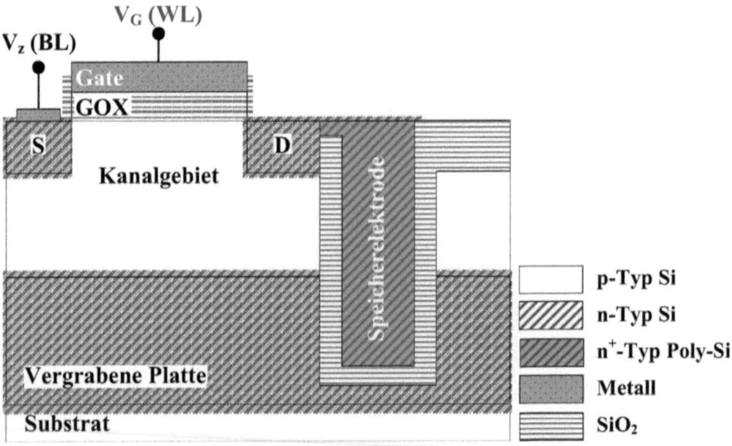

Abb. 3.2. Schematischer Aufbau einer DRAM-Zelle im Trench-Konzept

3.1.1 Die „Buried-Source VMOSFET" DRAM-Zelle (VMOS-DRAM-Zelle)

Verbunden mit der Herstellung und Untersuchung des V-Graben bzw. U-Graben MOSFETs ist die Entwicklung einer *16k/64k*-DRAM-Zelle mit einem V-Graben MOSFET als Auswahltransistor, welches das Problem der Skalierung der Speicherkapazität durch Einsatz eines vergrabenen pn-Speicherkondensators zu umgehen versucht.

Das hier diskutierte Konzept (vgl. Abb. 3.3.) wurde auf der 1977er IEDM in Washington, D.C., USA, von *J. J. Barnes et al.* von der American Microsystems, Inc., in Santa Clara, USA, vorgestellt [77Barn].[149]

Die Herstellung eines solchen VMOS-DRAMs ist ähnlich der Herstellung eines V-Graben MOSFETs (VMOSFETs), die in Unterabschnitt 1.1.1 des ersten Kapitels beschrieben wird. Die Herstellung beginnt mit der thermisch aktivierten Eindiffusion von Arsen im Bereich der zukünftigen Speicherelektrode (z. B. mit Hilfe eines AsSGs als Dotierquelle). Anschließend folgt ein Epitaxieschritt zur Abscheidung p^--Typ dotierten Siliziums, dem späteren Kanalgebiet des VMOSFETs. Das spätere Drain-Gebiet des VMOSFETs (die Bitline der VMOS-Zelle) wird wieder durch einen Eindiffusionsschritt von Arsen aus einem AsSG erzeugt.

[149] Auf der gleichen Konferenz wurde von *P. W. von Basse et al.* (Siemens AG, München, Deutschland) unter dem Titel: „*Realization of a 65k Dynamic RAM Device Making Exclusive Use of VMOS Transistors*" ein ähnliches Konzept diskutiert [77Bass].

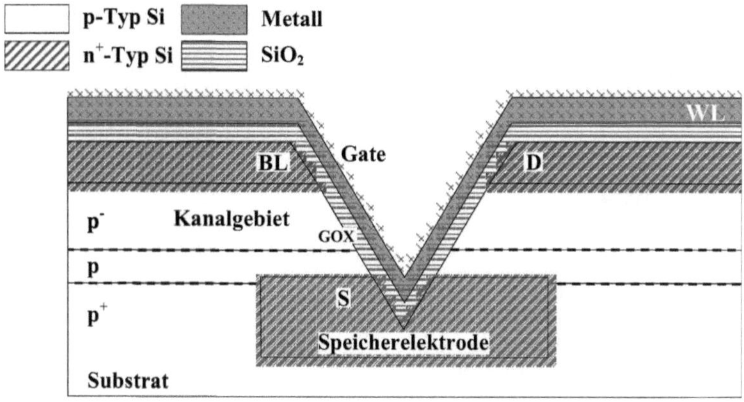

Abb. 3.3. Schematischer Aufbau einer VMOS-Zelle nach *J. J. Barnes et al.*

Bei diesem Hochtemperaturschritt kommt es sowohl zu einer weiteren Arsen-Diffusion im Bereich der Speicherelektrode in das p^+-Typ dotierte Substratinnere, als auch in die epitaktisch gewachsene, p-Typ dotierte Schicht. Gleichzeitig diffundiert Bor aus dem Substrat in die epitaktisch gewachsene Schicht.[150] Dadurch wird erreicht, dass die n-Typ dotierte Speicherelektrode von p-Typ und p^+-Typ dotiertem Silizium umgeben ist, was zu kleineren Raumladungszonen und damit zu einer scharfen Abgrenzung der Speicherelektrode gegenüber dem Transistorkanal und dem Substrat führt. Die Stärke dieser Bor-Diffusion in das Kanalgebiet hat allerdings einen entscheidenden Einfluss auf die Schwellwertspannung V_T des VMOSFETs. Je stärker die Bor-Anreicherung am Übergang Speicherelektrode/Kanalgebiet ist, umso größer wird das notwendige V_T, um den VMOSFET einzuschalten.

Um zu verstehen, warum die Speicherelektrode als Elektronenspeicher und damit als Ersatz für eine MOS-Kapazität fungieren kann, reicht ein Blick auf das vereinfachte Bänderschema. In allen drei Raumrichtungen ergibt sich der in Abb. 3.4. dargestellte Verlauf der Silizium-Valenzbandoberkante bzw. der Silizium-Leitungsbandunterkante.

Mit der Gate-Elektrode über dem Kanal kann die in Abb. 3.4. dargestellte kanalseitige Barriere abgebaut werden, und mit einer V_{DS}-Spannung können Elektronen in die Speicherelektrode hineingeschoben bzw. herausgezogen werden, womit die logischen Speicherzustände „1“ und „0“ in die Zelle geschrieben werden können.

---

[150] Anschließendes anisotropes nasschemisches Ätzen mit einer KOH-Lösung erzeugt den charakteristischen V-Graben. Mit einer sich anschließenden thermischen Oxidation zur Bildung des Gate-Oxides (GOX) und einer Metallabscheidung wird der VMOSFET fertig gestellt.

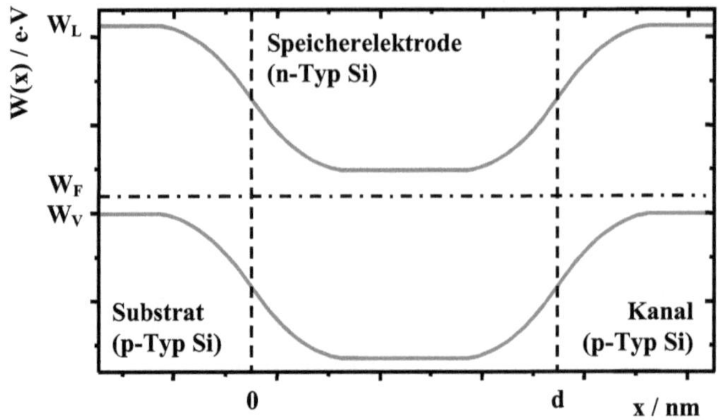

Abb. 3.4. Vereinfachtes, eindimensionales Bänderschema in x-Richtung der von p-Typ dotierten Gebieten umgebenen Speicherelektrode einer VMOS-Zelle

Bedingt durch den Aufbau kann das elektrische Verhalten beim Beschreiben und Auslesen der Zelle über eine am rückseitigen Substratkontakt angelegte Substratspannung V_{BS} stark beeinflusst werden.

Abb 3.5 zeigt das Ausgangskennlinienfeld des VMOSFETs in Vorwärtsrichtung ($V_{DS} < 0\ V$) und in Rückwärtsrichtung ($V_{DS} > 0\ V$) für $V_{BS} = 0\ V$, sowie das dazugehörige Transferkennlinienfeld für $|V_{DS}| = 0{,}1\ V$. Vorwärts- und Rückwärtscharakteristik unterscheiden sich dabei nur geringfügig und als Schwellwertspannung des VMOSFETs ergibt sich unter diesen Bedingungen $V_T = 0{,}9\ V$ (Vorwärtsrichtung) bzw. $V_T = 0{,}8\ V$ (Rückwärtsrichtung).

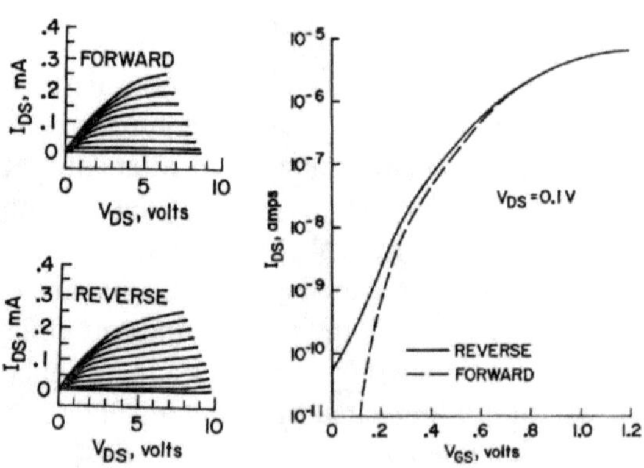

Abb. 3.5. Ausgangskennlinienfelder des Auswahltransistors der VMOS-Zelle in Vorwärtsrichtung ($V_{DS} < 0\ V$) und in Rückwärtsrichtung ($V_{DS} > 0\ V$) für $V_{BS} = 0\ V$ (links); Transferkennlinienfelder des Auswahltransistors der VMOS-Zelle für $|V_{DS}| = 0{,}1\ V$ und $V_{BS} = 0\ V$ (rechts), © 1977 IEEE [77Barn]

Abb. 3.6. a zeigt die Abhängigkeit des Transferkennlinienfeldes bei $V_{DS} = 3\ V$ von der Substratspannung V_{BS}.

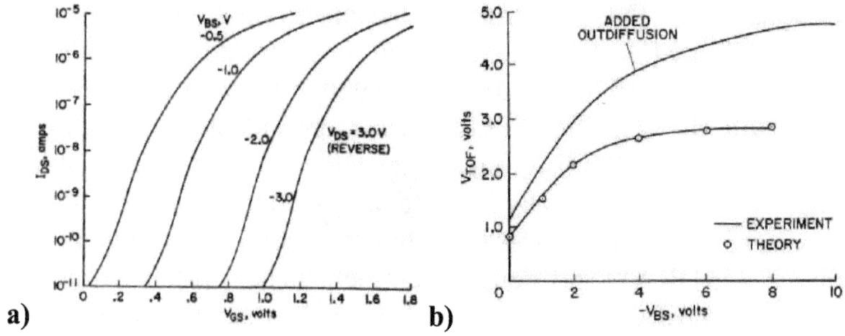

Abb. 3.6. a) Abhängigkeit des Transferkennlinienfeldes des Auswahltransistors der VMOS-Zelle bei $V_{DS} = 3\ V$ von der Substratspannung V_{BS}, b) Einfluss der Stärke der Bor-Ausdiffusion aus dem Substrat in das Kanalgebiet des Auswahltransistors der VMOS-Zelle auf dessen Schwellwertspannung V_T, © 1977 IEEE [77Barn]

Man erkennt, dass eine negative Substratspannung zu einer Verschiebung der Einsatzspannung zu höheren Werten führt. Des weiteren zeigt Abb. 3.6. b den anfangs schon erwähnten Einfluss der Stärke der Bor-Ausdiffusion aus dem Substrat in das Kanalgebiet des VMOSFETs auf die Schwellwertspannung V_T des VMOSFETs.[151]

Dieses Konzept wurde nur eine kurze Zeitdauer in der Speichertechnologie verfolgt, da die elektrische Isolation der Speicherelektrode bzw. die elektrische Isolation zwischen separaten DRAM-Zellen mittels pn-Barrieren selbst ein Skalierungslimit darstellt.

Wie anhand der Betrachtungen zum pn-Übergang nachvollzogen werden kann, ist eine Isolation mittels pn-Barrieren im Bereich lateraler Strukturgrößen $< 1\ \mu m$ nicht mehr sinnvoll, da in diesem Bereich die Isolation mehr Platz benötigt, als die aktiven Bauteile groß sind.[152] Es bleibt aber noch einmal zu betonen, dass dieses DRAM-Konzept zu den wenigen publizierten alternativen DRAM-Konzepten gehört, die das Skalierungsproblem durch den Einsatz einer alternativen Speicherstruktur zu lösen versucht.

---

[151] In der Originalpublikation wird die Schwellwertspannung mit V_{TOF} bezeichnet.

[152] Studiert man die Publikationen zu Isolationskonzepten stellt man fest, dass ab der Mitte der 1980er Jahre die Isolation zwischen Bauelementen mittels pn-Barrieren durch die sogenannte „LOCOS"-Isolation ersetzt wurde, die selbst Ende der 1980er Jahre durch die sogenannte „Trench"- bzw. „Shallow-Trench"-Isolation ersetzt wurde [88Dava, 91Mini]. Diese Wechsel erfolgten bei den Übergängen zu den lateralen Strukturgrößen $< 1\ \mu m$ bzw. $< 0{,}5\ \mu m$.

3.1.2 Die „Surrounding Gate Transistor“ DRAM-Zelle (SGT-Zelle)

Die erste klassische DRAM-Struktur, bestehend aus einem Auswahl-MOSFET und einer MOS-Speicherkapazität, in vollständig vertikaler Bauweise wurde Ende der 1970er/Anfang der 1980er Jahre von Texas Instruments, USA, für die *4M*-DRAM-Generation entwickelt. Technologische Schwierigkeiten bei der Realisierung dieser DRAM-Zelle führten aber dazu, dass das Konzept von Texas Instruments wieder verworfen und dort nicht weiter verfolgt wurde. Darin ist sicherlich auch der Grund zu finden, warum dieser *4M*-DRAM auf den im Rahmen dieser Arbeit betrachteten Konferenzen ESSDERC, IEDM und SSDM nicht diskutiert wurde. Abb. 3.7. zeigt rasterelektronenmikroskopische Aufnahmen von vertikalen *4M*-DRAM-Zellen, realisiert durch Texas Instruments.

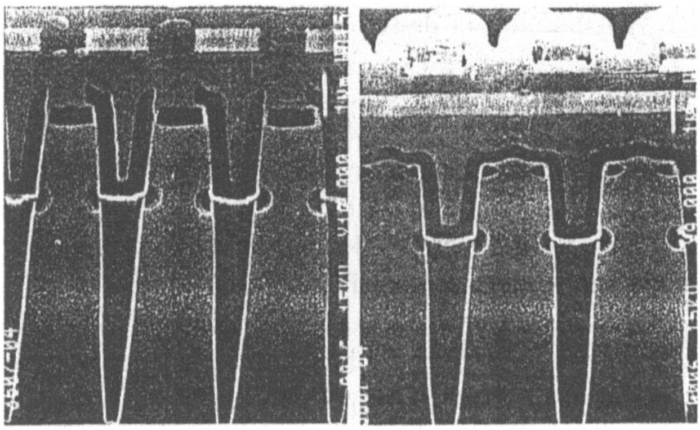

Abb. 3.7. Rasterelektronenmikroskopische Aufnahmen von vertikalen *4M*-DRAM-Zellen, realisiert durch Texas Instruments [PIEise]

Ende der 1980er Jahre wurde die Idee des vollständig vertikalen Aufbaus einer DRAM-Zelle erneut aufgegriffen und diesmal auch im internationalen Rahmen diskutiert. Auf der 1989er IEDM in Washington, D.C., USA, wurde eine klassische DRAM-Struktur, bestehend aus einem Auswahl-MOSFET und einer MOS-Speicherkapazität, in vollständig vertikaler Bauweise durch *K. Sunouchi et al.*[153] von der Toshiba Corporation, Japan, als *64M*/*256M*-Zelle vorgestellt [89Suno]. Wie aus der Abb. 3.8. zu erkennen ist, handelt es sich dabei um eine vertikale T-Zellenstruktur.

[153] Als Koautoren der Arbeit werden genannt: *H. Takato*, *N. Okabe*, *T. Yamada*, *T. Ozaki*, *S. Inone*, *K. Hashimoto*, *K. Hieda*, *A. Nitayama*, *F. Horiguchi*, *F. Masuoka*.

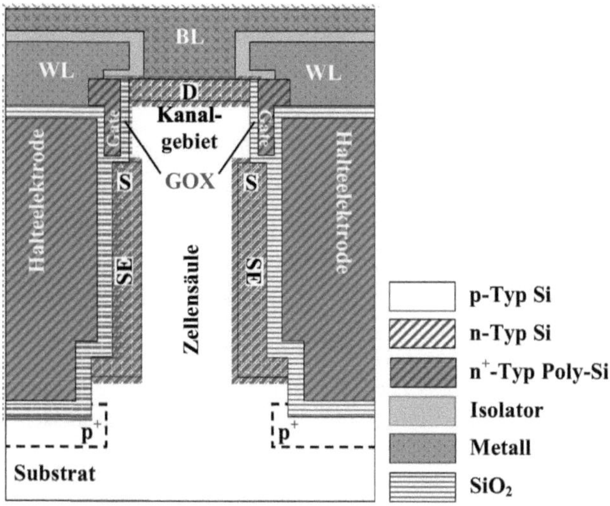

Abb. 3.8. Schematischer Aufbau einer SGT-Zelle nach *K. Sunouchi et al.*

Im Gegensatz zum klassischen T-Zellen-Konzept zeichnet sich diese Zellenstruktur durch die Besonderheit aus, dass die Halteelektrode der Speicherkapazität sowie die Gate-Elektrode des Auswahltransistors die Zellensäule ringförmig umschließen. Aus diesem Grund wählten die Autoren für diese DRAM-Zelle den Namen „Surrounding Gate Transistor"-Zelle (SGT-Zelle). Die Zellensäule wird durch dreimaliges Ätzen von Gräben (Trench-Ätzungen) erzeugt. Der Auswahltransistor wird an der Seitenwand der ersten Trench-Ätzung, die Speicherkapazität an der Seitenwand der zweiten Trench-Ätzung etabliert. Die dritte Trench-Ätzung dient zur Isolation benachbarter DRAM-Zellen. Konkret gliedert sich die Herstellungssequenz einer SGT-Zelle wie folgt:

1. Ätzung eines Ringgrabens in ein p-Typ dotiertes Silizium-Substrat (erste Trench-Ätzung).
2. Herstellung einer „Hard mask" für die zweite Trench-Ätzung durch Abscheidung einer Schichtfolge aus SiO_2 und Si_3N_4 mittels LPCVD (vgl. Abb. 3.9. a).
3. Öffnung des Bodens der „Hard mask" und Ätzung eines zweiten Ringgrabens (zweite Trench-Ätzung).
4. Arsen-Implantation in den so erzeugten zweiten Ringgraben zur Erzeugung der Speicherelektroden der MOS-Speicherkapazität (vgl. Abb. 3.9. b).

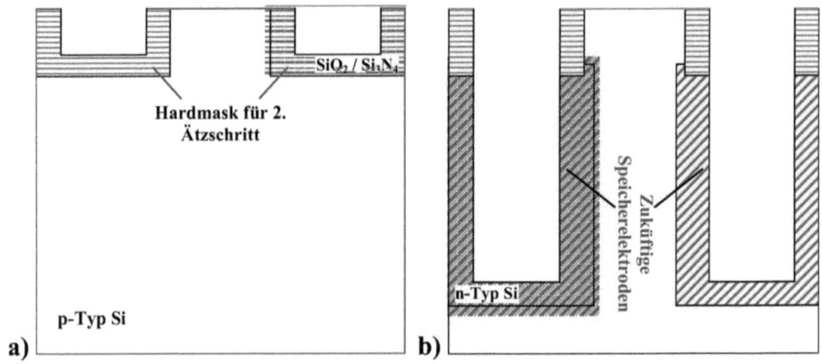

Abb. 3.9. Herstellungsprozess zur Herstellung einer SGT-Zelle nach *K. Sunouchi et al.* am Ende des a) 2. Fertigungsschrittes und b) 4. Fertigungsschrittes (jeweils Seitenansichten)

5. Thermische Oxidation der Gesamtstruktur zum Ausheilen der Implantationsschäden und zur Bildung des Speicherdielektrikums der Speicherkapazität, Öffnung des Bodens der so gebildeten SiO_2-Schicht und Ätzung eines dritten Ringgrabens (dritte Trench-Ätzung – vgl. Abb. 3.10. a).
6. Implantation von Bor in den dritten Ringgraben. Diese Implantation dient dem Zweck, Speicherelektroden benachbarter DRAM-Zellen elektrisch voneinander zu isolieren.
7. Erneute thermische Oxidation der Gesamtstruktur zum Ausheilen der Implantationsschäden und zur Bildung einer vollständig geschlossenen Isolationsschicht auf der nun vollständigen Zellensäule.
8. Auffüllung des Gesamtgrabens mit n-Typ dotierten Poly-Silizium mittels LPCVD und Rückätzung zur Bildung der Halteelektroden (im gesamten Zellenfeld werden daher die Halteelektroden durch eine einzige n-Typ dotierte Poly-Silizium-Schicht gebildet – vgl. Abb. 3.10. b).
9. Entfernung der freiliegenden Isolationssschicht und Bildung des Gate-Oxides des Auswahltransistors mittels thermischer Oxidation. Dieses Oxid dient gleichzeitig als elektrische Isolation zwischen der Halteelektrode und der Gate-Elektrode.
10. Auffüllung des verbliebenden Grabens mit n-Typ dotierten Poly-Silizium (LPCVD). Vor der Strukturierung dieser Poly-Silizium-schicht dient diese noch als Dotierquelle zur Erzeugung des Drain-Gebietes des Auswahltransistors.
11. Strukturierung des Poly-Siliziums (Bildung der Gate-Elektrode – vgl. Abb. 3.11.).
12. Herstellung der Word- und Bit-Lines (vgl. Abb. 3.12.).

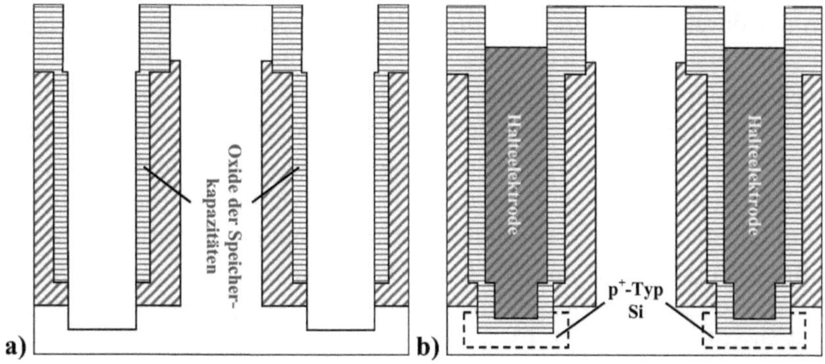

Abb. 3.10. Herstellungsprozess zur Herstellung einer SGT-Zelle nach *K. Sunouchi et al.* am Ende des a) 5. Fertigungsschrittes und b) 8. Fertigungsschrittes (jeweils Seitenansichten)

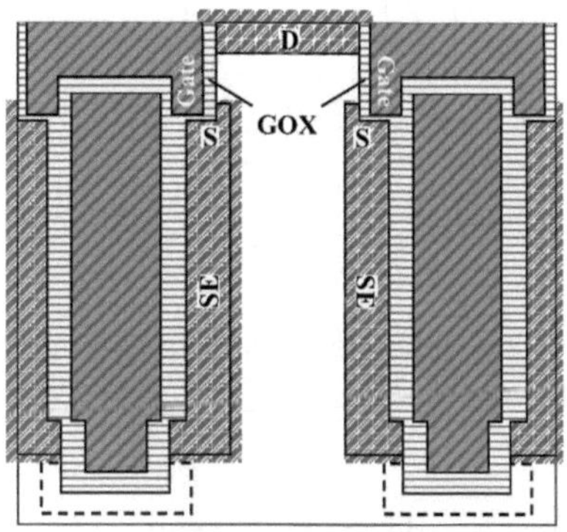

Abb. 3.11. Herstellungsprozess zur Herstellung einer SGT-Zelle nach *K. Sunouchi et al.* am Ende des 11. Fertigungsschrittes (Seitenansicht)

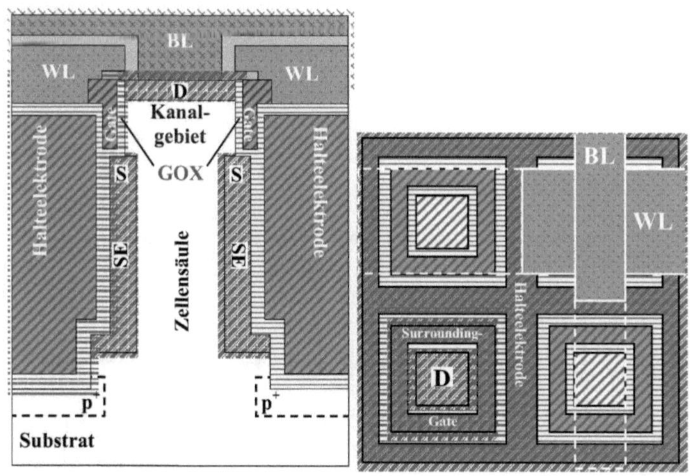

Abb. 3.12. Herstellungsprozess zur Herstellung einer SGT-Zelle nach *K. Sunouchi et al.* am Ende des 12. Fertigungsschrittes (Seitenansicht links, Draufsicht rechts)

In der durch *K. Sunouchi et al.* realisierten Originalstruktur beträgt die Tiefe der ersten Trench-Ätzung $d_{T1} = 1\ \mu m$ und die Tiefe der zweiten Trench-Ätzung $d_{T2} = 2\ \mu m$. Die Querschnittsfläche des oberen Bereichs der Zellensäule (dem Kanalgebiet des Auswahltransistors) beträgt $A_K = (1 \times 1)\ \mu m$, was aufgrund der ringförmigen Gate-Elektrode zu einer Transistorweite von $W = 4\ \mu m$ führt. Bedingt durch die Eindiffusion des Drain-Gebietes im 10. Herstellungsschritt, beträgt die Kanallänge des Auswahltransistors $L = 0{,}8\ \mu m$. Die Gate-Oxiddicke beträgt $d_{GOX} = 20\ nm$. Die sich mit diesen Transistorparametern ergebene Ausgangs- bzw. Transfercharakteristik ist in Abb. 3.13. gezeigt.

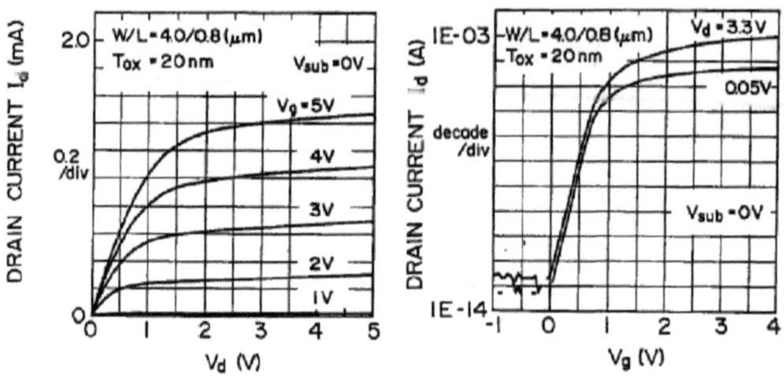

Abb. 3.13. Ausgangscharakteristik (links) und Transfercharakteristik (rechts) des Auswahltransistors der SGT-Zelle, vorgestellt von *K. Sunouchi et al.*, © 1989 IEEE [89Suno]

Die Funktionstüchtigkeit dieses Konzeptes wurde durch *K. Sunouchi et al.* durch Schreib- und Lesezyklen mithilfe der in Abb. 3.14. im Ersatzschaltbild dargestellten Testschaltung gezeigt. Diese Schreib- und Lesezyklen sind in Abb. 3.15. schematisch dargestellt.

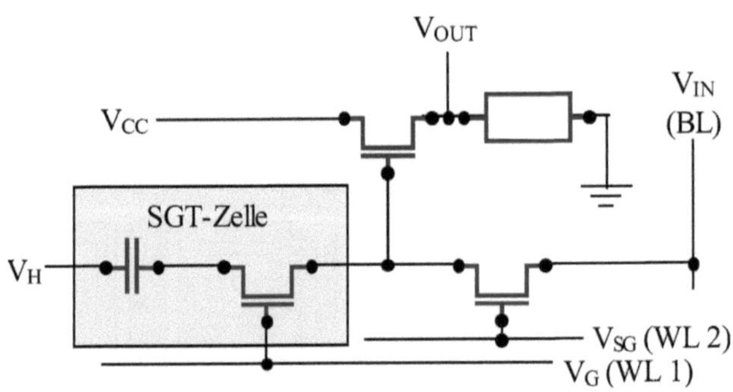

Abb. 3.14. Ersatzschaltbild der Testschaltung zur Überprüfung der Funktionstüchtigkeit einer SGT-Zelle nach *K. Sunouchi et al.*

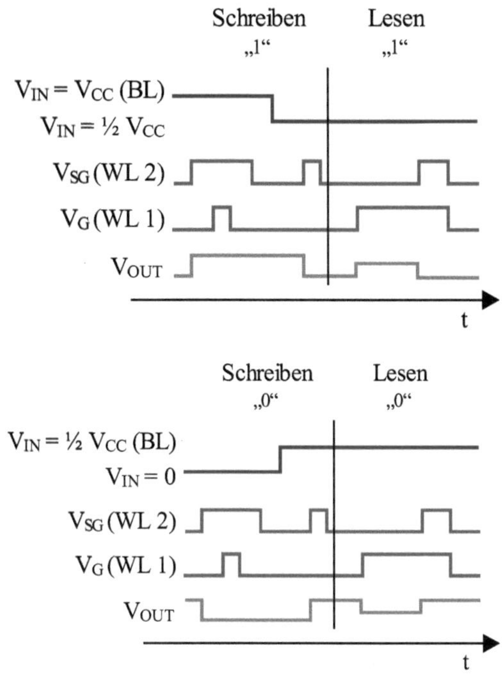

Abb. 3.15. Zyklen zum Schreiben und Lesen der Speicherinformation „1“ (a) bzw. „0“ (b) für eine SGT-Zelle in einer Testschaltung nach *K. Sunouchi et al.*

3.1.3 Die „Vertical Access Transistor and Buried Strap“ DRAM-Zelle (VERIBEST-Zelle)

Wie bereits einleitend bemerkt, gab es neben der in 3.1.2 beschriebenen SGT-Zelle von Toshiba noch zwei weitere DRAM-Konzepte, die ausgehend vom T-Zellenkonzept in den vergangenen Jahrzehnten verfolgt wurden: Das STC-Konzept von Hitachi Ltd., Japan, und das Trench-Konzept der Infineon Technologies AG, Deutschland [90Bein, 98Akih]. Dabei gab es bei beiden DRAM-Formen mehrere Entwicklungsstufen, die sich beim STC-Konzept hauptsächlich in der Form des räumlich über dem lateralen Auswahltransistor aufgebauten Speicherkondensators ausdrücken bzw. beim Trench-Konzept in der räumlichen Anordnung des Auswahltransistors zum Trench-Kondensator (siehe Abb. 3.16.). Wie dieser Abbildung zu entnehmen ist, stellt dabei die VERIBEST-DRAM-Zelle den aktuellen Endpunkt der Entwicklung im Trench-Konzept dar, deren Merkmal ein vertikaler Auswahltransistor über der Trench-Kapazität ist.

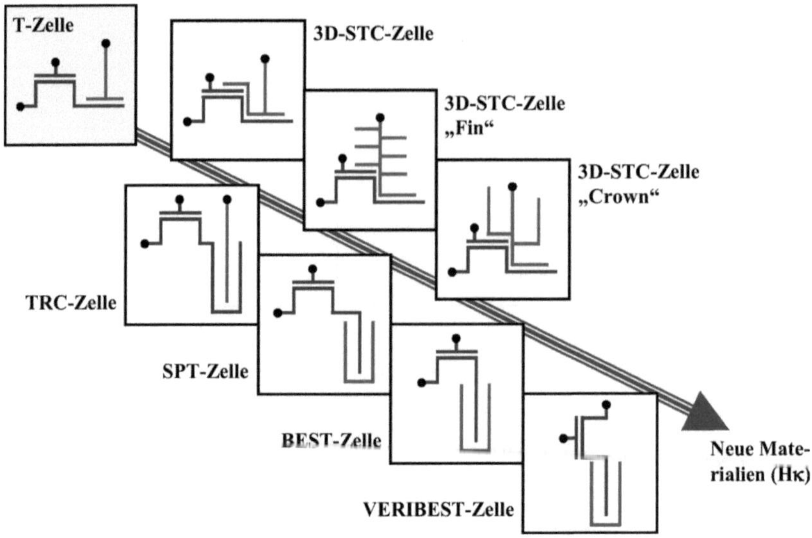

Abb. 3.16. Entwicklungsstufen des STC- bzw. Trench-DRAM-Konzeptes mit der T-Zellenstruktur als gemeinsamen Ausgangspunkt

An dieser Stelle sei die Entwicklung der Trench-Zelle von einem DRAM mit lateralem Auswahltransistor hin zu einem DRAM mit vertikalem Auswahltransistor kurz nachgezeichnet, bevor die VERIBEST-DRAM-Zelle einer genaueren Betrachtung unterzogen werden soll.

Die TRC-Zelle

Die erste Entwicklungsstufe im Trench-Konzept stellt die entsprechend bezeichnete Trench-Zelle (TRC-Zelle) dar, die sich von der klassichen T-Zelle lediglich im räumlichen Aufbau der Speicherkapazität (Faltung in eine Grabenstruktur) unterscheidet. Abb. 3.17. zeigt den schematischen Aufbau einer TRC-Zelle. Als Speicherdielektrikum wurde bei diesem Konzept SiO_2 verwendet.
Wie man dieser Abbildung entnehmen kann, dient die innere Elektrode der Speicherkapazität der TRC-Zelle als Halteelektrode. Durch Anlegen der Haltespannung V_H an diese Elektrode kann die in der äußeren Elektrode (der Speicherelektrode) gespeicherte Ladung für eine bestimmte Zeit gehalten werden. Der große Nachteil dieser Architektur besteht in den relativ großen Raumladungszonen, die sich zwangsläufig zwischen dem Substrat und der Speicherelektrode ausbilden. Dadurch ist die Skalierbarkeit dieses Konzeptes nicht mehr gegeben, da die Speicherkapazitäten benachbarter DRAM-Zellen räumlich nur soweit aneinander gebracht werden können bis sich die Raumladungszonen gerade noch berühren. Eine weite-

re räumliche Verkürzung des Abstandes zwischen zwei Zellen würde die Kapazität herabsetzen, was einen Funktionsausfall der DRAM-Zellen bedeutet.

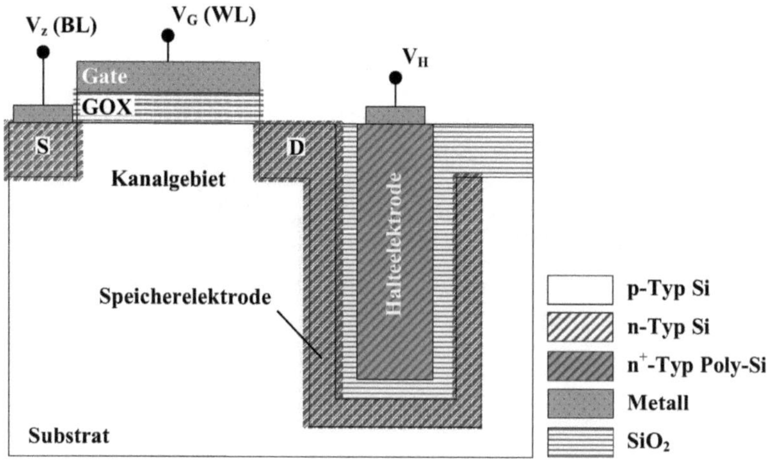

Abb. 3.17. Schematischer Aufbau einer TRC-DRAM-Zelle (Infineon Technologies AG, Deutschland)

Die SPT-Zelle

Ab der 16M-DRAM-Generation wurde beim Trench-Konzept dieser technologische Nachteil dadurch behoben, dass die innere Elektrode der Trench-Kapazität als Speicherelektrode und das Substrat als äußere Elektrode verwendet wurde. Entsprechend wurde diese und alle folgenden Trench-Zellen als „Substrate Plate Trench"-Zellen (SPT-Zellen) bezeichnet. Die erste SPT-Zelle trägt die Bezeichnung „Luna"-Zelle. Abb. 3.18. zeigt den Aufbau einer „Luna"-Zelle schematisch.

Diese Änderung des Zellendesigns machte die Einführung eines sogenannten „Straps" und eines sogenannten „Collars" notwendig. Bei diesem „Strap" handelt es sich um einen hoch n-Typ dotierten polykristallinen Silizium-Bügel, der die innere Speicherelektrode mit dem Auswahltransistor verbindet; der „Collar" ist eine Verdickung der Isolatorschicht im Trench-Kondensator im Bereich des parasitären vertikalen MOSFETs, der durch das Drain-Gebiet des lateralen Auswahltransistors, die Epi-Schicht und durch das Substrat gebildet wird (vgl. erneut Abb. 3.18.). Der „Collar", der aus SiO_2 gebildet wird, muss dabei so dick gestaltet werden, dass ein Einschalten dieses vertikalen MOSFETs beim Beladen der Speicherelektrode mit Elektronen verhindert wird, da es sonst zum Kurzschluss zwischen dem Drain-Gebiet des Auswahltransistors und dem Substrat kommt. Als Speicherdielektrikum diente bei diesem Konzept eine ONO-Schichtfolge[154].

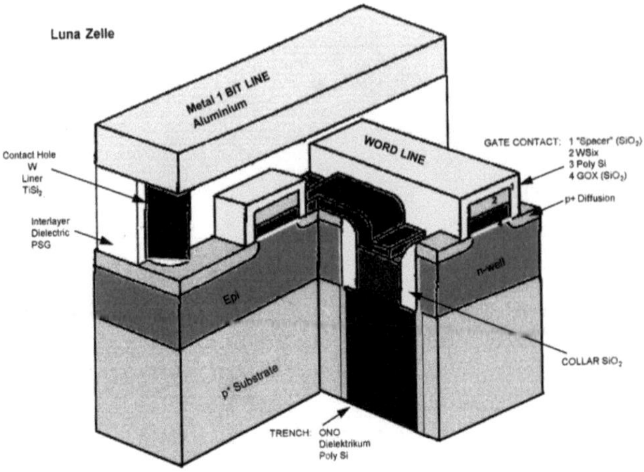

Abb. 3.18. Schematischer Aufbau einer „Luna-Zelle“ (Infineon Technologies AG, Deutschland) [PIEise]

Die BEST-Zelle

Für die *64M-* und *256M-*Generation wurde die „Luna“-Zelle zur „Buried Strap“-Zelle (BEST-Zelle) weiterentwickelt. Hier wurde der hoch n-Typ dotierten polykristallinen Silizium-Bügel („Strap“) durch einen vergrabenen, hoch n-Typ dotierten polykristallinen Silizium-Film, den sog. „Buried Strap“, ersetzt (vgl. Abbildungen 3.19. und 3.20.).

Die VERIBEST-Zelle

Die Luna-Zelle und ihre Nachfolgerin, die BEST-Zelle, zeichnen sich dadurch aus, dass in beiden Konzepten die Halteelektroden in das Substrat verlegt sind und dass diese über das Substrat auf einem definierten Potenzial gehalten werden können. Dieser strukturelle Wegfall einer gesamten Komponente ermöglicht es, die DRAM-Zellen immer dichter zu packen und so mehr Speicherzellen pro Chip zu fertigen.

---

[154] Eine ONO-Schichtfolge (ONO: **O**xid-**N**itrid-**O**xid) erhält man durch thermische Nitridation einer SiO_2-Schicht, die nach erfolgter Nitridation erneut thermisch oxidiert wird.

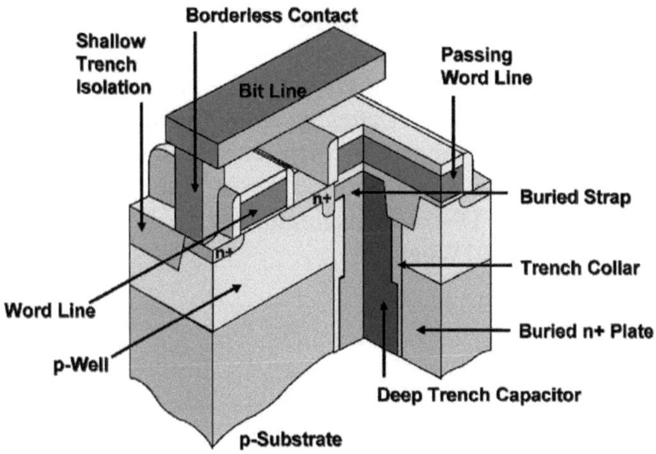

Abb. 3.19. Schematischer Aufbau einer BEST-Zelle (Infineon Technologies AG, Deutschland) [PIEise]

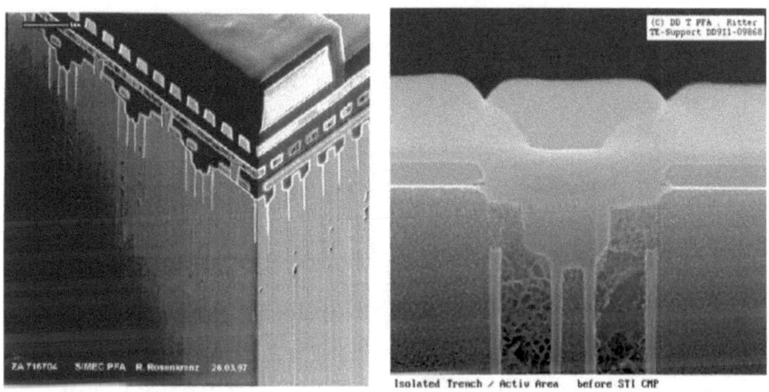

Abb. 3.20. Links: Rasterelektronenmikroskopische Aufnahme eines Querschnittes durch ein BEST-DRAM-Zellenfeld; rechts: Trench-Kapazitäten mit Buried Straps zweier benachbarter BEST-Zellen (Infineon Technologies AG, Deutschland) [PIEise]

Man erkauft sich diesen Vorteil allerdings mit dem Nachteil, dass designbedingt in beiden Strukturen parasitäre vertikale MOSFET-Strukturen auftreten, die mit Hilfe des „Collars“ unterdrückt werden müssen. Es ist daher als konsequent zu betrachten, dass die Entwicklung des Trench-Konzeptes in Richtung einer Zellenarchitektur ging, die diesen parasitären vertikalen MOSFET zum Auswahltransistor der DRAM-Zelle umfunktioniert, was den strukturellen Wegfall des lateralen Auswahltransistors bedeutet.

In Abb. 3.21. ist der schematische Aufbau einer solchen „Vertical Access Transistor and Buried Strap“-DRAM-Zelle (VERIBEST-Zelle) dargestellt, wie sie von der Infineon Technologies AG, Deutschland, in

Kooperation mit IBM, USA, im Rahmen der sogenannten „IBM/Infineon DRAM-Entwicklungsallianz“ entwickelt wurde. Dieses Konzept wurde erstmals in der wissenschaftlichen Öffentlichkeit auf der 1999er IEDM in Washington, DC, USA, von *U. Gruening et al.*[155] diskutiert [99Grue]. Weitere Beiträge zu diesem Konzept wurden dann in den beiden Folgejahren auf der 2000er IEDM in San Francisco, USA, von *C. J. Radens et al.*[156] bzw. auf der 2001er IEDM in Washington, D.C., USA, von *R. Weis et al.*[157] gegeben [00Rade, 01Weis].

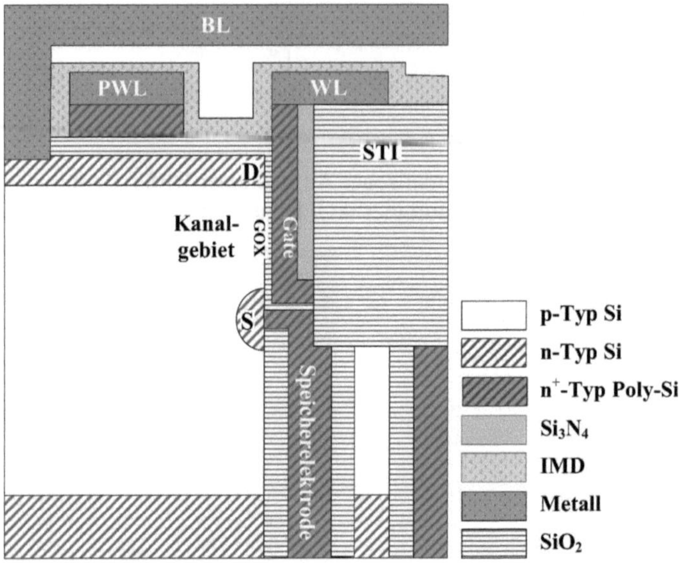

Abb. 3.21. Schematischer Aufbau einer VERIBEST-Zelle (Infineon Technologies AG, Deutschland/IBM, USA)

---

155 Neben *U. Gruening* fungierten als Koautoren: *C. J. Radens, J. A. Mandelman, A. Michaelis, M. Seitz, N. Arnold, D. Lea, D. Casarotto, A. Knorr, S. Halle, T. H. Ivers, L. Economikos, S. Kudelka, S. Rahn, H. Tews, H. Lee, R. D. Karuni, J. J. Welser, T. Furukawa, T. S. Kanarsky, J. Alsmeier, G. B. Bronner*

156 Neben *C.J. Radens* fungierten als Koautoren: *S. Kudelka, L. Nesbit, R. Malik, T. Dyer, C. Dubuc, T. Joseph, M. Seitz, L. Clevenger, N. Arnold, J. Mandelman, R. Divakaruni, D. Casarotto, D. Lea, V. C. Jaiprakash, J. Sim, J. Faltermeier, K. Low, J. Strane, S. Halle, Q. Ye, S. Bukofsky, U. Grüning, T. Schlösser, G. Bronner*

157 Koautoren dieser Arbeit waren: *K. Hummler, H. Akatsu, S. Kudelka, T. Dyer, M. Seitz, A. Scholz, B. Kim, S. Wiese, R. Malik, J. Strane, T. Göbel, K. McStay, J. Breitner, N. Arnold, R. Gerber, B. Liegl, A. Knorr, L. Economikos, A. Simpson, W. Yan, D. Dobuzinsky, J. Mandelman, L. Nesbit, C. J. Radens, R. Divakaruni, W. Bergner, G. Bronner, W. Müller.*

In der folgenden Bildersequenz 3.22. bis 3.26. soll der Herstellungsprozess einer VERIBEST-Zelle der *4G*- und der *16G*-DRAM-Generation nachgezeichnet werden. Konkret gliedert sich die Herstellungssequenz einer VERIBEST-Zelle in folgende Schritte:

1. Maskierung eines p-Typ dotierten Silizium-Substrates mit Si_3N_4 und Trench-Ätzung mittels RIE.
2. Abscheidung eines AsSGs, Auffüllen des Trenches mit Photolack (PL) und Rückätzen des Photolacks (vgl. Abb. 3.22. a).
3. Entfernung des freistehenden AsSGs und des Photolacks.
4. Abscheidung eines SiO_2-Schutzoxides mittels LPCVD (vgl. Abb. 3.22. b).

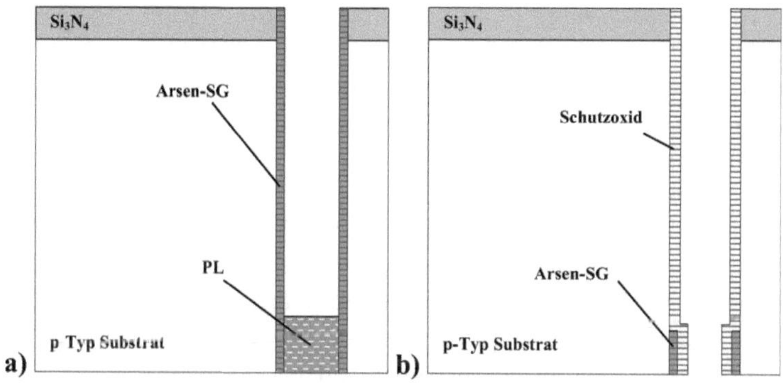

Abb. 3.22. Herstellungsprozess zur Herstellung einer VERIBEST-Zelle nach *U. Gruenig et al.* am Ende des a) 2. Fertigungsschrittes und b) 4. Fertigungsschrittes (jeweils Seitenansichten)

5. Hochtemperaturschritt zum Austreiben (Ausdiffusion) des Arsens aus dem AsSGs in das Substrat zur Bildung der Halteplatte, der sogenannten „Plate".
6. Entfernung des Schutzoxides und des AsSGs und thermische Oxidation des Trenches zur Bildung des sogenannten „Deep Trench Collar Oxides".
7. Strukturierung des „Deep Trench Collar Oxides" durch Auffüllen des Trenches mit Photolack, Rückätzen des Photolacks und Entfernung des freistehenden Oxides.
8. Entfernung des Photolacks, Auffüllen des Trenches mit n^+-Typ dotierten Poly-Siliziums zur Bildung der Speicherelektrode und anschließende Rückätzung des Poly-Siliziums (Bildung des „Buried Strap" – vgl. Abb. 3.23. a).

9. Entfernung der Nitridmaske, Abscheidung des sogenannten „Trench Top Oxides“ und Bildung der n^+-Typ dotierten Bitline mittles Ionenimplantation (vgl. Abb. 3.23. b).

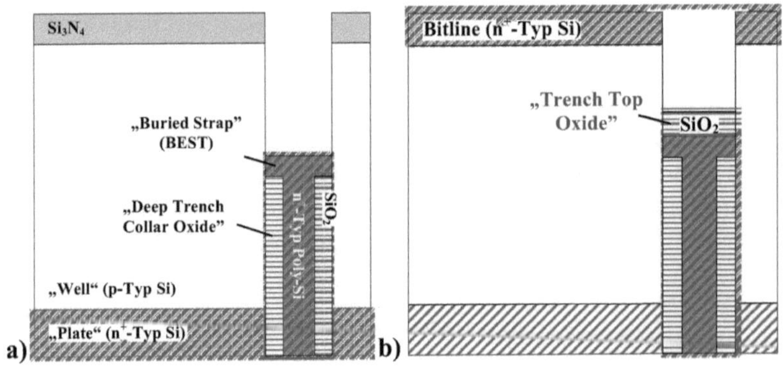

Abb. 3.23. Herstellungsprozess zur Herstellung einer VERIBEST-Zelle nach *U. Gruenig et al.* am Ende des a) 8. Fertigungsschrittes und b) 9. Fertigungsschrittes (jeweils Seitenansichten)

10. Entfernung des „Trench Top Oxides“, Ausheilen der Implantationsschäden und Bildung eines Gate-Oxides (GOX) mittels thermischer Oxidation. Bei diesem Schritt diffundieren Donatoren aus dem „Buried Strap“ in das p-Typ Silizium, den sogenannten „Well“ (Bildung des Source-Gebietes des Auswahltransistors).
11. Abscheidung einer n^+-Typ dotierten Gate-Elektrode mittels LPCVD und Verkapselung der Struktur mittels Si_3N_4 (Abgeschieden ebenfalls mittels LPCVD – vgl. Abb. 3.24. a).
12. Ätzen des sogenannten „Shallow Trenches“ und Auffüllen des „Shallow Trenches“ mit SiO_2 (Bildung der sogenannten „Shallow Trench Isolation“ – STI – zur elektrischen Trennung zweier benachbarter Trench-Zellen – vgl. Abb. 3.24. b).
13. Chemisch-Mechanisches-Polieren (CMP) zur Planarisierung der Oberfläche.
14. Abscheidung einer Wolfram-Schicht mittels CVD und Bildung einer Wolfram-Silizidschicht (eine leichte Erhöhung der Temperatur führt zur Reaktion des Wolframs mit dem darunter liegenden Silizium der Poly-Silizium-Schicht zu WSi_x).
15. Verkapselung mittels Si_3N_4 (vgl. Abb. 3.25.).
16. Strukturierung der WSi_x- und der Poly-Silizium-Schicht und Bildung der Wordlines.

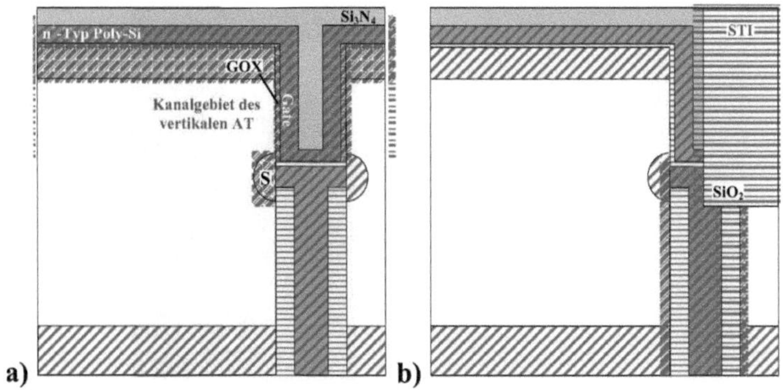

Abb. 3.24. Herstellungsprozess zur Herstellung einer VERIBEST-Zelle nach *U. Gruenig et al.* am Ende des a) 11. Fertigungsschrittes und b) 12. Fertigungsschrittes (jeweils Seitenansichten)

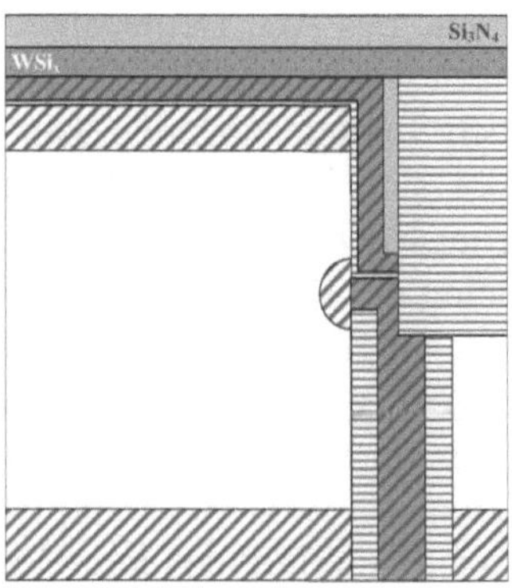

Abb. 3.25. Herstellungsprozess zur Herstellung einer VERIBEST-Zelle nach *U. Gruenig et al.* am Ende des 15. Fertigungsschrittes (Seitenansicht)

17. Verkapselung der Wordlines mit einem sogenannten „Inter Metal Dielectric" (IMD) und Bildung der Bitlinekontakte (vgl. Abb. 3.26. – in der linken Grafik dieser Abbildung bezeichnet „WL" die Wordline der dargestellten DRAM-Zelle; „PWL" steht für „Passing Wordline" und bezeichnet die Wordline einer benachbarten Zelle).

3.1.4 Die „Fully-Depleted Surrounding Gate Transistor" DRAM-Zelle (FD-SGT-Zelle)

Ein großes und bisher ungelöstes Problem, welches sich im praktischen Betrieb der VERIBEST-Zelle ergibt, ist das sogenannte „Übersprechen" zwischen den Auswahltransistoren zweier individueller benachbarter Zellen, d. h. die gegenseitige Beeinflussung zweier benachbarter Zellen.

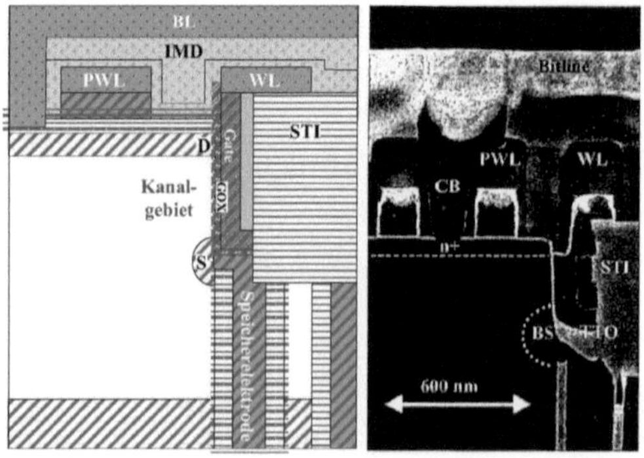

Abb. 3.26. Herstellungsprozess zur Herstellung einer VERIBEST-Zelle nach *U. Gruenig et al.* am Ende des 17. Fertigungsschrittes: Schematische Darstellung links, rasterelektronenmikroskopische Aufnahme rechts (© 1999 IEEE [99Grün])

Aus diesem Grund fertigt die Infineon Technologies AG, Deutschland, DRAMs der aktuellen Technologiegeneration nach wie vor im BEST-Konzept mit lateralem Auswahltransistor. Wie in den vorangegangenen Kapiteln zwei und drei ausführlich dargelegt, ergibt sich bei einer lateralen MOSFET-Architektur dahingehend ein Skalierungsproblem, dass sich die meisten Kurzkanaleffekte nur durch stete Erhöhung der Dotierstoffkonzentrationen in den aktiven Transistorgebieten in den Griff bekommen lassen, diese Erhöhung aber gleichzeitig dem GIDL-Effekt Vorschub leistet und sich negativ auf den Source-Drain-Strom I_{ON}, der im eingeschalteten Zustand des Transistors fließt, auswirkt[158]. Somit erwächst sich ein Hauptproblem bei der Skalierung der BEST-Zelle aus der Skalierung des lateralen Auswahl-MOSFETs. Aus diesem Grund wurde durch die Infineon Technologies AG erneut die Idee des Vertikalkonzepts aufgegriffen. Um aber die Nachteile der VERIBEST-Zelle zu umgehen und ein Übersprechen benachbarter Speicherzellen zu verhindern, wurde ein Zellenfeld vorgeschlagen, in dem die vertikalen Auswahltransistoren nicht über, sondern neben der Trench-Kapazität angeordnet sind. Um die Auswahltransistoren elektrisch voneinander zu isolieren, sind diese als Surrounding-Gate-Transistoren (SGTs) ausgeführt. Abb. 3.27. zeigt den schematischen Aufbau einer SGT-DRAM-Zelle – hier mit einem sogenannten „Fully-Depteted"-SGT (FD-SGT) als Auswahltransistor. Abb. 3.28. zeigt schematisch die Realisierung eines DRAM-Zellenfeldes mit FD-SGTs als Auswahltransistoren. Wie diesen Abbildungen zu entnehmen ist, handelt es sich um ein BEST-Konzept, wobei der „Buried Strap" (hochdotiertes Poly-Silizium) als Do-

[158] Gemeint ist die Abnahme des Gesamtstromes I_{ON} im eingeschalteten Zustand des Auswahl-MOSFETs durch Abnahme der Elektronenbeweglichkeit bei Erhöhung der Dotierstoffkonzentration im Kanal.

tierstoffquelle für die Herstellung des Drain-Gebietes mittels Diffusion verwendet wird.

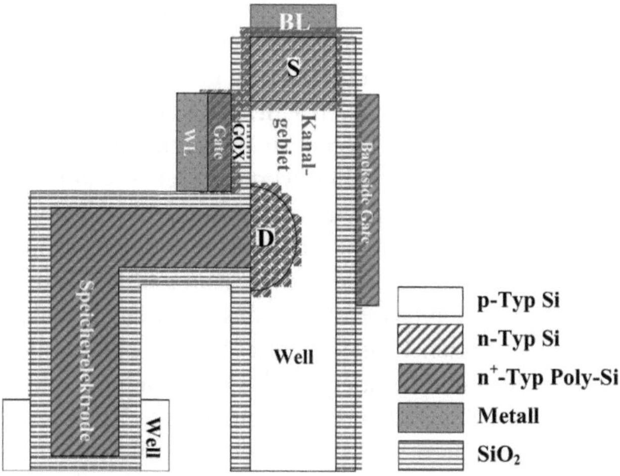

Abb. 3.27. Schematischer Aufbau einer FD-SGT-Zelle (Infineon Technologies AG, Deutschland)

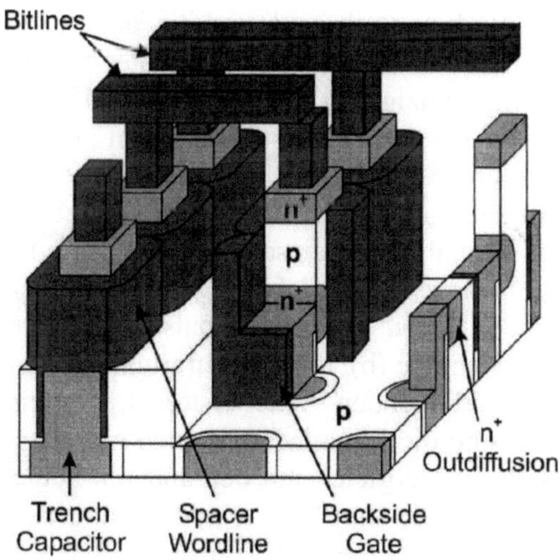

Abb. 3.28. Schematischer Aufbau eines FD-SGT-DRAM-Zellenfeldes (Infineon Technologies AG, Deutschland), © 2002 IEEE [02Goeb]

Erstmals diskutiert wurde dieses Konzept auf der 2002er IEDM in San Francisco, USA, von *B. Goebel et al.*[159] [02Goeb]. Hauptaugenmerk bei

[159] Koautoren der Arbeit: *J. Lützen, D. Manger, P. Moll, K. Mümmler, M. Popp, U. Scheler, T. Schlösser, H. Seidl, M. Sesterhenn, S. Slesazeck, S. Tegen*

dieser Arbeit lag zunächst auf der Realisierung und auf dem Design des vertikalen Auswahltransistors für eine Sub-*70 nm*-DRAM-Generation. Der Vorteil eines vertikalen Auswahltransistors liegt hauptsächlich darin, dass seine Kanalgebietslänge L sehr groß gewählt werden kann, da der Skalierungsdruck beim Übergang zur nächsten Technologiegeneration auf den lateralen Abmessungen der DRAM-Zelle liegt (im diskutierten Konzept beträgt $L = 300\ nm$). Dadurch spielen Kurzkanaleffekte kaum eine Rolle, und die notwendigen Dotierstoffhöhen in den aktiven Transistorgebieten können verhältnismäßig klein gehalten werden. Der Nachteil eines vertikalen Auswahltransistors liegt aber wie bereits im zweiten Kapitel diskutiert darin, dass sein Kanalgebiet nicht kontaktiert werden kann und damit „floatend" bleibt, sollen die lateralen Abmessungen des Transistors klein bleiben. Dadurch ergibt sich das Problem, dass sich das Kanalgebiet in der Zelle bis zu einem gewissen Grade auflädt (Löcher akkumulieren im Kanalgebiet[160]), wenn die Zelle beladen wird. Diese Ladung führt zum einen zu einer Erhöhung des Schwellwertspannung V_T des Transistors und zum anderen zu einem parasitären Leckstrom, der die Zelle entlädt, wenn diese über die Bitline angesprochen wird ohne aber dabei selbst adressiert zu sein (an der Wordline der betrachteten Zelle liegt in dem Fall kein Spannungssignal an). Um diesen Phänomenen zu begegnen, vergleichen die Autoren dieses Konzeptes drei Varianten für den vertikalen Auswahltransistor, die schematisch in Abb. 3.29. dargestellt sind, und die sich nur im Aufbau der Gate-Elektrode bzw. in der Größe des Drain-Gebietes voneinander unterscheiden (die Größe hängt einzig und allein von der zeitlichen Länge des Diffusionsschrittes ab, bei der der Dotierstoff aus dem „Buried Strap" in die kristalline, p-Typ dotierte Silizium-Säule hinein diffundiert). Bei den Varianten (a) und (b) handelt es sich um vertikale Transistoren mit floatendem Kanalgebiet, da das Kanalgebiet dieser Transistoren vom „Well" (Substrat), der auf ein definiertes Potenzial gelegt werden kann, durch das Drain-Gebiet in Variante (a) bzw. durch die kanalseitige Raumladungszone des Drain-Gebietes in Variante (b), die sich aufgrund der kleinen Dimensionen bis zur gegenüberliegenden Seite erstreckt, getrennt wird. Zur besseren Verdeutlichung sind die Raumladungszonen mit eingezeichnet. Variante (c) zeichnet sich im Vergleich mit den anderen beiden Varianten durch ein sogenanntes „Backside Gate" aus, einer Verlängerung der umlaufenden Gate-Elektrode an der Rückseite des Transistors.

---

[160] Bei der Erläuterung des „Kink-Effektes" im ersten Kapitel wurde der zugrunde liegende Mechanismus für diese Aufladung erklärt. Auch wenn ein Auswahltransistor stets so dimensioniert ist, dass die Versorgungsspannungen den Transistor nicht in den „Avalanche" führen, kommt es trotzdem immer zur Generierung von Elektron-Loch-Paaren durch Stoßionisation.

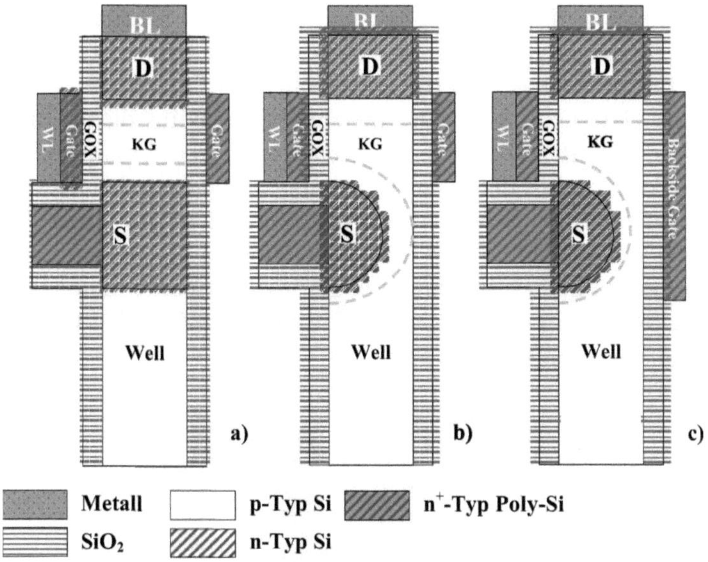

Abb. 3.29. Verschiedene vertikale „Surrounding-Gate"-Transistorstrukturen für die Realisierung einer vertikalen SGT-DRAM-Zelle (Infineon Technologies AG)

Diese rückseitige Gate-Elektrode hat die Aufgabe, einen Akkumulationslöcherkanal an der rückseitigen MOS-Kapazität zu erzeugen, die die kanalseitige Raumladungszone des Drain-Gebietes zurückdrängt und somit einen Kanalgebietsanschluss über das Substrat ermöglicht. Wird während des Betriebes an das Substrat eine negative Versorgungsspannung gelegt, werden stets alle freien Löcher aus dem Kanalgebiet über diesen Akkumulationskanal abgeführt – das Kanalgebiet ist somit stets vollständig ausgeräumt („fully-depleted").

Zur Evaluierung der einzelnen Transistortypen für die Verwendung als Auswahltransistoren in einer DRAM-Zelle realisierten *B. Goebel et al.* die in Abb. 3.30. dargestellte Testschaltung.

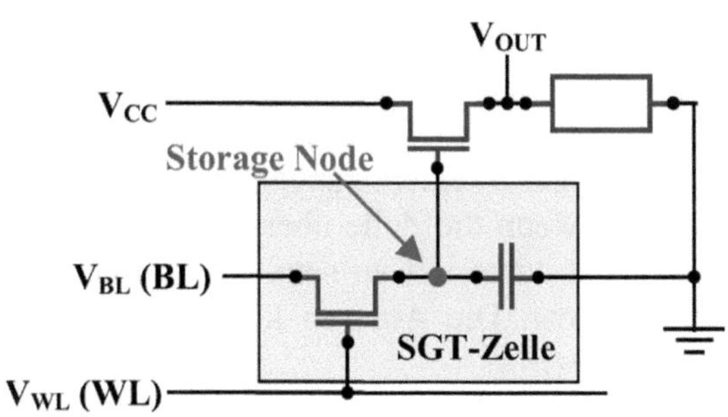

Abb. 3.30. Ersatzschaltbild der Testschaltung zur Evaluierung der einzelnen SGT-Konzepte für die Verwendung als Auswahltransistor in einer SGT-DRAM-Zelle nach *B. Goebel et al.*

Dazu verwendeten *B. Goebel et al.* p-Typ dotierte Silizium-Säulen der Höhe h_S = *700 nm* und der Dicke d_S = *60 nm* (siehe Abb. 3.31. a), in denen mittels Diffusion Source- und die entsprechenden Drain-Gebiete etabliert wurden. Als Gate-Oxid bzw. als Speicherdielektrikum diente thermisch gewachsenes SiO_2 der Dicke d_{GOX} = *15 nm* bzw. d_{SD} = *7 nm* (siehe Abb. 3.31. b und 3.31. c). Mit dieser Testschaltung wurde nach dem Beladen der Trench-Kapazität der Spannungswert am Knoten zwischen Trench-Kapazität und Auswahl-SGT („Storage Node") gemessen, während periodisch die Zelle über die Bitline angesprochen wurde ohne aber dabei die Zelle selbst zu adressieren (an der Wordline der Zelle lag während der Messung ein Spannungssignal von V_{WLL} = *-1 V* an).

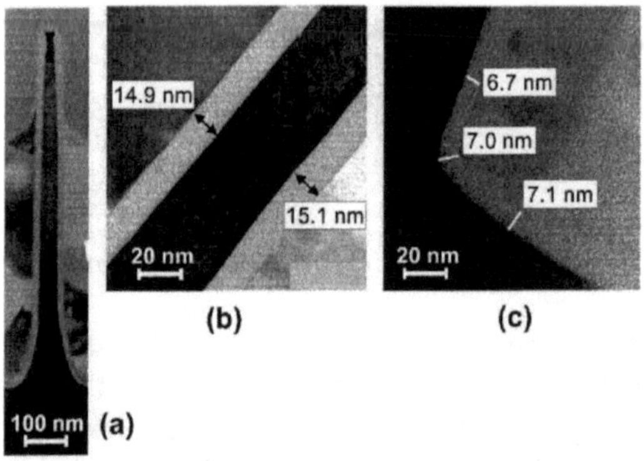

Abb. 3.31. Transmissionsmikroskopische Aufnahme einer Silizium-Säule (a), aus denen der jeweilige SGT gefertigt wurde, des Gate-Oxides (b) und des Speicherdielektrikums am Boden des Trench-Kondensators (c) nach *B. Goebel et al.* , © 2002 IEEE [02Goeb]

Das Ansprechen der Zelle über die Bitline erfolgte über Rechteckspannungspulse (V_{BLH} = *1,5 V*, V_{BLL} = *0 V*) der Länge *9,9 ms* mit einer *0,1 ms* dauernden Pause zwischen den Pulsen. Nach zehn Zyklen wurde die Speicherinformation erneuert („Refresh"). Dazu wurde für eine Mikrosekunde die Zelle über V_{BLH} = *1,5 V*, V_{WLH} = *2 V* adressiert.[161] Das Ergebnis dieser Messung ist in Abb. 3.32. dargestellt. Wie dieser Abbildung zu entnehmen ist, ergibt sich mit den Varianten (a) und (b) das anfangs erläuterte Problem, dass ein „floatendes" Kanalgebiets zu einem zunehmenden Ladungs- und damit Informationsverlust führt, wenn die Zelle über die Bitline angesprochen wird ohne dabei aber selbst adressiert zu sein. Mit Variante (c) wird dieses Problem vollständig gelöst. Die Autoren kommen daher zu

[161] Die zusätzlichen Indices „H" und „L" an den angegebenen Spannungen V_{BL} bzw. V_{WL} bedeuten „High" and „Low".

dem Schluss, dass sich eine vertikale DRAM-Zelle nur mit einem solchen „Fully-Depleted Surrounding Gate"-Transistor (FD-SGT) mit Kanalgebietsanschluss durch Einführung einer rückseitigen Gate-Elektrode realisieren lässt. Bedingt durch die Architektur der umlaufenden Gate-Struktur wird automatisch das Problem des „Überspechens" benachbarter Transistoren vermieden, wie es bei der VERIBEST-Zelle auftritt.

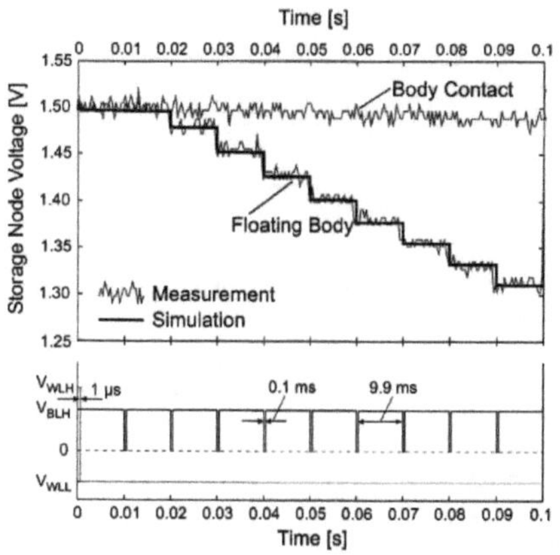

Abb. 3.32. Testmessung zur Evaluation der einzelnen Transistorvarianten für den Einsatz als Auswahltransistor in einer vertikalen SGT-DRAM-Zelle nach *B. Goebel et al.*, © 2002 IEEE [02Goeb]

3.2 Vertikale und quasivertikale SRAM-Konzepte

Nach dem DRAM ist der SRAM die zweite mögliche Form einer Speicherstruktur mit wahlfreiem und schnellem Schreib- bzw. Lesezugriff. Der fundamentale Unterschied zum DRAM besteht allerdings darin, dass der SRAM ein spannungsgepufferter statischer Speicher ist, d. h. die in einem SRAM gespeicherte Information bleibt solange erhalten, wie die Versorgungsspannung aufrechterhalten wird bzw. bis die Speicherinformation umgeschrieben wird. Es ist also nicht wie bei einem DRAM notwendig, den Speicherinhalt in regelmäßigen zeitlichen Abständen (man spricht vom sogenannten „Refresh-Zyklus") aufzufrischen. Dies hat zur Folge, dass ein Lesezugriff schneller und beliebig oft erfolgen kann, als dies bei einem DRAM der Fall ist. Das ist auch der Grund, warum der sogenannte „Chachespeicher" (Pufferspeicher)[162] zwischen dem Prozessor und dem Arbeitsspeicher (DRAMs) eines Computers mit SRAMs realisiert wird.

[162] Cachespeicher werden hauptsächlich mittels CMOS-Technologie realisiert. Der „Cache" wird dabei zusammen mit dem Prozessor als integrierte Schaltung auf einem Chip realisiert. Daher ist der Cachespeicher nicht wie die DRAM-Grup-

Wie bereits im ersten Kapitel der vorliegenden Arbeit dargestellt, werden SRAM-Speicher mittels logischer Gatter (z. B. NAND- oder NOR-Gatter) als sogenannte „bistabile Kippstufen“ bzw. Flipflops in Bipolar-, NMOS- oder CMOS-Technologie ausgeführt. Um die Funktionsweise von Flipflops besser zu verstehen, sei in Abb. 3.33. erneut die Realisierung eines sogenannten RS-Flipflops mit Hilfe zweier NAND-Gatter in CMOS-Technologie gezeigt.

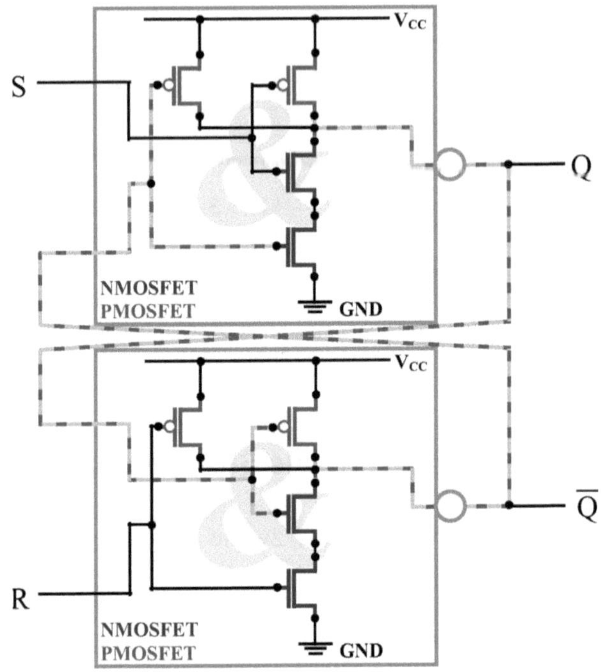

Abb. 3.33. Realisierung eines RS-Flipflops mit Hilfe zweier NAND-Gatter in CMOS-Technologie

Befindet sich die Speicherzelle in einem definierten Zustand (in der Zelle ist z. B. die Speicherinformation „1“ – $Q = 1 / \overline{Q} = 0$ – gespeichert), ist eine elektrische Ladungsmenge ohne Abflussmöglichkeit auf den elektrischen Verbindungsleitungen zwischen den beiden NAND-Gattern (in Abb 3.33 sind diese als schwarz-graue Linie hervorgehoben) gespeichert, was einem permanenten Spannungspegel auf den mit diesen Leitungen verbundenen Transistor-Gates entspricht. Somit bleibt für den Fall $V_{CC} > 0\ V$

pen in einem PC eine austauschbare und damit erweiterbare Speicherkomponente.

auch die eingeschriebene Speicherinformation solange erhalten, bis über den Rücksetzeingang (R) bzw. Setzeingang (S) eine Umprogrammierung der Speicherinformation erfolgt.

Neben ihres großen Vorteils gegenüber DRAM-Speichern hinsichtlich schnellerer Zugriffszeiten und nicht notwendigem „Refresh" ist der Nachteil der SRAM-Speicher ihr viel komplexerer Aufbau. Wie Abb. 3.33. zu entnehmen ist, werden in CMOS-Technologie im komplexesten Fall acht MOSFETs benötigt, um einen SRAM mittels NAND-Gatter zu realisieren. Daher ist die Herstellung von SRAMs im Vergleich zum DRAM teurer, der Platzbedarf einer SRAM-Zelle ist größer als der einer DRAM-Zelle und die Speicherdichte (Anzahl der Bits pro cm^2) ist bei einem SRAM-Speicherchip ungefähr um den Faktor vier kleiner als bei einem DRAM-Speicherchip.

Um diesen Nachteil etwas zu mindern, werden in modernen integrierten CMOS-Schaltungen sogenannte 6-Transistor-SRAM-Zellen realisiert, die, wie es der Name schon impliziert, lediglich aus sechs MOSFETs bestehen und eine Koppelung zweier CMOS-Inverter darstellen (vgl. Abb 3.34).[163]

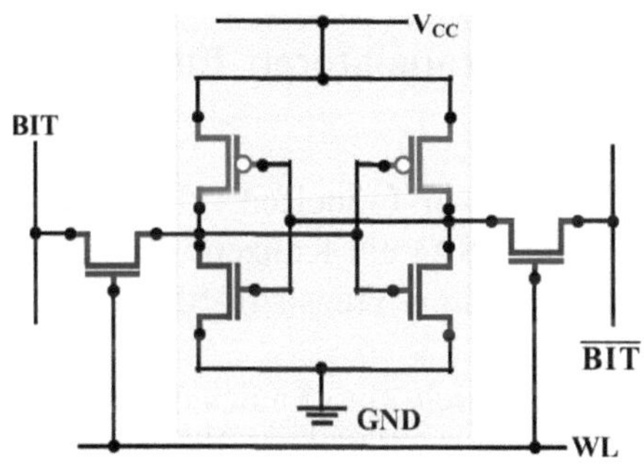

Abb. 3.34. Realisierung einer SRAM-Zelle mit sechs MOSFETs in CMOS-Technologie (6-Transistor-SRAM-Zelle)

Im Grunde ließe sich eine SRAM-Zelle mit jedem beliebigen vertikalen bzw. quasivertikalen Transistorkonzept realisieren mit dem sich auch eine CMOS-Inverterstruktur herstellen lässt [79Rodg[164], 94Pere, 02Thom].

[163] Für manche Anwendungen werden zum Teil auch SRAMs realisiert, die auf der Koppelung zweier NMOS-Inverter beruhen und somit nur aus vier MOSFETs bestehen. Man spricht in diesem Zusammenhang von 4-Transistor-SRAM-Zellen.

[164] *T. J. Rodgers* von American Microsystems, USA, diskutierte auf der IEDM 1979 in Washington, D.C., USA, den Einsatz von vertikalen V-Garben MOSFETs (VMOSFETs, siehe 2. Kapitel) für statische Speicher [79Rodg]. Da es sich bei dieser Publikation nur um ein sogenanntes „Late News Abstract" mit wenigen Zeilen Länge handelt, kann aus dieser Publikation nur entnommen werden, dass es sich um statische Speicher basierend auf VMOSFETs handelt.

Allerdings konzentrierten sich die Arbeiten zu vertikalen und quasi-vertikalen MOSFET-Konzepten bisher hauptsächlich nur auf CMOS-Logik selbst, während der Realisierung von SRAM-Strukturen in Form der 6-Transistor-SRAM-Zelle wenig Beachtung geschenkt wurde. Wenn überhaupt, so wurde statt dessen an vertikalen SRAMs mit alternativen Architekturen gearbeitet, bei denen Ersetzung des Doppelinverters durch ein äquivalentes bistabiles Kippglied im Vordergrund steht.

In Tabelle 3.2. sind die Konzeptideen zu vertikalen und quasivertikalen SRAM-Strukturen zusammengestellt, die im betrachteten Quellenmaterial diskutiert wurden.

Tabelle 3.2. Silizium-basierte vertikale und quasivertikale SRAM-Konzepte

SRAM-Speicherkonzepte			
Vertikalkonzepte		Quasivertikalkonzepte	
Alternative Architektur	Klassische Architektur	Alternative Architektur	Klassische Architektur
BD-Zelle	6-Transistor-Zelle		T-RAM-Zelle

3.2.1 Vertikale und quasivertikale Transistoren für 6-Transistor-SRAM-Zellen

Im Jahre 1994 wurde auf der IEDM in San Francisco, USA, von *A. H. Perera et al.*[165] (Motorola Inc., Austin, USA) ein Konzept für vertikale NMOSFETs vorgestellt, die für den Einsatz in 6-Transistor-SRAM-Zellen bestimmt waren [94Pere].

Wie eingangs ausgeführt, manifestiert sich die Speicherinformation eines SRAMs in Ladungen Q_Z, die auf den MOS-Gate-Elektroden der miteinander verkoppelten CMOS-Inverter gespeichert sind. Diese MOS-Gates stellen den hauptsächlichen Anteil an der Gesamtkapazität C_Z in einer SRAM-Zelle dar. Durch die fortschreitende Skalierung der physikalischen Transistordimensionen und Versorgungsspannungen nimmt zwangsläufig auch C_Z und damit die Anzahl der Ladungen Q_Z auf den Gate-Elektroden ab, die die Speicherinformation kodieren.

Bedingt durch Fehlermechanismen (z. B. Leckstrompfade) verliert eine Elektrode während des Betriebes der SRAM-Zelle auf ihr gespeicherte Ladung. Ab einem bestimmten Ladungsverlust ΔQ_Z kann der Schaltzustand

Dabei können EEPROMs bzw. „Flash"-EPROMs, aber auch SRAMs gemeint sein. Daher sei diese Arbeit der Vollständigkeit halber an dieser Stelle zitiert.

[165] Koautoren der Arbeit: *C. S. Lage*, *J. D. Hayden*, *J.-H. Liu*, *R. Rodriguez*, *S. Ajuria*

des SRAMs nicht mehr aufrecht erhalten werden, und die Zelle kippt in ihren inversen Zustand und stellt damit bei Abruf die falsche Speicherinformation zur Verfügung. In diesem Zusammenhang spricht man von einem sogenannten „Soft Error", da mit Hilfe eines erneuten Programmierschrittes („Refresh") die Zelle wieder in ihren richtigen, ursprünglichen Zustand gebracht werden kann.[166] Je kleiner nun die Gesamtkapazität C_Z, umso kleiner wird der kritische Ladungsverlust ΔQ_Z, der zu einem Soft Error führt. Entsprechend steigen die sogenannten „Soft Error Raten" (SER) an.

Das durch *A.H. Perera et al.* angestrebte Entwicklungsziel war die Herstellung kompakter skalierbarer SRAMs mit einer hohen Gesamtkapazität C_Z pro Zelle und damit mit einer hohen Anzahl von Ladungen Q_Z auf den Gate-Elektroden mit reduzierten bzw. niedrigen SER, durch den Einsatz vertikaler Transistoren mit vertikalen Gate-Elektroden, die ohne erheblichen Aufwand durch Faltung in die Tiefe groß gemacht werden können, ohne dabei die laterale Skalierung zu gefährden.

Den schematischen Aufbau und eine rasterelektronenmikroskopische Aufnahme eines solchen NMOSFETs (die Autoren sprechen von einem vertikalen „Latch"-MOSFET) zeigt Abb. 3.35.

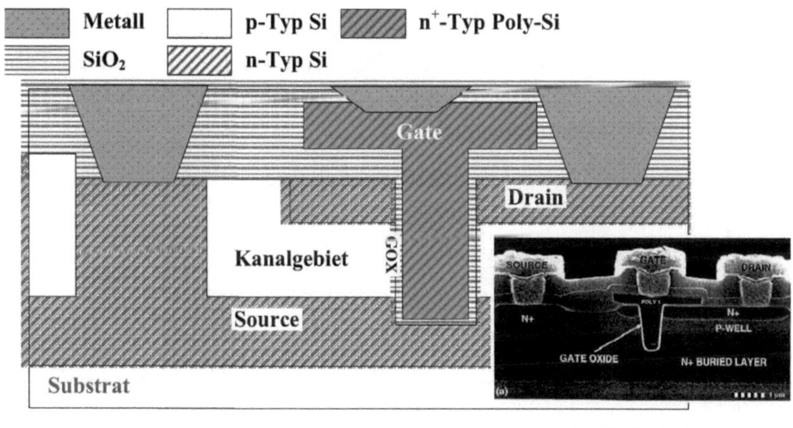

Abb. 3.35. Schematischer Aufbau und rasterelektronenmikroskopische Aufnahme eines vertikalen NMOSFETs mit T-Gate-Struktur nach *A. H. Perera et al.*, © 1994 IEEE [94Pere]

Wie sich aus dieser Abbildung ergibt, handelt es sich um einen vertikalen MOSFET mit T-Gate-Struktur, dessen Herstellung ausführlich im

---

166 Im Gegensatz dazu spricht man von einem „Hard Error", wenn die Zelle irreparabel beschädigt wurde und kein Speicherzustand mehr definiert eingestellt werden kann.

zweiten Kapitel besprochen wurde. Die Besonderheit bei der Herstellung dieses Transistors liegt darin, dass zunächst das n-Typ dotierte Source-Gebiet (in der rasterelektronenmikroskopischen Aufnahme in Abb. 3.35. „Buried Layer" genannt) mittels Arsen- oder Antimon-Ionenimplantation in ein p-Typ Substrat hergestellt wurde (Implantatiosdosis: $D = 5 \cdot 10^{18}\ cm^{-2}$). Dem schloss sich ein Epi-Schritt an, bei dem $1,2\ \mu m$ oder $1,6\ \mu m$ p$^-$-Typ dotiertes Silizium (im Folgenden „Epi-Schicht" genannt) mittels CVD epitaktisch abgeschieden wurde. Die eigentliche Kanaldotierung (Bor) bzw. die Drain-Dotierung und der Source-Anschluss wurde wieder über Ionenimplantation eingestellt. Es folgte die Herstellung der Gate-Struktur und der Metallkontakte. Die dabei realisierte Kanallänge betrug ca. $L = 0,3\ \mu m$. Die Gate-Oxiddicken betrugen $d_{GOX} = 10,5\ nm$ ($d_{Epi} = 1,2\ \mu m$) bzw. $d_{GOX} = 13.0\ nm$ ($d_{Epi} = 1,6\ \mu m$).

In ihrer Arbeit konzentrierten sich die Autoren hauptsächlich auf die Darstellung und Charakteristiken der hergestellten Transistoren, wobei eine Hauptfragestellung der Untersuchungen war, ob als Dotiermaterial Antimon oder Arsen besser für die Herstellung der Source-Gebiete geeignet ist. Abb. 3.36. zeigt Ausgangs- und Transferkennlinienfelder vertikaler NMOSFET mit Antimon bzw. Arsen als Source-Dotiermaterial und mit Epi-Schichtdicken von $d_{Epi} = 1,2\ \mu m$ bzw. $d_{Epi} = 1,6\ \mu m$, die auf diese Weise hergestellt wurden. Für einen besseren Vergleich sind in Tabelle 3.3. die wichtigsten Transistorparameter der einzelnen NMOSFETs vergleichend einander gegenübergestellt.

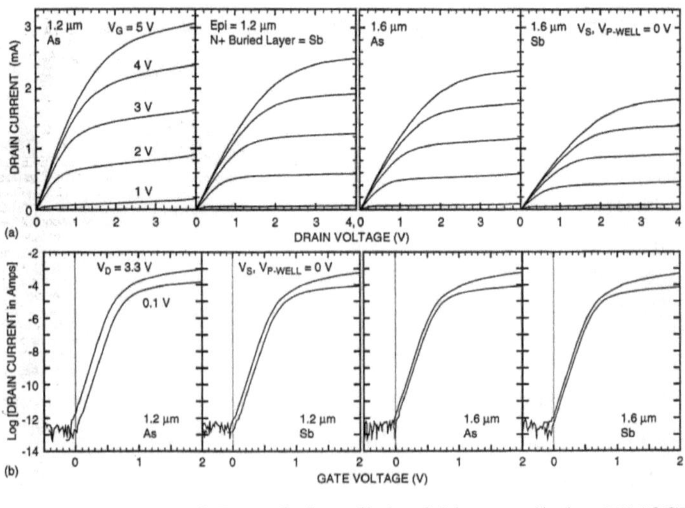

Abb. 3.36. Ausgangs- und Transferkennlinienfelder vertikaler NMOSFET mit Antimon bzw. Arsen als Source-Dotiermaterial und mit Epi-Schichtdicken von $d_{Epi} = 1,2\ \mu m$ bzw. $d_{Epi} = 1,6\ \mu m$ nach *A. H. Perera et al.*, © 1994 IEEE [94Pere]

Tabelle 3.3. Gegenüberstellung der wichtigsten Transistorparameter vertikaler NMOSFET mit Antimon bzw. Arsen als Source-Dotiermaterial und mit Epi-Schichtdicken von $d_{Epi} = 1{,}2\ \mu m$ bzw. $d_{Epi} = 1{,}6\ \mu m$ nach *A. H. Perera et al.* (der Source-Drain-Strom im eingeschalteten Zustand I_{ON} wurde bei $V_G = 4\ V$ und $V_{SD} = 3{,}3\ V$ bestimmt.

$d_{Epi}/\mu m$	Source-Dotierung	$I_{ON}/\mu A \cdot \mu m^{-1}$	$g_m/\mu S \cdot \mu m^{-1}$	$S/mV \cdot dec.^{-1}$	V_T/mV	$DIBL/mV \cdot V^{-1}$
1,2	Arsen	*455*	*25,2*	*88*	*695*	*44*
1,2	Antimon	*368*	*18,2*	*88*	*690*	*25*
1,6	Arsen	*337*	*16*	*85*	*610*	*17*
1,6	Antimon	*264*	*13,2*	*87*	*600*	*18*

Wie dieser Gegenüberstellung entnommen werden kann, eignet sich Arsen bedeutend besser als Source-Dotiermaterial als Antimon. Der Grund dafür liegt in der geringeren Löslichkeit von Antimon in Silizium, so dass trotz gleicher Implantationsdosis weniger Antimon auf aktiven Silizium-Gitterplätzen sitzt. Die nicht gelösten Atimon-Atome bilden außerdem Cluster auf Zwischengitterplätzen. Somit ist der ohmsche Widerstand des mit Antimon dotierten Source-Gebietes ungefähr viermal höher als der ohmsche Widerstand des entsprechend mit Arsen dotierten Source-Gebietes, was den deutlich reduzierten Source-Drain-Strom im eingeschalteten Zustand I_{ON} und die geringere Steilheit g_m erklärt. Das gute elektrische Transistorverhalten bleibt erhalten, wenn die Definition von Source und Drain vertauscht wird, wie Abb. 3.37. und Tabelle 3.4. zeigen. Die deutliche Reduktion des DIBL-Effekts[167] kommt durch die gewählte Asymmetrie in den beiden n-Typ Dotierprofilen zueinander.

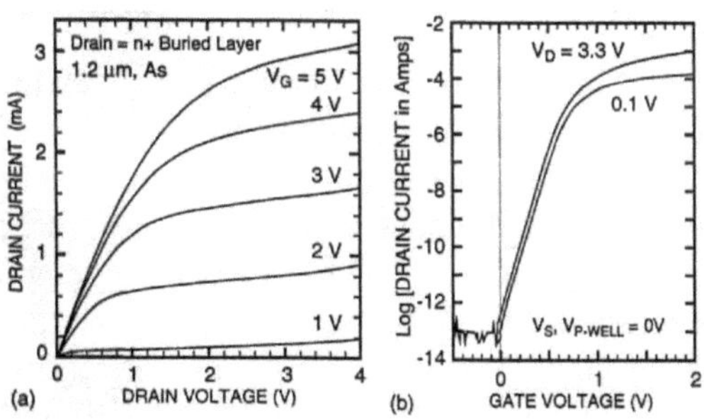

Abb. 3.37. Ausgangs- und Transferkennlinienfeld eines vertikalen NMOSFETs mit Arsen als Dotiermaterial im „Buried Layer" (Drain) und mit einer Epi-Schichtdicke von $d_{Epi} = 1{,}2\ \mu m$ nach *A. H. Perera et al.*, © 1994 IEEE [94Pere]

[167] Zur Erklärung des DIBL-Effektes siehe erstes Kapitel

Tabelle 3.4. Gegenüberstellung der wichtigsten Transistorparameter eines vertikalen NMOSFET mit Arsen als Dotiermaterial im „Buried Layer“ und mit einer Epi-Schichtdicke von $d_{Epi} = 1{,}2$ µm nach A.H. Perera et al (der Source-Drain-Strom im eingeschalteten Zustand I_{ON} wurde bei $V_G = 4\ V$ und $V_{SD} = 3{,}3\ V$ bestimmt)

„Buried Layer“ als	$I_{ON}/\mu A \cdot \mu m^{-1}$	$g_m/\mu S \cdot \mu m^{-1}$	$S/mV \cdot dec.^{-1}$	V_T / mV	DIBL/$mV \cdot V^{-1}$
Source	*455*	*25,2*	*88*	*695*	*44*
Drain	*456*	*25,2*	*88*	*690*	*16*

Die beiden Graphen der Abb. 3.38. zeigen die Gesamtkapazität C_Z pro SRAM-Zelle bzw. die pro SRAM-Zelle gespeicherte Ladung Q_Z als Funktion der SRAM-Dichte (der SRAM-Generation) für konventionelle SRAMs und für SRAMs mit „Latch“-MOSFETs.

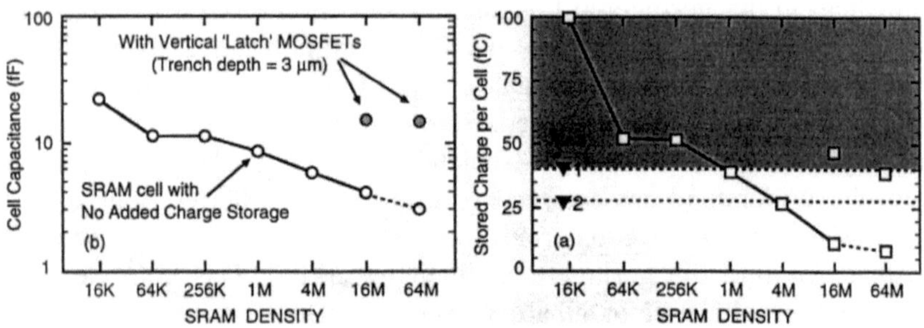

Abb. 3.38. Gesamtkapazität C_Z pro SRAM-Zelle (links) und pro SRAM-Zelle gespeicherte Ladung Q_Z (rechts) als Funktion der SRAM-Dichte für konventionelle SRAMs und für SRAMs mit vertikalen „Latch“-MOSFETs nach *A. H. Perera et al.*[168], © 1994 IEEE [94Pere]

Wie man diesen Abbildungen entnehmen kann, gewinnt man ungefähr eine Größenordnung für C_Z bzw. Q_Z durch den Einsatz von „Latch“-MOSFETs bei gleicher SRAM-Generation, was zu einer deutlichen Reduzierung der SER in den SRAM-Zellen mit „Latch“-MOSFETs im Vergleich zu konventionell gefertigten, d. h. in Planartechnologie gefertigten SRAMs der gleichen Generation führt. Acht Jahre später wurde auf der 2002er IEDM (ebenfalls in San Francisco, USA) die Realisierung eines *52M*-CMOS-SRAMs in *90 nm* CMOS-Technologie und mit quasivertikalen

[168] Die beiden mit ∇1 bzw. ∇2 bezeichneten Geraden im linken Graphen geben die minimal erforderliche Ladungsmenge pro SRAM-Zelle um eine SER im Gesamtsystem (SSER: **S**ystem **S**oft **E**rror **R**ate) von weniger als *1000 FIT* bzw. *10000 FIT* zu erhalten (FIT: **F**ailure **I**n **T**ime). *1 FIT* ist definiert als ein Ausfall pro $1 \cdot 10^9$ Bauelementestunden (BES).

SiGe-MOSFETs, die ausführlich im zweiten Kapitel diskutiert werden, durch *S. Thompson et al.*[169] vorgestellt und diskutiert [02Thom].

In diesem Beitrag ging es den Autoren hauptsächlich um die eher plakative Mitteilung der SRAM-Realisierung in ihrer Gesamtheit. Aus diesem Grund können im Folgenden auch nur die meist unkommentierten Fakten zu diesem Konzept wiedergegeben werden. Die realisierten SiGe-MOSFETs besitzen eine effektive Kanallänge von $L_{eff} = 50\ nm$ und ein Gate-Oxid der Dicke $d_{GOX} = 1{,}2\ nm$ (siehe linkes und mittleres Bild in Abb. 3.39.), und eine SRAM-Zelle wurde klassisch als 6-Transistor Zelle realisiert (siehe rechtes Bild in Abb. 3.39.). Eine SRAM-Zelle benötigt eine laterale Fläche von $A = 1\ \mu m^2$. Die sieben notwendigen Metallisierungsebenen wurden mit Hilfe eines sogenannten „Dual-Damascene"-Prozesses mit Kupfer realisiert (vgl. rechtes Bild in Abb. 3.40.).

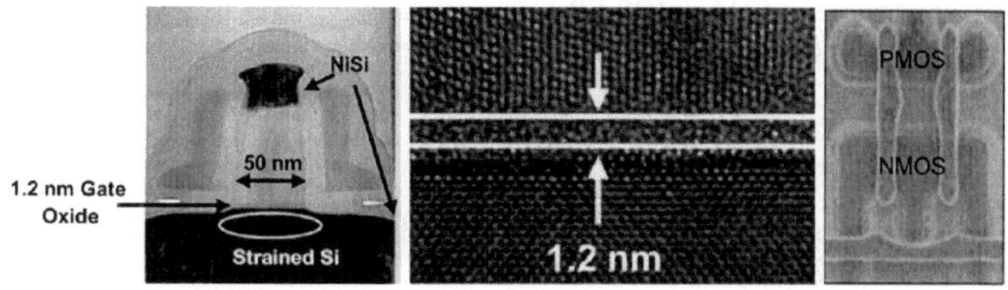

Abb. 3.39. Transmissionselektronenmikroskopische Aufnahme eines quasivertikalen SiGe-MOSFET einer 6-Transistor SRAM-Zelle nach *S. Thompson et al.* (links) mit einer Gate-Oxiddicke von $d_{GOX} = 1{,}2\ nm$ (Mitte) und rasterelektronenmikroskopische Draufsicht auf eine solche 6-Transistor SRAM-Zelle (rechts), © 2002 IEEE [02Thom]

Als Dielektrikum zwischen den Metallisierungsebenen (IMD) diente Kohlenstoff-dotiertes SiO_2 (CDO). Dabei handelt es sich um ein sogenanntes „Low-κ"-Material. Diese Materialien besitzen eine kleinere relative Dielektrizitätszahl ε_{rel} als SiO_2. Diese Benennung wurde an die Bezeichnung „High-κ"-Materialien angelehnt. Diese Materialien besitzen eine größere relative Dielektrizitätszahl ε_{rel} als SiO_2. Der gesamte *52M*-SRAM besitzt

[169] Neben *S. Thompson* werden als Koautoren der Arbeit *N. Anand, M. Armstrong, C. Auth, B. Arcot, M. Alavi, P. Bai, J. Bielefeld, R. Bigwood, J. Brandenburg, M. Buehler, S. Cea, V. Chikarmane, C. Choi, R. Frankovic, T. Ghani, G. Glass, W. Han, T. Hoffmann, M. Hussein, P. Jacob, A. Jain, C. Jan, S. Joshi, C. Kenyon, J. Klaus, S. Klopcic, J. Luce, Z. Ma, B. Mcintyre, K .Mistry, A. Murthy, P. Nguyen, H. Pearson, T. Sandford, R. Schweinfurth, R. Shaheed, S. Sivakumar, M. Taylor, B. Tufts, C. Wallace, P. Wang, C. Weber* und *M. Bohr* genannt.

eine laterale Fläche von $A = 109\ mm^2$ (vgl. linkes Bild in Abb. 3.40.) und beinhaltet *330* Millionen Transistoren. Der SRAM arbeitet bei Frequenzen *> 2,0 GHz* und benötigt eine Versorgungsspannung von *1,2 V*.

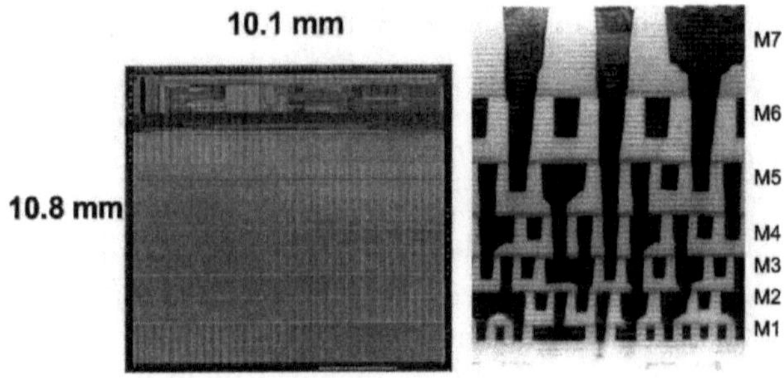

Abb. 3.40. Fotographie eines in *90 nm* CMOS-Technologie von *S. Thompson et al.* realisierten *52M*-CMOS-SRAMs mit quasivertikalen SiGe-MOSFETs (links) und dessen sieben Kupfer-Metalliesierungsebenen (rechts), © 2002 IEEE [02Thom]

3.2.2 Die quasivertikale Thyristor-basierte SRAM-Zelle (T-RAM-Zelle)

Das einzige alternative quasivertikale SRAM-Konzept, welches mit der klassischen Architektur der 6-Transistor SRAM-Zelle bricht und im breiteren internationalen Rahmen vorgestellt und diskutiert wurde, war die Thyristor-basierte SRAM-Zelle, kurz als T-RAM-Zelle bezeichnet, deren Aufbau Abb. 3.41. zeigt. Das zu dieser SRAM-Zelle äquivalente elektrotechnische Ersatzschaltbild zeigt Abb. 3.42. Entwickelt wurde dieses Konzept von *F. Nemati* und *J.D. Plummer* von der Stanford University in Kalifornien, USA. Einem breiteren internationalem Publikum wurde dieses Konzept auf der 1999er IEDM in Washington, D.C., USA, vorgestellt [98Neam, 99Nema]. Wie sich aus den Abbildungen der Zellenstruktur und auch aus dem Namen ergibt, ist eine vertikale Thyristorstruktur Kernstück dieser SRAM-Zelle. Konkret handelt es sich um einen Surrounding Gate Thyristor (SGTh), ein Insulating Gate Thyristor (IGT) mit einem umlaufenden MOS-Gate als Steuerelektrode. Der Auswahltransistor ist ein klassischer lateraler NMOSFET. Wie bereits im ersten Kapitel dargelegt, handelt es sich bei einem Thyristor um ein bistabiles Kippglied, welches einen hochohmigen und einen niederohmigen Zustand besitzt. Ist der Thyristor als IGT realisiert, lässt sich der Wechsel zwischen diesen beiden Zuständen mit Hilfe einer Steuerspannung V_{SG} am MOS-Gates und der angelegten Versorgungsspannung V_{AK} zwischen Anode und Kathode steuern.

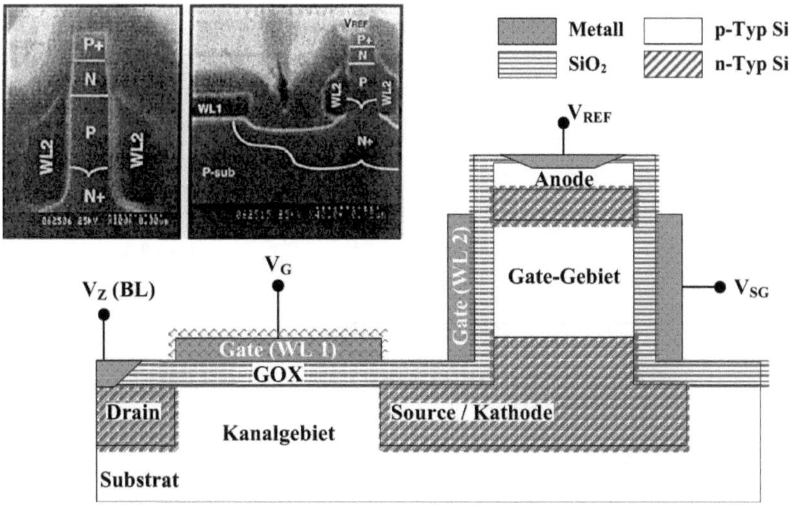

Abb. 3.41. Schematischer Aufbau einer T-RAM-Zelle und rasterelektronenmikroskopische Aufnahme einer realisierten T-RAM-Zelle nach *F. Nemati* und *J. D. Plummer*, © 1999 IEEE [98Nema, 99Nema]

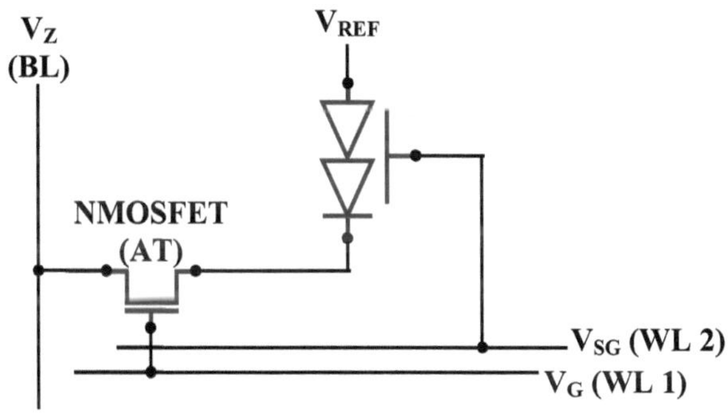

Abb. 3.42. Ersatzschaltbild einer T-RAM-Zelle nach *F. Nemati* und *J. D. Plummer*

Abhängig vom Vorzeichen der Steuerspannung V_{SG} am MOS-Gate wird mittels kapazitiver Kopplung und damit verlustleistungslos ein Elektronenstrom $I_E(V_{SG} > 0\ V)$ bzw. ein Löcherstrom $I_E(V_{SG} < 0\ V)$ im Gate-Gebiet des Thyristors induziert, der den Thyristor vom hochohmigen Zustand in den niederohmigen Zustand bzw. vom niederohmigen Zustand in den hochohmigen Zustand überführt. Zum besseren Verständnis sei das bereits im ersten Kapitel gezeigte prinzipielle Kennlinienfeld eines Thyristors als Funktion der Versorgungsspannung V_{AK} und des kapazitiv induzierten Elektronenstroms im Gate-Gebiet des Thyristors I_E erneut dargestellt (Abb. 3.43.).

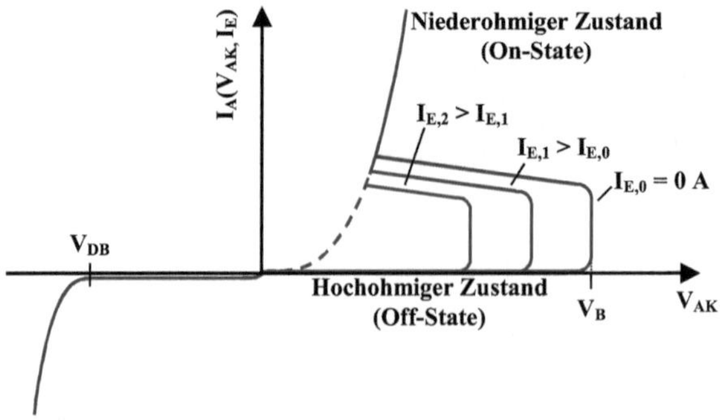

Abb. 3.43. Ausgangskennlinienfeld $I_A(V_{AK}, I_E)$ eines Thyristors

Das gemessene Kennlinienfeld des SGThs der T-RAM-Zelle zeigt Abb. 3.44. Die Ausgangs- und Transfercharakteristik des Auswahl-NMOSFETs der T-RAM-Zelle zeigt Abb. 3.45.

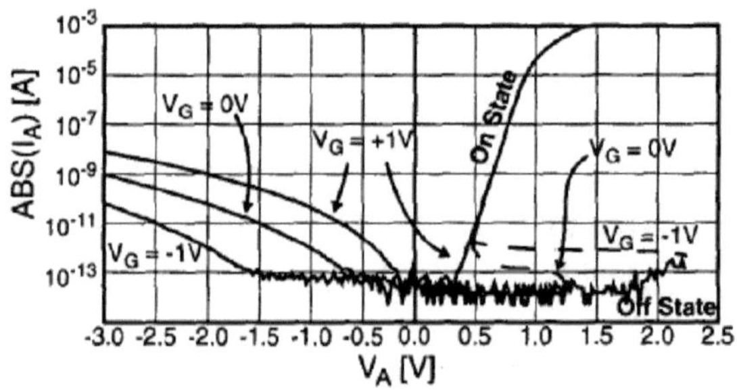

Abb. 3.44. Kennlinienfeld des Surrounding Gate Thyristors der T-RAM-Zelle nach *F. Nemati* und *J. D. Plummer*, © 1999 IEEE [98Nema, 99Nema]

Damit und mit Hilfe des Ersatzschaltbildes in Abb. 3.42. lässt sich nun die Funktionsweise dieser SRAM Zelle erklären. Dazu sei angenommen, dass sich der SGTh im hochohmigen Zustand („OFF-State“) befindet und dass keine Spannung ($V_{SG} = 0\ V$) am MOS-Gate des SGThs anliegt.

Beim Betrieb der T-RAM-Zelle wird an die Thyristeranode eine permanente Referenzspannung $V_{REF} = 1\ V$ angelegt. Zum Schreiben der Speicherinformation „1“ wird der Spannungspegel auf der Bitline auf $V_Z = 0\ V$ gesetzt und der Auswahltransistor über die Wordline 1 ($V_G > 0\ V$) geöffnet. Damit liegt am SGTh die Versorgungsspannung $V_{AK} = V_{REF} - V_Z = 1\ V$ an.

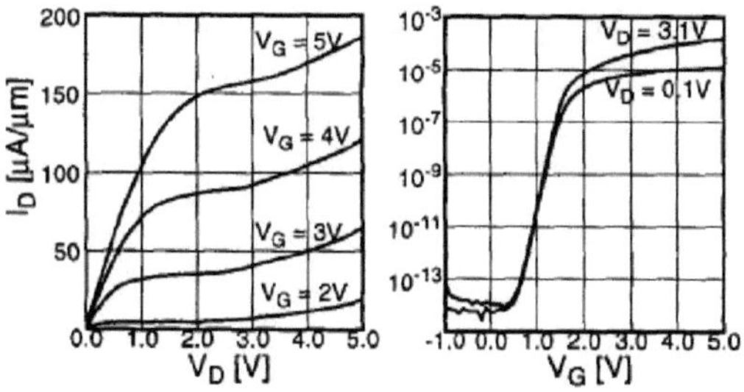

Abb. 3.45. Ausgangs- und Transfercharakteristik des Auswahl-NMOSFETs der T-RAM-Zelle nach *F. Nemati* und *J. D. Plummer*, © 1999 IEEE [98Nema, 99Nema]

Wird nun ein kurzzeitiger positiver Spannungspuls an die Wordline 2 ($V_{SG} > 0\ V$) gelegt, wird der Thyristoreffekt ausgelöst und der SGTh wechselt vom hochohmigen in den niederohmigen Zustand („ON-State") – die Speicherinformation „1" ist geschrieben (vgl. dazu erneut mit Abb. 3.44.). Beim Auslesen der Speicherinformation „1" ($V_G > 0\ V$, $V_{SG} = 0\ V$) liegt an der Bitline ein Spannungspegel $0\ V < V < V_{REF}$ an. Zum Schreiben der Speicherinformation „0" wird der Spannungspegel auf der Bitline auf $V_Z = 0{,}5\ V$ gesetzt und der Auswahltransistor über die Wordline 1 ($V_G > 0\ V$) geöffnet. Damit liegt am SGTh die Versorgungsspannung $V_{AK} = V_{REF} - V_Z = 0{,}5\ V$ an, womit die Haltespannung V_H des Thyristors unterschritten wird. Der Thyristor wechselt vom niederohmigen in den hochohmigen Zustand („OFF-State") – die Speicherinformation „0" ist geschrieben (vgl. Abb. 3.44.). Beim Auslesen der Speicherinformation „0" ($V_G > 0\ V$, $V_{SG} = 0\ V$) liegt an der Bitline kein Spannungspegel an. Die Geschwindigkeit, mit der der Thyristor ausschaltet, kann erheblich gesteigert werden, wenn mit dem Unterschreiten der Haltespannung V_H ein kurzzeitiger negativer Spannungspuls an die Wordline 2 ($V_{SG} < 0\ V$) gelegt wird. Bezogen auf diesen Schritt wird der SGTh als GTO-IGT betrieben.

Abb. 3.46. stellt den eben beschriebenen Schreib-Lese-Zyklus schematisch und in der experimentellen Realisierung von *F. Nemati* und *J. D. Plummer* dar. Wie sich aus dieser Abbildung ergibt, realisierten *F. Nemati* und *J. D. Plummer* einen kurzzeitigen asymmetrischen Sinuspuls an der Wordline 2. Dies hat den Vorteil, dass sowohl beim Schreiben der Speicherinformation „1" als auch beim Schreiben der Speicherinformation „0" nur dieser eine Spannungspuls verwendet werden musste (beim Schreiben der Speicherinformation „1" bzw. „0" wird der SGTh mit der ansteigenden bzw. der abfallenden Flanke des Sinuspulses an- bzw. ausgeschaltet. Wie bereits bei der generellen Erklärung von SRAMs im ersten Kapitel erwähnt, müssen sich SRAMs durch eine schnelle Programmierbarkeit auszeichnen.

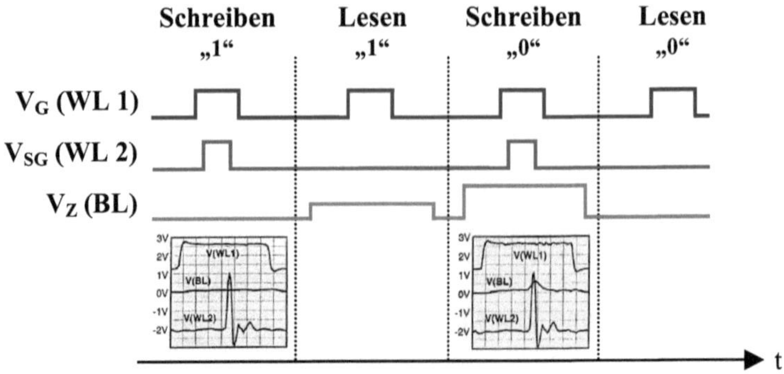

Abb. 3.46. Zyklen zum Schreiben und Lesen der Speicherinformation „1“ bzw. „0“ (oben: schematisch, unten: experimentell) für eine nach Abb. 3.42. verschaltete T-RAM-Zelle nach *F. Nemati* und *J. D. Plummer*, © 1999 IEEE [98Nema, 99Nema]

Bei einem Thyristor ist gerade das definitive Ausschalten der zeitkritischste Schritt. In einem GTO-IGT wird das zeitliche Ausschaltverhalten durch die MOS-Steuerelektrode gegeben, genauer gesagt, durch die kapazitive Wirkung der Elektrode auf das Gate-Gebiet. Je stärker diese Wirkung ist, umso schneller schaltet der GTO-IGT aus. Darin ist auch der Grund zu finden, warum der IGT der T-RAM-Zelle als SGTh realisiert wurde. Allerdings ist an dieser Stelle zu bemerken, dass die laterale Querschnittsfläche des vertikalen SGTh und die Steilheit der Flanken des beschriebenen Sinuspulses an der Wordline 2 ebenfalls eine große Wirkung auf die Ausschaltzeit des SGThs haben: Je größer die Querschnittsfläche bzw. je kleiner die Flankensteilheit des Sinuspulses ist, umso geringer ist die Wirkung der MOS-Steuerelektrode auf das Gate-Gebiet und umso größer ist die Ausschaltzeit des Thyristors (siehe Abb. 3.47.).

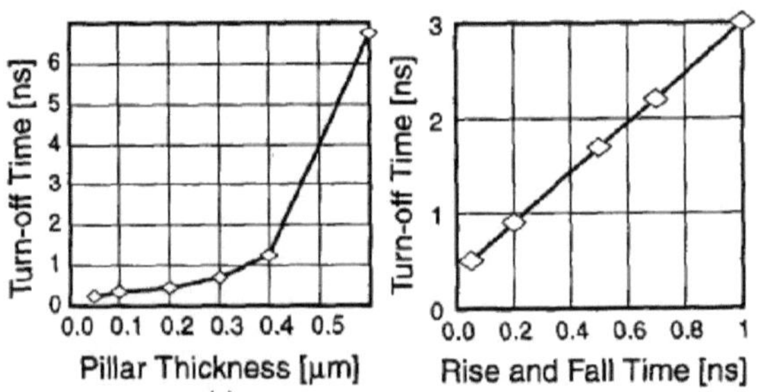

Abb. 3.47. Einfluss der lateralen Querschnittsfläche (links) bzw. der Flankensteilheit des Sinuspulses an der MOS-Steuerelektrode (rechts) des SGThs einer T-RAM-Zelle auf die SGTh-Ausschaltzeit in der Realisierung von *F. Nemati* und *J. D. Plummer*, © 1999 IEEE [98Nema, 99Nema]

3.2.3 Die vertikale SRAM-Zelle basierend auf einer bistabilen Diode (BD-SRAM-Zelle)

Ein weiteres alternatives, aber vollkommen vertikales SRAM-Konzept, welches mit der klassischen Architektur der 6-Transistor SRAM-Zelle bricht, ist das Konzept der vertikalen SRAM-Zelle, welches auf einer sogenannten „bistabilen pin-Diode" basiert und im Folgenden kurz als BD-SRAM-Zelle bezeichnet werden soll.

Entwickelt und realisiert wurde die bistabile Diode (BD) und die BD-SRAM-Zelle an der University of California Los Angeles in Kalifornien, USA, von *T. K. Carns* und *X. Zheng* aus der Arbeitsgruppe *K. L. Wangs* [95Carna, 95Zhen]. Den schematischen Aufbau einer BD-SRAM-Zelle zeigt Abb. 3.48. Das zu dieser SRAM-Zelle äquivalente elektrotechnische Ersatzschaltbild sowie einen detaillierteren schematischen Aufbau einer BD zeigt Abb. 3.49.

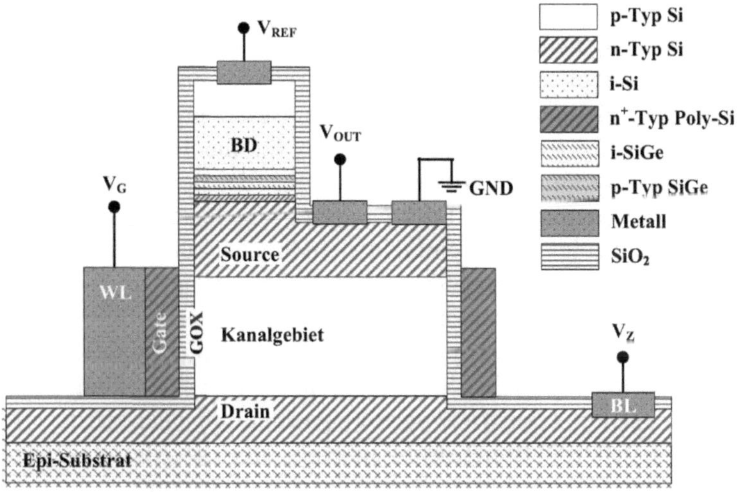

Abb. 3.48. Schematischer Aufbau einer BD-SRAM-Zelle nach *T. K. Carns*, *K. L. Wang* und *X. Zheng*

Realisiert wird diese Bistabilität mit Hilfe einer hoch p-Typ dotierten $Si_{0,4}Ge_{0,6}$-δ-Schicht, die sich unmittelbar vor der entarteten n-Typ dotierten Silizium-Schicht befindet. Die Dicke der $Si_{0,4}Ge_{0,6}$-δ-Schicht ist dabei so gewählt, dass die kritische Schichtdicke für SiGe auf Silizium für diese Germanium-Konzentration nicht überschritten wird.[170]

[170] Vgl. dazu mit den einführenden Bemerkungen über das Silizium/SiGe-Heterosystem zum Beginn des zweiten Kapitels.

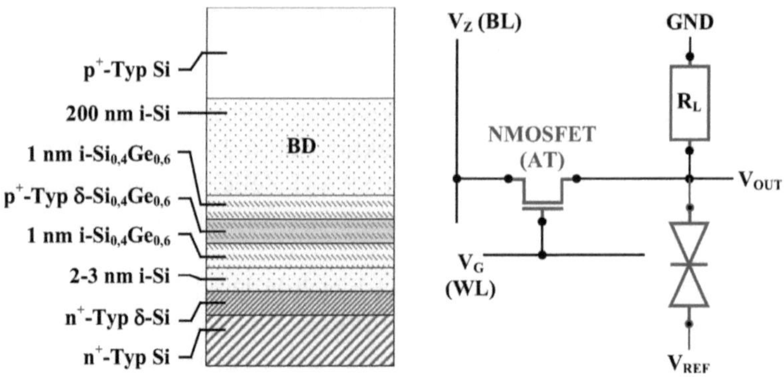

Abb. 3.49. Ersatzschaltbild einer BD-SRAM-Zelle (links) und schematischer Aufbau einer bistabilen Diode (rechts) nach *T. K. Carns*, *K. L. Wang* und *X. Zheng*

Wie man aus Abb. 2.5. des zweiten Kapitels entnehmen kann, bildet diese im Silizium kristallin eingebettete und mechanisch verspannte $Si_{0,4}Ge_{0,6}$-δ-Schicht einen Typ-II-Heteroübergang, der zu einem endlich tiefen Potenzialtopf mit diskreten Lochzuständen im Valenzband an der Stelle der $Si_{0,4}Ge_{0,6}$-δ-Schicht führt. Die Besetzung bzw. die Nichtbesetzung dieser diskreten Lochzustände ist für die Bistabilität der Diode verantwortlich. Deutlich wird dies, wenn man das vereinfachte, eindimensionale Bänderschema der BD mit und ohne angelegter Spannung betrachtet. Abb. 3.50. a zeigt das vereinfachte, eindimensionale Bänderschema der BD mit und ohne angelegter Spannung. Dabei ist die Diode in Durchlass gepolt und die Lochzustände im Topf sind besetzt. Abb. 3.50. b zeigt den Bänderverlauf der BD ebenfalls im Durchlass, allerdings sind hier die Lochzustände im Topf unbesetzt.[171] Wie man dieser Abbildung entnehmen kann, stellt ein mit Löchern besetzter Quantentopf eine Barriere für den Löcher- und den Elektronenstrom in einer BD dar (dieser Zustand der Diode wird durch die Autoren „Tunneling State" genannt), wenn die Diode in Durchlass gepolt ist. Die BD befindet sich in ihrem hochohmigen Zustand. Überschreitet die Durchlassspannung einen kritischen Wert V_{Tun}, tunneln Elektronen aus dem entarteten Leitungsband des n-Typ Siliziums in den erlaubten Lochzustand des Quantentopfes.

[171] Die Diagramme wurden der Originalpublikation von *T. K. Carns et al.* [95Carna, 95Carnb] entnommen. Sie zeigen einen Typ-I-Heteroübergang, was so, folgt man *C. Penn et al.* [99Penn], der hierfür einen Typ-II-Heteroübergang berechnet, falsch ist. Wie aber bereits im zweiten Kapitel ausgeführt, handelt es sich hier um eine noch ungeklärte Frage, die aber für die elektronische Anwendung dieses Übergangs ohne Belang ist. Für die Erklärung der Funktionsweise einer bistabilen Diode ist das aber nicht von Belang.

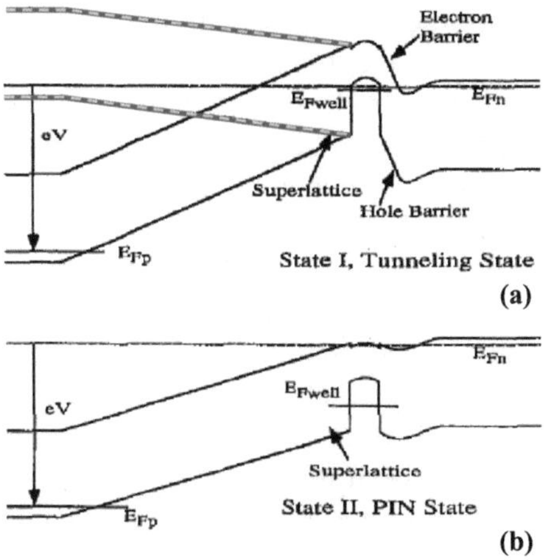

Abb. 3.50. Vereinfachtes, eindimensionales Bänderschema einer BD ohne (grau-schwarz hervorgehoben) angelegte Spannung bzw. einer in Durchlass gepolten BD, die Lochzustände im Topf sind dabei besetzt (a) und einer in Durchlass gepolten BD mit einem unbesetzten Quantentopf (b) [95Carna, 95Zhen]

Der Quantentopf ist nun unbesetzt, und der Bandverlauf wechselt sprungartig in den in Abb. 3.50. b dargestellten Verlauf (von den Autoren wird dieser Zustand der Diode „PIN State" genannt). Die BD verhält sich wie eine normale pin-Diode und befindet sich nun in ihrem niederohmigen Zustand. Ähnlich einem Thyristor gibt es auch bei einer BD eine sogenannte Haltespannung V_H, bei deren Unterschreitung die BD wieder in den hochohmigen Zustand wechselt. Abb. 3.51. zeigt die Strom-Spannungs-Charakteristik $I(V)$ einer BD. Der hochohmige Zustand ist mit „I", der niederohmige mit „II" bezeichnet.

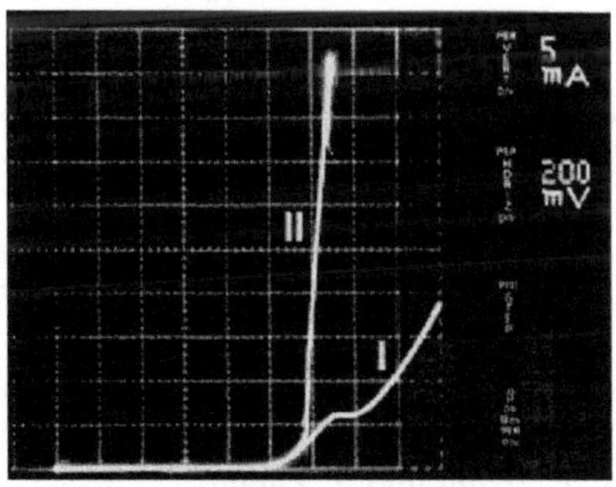

Abb. 3.51. Strom-Spannungs-Charakteristik I(V) einer BD; der hochohmige Zustand ist mit „I", der niederohmige mit „II" bezeichnet [95Carna, 95Zhen]

Die Geschwindigkeit, mit der die BD ausschaltet, kann erheblich gesteigert werden, wenn das Unterschreiten der Haltespannung V_H durch einen kurzzeitigen Spannungspuls realisiert wird, der die BD kurzzeitig in Sperrrichtung polt.

Damit und mit Hilfe des Ersatzschaltbildes in Abb. 3.49. lässt sich nun die Funktionsweise der BD-SRAM Zelle erklären. Dazu sei angenommen, dass sich die BD im hochohmigen Zustand („Tunneling State") befindet.

Beim Betrieb der BD-SRAM-Zelle wird die BD permanent in Sperrrichtung gepolt, was mit Hilfe einer permanenten Referenzspannung $V_{REF} > 0\ V$ an der p-Typ dotierten Diodenelektrode realisiert wird. Diese Spannung ist dabei so gewählt, dass $V_H < V_{REF} < V_{Tun}$ gilt. Zum Schreiben der Speicherinformation „1“ wird der Spannungspegel auf der Bitline auf $V_Z < 0\ V$ gesetzt und der Auswahltransistor über die Wordline ($V_G > 0\ V$) geöffnet. Damit liegt an der BD eine Versorgungsspannung $V_{REF} + V_Z > V_{Tun}$ an, und die Diode wechselt sprunghaft in den niederohmigen Zustand („PIN State“) – die Speicherinformation „1“ ist geschrieben (vgl. dazu erneut mit Abb. 3.51.). Beim Auslesen der Speicherinformation „1“ ($V_G > 0\ V$) liegt an der Bitline ein Spannungspegel $0\ V < V < V_{REF}$ an. Zum Schreiben der Speicherinformation „0“ wird der Spannungspegel auf der Bitline auf $V_Z > V_{REF}$ gesetzt und der Auswahltransistor über die Wordline 1 ($V_G > 0\ V$) geöffnet. Damit liegt an der BD die Versorgungsspannung $V_{REF} - V_Z < 0\ V$ an, womit die BD in Sperrrichtung gepolt ist, was einem deutlichen Unterschreiten der Haltespannung V_H entspricht. Die Diode wechselt sprungartig vom niederohmigen in den hochohmigen Zustand („Tunneling State“) – die Speicherinformation „0“ ist geschrieben (vgl. auch dazu mit Abb. 3.51.). Beim Auslesen der Speicherinformation „0“ ($V_G > 0\ V$) liegt an der Bitline kein Spannungspegel an. Abb. 3.52. stellt den eben beschriebenen Schreib-Lese-Zyklus schematisch erneut dar.

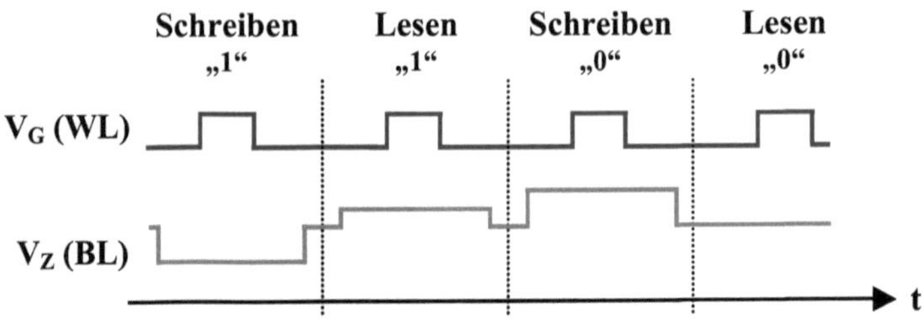

Abb. 3.52. Zyklen zum Schreiben und Lesen der Speicherinformation „1“ bzw. „0“ für eine nach Abb. 3.48. verschaltete BD-SRAM-Zelle nach *T. K. Carns*, *K. L. Wang* und *X. Zheng*

Die Bistabilität einer solchen Diode lässt sich deutlich erhöhen, wenn vor dem kritischen Übergang der BD: *2 nm* p-Typ $Si_{0,4}Ge_{0,6}$/*2–3 nm* i-Silizium/n^+-Typ Silizium eine alternierende *N(2 nm i-Silizium/1,5 nm p-Typ* $Si_{0,4}Ge_{0,6}$)-Schichtfolge gesetzt wird (*N* bezeichnet die Anzahl der Wiederholungen). Abb. 3.53. zeigt die Strom-Spannungs-Charakteristik *I(V)* einer BD mit einer solchen Schichtfolge ($N = 8$).

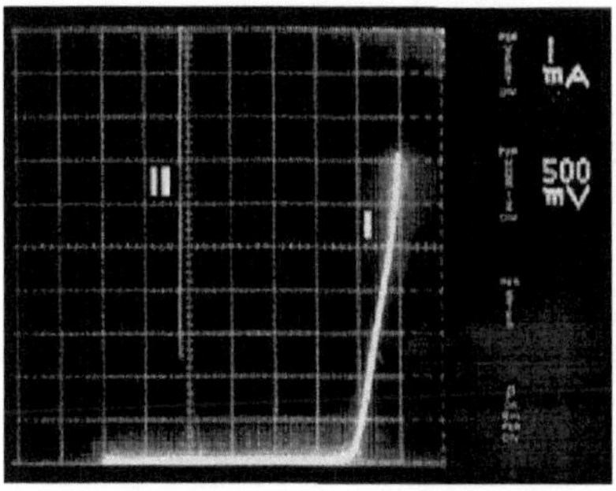

Abb. 3.53. Strom-Spannungs-Charakteristik I(V) einer BD mit einer 8(*2 nm* i-Silizium/*1,5 nm* p-Typ $Si_{0,4}Ge_{0,6}$)-Schichtfolge; der hochohmige Zustand ist mit „I“, der niederohmige mit „II“ bezeichnet [95Carna, 95Zhen]

3.3 Vertikale und quasivertikale Konzepte nicht-flüchtiger Speicher (NVM-Konzepte)

Im letzten Unterkapitel soll ein Überblick über die vertikalen und quasivertikalen Konzepte für nicht-flüchtige Speicher, übersetzt ins Englische: „Non Volatile Memories“ (NVM), gegeben werden, die in den letzten Jahren vorgestellt und diskutiert wurden.

Die Gruppe der NVM lässt sich in (EP)ROM-Konzepte und in EEPROM-Konzepte unterteilen. Diese Abkürzungen stehen für:

(EP)ROM : (**E**lectronically **P**rogrammable) **R**ead **O**nly **M**emory,
EEPROM : **E**lectronically **E**reasable and **P**rogrammable ROM.

Gemeinsam ist beiden NVM-Varianten, dass die eingeprägte Speicherinformation für einen sehr langen Zeitraum (> *10* Jahre) erhalten bleibt, ohne dass permanente äußere Spannungen wie bei einem SRAM oder permanente äußere Spannungen und „Refresh-Zyklen“ wie bei einem DRAM nötig sind, um den Speicherzustand aufrecht zu erhalten. Eine weitere Gemeinsamkeit ist, dass im Betrieb auf die eingeprägte Speicherinformation nur „lesend“ zugegriffen wird („Read Only Memories“).

Der Unterschied liegt darin, dass die Speicherinformation in einer (EP)ROM-Zelle, einmal eingeschrieben, nicht mehr geändert, sondern nur noch gelesen werden kann. Bei einer EEPROM-Zelle ist es im Gegensatz dazu 10^5 bis 10^6-mal möglich, die eingeprägte Speicherinformation wieder zu löschen und eine neue Speicherinformation einzuprägen.[172] Eine Untergruppe der EEPROMs bilden die sogenannten „Flash-EPROMs“. Während bei einem EEPROM-Zellenfeld die Zelleninformation einer jeden Zelle individuell gelöscht bzw. geschrieben werden kann, wird bei einem Flash-

[172] Die dafür notwendigen Zeiten sind aber so groß, dass ein DRAM oder SRAM nicht durch einen EEPROM ersetzt werden kann.

EPROM-Zellenfeld die Zelleninformation einer jeden Zelle zwar ebenfalls individuell geschrieben, allerdings erfolgt die Löschung immer für alle Zellen gleichzeitig – man spricht in diesem Zusammenhang von einem „Flash", mit dem die Zelleninformation des gesamten Zellenfeldes gelöscht wird. In Tabelle 3.5. sind die Konzeptideen zu vertikalen und quasivertikalen ROM- bzw. EEPROM-Zellen zusammengestellt, die im betrachteten Quellenmaterial diskutiert wurden. Konzeptiden zu EPROMs wurden nicht diskutiert.

Tabelle 3.5. Silizium-basierte vertikale und quasivertikale ROM- und EEPROM-Konzepte

NVM-Konzepte		
Vertikalkonzepte		Quasivertikalkonzepte
ROM	EEPROM	EEPROM
TMOS-Zelle	VEEPROM-Zelle	STTM-Zelle
ROS-Zelle	SF-EPROM-Zelle	

3.3.1 Die TMOSFET-ROM-Zelle (TMOS-Zelle)

Bei der Vorstellung des sogenannten „T-Drain"-MOSFETs (TMOSFET[173]) auf der 1985er IEDM in Washington, D.C., USA, durch *S. Nakajima et al.* [85NakaB], wurde durch die Autoren dieser Arbeit auch eine Anwendung für diesen TMOSFET gegeben. Sie schlugen vor, diesen vertikalen MOSFET (arrangiert in einem Matrixfeld) als *8M/16M*-ROM-Zelle zu benutzen. Abb. 3.54. zeigt einen schematischen Ausschnitt aus einem solchen Zellenfeld.

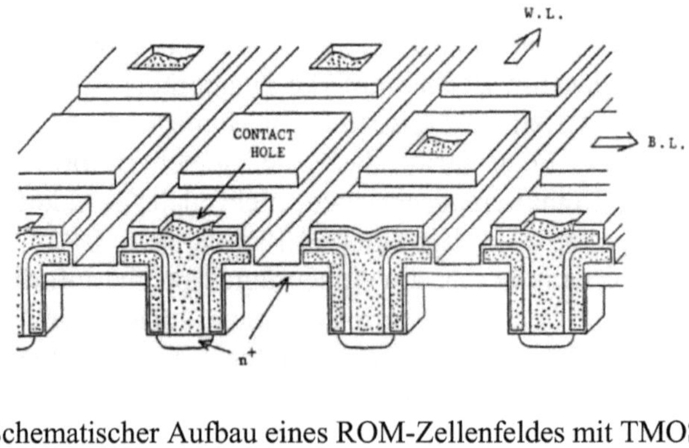

Abb. 3.54. Schematischer Aufbau eines ROM-Zellenfeldes mit TMOSFETs nach *S. Nakajima et al.* als ROM-Zellen, © 1985 IEEE [85NakaB]

[173] Dieser Transistor ist Gegenstand des zweiten Kapitels.

Die oberen, mit Ionenimplantation erzeugten Source(Drain)-Gebiete der einzelnen TMOSFETs einer Reihe werden über eine „Common"-Wordline (WL) miteinander verbunden. Die unteren, mit Diffusion erzeugten und über die T-förmigen Kontaktlochfüllungen aus hochdotiertem Poly-Silizium kontaktierten Drain(Source)-Gebiete der einzelnen TMOSFETs einer Spalte werden über eine Bitline (BL) miteinander verbunden. Der Kontakt zwischen T-förmiger Kontaktlochfüllung und Bitline wird dabei über ein Kontaktloch in der oberen Isolationsschicht der Kontaktlochfüllung realisiert. Soll nach der Herstellung in einer ROM-Zelle eine logische „0" einprogrammiert sein, wird bei dieser Zelle kein Kontaktloch geöffnet, um das Drain(Source)-Gebiet dieses Zellentransistors mit der Bitline zu verbinden. Wird dann im Betrieb diese Zelle über Word- und Bitline adressiert, fließt aufgrund des fehlenden Drain(Source)-Anschlusses kein Strom.

3.3.2 Die „Record-On-Silicon" ROM-Zelle (ROS-Zelle)

Bei der Record-On-Silicon ROM-Technologie handelt es sich um eine maskenprogrammierbare ROM-Technologie, die sich mit konventioneller CMOS-Technologie realisieren lässt. Mit dieser Technologie ist es möglich, eine CMOS-Logik mit einem integrierten ROM-Festwertspeicher zu realisieren, bei dem die Speicherinformation bereits während der Herstellung einprogrammiert wird.

Entwickelt wurde dieses Konzept in den 1990er Jahren von der Infineon Technologies AG, Deutschland [96Bert, 97Bert]. Idee dahinter war die Entwicklung von Silizium-ROM-Bausteinen für die Speicherung von Musik für portable Musikabspielgeräte (daher auch der Name des Konzeptes: „Schallplatte auf Silizium"), für die Speicherung von Stadt- und Straßenplänen für elektronische Navigationssysteme in Automobilen, für die Speicherung von Adress- und Telefonverzeichnissen, Lexika usw. Zum besseren Verständnis zeigt Abb. 3.55. den schematischen Aufbau und eine rasterelektronenmikroskopische Aufnahme einer realisierten ROS-ROM-Zelle und Abb. 3.56. das elektrotechnische Ersatzschaltbild einer solchen Zelle. Wie man diesen Abbildungen entnehmen kann, besteht eine ROS-ROM-Zelle aus zwei vertikalen NMOSFETs mit einem gemeinsamen Source-Gebiet, der Bottom-Bitline (BBL), die über eine gemeinsame T-Gate-Struktur (Wordline) angesprochen werden können. Pro Zelle, die eine laterale Gesamtfläche von nur $4{\cdot}F^2$ besitzt, lassen sich zwei Bits programmieren.[174]

---

[174] In der Halbleitertechnologie wird mit F die kleinste laterale Strukturabmessung angegeben, die mit der gewählten Lithographiemethode bzw. mit dem gewähl-

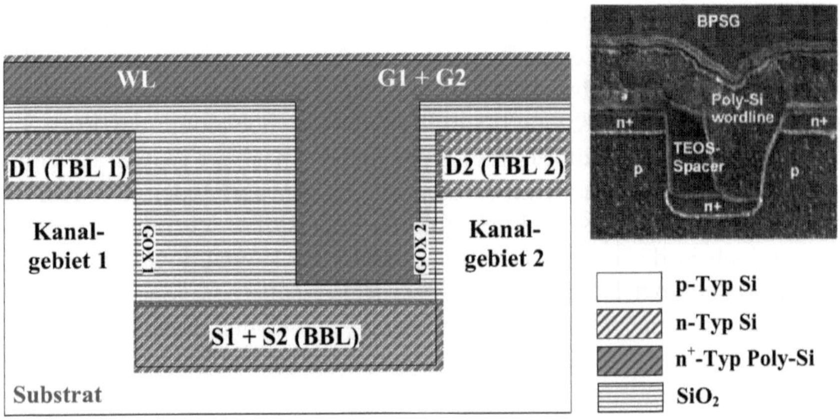

Abb. 3.55. Schematischer Aufbau und rasterelektronenmikroskopische Aufnahme einer realisierten ROS-ROM-Zelle der Infineon Technologies AG, Deutschland [96Bert, 97Bert]

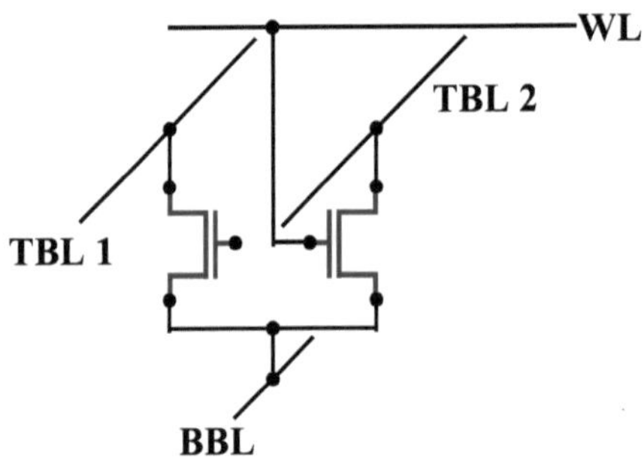

Abb. 3.56. Ersatzschaltbild einer ROS-ROM-Zelle der Infineon Technologies AG, Deutschland [96Bert, 97Bert]

Dabei hängt es von der Gate-Oxiddicke ab, ob die Speicherinformation „1“ oder „0“ programmiert wird. Bei einem dicken Gate-Oxid reicht der an die Wordline gelegte Spannungspegel nicht aus, um den Transistor zu öffnen – der Transistor ist deaktiviert und programmiert damit die Speicherinformation „0“. Bei einem dünnen Gate-Oxid reicht hingegen der an die Wordline gelegte Spannungspegel aus, um den Transistor zu öffnen – der Transistor ist aktiviert und programmiert die Speicherinformation „1“.

Zur Realisierung wird eine TEOS-Spacer-Technologie eingesetzt, deren prinzipieller Ablauf in den Abbildungen 3.57. und 3.58. dargestellt ist. Es wird der Ablauf nach der Herstellung des notwendigen vertikalen Grabens

---

ten Lithographieverfahren realisierbar ist. Man spricht auch vom sogenannten „Pitch“, wenn man von *F* spricht.

(des sogenannten „Trenches") und der Source- und Drain-Gebiete dargestellt.[175]

1. Etablierung des Gate-Oxides (GOX) mit Hilfe einer thermischen Oxidation der Gesamtstruktur (vgl. Abb. 3.57. a).
2. Konformes Abscheiden einer dicken SiO_2-Schicht mit Hilfe eines TEOS-Prozesses).
3. Anisotropes Rückätzen des abgeschiedenen Oxides zur Herstellung von sogenannten „Spacern".
4. Maskierung und Rückätzung nicht benötigter „Spacer" (Programmierung der ROS-ROM-Zellen).[176]
5. Entfernung der Maskierung (vgl. Abb. 3.57. b).

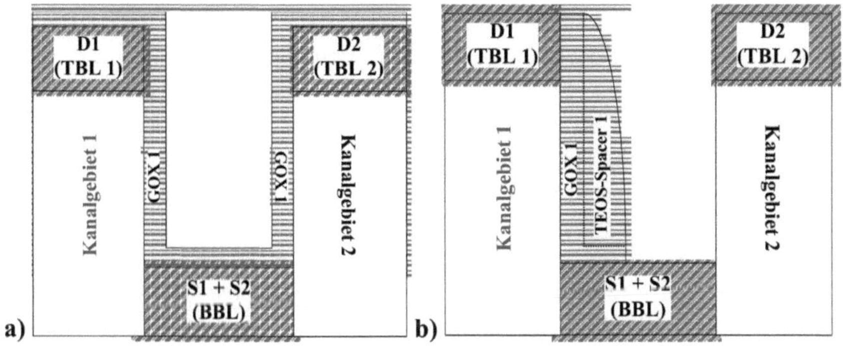

Abb. 3.57. Herstellungsprozess zur Herstellung einer ROS-ROM-Zelle am Ende des a) 1. Fertigungsschrittes und b) 5. Fertigungsschrittes (jeweils Seitenansichten)

6. Thermische Oxidation der Gesamtstruktur zur erneuten Etablierung eines Gate- bzw. Isolationsoxides (vgl. Abb. 3.58. a).
7. Abscheidung hoch n-Typ dotierten Poly-Siliziums.
8. Strukturierung des Poly-Siliziums (Bildung der Wordlines – vgl. Abb. 3.58. b).

Durch die Infineon Technologies AG, Deutschland, wurden in eine CMOS-Logik integrierte ROS-ROM-Zellen mit einer $F = 0{,}5\ \mu m$ CMOS-Technologie realisiert.

---

[175] Die Herstellung vertikaler MOSFETs mit T-Gate-Strukturen ist Gegenstand des zweiten Kapitels.

[176] Hierbei handelt es sich um einen sehr kritischen Maskenschritt, der der Skalierung des ROS-ROM-Konzeptes entgegenstehen könnte.

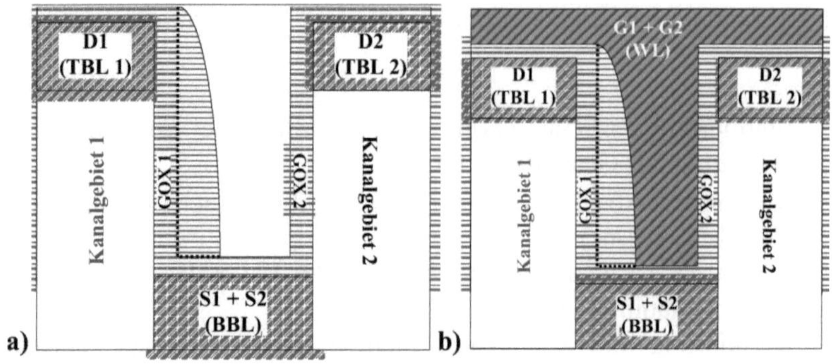

Abb. 3.58. Herstellungsprozess zur Herstellung einer ROS-ROM-Zelle am Ende des a) 6. Fertigungsschrittes und b) 8. Fertigungsschrittes (jeweils Seitenansichten)

In Tabelle 3.6. sind die wichtigsten Parameter auf der Transistorebene – Kanalgebietslänge L, Schwellwertspannung V_T, Gate-Oxiddicke d_{GOX}, Source-Drain-Strom im eingeschalteten Zustand $I_{ON} = I_{SD}(V_{SD} = V_G = 3V)$ – der realisierten Chips zusammengestellt. Die Ausgangs- sowie die Transfercharakteristik der mit dieser Technologie realisierten ROS-ROM-NMOSFETs zeigt Abb. 3.59.

Tabelle 3.6. Transistorparameter der mit einer $F = 0{,}5\ \mu m$ CMOS-Technologie realisierten ROS-ROM-CMOS-Schaltung (Infineon Technologies AG, Deutschland)

	CMOS-Logik NMOSFET	PMOSFET	NMOSFETs der ROS-ROM-Zelle
L	*600 nm*	*500 nm*	*450 nm*
V_T	*0,45 V*	*-0,5 V*	*0,6 V*
d_{GOX}	*10 nm*	*10 nm*	*13 nm*
I_{ON}	$300\ \mu A \cdot \mu m^{-1}$	$130\ \mu A \cdot \mu m^{-1}$	$140\ \mu A \cdot \mu m^{-1}$

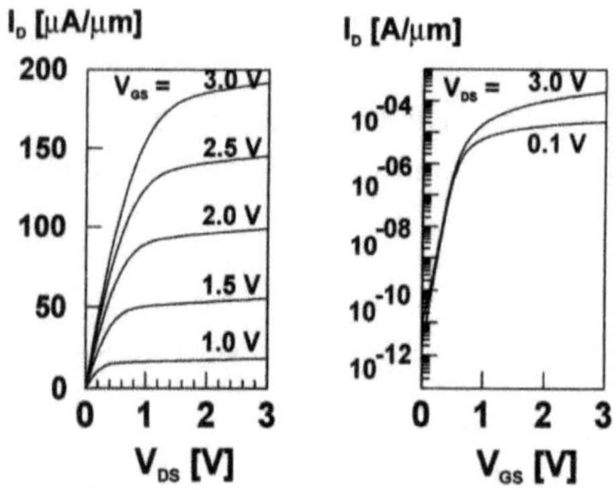

Abb. 3.59. Ausgangscharakteristik (links) sowie Transfercharakteristik (rechts) der mit einer $F = 0{,}5\ \mu m$ CMOS-Technologie realisierten ROS-ROM-NMOS-FETs (Infineon Technologies AG, Deutschland) [96Bert, 97Bert]

3.3.3 Die V-Graben EEPROM-Zelle (VEEPROM-Zelle)

Auf der 1977er IEDM in Washington, D.C., USA, auf der das Konzept der *16k/64k*-DRAM-Zelle mit einem V-Graben MOSFET als Auswahltransistor von *J. J. Barnes et al.* (American Microsystems Inc., Santa Clara, USA) vorgestellt und diskutiert wurde [77Barn], stellten *D. A. Draper et al.* (ebenfalls American Microsystems Inc., Santa Clara, USA) das Konzept einer V-Graben *16k/64k*-EEPROM-Zelle vor, deren schematischer Aufbau in der folgenden Abb. 3.60. dargestellt ist. Ein Jahr später wurde dieses Konzept erneut durch *D. A. Draper et al.* auf der 1978er SSDM in Tokyo, Japan, publiziert [77Drap, 78Drap].

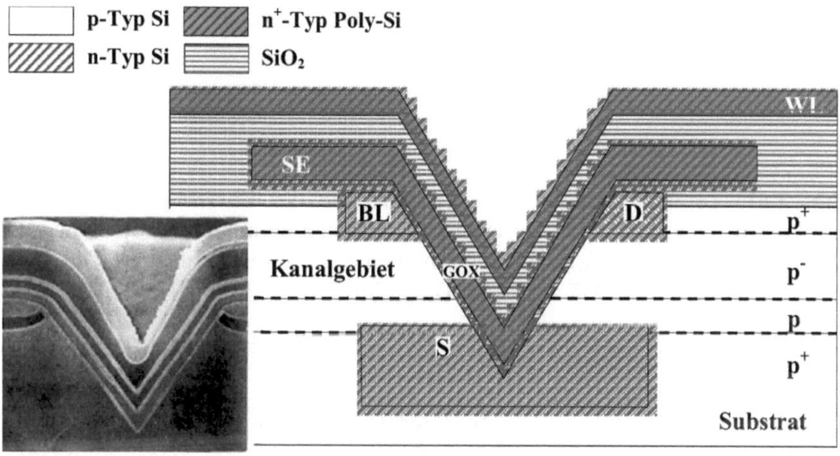

Abb. 3.60. Schematischer Aufbau und rasterelektronenmikroskopische Aufnahme einer realisierten V-Graben EEPROM-Zelle nach *D. A. Draper et al.* [77Drap, 78Drap]

Ein Vergleich mit Abb. 3.3. zeigt, dass es sich hierbei um eine VMOS-DRAM-Zelle handelt, die um eine floatende Speicherelektrode (SE) aus hoch n-Typ dotiertem Poly-Silizium erweitert wurde. Bezogen auf die Herstellung einer solchen Zelle sei auch hier auf das zweite Kapitel verwiesen.

Das Beladen der floatenden Elektrode erfolgte bei diesem Konzept durch Injektion „heißer“ Elektronen vor Drain durch Anlegen einer hohen Source-Drain-Spannung $V_{SD} > 0\ V$ an die Bitline (BL) und einer hohen Gate-Spannung V_G an die Wordline der Zelle – vgl. mit den entsprechenden Betrachtungen im ersten Kapitel. Das Beladen der floatenden Speicherelektrode (Schreibvorgang) führt zu einer Verschiebung der Schwellwertspannung V_T des V-Graben NMOSFETs zu sehr hohen positiven

Werten. Abb. 3.61. zeigt den zeitlichen Verlauf dieser Verschiebung für verschiedene Gate-Spannungen V_G bei einer konstanten Source-Drain-Spannung von $V_{SD} = 8\ V$ bzw. $V_{SD} = 8{,}5\ V$. Bei einer Gate-Spannung von $V_G = 20\ V$ und einer Source-Drain-Spannung $V_{SD} = 8{,}5\ V$ dauert ein Programmiervorgang ca. $t_{prog} = 50\ ms$.

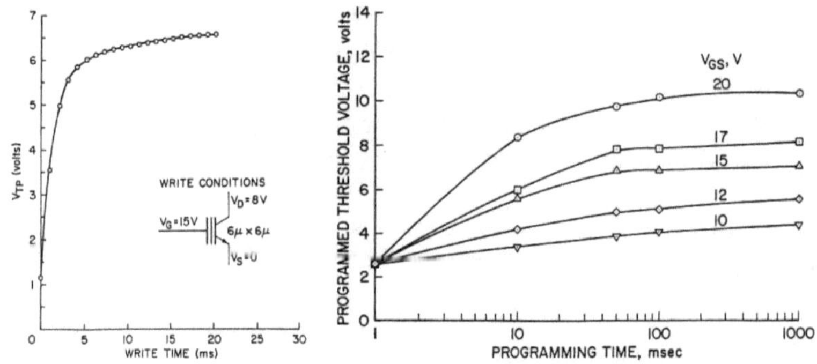

Abb. 3.61. Zeitlicher Verlauf der Verschiebung der Einsatzspannung V_T für verschiedene Gate-Spannung V_G bei einer konstanten Source-Drain-Spannung von $V_{SD} = 8\ V$ (links) bzw. $V_{SD} = 8{,}5\ V$ (rechts) einer V-Graben EEPROM-Zelle nach *D. A. Draper et al.* (© 1977 IEEE) [77Drap, 78Drap]

Den damaligen großen Vorzug dieses Konzeptes im Vergleich zu einem lateralen Aufbau der EEPROM-Zelle zeigt die linke Grafik der Abb. 3.62. (zum damaligen Zeitpunkt lag die laterale Auflösung und damit der Pitch bei $F = 6\ \mu m$). Man erkennt die deutliche Platzersparnis dieses Konzeptes im Vergleich zur konventionellen Planartechnologie.

Die rechte Seite von Abb. 3.62. zeigt eine Fotographie eines V-Graben *16k*-EEPROMs von American Microsystems Inc., USA.

Zur Bestimmung der Aufenthaltszeit der in die floatende Speicherelektrode injizierten Elektronen, der sogenannten „Retention-Time“, und damit zur Bestimmung der Lebenszeit der Speicherinformation führten *D. A. Draper et al.* Temperaturstressmessungen *T(t)* an den VEEPROM-Zellen durch. (Das bedeutet das Aussetzen einer beladenen VEEPROM-Zelle einer bestimmten Temperatur *T* für eine bestimmte Zeit *t*.) Der Grund dafür ist in der Tatsache zu finden, dass die Zeit- und Temperaturabhängigkeit vieler Degradationsmechanismen in elektronischen Halbleiterbauelementen einer Arrhenius-Gesetzmäßigkeit der Form

$$f(T,t) = f_0 \cdot e^{-\frac{W_A}{k_B \cdot T}} \tag{3.3}$$

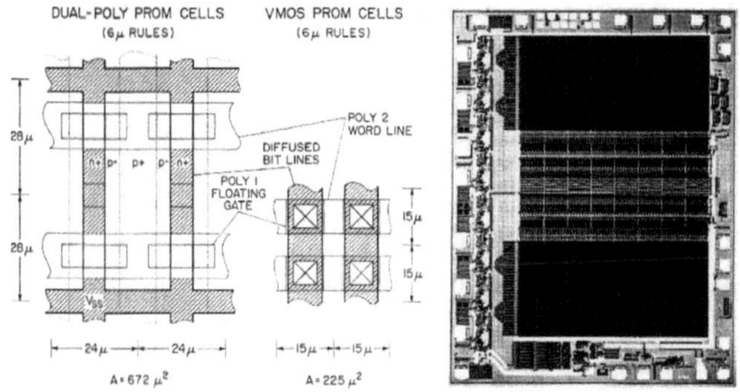

Abb. 3.62. Platzbedarf von verschalteten V-Graben EEPROM-Zellen nach *D. A. Draper et al.* im Vergleich zu entsprechend verschalteten lateralen EE-PROM-Zellen für einen Pitch von $F = 6\ \mu m$ (links); Fotografie eines V-Graben *16k*-EEPROMs von American Microsystems Inc., USA (rechts) [77Drap, 78Drap]

folgt (W_A bezeichnet die Aktivierungsenergie des Degradationsmechanismus und k_B die Boltzmann-Konstante) und somit Bauelemente durch Temperaturstress gealtert werden können. Abb. 3.63. zeigt, dass die zeitliche Abnahme der eingespeicherten Schwellwertspannung ΔV_T in einer EE-PROM-Zelle einem Arrhenius-Gesetz folgt. Aus diesem Diagramm folgt $W_A = 0{,}6\ eV$ für die VEEPROM-Zelle. Daraus lässt sich für den einen Dauerbetrieb der VEEPROM-Zellen bei einer Temperatur von $T = 150\ °C$ extrapolieren, dass sich die einprogrammierte Schwellwertspannung in zehn Jahren lediglich um $\Delta V_T\ (T = 423{,}15\ K) = 1\ V$ ändert.

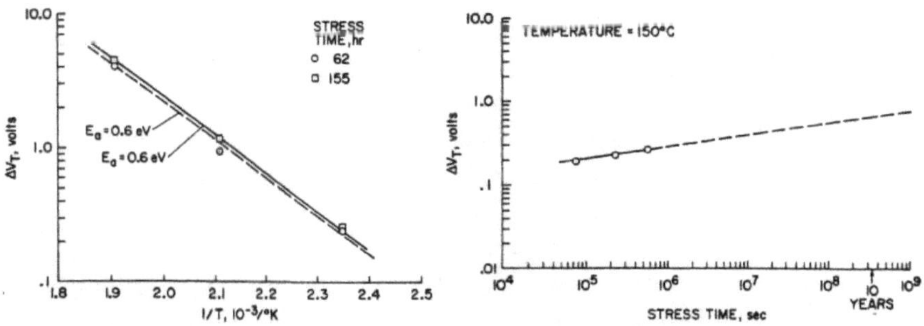

Abb. 3.63. Zeitliche Abnahme der eingespeicherten Schwellwertspannung ΔV_T in einer VEEPROM-Zelle nach *D. A. Draper et al.* als Funktion der Temperatur *T* und Zeit *t*, © 1977 IEEE [77Drap, 78Drap]

Für einen Dauerbetrieb bei Raumtemperatur von ca. $T = 300\ K$ lässt sich damit $\Delta V_T(T = 300\ K) = 1\ mV$ abschätzen, was die Leistungsfähigkeit dieses Speicherkonzeptes unterstreicht.

3.3.4 Die „3D Sidewall" Flash-EPROM-Zelle (SF-EPROM-Zelle)

Die erste vertikale EEPROM-Zelle (als Flash-EPROM-Zelle ausgeführt) wurde 1993 von *H.B. Pein* und *J.D. Plummer* von der Stanford University in Kalifornien, USA, auf der US-amerikanischen Device Research Conference (DRC)[177] und sechs Monate später auf der IEDM in Washington, D.C., USA, vorgestellt [93Pein].[178] Den schematischen Aufbau dieser sogenannten „3D Sidewall Flash"-EPROM-Zelle zeigt Abb. 3.64.

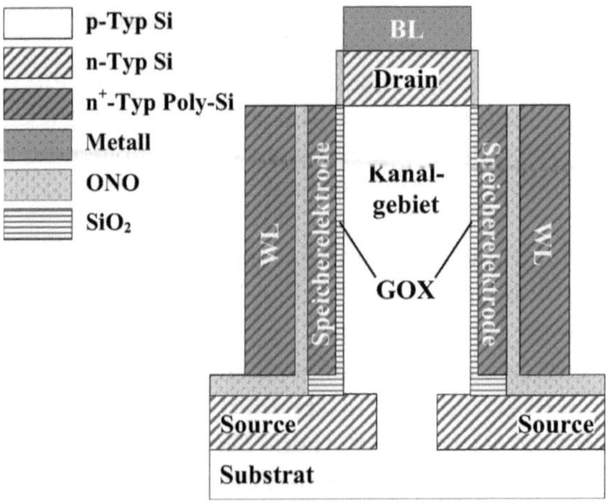

Abb. 3.64. Schematischer Aufbau einer „3D Sidewall Flash"-EPROM-Zelle nach *H. B. Pein* und *J. D. Plummer*

Wie in dieser Abbildung angedeutet, ist sowohl die „floatende" Speicherelektrode als auch die Steuerelektrode (Wordline) als „Surrounding-Gate"-Struktur ausgeführt, ähnlich der „Surrounding Gate Transistor"-DRAM-Zelle (SGT-Zelle) von *K. Sunouchi et al.*, die im Unterpunkt 3.1.2 diskutiert wurde. Die Herstellungssequenz ist in den Abbildungen 3.65. und 3.66. zusammengefasst.

1. Implantation eines p-Typ dotierten „Wells" und Herstellung einer SiO_2 „Hard mask" zur Definition der Säulenstrukturen („Pillars") mit einem Durchmesser von ca. *1,3 µm*, die die späteren Transistorstrukturen darstellen.

---

[177] Die **D**evice **R**esearch **C**onference (DRC) wird jährlich im Juni in einer US-amerikanischen Stadt abgehalten.

[178] Zwei Jahre später wurde das gleiche Konzept erneut von *H. I. Hanafi et al.* (IBM, New York, USA) unter der Bezeichnung: „Scalable Low Power Vertical Memory" auf der IEDM (ebenfalls in Washington, D.C.) diskutiert [95Hanf].

2. Herstellung der Säulenstrukturen durch RIE mit einer Höhe von *1,0/1,2/1,4 μm*, Entfernung der „Hard mask“ und Bildung eines thermischen Opferoxides zur Entfernung von Ätzschäden.
3. Entfernung des Opferoxides und Herstellung eines thermischen Gate-Oxides (GOX) mit einer Dicke von *15/20 nm*.
4. Konforme Abscheidung einer *200 nm* dicken Poly-Silizium-Schicht und Arsen-Schrägimplantation (vgl. Abb. 3.65. a).
5. Rückätzung der Poly-Silizium-Schicht mittels anisotropen Ätzens (RIE) bis ca. *300 nm* unter die Säulenoberkante zur Bildung der Speicherelektrode.
6. Arsen-Ionenimplantation unter *0°* Einfallswinkel zur Erzeugung von Source und Drain (während des Ausheilschrittes führt Unterdiffusion zur Ausdehnung der Source-Gebiete).
7. Entfernung des überstehenden Oxides und Abscheidung eines ONO-Schicht mit einer äquivalenten Oxiddicke von *24,5 nm*.
8. Konforme Abscheidung einer *470 nm* dicken Poly-Silizium-Schicht und Arsen-Schrägimplantation
9. Rückätzung der Poly-Silizium-Schicht mittels RIE zur Bildung der Wordlines (WL – vgl. Abb. 3.65. b).

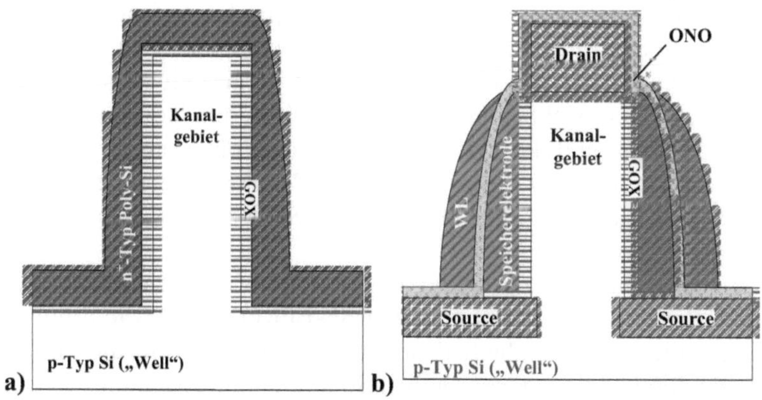

Abb. 3.65. Herstellungsprozess zur Herstellung einer „3D Sidewall Flash“-EPROM-Zelle nach *H. B. Pein* und *J. D. Plummer* am Ende des a) 4. Fertigungsschrittes und b) 9. Fertigungsschrittes (jeweils Seitenansichten)

10. Bildung eines thermischen Opferoxides zur Entfernung von Ätzschäden. Entfernung des Opferoxides, Planarisierung mit Hilfe eines Planarisierungslacks und eines Planarisierungsoxides mittels RIE.
11. Kontaktierung der aktiven Gebiete – Bildung der Bitlines (BL – vgl. Abb. 3.66.).

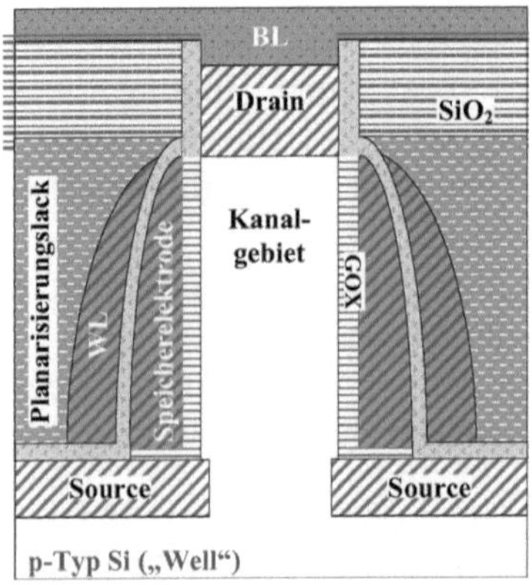

Abb. 3.66. Herstellungsprozess zur Herstellung einer „3D Sidewall Flash“-EPROM-Zelle nach *H. B. Pein* und *J. D. Plummer* am Ende des 11. Fertigungsschrittes (Seitenansicht)

Entlang einer Wordline (WL) haben die Transistorsäulen einen Abstand von *1,0 µm*, zwischen zwei benachbarten Wordlines haben benachbarte Transistorsäulen einen Abstand von *1,2 µm*. Die Abstände sind so gewählt, dass sich nach dem neunten Fertigungsschritt (siehe erneut Abb. 3.65.) die Poly-Silizium-Schichten entlang einer Wordline berühren und somit erst die Wordline bilden, allerdings zwischen benachbarten Wordlinies kein Kontakt zwischen diesen Poly-Schichten besteht.

Abb. 3.67. zeigt rasterelektronenmikroskopische Aufnahmen einzelner realisierter Flash-EPROM-Zellen eines Zellenfeldes nach dem neunten Fertigungsschritt, die wie oben beschrieben hergestellt wurden, und eine schematische Draufsicht eines lateralen Schnittes durch dieses Zellenfeld.

Die Ausgangs- und die Transfercharakteristik einer einzelnen, auf diese Weise hergestellten „3D Sidewall Flash“-EPROM-Zelle ohne einprogrammierte Speicherladung in der „floatenden“ Speicherelektrode (Speicherinformation „1“) zeigt die Abb. 3.68.

Wie auch schon bei der zuvor diskutierten V-Graben EEPROM-Zelle von *J. J. Barnes et al.* erfolgt bei einer SF-EPROM-Zelle die Programmierung über die Injektion „heißer“ Elektronen vor Drain in die „floatende“ Elektrode durch Anlegen einer hohen Source-Drain-Spannung V_{SD} über die Bitline und einer hohen Gate-Spannung V_G über die Wordline. Dies führt, wie bereits im zweiten Kapitel diskutiert, zu einer Verschiebung der Schwellwertspannung V_T des Zellentransistors zu hohen Werten und damit zu einem Sperrzustand des MOSFETs, wenn die Zelle über die Bitline und die Wordline ($V_{WL} = V_G < V_T$) angesprochen wird (Speicherinformation „0“).

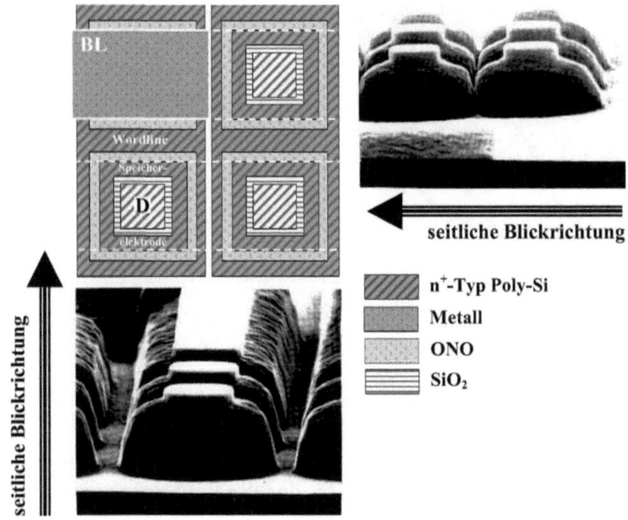

Abb. 3.67. Rasterelektronenmikroskopische Aufnahmen realisierter „3D Sidewall Flash"-EPROM-Zellen in einem Zellenfeld nach *H. B. Pein* und *J. D. Plummer* und schematische Draufsicht eines lateralen Schnittes durch dieses Zellenfeld, © 1993 IEEE [93Pein]

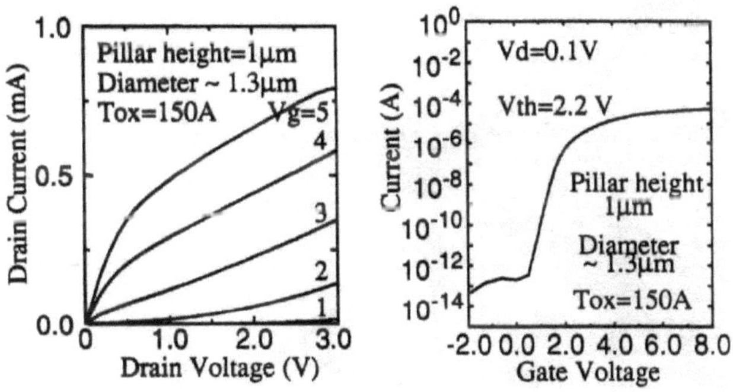

Abb. 3.68. Ausgangs- undTransfercharakteristik einer „3D Sidewall Flash"-EPROM-Zelle nach *H. B. Pein* und *J. D. Plummer* ohne einprogrammierte Speicherladung in der „floatenden" Speicherelektrode (Speicherinformation „1"), © 1993 IEEE [93Pein]

Abb. 3.69. zeigt die zeitliche Verschiebung der Schwellwertspannung V_T eines Zellentransistors für eine Gate-Spannung $V_G = 12\ V$ und verschiedene Source-Drain-Spannungen V_{SD} und Transistorsäulenhöhen (Schreiben der Speicherinformation „0").

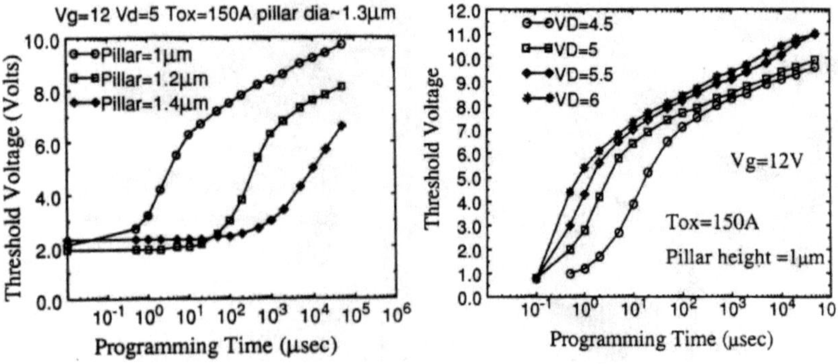

Abb. 3.69. Zeitliche Verschiebung der Schwellwertspannung V_T des Transistors einer „3D Sidewall Flash"-EPROM-Zelle nach *H. B. Pein* und *J. D. Plummer* für eine Gate-Spannung $V_G = 12\ V$ und verschiedene Source-Drain-Spannungen V_{SD} und Transistorsäulenhöhen (Schreiben der Speicherinformation „0"), © 1993 IEEE [93Pein]

Das Löschen aller Speicherinformationen („Flash") erfolgt durch Anlegen einer negativen Gate-Spannung über alle Wordlines zur gleichen Zeit. Abb. 3.70. zeigt die zeitliche Verschiebung der Schwellwertspannung V_T eines Zellentransistors zum ursprünglichen Wert der unprogrammierten Zelle für eine Gate-Spannung $V_G = -12\ V$ und verschiedene Source-Drain-Spannungen V_{SD} (Schreiben der Speicherinformation „1").

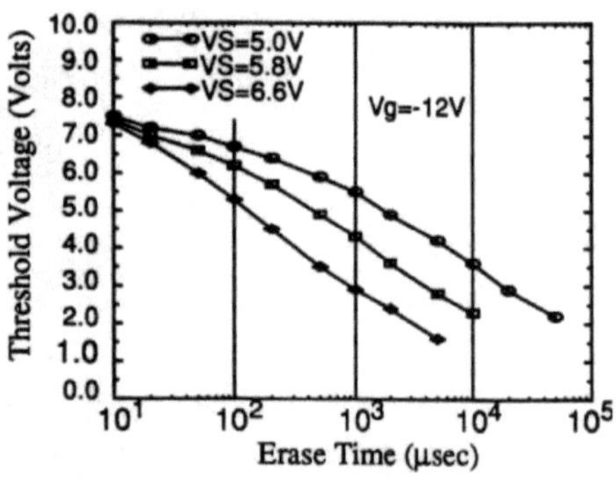

Abb. 3.70. Zeitliche Verschiebung der Schwellwertspannung V_T des Transistors einer „3D Sidewall Flash"-EPROM-Zelle nach *H. B. Pein* und *J. D. Plummer* zum ursprünglichen Wert der unprogrammierten Zelle für eine Gate-Spannung $V_G = -12\ V$ und verschiedene Source-Drain-Spannungen V_{SD} (Schreiben der Speicherinformation „1"), © 1993 IEEE [93Pein]

3.3.5 Die „Stacked-Surrounding Gate Transistor" Flash-EPROM-Zelle (SSGT-Zelle)

Unter dem Titel „*Novel Ultra High Density Flash Memory with a Stacked-Surrounding Gate Transistor (S-SGT) Structured Cell*" (SSGT-Zelle) wurde auf der 2001er IEDM in Washington, D.C., USA, das Konzept eines vertikalen NAND-Flash-EPROMs von *T. Endoh et al.*[179] vorgestellt und diskutiert [01Endo]. Bei dieser Arbeit handelt es sich um eine Kooperation der Sharp Corp. (Hiroshima, Japan) und der Tohoku Universität in Sendai, Japan.

Der schematische Aufbau dieser SSGT-Zelle sowie eine rasterelektronenmikroskopische Aufnahme eines durch *T. Endoh et al.* realisierten Zellenfeldes (ohne Bitline-Kontakte) zeigt Abb. 3.71. Das elektrotechnische Ersatzschaltbild eines solchen NAND-Flash-EPROMs zeigt Abb. 3.72.

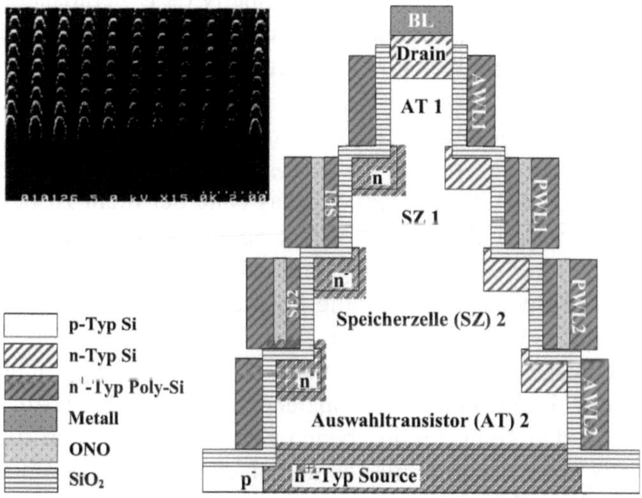

Abb. 3.71. Schematischer Aufbau dieser SSGT-Zelle sowie rasterelektronenmikroskopische Aufnahme eines durch *T. Endoh et al.* realisierten SSGT-Zellenfeldes (ohne Bitline-Kontakte), © 2001 IEEE [01Endo]

Die Herstellung einer solchen Struktur erfolgt durch mehrfache Hintereinanderschaltung der Prozessschritte, die bereits bei der Herstellung der SF-EPROM-Zelle nach *H. B. Pein* und *J. D. Plummer* besprochen wurden.

---

[179] Als Koautoren werden genannt: *K. Kinoshita*, *T. Tamigami*, *Y. Wada*, *K. Sato*, *K. Yamada*, *T. Yokoyama*, *N. Takeuchi*, *K. Tanaka*, *N. Awaya*, *K. Sakiyama*, *F. Masuoka*.

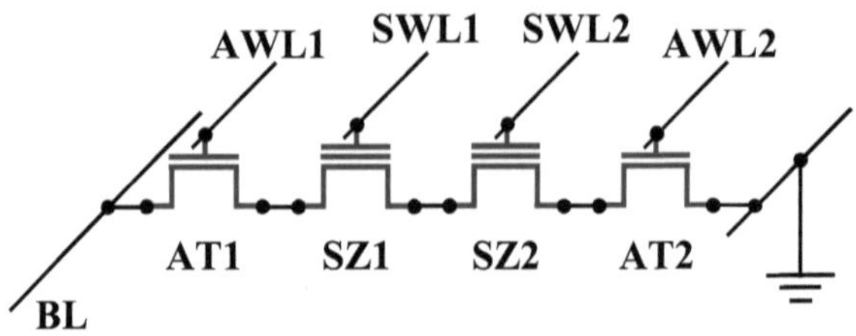

Abb. 3.72. Ersatzschaltbild einer SSGT-Zelle nach *T. Endoh et al.*

Zum Verständnis der Funktion einer solchen Zelle muss zuallererst hervorgehoben werden, dass die Dotierungen in den NMOSFETs der beiden übereinandergestapelten Speicherzellen (SZ1 und SZ2) so gewählt sind, dass die NMOSFETs als „Normally ON"-Transistoren arbeiten. Bei den Auswahltransistoren (AT1 und AT2), über die die Speicherzelle adressiert werden kann, handelt es sich um „Normally OFF"-Transistoren.

Das Beladen der „floatenden" Speicherelektroden (SE1 bzw. SE2) erfolgt ausschließlich über Fowler-Nordheim-Tunneln (FNT). Dazu wird die Zelle über die Auswahl-Wordlines (AWL1 und AWL2) adressiert ($V_{BL} = V_{SD} = 0\ V$), und an das Gate der zu beladenden Speicherzelle wird eine hohe positive Spannung von $V_G = 20\ V$ über die Speicher-Wordlines (SWL1 bzw. SWL2) angelegt. An das Gate der nicht zu beladenden Speicherzelle wird lediglich eine positive Spannung von $V_G = 10\ V$ über die jeweilige Speicher-Wordline angelegt. Diese Spannung reicht aus, um die nicht zu beladende Speicherzelle hochleitend zu machen (damit wird das Kanalgebiet des Transistors der zu beladenden Speicherzelle mit „Erde" kurzgeschlossen). Allerdings reicht diese Spannung nicht aus, um die „floatende" Elektrode dieser Speicherzelle über FNT zu beladen. Abb. 3.73. zeigt den eben beschriebenen Schreibvorgang und die Transfercharakteristik einer programmierten und einer nicht programmierten oder wieder gelöschten Zelle.

Um die Speicherinformation, die in einer der beiden Speicherzellen SZ1 bzw. SZ2 gespeichert ist, abzurufen, wird an die Gate-Elektrode der auszulesenden Zelle über die dazugehörige Speicher-Wordline (SWL1 bzw. SWL2) keine Spannung und an die Gate-Elektrode der nicht auszulesenden Speicherzelle über deren Speicher-Wordline eine Spannung von $V_G = 3{,}3\ V$ angelegt (damit wird gewährleistet, dass die nicht auszulesende Zelle unabhängig von ihrem Speicherzustand geöffnet ist). Die gesamte SSGT-Zelle selbst wird über $V_{AWL1} = V_{AWL2} = V_{G,AWT1} = V_{G,AWT2} > 0\ V$ und $V_{BL} = V_{SD} > 0\ V$ adressiert. Fließt in diesem Zustand ein Strom, ist die auszulesende Zelle unprogrammiert oder gelöscht. Fließt kein Strom, ist sie programmiert.

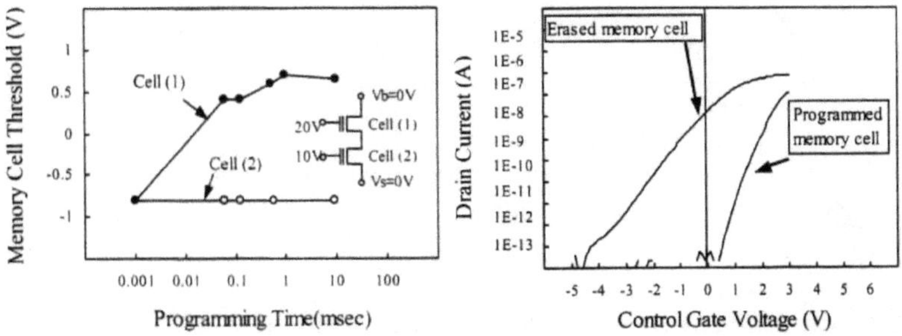

Abb. 3.73. Vorgang zum Beschreiben von nur einer Speicherzelle in einer SSGT-Zelle nach *T. Endoh et al.* (links) und Transfercharakteristik einer programmierten (beschriebenen) und einer nicht programmierten oder wieder gelöschten Speicherzelle (rechts), © 2001 IEEE [01Endo]

Bei einem NAND-Flash-EPROM ist somit im Gegensatz zu einem gewöhnlichen EEPROM bzw. Flash-EPROM die Speicherinformation („0")„1" durch eine mit Elektronen (nicht) beladene Speicherelektrode gegeben. Auch hier erfolgt das Löschen der Speicherinformation einer Speicherzelle durch Anlegen einer hohen negativen Spannung an der betreffenden Gate-Elektrode (vgl. Abb. 3.74.). Damit erkennt man nun die Besonderheit der NAND-Flash-EPROM-Zellen: Mit ihnen lassen sich insgesamt *N Bits* pro NAND-Flash-Zelle realisieren, wenn die Anzahl der seriell verschalteten Flash-EPROM-Speicherzellen durch *N* gegeben ist (vgl. Abb. 3.75.), und es erklärt sich auch der aus der Booleschen Logik stammende Namenszusatz „NAND" – „Not AND" (vgl. Tabelle 3.7.).

Die Ausleseroutine bei einer solchen NAND-Flash-EPROM-Zelle würde analog wie folgt verlaufen: Um die Speicherinformation, die in einer der *N* Speicherzellen (SZ1 bis SZN) gespeichert ist, abzurufen, wird an die Gate-Elektrode der auszulesenden Zelle über die dazugehörige Speicher-Wordline keine Spannung und an die Gate-Elektrode der nicht auszulesenden Speicherzellen über deren Speicher-Wordlines eine Spannung von $V_G > 0\ V$ angelegt.

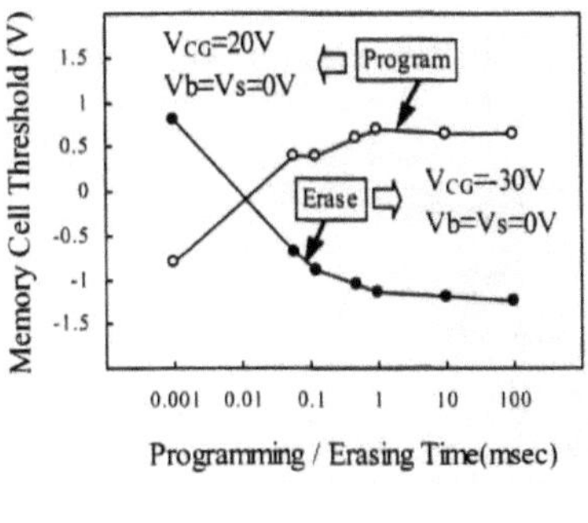

Abb. 3.74. Vorgang zum Löschen der Speicherinformation einer Speicherzelle in einer SSGT-Zelle nach *T. Endoh et al.*, © 2001 IEEE [01Endo]

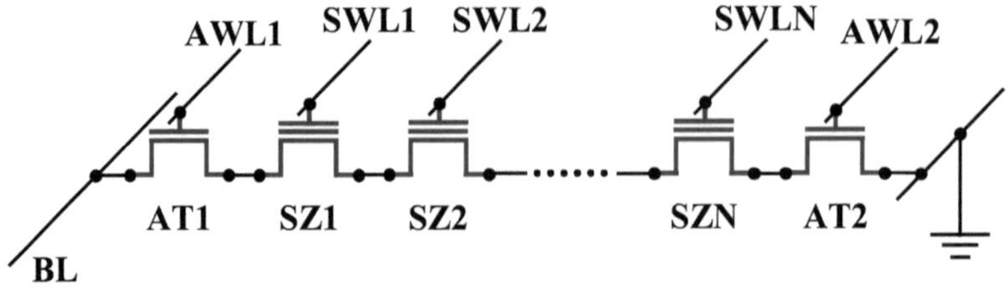

Abb. 3.75. Ersatzschaltbild einer NAND-Flash-EPROM-Zelle für die Kodierung von *N* Bits pro Zelle

Tabelle 3.7. NAND-Logiktabelle beim Auslesen der Speicherinformation einer Speicherzelle in einer SSGT-Zelle nach *T. Endoh et al.*

Spannungssignal an den nicht auszulesenden Zellen	Speicherzustand der auszulesenden Zelle	Stromfluss durch die gesamte SSGT-Zelle
1	*1*	*0*
1	*0*	*1*

Damit wird gewährleistet, dass die nicht auszulesenden Zellen unabhängig von ihrem Speicherzustand geöffnet sind.

Die gesamte NAND-Flash-EPROM-Zelle selbst wird über $V_{AWL1} = V_{AWL2} = V_{G,AWT1} = V_{G,AWT2} > 0\ V$ und $V_{BL} = V_{SD} > 0\ V$ adressiert. Fließt in diesem Zustand ein Strom, ist die auszulesende Zelle unprogrammiert oder gelöscht. Fließt kein Strom, ist sie programmiert.

In ihrem Beitrag betonen *T. Endoh et al.* den Vorteil des vertikalen Aufbaus solcher Speicher, da sich so die Speicherdichte stark erhöhen läßt. Die von ihnen vorgestellte SSGT-Zelle benötigt (wie eine laterale Flash-EPROM-Speicherzelle auch) eine laterale Fläche von $4 \cdot F^2$, allerdings ist die Speicherdichte im Gegensatz zu einer konventionellen Flash-EPROM-Zelle $\frac{1}{2 \cdot F^2}$ und nicht nur $\frac{1}{4 \cdot F^2}$. Würde man eine SSGT-Struktur mit N Speicherzellen herstellen (diese Möglichkeit wird durch die Autoren hervorgehoben), steigt die Speicherdichte auf $\frac{N}{4 \cdot F^2}$.

3.3.6 Der „Scalable Two-Transistor Memory" (STTM-Zelle)

Das letzte Speicherkonzept, welches im Rahmen dieses Kapitels diskutiert werden soll, wurde ebenfalls auf der 2001er IEDM in Washington, D.C.,

USA, von *J. H. Yi et al.*[180] (Samsung Electronics Corp., Süd-Korea) vorgestellt [01Yi]. Abb. 3.76. zeigt den schematischen Aufbau dieses „Scalable Two-Transistor Memory“ (STTM-Zelle).

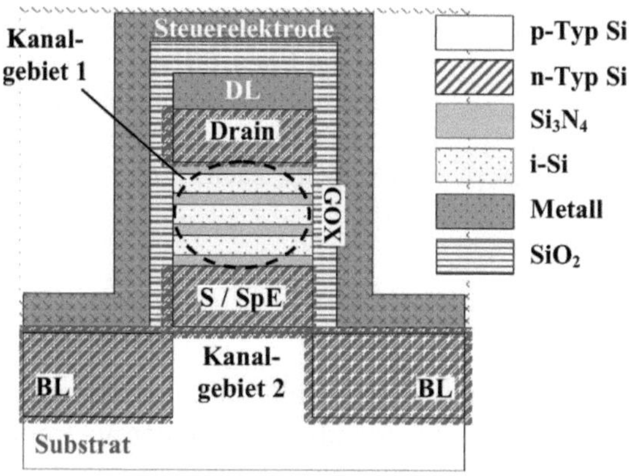

Abb. 3.76. Schematischer Aufbau einer STTM-Zelle nach *J. H. Yi et al.*

Man erkennt, dass bei diesem quasivertikalen Speicher die Speicherelektrode aus einem vertikalen MOSFET aufgebaut ist, dessen Kanalgebiet (Kanalgebiet 1) allerdings aus intrinsischem Silizium und drei sehr dünnen Nitrid- oder Oxidschichten gebildet wird. Die Nitridschichten wurden thermisch oder mittels (PECVD)LPCVD hergestellt. Die Oxidschichten waren natürliche Oxidfilme, die sich bei Raumtemperatur bilden, wenn eine Silizium-Oberfläche einer Sauerstoff-Atmosphäre ausgesetzt wird. Diese haben eine Dicke von ca. *1,2 nm*. Die Möglichkeiten bzw. die Methode des Einbettens ultra-dünner dielektrischer Filme in eine kristalline Silizium-Matrix ist in [89Nötz] beschrieben. Hier wird auf einer Silizium-Oberfläche eine sehr dünne Oxid- oder Nitrid-Schicht mit einer Dicke kleiner oder gleich einer Monolage abgeschieden bzw. gebildet und mit einem dünnen Silizium-Film (< *3 nm*) überwachsen. Anschließend wird diese Schichtfolge einer höheren Temperatur für eine bestimmte Zeit ausgesetzt, wobei sich ein perfekt einkristalliner Silizium-Film auf einer ca. *1,5 nm* dicken SiO_2- bzw. Si_3N_4-Schicht bildet.

Diese Technik ist im Prinzip ähnlich der SIMOX-Technologie zur Herstellung von SOI-Substraten, die ersten Kapitel kurz diskutiert wird.

Der daraus resultierende Verlauf der Leitungsbandunterkante im vertikalen Transistor bei konstanter Source-Drain-Spannung $V_{SD} > 0\ V$, die

[180] *W. S. Kim, S. Song, Y. Khang, H.-J. Kim, J. H. Choi, H. H. Lim, N. I. Lee, K. Fujihara, H.-K. Kang, J. T. Moon* und *M. Y. Lee* werden als Koautoren dieser Arbeit genannt.

über die sogenannte „Dataline“ (DL) angelegt wird, als Funktion der Gate-Spannung ($V_G = 0\ V$ bzw. $V_G > 0\ V$) zeigt Abb. 3.77.

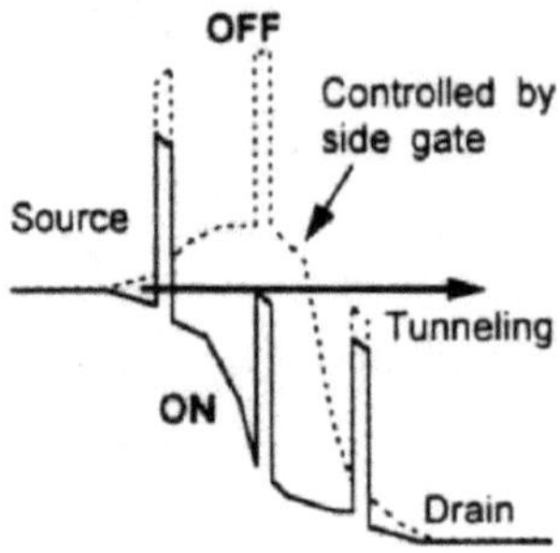

Abb. 3.77. Verlauf der Leitungsbandunterkante im vertikalen Transistor bei konstanter Source-Drain-Spannung $V_{SD} > 0\ V$ als Funktion der Gate-Spannung ($V_G = 0\ V$ bezeichnet den OFF-Zustand bzw. $V_G > 0\ V$ bezeichnet den „ON“-Zustand) einer STTM-Zelle nach *J. H. Yi et al.*, © 2001 IEEE [01Yi]

Die Funktionsweise einer STTM-Zelle lässt sich damit wie folgt erklären: Wird der vertikale Transistor über die Steuerelektrode in den „ON“-Zustand gebracht ($V_G > 0\ V$), tunneln Elektronen aus dem Source-Gebiet des Transistors (der „floatenden“ Speicherelektrode des lateralen MOS-FETs) durch die erste Barriere nach Source über die Dataline ab. Induziert wird dieser Tunnelstrom durch eine an der Dataline anliegende positive Source-Drain-Spannung V_{SD}. Die beiden anderen Barrieren behindern dabei nicht den Stromfluss, da diese durch das Steuergate verschoben werden. Dadurch öffnet sich nun der laterale MOSFET (das Kanalgebiet 2 wird in den Zustand der Inversion gebracht). Die Speicherinformation „1“ ist geschrieben.

Durch eine Umkehr des Vorzeichens der Source-Drain-Spannung ($V_{SD} < 0\ V$, $V_G > 0\ V$) kann das Source-Gebiet wieder über einen Tunnelstrom mit Elektronen beladen werden. Der laterale MOSFET ist wieder ausgeschaltet, und die Speicherinformation „0“ ist geschrieben.

Wird nach dem Schreiben der Speicherinformation „1“ der vertikale Transistor in den OFF-Zustand gebracht ($V_G = 0\ V$), verhindert die Dreifachbarriere zeitweilig, dass sich die Source-Elektrode wieder mit Elektronen über parasitäre Tunnelströme auflädt und somit die Speicherinformation verloren geht (aufgrund der geringen Dicke der drei Tunnelbarrieren sind solche Tunnelströme unvermeidbar). Abb. 3.78. zeigt die Ausgangs- und die Transfercharakteristik des vertikalen MOSFETs mit drei *1,5 nm* dicken Nitridbarrieren.

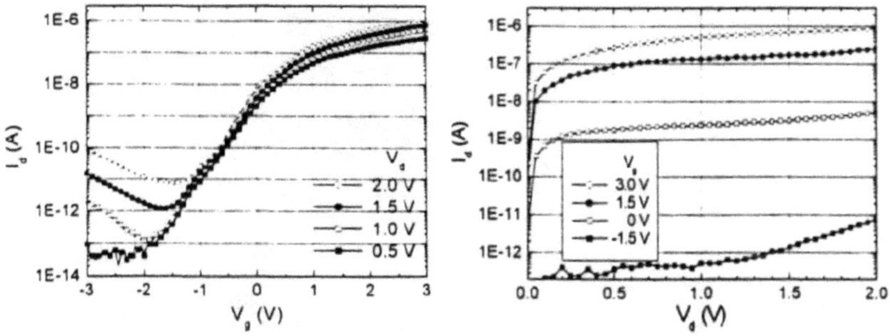

Abb. 3.78. Ausgangscharakteristik (links) und Transfercharakteristik (rechts) des vertikalen MOSFETs mit drei *1,5 nm* dicken Nitridbarrieren nach *J. H. Yi et al.*, © 2001 IEEE [01Yi]

Abb. 3.79. zeigt die Ausgangscharakteristik des vertikalen MOSFETs mit drei thermisch gewachsenen *1,5 nm* dicken Nitridbarrieren im Vergleich mit einem MOSFET mit zwei Oxidbarrieren (gebildet aus natürlichen Oxiden) und einem MOSFET mit drei thermisch gewachsenen *1,5/3,0/1,5 nm* dicken Nitridbarrieren.

Die linke Grafik in Abb. 3.80. zeigt den bei konstanter Spannung im lateralen MOSFET fließenden Strom $I_{sensing}(t)$, wenn mit Hilfe des vertikalen Transistors die Speicherinformation „1“ geschrieben wird ($V_G = 3\ V$, $V_{SD} = 5\ V$). Die rechte Grafik in der gleichen Abbildung zeigt, wie lang die Speicherinformation „1“ erhalten bleibt.

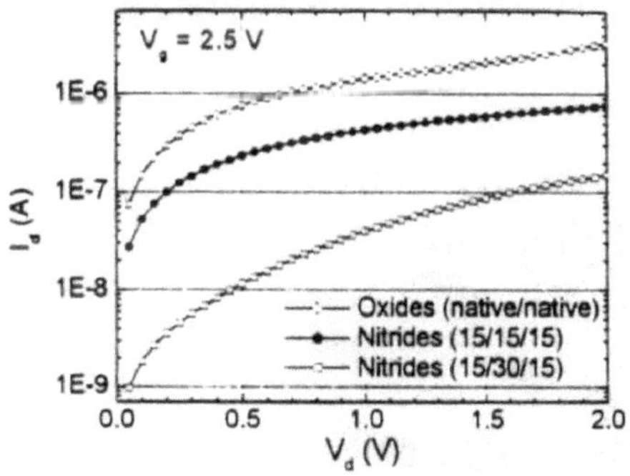

Abb. 3.79. Ausgangscharakteristik eines vertikalen MOSFETs einer STTM-Zelle mit drei thermisch gewachsenen 1,5 nm dicken Nitridbarrieren im Vergleich mit einem MOSFET mit zwei Oxid-Barrieren (gebildet aus natürlichen Oxiden) und einem MOSFET mit drei thermisch gewachsenen 1,5/3,0/1,5 nm dicken Nitridbarrieren nach *J. H. Yi et al.*, © 2001 IEEE [01Yi]

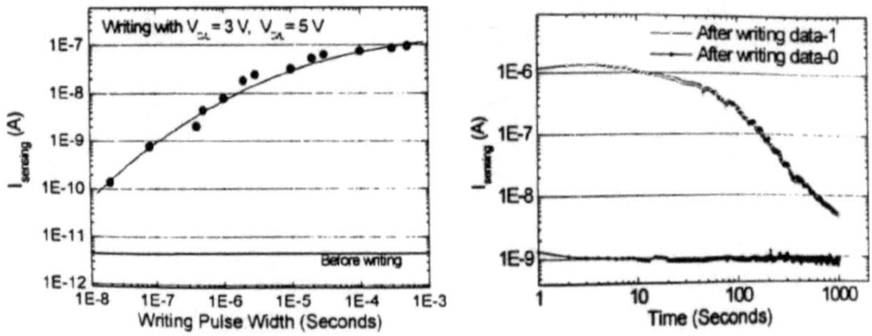

Abb. 3.80. Bei konstanter Spannung im lateralen MOSFET einer STTM-Zelle fließender Strom $I_{sensing}(t)$ beim Schreiben der Speicherinformation „1" mit Hilfe des vertikalen MOSFETs: $V_G = 3\ V$, $V_{SD} = 5\ V$, als Funktion der Dauer des Schreibvorgangs (links), bei konstanter Spannung im lateralen MOSFET einer STTM-Zelle fließender Strom $I_{sensing}$ nach Schreiben der Speicherinformation „1", der vertikale MOSFET ist dabei im OFF-Zustand (rechts) nach nach *J. H. Yi et al.*, © 2001 IEEE [01Yi]

Wie diese Charakteristiken zeigen, handelt es sich bei diesem Speichertyp, obwohl er wie ein Flash-EPROM aufgebaut ist und im Prinzip wie ein Flash-EPROM arbeitet, nicht um einen NVM, da die Speicherinformation nur zwischen *50 s* und *100 s* gehalten wird und daher ähnlich einem DRAM einen „Refresh"-Zyklus zum Auffrischen der Speicherinformation benötigt, der im Vergleich zum DRAM aber bedeutend länger dauern muss. Allerdings wird die Speicherinformation länger gehalten als in einem DRAM. Er stellt somit eine interessante Verbindung zwischen beiden Speichertypen dar.

4 Vertikal- und Quasivertikalkonzepte Silizium-basierter Leistungs-MOSFETs

Im vorliegenden Kapitel soll das letzte Hauptthema des Buches: „Vertikale und quasivertikale Bauelementkonzepte Silizium-basierten Leistungselektronik" behandelt werden. Dieses umfasst die in den Tabellen E.7. und E.8. der Einleitung des Buches aufgeführten, realisierten Konzepte als auch wieder neuere Konzeptansätze, die anderweitig publiziert bzw. in dieser Form bisher noch nicht publiziert wurden, da sie sich entweder noch in der Entwicklung befinden bzw. im Moment nur als Konzeptidee in Papierform existieren. Tabelle 4.1. gibt eine Übersicht über alle Konzepte, die in diesem Kapitel diskutiert werden.

Tabelle 4.1. Konzepte der Silizium-basierten Leistungselektronik

Vertikalkonzepte	Quasivertikalkonzepte
Power-VMOSFET	VD-Power-MOSFET
Power-UMOSFET	DMOS
GTO-IGT	SOI-DMOS
GTO-IGBT	DM-Power-VMOSFET
Power-PDBFET	IG(B)T
Power-UMOSFET (Common Source)	CoolMOS
	OBDMOS
	Lateraler Multi-RESURF Power-MOSFET

Wie im ersten Kapitel bereits ausgeführt, handelt es sich bei Leistungstransistoren meist um diskrete Bauelemente mit möglichst kleiner Querschnittsfläche A, mit deren Hilfe hohe Betriebsspannungen V_{CC} (bis über 1000 V) und/oder hohe Ströme (mehrere Ampere) so verlustarm wie möglich geschaltet werden sollen. Betrachtet man dazu erneut das Ersatzschaltbild (Abb. 4.1.) eines Leistungsschalters mit serieller Last R_L, bedeutet das, dass im eingeschalteten Zustand („ON"-Zustand) des Leistungstransistors möglichst kleine Verluste am Transistor selbst auftreten bzw. im Sperrzustand („OFF"-Zustand) des Transistors kein Strom durch den Transistor fließt und somit auch keine Verlustleistung auftritt.

Bezeichnet R_{ON} den ohmschen Widerstand des Leistungstransistors im eingeschalteten Zustand, dann folgt für die zu minimierende gesamte elektrische Verlustleistung P_{el} nach (1.47)

$$P_{el} = I_{ON}^2 \cdot (R_L + R_{ON}) = P_{el,L} + P_{el,Power}. \tag{1.1}$$

($P_{el,\,Power}$ bezeichnet die im „ON“-Zustand am Transistor, $P_{el,\,L}$ die an der Last auftretende elektrische Verlustleistung).

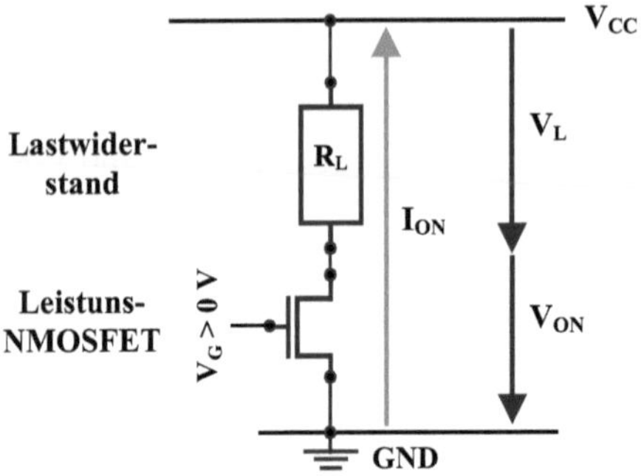

Abb. 4.1. Ersatzschaltbild eines eingeschalteten Leistungsschalters (Power-NMOSFET) mit Lastwiderstand R_L

Daraus folgt, dass in erster Linie der ohmschen Widerstand R_{ON} des Leistungstransistors im eingeschalteten Zustand minimiert werden muss, um die obige Forderung nach möglichst kleinen Verlusten am Leistungstransistor selbst zu erfüllen.

Integriert man die Forderung nach möglichst kleiner lateraler Querschnittsfläche A des Leistungstransistors, so ergibt sich die bereits mit (1.48) formulierte technologisch zu erfüllende Forderung der Minimierung des Produktes

$$Min\{R_{ON} \cdot A\} \tag{4.2}$$

für Leistungsschalter. Um die zweite Forderung, dass im „OFF“-Zustand des Transistors kein Strom durch den Transistor fließt und somit auch in diesem Zustand keine Verlustleistung auftritt ($P_{el} \approx 0\ W$), zu erfüllen, muss der ohmsche Widerstand R_{OFF} des Leistungstransistors im ausgeschalteten Zustand so groß wie möglich sein, was mit Hilfe der folgenden Beziehungen deutlich wird:

$$\lim_{R_{OFF}\to\infty}(P_{el}) = \lim_{R_{OFF}\to\infty}\left(\frac{V_{CC}^2}{R_L + R_{OFF}}\right) = 0\,,$$
$$\lim_{R_{OFF}\to\infty}(I_{OFF}) = \lim_{R_{OFF}\to\infty}\left(\frac{V_{CC}}{R_L + R_{OFF}}\right) = 0 \qquad (4.3)$$

Anders ausgedrückt, muss ein idealer Leistungsschalter so gebaut sein, dass im „ON"-Zustand des Leistungsschalters die gesamte anliegende Spannung V_{CC} nur an der Last bzw. im „OFF"-Zustand nur am Leistungsschalter selbst abfällt.

Um diesem Ideal so nahe wie möglich zu kommen, werden viele Leistungsschalter als MOSFETs mit einer sogenannten „Driftzone" als Spannungsteiler zwischen dem Kanalgebiet und Drain ausgeführt, mit denen darüber hinaus eine verlustlose Steuerung des Transistors (Ein- bzw. Ausschalten) möglich ist. Die Driftzone ist dabei so dimensioniert, dass im „OFF"-Zustand des Transistors der größte Anteil des am Transistor abfallenden Teils der Gesamtspannung V_{CC} an der Driftzone abfällt, da es sonst zu Lawinendurchbrüchen im Transistor kommt.

Studiert man die Publikationen zu Silizium-basierten MOSFET-Konzepten der letzten knapp 35 Jahre, dann wird deutlich, dass sich vertikale und quasivertikale Konzepte hauptsächlich auf dem Gebiet der diskreten Leistungsschalter durchgesetzt haben und immer noch die dominierenden Konzepte auf diesem Gebiet darstellen.[181] Dies wird verständlich, wenn man den prinzipiellen Aufbau eines lateralen Leistungs-MOSFETs betrachtet (vgl. Abb. 4.2.) und sich das genannte zentrale Technologiekriterium der Minimierung des Produktes $\Pi = A \cdot R_{ON}$ aus der lateralen Querschnittsfläche A des Leistungstransistors und seinem ohmschen Widerstand R_{ON} im eingeschalteten Zustand (4.2) in Erinnerung behält.

Neben diesen beiden Idealanforderungen an einen Leistungsschalter steht die rein praktische Forderung nach der Realisierung einer Leistungsschalterstruktur, die entsprechend hohe Versorgungsspannungen V_{CC} physikalisch stand hält, ohne einen elektrischen Durchbruch zu erleiden.

Bezogen auf die hier betrachteten MOSFET-Leistungsschalter bedeutet dies, dass in erster Linie die Driftzone entsprechend hohen Versorgungsspannungen V_{CC} physikalisch stand hält.

---

[181] In der Bibliographie der vorliegenden Arbeit stellen daher auch Publikationen zu vertikalen und quasivertikalen Konzepten Silizium-basierter MOS-Leistungselektronik den größten Teil.

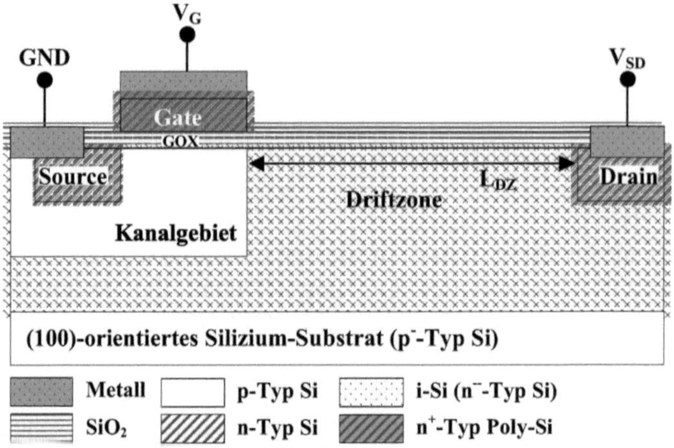

Abb. 4.2. Schematischer Aufbau eines lateralen Leistungs-NMOSFETs [80Tihaa, 80Tihab][182]

Da im „OFF"-Zustand nahezu die gesamte Spannung V_{SD} an der Driftzone abfällt, bestimmt in erster Linie nur die Länge L_{DZ} und die Dotierung N_{DZ} der Driftzone die maximal mögliche Spannung $V_{SD,\,max} = BV_{OFF}(N_{DZ})$ die an den Transistor angelegt werden darf, bevor es zum Durchbruch kommt, und damit den maximal schaltbaren Strom I_{SD}, der im eingeschalteten Zustand durch den Leistungsschalter fließt, da gilt:

$$V_{SD,max} = BV_{OFF}(N_{DZ}) = \frac{L_{DZ} \cdot E_{krit}(N_{DZ})}{2}. \tag{4.4}$$

Darin bezeichnet $E_{krit}(N_{DZ})$ die dotierstoffabhängige kritische Durchbruchfeldstärke. Im technologisch nicht realisierbaren Idealzustand $N_{DZ} = 0$ (in diesem Falle besteht die Driftzone aus intrinsischem Silizium) ergibt sich für $E_{krit}(N_{DZ})$ die kritische Durchbruchfeldstärke für reines Silizium $E_{krit} \approx 3 \cdot 10^5\ V \cdot cm^{-1}$.

Je nach Anwendung kann man nun einen Leistungsschalter für eine bestimmte Spannung V_{SD} oder für einen bestimmten schaltbaren Strom I_{SD}, der im eingeschalteten Zustand durch den Leistungsschalter fließt, dimensionieren. Dafür ergeben sich zwei Möglichkeiten: a) Man realisiert einen

---

182 Bei einem Lang- bzw. Kurzkanal-MOSFET ist es prinzipiell möglich, die Spannungspegel an Source und Drain zu vertauschen. Bei einem Leistungs-MOSFET ist dies nicht mehr möglich, da bei Vertauschung am Gate-Oxid die hohe Spannung $V = V_{SD} - V_G$ abfällt, die zum sofortigen Oxiddurchbruch führen würde.

einzelnen Leistungstransistor mit der entsprechenden Driftzonenlänge L_{DZ} und Driftzonendotierung N_{DZ}, so dass gilt:

$$V_{SD} < BV_{OFF}(N_{DZ}) = \frac{L_{DZ} \cdot E_{krit}(N_{DZ})}{2}, \; I_{SD} = \frac{V_{SD}}{R_{ON}}, \tag{4.5}$$

oder b) man verschaltet i Leistungstransistoren ($i > 1$) gleicher Bauart parallel, so dass gilt:

$$V_{SD} < BV_{OFF}(N_{DZ}) = \frac{L_{DZ} \cdot E_{krit}(N_{DZ})}{2}, \; I_{SD} = i \cdot \frac{V_{SD}}{R_{ON}}. \tag{4.6}$$

Mit der zweiten Möglichkeit erlangt man die technologische Freiheit, I_{SD} und V_{SD} unabhängig voneinander einstellen zu können. Für viele Anwendungen stellt daher diese zweite Möglichkeit die Methode der Wahl dar. Bezeichnet A_C die Chipfläche, die für die i ($i > 1$) parallel verschalteten Leistungstransistoren gleicher Bauart benötigt wird, wird für das Technologiekriterium das Produkt $\Pi = \frac{A_C \cdot R_{ON}}{i}$ betrachtet.

Aus beiden Möglichkeiten erwächst aber der Nachteil, dass die benötigten Flächen A bzw. A_C für die Realisierung solcher einzelnen bzw. verschalteten Leistungsschalter umso größer sind, je größer die gewünschten Werte für I_{SD} und/oder V_{SD} werden. Das wiederum hat einen großen Einfluss auf die Produktionskosten von Leistungsschaltern, da die Anzahl der pro Chip und damit pro Silizium-Wafer realisierten Leistungsschalter mit steigendem A bzw. A_C abnimmt (die Einführung des Parameters A bzw. A_C in das Technologiekriterium (4.2) resultiert aus dieser Kostenüberlegung).

Es liegt daher auf der Hand, einen vertikalen bzw. quasivertikalen Aufbau für einen Leistungs-MOSFET zu wählen, bei dem in erster Linie die Driftzone in die Tiefe des beim lateralen Aufbau völlig ungenutzten Substrates gelegt wird. Damit erübrigt sich auch ein anderes physikalisches Problem, welches beim lateralen Aufbau eines Leistungs-MOSFETs auftritt. Da bei einem lateralen MOSFET der Strompfad im eingeschalteten Zustand immer nahe der Substratoberfläche fließt, tritt die elektrische Verlustleistung, die sich in auftretender Wärme manifestiert und über Wärmeleitung abgeführt werden muss, auch hauptsächlich an der Substratoberfläche auf. Das führt zu mitunter enormen Temperaturgradienten von der Oberfläche in das Substratinnere, welche aufgrund der thermischen Ausdehnung zu entsprechend hohen mechanischen Verspannungen und Kräften führen, die zu einer schnelleren Degradation des Bauelementes führen.

Außerdem erfordert dies einen weiteren technologischen Aufwand, da diese Bauelemente zusätzlich gekühlt werden müssen.

Beim vertikalen bzw. quasivertikalen Aufbau steht für den Abtransport der durch Verlustleistung entstehenden Wärme das gesamte Silizium-Substrat zur Verfügung und die auftretenden Temperaturgradienten sind deutlich kleiner.

Der Beziehung (4.4) liegen zwei Annahmen zu Grunde: 1) Die Driftzone besteht aus sehr schwach dotiertem n(p)-Typ Silizium und bildet daher mit dem im Vergleich dazu wesentlich höher p(n)-Typ dotiertem Kanalgebiet einen pn-Übergang; und 2) die driftzonenseitige Raumladungszone dieses pn-Übergangs erstreckt sich über die gesamte Länge L_{DZ} der Driftzone und das elektrische Feld am Übergang der Driftzone zum hoch n(p)-Typ dotierten Drain-Gebiet ist null ($E_{DZ}(x = d_{DZ}) = 0\ V{\cdot}cm^{-1}$).

Entsprechend ergibt sich unter diesen zwei Bedingungen der in Abb. 4.3. dargestellte Verlauf des elektrischen Feldes $E(x)$ in diesem pn-Übergang.

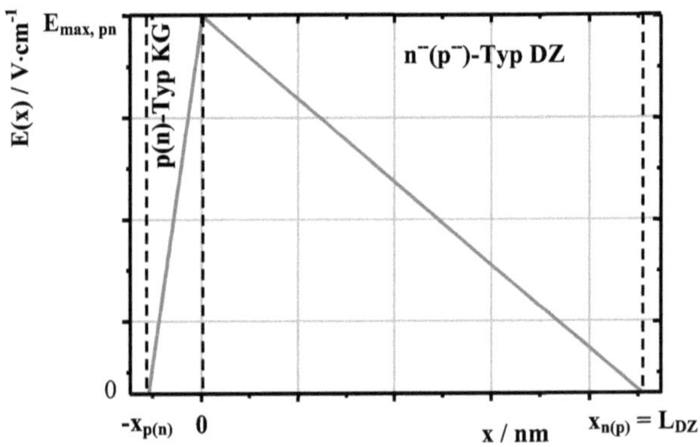

Abb. 4.3. Näherungsweiser Verlauf des elektrischen Feldes $E(x)$ in dem pn-Übergang, der durch die n(p)-Typ dotierte Driftzone der Länge L_{DZ} und dem p(n)-Typ dotierten Kanalgebiet eines Leistungs-N(P)MOSFETs gebildet wird (DZ: Driftzone, KG: Kanalgebiet)

Für den Verlauf des elektrischen Feldes $E_{DZ}(x)$ in der Driftzone folgt

$$E_{DZ}(x) = \frac{e \cdot N_{DZ}}{\varepsilon_{rel} \cdot \varepsilon_0} \cdot (L_{DZ} - x), \tag{4.7}$$

Womit sich

$$E_{max,pn}(N_{DZ}) = E_{DZ}(x=0) = \frac{e \cdot N_{DZ} \cdot L_{DZ}}{\varepsilon_{rel} \cdot \varepsilon_0} \tag{4.8}$$

ergibt. Die über der Driftzone abfallenden Spannung $V_{DZ}(N_{DZ})$ ergibt sich aus

$$V_{DZ}(N_{DZ}) = \int_{x=0}^{x=L_{DZ}} E_{DZ}(x)\,dx = \frac{e \cdot N_{DZ} \cdot L_{DZ}^2}{2 \cdot \varepsilon_{rel} \cdot \varepsilon_0}\,. \tag{4.9}$$

Erreicht $E_{max,\,pn}(N_{DZ})$ den kritischen Wert $E_{krit}(N_{DZ})$, entspricht die Spannung $V_{DZ}(N_{DZ})$ der Durchbruchspannung $BV_{OFF}(N_{DZ})$, und es kommt zum elektrischen Durchbruch. Bei Leistungstransistoren ist dabei der Lawinendurchbruch („Avalanche") der dominierende Durchbruchmechanismus.

Besitzt die Driftzone eine Querschnittsfläche $\widetilde{A}$, dann folgt für ihren ohmschen Widerstand R_{ON}:

$$R_{ON} = \rho_{DZ} \cdot \frac{L_{DZ}}{\widetilde{A}}\,. \tag{4.10}$$

Darin bezeichnet ρ_{DZ} den spezifischen Widerstand der Driftzone, der durch

$$\rho_{DZ} = \begin{cases} \dfrac{1}{n \cdot e \cdot \mu_e(N_{DZ})} \cong \dfrac{1}{N_{DZ} \cdot e \cdot \mu_e(N_{DZ})}_{(NFET)} \\ \dfrac{1}{p \cdot e \cdot \mu_p(N_{DZ})} \cong \dfrac{1}{N_{DZ} \cdot e \cdot \mu_p(N_{DZ})}_{(PFET)} \end{cases} \tag{4.11}$$

gegeben ist. Darin bezeichnet e die Elementarladung, $p(n)$ die Konzentration freier Elektronen (Löcher) in der Driftzone und $\mu_{e(p)}(N_{DZ})$ die dotierstoffabhängige Elektronenbeweglichkeit (Löcherbeweglichkeit)[183]. Somit folgt für das Produkt $R_{ON} \cdot \widetilde{A}$:

$$R_{ON} \cdot \widetilde{A} = \frac{L_{DZ}}{N_{DZ} \cdot e \cdot \mu_{n(p)}(N_{DZ})}\,. \tag{4.12}$$

---

[183] Vgl. Abb. 1.17. des ersten Kapitels.

Setzt man Beziehung (4.8) in (4.9) ein, folgt für den Fall des elektrischen Durchbruchs ($E_{max,\,pn}(N_{DZ}) = E_{krit}(N_{DZ})$, $V_{DZ}(N_{DZ}) = BV_{OFF}(N_{DZ})$:

$$N_{DZ} = \frac{\varepsilon_{rel} \cdot \varepsilon_0 \cdot E_{krit}^2(N_{DZ})}{2 \cdot e \cdot BV_{OFF}(N_{DZ})}. \tag{4.13}$$

Damit folgt aus (4.12)

$$R_{ON} \cdot \widetilde{A} = \frac{2}{\varepsilon_{rel} \cdot \varepsilon_0 \cdot \mu_{n(p)}(N_{DZ})} \cdot \frac{BV_{OFF}(N_{DZ}) \cdot L_{DZ}}{E_{krit}^2(N_{DZ})} \tag{4.14}$$

bzw. mit (4.4)

$$R_{ON} \cdot \widetilde{A} = \frac{4}{\varepsilon_{rel} \cdot \varepsilon_0 \cdot \mu_{n(p)}(N_{DZ})} \cdot \frac{BV_{OFF}^2(N_{DZ})}{E_{krit}^3(N_{DZ})}. \tag{4.15}$$

Nimmt man weiterhin an, dass die elektrische Durchbruchspannung $BV_{OFF}(N_{DZ})$ von Silizium unabhängig von der Dotierung des Siliziums ist, wenn es sich nur um schwache Dotierungen $N_D < 1 \cdot 10^{15}\ cm^{-3}$ handelt, folgt für die kritische elektrische Feldstärke E_{krit} des intrinsischen Siliziums und für die kritische Feldstärke $E_{max,\,pn}(N_{DZ}) = E_{krit}(N_{DZ})$ der Zusammenhang:

$$E_{krit} = \frac{E_{krit}(N_{DZ})}{2}, \tag{4.16}$$

woraus

$$R_{ON} \cdot \widetilde{A} = \frac{1}{2 \cdot \varepsilon_{rel} \cdot \varepsilon_0 \cdot \mu_{n(p)}(N_{DZ}) \cdot E_{krit}^3} \cdot BV_{OFF}^2 \propto BV_{OFF}^2 \tag{4.17}$$

folgt. Für den überwiegenden Teil der vertikalen und quasivertikalen Konzepte für Leistungstransistoren ist die Querschnittsfläche $\widetilde{A}$ der Driftzone proportional zur Querschnittsfläche A des vertikalen bzw. quasivertikalen Leistungstransistors, wobei $\widetilde{A} < A$ gilt. Berücksichtigt man außerdem, dass der in Abb. 4.4. dargestellte Verlauf des elektrischen Feldes die Situation in einem Leistungs-MOSFET nur näherungsweise wiedergibt und dass die Beweglichkeit $\mu_{e(p)}$ der Ladungsträger auch spannungsabhängig ist, lässt sich für das Produkt $\Pi = A \cdot R_{ON}$ des Technologiekriteriums (4.2) schreiben

$$A \cdot R_{ON} = \alpha \cdot BV_{OFF}^{\beta} \propto BV_{OFF}^{\beta}, \tag{4.18}$$

wobei typischerweise $2{,}4 \leq \beta \leq 2{,}6$ gilt [00Finkd, 98Debo, 01Lian].

Abschließend sei noch ein weiterer Punkt bemerkt, der bei der Realisierung von MOS-Leistungsschaltern zu beachten ist und in dem sich (quasi)vertikale von lateralen Konzepten unterscheiden. Es handelt sich bei diesem Punkt um das Problem des sogenannten „Randabschlusses". Jedes Bauelement ist in seinen Abmessungen physikalisch begrenzt und besitzt einen Rand. Genau an diesem Rand kommt es zwangsläufig zu Verzerrungen im elektrostatischen Potenzial und damit zu Verzerrungen in den elektrischen Feldern, die in einem Bauelement auftreten. Diese Verzerrungen am Rand stellen in der Regel die Schwachpunkte des Bauelementes dar, die, betrachtet man wieder einen Leistungs-MOSFET, z. B. zu einem frühzeitigeren Ausfall oder Durchbruch des Bauelementes führen.

Aus diesem Grund wären bei der Realisierung von Leistungstransistoren Architekturen zu favorisieren, die den Rand des Bauteils minimieren und damit einen „guten" Randabschluss besitzen. Abb. 4.4. zeigt die Draufsicht auf einen lateralen Leistungs-MOSFET mit einem „guten" Randabschluss. Die Metallisierungen, die Gate-Struktur und das Gate-Oxid sind nicht gezeigt.

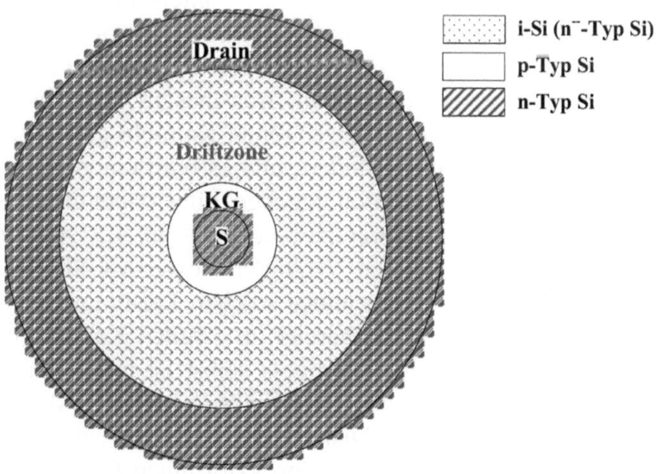

Abb. 4.4. Schematischer Aufbau eines lateralen Leistungs-NMOSFETs mit „gutem" Randabschluss durch Realisierung ringförmiger Transistorgebiete (KG: Kanalgebiet, S: Source)

In der Praxis wäre die Gate-Struktur als Ringstruktur über dem Kanalgebiet realisiert. Solche Randabschlüsse sind mit (quasi)vertikalen Architekturen nicht zu realisieren. Aus diesem Grund greift man bei diesen Strukturen auf Randabschlusselektroden zurück (in der Technologie auch oft als „Guard"-Ringe bezeichnet, die auf ein definiertes elektrostatisches Potenzial gelegt werden, um so am Rand des Bauteils definierte Potenzialverhältnisse einzustellen. Nachteil dieser Technik ist, dass diese „Guard"-Ringe sehr viel Platz beanspruchen und somit die Chipfläche vergrößern.

4.1 Konzepte vertikaler Leistungs-MOSFETs

4.1.1 Der vertikale V- bzw. U-Graben Power-MOSFET (Power-(V/U)MOSFET)

Die Entwicklung vertikaler V- bzw. U-Graben Power-MOSFETs (Power-VMOSFETs bzw. Power-UMOSFETs) begann Ende der 1960er/Anfang der 1970er Jahre. Eine intensive, nahezu sprunghaft ansteigende Diskussion dieser Konzepte auf den im Rahmen dieser Arbeit betrachteten Konferenzen ESSDERC, IEDM und SSDM begann Mitte der 1970er Jahre, wobei die auf der KOH-Ätztechnik beruhenden V-Graben-Konzepte zeitlich gesehen etwas früher als die U-Graben-Konzepte diskutiert wurden.

An der Entwicklung dieser Konzepte waren unterschiedlichste Gruppen aus allen Teilen der Welt gleichzeitig beteiligt, so dass es falsch wäre, ein bestimmtes Konzept bzw. eine bestimmte konzeptionelle Idee nur einer Gruppe zuzuordnen bzw. zuzuschreiben. Aus diesem Grund wird in diesem Unterpunkt die in den voran gegangenen Kapiteln gewählte Darstellung der diskutierten Konzepte geändert, und es wird ein genereller Überblick über alle diskutierten Varianten gegeben, ohne dabei die Leistung einer einzelnen Gruppe im besonderen zu betonen. Abb. 4.5. zeigt den schematischen Aufbau eines vertikalen V-Graben Power-MOSFETs [77Sala, 78Fuos, 78Temp]. Die Herstellung eines solchen Leistungstransistors basiert auf der KOH-Ätztechnik, die bereits im zweiten Kapitel ausführlich diskutierte wurde. Der Herstellungsprozess selbst ist prinzipiell identisch mit der Herstellung eines V-Graben MOSFETs (VMOSFETs), der im Unterpunkt 2.1.2 Gegenstand der Diskussion war. Im Unterschied zum VMOSFET wird vor der Etablierung der V-förmigen Gate-Struktur eine nahezu intrinsische bzw. sehr schwach dotierte Silizium-Schicht epitaktisch auf ein hoch dotiertes Silizium-Substrat abgeschieden; der größte Teil dieser Schicht stellt die zukünftige Driftzone dar.

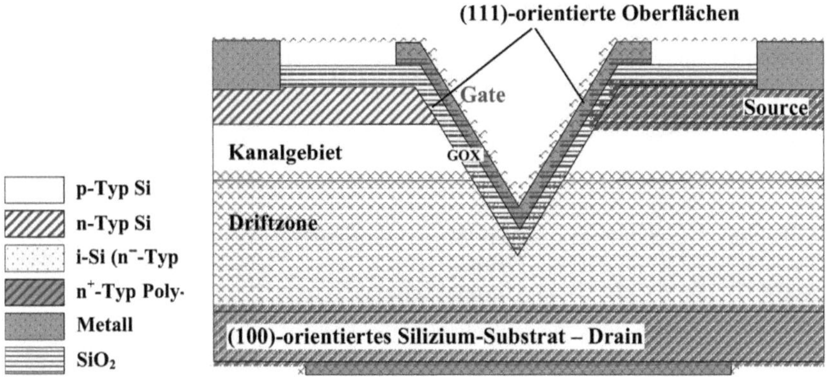

Abb. 4.5. Schematischer Aufbau eines vertikalen V-Graben Power-NMOSFETs

Als Abscheidetechnik wird hierfür meist CVD verwendet. Kanalgebiet und Source werden mittels Diffusion [77Sala] der Ionenimplantation [78Fuos] hergestellt.

Tabelle 4.2. stellt typische Design- bzw. Herstellungsparameter und elektrische Parameter eines Leistungsschalters, bestehend aus 40 parallel miteinander verschalteten V-Graben Power-NMOSFETs, zusammen.

Abb. 4.6. zeigt eine mögliche und sehr kompakte Anordnung der einzelnen V-Grabenstrukturen, die jeweils einen vertikalen Power-VMOSFET repräsentieren, die im späteren Leistungsschalter parallel miteinander verschaltet sind [79Kay]. In dieser Atlasarchitektur[184] lässt sich pro Einheitsfläche $A_E = 1\ cm^2$ eine integrale Kanalgebietweite von $W_{ges} = 1050\ cm$ erreichen.

Abb. 4.7. zeigt die Ausgangscharakteristik eines in Atlasarchitektur gefertigten Leistungsschalters mit einer aktiven Chipfläche von $A_C = 0{,}15\ cm^2$ $(30000\ mil^2$ Chipgesamtfläche), was einer integralen Kanalgebietweite von $W_{ges} = 158\ cm$ entspricht. Für das Technologiekriterium (4.2) ergibt sich für diesen Leistungsschalter $\Pi = 1{,}9 \cdot 10^5\ \Omega{\cdot}mm^2$.

Mit der Entwicklung anisotroper Ätzverfahren für die Erzeugung von vertikalen Grabenstrukturen (z. B. RIE) wurde der Power-VMOSFET sehr schnell durch den U-Graben Power-MOSFET verdrängt. Insgesamt wurden zwei Varianten eines Power-UMOSFETs verfolgt.

[184] In Anlehnung an die Atlasbindung in der Webetechnik [W^{3}5] ist „Atlasarchitektur“ als Bezeichnung für diese kompakte Anordnung der V-Gräben treffend.

Tabelle 4.2. Typische Design- bzw. Herstellungsparameter (links) und elektrische Parameter (rechts) eines Leistungsschalters, bestehend aus 40 parallel miteinander verschalteten V-Graben Power-NMOSFETs [78Fuos]

Parameter	Wert[185]
Chipfläche („Die Size“)	*1050 mil*^{2}
Aktive Chipfläche	$1{,}5 \cdot 10^{-3}$ cm^2
Totale Kanalgebietweite	*1,6 cm*
Implantation Kanalgebiet (Dotierstoff und Implantationsenergie)	*Bor, 30 keV*
Implantation Source-Gebiet (Dotierstoff und Implantationsenergie)	*Arsen, 120 keV*
Source-Kontaktfläche	*60 mil*^{2}
Gate-Oxiddicke	*100 nm*
Feldoxiddicke (LOCOS)	*1000 nm*
Gate-Kontaktfläche	*15 mil*^{2}

Parameter	Symbol	Strom/Spannungs-Pegel	Typische Werte
Source-Drain-Durchbruch	BV_{OFF}	$I_{SD} = 100\ \mu A$ $V_G = 0\ V$	*100 V*
Einsatzspannung	V_{ON}	$V_{SD} = V_G$ $I_{SD} = 1\ mA$	*2,5 V*
Ohmscher Widerstand im eingeschalteten Zustand	R_{ON}	$V_G = 10\ V$ $V_{SD} = 1\ V$	$12\ \Omega$
Source-Drain-Sättigungsspannung	V_{CC}	$V_G = 10\ V$ $I_{SD} = 200\ mA$	*2,6 V*
Technologiekriterium ($A \cdot R_{ON}$)	Π	$V_G = 10\ V$ $V_{SD} = 1\ V$	$1800\ m\Omega \cdot mm^2$

Das war zum einen der Power-UMOSFET mit einem sogenannten „Shallow Trench“ (ST-Power-UMOSFET), bei dem das Gate-Gebiet an der Driftzone endet [86Chan, 86Ueda], und zum anderen der Power-UMOSFET mit einem sogenannten „Deep Trench“ (DT-Power-UMOSFET), bei dem sich das Gate-Gebiet über die gesamte Driftzone bis in das Drain-Gebiet erstreckt [86Ueda]. In den folgenden Abbildungen 4.8. und 4.9. ist dies illustriert.

[185] Der nicht standardisierten amerikanischen Länge von einem „mil“ entsprechen *0,0254 mm*.

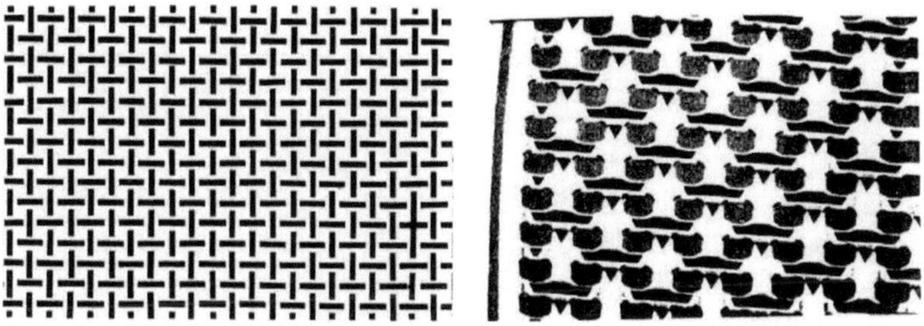

Abb. 4.6. Mögliche kompakte Anordnung der einzelnen V-Grabenstrukturen in einem Leistungsschalter, aufgebaut aus parallel miteinander verschalteten V-Graben Power-MOSFETs: Schematisch (links), rasterelektronenmikroskopische Aufnahme (rechts), © 1979 IEEE [79Kay]

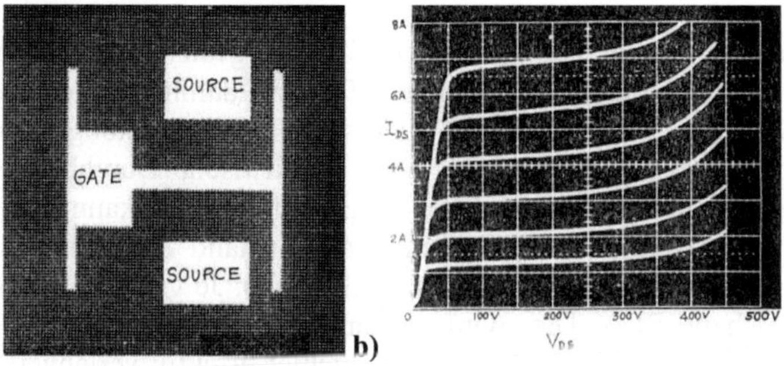

Abb. 4.7. a) Fotographie und b) Ausgangscharakteristik ($3 \leq V_G/V \leq 8$) eines in Atlasarchitektur realisierten Leistungsschalters aus parallel miteinander verschalteten vertikalen Power-VMOSFETs, © 1979 IEEE [79Kay]

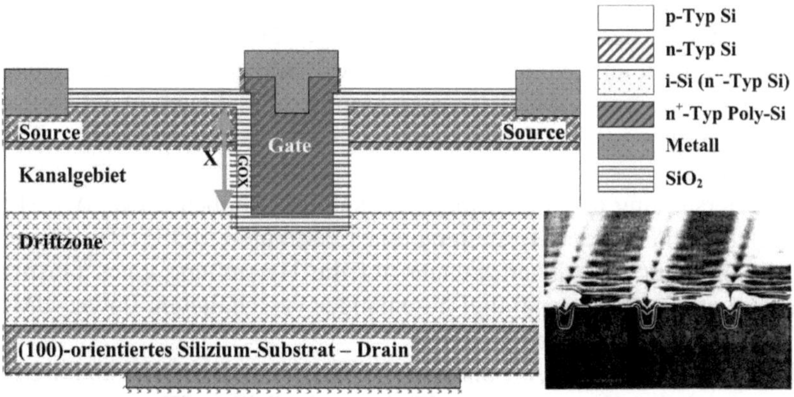

Abb. 4.8. Schematischer Aufbau eines vertikalen Power-UNMOSFETs mit einem „Shallow Trench" und rasterelektronenmikroskopische Aufnahme seriell verschalteter U-Graben Power-NMOSFETs mit einem „Shallow Trench", © 1986 IEEE [86Ueda]

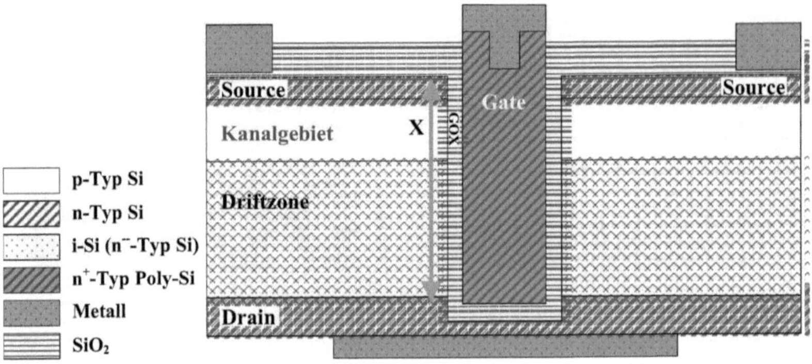

Abb. 4.9. Schematischer Aufbau eines vertikalen Power-UNMOSFETs mit einem „Deep Trench"

Dabei zeigte sich, dass über die Tiefe X des geätzten vertikalen Grabens (vgl. erneut Abbildungen 4.8. und 4.9.) und damit über die Größe des Gate-Gebietes der ohmsche Widerstand des Leistungsschalters im eingeschalteten Zustand R_{ON} als auch die kritische Durchbruchspannung im eingeschalteten Zustand BV_{ON} eingestellt werden kann (die kritische Durchbruchspannung im ausgeschalteten Zustand BV_{OFF} ist unabhängig von der Tiefe des geätzten vertikalen Grabens): Je größer X, umso kleiner wird R_{ON} bzw. BV_{ON}. Dies wird verständlich, da mit zunehmendem X das im „ON"-Zustand niederohmige Kanalgebiet effektiv verlängert ($L_{eff} > L$) bzw. die Driftzone effektiv verkürzt ($L_{DZ,\,eff} < L_{DZ}$) wird.

Erstreckt sich das Gate-Gebiet über die gesamte Driftzone, unterscheidet sich ein Power-UMOSFET nicht wesentlich von einem vertikalen Langkanal-MOSFET. Allerdings muss hierbei nun berücksichtigt werden, dass die Dicke des Gate-Oxides d_{GOX} so gewählt ist, dass es nicht zum Oxiddurchbruch aufgrund der nun am Oxid anliegenden hohen Spannung $V = V_{SD} - V_G$ kommt. Abb. 4.10. zeigt simulierte und experimentelle Daten für $R_{ON}(X)$ bzw. $BV_{ON}(X)$ als Funktion von X eines U-Graben Power-NMOSFETs.

Die Herstellung eines einzelnen vertikalen U-Graben Power-MOSFETs lässt sich leicht aus der Herstellung eines vertikalen MOSFETs ableiten.[186] An dieser Stelle soll daher genauer auf die Herstellung eines Leistungsschalters aus mehreren, parallel miteinander verschalteten, Power-UMOSFETs eingegangen werden.

In den Abbildungen 4.11. bis 4.13. sei beispielhaft die Herstellung eines Leistungsschalters bestehend aus ST-Power-UNMOSFETs gezeigt.

---

[186] Vgl. z. B. die Beschreibung der Herstellung eines vertikalen TMOSFETs im Unterpunkt 2.1.5 des zweiten Kapitels.

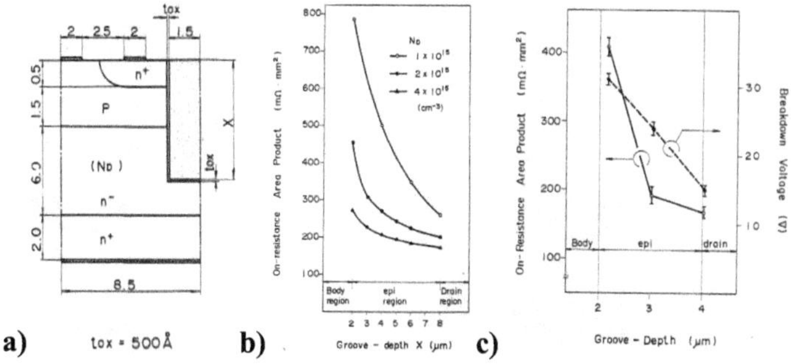

Abb. 4.10. Schematischer Aufbau des simulierten und experimentell realisierten U-Graben Power-NMOSFETs (a) und simulierte (b) bzw. experimentell ermittelte Daten (c) für $R_{ON}(X)$ bzw. $BV_{ON}(X)$ als Funktion von X (alle Längenangaben in Mikrometer, $N_D \equiv N_{DZ}$: Dotierung der Driftzone, $t_{Ox} \equiv d_{GOX}$: Gate-Oxiddicke), © 1986 IEEE [86Ueda]

1. Epitaktische Abscheidung einer dicken, sehr schwach dotierten Silizium-Schicht auf ein hoch n-Typ dotiertes Silizium-Substrat.
2. Bor-Implantation und weiteres Eintreiben des Dotierstoffes durch Diffusion während eines sich anschließenden Hochtemperaturschrittes zur Herstellung einer p-Typ dotierten Silizium-Schicht, die das Kanalgebiet des späteren Transistors bildet. Als Streuoxid während der Implantation diente eine SiO_2/Si_3N_4-Schichtfolge.
3. Herstellung einer „Hard mask“ aus polykristallinem Silizium und SiO_2.
4. Anisotropes Trockenätzen (RIE) von Gräben der Tiefe X. (vgl. Abb. 4.11., links)
5. Thermische Oxidation der Gesamtstruktur zur Erzeugung des Gate-Oxides (GOX).
6. Füllung der Gräben durch konforme Abscheidung eines hoch n-Typ dotierten Poly-Silizium-Films als Gate-Elektrode mittels CVD (vgl. Abb. 4.11., rechts).
7. Planarisieren der Gesamtstruktur mittels CMP und anisotropes Rückätzen des verbleibenden Poly-Films mit einem Ätzstopp auf dem Nitridfilm und thermische Oxidation der Gesamtstruktur zur Verkapselung der Gate-Elektroden (vgl. Abb. 4.12., links).
8. Nasschemisches Entfernen des Nitridfilms und Phosphor-Implantation zur Erzeugung der Source-Gebiete (vgl. Abb. 4.12., rechts).
9. Abscheidung und Strukturierung einer Aluminiumschicht zur Kontaktierung der Source-Gebiete und Kanalgebiete außerhalb des Transistorfeldes. Rückseitenmetallisierung zur Kontaktierung der Drain-Gebiete.

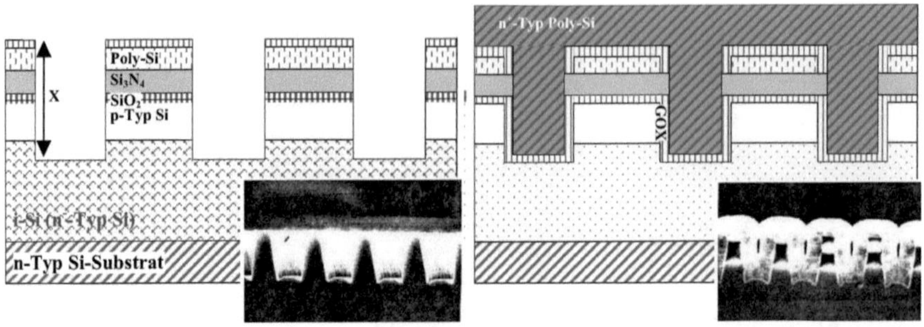

Abb. 4.11. Herstellungsprozess zur Herstellung eines ST-Power-UNMOSFETs am Ende des 4. (links) und 6. (rechts) Fertigungsschrittes (jeweils Seitenansichten) und rasterelektronenmikroskopische Aufnahmen, © 1986 IEEE [86Chan]

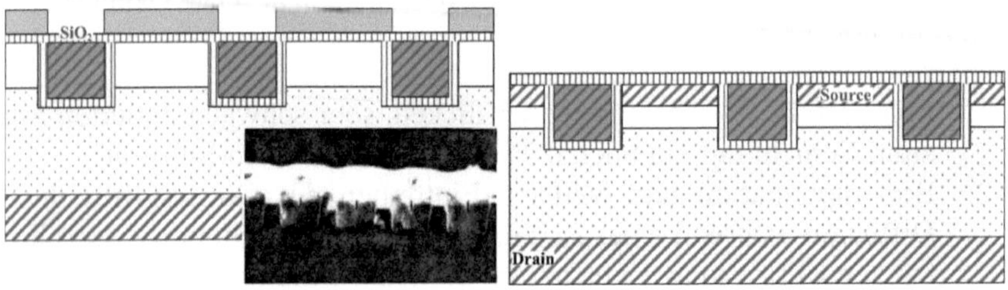

Abb. 4.12. Herstellungsprozess zur Herstellung eines ST-Power-UNMOSFETs am Ende des 7. (links) und 8. (rechts) Fertigungsschrittes (jeweils Seitenansichten) und rasterelektronenmikroskopische Aufnahmen, © 1986 IEEE [86Chan]

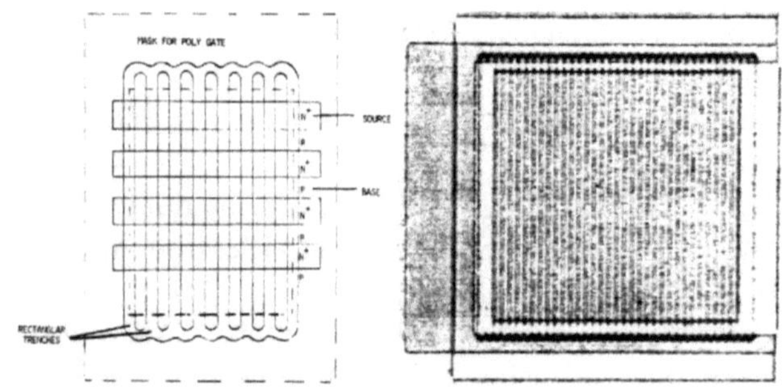

Abb. 4.13. Layout eines ST-Power-UNMOSFETs zur Kontaktierung der Source-Gebiete und Kanalgebiete (links) und Fotographie des fertigen Leistungstransistors (Draufsicht), © 1986 IEEE [86Chan]

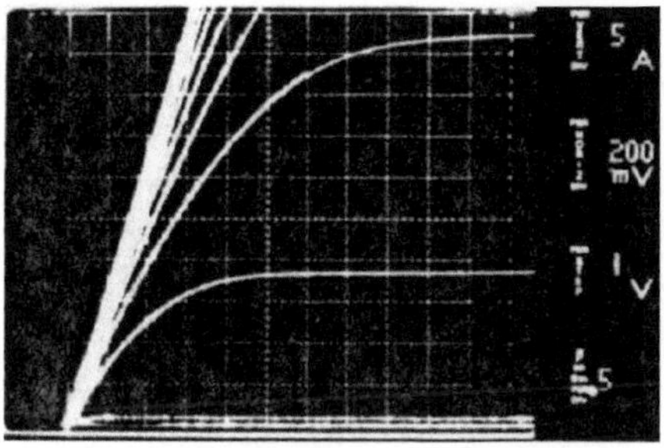

Abb. 4.14. Ausgangscharakteristik eines Leistungs-NMOSFETs, bestehend aus mehreren parallel geschalteten ST-Power-UMOSFETs, © 1986 IEEE [86Ueda]

Abb. 4.14. zeigt die Ausgangscharakteristik eines Leistungs-NMOSFETs, bestehend aus mehreren parallel geschalteten ST-Power-UMOSFETs, der mit dem gerade beschriebenen Verfahren hergestellt wurde. Die Tabelle 4.3. stellt die relevanten Design- bzw. Herstellungsparameter und die elektrischen Parameter dieses Leistungs-NMOSFETs zusammen.

Tabelle 4.3. Design- bzw. Herstellungsparameter (links) und elektrische Parameter (rechts) eines Leistungs-NMOSFETs, bestehend aus mehreren parallel miteinander verschalteten ST-Power-UMOSFETs [86Ueda]

Parameter	Wert
Chipfläche („Die Size“)	*14,44 mm²*
Kanalgebietlänge	*1,6 µm*
Source-Länge	*0,4 µm*
Totale Kanalgebietweite	*180 cm*
Grabentiefe	*2,5 µm*
Spezifischer Widerstand der Driftzone	*0,6 Ω·cm*
Driftzonenlänge	
Gate-Oxiddicke	*4 µm*
Abstand zweier benachbarter Gräben	*50 nm* *17 µm*

Parameter	Symbol	Strom/Spannungs-Pegel	Typische Werte
Source-Drain-Durchbruch	BV_{OFF}	$V_G = 0\ V$	*15 V*
Ohmscher Widerstand im eingeschalteten Zustand	R_{ON}	$V_G = 10\ V$	*11 mΩ*
Technologiekriterium (A·R_{ON})	Π	$V_G = 10\ V$	*160 mΩ·mm²*

4.1.2 Der vertikale „Insulated Gate“ GTO-Thyristor (GTO-IGT)

Das Konzept des vertikalen GTO-Thyristors mit einer MOS-Gate-Struktur wurde erstmals von *H.-R. Chang et al.*[187] auf der IEDM-1989 in Wa-

[187] Koautoren der Arbeit waren *F. W. Holroyd*, *B. J. Baliga* und *J. W. Kretchmer*.

shington, D.C., USA, diskutiert [89Chan]. Den schematischen Aufbau des durch *H.-R. Chang et al.* realisierten vertikalen GTO-IGTs zeigt Abb. 4.15.

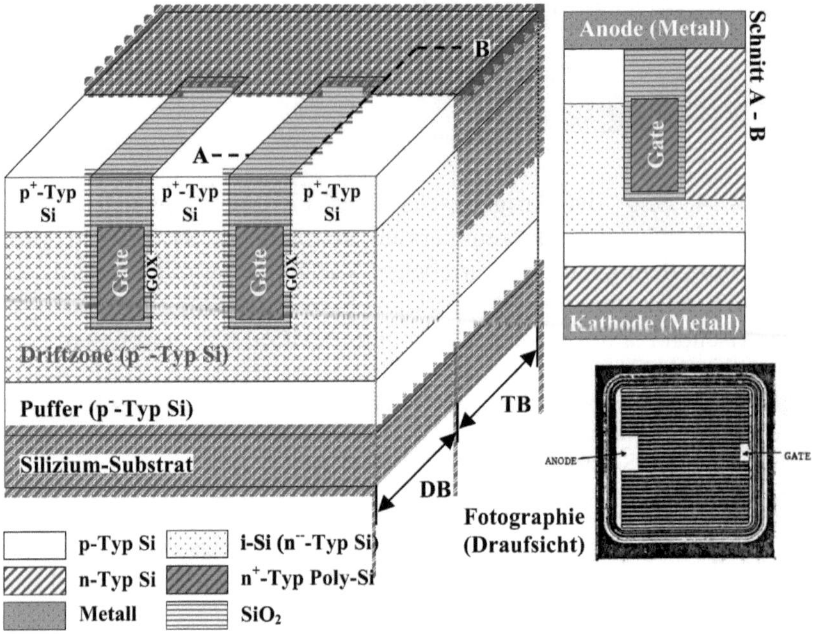

Abb. 4.15. Schematischer Aufbau und Fotographie eines durch *H.-R. Chang et al.* realisierten vertikalen GTO-IGTs (DB: Diodenbereich, TB: Transistorbereich), © 1989 IEEE [89Chan]

Die Gate-Elektrode aus n^+-Typ dotierten polykristallinem Silizium erstreckt sich dabei nur über den Diodenbereich des Transistors.

Wie man aus dieser Abbildung entnehmen kann, handelt es sich hinsichtlich des physikalischen Aufbaus bei diesem Leistungstransistor nicht um eine klassische npnp- bzw. pnpn-Thyristorstruktur.[188] Betrachtet man aber die gemessene Strom-Spannungs-Charakteristik $I_{KA}(V_{AK})$ im „ON"-Zustand dieses Bauelementes (Abb. 4.16.), erkennt man ein Thyristor-ähnliches Verhalten, was ausschlaggebend für die Namensgebung ist. Bei diesem vertikalen GTO-IGT handelt es sich um eine Parallelschaltung aus einem npn-Bipolartransistor (npn-BT) mit einer offenen Basis und einer $p(p^-)n$-Diode. Im „ON"-Zustand, wenn an der Anode (A) relativ zur Kathode (K) eine positive Spannung $V_{AK} > 0\ V$ ($V_{AK} = V_A - V_K$) abfällt, ist die $p(p^-)n$-Diode in Durchlass gepolt.

[188] Vgl. dazu mit Unterpunkt 1.3.3 des ersten Kapitels.

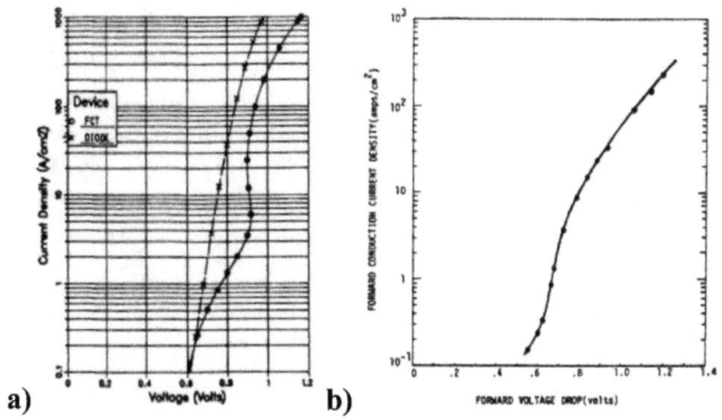

Abb. 4.16. Simulierte (links) und gemessene (rechts) Strom-Spannungs-Charakteristik $I_{KA}(V_{AK})$ im eingeschalteten Zustand eines durch *H.-R. Chang et al.* realisierten vertikalen GTO-IGTs (in der Abbildung mit „FCT“ bezeichnet), © 1989 IEEE [89Chan]

Allerdings fließt nur ein Teil des Elektronengesamtstromes $I_{KA}(V_{AK})$, der von der Kathode zur Anode fließt, über die p(p$^-$)n-Strecke ab. Der restliche Teil des Elektronengesamtstromes $I_{KA}(V_{AK})$ wird in die Basis des npn-BT injiziert (die so in die Basis des npn-BTs injizierten Elektronen stellen die Minoritätsladungsträger der Basis dar) und fließt über den in Sperrrichtung gepolten Basis-Kollektor-Übergang des BTs ab. Der vertikale GTO-IGT ist somit ein „Normally ON“-Transistor.

Übersteigt der in die Basis injizierte Elektronenstrom einen kritischen Wert, kommt es analog zum Thyristor zum Aufsteuern des BTs. Der BT geht in seinen niederohmigen Zustand über, so dass es zu einem Spannungsabfall zwischen Kathode und Anode bei weiter steigendem Strom kommt (der Großteil der Spannung fällt nun am Vorwiderstand ab). Dies führt zu der simulierten und gemessenen S-förmigen Strom-Spannungs-Charakteristik $I_{KA}(V_{AK})$.[189] Im linken Graphen der Abb. 4.16. ist zusätzlich zur simulierten Strom-Spannungs-Charakteristik $I_{KA}(V_{AK})$ des vertikalen GTO-IGTs die Strom-Spannungs-Charakteristik der p(p$^-$)n-Diode eingezeichnet. Damit erkennt man, dass der Großteil des durch den GTO-IGT fließenden Gesamtstromes über den BT abfließt (vgl. dazu außerdem Abb. 4.17.). So beträgt der Anteil am Gesamtstrom $I_{KA}(V_{AK}) = 200\ A\cdot cm^{-2}$, der über den npn-BT abfließt, *80 %*. Durch Anlegen einer positiven Gate-Spannung $V_G > 0\ V$ kann der GTO-IGT ausgeschaltet werden ($I_{KA} = 0$ A), was Abb. 4.18. a zeigt. Dabei hängt es von der Stärke des über die Kathode in den Transistor fließenden Gesamtstromes I_{KA} ab, wie groß diese positive Gate-Spannung V_G gewählt werden muss (vgl. Abb. 4.18. b).

[189] Vgl. dazu erneut mit Unterpunkt 1.3.3 des ersten Kapitels.

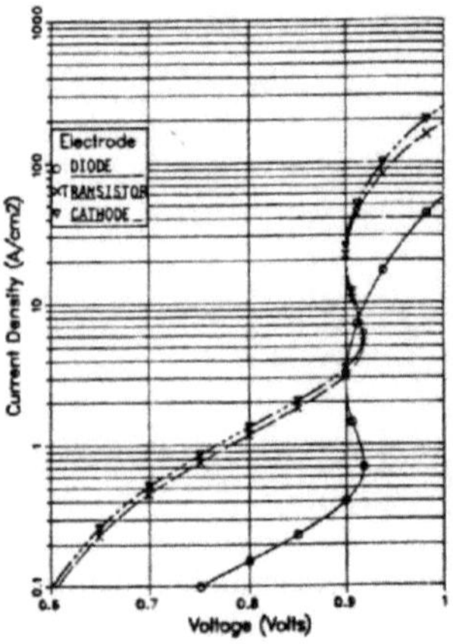

Abb. 4.17. Simulierte Strom-Spannungs-Charakteristik $I_{KA}(V_{AK})$ im eingeschalteten Zustand eines vertikalen GTO-IGTs: Anteil des Gesamtstromes („CATHODE“), der über den p(p⁻)n-Übergang abfließt („DIODE“) und Anteil des Gesamtstromes, der über den npn-BT abfließt („TRANSISTOR“), © 1989 IEEE [89Chan]

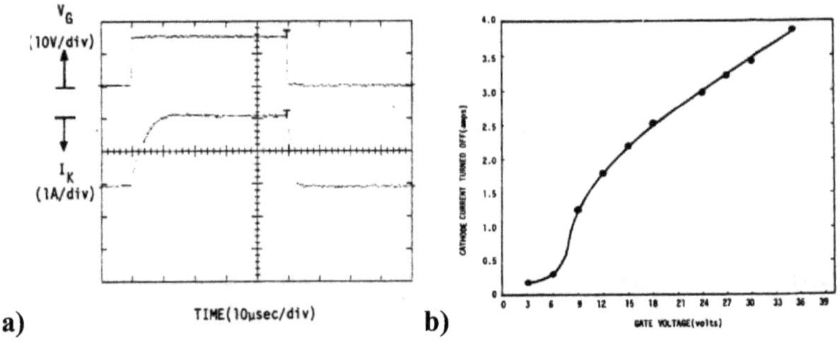

Abb. 4.18. a) Stromstärke des über die Kathode in den Transistor fließenden Gesamtstromes $I_{KA}(t, V_G)$ als Funktion der Zeit t und der angelegten Gate-Spannung V_G und b) benötigte Gate-Spannung $V_G(I_{KA})$ zum Ausschalten des GTO-IGTs als Funktion des durch den Transistor fließenden Gesamtstromes I_{KA}, © 1989 IEEE [89Chan]

Wie sich aus dieser Abbildung ergibt, schaltet der Transistor nicht sofort ab, sondern benötigt dafür eine Ausschaltzeit von ca. $t_{TO} = 5\ \mu s$ (TO: **T**urn **O**ff). Dies wird verständlich, wenn man den Ausschaltvorgang genauer betrachtet: Durch Anlegen einer genügend hohen Gate-Spannung $V_G > 0\ V$ kommt es im Bereich zwischen den eng stehenden Gate-Strukturen zur Ausbildung einer negativen Raumladungszone und damit zu einer vollständigen Abschnürung der p(p⁻)n-Strompfade zwischen den Gate-Strukturen (die Gate-Spannung V_G induziert die Ausbildung eines npnp-Überganges im Diodenbereich – vgl. erneut Abb. 4.15.). Gleichzeitig akkumulieren Löcher in der Driftzone (es entsteht ein sogenanntes „Löcherplasma“) und in die offene Basis des npn-BTs werden nun Löcher injiziert (Majoritätsladungsträger in der Basis), was den BT ausschaltet. Erst wenn alle akkumulierten Löcher in der Driftzone durch Rekombination mit Elektronen aus der Kathode neutralisiert sind, versiegt der Elektronenstrom aus der Kathode. Die dafür benötigte Zeit wird durch t_{TO} gegeben.

4.1.3 Der vertikale „Insulated Gate Bipolar Transistor“ (IGBT)

Der vertikale GTO-Bipolartransistor mit einer MOS-Gate-Struktur wurde erstmals von *M. Kitagawa et al.*[190] auf der 1993er IEDM in Washington, D.C., USA, diskutiert [93Kita]. In der Abb. 4.19. sind der prinzipielle Aufbau eines vertikalen GTO-IGBTs und der schematische Aufbau des vertikalen GTO-IGBTs, wie er durch *M. Kitagawa et al.* realisiert wurde, dargestellt. Wie man dieser Abbildung entnehmen kann, handelt es sich bei einem vertikalen GTO-IGBT um die Parallelschaltung eines vertikalen Thyristors mit einem MOS-Gate (vertikaler IGT) und einem BT.

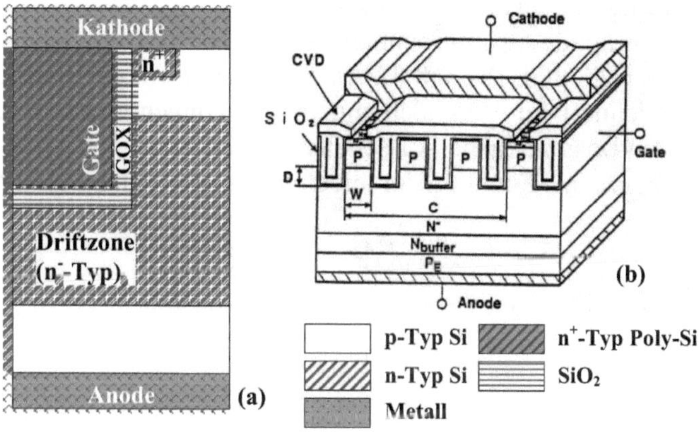

Abb. 4.19. a) Prinzipieller Aufbau eines vertikalen GTO-IGBTs, b) schematischer Aufbau eines durch *M. Kitagawa et al.* realisierten vertikalen GTO-IGBTs, © 1993 IEEE [93Kita]

In der durch *M. Kitagawa et al.* realisierten Architektur sind IGT und BT räumlich durch die Gate-Strukturen voneinander getrennt.

Wenn an der Anode (A) relativ zur Kathode (K) eine positive Spannung $V_{AK} > 0\ V$ ($V_{AK} = V_A - V_K$) abfällt, sperren bei ausgeschaltetem Gate ($V_G = 0\ V$) sowohl der BT als auch der IGT. Bei einem GTO-IGBT handelt es sich damit um einen „Normally OFF“-Leistungstransistor.

Um den Transistor in den „ON“-Zustand zu überführen, muss eine positive Gate-Spannung $V_G > 0\ V$ angelegt werden, die das an der Kathode ge-

---

[190] Als Koautoren werden genannt: *I. Omura*, *S. Hasegawa*, *T. Inoue* und *A. Nakagawa*.

legene hoch n-Typ dotierte Gebiet mit der schwach n-Typ dotierten Driftzone kurzschließt. Da bei positiver Versorgungsspannung $V_{AK} > 0\ V$ der anodenseitige pn-Übergang in Durchlass gepolt ist, fließt ein Elektronenstrom von der Kathode zur Anode. Da die Driftzone die Basis des parallel geschalteten pnp-BTs ist, sperrt der pnp-BT (die in die Basis injizierten Elektronen stellen die Majoritätsladungsträger in der Basis dar), was gleichbedeutend mit dem Unterdrücken des Löcherstroms vom Emitter zum Kollektor des BTs ist. Eine noch stärkere Unterdrückung dieses Löcherstroms wird in der durch *M. Kitagawa et al.* realisierten Architektur erzielt. Somit wird der Gesamtstrom im eingeschalteten Zustand nur durch Elektronen getragen.

Zum Ausschalten des vertikalen GTO-IGBTs wird eine negative Gate-Spannung $V_G < 0\ V$ angelegt. In der durch *M. Kitagawa et al.* gewählten Architektur, bei der der IGT durch jeweils zwei Gate-Strukturen flankiert ist, erfolgt dieses Ausschalten sehr schnell.

Abb. 4.20. zeigt die Strom-Spannungs-Charakteristik im eingeschalteten Zustand eines GTO-IGBTs nach *M. Kitagawa et al.* (in der Abbildung mit „IEGT" bezeichnet) im Vergleich mit einem konventionellen vertikalen GTO-IGBT und das zeitliche Ausschaltverhalten eines GTO-IGBTs nach *M. Kitagawa et al.* als Funktion der angelegten Gate-Spannung $V_G(t)$.

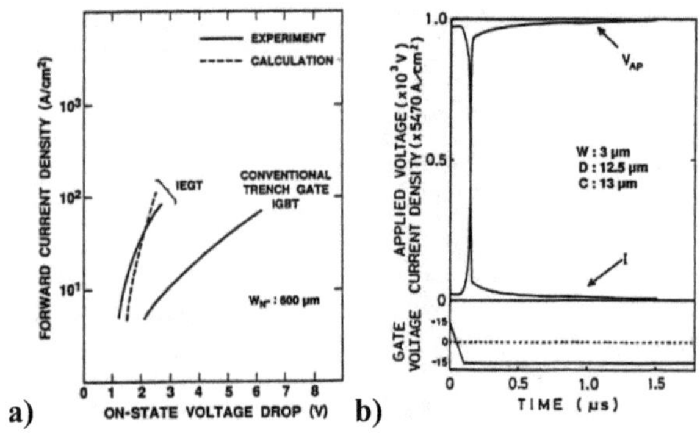

Abb. 4.20. a) Strom-Spannungs-Charakteristik im eingeschalteten Zustand eines GTO-IGBTs nach *M. Kitagawa et al.* (in der Abbildung mit „IEGT" bezeichnet) im Vergleich mit einem konventionellen vertikalen GTO-IGBT, b) zeitliches Ausschaltverhalten eines GTO-IGBTs nach *M. Kitagawa et al.* als Funktion der angelegten Gate-Spannung $V_G(t)$, darin bezeichnet „I" den durch den GTO-IGBT fließenden Strom und „V_{AP}" die sich aufbauende Spannung, die zwischen Anode und Kathode abfällt, © 1993 IEEE [93Kita]

Für die Herstellung eines GTO-IGBTs nach *M. Kitagawa et al.* werden Diffusionsprozesse gewählt. So wird der hoch n-Typ dotierte Puffer z. B. durch Phosphor-Diffusion in ein p-Typ dotiertes Silizium-Substrat realisiert. Die resultierende Pufferdicke sollte $d_P = 30\ \mu m$ betragen. Nach der epitaktischen Abscheidung einer schwach n-Typ dotierten Driftzone der Dicke d_{DZ} mittels CVD wird Bor zur Bildung der p-Typ dotierten Deckschicht bis zu einer Tiefe von d_B eindiffundiert (*M. Kitagawa et al.*: $d_{DZ} = 600\ \mu m$, $\rho_{DZ} = 450\ \Omega{\cdot}cm$, $d_B = 4\ \mu m$). Die vertikalen Gräben werden mittels anistropen Ionenätzens (RIE) realisiert. Die Grabentiefe T muss dabei größer als d_B sein (*M. Kitagawa et al.*: $5 \leq T/\mu m \leq 9$). Die Realisierung der Gate-Strukturen, der noch fehlenden n-Typ dotierten Elektrode des vertikalen IGTs und der Metallisierungen erfolgt mit einer ähnlichen Methode, mit der die äquivalenten Strukturen eines vertikalen TMOSFETs hergestellt werden.[191] Der durch *M. Kitagawa et al.* realisierte und aus mehreren parallel geschalteten vertikalen GTO-IGBTs bestehende Leistungsschalter besitzt die folgenden Kenndaten:

- Minimaler Abstand zweier sich gegenüber liegender Gate-Strukturen: $L_{G\text{-}G} = 2\ \mu m$,
- Minimale Grabenweite: $W = 1\ \mu m$,
- Aktive Chipfläche: $A_C = 0{,}02\ mm^2$,
- Durchbruchspannung: $BV_{OFF} = 4500\ V$,
- Fließender Gesamtstrom im „On“-Zustand: $I_{KA}(V_{AK}, V_G) = 100\ A{\cdot}cm^{-2}$ ($V_{AK} = 2{,}5\ V$, $V_G = 15\ V$).

4.1.4 Der vertikale „Planar Doped Barrier“ Power-MOSFET (Power-PDBFET)

Das Konzept des vertikalen Planar Doped Barrier Power-MOSFETs (Power-PDBFET) wurde Ende der 1990er Jahre direkt aus dem Konzept des vertikalen PDBFETs entwickelt, der Gegenstand der Diskussion im zweiten Kapitel.[192]

Der vertikale Power-PDBFET stellt eine Gemeinschaftsentwicklung der Universität der Bundeswehr München (UniBw M) und der Infineon Technologies AG München (Infineon), Deutschland, dar. Die ersten experimentellen Ergebnisse, die am vertikalen Power-PDBFET gewonnen wurden, wurden erstmals auf der 2000er SSDM im japanischen Sendai und im gleichen Jahr auf der darauf folgenden IEDM-2000 in San Francisco, USA, einem internationalen Fachpublikum durch *C. Fink et al.*[193] vorgestellt

---

[191] Vgl. dazu mit Unterpunkt 2.1.5 im zweiten Kapitel.

[192] Vgl. mit Unterpunkt 2.2.7 des zweiten Kapitels.

[193] Neben *C. Fink* (UniBw M) werden als Koautoren bzw. als Entwicklungsteam dieser Arbeit *J. Schulze* (UniBw M, Autor des vorliegenden Buches), *I. Eisele*

[00Finka, 00Finkb]. In den Folgejahren folgte eine intensive Publikation der gewonnenen Ergebnisse [00Finkc, 01Fink, 02Tolka].

Den schematischen Aufbau des durch *C. Fink et al.* realisierten vertikalen Power-PDBFETs zeigt Abb. 4.21. Die Herstellung eines solchen vertikalen Power-PDBFETs ist mit einer Ausnahme identisch zur Herstellung eines vertikalen PDBFETs.

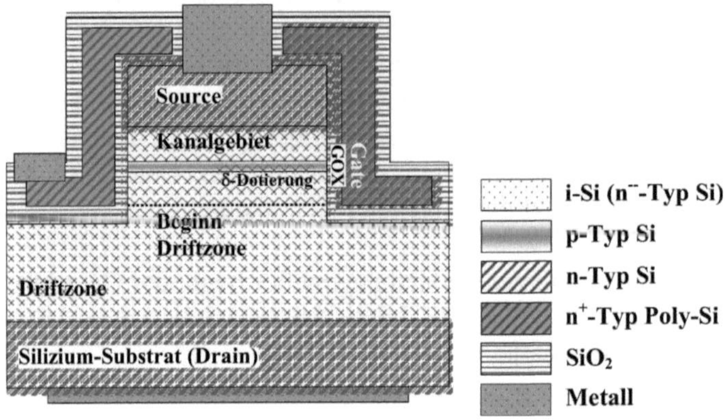

Abb. 4.21. Schematischer Aufbau eines vertikalen Power-PDBFETs nach *C. Fink et al.*

Der einzige Unterschied besteht darin, dass die im Idealfall intrinsische Zone zwischen der δ-Dotierung und dem hoch n-Typ dotierten Drain-Gebiet nicht wenige Nanometer, sondern mehrere Mikrometer dick ist, da diese Schicht sowohl das Drain-seitige Kanalgebiet nach der δ-Dotierung als auch die Driftzone des Leistungstransistors darstellt, über deren Dicke d_{DZ} die Durchbruchfestigkeit des Transistors eingestellt wird.[194] Abb. 4.22. zeigt eine raster- und eine transmissionselektronenmikroskopische Aufnahme eines durch *C. Fink et al.* realisierten vertikalen Power-PDBFETs.

In ihrer Forschungsarbeit konzentrierten sich *C. Fink et al.* insbesondere auf die Reduktion des seriellen Kanalwiderstandes relativ zu einem vertikalen Power-UMOSFET mit homogener Kanalgebietdotierung aber ansonsten gleichen Herstellungsparametern. In Tabelle 4.4. sind die physikalischen Parameter der hergestellten und untersuchten Leistungs-NMOSFETs zusammengestellt. Die Kanalgebietlänge beträgt bei allen Transistoren $L = 100\ nm$.

(UniBw M), *W. S. Hansch* (UniBw M, jetzt Technische Universität München), *W. Werner* und *W. Kanert* (beide Infineon) genannt.

194 Vgl. dazu erneut mit (4.4) in der Einleitung des vorliegenden Kapitels.

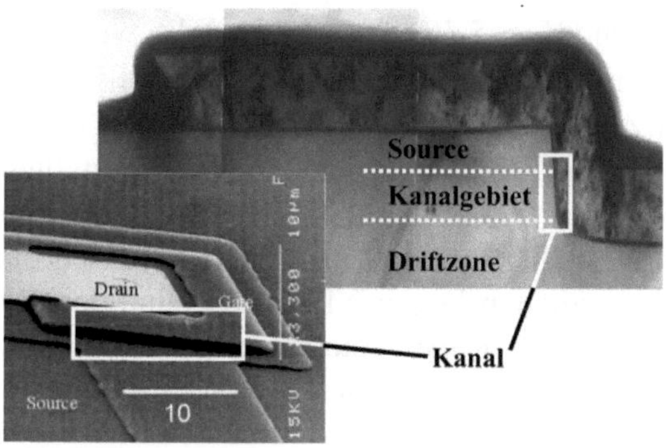

Abb. 4.22. a) Rasterelektronenmikroskopische Aufnahme (Draufsicht) und b) transmissionselektronenmikroskopische Aufnahme (Seitenansicht) eines durch *C. Fink et al.* realisierten vertikalen Power-PDBFETs [PIEise]

Tabelle 4.4. Physikalische Parameter der durch *C. Fink et al.* hergestellten und untersuchten vertikalen Leistungs-NMOSFETs (Power-PDBFETs bzw. Power-UMOSFETs) [00Finkd]

Nummer	Typ	$R_{ON, Ges}$	$R_{ON, Kanal}$	N_{Kanal} bzw. σ_{Kanal}	BV_{OFF}	L_{DZ}
#1	UMOSFET	$269\ \Omega$	$87\ \Omega$	$5{\cdot}10^{17}\ cm^{-3}$	$39\ V$	$3000\ nm$
#2	UMOSFET	$398\ \Omega$	$211\ \Omega$	$1{\cdot}10^{18}\ cm^{-3}$	$41\ V$	$3000\ nm$
#3	UMOSFET	$481\ \Omega$	$304\ \Omega$	$5{\cdot}10^{18}\ cm^{-3}$	$47\ V$	$3000\ nm$
#4	UMOSFET	$116\ \Omega$	$66\ \Omega$	$1{\cdot}10^{18}\ cm^{-3}$	$8\ V$	$340\ nm$
#5	UMOSFET	$166\ \Omega$	$66\ \Omega$	$1{\cdot}10^{18}\ cm^{-3}$	$14\ V$	$680\ nm$
#6	PDBFET	$222\ \Omega$	$36\ \Omega$	$1{\cdot}10^{12}\ cm^{-2}$	$38\ V$	$3000\ nm$
#7	PDBFET	$318\ \Omega$	$131\ \Omega$	$4{\cdot}10^{12}\ cm^{-2}$	$40\ V$	$3000\ nm$
#8	PDBFET	$383\ \Omega$	$196\ \Omega$	$8{\cdot}10^{12}\ cm^{-2}$	$42\ V$	$3000\ nm$
#9	PDBFET	$321\ \Omega$	$134\ \Omega$	$8{\cdot}10^{12}\ cm^{-2}$	$43\ V$	$3000\ nm$
#10	PDBFET	$88\ \Omega$	$38\ \Omega$	$1{\cdot}10^{12}\ cm^{-2}$	$9\ V$	$340\ nm$
#11	PDBFET	$138\ \Omega$	$38\ \Omega$	$1{\cdot}10^{12}\ cm^{-2}$	$12\ V$	$680\ nm$

Im Falle eines vertikalen Power-UNMOSFETs ist dieses homogen p-Typ mit der Dotierstoffkonzentration (Bor) N_{Kanal} dotiert. Im Falle eines vertikalen Power-NPDBFETs befindet sich in der Mitte des Kanalgebietes eine δ-Dotierung mit einer Dotierstofffflächenkonzentration (ebenfalls Bor) von σ_{Kanal}; der Rest des Kanalgebietes ist aufgrund des „unintentional dopings“ sehr schwach n-Typ dotiert. Als Gate-Oxid fungierte thermisch gewachsenes SiO_2 der Dicke $d_{GOX} = 15\ nm$, als Elektrode hoch n-Typ dotiertes polykristallines Silizium. Alle Transistoren mit Driftzonen der Länge $L < 1\ \mu m$ wurden mittels Molekularstrahlepitaxie (MBE) auf n-Typ dotierten Substraten ($N_D \approx 5 \cdot 10^{18}\ cm^{-3}$) hergestellt, wodurch die Driftzonen dieser Transistoren schwach n-Typ dotiert sind ($N_D \approx 1 \cdot 10^{16}\ cm^{-3}$). Transistoren mit Driftzonen der Länge $L = 3\ \mu m$ wurden auf n-Typ dotierten Substraten ($N_D \approx 5 \cdot 10^{18}\ cm^{-3}$) mit industriell hergestellten $3\ \mu m$ dicken intrinsischen ($N_D < 1 \cdot 10^{16}\ cm^{-3}$) epitaktischen Silizium-Schichten ebenfalls mittels MBE hergestellt. Abb. 4.23. zeigt exemplarisch die SIMS-Profile eines realisierten vertikalen Power-NPDBFETs und des vertikalen Power-UNMOSFETs mit einer Kanalgebietlänge von jeweils $L = 100\ nm$ (in diesem Punkt sind alle realisierten Power-UNMOSFETs bzw. Power-NPDBFETs identisch).

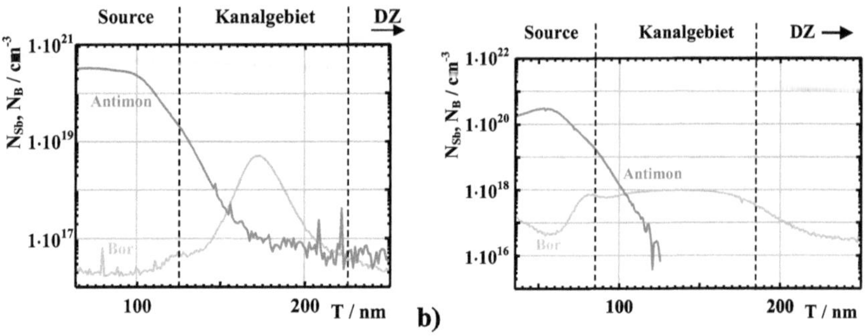

Abb. 4.23. SIMS-Profil des Source- und des Kanalgebietes eines durch *C. Fink et al.* realisierten vertikalen Power-NPDBFETs (links) bzw. eines vertikalen Power-UNMOSFETs (rechts); der Anfangsbereich der Driftzone (DZ) ist ebenfalls gezeigt [00Finkd]

Die Abbildungen 4.24. und 4.25. zeigen ebenfalls exemplarisch für alle realisierten Leistungstransistoren die Transfer- und die Ausgangscharakteristiken des vertikalen Power-NPDBFETs #6 und des vertikalen Power-UNMOSFETs #1 (vgl. erneut Tabelle 4.4.).

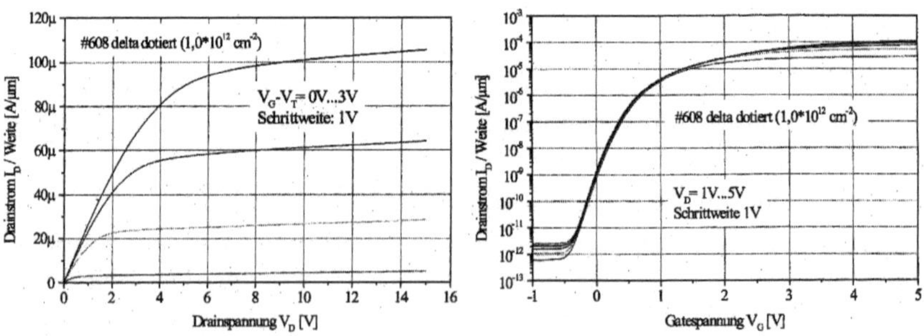

Abb. 4.24. Transfercharakteristik (links) und Ausgangscharakteristik (rechts) des durch *C. Fink et al.* realisierten vertikalen Power-NPDBFETs #6 [00Finkd]

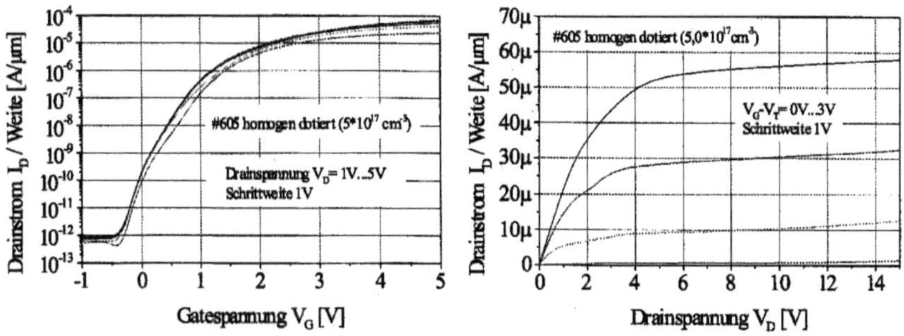

Abb. 4.25. Transfercharakteristik (links) und Ausgangscharakteristik (rechts) des durch *C. Fink et al.* realisierten vertikalen Power-UNMOSFETs #1 [00Finkd]

Abb. 4.26. zeigt die Transfercharakteristiken, Abb. 4.27. die Durchbruchcharakteristiken des vertikalen Power-UNMOSFETs #3 und des vertikalen Power-NPDBFETs #8 (vgl. erneut Tabelle 4.4.). Zum besseren Vergleich sind die Transfer- und die Durchbruchcharakteristiken in einem gemeinsamen Diagramm dargestellt.

Vergleicht man die hergestellten Power-PDBFETs und die Power-UMOSFETs mit Hinblick auf den ohmschen Gesamtwiderstand im eingeschalteten Zustand R_{ON} und die Durchbruchspannung im „OFF"-Zustand BV_{OFF}, so zeigt sich, dass sich der Power-PDBFET stets durch kleinere Widerstandswerte auszeichnet, und dass die Durchbruchspannung im „OFF"-Zustand BV_{OFF} bei gleicher Driftzonenlänge unabhängig von der Bauart des Transistorkanalgebietes ist. Mit Blick auf den Aufbau und die Herstellungsweise lässt sich dies dadurch erklären, dass in erster Linie der serielle Beitrag des Kanalgebietes zu R_{ON} bei einem Power-PDBFET deutlich reduziert ist und dass die Durchbruchspannung BV_{OFF} in erster Linie durch die Durchbruchfestigkeit der Driftzone gegeben ist.

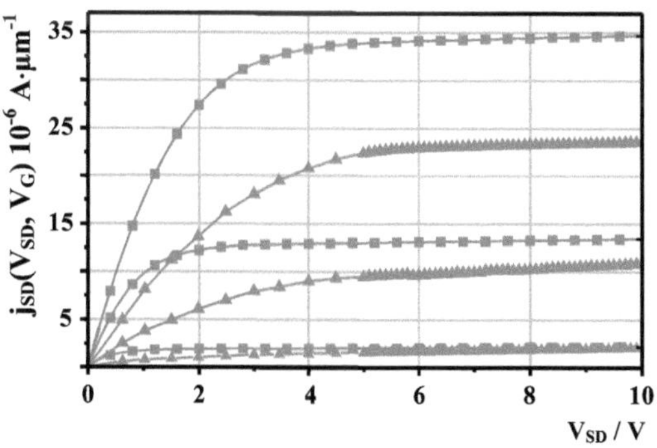

Abb. 4.26. Transfercharakteristik des realisierten vertikalen Power-UNMOSFETs #3 (Quadrate) im Vergleich zur Transfercharakteristik des realisierten vertikalen Power-NPDBFETs #8 (Dreiecke), für die Gate-Spannung wurde V_G - V_T = *0, 1, 2 V* gewählt [00Finkd]

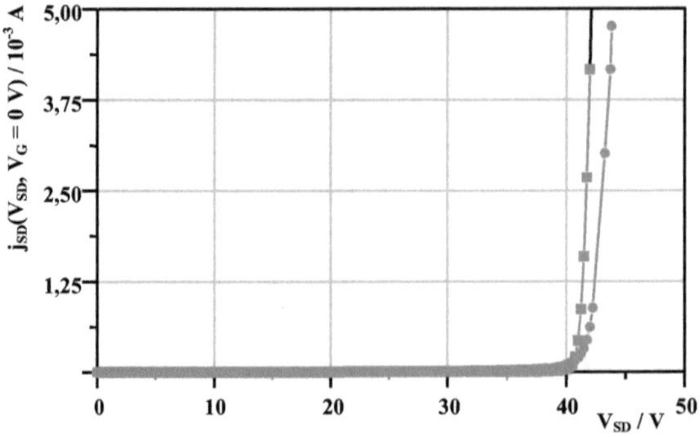

Abb. 4.27. Durchbruchcharakteristik $j_{SD}(V_{SD} = 0\ V \ldots BV_{OFF}, V_G = 0\ V)$ des realisierten vertikalen Power-UNMOSFETs #3 (Kreise) im Vergleich zur Durchbruchcharakteristik des realisierten vertikalen Power-NPDBFETs #8 (Quadrate) [00Finkd]

Zur Untermauerung dieser Aussage seien in den Abbildungen 4.28. und 4.29. die Kanalwiderstände im eingeschalteten Zustand $R_{ON,\ Kanal}$ von Power-UNMOSFETs und Power-NPDBFETs, die sich entweder nur in der Dotierhöhe ihrer Kanalgebiete bzw. in den Längen ihrer Driftzonen voneinander unterscheiden, vergleichend einander gegenübergestellt.

Die Erklärung der deutlichen Reduktion des Kanalwiderstandes im eingeschalteten Zustand $R_{ON,\ Kanal}$ eines Power-PDBFET im Vergleich zu einem Power-UMOSFET mit homogener Kanaldotierung deckt sich mit der Erklärung der erhöhten Elektronengeschwindigkeit in einem Kurzkanal-PDBFET im Vergleich zu einem vertikalen MBE-MOSFET.

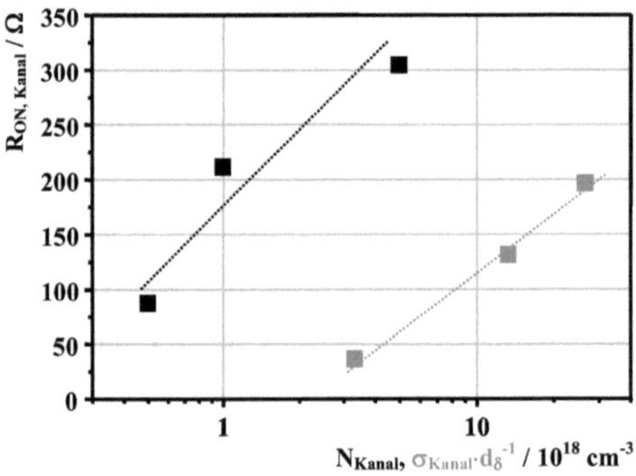

Abb. 4.28. Kanalwiderstände im eingeschalteten Zustand $R_{ON,\ Kanal}$ der Power-UNMOSFETs #1, #2 und #3 (schwarz) und der Power-NPDBFETs #6, #7 und #8 mit einer $d_\delta = 3\ nm$ dicken δ-Dotierschicht (grau); die Driftzonenlänge beträgt für alle Transistoren $d_{DZ} = 3\ \mu m$ (vgl. erneut Tabelle 4.4.)

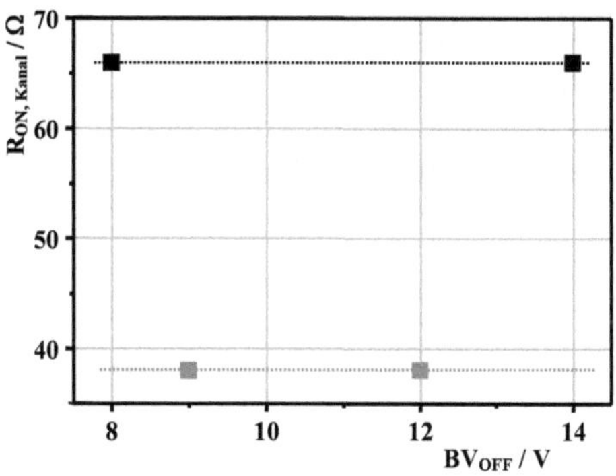

Abb. 4.29. Kanalwiderstände im eingeschalteten Zustand $R_{ON, Kanal}$ der Power-UNMOSFETs #4 und #5 (schwarz) und der Power-NPDBFETs #10 und #11 mit einer $d_\delta = 3\ nm$ dicken δ-Dotierschicht (grau) mit unterschiedlichen Driftzonenlängen (vgl. erneut Tabelle 4.4.)

Diese wurde im ersten Kapitel[195] gegeben und soll hier noch einmal kurz wiedergegeben werden: Die ungewollt schwach n-Typ dotierten Bereiche des Kanalgebietes eines Power-PDBFETs wirken als Gate-gesteuerte LDD-Gebiete.[196] Die LDD-Gebiete befinden sich für $V_G > 0\ V$ im Zustand der Akkumulation, da aufbaubedingt das MOS-Gate mit diesen LDD-Gebieten vollständig überlappt.[197] Somit verhält sich das Kanalgebiet eines Power-PDBFETs wie ein vertikaler MBE-MOSFET mit homogener Kanaldotierung und einer effektiven Kanalgebietslänge von $L = d_\delta$. Der Fluss von Elektronen von Source nach Drain im Bereich des Kanalgebietes erfolgt daher durch nahezu wechselwirkungsfreie Ballistik [99Timp, 00Ren] vom LDD-Gebiet zwischen Source und der δ-Dotierung zum LDD-Gebiet nach der δ-Dotierung vor Drain. Dadurch wird die Sättigungsdriftgeschwindigkeit in Silizium von $v_{d,max} = 1 \cdot 10^7\ cm \cdot s^{-1}$ überschritten (man spricht in diesem Zusammenhang vom „Velocity Overshoot" [86Shah, 97Rao]).[198]

Verstärkend kommt hinzu, dass bei so kurzen effektiven Kanalgebietlängen zwei wesentliche Streumechanismen, die die Beweglichkeit μ der Ladungsträger mindern, nahezu wegfallen. Das ist die Streuung der Ladungsträger an der Grenzfläche zum Gate-Oxid und die Streuung an ionisierten Störstellen, da diese stets nur entlang der effektiven Kanalgebiet-

---

195 Vgl. Unterpunkt 1.2.7

196 Vgl. Unterpunkt 1.1.4

197 In diesem Zusammenhang wurde im zweiten Kapitel von dynamischen, d. h. Gate-gesteuerten LDD-Gebieten gesprochen.

198 Vgl. mit (4.31) im ersten Kapitel, Unterpunkt 1.1.4.

länge (hier $L = d_\delta$) wirken. Deutlich wird dies, wenn man die Elektronenkonzentrationsverteilung im Kanalgebiet eines Power-NPDBFETs im „ON“-Zustand im Vergleich zur Elektronenkonzentrationsverteilung im Kanalgebiet eines ebenfalls eingeschalteten Power-UNMOSFETs betrachtet (Abb. 4.30.).

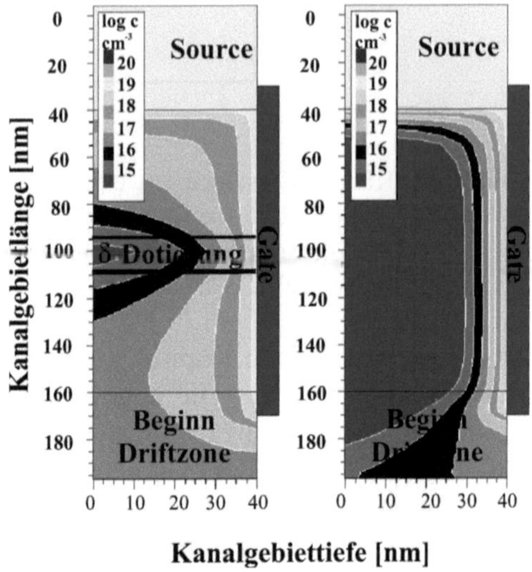

Abb. 4.30. Elektronenkonzentrationsverteilung im Kanalgebiet eines Power-NPDBFETs im „ON“-Zustand im Vergleich zur Elektronenkonzentrationsverteilung im Kanalgebiet eines ebenfalls eingeschalteten Power-UNMOSFETs [00Finkd]

Wie sich aus dieser Abbildung ergibt, fächert bei einem Power-NPDBFET der Elektronenkanal deutlich auf, und der Großteil der Elektronen fließt im Gegensatz zum homogen dotierten Power-UNMOSFET deutlich von der Grenzfläche zum Gate-Oxid entfernt. Nur im Bereich der δ-Dotierung (also auf einer effektiven Länge von $L = d_\delta$) wird der Kanal stärker an diese Grenzfläche herangeführt. Die Wechselwirkung mit den ionisierten Akzeptoren, die die Beweglichkeit der Ladungsträger ebenfalls hemmt, findet auch nur entlang der effektiven Kanalgebietlänge von $L = d_\delta$ statt. Betrachtet man in diesem Zusammenhang erneut Abb. 1.45.[199] (vgl. Abb. 4.31.), die die prozentualen Anteile der in einem quasivertikalen Power-MOSFET (DMOS[200]) auftretenden seriellen Einzelwiderstände am Gesamtwiderstand im „ON“-Zustand R_{ON} als Funktion der gewünschten Versorgungsspannung V_{CC} ($V_{CC} < BV_{OFF}$) zeigt, ergibt sich, dass das Konzept des vertikalen Power-PDBFETs besoders für den sogenannten „Smart-Power“-Sektor ($V_{CC} < 50\ V$) geeignet ist.

---

[199] Vgl. Unterpunkt 1.3.1 des ersten Kapitels.

[200] Vgl. dazu mit dem folgenden Unterpunkt 4.2.2.

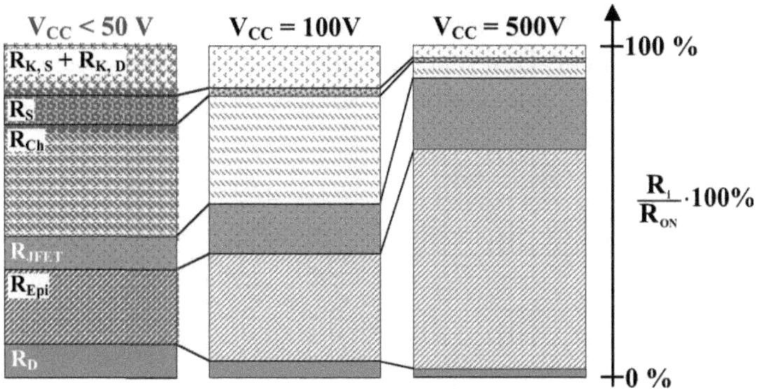

Abb. 4.31. Prozentuale Anteile der in einem quasivertikalen Power-MOSFET (DMOS) auftretenden Einzelwiderstände am Gesamtwiderstand R_{ON} im eingeschalteten Zustand [00Finkd][201]

4.1.5 Der vertikale Power-UMOSFET mit „Common Source"

Ein Nachteil vertikaler und auch der meisten quasivertikalen Leistungstransistoren ist, dass das Drain-Gebiet durch das entsprechend dotierte Silizium-Substrat gebildet wird. Der direkte Anschluss des Drain-Gebietes ist daher nur über die Substratrückseite möglich (wie in allen bisherigen schematischen Transistorzeichnungen dargestellt). In der Praxis würde dies aber bedeuten, dass die Versorgungsspannung V_{CC} an die Rückseite des Transistorchips gelegt werden müsste.

Aus schaltungstechnischer Sicht wäre der gewünschte Idealfall aber dadurch gegeben, dass alle Spannungspegel an Kontakten auf der aktiven Substratoberfläche anliegen und dass die Chiprückseite auf definiertem Erdpotenzial („Common") liegt. In fast allen in diesem Kapitel diskutierten Konzepten für (quasi-)vertikale Leistungstransistoren ist dies aber nicht zu realisieren. Um dem Idealfall aber wenigstens im ersten Punkt nachzukommen, wird in der Praxis der Drain-Kontakt am Randgebiet des Transistorchips durch tiefe Kontaktlöcher an die aktive Substratoberfläche geführt, was den Nachteil mit sich bringt, dass die laterale physikalische Chipabmessung stets größer als die nur aus Transistoren bestehende aktive Chipfläche wird, was dem formulierten Technologiekriterium (4.2) entgegensteht.

Der Idealfall ließe sich nur mit einer vertikalen Struktur eines Power-MOSFETs realisieren, bei der das Source-Gebiet durch das entsprechend

[201] Der sogenannte „Junction-FET"-Widerstand R_{JFET} tritt in einem vertikalen Power-PDBFET bzw. Power-UMOSFET nicht auf.

dotierte Silizium-Substrat gegeben ist und das Drain-Gebiet an der aktiven Substratoberfläche liegt. Den schematischen Aufbau eines solchen vertikalen Power-UMOSFETs mit „Common Source" zeigt Abb. 4.32.

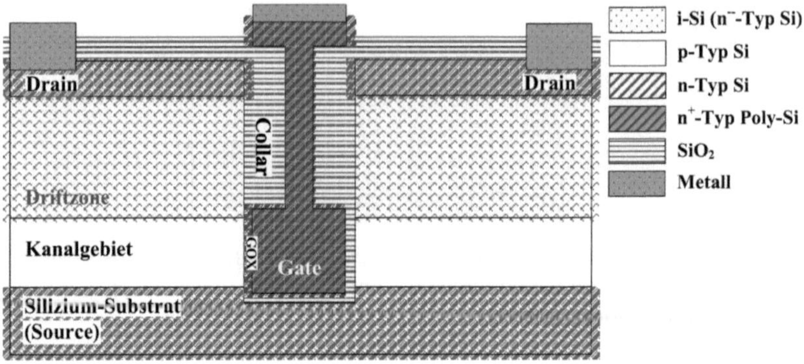

Abb. 4.32. Schematischer Aufbau eines vertikalen Power-UNMOSFETs mit „Common Source"

Es genügt dabei aber nicht, nur den vertikalen Schichtaufbau von Source, Kanalgebiet, Driftzone und Drain um *180°* zu drehen. Wie bereits in Abb. 4.32. dargestellt, muss bei einem vertikalen Power-UMOSFETs mit „Common Source" die Gate-Elektrode elektrisch von der Driftzone entkoppelt werden, da es sonst beim Einschalten des Transistors ($V_G > 0\ V$) sofort zum Durchbruch kommen würde, was die Untersuchungen von *D. Ueda et al.* am vertikalen Power-UMOSFET mit einem „Deep Trench" zeigen.[202] Dies könnte mit Hilfe eines sogenannten „Collars", einer dicken SiO_2-Schicht zwischen Gate-Elektrode und Driftzone, realisiert werden (vgl. erneut Abb. 4.32.), wie er aus der „Luna"- bzw. BEST-DRAM-Zelle der Infineon Technologies AG, Deutschland, bekannt ist.[203] Darüber hinaus muss das bei dieser Architektur zwangsläufig „floatende" Kanalgebiet mit „Common Source" kurzgeschlossen sein, um auch das Kanalgebiet auf definiertem Erdpotenzial zu halten (in dieser Architektur wäre das Kanalgebiet vollständig von der Gate-Elektrode umschlossen, so dass eine externe Kontaktierung des Kanalgebietes nicht möglich ist). Hier wäre die Realisierung eines lokal begrenzten $(p^{++})(n^{++})$-Übergangs zwischen Source und Kanalgebiet denkbar, der einen niederohmigen Tunnelkontakt zwischen den beiden Gebieten darstellen würde. Die Herstellungssequenz für einen solchen vertikalen Power-UMOSFET mit „Common Source" könnte wie

[202] Siehe dazu erneut Unterpunkt 4.1.1 des vorliegenden Kapitels.
[203] Vgl. dazu mit Unterpunkt 3.1.3 des dritten Kapitels.

in der folgenden Abbildungssequenz 4.33. bis 4.35. dargestellt gestaltet werden.

1. Bor-Diffusion oder Bor-Ionenimplantation in ein hoch n-Typ dotiertes Silizium-Substrat (Source) zur Herstellung des Kanalgebietes.
2. Epitaktische Abscheidung einer dicken, sehr schwach dotierten Silizium-Schicht zur Bildung der Driftzone.
3. Eindiffusion oder Ionenimplantation eines Donatormaterials (Arsen oder Phosohor) in die gebildete Driftzone zur Bildung eines hoch n-Typ dotierten Drain-Gebietes.
4. Anisotropes Trockenätzen (RIE) eines Grabens ausreichender Tiefe X (bis zum Substrat) – vgl. Abb. 4.33., links.
5. Abscheiden eines Bor-Silicatglases (BSG) und Auffüllen des Grabens mit Photolack.
6. Rückätzung des Photolacks bis zum Bereich des Kanalgebietes und Entfernen des frei stehenden BSGs.
7. Entfernung des Photolacks und Abscheidung eines Schutzoxides (SiO_2) – vgl. Abb. 4.33., rechts.
8. Hochtemperaturschritt zur Eindiffusion von Bor aus dem BSG in die aktiven Transistorgebiete Kanalgebiet und Source. Der erzeugte $(p^{++})(n^{++})$-Übergang muss so gestaltet sein, dass er als Tunnelkontakt zwischen dem Kanalgebiet und Source wirkt und beide Gebiete miteinander kurzschließt.

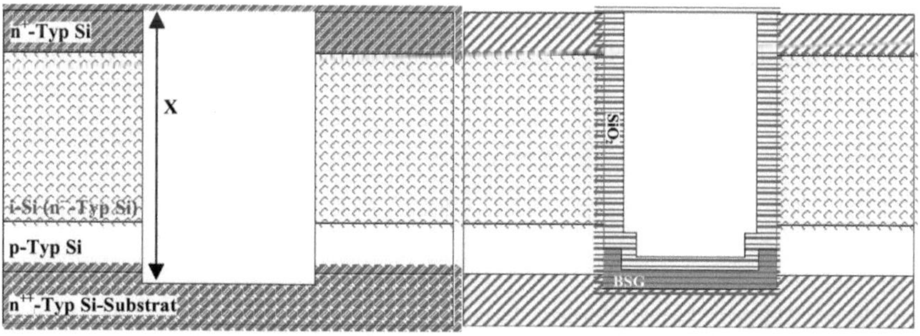

Abb. 4.33. Herstellungsprozess zur Herstellung eines vertikalen Power-UMOSFET mit „Common Source“ am Ende des 4. (links) und 7. (rechts) Fertigungsschrittes

9. Entfernung des Schutzoxides und des BSGs (vgl. Abb. 4.34., links).
10. Leichtes Tieferätzen des Grabens mittels RIE.
11. Wiederholung der Prozessschritte 5–7 mit einem Phosphor-Silicatglas (PSG) – vgl. Abb. 4.34., rechts.

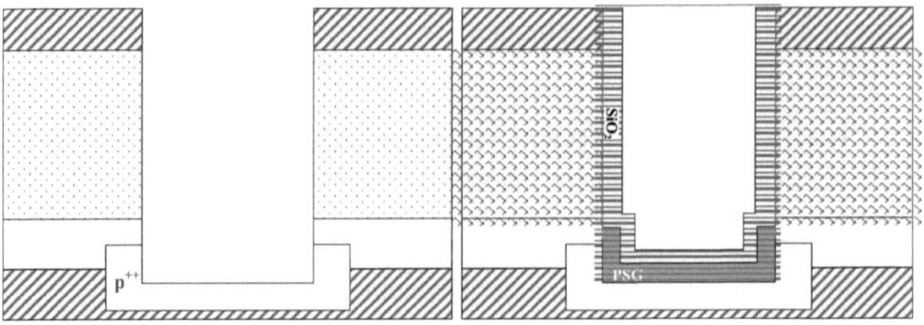

Abb. 4.34. Herstellungsprozess zur Herstellung eines vertikalen Power-UMOS-FET mit „Common Source“ am Ende des 9. (links) und 11. (rechts) Fertigungsschrittes

12. Kurzzeitiger Hochtemperaturschritt zur Eindiffusion von Phosphor aus dem PSG in die aktiven Transistorgebiete Kanalgebiet und Source und Entfernung des Schutzoxides und des PSGs.
13. Aufoxidation der Gesamtstruktur zur Bildung eines thermischen Oxides, dem späteren Gate-Oxid (GOX).
14. Auffüllung des Grabens mit hoch n^+-Typ dotiertem polykristallinen Silizium und Rückätzen des Poly-Siliziums (vgl. Abb. 4.35., links).
15. Erneute Aufoxidation der Gesamtstruktur zur Bildung eines dicken thermischen Oxides („Collar“), um den elektrischen Einfluss der späteren Gesamt-Gate-Elektrode auf die Driftzone zu unterdrücken.
16. Öffnen des Oxidfilmes am Grabenboden und Füllen des Grabens mit hoch n^+-Typ dotiertem polykristallinen Silizium (Gate-Elektrode) – vgl. Abb. 4.35., rechts.
17. Fertigstellung des Bauelementes durch Etablierung aller Metallisierungen.

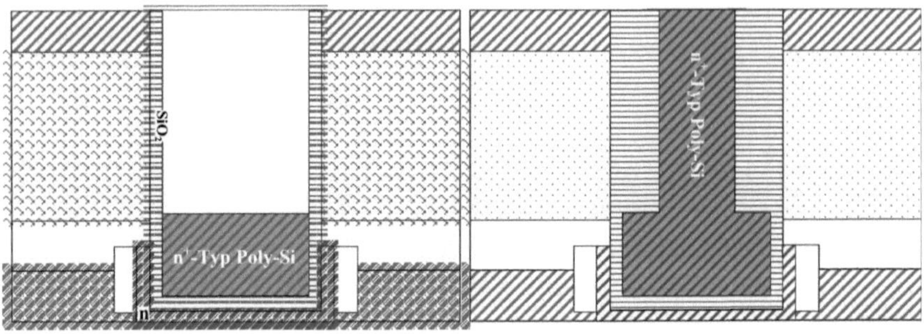

Abb. 4.35. Herstellungsprozess zur Herstellung eines vertikalen Power-UMOS-FET mit „Common Source“ am Ende des 14. (links) und 16. (rechts) Fertigungsschrittes

4.2 Konzepte quasivertikaler Leistungs-MOSFETs

4.2.1 Der quasivertikale „Vertical Drain“ Power-MOSFET (VD-Power-MOSFET)

Wie schon im vorangegangenen Unterpunkt 4.1.5 angesprochen, ist ein grundsätzliches Problem von Leistungs-MOSFETs[204] die platzsparende Anordnung der separaten Anschlüsse für Source, Kanalgebiet und Drain, um auf einer gegebenen Chipfläche A_C möglichst viele Transistoren unterzubringen.

Auf der 1975er SSDM im japanischen Tokyo und der 1975er IEDM in Washington, D.C., USA, wurde durch *I. Yoshida et al.*[205] (Hitatchi, Japan) das Konzept des quasivertikalen Vertical Drain Power-MOSFETs (VD-Power-MOSFET) diskutiert, welches sich mit dieser Problematik der höchstmöglichsten Packungsdichte für laterale Power-MOSFETs befasst [75Yosha, 75Yoshb]. Ein Jahr später wurden auf der SSDM-1976 (ebenfalls in Tokyo, Japan) als auch auf der ESSDERC-1976 (München, Deutschland) die mit diesem Konzept erzielten Ergebnisse erneut durch *M. Nagata* (ebenfalls Hitatchi, Japan) diskutiert [76Nagaa, 76Nagab]. Abb. 4.36. zeigt den schematischen Aufbau des durch *I. Yoshida et al.* und *M. Nagata* diskutierten quasivertikalen VD-Power-PMOSFETs.

Wie man dieser Abbildung entnimmt, besteht ein quasivertikaler VD-Power-MOSFET aus einer Vielzahl von lateralen Einzeltransistoren, die alle gleichzeitig über ein gitterförmiges Gate angesteuert werden. Der über ein Drain-Gebiet abfließende Strom im eingeschalteten Zustand speist sich durch die schachbrettartige Anordnung der Source- und Drain-Gebiete aus den vier benachbarten Source-Gebieten. Um mit dieser Architektur die größtmögliche Packungsdichte zu erzielen, wird der Drain-Anschluss über hochdotierte vertikale Säulen in die Tiefe gelegt und mit dem entsprechend dotierten Silizium-Substrat verbunden. In der folgenden Abbildungssequenz 4.37. bis 4.39. sei der Herstellungsprozess eines quasivertikalen VD-Power-PMOSFETs kurz skizziert.

---

[204] Es spielt dabei keine Rolle, ob es sich dabei um ein laterales oder (quasi-)vertikales Konzept für einen Leistungstransistor handelt.

[205] Neben *I. Yoshida* werden *M. Kubo*, *S. Ochi* und *Y. Ohmura* als Koautoren genannt.

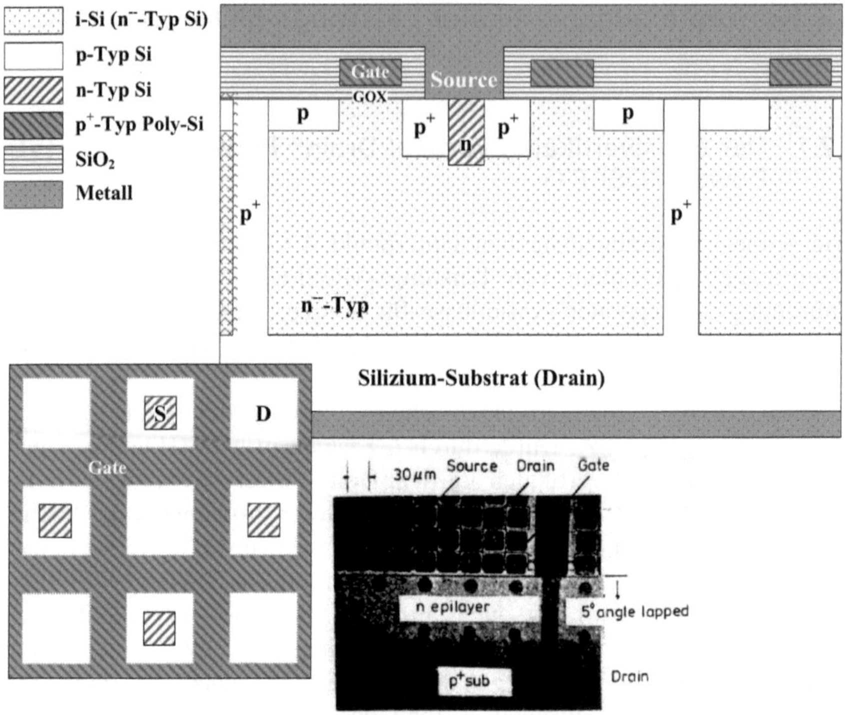

Abb. 4.36. Aufbau eines durch *I. Yoshida et al.* realisierten quasivertikalen Vertical Drain Power-PMOSFETs: Schematische Draufsicht, Seitenansicht und rasterelektronenmikroskopische Aufnahme (Draufsicht und Schrägschliff) [76Nagaa]

1. Epitaktische Abscheidung einer schwach n-Typ dotierten dicken ($d_{Epi} = 8\ \mu m$, $N_D = 3{,}3 \cdot 10^{15}\ cm^{-3}$) Silizium-Schicht auf ein hoch p-Typ dotiertes Silizium-Substrat.
2. Lokale Bor-Diffusion durch die abgeschiedene Epischicht mit schachbrettartiger Anordnung auf dem gesamten Substrat zur Erzeugung von hoch p-Typ dotierten Säulen bis zum Substrat (vgl. Abb. 4.37., links).
3. Thermische Oxidation der Gesamtstruktur zur Erzeugung eines $d_{GOX = 130\ nm}$ dicken Gate-Oxides.
4. Abscheidung und Strukturierung eines polykristallinen Silizium-Films.
5. Bor-Implantation zur Erzeugung selbstjustierter Drain-Gebiete und zur Dotierung der Poly-Elektrode (vgl. Abb. 4.37., rechts).
6. Weitere Strukturierung der Poly-Elektrode und Verkapselung der Gesamtstruktur mit SiO_2.

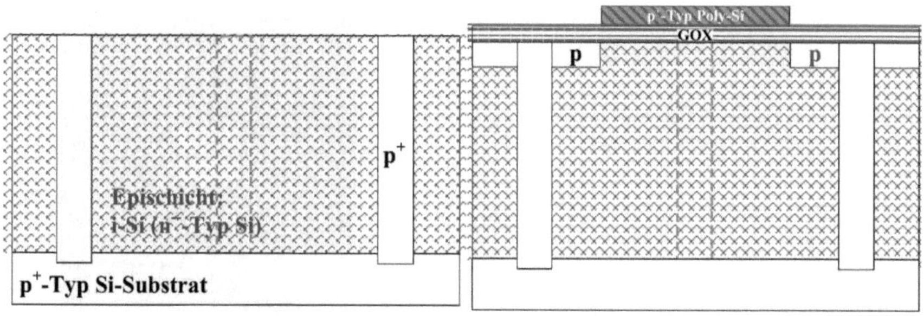

Abb. 4.37. Herstellungsprozess zur Herstellung eines quasivertikalen VD-Power-PMOSFETs nach *I. Yoshida et al.* und *M. Nagata* am Ende des 2. (links) und 5. (rechts) Fertigungsschrittes (jeweils Seintenansichten)

7. Öffnen von Fenstern in der SiO_2-Verkapselung für die sich anschließende Erzeugung der Source-Gebiete und der Kanalgebietanschlüsse (vgl. Abb. 4.38., links).
8. Ganzflächige Abscheidung eines BSGs und Eindiffusion von Bor zur Herstellung hoch p-Typ dotierter Source-Gebiete.
9. Entfernung des BSGs und Ionenimplantation zur Erzeugung eines n-Typ dotierten Kontaktes zum schwach n-Typ dotierten Kanalgebiet (vgl. Abb. 4.38., rechts).

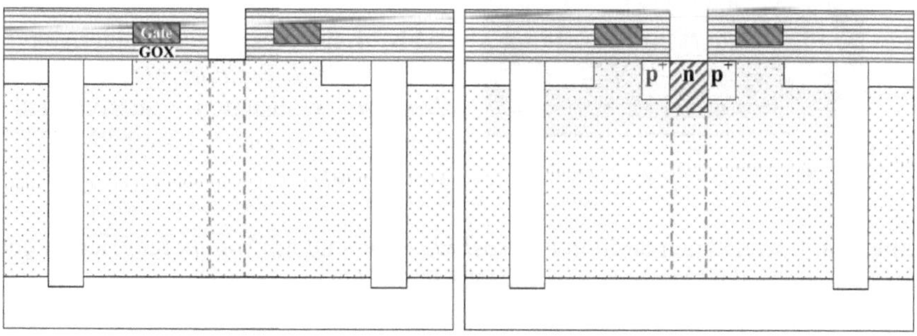

Abb. 4.38. Herstellungsprozess zur Herstellung eines quasivertikalen VD-Power-PMOSFETs nach *I. Yoshida et al.* und *M. Nagata* am Ende des 7. (links) und 9. (rechts) Fertigungsschrittes (jeweils Seintenansichten)

10. Entfernung der SiO_2-Verkapselung und erneute Aufoxidation der Gesamtstruktur. Öffnen von Kontaktlöchern, Kontaktlochfüllung und Metallisierung (vgl. Abb. 4.39.).

Abb. 4.40. zeigt die Ausgangscharakteristik eines auf diese Weise realisierten VD-Power-PMOSFET. Die weiteren Kenndaten dieses Leistungstransistors sind in Tabelle 4.5. zusammengestellt.

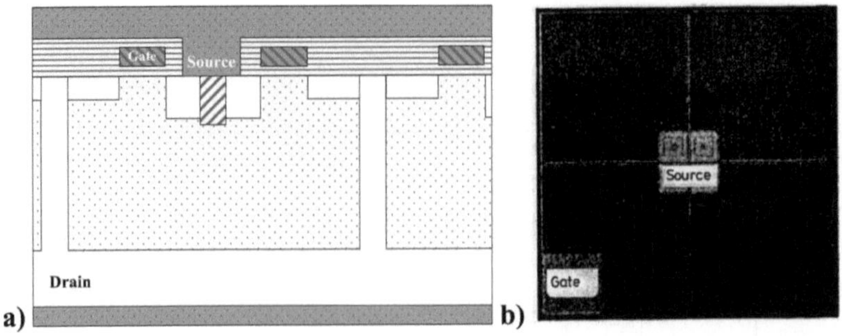

Abb. 4.39. Herstellungsprozess zur Herstellung eines quasivertikalen VD-Power-PMOSFETs nach *I. Yoshida et al.* und *M. Nagata* am Ende des 10. Fertigungsschrittes: a) Schematische Seitenansicht und b) Fotographie (Draufsicht) eines realisierten quasivertikalen Vertical Drain Power-PMOSFETs mit einer Chipfläche $A_C = 25\ mm^2$ [76Nagaa]

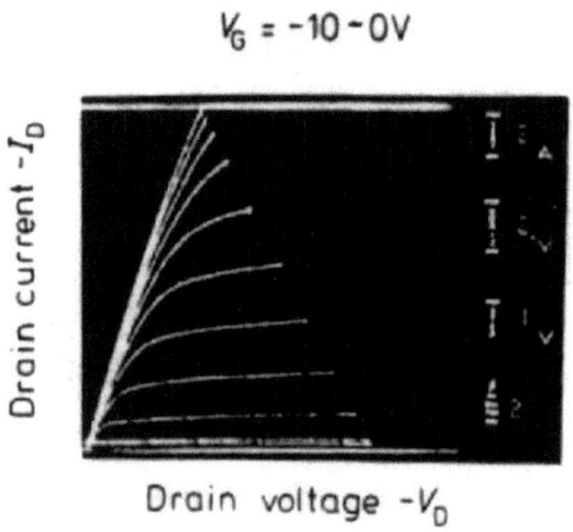

Abb. 4.40. Ausgangscharakteristik eines durch *I. Yoshida et al.* und *M. Nagata* realisierten quasivertikalen Vertical Drain Power-PMOSFET [76Nagaa]

Tabelle 4.5. Kenndaten des durch *I. Yoshida et al.* und *M. Nagata* realisierten quasivertikalen Vertical Drain Power-PMOSFETs [76Nagaa]

Parameter	Symbol	Strom/Spannungs-Pegel	Wert
Source-Drain-Durchbruch	BV_{OFF}	$V_G = 0\ V$, $I_{SD} = 10\ mA$	$100\ V$
Ohmscher Widerstand im eingeschalteten Zustand	R_{ON}	$I_{SD} = 10\ A$	$0{,}5\ \Omega$
„ON“-Strom	I_{ON}	$V_G = -10\ V$	$20\ A$
Steilheit	g_m	$V_G = -10\ V$	$3{,}5\ S$
Schwellwertspannung	V_T	$I_{SD} = 0{,}1\ A$	$-0{,}8\ V$
Chipfläche („Die Size“)	A_C		$25\ mm^2$
Technologiekriterium ($R_{ON} \cdot A_C$)	Π	$I_{SD} = 10\ A$	$12\ \Omega \cdot mm^2$

4.2.2 Der „Double-Diffused/Implanted“ (SOI-)Power-MOSFET ((SOI-)DMOS)

Der Double-Diffused bzw. Double-Implanted Power-MOSFET (DMOS) ist der in den letzten gut 30 Jahren am intensivsten diskutierteste quasivertikale Leistungstransistor. Die ersten Publikationen zu diesem Konzept finden sich Mitte bzw. Ende der 1970er Jahre auf den in dieser Arbeit näher betrachteten Konferenzen ESSDERC, IEDM und SSDM, die letzten Publikationen datieren Mitte der 1990er Jahre. Aus diesem Grund ist es gerechtfertigt zu sagen, dass der DMOS das eigentliche quasivertikale Leistungstransistorkonzept der letzten gut 30 Jahre war.

An der Entwicklung des DMOS-Konzeptes waren sehr viele unterschiedliche Gruppen aus allen Teilen der Welt mitunter gleichzeitig beteiligt, so dass es auch hier falsch wäre, das DMOS-Konzept nur einer Gruppe zuzuordnen bzw. zuzuschreiben.

Aus diesem Grund wird wie auch schon in Unterpunkt 4.1.1 des vorliegenden Kapitels die generell in diesem Buch gewählte Darstellung der diskutierten Konzepte geändert, und es wird ein genereller Überblick über die Diskussion des DMOS gegeben. Allerdings sollten an dieser Stelle die großen Leistungen der Arbeitsgruppe um *J. Tihanyi* von der Siemens AG München, Deutschland, gerade in den Anfangsjahren der Entwicklung des DMOS-Konzeptes würdigend Erwähnung finden [79Tiha, 80Wied, 81Sten, 82Tiha, 83Leip].[206] Abb. 4.41. zeigt den schematischen Aufbau eines quasivertikalen Double-Diffused bzw. Double-Implanted Power-MOSFETs.

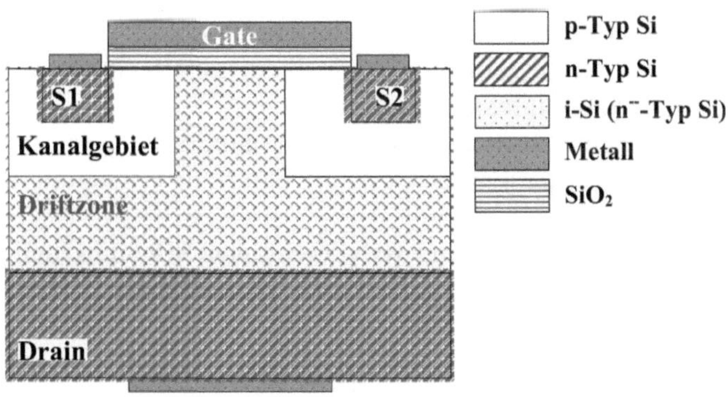

Abb. 4.41. Schematischer Aufbau eines quasivertikalen Double-Diffused bzw. Double-Implanted Power-MOSFETs

[206] Die Gruppe um *J. Tihanyi* prägte in dieser Zeit auch das DMOS-Akronym „SIPMOS“ – „**Si**emens **P**ower **MOS**FET“ [80Leip].

Wie man dieser Abbildung entnehmen kann, handelt es sich bei einem quasivertikalen DMOS-Leistungstransistor um die Parallelschaltung zweier lateraler Leistungs-MOSFETs (vgl. erneut Abb. 4.2.), deren Driftzonen und Drain-Gebiete räumlich in die Tiefe des Substrates gefaltet wurden. In der Beschaltung des DMOS-Leistungstransistors werden die mit den jeweiligen Kanalgebieten kurzgeschlossenen Source-Gebiete S1 und S2 auf definiertem Erdpotenzial (GND) gehalten, während das Hochspannungssignal an Drain (V_{SD}) angelegt wird. Die zu jedem der beiden einzelnen Leistungsschaltern gehörenden Kanalgebiete werden gleichzeitig über ein gemeinsames Gate mit Hilfe einer entsprechenden Gate-Spannung V_G gesteuert.

Wie sich bereits aus der Bezeichnung schließen lässt, haben sich bei der Herstellung eines DMOS zwei Verfahren parallel nebeneinander etabliert: Die Herstellung mit Hilfe eines Doppeldiffusionsschrittes („double-diffused") [79Tiha] bzw. mit Hilfe eines Doppelimplantationsschrittes („double-implanted") [79Lido, 82Fuos]. In der folgenden Abbildungsserie 4.42. bis 4.44. ist die Herstellung eines quasivertikalen Double-Implanted Power-MOSFETs kurz beschrieben. Aus dieser Herstellungssequenz lässt sich leicht die Herstellungssequenz für einen Double-Diffused Power-MOSFET ableiten, wenn man die auftretenden Implantationsschritte durch Diffusionsschritte mit Dotierstoffgläsern, z. B. BSG oder PSG ersetzt.

1. Epitaktische Abscheidung einer sehr schwach n-Typ dotierten dicken Silizium-Schicht auf ein hoch n-Typ dotiertes Silizium-Substrat mittels CVD.
2. Etablierung eines Streuoxides (STROX) durch thermische Oxidation und Maskierung der Gesamtstruktur mit Photolack (PL).
3. Erzeugung der jeweiligen Kanalgebiete mittels Ionenimplantation (vgl. Abb. 4.42., links).
4. Entfernung der Maskierung und des Streuoxides.
5. Thermische Oxidation der Gesamtstruktur zur Erzeugung des Gate-Oxides (GOX).
6. Ganzflächige Abscheidung polykristallinen Siliziums und Strukturierung der Poly-Schicht und erneute Maskierung mit PL (vgl. Abb. 4.42., rechts).
7. Entfernung der im 6. Schritt erzeugten Maskierung und erneute Maskierung (vgl. Abb. 4.43., links).
8. Ionenimplantation zur Erzeugung hoch p-Typ dotierter Gebiete zur Kontaktierung der Kanalgebiete.
9. Ionenimplantation zur Erzeugung hoch n-Typ dotierter Source-Gebiete bzw. zur Dotierung der polykristallinen Gate-Elektrode (vgl. Abb. 4.43., rechts).

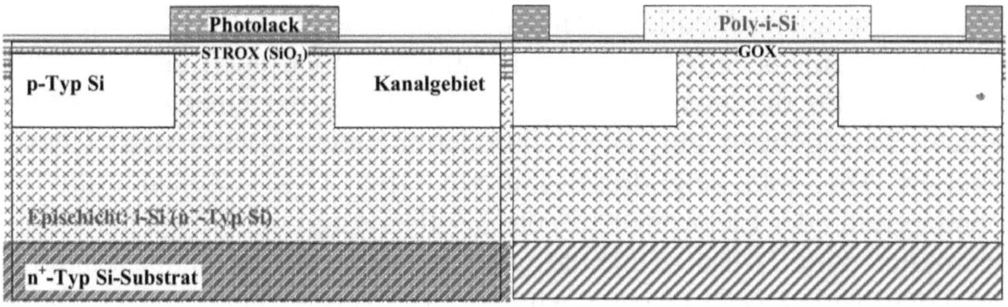

Abb. 4.42. Herstellungsprozess zur Herstellung eines quasivertikalen Double-Implanted Power-MOSFETs am Ende des 3. (links) und 6. (rechts) Fertigungsschrittes (jeweils Seintenansichten)

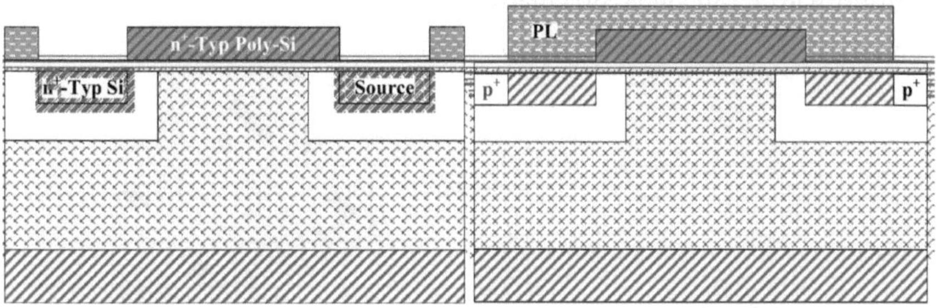

Abb. 4.43. Herstellungsprozess zur Herstellung eines quasivertikalen Double-Implanted Power-MOSFETs am Ende des 7. (links) und 9. (rechts) Fertigungsschrittes (jeweils Seintenansichten)

10. Entfernung der Maskierung und des Streuoxides.
11. Planarisierung, Kontaktlochöffnung und Kontaktlochfüllung mit sich anschließender Metallisierung (vgl. Abb. 4.44.).

a) 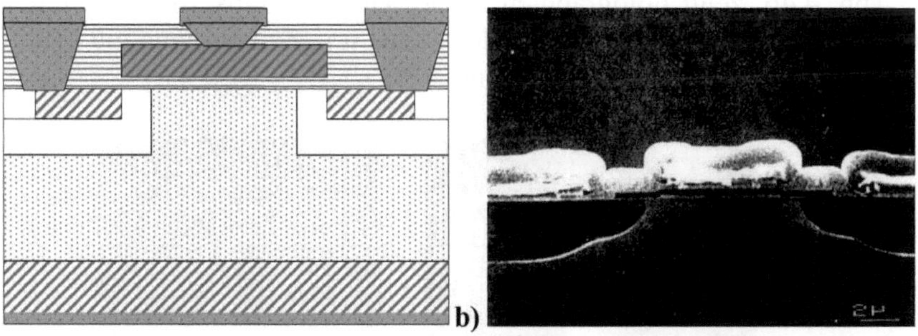 b)

Abb. 4.44. Herstellungsprozess zur Herstellung eines quasivertikalen Double-Implanted Power-MOSFETs am Ende des 11. Fertigungsschrittes: a) Schematische Seitenansicht und b) rasterelektronenmikroskopische Aufnahme (Seitenansicht) eines durch *D. Fuoss* realisierten quasivertikalen Double-Implanted Power-MOSFETs, © 1982 IEEE [82Fuos]

Neben den unterschiedlichen Herstellungsmethoden für Source und Kanalgebiet (Diffusion oder Ionenimplantation) wurden auch unterschiedliche Designs für die laterale Anordnung und Form der einzelnen Source-Gebiete, Kanalgebiete und Gate-Elektroden in einem DMOS vergleichend diskutiert. Abb. 4.45. zeigt drei diskutierte Arten: 1) das „Zellendesign ineinandergreifender Elektroden", 2) das „Zellendesign mit hexagonaler Zellenstruktur" und 3) das „Zellendesign mit quadratischer Zellenstruktur". Die ersten beiden Zellendesigns wurden 1982 vergleichend von *D. Fuoss* (Tektronix, Inc., USA) auf der IEDM in San Francisco, USA, diskutiert [82Fuos]. Das dritte Design stellt das klassische SIPMOS-Design dar, welches u. a. von *J. Tihanyi* auf der 1980er IEDM in Washington, D.C., USA, diskutiert wurde [80Tihaa, 80Tihab].

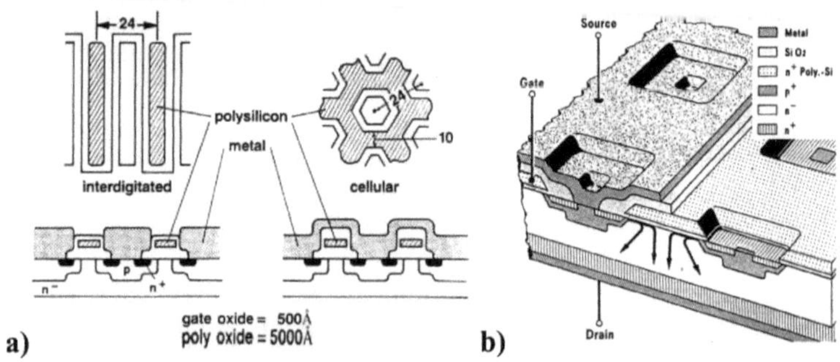

Abb. 4.45. DMOS-Zellendesigns: a) „Zellendesign ineinandergreifender Elektroden" („interdigitated") bzw. „Zellendesign mit hexagonaler Zellenstruktur" („cellular") und b) „Zellendesign mit quadratischer Zellenstruktur" (SIPMOS-Design), © 1980 & 1982 IEEE [80Tihaa, 80Tihab, 82Fuos]

Abb. 4.46. zeigt Fotographien zweier DMOS-Chips, die im „Zellendesign ineinandergreifender Elektroden" bzw. im „Zellendesign mit quadratischer Zellenstruktur" ausgeführt sind.

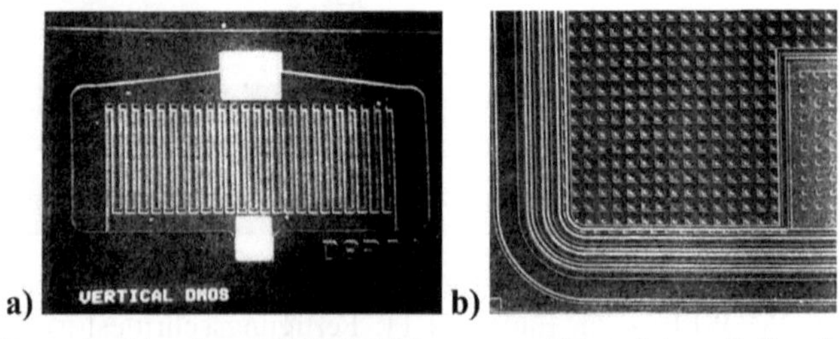

Abb. 4.46. Fotographie eines DMOS-Chips, ausgeführt a) im „Zellendesign ineinandergreifender Elektroden" bzw. b) im „Zellendesign mit quadratischer Zellenstruktur" (SIPMOS-Design), © 1982 & 1983 IEEE [82Fuos, 83Leip]

Bezogen auf den Platzbedarf des Leistungstransistors ist das Zellendesign mit quadratischer bzw. hexagonaler Zellenstruktur dem Zellendesign ineinandergreifender Elektroden überlegen.

Abb. 4.47. zeigt das Verhältnis zwischen der aktiven Chipfläche A_1 eines Leistungs-DMOS im Zellendesign ineinandergreifender Elektroden und der aktiven Chipfläche A_2 eines Leistungs-DMOS im Zellendesign mit hexagonaler Zellenstruktur.

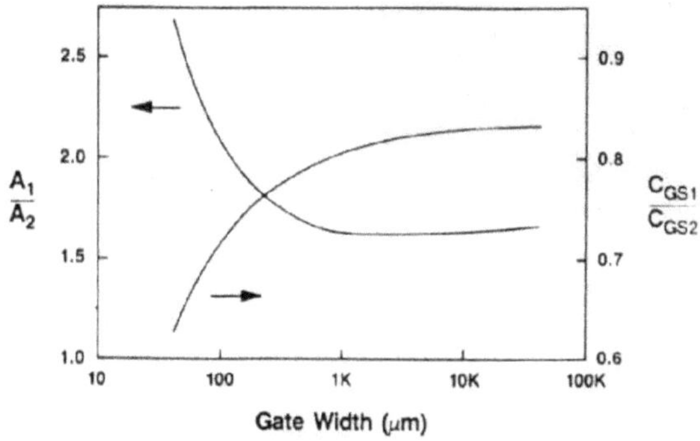

Abb. 4.47. Verhältnis zwischen der aktiven Chipfläche A_1 bzw. der Gesamt-Gate-Kapazität C_{GS1} eines Leistungs-DMOS im Zellendesign ineinandergreifender Elektroden und der aktiven Chipfläche A_2 bzw. der Gesamt-Gate-Kapazität C_{GS2} eines Leistungs-DMOS im Zellendesign mit hexagonaler Zellenstruktur, © 1982 IEEE [82Fuos]

Wie man dieser Abbildung entnimmt, wird für die Realisierung eines Leistungstransistors mit großer Gesamt-Gate-Weite $W > 10000\ \mu m$ ungefähr $1{,}6$-mal mehr Platz benötigt, wenn man den Leistungsschalter im Zellendesign ineinandergreifender Elektroden realisiert. Dieses Verhältnis verschiebt sich zu ungunsten des Zellendesigns ineinandergreifender Elektroden umso stärker, je kleiner die Gesamt-Gate-Weite W wird. Zusätzlich ist die Gesamt-Gate-Kapazität (in der Abbildung mit C_{GS} bezeichnet) im Zellendesign ineinandergreifender Elektroden kleiner als im Zellendesign mit hexagonaler Zellenstruktur (unter der Nebenbedingung, dass die realisierte Gate-Oxiddicke für beide Zellendesigns stets dieselbe ist). Daher können die an den Gate-Elektroden anliegenden Spannungspegel, die zum Einschalten der Leistungsschalter benötigt werden, bei einem DMOS im Zellendesign mit hexagonaler (quadratischer) Zellenstruktur kleiner gewählt werden als bei einem DMOS im Zellendesign ineinandergreifender Elektroden, um die benötigte Ladungsdichte im Inversionskanal der Transistoren zu influenzieren. Technologisch gesehen ist somit das DMOS-Zellendesign mit hexagonaler (quadratischer) Zellenstruktur vorzuziehen.

Abb. 4.48. zeigt ein typisches Ausgangskennlinienfeld eines DMOS-Leistungsschalters im Zellendesign mit hexagonaler Zellenstruktur. Tabelle 4.6. stellt die dazugehörigen Transistorparameter zusammen.

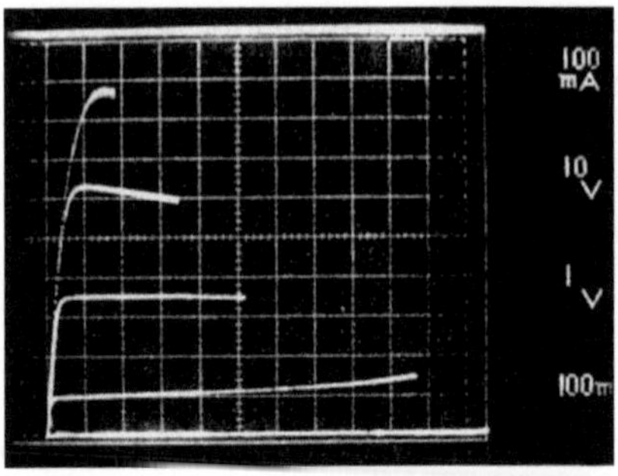

Abb. 4.48. Ausgangskennlinienfeld eines DMOS-Leistungsschalters im Zellendesign mit hexagonaler Zellenstruktur, © 1982 IEEE [82Fuos]

Tabelle 4.6. Kenndaten des durch *D. Fuoss* realisierten quasivertikalen Double-Implanted Power-MOSFETs im Zellendesign mit hexagonaler Zellenstruktur [82Fuos]

Parameter	Symbol	Strom/Spannungs-Pegel	Wert
Source-Drain-Durchbruch	BV_{OFF}	$V_G = 0\ V,\ I_{SD} < 100\ nA$	$> 100\ V$
Ohmscher Widerstand im eingeschalteten Zustand	R_{ON}	$I_{ON} > 500\ mA$	$\sim 5{,}5\ \Omega$
Chipfläche („Die Size")	A_C		$0{,}14\ mm^2$
Technologiekriterium ($R_{ON} \cdot A_C$)	Π	$I_{ON} > 500\ mA$	$0{,}77\ \Omega \cdot mm^2$
Gesamt-Gate-Weite	W		$0{,}96\ cm$
Driftzonenlänge	L_{DZ}		$8\ \mu m$
Spezifischer Widerstand der Driftzone	ρ_{DZ}		$2\ \Omega \cdot cm$
Gate-Oxiddicke	d_{GOX}		$45\ nm$

Abb. 4.49. zeigt die Ausgangscharakteristik eines einzelnen quasivertikalen DMOS im SIPMOS-Design und die Ausgangscharakterisitk eines quasivertikalen Leistungsschalters aus mehreren parallel verschalteten DMOS im SIPMOS-Design. Dieser aus parallel verschalteten DMOS im SIPMOS-Design bestehende Leistungsschalter besitzt eine Durchbruchfestigkeit bis $BV_{OFF} = 70\ V$, einen ohmschen Widerstand R_{ON} im „ON"-Zustand von $R_{ON} = 0{,}07\ \Omega$. Der im eingeschalteten Zustand maximal fließende Strom beträgt $I_{ON,\ max} = 30\ A$. Die weiteren Technologieparameter sind: $d_{GOX} = 60\ nm$ (Gate-Oxiddicke), $L_{DZ} = 7{,}5\ \mu m$ (Driftzonenlänge),

$N_{D, Drain} = 2 \cdot 10^{18}\ cm^{-3}$ (Dotierstoffkonzentration im Drain-Gebiet), $N_{D, DZ} = 3 \cdot 10^{15}\ cm^{-3}$ (Dotierstoffkonzentration in der Driftzone).

a) 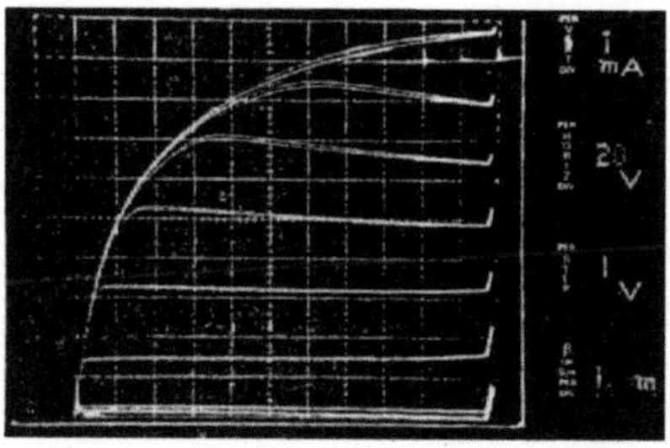 b) 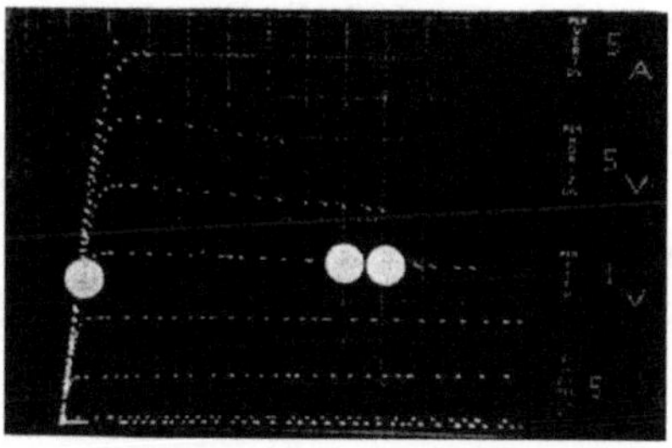

Abb. 4.49. a) Ausgangscharakteristik eines einzelnen quasivertikalen DMOS im SIPMOS-Design und b) Ausgangscharakterisitk eines quasivertikalen Leistungsschalters aus mehreren parallel verschalteten DMOS im SIPMOS-Design (die Punkte in der Abbildung stellen berechnete Werte dar), © 1980 IEEE [80Wied]

Abb. 4.50. zeigt das zeitliche Schaltverhalten eines DMOS-Leistungsschalters im SIPMOS-Design, wenn bei einer Source-Drainspannung von $V_{SD} = 200\ V$ ein rechteckiges Spannungssignal (in der Abbildung mit V_{Input} bezeichnet) an die Gate-Elektrode gelegt wird.

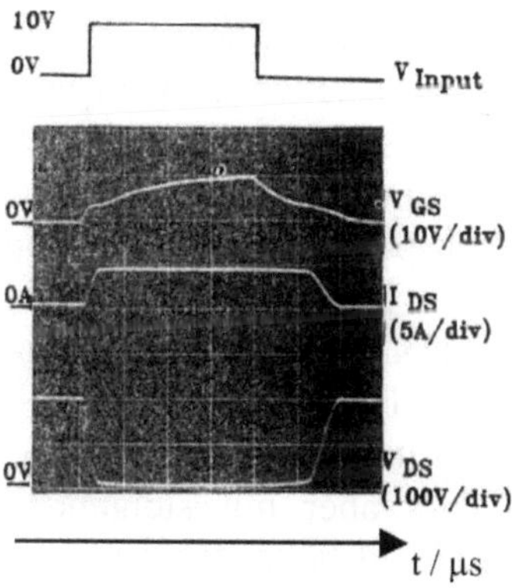

Abb. 4.50. Zeitliches Schaltverhalten eines DMOS-Leistungsschalters im SIPMOS-Design, wenn bei einer Source-Drainspannung von $V_{SD} = 200\ V$ ein rechteckiges Spannungssignal (in der Abbildung mit V_{Input} bezeichnet) an die Gate-Elektrode gelegt wird; ein Abschnitt auf der Zeitachse beträgt $\tau = 5\ \mu s$, © 1983 IEEE [83Leip]

Wie man dieser Abbildung entnimmt, benötigt der DMOS-Leistungsschalter ca. $t_{ein} = 2\ \mu s$, um einzuschalten, bzw. ca. $t_{aus} = 10\ \mu s$, um wieder auszuschalten.

Auffällig in den Abbildungen 4.48. und 4.49. ist der negativ-differentielle Widerstand (Absinken des Source-Drain-Stromes I_{SD} bei steigender Source-Drain-Spannung V_{SD}), der besonders für hohe Gate-Spannungen V_G und Source-Drain-Spannungen V_{SD} auftritt. Mit diesem

Problem befasst sich ausführlich der durch *A. W. Wieder et al.*[207] auf der 1980er IEDM in Washington, D.C., USA, gegebene Beitrag: „*2-D Analysis of the Negative Resistance Region of Vertical Power MOS-Transistors*“ [80Wied]. Hier wird gezeigt, dass es zu einer Verarmungszone unter dem Transistor-Gate zwischen den individuellen Kanalgebieten kommt, die sich bei höheren Gate-Spannungen V_G mit steigender Source-Drain-Spannungen V_{SD} so stark ausdehnt, dass nur ein immer enger werdender schmaler Kanal verbleibt, über den Elektronen von den Source-Gebieten über die vertikale Driftzone fließen können (vgl. Abb. 4.51.).

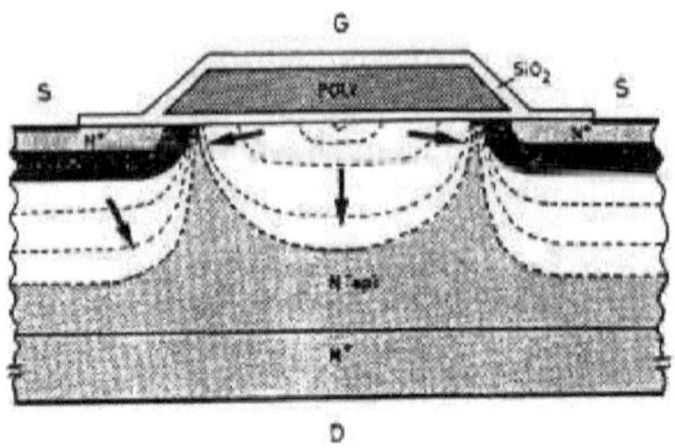

Abb. 4.51. Verarmungszone unter dem Transistor-Gate zwischen den individuellen Kanalgebieten bzw. entlang der Kanalgebiete bei hoher Gate- und Source-Drain-Spannung, © 1980 IEEE [80Wied]

Wie in den einleitenden Bemerkungen zu diesem Kapitel bereits erläutert, hängt die Durchbruchfestigkeit eines Leistungsschalters sowohl von der Länge L_{DZ} der Driftzone als auch von der Dotierstoffhöhe $N_{D(A)}$ in der Driftzone ab. Mit Abb. 4.52. sei dies erneut anhand theoretischer und experimentell gewonnener Werte für die Durchbruchspannung BV_{OFF} (in der Abbildung mit V_B bezeichnet) gezeigt. Betrachtet werden hier quasivertikale DMOS im Design ineinandergreifender Elektroden mit unterschiedlichen Driftzonenlängen L_{DZ} (in der Abbildung mit t_{epi} bezeichnet).

Man erkennt deutlich, dass bei steigender Driftzonenlängen L_{DZ} die Durchbruchspannung BV_{OFF} ebenfalls steigt, dass aber mit steigender Durchbruchspannung BV_{OFF} die Höhe der Dotierstoffhöhe $N_{D(A)}$ in der Driftzone immer kritischer wird – genauer gesagt, dass die Dotierstoffhöhe $N_{D(A)}$ in der Driftzone umso stärker gesenkt werden muss, je höher die gewünschte Durchbruchspannung BV_{OFF} ist. Allerdings erkauft man sich dies generell mit einem Anstieg des ohmschen Widerstandes R_{ON} im eingeschalteten Zustand des DMOS (vgl. Abb. 4.53.).

---

[207] Koautoren der Arbeit: *C. Werner* und *J. Tihanyi*

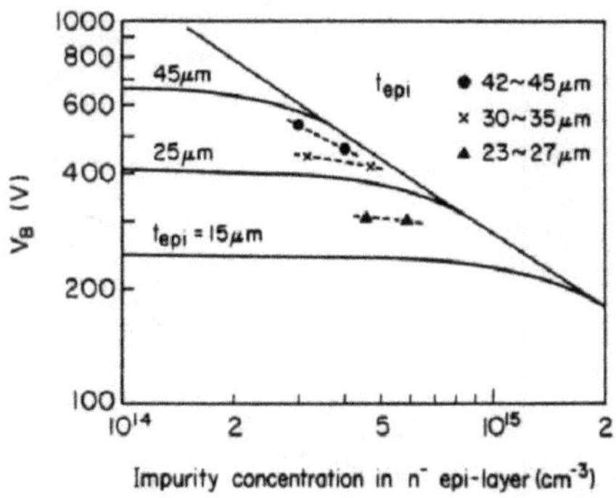

Abb. 4.52. Durchbruchspannungen BV_{OFF} (in der Abbildung mit V_B bezeichnet) verschiedener quasivertikaler DMOS im Design ineinandergreifender Elektroden mit unterschiedlichen Driftzonenlängen L_{DZ} (in der Abbildung mit t_{epi} bezeichnet) als Funktion der Dotierstoffhöhe $N_{D(A)}$ in der Driftzone (durchgezogene Linien stellen theoretisch berechnete Werte dar) [81Naka]

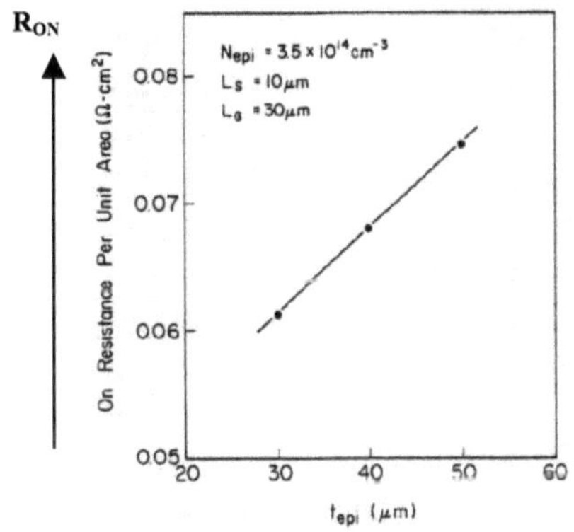

Abb. 4.53. Ohmscher Widerstand R_{ON} im eingeschalteten Zustand quasivertikaler DMOS im Design ineinandergreifender Elektroden als Funktion der Driftzonenlänge L_{DZ} (in der Abbildung mit t_{epi} bezeichnet) bei einer konstanten Dotierstoffhöhe von $N_D = 3{,}5 \cdot 10^{14}\ cm^{-3}$ [81Naka]

Der Vollständigkeit halber sei an dieser Stelle erwähnt, dass der ohmsche Widerstandes R_{ON} eines DMOS-Leistungsschalters im eingeschalteten Zustand auch von den geometrischen Parametern Source-Weite L_S und Source-Source-Abstand L_G abhängt, wie dies Abb. 4.54. zeigt.

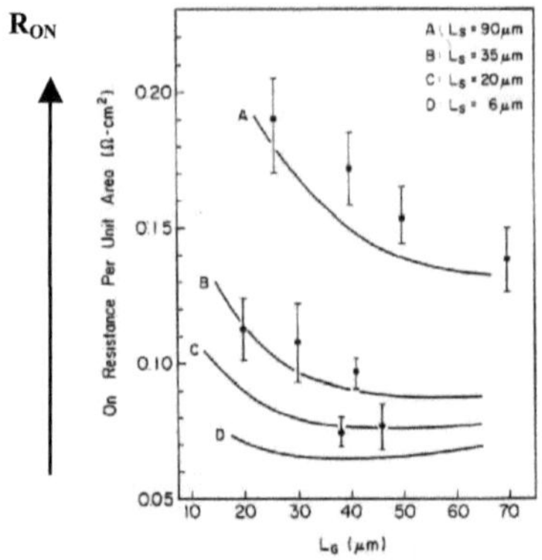

Abb. 4.54. Ohmscher Widerstand R_{ON} im eingeschalteten Zustand quasivertikaler DMOS im Design ineinandergreifender Elektroden als Funktion der geometrischen Transistorparameter Source-Weite L_S und Source-Source-Abstand L_G [81Naka]

Auf der 1992er ESSDERC in Leuven, Belgien, wurde von *T. Ifström et al.*[208] (Institut für Mikroelektronik Stuttgart, Deutschland) ein integriertes SOI-Konzept für die Realisierung von leistungselektronischen Schaltungen basierend auf quasivertikalen DMOS-Leistungstransistoren mit integrierten CMOS-Logik- und Bipolarkomponenten diskutiert [92Ifst].

Das SOI-Substrat wurde mittels BESOI-Technik erzeugt.[209] Dazu wurden, wie in Abb. 4.55. schematisch gezeigt, zwei Silizium-Substrate oxidiert und anodisch gebonded. Anschließend wurde das obere Silizium-Substrat bis zur gewünschten Dicke zurückgeschliffen bzw. geätzt. Vor dem anodischen Bonden wurde im aktiven Substrat durch Arsen-Implantation ein hoch n-Typ dotiertes Gebiet geschaffen. Das aktive Substrat selbst besaß eine n^--Typ Dotierung von $N_D = 1 \cdot 10^{15}\ cm^{-3}$. Die DMOS-Leistungsschalter wurden entsprechend der in der Abbildungssequenz 4.42. bis 4.44. dargestellten Herstellungssequenz mit Ionenimplantation hergestellt.

Abb. 4.56. zeigt den schematischen Aufbau der durch *T. Ifström et al.* realisierten leistungselektronischen SOI-Schaltung basierend auf quasivertikalen DMOS-Leistungstransistoren mit integrierten CMOS-Logik- und Bipolarkomponenten und die Ausgangscharakteristik des DMOS-Brücken-MOSFETs[210].

---

[208] Als Koautoren der Arbeit: *U. Apel*, *H.-G. Graf*, *C. Harendt* und *B. Höfflinger*

[209] Vgl. Unterpunkt 2.1.4, 2. Kapitel.

[210] Der DMOS-Brücken-MOSFET wird durch die beiden gegenüberliegenden Source-Gebiete bzw. Kanalgebiete mit der gemeinsamen Gate-Struktur gebildet. Zur Messung der Charakteristik des MOSFETs wird ein Source-Gebiet als Drain-Gebiet benutzt.

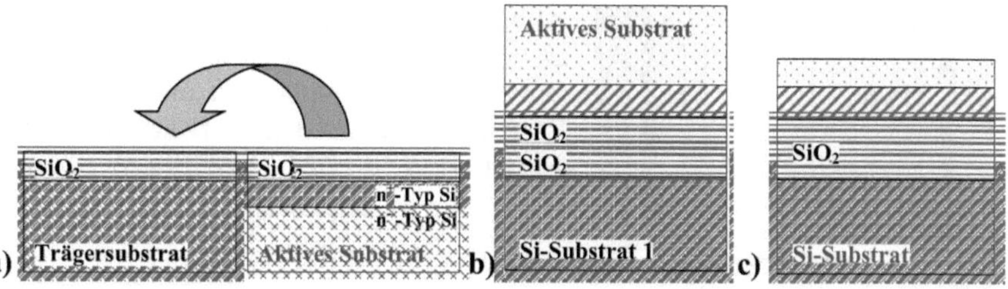

Abb. 4.55. Herstellung eines SOI-Substrates für die Herstellung von SOI-DMOS-Leistungsschaltern mittels BESOI: Aufoxidation zweier entsprechend präparierter Silizium-Substrate (a), Verbinden beider Substrate durch anodisches Bonden (b), Rückätzen bzw. Rückschleifen des oberen Substrates (c)

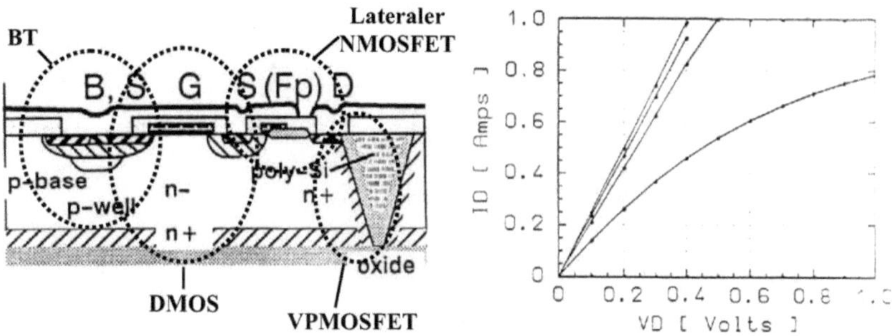

Abb. 4.56. Links: Leistungselektronische SOI-Schaltung nach *T. Ifström et al.* basierend auf quasivertikalen DMOS-Leistungstransistoren mit integrierten CMOS-Logikkomponenten (lateralen NMOSFETs und „V-Graben"-PMOSFETs) und Bipolarkomponenten (BT), rechts: Ausgangscharakteristik ($V_G = 0 - 5\ V$, Schrittwiete $\Delta V_G = 1\ V$) des DMOS-Brücken-MOSFETs [92Ifst]

Abb. 4.57. zeigt eine Fotographie der durch *T. Ifström et al.* realisierten leistungselektronischen SOI-Schaltung. Die DMOS-Leistungsschalter befinden sich im oberen Teil des Chips.

4.2.3 Der quasivertikale „Depletion Mode" V-Graben Power-MOSFET (DM-Power-VMOSFET)

Die Struktur des quasivertikalen V-Graben Depletion Mode Power-MOSFETs (DM-Power-VMOSFET) wurde 1977 auf der IEDM in Washington, D.C., USA, von *C.A.T. Salama* (University of Toronto, Kanada) vorgeschlagen [77Sala]. Schematisch ist der DM-Power-VMOSFET als Power-NMOSFET in Abb. 4.58. dargestellt.

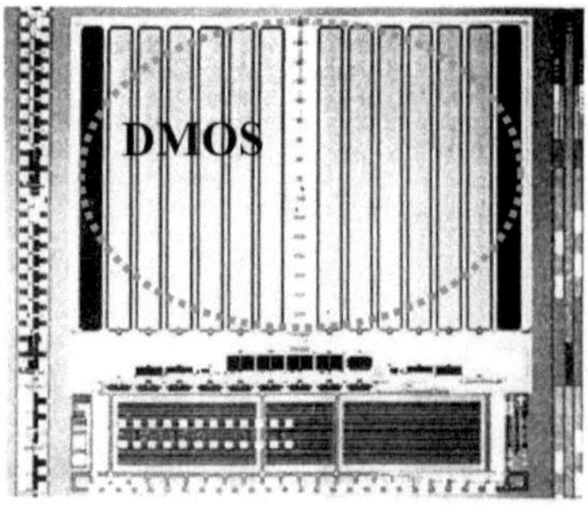

Abb. 4.57. Fotographie der durch *T. Ifström et al.* realisierten leistungselektronischen SOI-Schaltung (der Chipbereich mit den DMOS-Leistungsschaltern ist schwarz hervorgehoben) [92Ifst]

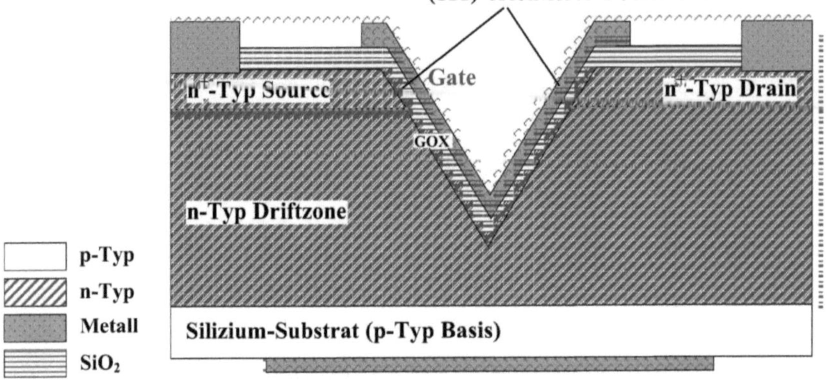

Abb. 4.58. Schematischer Aufbau eines durch *C. A. T. Salama* vorgeschlagenen quasivertikalen V-Graben Depletion Mode Power-NMOSFETs

Wie man dieser Abbildung entnehmen kann, bedeutet in diesem Zusammenhang „Depletion Mode Power-MOSFET“ „Normally ON Power-MOSFET“, der durch das Anlegen einer negativen Gate-Spannung $V_G < 0\ V$ ausgeschaltet werden kann. Der Ausschaltvorgang ist beendet, wenn die durch die negative Gate-Spannung erzeugte p-Typ-artige Raumladungszone die p-Typ dotierte Basis berührt und somit die Verbindung zwischen Source und Drain abschnürt. Der Vorteil dieses Transistors liegt darin, dass im „ON“-Zustand ($V_G = 0\ V$) der ohmsche Widerstand R_{ON} aufgrund der n-Typ dotierten Driftzone sehr klein ist. Durch das Anlegen einer entsprechend hohen positiven Spannung an der p-Typ dotierten Basis kann der Transistor in den „Normally OFF“-Modus überführt werden, d. h., dass nun eine positive Gate-Spannung $V_G > 0\ V$ angelegt werden muss, um den Transistor einzuschalten.

Dieses Konzept erlangte in den Folgejahren keine weitere Bedeutung, so dass sich zu diesem Konzept keine weiterführenden experimentellen Kenndaten finden.

4.2.4 Der quasivertikale „Insulated Gate Thyristor" (IGT)

Das Konzept des quasivertikalen Insulated Gate Thyristors (IGT) wird in der Fachliteratur unter verschiedenen Bezeichnungen publiziert. Neben der in dieser Arbeit gewählten Bezeichnung findet sich auch: „Insulated Gate Transistor" (ebefalls mit IGT abgekürzt), „Insulated Gate Bipolar Transistor" (IGBT), „Insulated Gate Rectifier" (IGR) und noch einige weitere.

Die Schwierigkeit mit dieser Vielfalt an Bezeichnungen besteht darin, dass oft nur eine ganz bestimmte Thyristorarchitektur trotz verschiedener Bezeichnungsweise gemeint ist, dass aber auch der Fall eintritt, dass eine der genannten Bezeichnungen für mehrere Thyristorarchitekturen stehen kann. Darüber hinaus finden sich auch Konzepte, die unter dem Schlagwort „MOS-gesteuerter Thyristor" publiziert wurden, obwohl es sich dabei nicht um klassische Thyristorarchitekturen handelt.[211]

Aus diesem Grund sollen an dieser Stelle unter dem allgemeinen Überbegriff „quasivertikaler Insulated Gate Thyristor" die verschiedenen Strukturen zusammengestellt werden, die im Zeitraum der letzten 30 Jahre auf den im Rahmen dieser Arbeit betrachteten Konferenzen ESSDERC, IEDM und SSDM vorgestellt und diskutiert wurden, ohne dabei allzu kritisch zu hinterfragen, inwieweit es sich bei der jeweils betrachteten Struktur um einen klassischen MOS-gesteuerten Thyristor handelt.

Power Static Induction Transistors/Thyristors

Auf der 1979er IEDM in Washington, D.C., USA, wurde durch *T. Ohmi* von der Tohoku Universität in Sendai, Japan, ein Übersichtsvortrag über die Transistorfamilie der sogenannten „Power Static Induced Transistors" gegeben [79Ohmi]. Die Struktur des klassischen Power Static Induced Transistors bzw. Power Static Induced Thyristors zeigt Abb. 4.59.

Wie sich aus dieser Abbildung ergibt, handelt es sich bei diesen Leistungstransistoren um sogenannte J-FETs, die vor Einführung der MOS-Technologie die klassische Bauweise für Feldeffekttransistoren darstellte. Die Beschaltung im Betrieb und die Funktionsweise beider Leistungstransistoren ist ähnlich.

Da sich der vorliegende Unterpunkt mit Thyristoren beschäftigt, soll die Funktionsweise des Power Static Induced Thyristors kurz erklärt werden: Das zentrale Element des Thyristors ist der $(n^+)(n^-)(p^+)$-Übergang entlang der Kathoden-Anoden-Strecke l_{ka} (vgl. erneut Abb. 4.59. b), der im Betrieb in Vorwärtsrichtung gepolt wird (Spannungspegel an der Kathode: $V_K = 0\ V \equiv GND$, Spannungspegel an der Anode: $V_A > 0\ V$).

---

[211] Vgl. dazu erneut mit Unterpunkt 1.3.3 des ersten Kapitels.

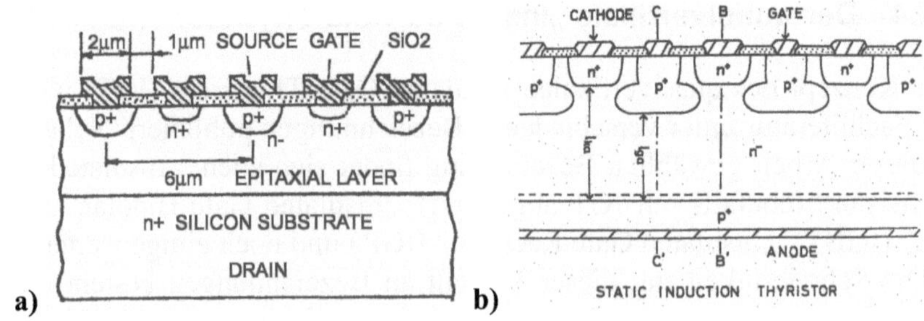

Abb. 4.59. a) Schematischer Aufbau eines quasivertikalen Power Static Induced Transistors und b) eines quasivertikalen Power Static Induced Thyristors, © 1979 IEEE [79Ohmi]

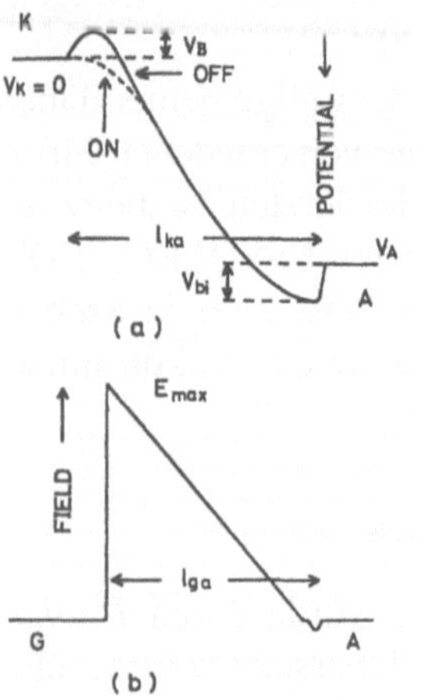

Abb. 4.60. a) Potenzialverlauf entlang der Kathoden-Anoden-Strekke l_{ka} und b) elektrischer Feldverlauf entlang der Gate-Anoden-Stecke l_{ga} im „OFF"- bzw. „ON"-Zustand eines Power Static Induced Thyristors, © 1979 IEEE [79Ohmi]

Die Form der p^+-Typ dotierten Gate-Gebiete ist so gewählt, dass die von diesen Gebieten ausgehenden Raumladungszonen in den Kanal zwischen Kathode und Anode greifen und diesen partiell abschnüren. Bei Anlegen einer negativen Gate-Spannung $V_G < 0\,V$ vergrößern sich diese Raumladungszonen so stark, dass es zu einer vollständigen Abschnürung des Kanals kommt. Der Thyristor ist im „OFF"-Zustand. Die Durchgezogene Linie in Abb. 4.60. a zeigt den Potenzialverlauf im „OFF"-Zustand des Thyristors entlang der Kathoden-Anoden-Strecke l_{ka}. Wie man dieser Abbildung entnimmt, wird im „OFF"-Zustand der Elektrodenstrom von der Kathode zur Anode durch die Barriere V_B, die durch die Raumladungszonen der Gate-Strukturen erzeugt wird, blockiert, während der Löcherstrom von der Anode zur Kathode durch die Diffusionsspannung Φ_0 (in der Abbildung mit V_{bi} bezeichnet) des $(n^-)(p^+)$-Übergangs geblockt wird. Wird die Gate-Spannung V_G abgeschaltet bzw. wird eine positive Gate-Spannung $V_G > 0\,V$ angelegt, verschwindet die Elektronenbarriere im

Kanal vor der Kathode und der Thyristor schaltet ein (vgl. mit der gestrichelt gezeichneten Linie in Abb. 4.60. a). Abb. 4.60. b zeigt den Verlauf des elektrischen Feldes *E(x)* entlang der Gate-Anoden-Strecke l_{ga} (vgl. erneut Abb. 4.59. b).

Wie bereits erwähnt, ist die Funktionsweise des in Abb. 4.59. a dargestellten Power Static Induced Transistors ähnlich, nur dass hier eine positive Gate-Spannung V_G angelegt werden muss, um den Transistor auszuschalten. Abb. 4.61. zeigt zwei typische zeitliche Schaltverhalten eines solchen Power Static Induced Transistors (die jeweils unteren Kurven geben den zeitlichen Verlauf der Gate-Spannung V_G, die jeweils oberen Kurven den zeitlichen Verlauf der Spannungsdifferenz, die bei der jeweiligen Gate-Spannung V_G zwischen Kathode und Anode abfällt).

a) 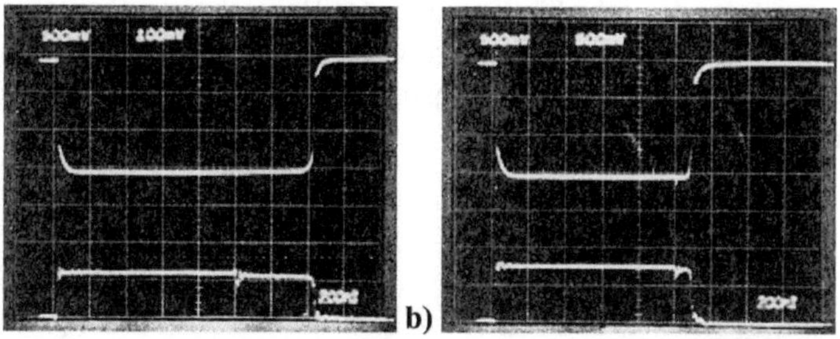 b)

Abb. 4.61. Typisches zeitliches Schaltverhalten eines Power Static Induced Transistors (die in Bild (a) dargestellten Kurven geben den zeitlichen Verlauf der Gate-Spannung V_G, die in Bild (b) dargestellten Kurven den zeitlichen Verlauf der Spannungsdifferenz, die bei der jeweiligen Gate-Spannung V_G zwischen Kathode und Anode abfällt); für die Messung wurde der Leistungstransistor seriell mit einem Lastwiderstand verschaltet (*y*-Skala: $10\ V{\cdot}dec^{-1}$, *x*-Skala: $200\ ns{\cdot}dec^{-1}$), © 1979 IEEE [79Ohmi]

Für die Messung wurde der Leistungstransistor seriell mit einem Lastwiderstand verschaltet). In diesem Zusammenhang wurde durch *T. Ohmi* das Konzept eines quasivertikalen MOS-gesteuerten Power Static Induced Thyristors vorgeschlagen, der wie der eben beschriebene Power Static Induced Thyristor im J-FET-Design funktioniert, nur dass hier der Kanal zwischen Kathode und Anode durch eine kapazitiv durch das MOS-Gate gesteuerte Raumladungszone abgeschnürt wird. Abb. 4.62. zeigt den schematischen Aufbau des von *T. Ohmi* vorgeschlagenen quasivertikalen MOS-gesteuerten Power Static Induced Thyristors.

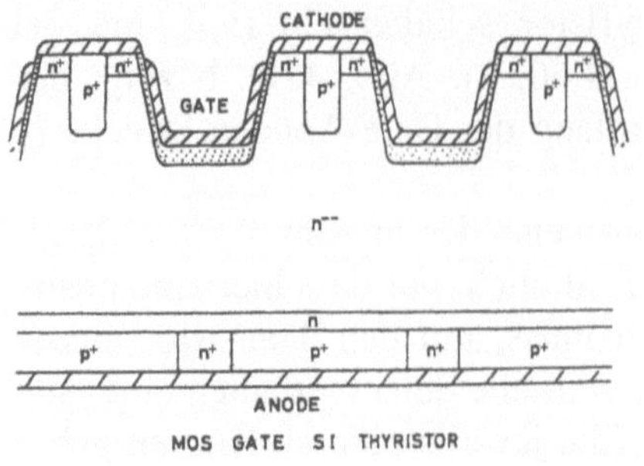

Abb. 4.62. Schematischer Aufbau des von *T. Ohmi* vorgeschlagenen quasivertikalen MOS-gesteuerten Power Static Induced Thyristors, © 1979 IEEE [79Ohmi]

Insulated Gate Bipolar Transistors

Den am häufigsten realisierten Aufbau eines quasivertikalen Insulated Gate Thyristors, der sehr häufig unter der Bezeichnung Insulated Gate Bipolar Transistor (IGBT) publiziert wird, zeigt Abb. 4.63. Man erkennt, dass es sich bei diesem Leistungstransistor um einen DMOS-ähnlichen Leistungs-MOSFET handelt.

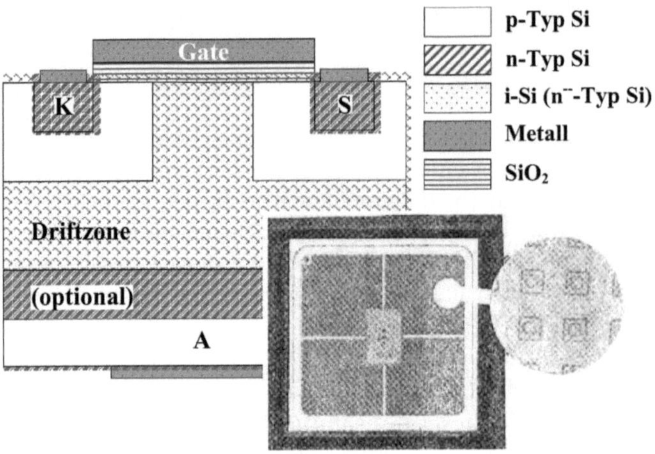

Abb. 4.63. Schematischer Aufbau eines quasivertikalen Insulated Gate Bipolar Transistors (IGBT) und Fotographie eines durch *M. F. Chang et al.*[212] realisierten *25 A/500 V*-IGBTs mit einer Chipfläche $A_C = (200 \times 200)\ mil^2$, © 1983 IEEE [83Chan]

Es ist daher nicht verwunderlich, dass sehr viele Gruppen, die in den vergangenen Jahren zum DMOS publizierten, auch Publikationen zum quasivertikalen IGBT veröffentlichten und dass die Entwicklung des

[212] Koautoren der Arbeit: *G. C. Pifer*, *B. J. Baliga*, *M. S. Adler* und *P. V. Gray*

IGBTs zeitlich parallel zum DMOS-Konzept verlief. Daher finden sich die ersten Publikationen zu diesem Konzept Ende der 1970er Jahre auf den in dieser Arbeit näher betrachteten Konferenzen ESSDERC, IEDM und SSDM; die letzten Publikationen datieren Mitte/Ende der 1990er Jahre. Dieses Konzept eines quasivertikalen Insulated Gate Thyristors wurde erstmals u. a. von *L. Leipold et al.*[213] (Siemens AG, München, Deutschland), *B. J. Baliga et al.*[214] (General Electrics Corp., Schenectady, USA) und *A. M. Goodman et al.*[215] (RCA Laboratories, Princeton, USA) Anfang bis Mitte der 1980er intensiv diskutiert [80Leip, 82Bali, 83Chan, 83Good]. Abb. 4.64. zeigt den schematischen Aufbau des von *L. Leipold et al.* realisierten IGBTs.

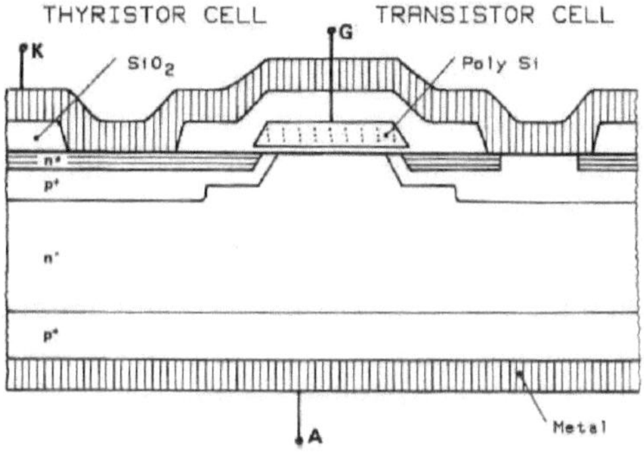

Abb. 4.64. Schematischer Aufbau eines durch *L. Leipold et al.* realisierten quasivertikalen Insulated Gate Bipolar Transistors (IGBT) basierend auf der DMOS-Technologie im SIPMOS-Design der Siemens AG, München, Deutschland, © 1980 IEEE [80Leip]

Die Funktionsweise eines IGBTs lässt sich gut anhand der Ausgangscharakteristik eines IGBT erklären (vgl. Abb. 4.65.).

Bei einer negativen Anodenspannung $V_A < 0\ V$ (die Kathode liegt auf definiertem Erdpotenzial) ist der anodenseitige pn-Übergang in Sperrrichtung, der kathodenseitige pn-Übergang in Durchlassrichtung gepolt. Der Stromfluss durch den Thyristor ist nur durch den Sperrstrom des anodenseitigen pn-Übergangs gegeben und kann durch das Anlegen einer Gate-Spannung V_G nicht beeinflusst werden. Die Durchbruchfestigkeit des Thyristors ist in diesem Fall nur durch die Durchbruchfestigkeit des pn-Übergangs gegeben.

---

[213] Koautoren der Arbeit: *W. Baumgartner*, *W. Ladenhauf* und *J. P. Stengl*

[214] Koautoren der Arbeit: *M. S. Adler*, *P. V. Gray*, *R.P. Love* und *N. Zommer*

[215] Koautoren der Arbeit: *J. P. Russell*, *L. A. Goodman*, *C. J. Nuese* und *J. M. Neilson*

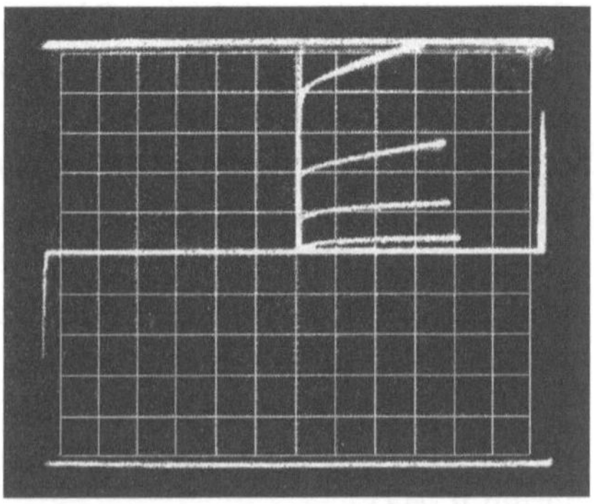

Abb. 4.65. Ausgangscharakteristik eines durch *B. J. Baliga et al.* realisierten IGBTs mit einer Durchbruchfestigkeit von $BV_{OFF} > 600\ V$ (*x*-Skala: $100\ V \cdot dec^{-1}$, *y*-Skala: $100\ \mu A \cdot dec^{-1}$), © 1982 IEEE [82Bali]

Wird die optionale n-Typ dotierte Schicht vor der p-Typ dotierten Anode weggelassen (vgl. erneut Abb. 4.63.), hängt diese Durchbruchfestigkeit in erster Linie von der Länge und der Dotierung der n⁻-Typ dotierten Driftzone ab und kann sehr hoch eingestellt werden (vgl. erneut Abb. 4.65.). Bei positiver Anodenspannung $V_A > 0\ V$ ist der anodenseitige pn-Übergang in Durchlass, der kathodenseitige pn-Übergang in Sperrrichtung gepolt. Der Stromfluss durch den Thyristor ist nur durch den Sperrstrom des kathodenseitigen pn-Übergangs gegeben, kann aber durch das Anlegen einer positiven Gate-Spannung $V_G > 0\ V$ beeinflusst werden. Bei positiver Gate-Spannung $V_G > 0\ V$ wird unter dem Gate ein Elektronenkanal influenziert, der Driftzone und Kathode kurzschließt, so dass es zu einem Elektronenfluss von der Kathode zur Anode kommt. Dieser Elektronenfluss wird durch den seriellen Widerstand, den der influenzierte Kanal darstellt, begrenzt. Der Kanalwiderstand ist umso kleiner, je höher die gewählte Gate-Spannung ist. Das hat zur Folge, dass es bei gegebener Gate-Spannung V_G zu einem „Quasisättigungsverhalten" in der Ausgangskennlinie kommt (vgl. erneut Abb. 4.65.). Bei ausgeschaltetem Gate ($V_G = 0\ V$) bestimmt die n^--Typ dotierte Driftzone das Durchbruchverhalten und damit BV_{OFF}. Wird die optionale n-Typ dotierte Schicht vor der p-Typ dotierten Anode weggelassen, ergibt sich ein symmetrisches Durchbruchverhalten für $V_A > 0\ V$ bzw. $V_A < 0\ V$, da dann VB_{OFF} für $V_A > 0\ V$ und $V_A < 0\ V$ durch das Durchbruchverhalten der Driftzone bestimmt wird.

Abb. 4.66. zeigt einen detaillierteren Ausschnitt des Vorwärtsbereiches ($V_A > 0\ V$) der in Abb. 4.65. gezeigten Ausgangscharakteristik für eine feste positive Gate-Spannung $V_G > 0\ V$. Man erkennt, dass sich die exponentielle Charakteristik einer pin-Diode in Durchlass gibt, die bei höheren Durchlassspannungen durch einen seriellen ohmschen Widerstand begrenzt ist, was zur Abweichung vom exponentiellen Verhalten führt.

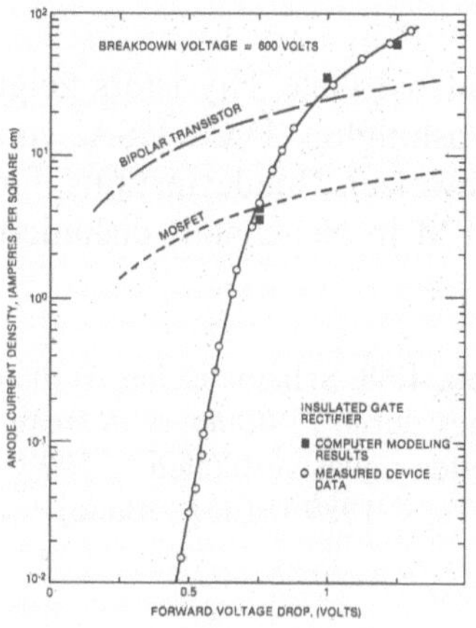

Abb. 4.66. Detaillierter Ausschnitt des Vorwärtsbereiches ($V_A > 0\ V$) der in Abb. 4.65. gezeigten Ausgangscharakteristik eines durch *B. J. Baliga et al.* realisierten *600 V*-IGBTs für eine feste positive Gate-Spannung $V_G > 0\ V$, © 1982 IEEE [82Bali]

Ein Nachteil dieses Leistungsschalters ist dessen Ausschaltverhalten, welches Abb. 4.67. zeigt. Man erkennt, dass nach Abschalten der Gate-Spannung V_G der Anodenstrom zunächst sehr schnell ($t < 1\ \mu s$) um ca. $\Delta I_A = 5\ A$ fällt, dann aber deutlich langsamer weiter absinkt, was zu einer großen Ausschaltzeit von bis zu $t_{OFF} = 50\ \mu s$ führt. Eine genaue Analyse ergibt, dass dieser Abfall exponentiell mit der Zeit t erfolgt. Der Grund hierfür liegt in dem Löcherplasma, welches sich im Betrieb in der Driftzone aufbaut (im Betrieb werden von der Anode Löcher in die Driftzone injiziert). Nach Abschaltung der Gate-Spannung V_G können diese Löcher nicht mehr über die Kathode abfließen und verbleiben, da sie durch die positive Anodenspannung $V_A > 0\ V$ auch nicht über die Anode abfließen können, solange in der Driftzone, bis sie über einen langsamen Rekombinationsmechanismus annihiliert wurden.

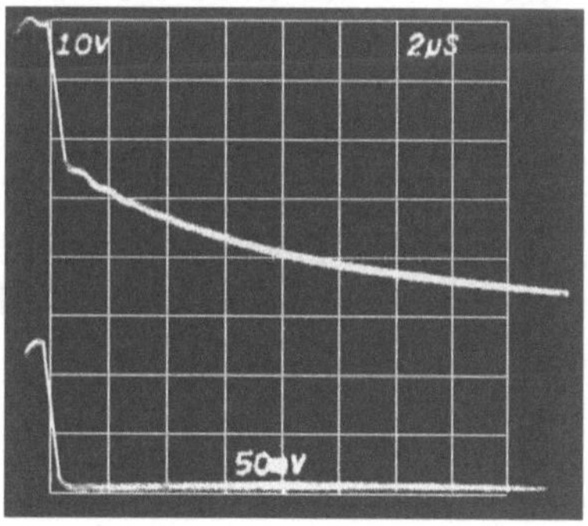

Abb. 4.67. Ausschaltverhalten eines durch *B. J. Baliga et al.* realisierten *600 V*-IGBTs: Die obere Kurve zeigt das zeitliche Verhalten des Anodenstroms $I_A(t)$ (x-Skala: $2\ \mu s \cdot dec^{-1}$, y-Skala: $2\ A \cdot dec^{-1}$), die untere Kurve das zeitliche Verhalten der Gate-Spannung $V_G(t)$ (y-Skala: $10\ V \cdot dec^{-1}$). An der Kathoden-Anoden-Strecke fällt eine Spannung von $V_A = 400\ V$ ab; © 1982 IEEE. [82Bali]

Insulated Gate Thyristors

Den Aufbau eines echten quasivertikalen Insulated Gate Thyristors zeigt Abb. 4.68., der so 1989 auf der IEDM in Washington, D.C., USA, von *F. Bauer et al.*[216] (eine Kooperation des Schweizer Bundesinstituts für Technologie in Zürich und der schweizer CSEM in Neuchatal) diskutiert wurde [89Baue].

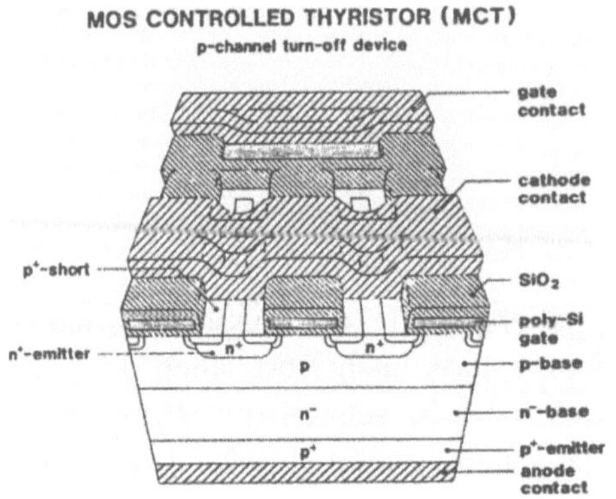

Abb. 4.68. Schematischer Aufbau eines durch *F. Bauer et al.* realisierten quasivertikalen *2500 V*-IGTs, © 1989 IEEE [89Baue]

Ein ähnliches Konzept wurde fünf Jahre zuvor durch *V.A.K. Temple* (General Electrics Corp., Schenectady, USA) auf der IEDM 1984 in San Francisco, USA, diskutiert [84Temp].

Diese Thyristorstruktur wird über ein Bipolargate (ein ohmscher Schottky-Kontakt zur p-Typ dotierten Basis – vgl. erneut mit Abb. 4.68.) bei angelegter Versorgungsspannung V_{AK} gezündet und über die in Abb. 4.68. dargestellten MOS-Gates wieder ausgeschaltet.[217] Somit handelt es sich bei diesem IGT um einen GTO-IGT. Die Herstellung dieser IGTs erfolgt mit klassischer DMOS-Technologie.

Abb. 4.69. zeigt den Vorwärtsbereich der Ausgangscharakteristik eines gezündeten *600 V*-GTO-IGTs (in der Abbildung mit „(C)MCT" bezeichnet) im Vergleich zu einem *600 V*-IGBT (in der Abbildung mit „IGT" bezeichnet) und einem *600 V*-BMOS (in der Abbildung mit „FET" bezeichnet). Das zeitliche Ausschaltverhalten dieses *600 V*-GTO-IGTs zeigt Abb. 4.70.

---

[216] Als Koautoren dieser Arbeit wurden genannt: *P. Roggwiler*, *A. Aemmer*, *W. Fichtner*, *R. Vuilleumier* und *J.-M. Moret*.

[217] Zur Funktionsweise eines Thyristors vgl. erneut mit Unterpunkt 1.3.3 des ersten Kapitels

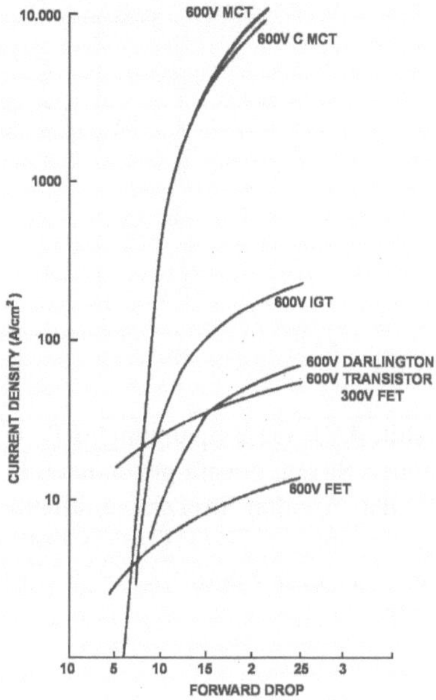

Abb. 4.69. Vorwärtsbereich der Ausgangscharakteristik eines durch *V. A. K. Temple* realisierten, gezündeten *600 V*-GTO-IGTs (in der Abbildung mit „(C)MCT“ bezeichnet) im Vergleich zu einem *600 V*-IGBT (in der Abbildung mit „IGT“ bezeichnet) und einem *600 V*-BMOS (in der Abbildung mit „FET“ bezeichnet), © 1984 IEEE [84Temp]

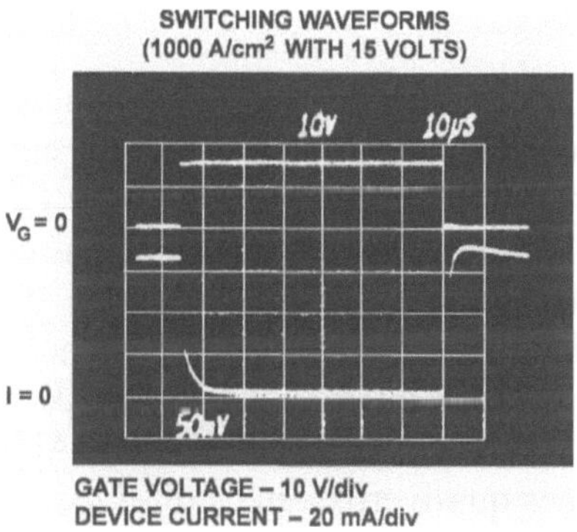

Abb. 4.70. Ausschaltverhalten eines durch *V. A. K. Temple* realisierten *600 V*-GTO-IGTs: Die obere Kurve zeigt das zeitliche Verhalten der Gate-Spannung $V_G(t)$ (*x*-Skala: $10\ \mu s \cdot dec^{-1}$, *y*-Skala: $10\ V \cdot dec^{-1}$), die untere Kurve das zeitliche Verhalten des Anodenstroms $I_A(t)$ (*y*-Skala: $20\ mA \cdot dec^{-1}$). An der Kathoden-Anoden-Strecke fällt eine Spannung von $V_A = 50\ V$ ab; © 1984 IEEE. [84Temp]

Man erkennt, dass durch das MOS-Gate eine deutlich schnellere Ausschaltzeit erreicht werden kann (hier $t_{OFF} \approx 10\ \mu s$) als es bei einem quasivertikalen IGBT möglich ist. Abb. 4.71. zeigt die Gate-Spannungen V_G, die nötig sind, um einen gegebenen Strom, der im gezündeten GTO-IGT in Abhängigkeit von der über die Kathoden-Anoden-Strecke abfallenden Spannung fließt, auszuschalten.

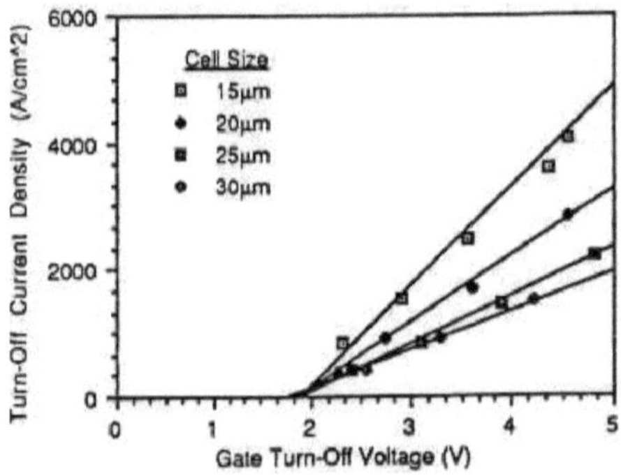

Abb. 4.71. Gate-Spannungen V_G (Gate Turn Off), die nötig sind, um einen gegebenen Strom, der im gezündeten GTO-IGT in Abhängigkeit von der über die Kathoden-Anoden-Strekcke abfallenden Spannung fließt, auszuschalten (gezeigt sind Daten von *2,5 kV*-GTO-IGTs mit verschiedenen Transistorzellengrößen, realisiert durch *F. Bauer et al.*), © 1989 IEEE [89Baue]

4.2.5 Der quasivertikale CoolMOS

Hinter dem quasivertikalen CoolMOS verbirgt sich der zur Zeit leistungsstärkste quasivertikale Leistungstransistor. Es handelt sich dabei um eine Weiterentwicklung des quasivertikalen DMOS im SIPMOS-Design. Die Besonderheit bei einem CoolMOS besteht darin, dass die Driftzone aus einer sogenannten Kompensationsstruktur besteht. Erstmals wurde der CoolMOS von *G. Deboy et al.*[218] (Siemens AG, jetzt Infineon Technologies AG, München, Deutschland) einem großen internationalen Publikum auf der 1998er IEDM in San Francisco, USA, vorgestellt [98Debo]. Abb. 4.72. zeigt den schematischen Aufbau eines quasivertikalen CoolMOS.

Wie man dieser Abbildung entnehmen kann, besteht die Driftzone aus n-Typ dotiertem Silizium, die von p-Typ dotierten Säulen, die mit den Kanalgebieten kurzgeschlossen sind, flankiert ist. Die Dotierhöhen in der Driftzone bzw. in den Säulen sind so gewählt, dass im spannungslosen Fall ($V_G = V_{SD} = 0\ V$) große Teile der freien Elektronen der n-Typ Driftzone in den sich zwischen den Säulen und der Driftzone ausbildenden Raumladungszonen in den Säulen gebunden sind.

---

[218] Koautoren: *M. März*, *J.-P. Stengl*, *H. Strack*, *J. Tihanyi* und *H. Weber* (es handelt sich hierbei um die Nachfolgegruppe der Arbeitsgruppe um *J. Tihanyi*); die Arbeiten zum CoolMOS wurden 2001 mit dem „Innovationspreis der Deutschen Wirtschaft“ ausgezeichnet.

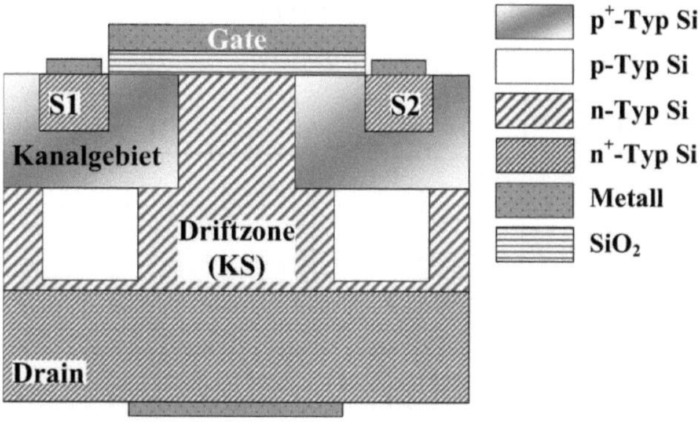

Abb. 4.72. Schematischer Aufbau eines quasivertikalen CoolMOS

Wird nun spannungstechnisch der „OFF"-Zustand eingestellt ($V_G = 0\ V$, $V_{SD} >> 0\ V$), werden die verbleibenden freien Elektronen aus der Driftzone über Drain und die verbleibenden freien Löcher über die Kanalgebiete abgesaugt. Das gesamte Gebiet zwischen Drain und den Kanalgebieten ist somit frei von freien Ladungsträgern (Elektronen bzw. Löchern). Alle in diesem Bereich befindlichen Donatoren bzw. Akzeptoren sind vollständig ionisiert (vollständig kompensiert) und dieser Bereich verhält sich wie intrinsisches Silizium. Dabei verhindern die Raumladungszonen zwischen den Säulen und der Driftzone, dass es beim Abfließen der restlichen freien Ladungen zu einem Stromfluss über die Raumladungszonen und damit zu einem Stromfluss zwischen Drain und den Kanalgebieten kommt. Der Bereich zwischen Drain und den Kanalgebieten wird also rein kapazitiv ausgeräumt. Das hat zur Folge, dass das Ausräumen ohne die Entstehung von Verlustleistung abläuft, das Bauelement sich also nicht aufheizt (daher auch die Wahl des Akronyms „CoolMOS"). Abb. 4.73. stellt das eben beschriebene Ausräumen der Driftzone erneut schematisch dar.

Im „ON"-Zustand ($V_G > 0\ V$, $V_{SD} >> 0\ V$) werden mit Hilfe des Gates Elektronen aus den Source-Gebieten in die Driftzone injiziert, was zu einem Zusammenbruch der Raumladungszone in der Driftzone führt und sich die Driftzone wieder wie n-Typ dotiertes Silizium mit einem entsprechend geringen ohmschen Widerstand R_{ON} verhält (Abb. 4.74.). Durch diese besondere Gestaltung der Driftzone (im „OFF"-Zustand nahezu perfekt intrinsisch, im „ON"-Zustand relativ hoch n-Typ dotiert) verliert die in der Einleitung des vorliegenden Kapitels hergeleitete Beziehung (4.18)

$$A \cdot R_{ON} = \alpha \cdot BV_{OFF}^{\beta} \propto BV_{OFF}^{\beta}\ (2{,}4 \leq \beta \leq 2{,}6), \tag{4.19}$$

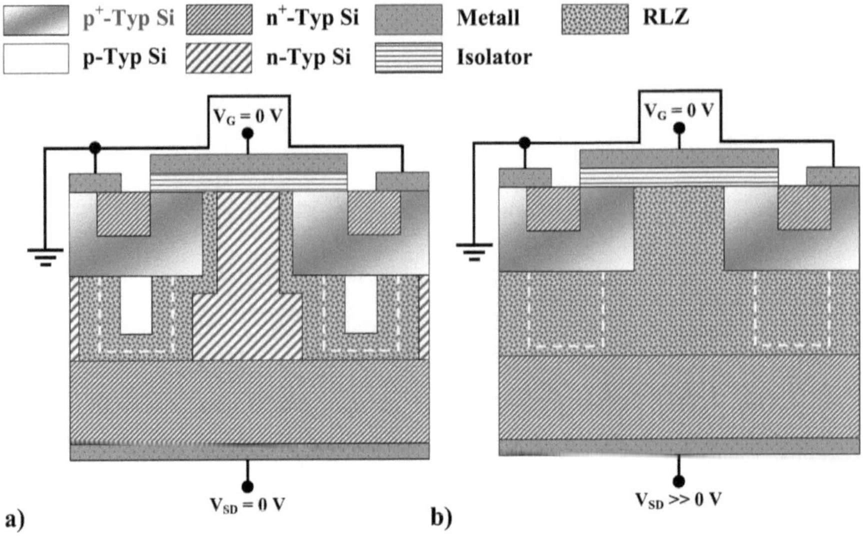

Abb. 4.73. Kapazitives Ausräumen der Driftzone und der Säulen in einem CoolMOS: a) Im spannungslosen Fall ($V_G = V_{SD} = 0\ V$) sind Säulen und Driftzone partiell aufgrund der sich bildenden Raumladungszonen (RLZ) ausgeräumt, b) im „OFF"-Zustand des Transistors ($V_G = 0\ V$, $V_{SD} >> 0\ V$) werden die restlichen freien Elektronen bzw. Löcher über Drain bzw. über die Kanalgebiete abgesaugt

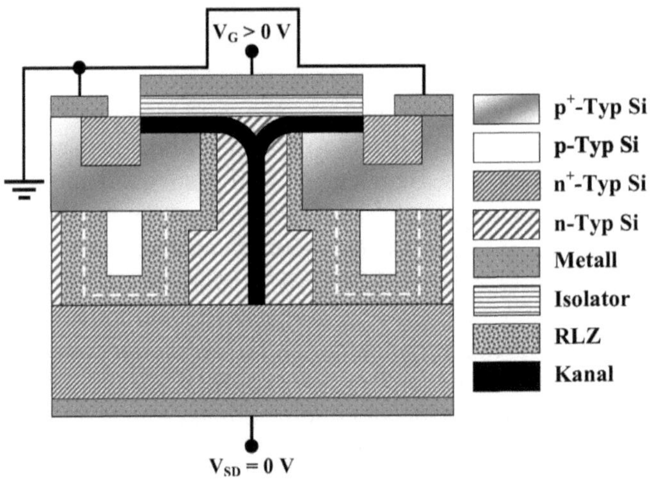

Abb. 4.74. Im „ON"-Zustand des CoolMOS ($V_G > 0\ V$, $V_{SD} >> 0\ V$) werden mit Hilfe des Gates Elektronen aus den Source-Gebieten in die Driftzone injiziert, was zu einem Zusammenbruch der Raumladungszone in der Driftzone führt und sich die Driftzone wieder wie n-Typ dotiertes Silizium mit einem entsprechend geringen ohmschen Widerstand R_{ON} verhält

die den Zusammenhang der Durchbruchspannung BV_{OFF} eines Leistungstransistor mit einer sehr schwach, homogen dotierten Driftzone und dem Technologiekriterium (4.2) $\Pi = R_{ON} \cdot A$ für Leistungstransistoren wiedergibt, ihre Gültigkeit.[219] Man nennt (4.19) in diesem Zusammenhang auch das „Silizium-Limit“ für Leistungstransistoren. Da in intrinsischem Silizium das elektrische Feld konstant ist, ergibt sich für einen quasivertikalen CoolMOS der Zusammenhang:

$$A \cdot R_{ON} = \alpha \cdot BV_{OFF} \propto BV_{OFF} \,. \tag{4.20}$$

Abb. 4.75. zeigt die experimentelle Bestätigung der in (4.20) für einen CoolMOS getroffenen Aussage. Darüber hinaus zeigt der CoolMOS ein sehr schnelles Ausschaltverhalten, was Abb. 4.76. zeigt. Dargestellt ist ein CoolMOS mit einer Durchbruchfestigkeit $B_{VOFF} > 500\ V$).

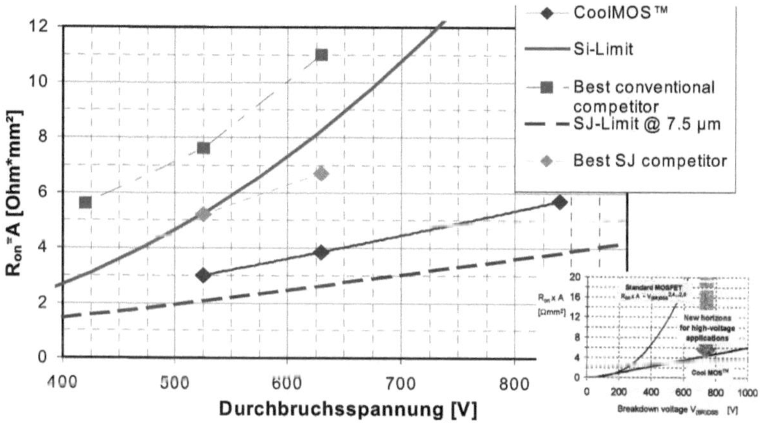

Abb. 4.75. Experimentell ermitteltes Technologiekriterium $\Pi = R_{ON} \cdot A$ für verschiedene CoolMOS-Leistungstransistoren als Funktion der Durchbruchspannungen BV_{OFF} im Vergleich zum „Silizium-Limit“ [98Debo, PIDebo]

Abschließend sei auf die Herstellung eines quasivertikalen CoolMOS eingegangen. Da es sich bei einem CoolMOS um einen quasivertikalen DMOS handelt, ist die Herstellungssequenz für einen CoolMOS mit Ausnahme des ersten Schrittes identisch mit der in der Abbildungsserie 4.42. bis 4.44. dargestellten Sequenz.[220]

---

[219] Vgl. mit der Einleitung des vorliegenden Kapitels

[220] Vgl. dazu erneut Unterpunkt 4.2.2 des vorliegenden Kapitels.

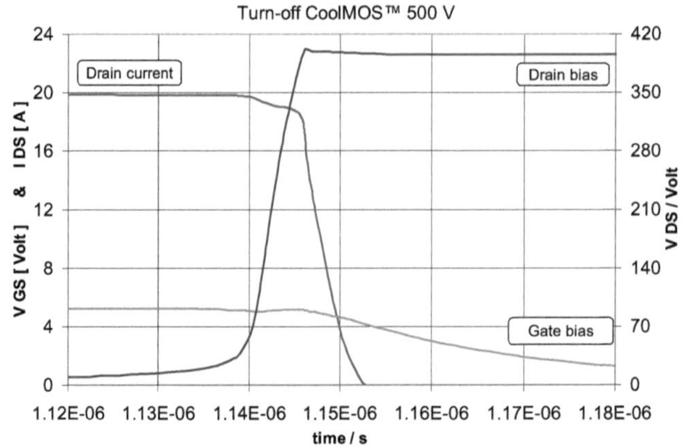

Abb. 4.76. Ausschaltverhalten eines CoolMOS-Leistungstransistors mit einer Durchbruchfestigkeit $BV_{OFF} > 500\ V$: Source-Drain-Strom I_{SD} (rot), Source-Drain-Spannung V_{SD} (blau), Gate-Spannung V_G (grün) [02Debo]

Es soll daher an dieser Stelle nur auf die Herstellung der Kompensationsstruktur (Driftzone mit Säulen) eingegangen werden. Prinzipiell wird die Kompensationsstruktur durch die mehrfache Wiederholung der folgenden Prozessschritte erzeugt:

1a. Epitaktische Abscheidung einer undotierten (n^{--}-Typ Silizium),
1b. Epitaktische Abscheidung einer dotierten Silizium-Schicht
2. (n^{--}-Typ Silizium),
3. Bor-Implantation zur Erzeugung der p-Typ Dotierung in den Säulen,
4. Phosphor-Implantation zur Erzeugung der n-Typ Dotierung in der Driftzone (entfällt, wenn für den ersten Schritt 1b gewählt wurde), Ausheilen der Strahlenschäden durch einen Hochtemperaturtemperschritt.

Insgesamt existieren vier Varianten für die Herstellungsschritte 1 bis 3: a) Maskierte Bor- und maskierte Phosphor-Implantation in eine undotierte (n^{--}-Typ), epitaktisch abgeschiedene Silizium-Schicht (siehe Abb. 4.77.), b) maskierte Bor- und unmaskierte Phosphor-Implantation in eine undotierte (n^{--}-Typ), epitaktisch abgeschiedene Silizium-Schicht, c) unmaskierte Bor- und maskierte Phosphor-Implantation in eine undotierte (n^{--}-Typ), epitaktisch abgeschiedene Silizium-Schicht und d) maskierte Bor-Implantation in eine dotierte (n-Typ), epitaktisch abgeschiedene Silizium-Schicht.

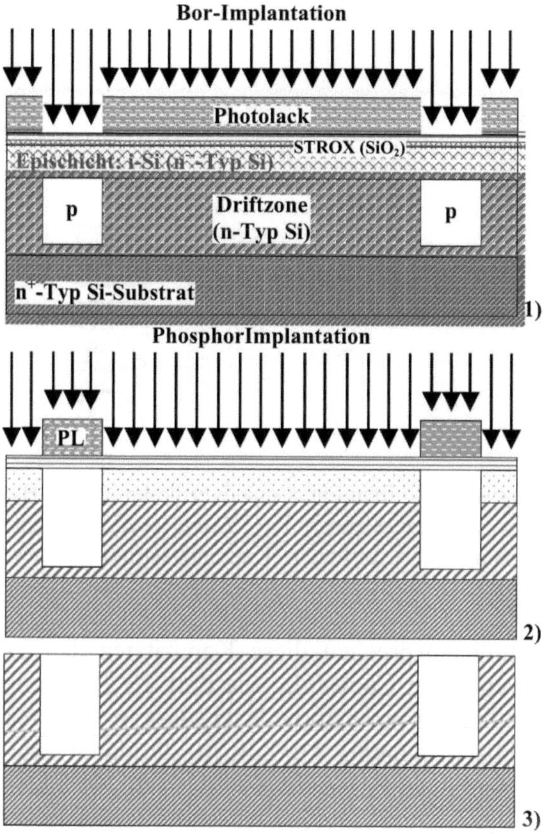

Abb. 4.77. Variante (a) der Herstellung der Driftzone eines CoolMOS

4.2.6 Der quasivertikale „Oxide-Bypassed" DMOS (OBDMOS)

Als Alternative zum DMOS mit Kompensationsstruktur (CoolMOS) wurde von *Y. C. Liang et al.*[221] der in Abb. 4.78. dargestellte Aufbau eines quasivertikalen Oxide-Bypassed DMOS (OBDMOS) vorgeschlagen [01Lian]. Man erkennt, dass die Besonderheit dieses quasivertikalen DMOS in den seitlichen MOS-Kapazitätsstrukturen liegt, die die Driftzone des DMOS flankieren.

[221] Als Koautoren werden genannt: *K. P. Gan* und *G. S. Samudra*.

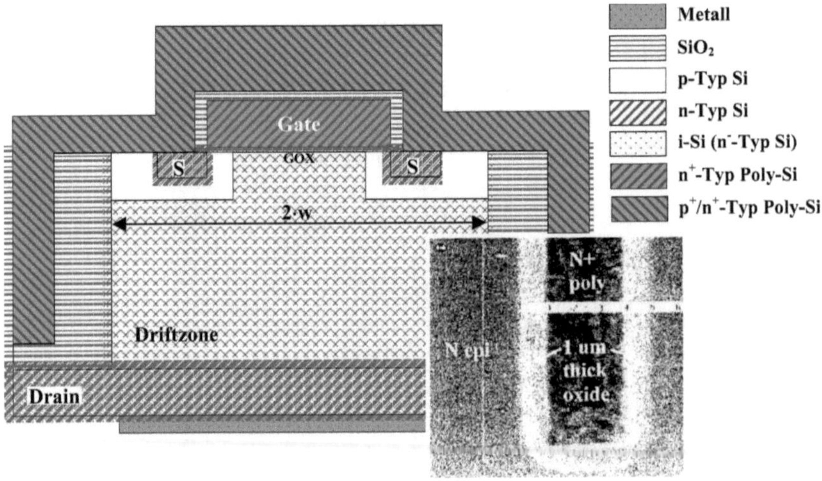

Abb. 4.78. Schematischer Aufbau eines quasivertikalen Oxide-Bypassed DMOS-Leistungstransistors (OBDMOS) nach *Y. C. Liang et al.* und rasterelektronenmikroskopische Aufnahme der seitlichen Kapazitätsstruktur eines OBDMOS, © 2001 IEEE [01Lian]

In ihrer Funktion entsprechen diese Kapazitäten den p-Typ dotierten Säulen im quasivertikalen CoolMOS, die dort die Driftzone flankieren.[222] Dies wird verständlich, wenn man bedenkt, dass in jeder realen MOS-Kapazität eine Flachbandspannung V_{FB} auftritt, die durch eine von null verschiedene Austrittsarbeitsdifferenz $\Phi_{MS} = \Phi_M - \Phi_S$ zwischen der Austrittsarbeit der Metallelektrode Φ_M und der Austrittsarbeit der Halbleiterelektrode Φ_S hervorgerufen wird, sowie Oxid- und Grenzflächenladungen.

Dadurch kommt es bereits im spannungslosen thermodynamischen Gleichgewicht zur Bildung einer Raumladungszone in der Halbleiterelektrode. Betrachtet man für den konkreten Fall eines in Abb. 4.78. dargestellten quasivertikalen OBDMOS eine PMOS-Kapazität mit einer n-Typ dotierten Silizium-Halbleiterelektrode (S) und einer metallischen hoch p^+- bzw. n^+-dotierte polykristallinen Silizium-Elektrode (M), dann ergibt sich nach Tabelle 1.3.[223] eine Austrittsarbeitsdifferenz $\Phi_{MS} > 0\ V$ bzw. $\Phi_{MS} < 0\ V$. Im Falle einer hoch n^+-dotierten polykristallinen Silizium-Elektrode als Metallelekrode würden auf der Seite der n-Typ dotierten Halbleiterelektrode die freie Elektronen an der Grenzfläche zum Oxid akkumulieren (Bildung einer negativen Raumladungszone), im Falle einer hoch p^+-dotierten polykristallinen Silizium-Elektrode würden auf der Seite der n-

[222] Vgl. erneut mit dem vorangegangenen Unterpunkt 4.2.5.
[223] Vgl. mit Unterpunkt 1.1.4 des ersten Kapitels.

Typ dotierten Halbleiterelektrode die freie Elektronen von der Grenzfläche zum Oxid Richtung Driftzonenmitte gedrängt werden (die zurückbleibenden ionisierten Donatoren bilden eine positive Raumladungszone).

Wird nun der OBDMOS in den „OFF"-Zustand überführt ($V_G = 0\ V$, $V_{SD} >> 0\ V$), fällt an einer der beiden flankierenden MOS-Strukturen mit der Kapazität C_{BMOS} eine Spannung V_{BMOS} ab (die metallische hoch p^+- bzw. n^+-dotierte polykristallinen Silizium-Elektrode liegt auf dem definierten Erdpotenzial der Source-Gebiete bzw. Kanal-Gebiete). Ist der OBDMOS nun so gestaltet, dass im „OFF"-Zustand

$$V_{BMOS} = \frac{Q}{C_{BMOS}} = \frac{e \cdot N_D \cdot w \cdot d_{BOX}}{\varepsilon_{rel} \cdot \varepsilon_0} \tag{4.21}$$

gilt (d_{BOX} bezeichnet die Dicke des Oxides einer der beiden flankierenden MOS-Kapazitäten, w die Hälfte der lateralen Driftzonenabmessung und N_D die Dotierkonzentration in der Driftzone), ist die Driftzone vollständig ausgeräumt und verhält sich nahezu wie perfekt intrinsisches Silizium. Im „ON"-Zustand überführt ($V_G > 0\ V$, $V_{SD} >> 0\ V$) verhält sich ein quasivertikaler OBDMOS wie ein quasivertikaler CoolMOS, dessen ohmscher Widerstand R_{ON} im „ON"-Zustand in erster Linie durch die Dotierung N_D der Driftzone gegeben ist. Abb. 4.79. zeigt die Durchbruchcharakteristik im „OFF"-Zustand eines OBDMOS im Vergleich zu einem konventionellen quasivertikalen DMOS mit identischen physikalischen Transistorparametern (Abmessungen und Dotierhöhen).

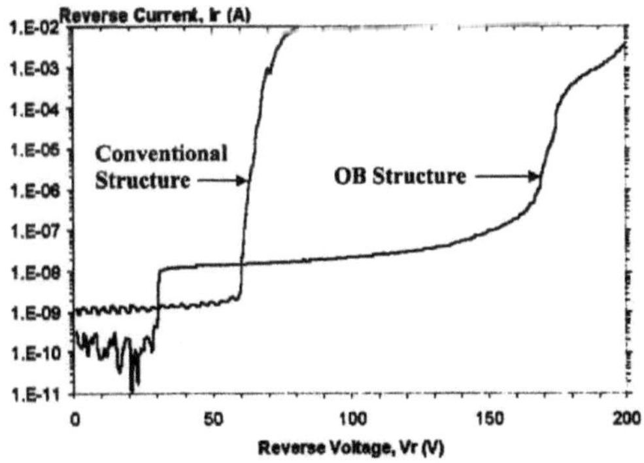

Abb. 4.79. Durchbruchcharakteristik im „OFF"-Zustand eines OBDMOS im Vergleich zu einem konventionellen quasivertikalen DMOS mit identischen physikalischen Transistorparametern wie Abmessungen und Dotierhöhen, © 2001 IEEE [01Lian]

Theoretische Rechnungen und erste experimentelle Ergebnisse zeigen, dass man auch mit einem quasivertikalen OBDMOS das „Silizium-Limit“ (4.19) brechen kann, und, dass mit einem OBDMOS für kleine Durchbruchspannungen $BV_{OFF} < 500\ V$ das Technologiekriterium (4.2) besser befriedigt werden kann als mit einem vergleichbaren DMOS, der auf einem Kompensationsprinzip aufbaut (vgl. Abb. 4.80.).[224]

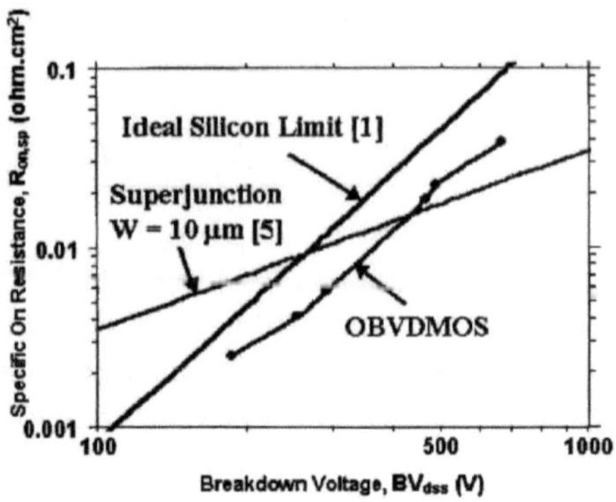

Abb. 4.80. Technologiekriterium $\Pi = R_{ON} \cdot A$ eines OBDMOS (in der Abbildung mit „OBVDMOS“ bezeichnet) als Funktion der Durchbruchspannungen BV_{OFF} im Vergleich zum „Silizium-Limit“ und zu einer vergleichbaren DMOS-Struktur, die auf einem Kompensationsprinzip basiert (in der Abbildung mit „Superjunction“ bezeichnet), © 2001 IEEE [01Lian]

---

[224] Vgl. erneut mit dem vorangegangenen Unterpunkt 4.2.5 und der Einleitung des vorliegenden Kapitels.

Nachwort

Die zentrale Fragestellung dieses Buches war die Frage nach dem Stellenwert quasivertikaler bzw. vertikaler Bauelementkonzepte im Vergleich zum lateralen Standardkonzept in der Silizium-basierten MOSFET-Technologie.

Für die Leistungselektronik lässt sich aus heutiger Sicht zusammenfassend sagen, dass sowohl das Quasivertikalkonzept als auch das Vertikalkonzept MOS-basierter Leistungsschalter die dominierenden Konzepte sind. Diese Dominanz entwickelte sich schon in einem sehr frühen Stadium (1970er Jahre) der zeitlichen Entwicklung der Silizium-basierten Halbleiterelektronik und ist bis heute ungebrochen, auch wenn das nicht bedeutet, dass das Lateralkonzept für Leistungsschalter dadurch verdrängt wurde. Als prominenteste Beispiele, die ausführlich im vierten Kapitel diskutiert wurden, sind hier der quasivertikale DMOS, der sich aus dem DMOS entwickelnde CoolMOS und der vertikale Power-MOSFET zu nennen.

Der Grund dafür, dass mit Leistungselektronik hauptsächlich vertikale und quasivertikale Strukturen verknüpft sind, findet sich in der lange bekannten physikalischen Tatsache, dass die Länge der Driftzone, die den wesentlichen Anteil eines Leistungs-MOSFETs darstellt, für das jeweilige Marktsegment – niedrige, mittlere bzw. hohe Durchbruchfestigkeit – nicht skalierbar auf eine Mindestlänge festgelegt ist. Dadurch wird bedingt, dass der laterale Platzbedarf eines Leistungs-MOSFETs in vollständig lateraler Bauweise ebenfalls nicht skalierbar auf eine Mindestfläche festgelegt ist.

Da der ökonomisch begründete Wunsch nach stetiger Integration – die Fertigung von elektronischen Schaltungen mit immer höherer Bauelementpackungsdichte – auch bei Leistungsschaltern die dynamisierende Kraft ist, erkannte man sehr früh, dass die effektive Lösung dieses Integrationsproblems in einer Vertikal- bzw. Quasivertikalstruktur des physikalischen Aufbaus der Leistungsschalters liegt. Gleichzeitig wurde damit auch ein anderes Problem lateraler Power-MOSFETs gelöst und zwar das Auftreten hoher Temperaturgradienten und die damit verbundenen hohen mechanischen Belastungen an der Chipoberfläche, die durch die an der Chipoberfläche durch die lateralen Transistoren fließenden hohen Ströme verursacht werden. Durch den (quasi)vertikalen Aufbau und der damit verbundenen

Nutzung des gesamten Volumens des Silizium-Chips können diese Temperaturgradienten deutlich gemindert werden, da die auftretende Wärme schnell über das gesamte Volumen abgeführt werden kann.

Eine ähnliche Aussage lässt sich auch im Hinblick auf die Realisierung von DRAM-Speichern mit einem Vertikalkonzept formulieren. Auch hier erkannte man früh, das der Skalierung eines DRAMs Grenzen gesetzt sind, da, wie im dritten Kapitel dargelegt, die für einen erfolgreichen Betrieb erforderliche Mindestkapazität des DRAM-Speicherkondensators ebenfalls nicht skalierbar und damit nicht beliebig integrierbar ist. Die Lösung des Integrationsproblems war hier ebenfalls die Nutzung der vertikalen dritten Dimension.

Besonders am DRAM lässt sich der erfolgreiche Übergang vom ursprünglichen Lateralkonzept zum Vertikalkonzept studieren, welches aktuell die DRAM-Technologie bestimmt und ausmacht.

Der erste Versuch einer vertikalen DRAM-Technologie durch Texas Instruments in den späten 1970er Jahren scheiterte zwar noch an unvollkommenen technologischen Problemen, nach Verbesserung der notwendigen Technologie wurde aber umgehend zum Vertikalkonzept zurückgekehrt, welches dann stetig als Trench-Konzept durch Infineon Technologies weiter vervollkommnet wurde. Man kann behaupten, dass die Silizium-basierte Leistungselektronik und DRAM-Speichertechnologie zu Domänen (quasi)vertikaler Bauelementkonzepte geworden sind.

Völlig anders stellt sich die aktuelle Situation aber gerade bei MOSFET-Transistoren mit kurzen Kanallängen dar, die für die Realisierung von CMOS-Logikschaltungen bzw. von SRAM- und EEPROM-Speicherstrukturen benötigt werden. Die damit verbundene Technologie wird nach wie vor durch das Lateralkonzept, welches vom Grundprinzip seit über 30 Jahren unverändert besteht, bestimmt. Vertikal- und auch Quasivertikalkonzepte spielen in der aktuellen Produktion keine Rolle. Dieser Tatbestand ist umso bemerkenswerter, da das Vertikal- bzw. Quasivertikalkonzept in den 1970er Jahren gerade aus der Erwartungshaltung heraus entwickelt wurde, dass in Zukunft das Lateralkonzept nicht mehr erfolgreich umsetzbar sein würde und zwangsläufig Alternativen benötigt werden würden.

Der Grund ist in der folgenden Annahme zu finden: Wie in der Einleitung des vorliegenden Buches erwähnt, war die anfängliche Prognose, dass die technologische Sub-*100 nm*-Schranke, die der optischen Lithographie und damit der lateralen Kurzkanal-MOSFET-Technologie ein Ende bereiten würde, im Jahre 2050 erreicht werden würde. Man sprach in den 1970er Jahren also ein Problem an, welches selbst erst ein knappes Jahrhundert später erwartet wurde. (Das Integrationsproblem für Leistungsschalter und DRAM-Speicher war zu diesem Zeitpunkt bereits ein deutlich aktuelleres Problem.)

Damit bestand in der 1970er Jahren mit Blick auf die CMOS-, SRAM- und EEPROM-Technologie kein akuter Handlungsbedarf, was dazu führte, dass (quasi)vertikale Konzepte nur als paralleler Nebenstrang in erster Linie an Universitäten, Forschungsinstituten und –laboratorien verfolgt wurden. Gleichzeitig wurde im industriellen Maßstab an der Verbesserung der optischen Lithographiemethoden mit großem Erfolg gearbeitet. Inzwischen ist der Sub-*100 nm*-Bereich längst erreicht und laterale Transistoren mit einer Kanalgebietlänge von *90 nm* sind in Produktion. Die aktuelle Diskussion ist erneut von Prognosen erfüllt, die von einem nun bald eintretenden Ende der optischen Lithographie sprechen. Man geht aktuell nur noch von wenigen Jahren aus.

Ist nun mit einem erfolgreichen Beginn der (Quasi)Vertikaltechnologie in diesem Segment der Silizium-basierten Elektronik zu rechnen? Auch wenn in der gegenwärtigen Diskussion davon gesprochen wird, teilweise quasivertikale Konzepte wie z. B. den quasivertikalen SiGe-MOSFET, der im zweiten Kapitel Gegenstand der Betrachtung war, in die Produktion einzuführen (was den sprunghaften Anstieg der Publikationen zu diesem Konzept in den letzten Jahren erklärt), wagt der Autor die Prognose, dass besonders die CMOS- und die damit eng verknüpfte SRAM-Entwicklung nicht in Richtung (quasi)vertikaler Konzepte geht, und dass bis zum Erreichen der physikalisch gesetzten Grenzen am klassischen Lateralkonzept festgehalten wird. Das darf auf keinen Fall so verstanden werden, dass die Arbeiten zum (quasi)vertikalen Konzept in Bezug auf CMOS, SRAM und EEPROM als bedeutungslos und ohne hohen Stellenwert anzusehen sind. Das Gegenteil ist der richtig. Stellt man die zeitliche Entwicklung vertikaler MOSFETs neben die zeitliche Entwicklung entsprechender lateraler MOSFETs, dann stellt man fest, dass viele Fragen, die während der technologischen Entwicklung von Kurzkanal-MOSFETs auftraten, durch Untersuchungen an (quasi)vertikalen Transistoren beantwortet wurden, und dass das an (Quasi)Vertikalkonzepten erarbeitete Wissen zeitlich später intensiv in die Entwicklung entsprechender lateraler Bauelemente einfloss. Als Beispiel dafür sei der im zweiten Kapitel vorgestellte vertikale IC-SOI-MOSFET genannt, der bereits in den 1980er Jahren bewies, dass Transistoren mit einem intrinsischen Kanalgebiet auf einem SOI-Substrat realisierbar sind. Die intensive Betrachtung entsprechender lateraler Konzepte (SOI-FinFETs) findet erst seit den letzten zehn Jahren statt. Ein anderes Beispiel ist der in den 1990er Jahren und ebenfalls in diesem Buch diskutierte vertikale PDBFET, der zeigte, dass MOSFETs mit Kanallängen im Sub-*10 nm*-Bereich funktionieren, dass allerdings mit Besonderheiten im elektronischen Verhalten zu erwarten sind. Gegenwärtig – erneut zehn Jahre später – wird in Lateraltechnologie an zum PDBFET analogen Konzepten gearbeitet (Straddle-Gate-MOSFETs). Zuletzt sei an dieser

Stelle der Ende der 1990er Jahre gemeinsam mit anderen vom Autor des vorliegenden Buches entwickelte CMOS-kompatible vertikale Tunnel-MOSFET genannt, der auf quantenphysikalischen Prinzipien beruht und völlig neue Perspektiven für die CMOS-Technologie eröffnet und aktuell auch in der Realisierung als lateraler MOSFET großes Interesse weckt.

Abschließend sei die folgende Hypothese formuliert: Innerhalb der nächsten drei Dekaden muss damit gerechnet werden, dass das gängige Konzept lateraler Kurzkanal-MOSFETs unabhängig von den Fortschritten in der Technologie an seine physikalischen Grenzen stößt, was ein Ende der Integration gegenwärtiger CMOS-Logikschaltungen und damit verbundener Speicher (SRAMs) bedeutet. An die Stelle dieser klassischen Konzepte wird eine neue Technologie treten mit Bauelementen, die auf rein quantenmechanischen Prinzipien beruhen. Die klassische Boolesche Logik, die sich in CMOS-Schaltungen manifestiert, wird durch eine Quantenlogik ersetzt werden. Die dafür erforderlichen halbleiterelektronischen Schaltungen und Strukturen werden eine (quasi)vertikale Struktur besitzen.

Quellen und Literaturverzeichnis

Im Folgenden ist das Quellen- und Literaturverzeichnis des gesamten Buches zusammengestellt.

Es findet sich die alphabetische Auflistung aller Quellen, die im Buch verwendet wurden inklusive der Quellen, die durch die Konferenzrecherche zusammengetragen wurden und die die Basis der statistischen Analyse der Einleitung bilden. Diese speziellen Quellen sind durch einen Punkt (•) zusätzlich gekennzeichnet.

[58Esak] L Esaki, Physical Review Letter 109 (1958) 603

[68Arno] E Arnold, J Ladell, G Abowitz, Appl. Phys. Lett. 13 (1968) 513

[71MKL2] Meyers Kleines Lexikon in 3 Bänden, Band 2, VEB Bibliographisches Institut Leipzig, 10. Aufl., Leipzig 1971

[72Shoc] W Shockley (Bell Labs, USA): The Invention of the Transistor: An Example of Creative-Failure Methodology, Proc. ESSDERC-1972, I-4 (55ff)

[73Dord] G Dorda, I Eisele, Solid State Phys. 20 (1973) 263

[73Esak] L Esaki (IBM, USA): Long Journey into Tunneling (Nobelpreis-Vortrag, 12. Dezember 1973), Proc. IEEE 62 (1974) 825

[73Haya] • Y Hayashi, T Sekigawa, Y Tarui (Electronical Laboratory Tanashi, Japan): Insulated Gate Avalanche Transistor, Proc. SSDM-1973, 11-2 (437ff)

[74Decl] MJ Declercq (U Leuven, Belgien): Application of the Anisotropic Etching of Silicon to the Development of Complementary Structures, Tech. Digest IEDM-1974, 22.5 (519ff)

[74Dill] FH Dill, JA Tuttle, AR Neureuther (IBM/UC Berkeley, USA): Limits of Optical Lithography, Tech. Digest IEDM-1974, 2.1 (13ff)

[75Cho] AY Cho (Bell Labs, USA): Device Fabrication by Molecular Beam Epitaxy, Tech. Digest IEDM-1975, 19.1 (429ff)

[75Liec] • CA Liechti (Hewlett-Packard, USA): Recent Advances in High-Frequency Field-Effect Transistors, Tech. Digest IEDM-1975, 1.2 (6ff)

[75Mats] T Matsushita, T Mamine (Sony, Japan): A New Class of Solar Cell with Multi-Layer Structure, Tech. Digest IEDM-1975, 15.7 (353ff)

[75Pfei] HC Pfeiffer, J Vac. Sci. Technol. 12 (1975) 1170

[75Yosha] • I Yoshida, M Kubo, S Ochi, Y Ohmura (Hitachi, Japan): A High Power MOS-FET with a Vertical Drain Electrode and Meshed Gate Structure, Proc. SSDM-1975, A-5-2 (179ff)

[75Yoshb] • I Yoshida, M Kubo, S Ochi (Hitachi, Japan): A High Power MOSFET with a Vertical Drain Electrode and Meshed Gate Structure, Tech. Digest IEDM-1975, 8.2 (159ff)

[76Ahuj] • BK Ahuja, AR Boothroyd (U Carleton, Kanada): Modelling of V-Channel MOS Transistors, Tech. Digest IEDM-1976, 23.3 (573ff)

[76Bhat] • IS Bhatti, TJ Rodgers, JR Edwards (American Microsystems, USA): Minimization of Parasitic Capacitances in VMOS Transistors, Tech. Digest IEDM-1976, 23.1 (565ff)

[76Comb] • SR Combs, DC D´Avanzo, RW Dutton (Stanford U, USA): Characterization and Modeling of Simultaneously Fabricated DMOS and VMOS Transistors, Tech. Digest IEDM-1976, 23.2 (569ff)

[76Haya] • Y Hayashi, T Sekigawa, Y Tarui (Electronical Laboratory Tanashi, Japan): DSA MOS Transistors and its Integrated Circuits, Proc. SSDM-1976, A-3-2 (163ff)

[76Joyc] BA Joyce, CT Foxon (Mullar Research Laboratories, UK): Growth and Doping of Semiconductor Films by Molecular Beam Epitaxy, Proc. ESSDERC-1976, I-2 (17ff)

[76Nagaa] • M Nagata (Hitatchi, Japan): High-Power MOSFETs, Proc. ESSDERC-1976, I-6 (101ff)

[76Nagab] • M Nagata (Hitachi, Japan): Power Handling Capability of MOSFET, Proc. SSDM-1976, A-4-1 (217ff)

[76Nish] • S Nishimatsu, Y Kawamoto, H Masuda, R Hori, O Minato (Hitachi, Japan): Grooved Gate MOSFET, Proc. SSDM-1976, A-3-5 (179ff)

[76OuYa] • P Ou-Yang (New York State U, USA): Double Implanted V-MOS, Tech. Digest IEDM-1976, 23.4 (577ff)

[76Stei] • KU Stein (Siemens, Deutschland): Device and Circuit – Phys. and Engineering, Proc. ESSDERC-1976, I-4 (57ff)

[77Barn] • JJ Barnes, SN Shabde, FB Jenne (American Microsystems, USA): The Buried-Source VMOS Dynamic RAM Device, Tech. Digest IEDM-1977, 14.1 (272ff)

[77Bass] • PW von Basse, DG Edwards, DV Essl, R Hofmann, R Losehand (Siemens, Deutschland): Realization of a 65K Dynamic RAM Device Making Exclusive Use of VMOS Transistors, Tech. Digest IEDM-1977, 2.3a (596ff)

[77Drap] • DA Draper, JJ Barnes, FB Jenne (American Microsystems, USA): Fabrication and Characterization of a VMOS EPROM, Tech. Digest IEDM-1977, 14.2 (277ff)

[77Sala] • CAT Salama (U Toronto, Kanada): V-Groove Power Field Effect Transistors, Tech. Digest IEDM-1977, 20.1 (412ff)

[78Bhat] • IS Bhatti, RY Yan (American Microsystems, USA): Geometry Effects in VMOS Transistors, Tech. Digest IEDM-1978, 2.4 (30ff)

[78Broe] AN Broers (IBM, USA): Fine Line Lithography Systems for VLSI, Tech. Digest IEDM-1978, 1.1 (1ff)

[78Drap] • DA Draper, S Nance, B Lateman, FB Jenne, WK Wu, TJ Rodgers (American Microsystems, USA): A VMOS 16K-Bit EPROM, Proc. SSDM-1978, A-1-1 (13ff)

[78Fuos] • D Fuoss, K Verma (Tektronix, USA): A Fully Implanted V-Groove Power MOSFET, Tech. Digest IEDM-1978, 26.1 (657ff)

[78Quin] JJ Quinn, G Kawamoto, BD McCombe, Surface Science 73 (1978) 190

[78Temp] • VAK Temple, RP Love (General Electrics, USA): A 600 Volt MOSFET with near Ideal On Resistance, Tech. Digest IEDM-1978, 26.3 (664ff)

[79Hoff] • K Hoffmann (Siemens, Deutschland): Trends of MOS-Devices and Ciruit Elements, Proc. ESSDERC-1979, I-6 (83ff)

[79John] • RJ Johnson (Motorola, USA): Design, Construction, and Performance of High Power RF VMOS Devices, Tech. Digest IEDM-1979, 4.6 (93ff)

[79Kay] • S Kay, CT Trieu, BH Yeh (Siltronix, USA): A New VMOS Power FET, Tech. Digest IEDM-1979, 4.7 (97ff)

[79Lane] • WA Lane, CAT Salama (U Toronto, Kanada): Compatible VVMOS and NMOS Technology for Power MOS IC´s, Tech. Digest IEDM-1979, 26.6 (598ff)

[79Lido] • A Lidow, T Herman, HW Collins (Internatinal Rectifier Corporation, USA): Power MOSFET Technology, Tech. Digest IEDM-1979, 4.3 (79ff)

[79Ohmi] • T Ohmi (Tohoku U, Japan): Power Static Induction Transistor Technology, Tech. Digest IEDM-1979, 4.4 (84ff)

[79Rodg] • TJ Rodgers (American Microsystems, USA): VMOS, Tech. Digest IEDM-1979, 15.5 (681ff)

[79Temp] • VAK Temple, PV Gray (General Electric, USA): Theoretical Comparison of DMOS and VMOS Structures for Voltage and On-Resistance, Tech. Digest IEDM-1979, 4.5 (88ff)

[79Tiha] • J Tihanyi, P Huber, J Stengl (Siemens, Deutschland): Switching Performance of Vertical Siemens Power MOSFETs, Tech. Digest IEDM-1979, 4.8 (692ff)

[80Davi] • GR David, JC Vallee, J Lebailly (RTC, Frankreich): A New VMOS/Bipolar Darlington Transistor for Power Applications, Tech. Digest IEDM-1980, 4.4 (83ff)

[80Leip] • L Leipold, W Baumgartner, W Ladenhauf, JP Stengl (Siemens, Deutschland): A FET-Controlled Thyristor in SIPMOS Technology, Tech. Digest IEDM-1980, 4.3 (79ff)

[80Mena] • J Mena, P McGregor, CAT Salama (U Toronto, Kanada): High Frequency Performance ov VDMOS Power Transistor, Tech. Digest IEDM-1980, 4.6 (91ff)

[80Tihaa] • J Tihanyi (Siemens, Deutschland): Functional Integration of Power MOS and Bipolar Devices, Tech. Digest IEDM-1980, 4.2 (75ff)

[80Tihab] • J Tihany (Siemens, Deutschland): MOS Power Devices – Trends and Results, Proc. ESSDERC-1980, I-4 (75ff)

[80Wied] • AW Wieder, C Werner, J Tihanyi (Siemens, Deutschland): 2-D Analysis of the negative Resistance Region of Vertical Power-MOS Transistors, Tech. Digest IEDM-1980, 4.7 (95ff)

[81Bean] JC Bean (Bell Labs, USA): Silicon Molecular Beam Epitaxy as a VLSI Processing Technique, Tech. Digest IEDM-1981, 1.2 (6ff)

[81Love] • RP Love, PV Gray, MS Adler (General Electrics, USA): A large Area Power MOS-FET Designed for Low Conduction Losses, Tech. Digest IEDM-1981, 17.4 (418ff)

[81Naka] • A Nakagawa, J Yoshida, T Utagawa, T Tsukakoshi, H Tanabe, T Kuramoto (Toshiba, Japan): High Voltage Low On-Resistance VDMOS FET, Proc. SSDM-1981, A-2-10 (97ff) – Jap. J. Appl. Phys. 21 (1982) Suppl. 21-1

[81Ogur] S Ogura, PJ Tsang, WW Walker, DL Critchlow, JF Shepard (IBM, USA): Elimination of Hot Electron Gate Current by the Lightly Doped Drain-Source Structure, Tech. Digest IEDM-1981, 28.3 (651ff)

[81Saks] NS Saks (NRL, USA): Reduction of Interface State Density in MNOS Capacitors by Hydrogen Implantation, Tech. Digest IEDM-1981, 25.8 (710ff)

[81Sten] • JP Stengl, H Strack, J Tihanyi (Siemens, Deutschland): Power MOS Transistors for 1000 V Blocking Voltage, Tech. Digest IEDM-1981, 17.5 (422ff)

[81Sze] SM Sze (Bell Labs, USA): Phys. of Semiconductor Devices, John Wiley & Sons, 2. Aufl., New York, 1981 (ISBN 0-471-05661-8)

[81Tarn] • ML Tarng (RCA, USA): On-Resistance Characterization of VDMOS Power Transistors, Tech. Digest IEDM-1981, 17.7 (429ff)

[82Bali] • B Baliga, MS Adler, PV Gray, RP Love, N Zommer (General Electric/Intersil, USA): The Insulated Gate Rectifier (IGR): A New Power Switching Device, Tech. Digest IEDM-1982, 10.6 (264ff)

[82Baud] • E Baudolet, M Le Helley, JP Chante (LEAME, Frankreich): Study of Power MOS Gated Four Layer Devices: Characteristics and Modelling, Proc. ESSDERC-1982, C1-3 (40ff)

[82Brod] I Brodie, JJ Muray: The Phys. of Microfabrication, Plenum Press New York, 1982 (ISBN 0-306-40863-5)

[82Demo] E Demoulin (Centre du Vieux Chene, Frankreich): Thin Oxide Technology, Proc. ESSDERC-1982, S 155ff

[82Döhl] GH Döhler (MPI, Deutschland): n-i-p-i Superlattices – Novel Semiconductors with Tunable Properties, Proc. SSDM-1982, A-1-4 (29ff) – Jap. J. Appl. Phys. 22 (1983) Suppl. 22-1

[82Fuos] • D Fuoss (Tektronix, USA): Vertical DMOS Power Field-Effect Transistors Optimized for High-Speed Operation, Tech. Digest IEDM-1982, 10.2 (250ff)

[82Heub] A Heuberger, H Betz (Institut für Festkörpertechnologie, Deutschland): X-Ray Lithography with Synchrotron Radiation, Proc. ESSDERC-1982, S 121ff

[82Iked] • H Ikeda, H Yoshida, T Onikura (Japan Broadcasting Corporation/NEC, Japan): High-Frequency, High-Power MOS-FET, Tech. Digest IEDM-1982, 10.1 (246ff)

[82Pham] • T Phan Pham, GR David, B Vertongen, H Tranduc, P Rossel (LAAS-CNRS, Frankreich): The Design of the Low On-Resistance Power V-DMOS Transistor, Proc. ESSDERC-1982, C1-2 (39ff)

[82Tiha] • J Tihanyi (Siemens, Deutschland): Integrated Power Devices, Tech. Digest IEDM-1982, 1.2 (6ff)

[82Whit] • JC White, TW Janes, VF Mifsud (Royal Signals & Radar Establishment, UK): Very Small Grooved Gate MOSFETs, Proc. ESSDERC-1982, B3-3 (80ff)

[83Chan] • MF Chang, GC Pifer (General Electric, USA): 25 AMP, 500 Volt Insulated Gate Transistors, Tech. Digest IEDM-1983, 4.4 (83ff)

[83Dend] • M Denda, M Kimata, N Yutami, N Tsubouchi, S Uematsu (Mitsubishi, Japan): A PtSi Schottky-Barrier Infrared MOS Area Imager with Large Fill Factor, Tech. Digest IEDM-1983, 31.6 (733ff)

[83Good] • AM Goodman, JP Russell, LA Goodman, CJ Nuese, JM Neilson (RCA, USA): Improved CMOFETs with Fast Switching Speed and High-Current Capability, Tech. Digest IEDM-1983, 4.3 (79ff)

[83Habi] SED Habib, K Board (U College of Swansea, UC): Breakdown Voltage of Resurfed LDMOS High-Voltage FETs with Field-Shaping Surface Layers, Proc. ESSDERC-1983, ED27 (86ff)

[83Leip] • L Leipold, J Tihanyi (Siemens, Deutschland): Experimental Study of a High Blocking Voltage Power MOSFET with Integrated Input Amplifier, Tech. Digest IEDM-1983, 16.6 (428ff)

[83Mill] • GJ Miller (TUM, Deutschland): Power-Frequency-Characteristics of Vertical N-Channel-Silicon MOSFETs, Proc. ESSDERC-1983, ED29 (89ff)

[83Shir] Y Shiraki (Hitatchi, Japan): Silicon Molecular Beam Epitaxy, Proc. SSDM-1983, A-1-1 (7ff)

[83Yosh] • I Yoshida, T Okabe, T Iijima, Ohtaka, M Nayata (Hitachi, Japan): 1600 V Power MOSFETS with 20ns Switching-Speed, Tech. Digest IEDM-1983, 4.6 (91ff)

[84Chan] • MFChang, GC Pifer, H Yilmaz, RF Dyer (General Electrics, USA): Comparison of N and P Channel IGBTs, Tech. Digest IEDM-1984, 10.6 (278ff)

[84Esak] • H Esaki, O Ishikawa (Matsushita, Japan): A 900 MHz 100 W VD-MOSFET with Silicide Gate Self-Aligned Channel, Tech. Digest IEDM-1984, 16.6 (447ff)

[84Good] • LA Goodman (RCA, USA): Recent Advances in Discrete Power Transistors, Tech. Digest IEDM-1984, 10.4 (270ff)

[84NakaA] • M Nakagawa, H Ohashi, M Kurata, Y Yamaguchi, K Watanabe (Toshiba, Japan): Non-Latch-Up 1200 V 75 A Bipolar Mode MOSFET, Tech. Digest IEDM-1984, 16.8 (860ff)

[84NakaB] • A Nakagawa, H Ohashi, T Tsukakoshi (Toshiba, Japan): High Voltage Bipolar-Mode MOSFET with High Current Capability, Proc. SSDM-1984, B-6-2 (309ff)

[84Ross] • P Rossel, J Buxo (LAAS-CNRS, Frankreich): Discrete and Integrated MOS Power Technologies, Proc. ESSDERC-1984, IP7 (50ff)

[84Temp] • VAK Temple (General Electrics, USA): MOS-Controlled Thyristors (MCTs), Tech. Digest IEDM-1984, 10.7 (282ff)

[84Ueda] • D Ueda, H Takagi, A Shimano, G Kano (Matsushita, Japan): A New Vertical Sidewall Channel Power MOSFET with Rectangular Grooves, Proc. SSDM-1984, B-6-3 (313ff)

[84Wern] C Werner, R Kuhnert, R Risch (Infineon Technologies AG München, Deutschland): Optimization of Lightly Doped Drain MOSFETs Using a New Quasiballistic Simulation Tool, Tech. Digest IEDM-1984, 33.2 (770ff)

[84Yilm] • H Yilmaz, WR Van Dell, K Owyang, MFChang (General Electrics, USA): Insulated Gate Transistor Modeling and Optimization, Tech. Digest IEDM-1984, 10.5 (274ff)

[84Yosh] • H Yoshida, Y Shibata, Y Usunaga (NEC, Japan): VHF High Power VD^{2}MOSFET, Tech. Digest IEDM-1984, 16.7 (451ff)

[85Amat] • M Amato, V Rumennik (Philips, USA): Comparison of Lateral and Vertical DMOS Specific On-Resistance, Tech. Digest IEDM-1985, 30.4 (736ff)

[85Chow] • TP Chow, BJ Baliga, PV Gray (General Electrics, USA): A Self-Aligned Short Process for Insulated Gate Transistors, Tech. Digest IEDM-1985, 6.2 (146ff)

[85Daem] • H Daembkes, H-J Herzog, H Jorke, H Kibble, E Kasper (AEG, Deutschland): Fabrication and Properties of N-Channel SiGe/Si Modulation Doped Field-Effect Transistors Grown by MBE, Tech. Digest IEDM-1985, 28.7 (768ff)

[85NakaA] • M Nakagawa, Y Yamaguchi, K Watanabe, H Ohashi, M Kurata (Toshiba, Japan): Experimental and Numerical Study of Non-Latch-Up Bipolar-Mode MOSFET Characteristics, Tech. Digest IEDM-1985, 6.3 (150ff)

[85NakaB] • S Nakajima, K Miura, T Somatani, E Arai (NTT, Japan): A Trench MOSFET with Surface Source/Drain Contacts, Tech. Digest IEDM-1985, 8.1 (200ff)

[85Pear] TP Pearsall, JC Bean, R People, AT Fiory (Bell Labs), Proc. 1st Int. Symposium on Si-MBE 1985, 85-7 (400ff)

[85Silb] • D Silber, W-D Nowak, W Wondrak, B Thomas, H Berg (AEG/U Frankfurt (Main), Deutschland): Improved Dynamic Properties of GTO-Thyristors and Diodes by Proton Implantation, Tech. Digest IEDM-1985, 6.6 (162ff)

[85Stoi] • M Stoisiek, H Strack (Siemens, Deutschland): MOS GTO – A Turn Off Transistor with MOS-Controlled Emitter Shorts, Tech. Digest IEDM-1985, 6.5 (158ff)

[85Sze] SM Sze (Bell Labs, USA): Semiconductor Devices: Phys. and Technology, John Wiley & Sons, 1. Aufl., New York, 1985 (ISBN 0-471-87424-8)

[85Tana] • T Tanaka, Y Yasuda, M Ohayashi, M Okamura (Hitatchi, Japan): A New MOS-Gate Bipolar Transistor with Fast Switching Speed and High Current Capability, Proc. SSDM-1985, B-4-5 (389ff)

[86Balia] • BJ Baliga (General Electrics, USA): Revolutionary Innovations in Power Discrete Devices, Tech. Digest IEDM-1986, 5.1 (102ff)

[86Balib] • BJ Baliga (General Electrics, USA): New Frontiers in Power Devices, Proc. ESSDERC-1986, I9 (197ff)

[86Bean] JC Bean (Bell Labs, USA): The Device Application of Silicon Beam Epitaxy, Proc. ESSDERC-1986, S 11ff

[86Chan] • H-R Chang, RD Black, VAK Temple, W Tantraporn, BJ Baliga (General Electrics, USA): Ultra Low Specific On-Resistance UMOS FET, Tech. Digest IEDM-1986, 28.3 (642ff)

[86Dare] • D Darees, C Cros, JL Sanchez, P Leturcq (LAAS-CNRS, Frankreich): A New Thyristor Structure With a MOS Amplifying Gate, Proc. ESSDERC-1986, 198ff

[86Darw] • MN Darwish (Bell Labs, USA): VDMOS Transistors with Improved On-Resistance and Quasi-Saturation Characteristics, Tech. Digest IEDM-1986, 28.1 (634ff)

[86Grün] • H Grünning, J Voboril, J Gobrecht, P Roggwiller, CC Abbas, B Broich (BBC, Schweiz): Properties of a High-Power Field-Controlled Thyristor, Tech. Digest IEDM-1986, 5.3 (110ff)

[86Henz] M Henzler (U Hannover, Deutschland): The Microstructure of the Si/SiO_2 Interface: Observations and Related Electronic Properties, Proc. ESSDERC-1986, S 39ff

[86Heub] A Heuberger (FhI für Mikrostrukturtechnik, Deutschland): X-Ray Lithography, Proc. ESSDERC-1986, S 53ff

[86Jack] • AA Jacklin, B Adam (BBC, Schweiz): Gate Turn-Off Thyristors with near Perfect Technology, Tech. Digest IEDM-1986, 5.4(114f)

[86Kasp] • E Kasper, H Dämbkes (AEG, Deutschland): Silicon Germanium MODFET, Proc. ESSDERC-1986, I1 (21ff)

[86Mill] • G Miller, A Porst, KG Oppermann, H Strack (Siemens, Deutschland): Turn-Off Dynamics of a New Very Fast Switching 1000 V, 50 A Bipolar Power Transistor, Tech. Digest IEDM-1986, 5.2 (106ff)

[86NakaA] • M Nakagawa, K Watanabe, Y Yamaguchi, H Ohashi, K Furukawa (Toshiba, Japan): 1800 V Bipolar-Mode MOSFETs: A first Application of Silicon Wafer Direct Bonding (SDB) Technique to a Power Device, Tech. Digest IEDM-1986, 5.6 (122ff)

[86NakaB] • A Nakagawa, Y Yamaguchi, K Watanabe, H Ohashi, M Shimbo (Toshiba, Japan): 1800 V Non-Latch-Up Bipolar-Mode MOSFETs (IGBT) Fabricated by Silicon Wafer Direct Bonding, Proc. SSDM-1986, B-3-1 (89ff)

[86Shah] GG Shahidi, DA Antoniadis, HT Smith (MIT, USA): Electron Velocity Overshoot at 300 K and 77 K in Silicon MOSFETs with Submicron Channel Lengths, Tech. Digest IEDM-1986, 25.7 (824ff)

[86Temp] • VAK Temple, W Trantraporn (General Electrics, USA): Effect of Temperature and Load on MCT Turn-Off Capability, Tech. Digest IEDM-1986, 5.5 (118ff)

[86Uchi] Y Uchida, Y Watanabe, M Takabatake, M Matsumura, Jap. J. Appl. Phys. 25 (1986) 798

[86Uedaa] • D Ueda, H Takagi, G Kano (Matsushita, Japan): Deep-Trench Power MOSFET with a R_{On} Area Product of 160 $m\Omega \cdot mm^2$, Tech. Digest IEDM-1986, 28.2 (638ff)

[86Uedab] • D Ueda, K Kitamura, H Takagi, G Kano (Matsushita, Japan): A New Injection Suppression Structure for Conductivity Modulated Power MOSFETs, Proc. SSDM-1986, B-3-3 (97ff)

[87Blak] • J Blake, HE Brockman, RW Cooper (Philips, UK): A Novel 1500 Volt IGBT Device with improved Turn-Off Performance, Proc. ESSDERC-1987, 18-1 (731ff)

[87Chan] • HR Chang, BJ Baliga, JW Kretchmer, PA Piacente (General Electric, USA): Insulated Gate Bipolar Transistors (IGBT) with a Trench Gate Structure, Tech. Digest IEDM-1987, 29.5 (674ff)

[87Chow] • TP Chow, BJ Baliga, HR Chang, PV Gray, W Hennessy, CE Logan (General Electric, USA): P-Channel, Vertical Insulated Gate Bipolar Transistors with Collector Short, Tech. Digest IEDM-1987, 29.4 (670ff)

[87Eins] NG Einspruch, RK Watts: Lithography for VLSI (VLSI Electronics Microstructure Science, Vol. 16, Ed. NG Einspruch), Academic Press, Orlando, 1987 (ISBN 0-12-234116-3)

[87Fauq] • R Fauquembergue, M Pernisek, JL Thobel, P Bourel (LA-CNRS/Universite Lille, Frankreich): Monte-Carlo Simulation of Cassical and Inverted MOSFET Structures, Proc. ESSDERC-1987, 21-3 (871ff)

[87Fult] TAFulton, GJDolan, Physical Review Letter 59 (1987) 109

[87Kioi] • K Kioi, T Miyajima, M Yoshioka, T Doi, M Koba (Sharp, Japan): SOI Photodiode Array Stacked on VDMOS for Optical Switching, Tech. Digest IEDM-1987, 18.7 (460ff)

[87Naka] • A Nakagawa, Y Yamaguchi, K Watanabe (Toshiba, Japan): Improved Bipolar Mode MOSFETs (IGBT) with Self-Aligning Technique and Wafer Bonding (SDB) – Why is the Bipolar-Mode MOSFET SOA Large?, Proc. SSDM-1987, A-3-1 (43ff)

[87Okad] • H Okada, Y Uchida, M Arai, S Oda, M Matsumura (Tokyo Institute of Technology/Takushoku U Tokyo, Japan): Vertical-Type Amorphous MOSFET ICs, Proc. SSDM-1987, A-3-3 (51ff)

[87Stoi] • M Stoisiek, M Beyer, W Kiffe, H-J Schultz, H Schmid, H Schwarzbauer, R Stengl, P Türkes, D Theis (Siemens, Deutschland): A Large Area MOS-GTO with Wafer-Repair Technique, Tech. Digest IEDM-1987, 29.3 (666ff)

[87Trad] • G Tradivo, P Rossel, A Senes, G Cazaubon, M Balabadia, R Maimouni (Thomson Semiconductors/LAAS-CNRS, Frankreich): Experiments and Modelling for UHF Power Vertical DMOS Transistors, Proc. ESSDERC-1987, 18-4 (745ff)

[87Wiec] • SK Wiechmann (IBM, USA): Potential of Bipolar Complementary Device/Circuit Technology, Tech. Digest IEDM-1987, 5.3 (96ff)

[87Zein] HP Zeindl, T Wegehaupt, I Eisele, H Oppolzer, H Reisinger, G Tempel, F Koch, Appl. Phys. Lett. 50 (1987) 1165

[88Bali] • BJ Baliga, HR Chang, TP Chow, S Al-Marayati (General Electrics, USA): New Cell Designs for Improved IGBT Safe-Operating-Area, Tech. Digest IEDM-1988, 34.5 (809ff)

[88Darw] • MN Darwish, MC Dolly, CA Goodwin, JL Titus (Bell Labs/Naval Weappons Support Cener, USA): Modeling of Radiation Induced Burnout in DMOS Transistors, Tech. Digest IEDM-1988, 20.4 (508ff)

[88Dava] B Davari, C Koberger, T Furukawa, Y Taur, W Noble, A Megdanis, J Warnock, J Mauer (IBM, USA): A Variable-Size Shallow Trench Isolation (STI) Technology with Diffused Sidewall Doping for Submicron CMOS, Tech. Digest IEDM-1988, 5.3 (92ff)

[88Kaspa] • E Kasper, H Dämbkes, J-F Luy (AEG, Deutschland): Very Low Temperature MBE Process for SiGe and Si Device Structures, Tech. Digest IEDM-1988, 25.3 (558ff)

[88Kaspb] E Kasper (AEG, Deutschland): Silicon Molecular Beam Epitaxy: Status; Devices; Trends, Proc. ESSDERC-1988, 4IP-1 (347ff)

[88Mori] • M Mori, Y Nakano, T Tanaka (Hitachi, Japan): An Insulated Gate Bipolar Transistor with a Self-Aligned DMOS Structure, Tech. Digest IEDM-1988, 34.6 (813ff)

[88Ohas] • H Ohashi, A Nakagawa, M Hideshima (Toshiba, Japan): High Power Insulated Gate Bipolar Transistors (IGBTs), Proc. SSDM-1988, A-2-1 (25ff)

[88Pare] • J Paredes, J Fernandez, F Berta, S Hidalgo, J Rebollo, J Millan (CSIC-UAB, Spanien): Physical Behaviour Modelling of VDMOS Devices, Proc. ESSDERC-1988, 6A-3 (625ff)

[88Robb] • SP Robb, JL Sutor, L Terry (Motorola, USA): Industry Trends in Power Integrated Circuits, Tech. Digest IEDM-1988, 34.1 (792ff)

[88Ross] • P Rossel, R Maimouni, M Balabadia, H Tranduc, CE Cordonnier, M Bairanzade (LAAS-CNRS/Motorola/Faculte de Sciences, Frankreich): Power MOS FET Models for "Switching" Circuits, Proc. ESSDERC-1988, 6A-2 (621ff)

[88Shen] • K Shenai, PA Piacente, R Saia, W Hennessy, CS Korman, BJ Baliga (General Electrics/North Carolina State U, USA): A Novel High-Frequency Power FET Structure Fabricated using LPCVD Wsi_2 Gate and LPCVD W Source Contact Technology, Tech. Digest IEDM-1988, 34.4 (804ff)

[88Taka] • H Takato, K Sunouchi, N Okabe, A Nitayama, K Hieda, F Horiguchi, F Masuoka (Toshiba, Japan): High Performance CMOS Surrounding Gate Transistor (SGT) for Ultra High Density LSIs, Tech. Digest IEDM-1988, 10.1 (222ff)

[88Take] E Takeda, H Matsuoka, Y Igura, S Asai (Hitatchi, Japan): A Band to Band Tunneling MOS Device (B^2T-MOSFET) – A Kind of "Si Quantum Device", Tech. Digest IEDM-1988, 16.5 (402ff)

[88Temp] • VAK Temple, S Arthur, DL Watrous (General Electrics, USA): MCT (MOS Controlled Thyristor) Reliability Investigation, Tech. Digest IEDM-1988, 27.4 (618ff)

[89Bann] • NA Bannov, AA Svyatchenko (Institute of Microelectronics, UdSSR): A Distribution Function of Injected Electrons in the Planar Doped Barrier Transistors, Proc. ESSDERC-1989, S 611

[89Baue] • F Bauer, P Roggwiler, A Aemmer, W Fichtner, R Vuilleumier, J-M Moret (ABB Corporate Research Center/Swiss Federal Institute of Technology/CSEM, Schweiz): Design Aspects of MOS Controlled Thyristor Elements, Tech. Digest IEDM-1989, 11.6 (297ff)

[89Chan] • H-R Chang, FW Holroyd, BJ Baliga, JW Kretchmer (General Electrics, USA): MOS Trench Gate Field-Controlled Thyristor, Tech. Digest IEDM-1989, 11.5 (293ff)

[89Eise] I Eisele, Superlattices and Microstructures 6 (1989) 123

[89Fern] • J Fernandez, J Paredes, S Hidalgo, C Dominguez, F Berta, J Rebollo, J Millan (CNM, Spanien): Analysis of the Specific On-Resistance in Conventional VDMOS Transistors, Proc. ESSDERC-1989, S 531

[89Hafe] IM Hafez, G Ghibando, F Balestra (ENSERG, Frankreich): Analytical Modelling of the Kink Effect in MOS Transistors, Proc. ESSDERC-1989, S 897ff

[89Heub] A Heuberger: Mikromechanik, Springer Verl., 1989

[89Houg] DC Houghton, DD Perovic, J-M Baribeau, GC Weatherly, J. Appl. Phys. 67 (1990) 1850

[89Mura] E Murakami, H Etoh, K Nakagawa, M Miyao (Hitatchi, Japan): High Hole Mobility in Modulation-Doped p-$Si_{0.5}Ge_{0.5}$/Ge/$Si_{1-x5}Ge_{x5}$ Heterostructures Fabricated Using Molecular Beam Epitaxy, Proc. SSDM-1989, S-A-6 (373ff)

[89Nita] A Nitayama, T Sato, K Hashimoto, F Shigemitsu, M Nakase (Toshiba, Japan): New Phase Shifting Mask with Self-Aligned Phase Shifters for a Quarter Micron Photolithography, Tech. Digest IEDM-1989, 3.3 (57ff)

[89Nötz] R Nötzel, I Eisele, Superlattices and Microstructures 5 (1989) 487

[89Shin] • T Shinohe, A Nakagawa, Y Minami, M Atsuta, Y Kamei, H Ohashi (Toshiba, Japan): Ultra High di/dt 2500 V MOS Assisted Gate-Triggered Thyristors (MAGTs) for High Repetition Excimer Laser System, Tech. Digest IEDM-1989, 11.7 (301ff)

[89Suno] • K Sunouchi, H Takato, N Okabe, T Yamada, T Ozaki, S Inone, K Hashimoto, K Hieda, A Nitayama, F Horiguchi, F Masuoka (Toshiba, Japan): A Surrounding Gate Transistor (SGT) Cell for 64/256 Mbit DRAMs, Tech. Digest IEDM-1989, 2.1 (23ff)

[90Balia] • BJ Baliga (North Carolina State U, USA): Smart Power Technology: An Elephantine Opportunity, Tech. Digest IEDM-1990, 1.1 (3ff)

[90Balib] • BJ Baliga (North Carolina State U, USA): Impact of VLSI Technology on Power Devices, Proc. SSDM-1990, A-1-2 (5ff)

[90Bein] • W Beinvogl, W Müller (Siemens, Deutschland): Advanced Process Features for High Density DRAMs, Proc. SSDM-1990, S-CI-6 (829ff)

[90Eise] I Eisele Appl. Phys. Lett. 57 (1990) 1648

[90Garo] • PM Garone, V Venkataraman, JC Sturm (Princeton U, USA): Carrier Confinement in MOS-Gated Ge_xSi_{1-x}/Si Heterostructures, Tech. Digest IEDM-1990, 15.3 (383ff)

[90Godb] DJ Godbey, ME Twigg, HL Huges, LJ Palkuti, P Leonov, JJ Wang, J. Electrochem. Soc. 137 (1990) 3219

[90Kris] H Krist, DJ Godbey, NP Green, Appl. Phys. Lett. 58 (1990) 1899

[90Lask] • T Laska, G Miller (Siemens, Deutschland): A 2000 V-Non-Punch-Through-IGBT with Dynamical Properties like a 1000 V-IGBT, Tech. Digest IEDM-1990, 32.6 (793ff)

[90Matt] NL Mattey, MG Dowsett, EHC Parker, TE Whall, S Taylor, JF Zhang, Appl. Phys. Lett. 57 (1990) 1648

[90Mura] • E Murakami, K Nakagawa, H Etoh, A Nishida, M Miyao (Hitachi, Japan): Ultra High Hole Mobility in Strain Controlled Si-Ge Modulation-Doped FET, Tech. Digest IEDM-1990, 15.1 (375ff)

[90Naka] • M Nakagawa, H Yoshida, Y Kamei (Toshiba, Japan): Turn-On Mechanism of 2500 V MOS Assisted Gate Triggered Thyristor (MAGT), Tech. Digest IEDM-1990, 32.7 (811ff)

[90Shen] • K Shenai, W Hennessy, M Ghezzo, C Korman, H Chang, V Temple, M Adler (General Electrics, USA): Optimum Low-Voltage Silicon Power Switches Fabricated Using Scaled Trench MOS Technologies, Tech. Digest IEDM-1990, 32.3 (793ff)

[90Ueno] • K Ueno, Y Hoshi, N Iwamuro, N Kumagai, O Hashimoto (Fuji, Japan): SOA Improvement of p-Channel IGBT, Proc. SSDM-1990, D-8-7 (673ff)

[90Zeina] HP Zeindl, T Wegehaupt, and I Eisele, Thin Solid Films 184 (1990) 21

[90Zeinb] HP Zeindl, E Hammerl, W Kiunke, I Eisele, J. Electron. Materials 19 (1990) 1119

[91Aoki] M Aoki, H Takato, S Samata, M Numano, A Yagishita, K Hieda, A Nitayama, F Horiguchi (Toshiba, Japan): Quarter-Micron Selective-Epitaxial-Silicon Refilled Trench (SRT) Isolation Technology with Substrate Shield, Tech. Digest IEDM-1991, 16.2 (447ff)

[91Chan] • J Chang, DK Nayak, VK Raman, JCS Woo, JS Park, KL Wang, CR Viswanathan (UCLA, USA): Low Frquency Noise in Quantum-Well Ge_xSi_{1-x} PMOSFETs, Proc. ESSDERC-1991, Ia (19ff)

[91Garo] • P Garone, V Venkataraman, J Sturm (U Princeton, USA): Mobility Enhancement and Quantum Mechanical Modelling in Ge_xSi_{1-x} Channel MOSFETs from 90 to 300 K, Tech. Digest IEDM-1991, 2.3 (29ff)

[91Iyer] • SS Iyer (IBM, USA): The Growth and Application of $Si_{1-x}Ge_x$ Alloys in a Si-Based Technology, Proc. SSDM-1991, A-5-2 (156ff)

[91Kesa] • V Kesan, S Subbanna, P Restle, M Tejwani, J Aitken, S Iyer, J Ott (IBM, USA): High Performance 0.25 μm p-MOSFETs with Silicon-Germanium Channels for 300 K and 77 K Operation, Tech. Digest IEDM-1991, 2.2 (25ff)

[91Kitt] C Kittel (UC Berkeley, USA): Einführung in die Festkörperphysik, R. Oldenbourg Verl., 9. Aufl., München, 1991 (ISBN: 3-486-22018-7)

[91Miev] JP Mieville, M Eschle, ZM Shi, J Barrier, M Dutoit (Ecole de Micro- et Optoelectronique, Schweiz): Quantum Transport Effects in Deep Submicron n-MOSFET, Proc. ESSDERC-1991, VIb (539ff)

[91Mini] H Minigam (CNET-CNS, Frankreich): CMOS Technologies for Logic Applications, Proc. ESSDERC-1991, IIIc (243ff)

[91Mukh] • S Mukherjee, M Kim, L Tsou, S Wong, JC Young (Philips, USA): A High Current Power IC Technology Using Trench DMOS Power Devices, Tech. Digest IEDM-1991, 6.2 (145ff)

[91Orlo] M Orlowski, C Mazure, M Noell (Motorola, USA): A New Vertically Layered Elevated Hot Carrier Resistant Source/Drain Structure for Deep Submicron MOSFETs, Proc. ESSDERC-1991, Vb (433ff)

[91Rosl] RS Rosler, Solid State Technol. 67 (1991)

[91Shin] • T Shinohe, A Yahata, M Atsuta, Y Minami, H Ohashi (Toshiba, Japan): Design Criteria for High Frequency, Ultra High di/dt MAGTs, Tech. Digest IEDM-1991, 6.4 (153ff)

[91Sopp] • W Soppa, W Kanert, K Heift (Siemens, Deutschland): Optimization of DMOS Cell Structures with a Self-Aligned Source Contact for Smart Power Applications by Realistic Numerical Device Simulation, Proc. ESSDERC-1991, Ib (69ff)

[91Stur] • JC Sturm, PM Garone, V Venkataraman (Princeton U, USA): High Hole Mobility p-Channel MOSFETs Using MOS-Gate $Si/Si_{1-x}Ge_x$ Heterostructures, Proc. SSDM-1991, PB-4-6 (261ff)

[91Taba] O Tabata, R Asahi, H Funabashi, K Shimaoka, S Sugiyama, Sensors and Actuators A34 (1992) 51

[92Aket] K-I Aketagawa, et al., Jap. J. Appl. Phys. 31 (1992) 1432

[92Arie] • M Arienzo, JH Comfort, EF Crabbe, DL Harame, SS Iyer, VP Kesan, BS Meyerson, GL Patton, JMC Stork, Y-C Sun (IBM, USA): SiGe Heterojunctions: Devices and Applications, Proc. ESSDERC-1992, IXa (519ff)

[92Char] G Charitat, MA Bouanane, P Rossel (CNRS, Frankreich): A Self-Isolated and Efficient Power Device for HVIC′s: RESURF LDMOS with SIPMOS Layers, Proc. ESSDERC-1992, IVa (149ff)

[92Chow] • TP Chow, Z Shen, DN Pattanayak, EJ Wildi, MS Adler, BJ Baliga (Rensselaer Polytechical Institute NY/General Electrics/North Carolina State U, USA): Modelling and Analysis of Current Sensors for N-Channel, Vertical IGBTs, Tech. Digest IEDM-1992, 9.8 (253ff)

[92Doln] • GM Dolny, AC Ipri, GE Nostrand (David Sarnoff Research Center, USA): Polycrystalline-Silicon Thin-Film Transistor Technology for Low Cost High-Power Integrated Circuits, Tech. Digest IEDM-1992, 9.3 (233ff)

[92Efla] T Efland, S Malhi,, W Bailey, OK Kwon, WT Ng, M Torreno, S Keller (Texas Instruments, USA): An Optimized RESURF LDMOS Power Device Module Compatible with Advanced Logic Processes, Tech. Digest IEDM-1992, 9.4 (237ff)

[92Endo] M Endo, K Hashimoto, K Yamashita, A Katsuyama, T Matsuo, Y Tami, M Sarago, N Nomura (Matsushita, Japan): Challenges in Excimer Laser Lithography for 256M DRAM and beyond, Tech. Digest IEDM-1992, 3.1 (45ff)

[92Frie] E Friess, J Nützel, and G Abstreiter, Appl. Phys. Lett. 60 (1992) 2237

[92Goto] • K Goto, J Murota, T Maeda, R Schütz, K Aizawa, R Kircher, K Yokoo, S Ono (Tohoku U/Kokusai Electric Co. Ltd./TU Darmstadt/Sumitomo Metal Mining Co./Siemens, Japan/Deutschland): Fabrication of a SiGe-Channel MOSFET Containing High Ge Fraction Layer by Low-Pressure Chemical Vapour Deposition, Proc. SSDM-1992, PD3-10 (449ff)

[92Grei] W Greiner: Quantenmechanik Teil 1 – Einführung, Verl. Harri Deutsch, 5. Aufl., Frankfurt/Main, 1992 (ISBN: 3-8171-1206-8)

[92Ifst] • T Ifström, U Apel, H-G Graf, C Harendt, B Höfflinger (Institut für Mikroelektronik Stuttgart, Deutschland): A Smart Power Process in „Direct-Bonded“ Silicon on Insulator with 150 V VDMOS, CMOS and Bipolar Transistors, Proc. ESSDERC-1992, IVa (153ff)

[92Naya] • DK Nayak, JS Park, JCS Woo, KL Wang, GK Yabiku, KP MacWilliams (UCLA/The Aerospace Corporation, USA): High Performance GeSi Quantum-Well PMOS on SIMOX, Tech. Digest IEDM-1992, 31.2 (777ff)

[92ONei] • AG O′Neill, ACG Wood, P Phillips, TE Whall, EHC Parker, A Gundlach, S Taylor (Universities of Newcastle-upon-Tyne, Warwick, Edinburgh, and Liverpool, UK): A Systematic Investigation of N-Channel Delta-Doped MOSFETs Grown by MBE, Proc. ESSDERC-1992 XIIb (743ff)

[92Scho] • W Schoenmaker, R Vankemmel (IMEC, Belgien): Simulation of Compound Semiconductor Devices, Proc. ESSDERC-1992, Iib (31ff)

[92Wels] • J Welser, JL Hoyt, JF Gibbons (Stanford U, USA): NMOS and PMOS Transistors Fabricated in Strained Silicon/Relaxed Silicon-Germanium Structures, Tech. Digest IEDM-1992, 31.7 (1000ff)

[92Weyea] • J Weyers, H Vogt (FhI für Mikroelektronische Schaltungen und Systeme Duisburg, Deutschland): A 50 V Smart Power Process with Dielectric Isolation by SIMOX, Tech. Digest IEDM-1992, 9.1 (225ff)

[92Weyeb] • J Weyers, H Vogt, M Berger, W Mach, B Mütterlein, M Raab, F Richter, F Vogt (FhI für Mikroelektronische Schaltungen und Systeme Dresden & Duisburg/U Duisburg, Deutschland): Integration of Vertical/Quasivertical DMOS, CMOS and Bipolar Transistors in a 50 V SIMOX Process, Proc. ESSDERC-1992, XIIa (733ff)

[92Witt] • JS Witters (Mietec Alcatel, Belgien): A Modular BICMOS Technology Including 85V DMOS Devices for Analogue/Digital ASIC Applications, Proc. ESSDERC-1992, Xa (555ff)

[93Darw] • MN Darwish, MA Shibib, MR Pinto, JL Titus (Bell Labs/Naval Weapons Supplement Center, USA): Single-Event Gate Rupture of Power DMOS Transistors, Tech. Digest IEDM-1993, 28.1 (671ff)

[93Fich] • W Fichtner, T Fendel, K Kells, K Lilja, J Litsios, S Müller, N Strecker (Swiss Federal Institute of Technology/ISE, Schweiz): TCAD in Power Device Design and Optimization, Tech. Digest IEDM-1993, 5.1 (93ff)

[93Fuku] • H Fukuda, T Arakawa, T Ochiai, T Hayashi, T Iwabuchi (Oki Electric Industry Corporation, Japan): High-Performance Buried-Gate MOSFETs with RTO-Grown Utrathin Gate Oxide Films, Proc. SSDM-1993, A-1-3 (17ff)

[93Goss] • H Gossner, W Kiunke, I Eisele, L Risch, K Hofmann, R Treichler, H Cerva (UniBwM/Siemens, Deutschland): Vertical Si-MOSFETs with Channel Lengths Down to 45nm, Proc. SSDM-1993, PB-1-20 (422ff)

[93Goul] MR Goulding, Materials Science & Engineering B B17 (1993) 47

[93Kita] • M Kitagawa, I Omura, S Hasegawa, T Inoue, A Nakagawa (Toshiba, Japan): A 4500 V Injection Enhanced Insulated Gate Bipolar Transistor (IEGT) Operating in a Mode Similar to a Thyristor, Tech. Digest IEDM-1993, 28.3 (679ff)

[93Köni] • U König, F Schäffler (Daimler-Benz Research Center, Deutschland): Modulation-Doped High-Mobility Si/SiGe Heterostructures for Device Applications, Proc. SSDM-1993, S-I-1-2 (201ff)

[93Naka] • K Nakamura, H Noda, S Kimura (Hitachi, Japan): Superior Performance of ALD(Atomic Layer Doped) MOSFETs on 0.1-μm Regime, Proc. SSDM-1993, A-2-4 (29ff)

[93Naya] • DK Nayak, JCS Woo, JS Park, KL Wang, KP MacWillimas (UCLA/The Aerospace Corporation/U Tokyo, USA/Japan): High-Mobility p-Channel MOSFET on Strained Si, Proc. SSDM-1993, S-I-9-2 (943ff)

[93Noda] • H Noda, K Nakamura, S Kimura (Hitachi, Japan): Significance of Charge Sharing in Causing Threshold Voltage Roll-Off in Highly Doped 0.1-μm Si MOSFETs and its Suppression by Atomic Layer Doping, Proc. SSDM-1993, A-2-2 (23ff)

[93Pein] • HB Pein, JD Plummer (Stanford U, USA): Performance of the 3-D Sidewall Flash EPROM Cell, Tech. Digest IEDM-1993, 2.1 (11ff)

[93Wels] • J Welser, JL Hoyt, JF Gibbons (Stanford U, USA): Growth and Processing of Relaxed $Si_{1-x}Ge_x$/Strained Si Structures for MOS Applications, Proc. SSDM-1993, PB-1-5 (377ff)

[94Abra] • A Abramo, J Bude, F Venturi, MR Pinto (U Bologna/Bell Labs/U Parma, Italien/USA): Mobility Simulation in Si/SiGe Heterostructure FETs, Tech. Digest IEDM-1994, 30.2 (731ff)

[94Dett] • H Dettmer, W Fichtner, F Bauer (Swiss Federal Institute of Technology/ABB, Schweiz): New (Super) Self Aligned MOS Controlled Thyristors (S)SAMCTs Switching 20 A at 4 kV, Tech. Digest IEDM-1994, 16.1 (395ff)

[94Feij] D Feijoo, JC Bean, LJ Peticolas, LC Feldman, W-C Liang, J. Electronic Mat. 23 (1994) 493

[94Lifs] VG Lifshits, AA Saranin, AV Zotov: Surface Phases on Silicon, John Wiley & Sons, 1. Aufl., Chichester, 1994

[94Pere] • AH Perera, CS Lage, JD Hayden, J-H Liu, R Rodriguez, S Ajuria (Motorola, USA): Short-Channel Vertical NMOSFET for High Density Fast SRAMs, Tech. Digest IEDM-1994, 34.6 (851ff)

[94Rein] • A Rein, G Zandler, M Saraniti, P Lugli, P Vogl (TUM, Deutschland): Novel Transport Simulation of Vertically-Grown MOSFETs by Cellular Automation Method
Tech. Digest IEDM-1994, 14.2 (351ff)

[94Schä] F Schäffler: Electron and Hole Mobilities in the SiGe/Si System, Beitrag in [95Kasp] S 135ff, 1994

[94Subb] S Subbanna, E Ganin, E Crabbe, J Comfort, S Wu, P Agnello, B Martin, M McCord, H Ng, T Newman, P McFarland, J Sun, J Suare, A Acovic, A Ray, R Gehres, R Schulz, S Greco, K Beyer, L Liebmann, R Della Guerdia, A Lamberti (IBM, USA): 200 mm Process Integration for a 0.15 µm Channel-Length CMOS Technology Using Mixed X-Ray/Optical Lithography, Tech. Digest IEDM-1994, 28.8 (695ff)

[94Taka] Y Takahashi, M Nagase, H Namatsu, K Kurihare, K Iwdate, Y Nakajima, S Horiguchi, K Murase, M Tabe (NTT, Japan): Conductance Oscillations of a Si Single Electron Transistor at Room Temperature, Tech. Digest IEDM-1994, 33.7 (938ff)

[94Voin] • SP Voinigescu, CAT Salama, J-P Noel, TI Kanis (U Toronto/National Research Council/Hewlett-Packard, Kanada/USA): Optimized Ge Channel Profiles for VLSI Compatible Si/SiGe p-MOSFETs, Tech. Digest IEDM-1994, 15.1 (369ff)

[94Wels] • J Welser, JL Hoyt, S Takagi, JF Gibbons (Stanford U/Toshiba, USA/Japan): Strain Dependence of the Performance Enhancement in Strained-Si n-MOSFETs, Tech. Digest IEDM-1994, 15.2 (373ff)

[95Arms] • MA Armstrong, DA Antoniadis, A Sadek, K Ismail, F Stern (MIT/IBM/U Cairo, USA/Ägypten): Design of Si/SiGe Heterojunction Complementary Metal-Oxid-Semiconductor Transistors, Tech. Digest IEDM-1995, 31.1 (761ff)

[95Carna] TK Carns, X Zhen, KL Wang, IEEE Electron Dev. Lett. 16 (1995) 256

[95Carnb] TK Carns, MO Tanner, KL Wang, J. Electrochem. Soc. 142 (1995) 1260

[95Fich] • W Fichtner, H Dettmer (Swiss Federal Institute of Technology/ISE, Schweiz): New Generation MOS Controlled Power Devices and their Applications, Tech. Digest IEDM-1995, 6.1 (133ff)

[95Hana] • HI Hanafi, S Tiwari, S Burns, W Kacon, A Thomas, N Garg, K Matsushita (IBM, USA): A Scalable Low Power Vertical Memory, Tech. Digest IEDM-1995, 27.2 (657ff)

[95Isma] • K Ismail (U Cairo/IBM, Ägypten/USA): Si/SiGe High Speed Field-Effect Transistors, Tech. Digest IEDM-1995, 20.1 (509ff)

[95Kasp] E Kasper (Ed.): Properties of Strained and Relaxed Silicon Germanium, INSPEC Publication – EMIS Datareviews Series #12, 1995 (ISBN: 0-85296-826-4)

[95Mann] • I Manna, K-C Liu, S Banerjee (U Texas, USA): Novel, High-Performance Polysilicon Heterostructure TFTs Using P-I-N Source/Drains, Tech. Digest IEDM-1995, 27.5 (669ff)

[95Mats] K Matsumoto, S Takahashi, M Ishii, M Hoshi, A Kurokawa, S Ichimura, A Ando, Jap. J. Appl. Phys. 34 (1995) 1387

[95Mehr] • M Mehrotra, BJ Baliga (North Carolina State U, USA): A Planar MOS-Gated AC Switch Structure, Tech. Digest IEDM-1995, 14.4 (349ff)

[95Rash] • M Rashed, W-K Shih, S Jallepalli, TJT Kwan, CM Mazier (U Texas/Los Alamos National Lab, USA): Monte Carlo Simulation of Electron Transport in Strained $Si/Si_{1-x}Ge_x$ n-MOSFETs, Tech. Digest IEDM-1995, 21.2 (765ff)

[95Rim] • K Rim, J Welser, JL Hoyt, JF Gibbons (Stanford U/IBM, USA): Enhanced Hole Mobilities in Surface-Channel Strained-Si p-MOSFETs, Tech. Digest IEDM-1995, 20.3 (517ff)

[95Stör] J Störmer, P Willutzki, DT Britton, W Triftshäuser, W Kiunke, W Hansch, I Eisele, Mat. Sci. Forum 175 (1995) 213

[95Zhen] X Zhen, TK Carns, KL Wang, Appl. Phys. Lett. 66 (1995) 2403

[96Beha] • D Behammer, L Vescan, R Loo, J Moers, U Zastrow, H Luth, T Grabolla (Ruhr U Bochum/ISI-Forschungszentrum Julich/IHP-FF/O, Deutschland): Selectively Grown Short Channel Vertical Si-p MOS Transistor for Future Three Dimensional Self-Aligned Integration, WWW ESSDERC-1996, A9.2

[96Bert] E Bertagnolli, F Hofmann, J Willer, R Maly, F Lau, PW von Basse, M Bollu, R Thewes, U Kollmer, U Zimmermann, M Hain, WH Krautschneider, A Rusch, B Hasler, A Kolhase, H Klose (Siemens AG, Deutschland): ROS An Extremely High Density Mask ROM Technology Based on Vertical Transistor Cells, Tech. Digest Symposium on VLSI Technology 1996, 58ff

[96Boui] • P Bouillon, T Skotnicki, S Bodnar, C Morin, J-L Regolini, P Gouagout, P Dollfus (France Telecom/Universite d'Orsay Paris-Sud, Frankreich): Experiments with 0.18 μm SiGe Channel pMOSFETs and P^+ Poly-SiGe Gate, WWW ESSDERC-1996, A5.5

[96Clif] • PA Clifton, PR Routley, PK Gurry, AG O'Neill, J Fernandez, AG Cullis, JA Carter, HA Kemhadjian (IRC Imperial College/U Newcastle-upon-Tyne/U Sheffield/U Southampton, UK): Low Thermal Budget Process for Strained Silicon n-Channel MOSFETs, WWW ESSDERC-1996, C5.3

[96Gami] • F Gamiz, JA Lopez-Villanueva, JB Roldan, JE Carceller, P Cartujo (Universite de Granada, Spanien): Electron Velocity Overshoot in Strained Si/Si_xGe_{1-x} MOSFETs, WWW ESSDERC-1996, B4.1

[96Goss] HJ Gossmann in „Delta-doping of semiconductors", Cambridge U Press (1996) 161

[96Koga] J Koga, A Toriumi (Toshiba, Japan): Room Temperature Negative Differential Conductance in Three-Terminal Silicon Surface Tunneling Device, Tech. Digest IEDM-1996, 10.6 (265ff)

[96Kreu] • CH Kreuzer, N Krischke, P Nance (UniBwM/Siemens, Deutschland): Physically Based Description of Quasi-Saturation Region of Vertical DMOS Power Transistors, Tech. Digest IEDM-1995, 18.7 (489ff)

[96Mats] K Matsumoto, M Ishii, K Segawa, Y Oka, BJ Vartanian, JS Harris, Jr., Appl Phys. Lett. 68 (1996) 34

[96Miya] A Miyauchi, T Suzuki: Low-temperature (750 degrees C) selective epitaxial growth of heavily boron doped silicon, Proc. Of 13th Int. Conf. On Chemical Vapor Deposition (CVD XIII), Pennington, USA, 1996 (ISBN 1 56677 155 2)

[96Okaz] S Okazaki (Hitatchi, Japan): Lithography Prospects for 0.18-μm Technology and Beyond, Tech. Digest IEDM-1996, 3.1 (57ff)

[96Ray] • SK Ray, S John, S Oswal, SK Banerjee (U Texas, USA): Novel SiGeC Channel Heterojunction PMOSFET, Tech. Digest IEDM-1996, 10.5 (261ff)

[96Risc] • L Risch, H Fischer, F Hofmann, H Schafer, M Eller, T Aeugle (Siemens, Deutschland): Fabrication and Electrical Characterization of Si/SiGe p-Channel MOSFETs with a Delta Doped Boron Layer, WWW ESSDERC-1996, A5.3

[96Seli] • N Seliger, P Habas, E Gornik (TU Wien, Österreich): Time-Domain Characterization of Lattice Heating in Power VDMOSFETs by Means of an Interferometric Laserprobe Technique, WWW ESSDERC-1996, C8.2

[96Skot] • T Skotnicki (France Telecom, Frankreich): Advanced Architectures for 0.18-0.12μm CMOS Generations, WWW ESSDERC-1996, C5.1

[96Zoto] AV Zotov, MA Kulakov, SV Ryzhkov, VG Lifshits, B Bullemer, I Eisele, Surf. Sci. 352-354 (1996) 358

[97Aeug] • T Aeugle (Siemens, Deutschland): Advanced Self Aligned SOI Concepts for Vertical MOS Transistors with Ultrashort Channel Lengths, WWW ESSDERC-1997

[97Azzo] • S Azzopardi, J-M Vinassa, C Zardini (Université Bordeaux I, Frankreich): Investigations on the Internal Physical Behaviour of 600V Punch-Through IGBT under Latch-up at High Temperature, WWW ESSDERC-1997

[97Bert] E Bertagnolli (Siemens AG, Deutschland): Record on Silicon a New Technological Approach for Very High Density Memories, Tagungsband GMM-Tagung "Mikroelektronik 97", 287ff

[97Diaw] • K Diawuo, A G O'Neill (U Newcastle-upon-Tyne, UK): Performance Limits of Deep Submicron Buried Channel Delta Doped MOSFETs, WWW ESSDERC-1997

[97Find] F Findeis: Si/SiGe-Tunneldioden, Diplomarbeit, TU München – Walter Schottky Institut (WSI), 1997 (Bei Abb. 2.143. handelt es sich um eine Abbildung, die mit Daten erstellt wurden, die Herrn F Findeis durch Herrn MM Rieger, TU München –WSI, Institut für Theoretische Halbleiterphysik, zur Verfügung gestellt wurden. Siehe dazu auch: M Cardona, PY Yu: Fundamentals of Semiconductors, Springer Verl., Berlin, 2001 (ISBN: 3-540-41323-5).)

[97Fuji] • N Fujishima, CA Salama (U Toronto, Kanada): A Trench Lateral Power MOSFET Using Self-Aligned Trench Bottom Contact Holes, Tech. Digest IEDM-1997, 14.3 (359ff)

[97Hall] • S Hall (U Liverpool, UK): Realisation of a 0.1 µm Vertical MOSFET with a SiGe Source, WWW ESSDERC-1997

[97Hans] • W Hansch, VR Rao, I Eisele (UniBwM/UCLA, Deutschland/USA): The Planar-Doped-Barrier-FET: MOSFET Overcomes Conventional Limitations WWW ESSDERC-1997

[97Keit] • S Keith, F M Bufler, B Meinerzhagen (U Bremen, Deutschland): Full Band Monte-Carlo Device Simulation of an 0.1 µm N-Channel MOSFET in Strained Silicon Material, WWW ESSDERC-1997

[97Köni] • U König (Daimler-Benz Research Center, Deutschland): SiGe/Si-Heterostructure Devices - Status, Problems and Prospects, WWW ESSDERC-1997

[97Math] • SJ Mathew, G Niv, WB Dubbelday, JD Cressler, JA Ott, JO Chu, PM Mooney, KL Kavanagh, BS Meyerson, I Laguado (Alabama Microelectronics Science & Technology Center/Auburn U/Navy NCCOSC RTD&E Division, USA): Hole Confinement and its Impact on Low-Frequency Noise in SiGe pFETs on Sapphire, Tech. Digest IEDM-1997, 32.7 (815ff)

[97Rao] • VR Rao, W Hansch, I Eisele (UniBwM, Deutschland): Simulation, Fabrication and Characterization of High Performance Planar-Doped-Barrier Sub 100 nm Channel MOSFETs, Tech. Digest IEDM-1997, 32.6 (811ff)

[97Risc] • L Risch (Siemens, Deutschland): Recent Progress with Vertical Transistors, WWW ESSDERC-1997

[97Roy] • S Roy, A Asenov, S Babiker, JR Barker, S P Beaumont (U Glasgow, UK): RF Performance of Strained Si MODFETs and MOSFETs on "Virtual" SiGe Substrates: A Monte Carlo Study, WWW ESSDERC-1997

[97Sugi] • N Sugii, K Nakagawa, Y Kimura, M Miyao (Hitachi, Japan):Ultrahigh Electron Mobilities in $Si_{1-x}Ge_x/Si/Si_{1-x}Ge_x$ Heterostructures with Abrupt Interfaces Formed by Solid-Phase Epitaxy, Proc. SSDM-1997, D-11-1

[97Udre] • F Udrea, SSM Chan, J Thomson, S Keller, GAJ Amaratunga, A D Millington, PR Waind, DE Crees (Cambridge U/GEC Plessey Semiconductors/U Liverpool, UK): Development of the Next Generation of Insulated Gate Bipolar Tranistors Based on Trench Technology, WWW ESSDERC-1997

[97Wang] F Wang, Y Shi, J Liu, Y Lu, S Gu, Y Zheng, J. Electrochem. Soc. 144 (1997) L37

[97Will] • RK Williams, W Grabowski, M Darwish, M Chang, H Yilmaz, K Owyang (Siliconix-Temic, USA): A 1 Million-Cell 2.0-mΩ 30-V TrenchFET Utilizing 32 Mcell/in^2 Density with Distributed Voltage Changing Tech. Digest IEDM-1997, 14.4 (363ff)

[97Wirt] G Wirth, U Hilleringmann, J Horstmann, KGoser (Federal U Rio Grande do Sul/U Dortmund, Brasilien/Deutschland): Periodic Transconductance Oscillations in Sub-100nm MOSFETs, WWW ESSDERC-1997

[98Debo] • G Deboy, M März, J-P Stengl, H Strack, J Tihanyi, H Weber (Siemens, Deutschland): A New Generation of High Voltage MOSFETs Breaks the Limit Line of Silicon, Tech. Digest IEDM-1998, 26.2 (683ff)

[98Goeb] • B Goebel, E Bertagnolli, F Koch (Siemens/TU Wien/TUM, Deutschland/Österreich): Reliability of Vertical MOSFETs for Gigascale Memory Applications, Tech. Digest IEDM-1998, 34.7 (939ff)

[98Hatt] T Hattori (Ed.): Ultraclean Processing of Silicon Wafers – Sectrets of VLSI Manufacturing, Springer-Verl., 1. Ausgabe, Berlin, 1998 (ISBN 3-540261672-1)

[98Jung] • C Jungemann, S Keith, B Meinerzhagen (U Bremen, Deutschland): Full-Band Monte Carlo Simulation of a 0.12 µm-Si-PMOSFET with and without a Strained SiGe-Channel, Tech. Digest IEDM-1998, 33.4 (897ff)

[98Kaes] FK Kaesen: MOS-Transistoren mit Abmessungen im Nanometerbereich, Dissertation, U der Bundeswehr München, Deutschland, 1998

[98Kova] G TA Kovacs, NI Maluf, KE Petersen, Proc. IEEE 86 (1998) 1536

[98Nema] F Nemati, JD Plummer (Stanford U, USA): A Novel High Density, Low Voltage SRAM Cell with a Vertical NDR Device, Tech. Digest Symposium on VLSI Technology 1998, 7.3 (66ff)

[98Nita] • A Nitayama, Y Kohyama, K Hieda (Toshiba, Japan): Future Directions for DRAM Memory Cell Technology, Tech. Digest IEDM-1998, 13.3 (355ff)

[98Rim] • K Rim, JL Hoyt, JF Gibbons (Stanford U, USA): Transconductance Enhancement in Deep Submicron Strained-Si n-MOSFETs, Tech. Digest IEDM-1998, 26.8 (707ff)

[98Romm] SL Rommel, TE Dillon, PR Berger, R Lake, PE Thompson, KD Hobart, AC Seabaugh, DS Simons (U Delaware/NRL/NIST, USA): Si-Based Interband Tunneling Devices for High-Speed Logic and Low Power Memory Applications, Tech. Digest IEDM-1998, 16.8 (1035ff)

[98Tipl] PA Tipler:: Physik, Spektrum Akademischer Verl., 1. Aufl., Heidelberg, 1998 (ISBN: 3-86025-122-8)

[99Grün] • U Grüning, CJ Radens, JA Mandelman, A Michaelis, M Seitz, N Arnold, D Lea, D Casarotto, A Knorr, S Halle, TH Ivers, L Economikos, S Kudelka, S Rahn, H Tews, H Lee, RD Karuni, JJ Welser, T Furukawa, TS Kanarsky, J Alsmeier, GB Bronner (IBM/Infineon, USA/Deutschland): A Novel Trench DRAM Cell with a Vertical Access Transistor and Buried Strap (VERI BEST) for 4 Gb/16 Gb, Tech. Digest IEDM-1999, 2.1 (25ff)

[99Hans] W Hansch, C Fink, J Schulze, I Eisele (UniBwM, Deutschland): Realization of Silicon Esaki Tunneling Transistor, Abstract Book PII-17 Int. Joint Conf. on Silicon Epitaxy and Heterostructures (IJC-Si), Miyagi, Japan, September 1999

[99Herg] • JM Hergenrother, D Monroe, FP Klemens, A Kornblit, GR Weber, WM Mansfield, MR Baker, FH Baumann, KJ Bolan, JE Dover, NA Ciampa, RA Cirelli, JI Colonell, DJ Eaglesham, J Frackoviak, HJ Gossmann, ML Green, SJ Hillenius, CA King, RN Kleiman, WY-C Lai, JT-C Lee, RC Liu, HL Maynard, MD Morris, S-H Oh, CS Pai, CF Rafferty, JM Rosamilia, TW Sorsch, H-H Vuong (Bell Labs/Lucent, USA): 50 nm Vertical Replacement-Gate (VRG) pMOSFET, Tech. Digest IEDM-1999, 3.6 (75ff)

[99Ibac] H Ibach, H Lüth: Festkörperphysik – Einführung in die Grundlagen, Springer Verl.. 5. Aufl., 1999 (ISBN: 3540660747)

[99Liu] • KC Liu, X Wang, E Quinones, X Chen, XD Chen, D Knecke, B Anantharam, RD Chang, SK Ray, SK Oswal, CY Tu, SK Banerjee (U Texas, USA): A Novel Sidewall Strained-Si Channel nMOSFET, Tech. Digest IEDM-1999, 3.3 (63ff)

[99Mizu] • T Mizuno, S Takagi, N Sugiyama, J Koga, T Tezuka, K Usuda, T Hatakeyama, A Kurobe, A Toriumi (Toshiba, Japan): High Performance Strained-Si p-MOSFETs on SiGe-On-Insulator Substrates Fabricated by SIMOX Technology, Tech. Digest IEDM-1999, 22.8 (934ff)

[99Nema] • F Nemati, JD Plummer (Stanford U, USA): A Novel Thyristor-Based SRAM Cell (T-RAM) for High-Speed, Low-Voltage, Giga-Scale Memories, Tech. Digest IEDM-1999, 11.5 (283ff)

[99Ohas] • H Ohashi (Toshiba, Japan): Current and Future Development of High Power MOS Device, Tech. Digest IEDM-1999, 8.1 (185ff)

[99Penn] C Penn, T Fromherz, G Bauer: Energy Gaps and Band Structure of SiGe and Their Temperature Dependence, Beitrag in [00Kasp] S 125ff, 1999

[99Schä] F Schäffler: Electron and Hole Mobilities in SiGe/Si Heterostructures, Beitrag in [00Kasp] S 196ff, 1999

[99Timp] G Timp, J Bude, KK Bourdelle, J Garno, A Ghetti, H Grossmnn, M Green, G Forsyth, Y Kim, R Kleiman, F Klemens, A Kornblit, C Lochstampfor, W Mansfield, S Moccio, T Sorsch, DM Tennant, W Timp, R Tung (Bell Labs, USA): The Ballistic Nano-Transistor, Tech. Digest IEDM-1999, 3.1 (55ff)

[00Bae] • GJ Bae, TH Choe, SS Kim, HS Rhee, KW Lee, NI Lee, KD Kim, YK Park, HS Kang, YW Kim, K Fujihara, HK Kang, JT Moon (Samsung, Korea): A Novel SiGe-Inserted SOI-Structure for High Performance PDSOI CMOSFETs, Tech. Digest IEDM-2000, 29.3 (667ff)

[00Finka] • C Fink, J Schulze, I Eisele, W Hansch, W Werner, W Kanert (UniBwM/TUM/Infineon, Deutschland): Vertical Power-MOSFETs with Local Channel Doping, Tech. Digest IEDM-2000, 4.1 (71ff)

[00Finkb] • C Fink, J Schulze, I Eisele, W Hansch, W Werner, W Kanert (TUM/UniBwM/Infineon, Deutschland): Reduction of R_{on} in Vertical Power-MOSFETs due to Local Channel Doping, Proc. SSDM-2000, LB-1-2 (224ff)

[00Finkc] C Fink, KG Anil, W Hansch, S Sedlmaier, J Schulze, I Eisele, Thin Solid Films 380 (2000) 207

[00Finkd] C Fink: Vertikale Leistungs-MOSFETs mit Delta Dotierungen, Dissertation, U der Bundeswehr München, Deutschland, 2000

[00Hans] • W Hansch, J Schulze, C Fink, I Eisele (TUM/UniBwM, Deutschland): A Vertical MOS-Based Silicon Tunneling Transistor, Proc. SSDM-2000, LD-1-1 (110ff)

[00Herg] • J Hergenrother, D Monroe (Bell Labs, USA): The Vertical Replacement-Gate (VRG) MOSFET: A High Performance Vertical MOSFET with Lithography-Independent Critical Dimensions, Proc. SSDM-2000, B-4-1 (220ff)

[00Hoka] A Hokazono et al.: Source/drain engineering for sub-100 nm CMOS using selective epitaxial growth technique, Tech. Digest IEDM-2000

[00Iris] • T Irisawa, H Miura, T Ueno, Y Shiraki (U Tokyo, Japan): Channel Width Dependence of Mobility in Ge Channel Modulation Doped Structures, Proc. SSDM-2000, A-6-7 (204ff)

[00Kasp] E Kasper, K Lytovich (Ed.s): Properties of Silicon, Germanium, and SiGe:Carbon, INSPEC Publication – EMIS Datareviews Series #24, 2000 (ISBN: 0-85296-783-7)

[00LdP] „Lexikon der Physik" (Lexikon in 5 Bänden + Registerband), Spektrum – Akademischer Verl., 1. Aufl., Heidelberg, 2000 (ISBN Band 1: 3-86025-291-7, Band 2: 3-86025292-5, Band 3: 3-86025-293-3, Band 4: 3-86025-294-1, Band 5: 3-86025-295-X, Register: 3-8274-0267-0)
Abb. 2.1. wurde Band 3 (Seite 57) entnommen, Abb. 2.161. wurde Band 1 (Seite 456) entnommen.

[00Lee] BH Lee, R Choi, L Kang, S Gopalan, R Nieh, K Onishi, Y Jeon, W-J Qi, C Kang, JC Lee (U Texas, USA): Characteristics of TaN Gate MOSFET with Ultrathin Hafnium Oxide (8Å-12Å), Tech. Digest IEDM-2000, 2.6 (39ff)

[00Oh] • S-H Oh, JM Hergenrother, T Nigam, D Monroe, FP Klemens, A Kornblit, WM Mansfield, MR Baker, DL Barr, FH Baumann, KJ Bolan, T Boone, NA Ciampa, RA Cirelli, DJ Eaglesham,EJ Ferry, AT Fiory, J Frackoviak, JP Garno, HJ Gossmann, JL Grazul, ML Green, SJ Hillenius, RW Johnson, RC Keller, CA King, RN Kleiman, JT-CLee, JF Miner, MD Morris, CS Rafferty, JM Rosamilia, K Short, TW Sorsch, AG Timko, GR Weber, GD Wilk, JD Plummer (Bell Labs, USA): 50 nm Vertical Replacement-Gate (VRG) pMOSFET, Tech. Digest IEDM-2000, 3.6 (65ff)

[00Part] V Parthasarathy, V Khemka, R Zhu, A Bose (Motorola, USA): SOA Improvement by a Double RESURF LDMOS Technique in a Power IC Technology, Tech. Digest IEDM-2000, 4.2 (75ff)

[00Rade] • CJ Radens, S Kudelka, L Nesbit, R Malik, T Dyer, C Dubuc, T Joseph, M Seitz, L Clevenger, N Arnold, J Mandelman, R Divakaruni D Casarotto, D Lea, VC Jaiprakash, J Sim, J Faltermeier, K Low, J Strane, S Halle, Q Ye, S Bukofsky, U Grüning, T Schlösser, G Bronner (IBM/Infineon, USA/Deutschland): An Orthogonal 6F2 Trench-Sidewall Vertical Device Cell for 4 Gb/16 Gb DRAM, Tech. Digest IEDM-2000, 15.1 (349ff)

[00Ren] Z Ren, R Venugopal, S Datta, M Lundstrom, D Jovanovic, J Fossum (Purude U/Motorola/U Florida, USA): The Ballistic Nanotransistor: A Simulation Study, Tech. Digest IEDM-2000, 31.1 (715ff)

[00Sama] SB Samavedam et al.: Selective epitaxial Si and SiGe for elevated source drain MOSFETs, 197th Electrochem. Soc. Meet. 2000, Toronta, Canada, 2000

[00SchuA] • T Schulz, W Rösner, L Risch, U Langmann (Infineon/Ruhr-U Bochum, Deutschland): 50-nm Vertical Sidewall Transistors with High Channel Doping Concentrations, Tech. Digest IEDM-2000, 3.5 (61ff)

[00SchuB] J Schulze: Silizium (111) Bor Oberflächenphasen in vertikalen Si- und SiGe-Schichtstrukturen, Dissertation, U der Bundeswehr München, Deutschland, 2000

[00SchuBb] J Schulze, H Baumgärtner, C Fink, G Dollinger, I Genchev, L Görgens, W Hansch, HE Hoster, TH Metzger, R Paniago, T Stimpel, T Sulima, I Eisele, Thin Solid Films 369 (2000) 10

[00SchuBc] J Schulze, C Fink, T Sulima, I Eisele, W Hansch, Thin Solid Films 380 (2000) 154

[00Stima] T Stimpel, J Schulze, HE Hoster, I Eisele, H Baumgärtner, Appl. Surf. Sci. 162-163 (2000) 382

[00Stimb] T Stimpel, HE Hoster, J Schulze, I Eisele, H Baumgärtner, Thin Solid Films 380 (2000) 29

[00Sugi] • N Sugiyama, T Mizuno, M Suzuki, S Takagi (Toshiba, Japan): Design of SiGe/Buried Oxide Layered Structure to Form Highly Strained Si Layer on Insulator for SOI MOSFETs, Proc. SSDM-2000, C-8-2 (474ff)

[01BrNb] Brockhaus „Nobelpreise" (Lexikon in einem Band), FA Brockhaus Verl., 1. Aufl., Mannheim, 2001 (ISBN 3-7653-0491-3)

[01Endo] • T Endoh, K Kinoshita, T Tamigami, Y Wada, K Sato, K Yamada, T Yokoyama, N Takeuchi, K Tanaka, N Awaya, K Sakiyama, F Masuoka (Tohoku U/Sharp, Japan): Novel Ultra High Density Flash Memory with a Stacked-Surrounding Gate Transistor (S-SGT) Structured Cell, Tech. Digest IEDM-2001, 2.3 (33ff)

[01Fink] C Fink, J Schulze, I Eisele, W Hansch, W Werner, W Kanert, Jap. J. Appl. Phys. 40 (2001) 2637

[01Hans] W Hansch, P Borthen, J Schulze, C Fink, T Sulima, I Eisele, Jap. J. Appl. Phys. 40 (2001) 3131

[01Herg] • JM Hergenrother, GD Wilk, T Nigam, FP Klemens, D Monroe, PJ Silverman, TW Sorsch, B Bush, ML Green, MR Baker, T Boone, MK Bude, NA Ciampa, EJ Ferry, AT Fiory, SJ Hillenius, DC Jacobsen, RW Johnson, P Kalavade, RC Keller, CA King, A Kornblit, HW Krautter, JT-C Lee, WM Mansfield, JF Miner, MD Morris, S-H Oh, JM Rosamilia, BJ Sapjeta, K Short, K Steiner, DA Muller, PM Voyles, JL Grazul, EJ Shero, ME Givens, C Pomarede, M Mazanec, C Werkhoven (Agere Systems/Bell Labs/ASM America, USA): 50 nm Vertical Replacement-Gate (VRG) nMOSFETs with ALD HfO_2 and Al_2O_3 Gate Dielectrics, Tech. Digest IEDM-2001, 3.6 (65ff)

[01Kang] • HS Kang, Y-W Kim, K-S Chung, KM Nam, K Bae, N-I Lee, C-B Oh, KI Kim, S Park, K-P Suh (Samsung, Korea): Highly Stable SOI Technology to Suppress Floating Body Effect for High Performance CMOS Device, Tech. Digest IEDM-2001, 11.2 (241ff)

[01Kasp] E Kasper: Bauelemente der Mikroelektronik, Skriptum zu den Vorlesungen Bauelemente der Mikroelektronik II, Halbleitertechnik I, II, U Stuttgart, 2001

[01Lake] R Lake (UC, USA): Full Quantum Simulation, Design, and Analysis of Si Tunnel Diodes, MOS Leakage and Capacitance, HEMTs, and RTDs, Tech. Digest IEDM-2001, 5.5 (111ff)

[01Li] R Li: Surround Gate Vertical MOSFETs, PostDoc-Forschungsarbeit, UC Los Angeles, USA, 2001

[01Lian] YC Liang, KP Gan, GS Samudra, IEEE Electron Dev. Lett., 22 (2001) 407

[01Monf] • S Monfray, T Skotnicki, Y Morand, S Descombes, M Paoli, P Ribot, A Talbot, D Dutarte, F Leverd, Y Lefriec, R Pantel, M Haond, D Renand, M-E Nier, C Vizioz, D Louis, N Buffet (STM, Frankreich): First 80 nm SON (Silicon-On-Nothing) MOSFETs with Perfect Morphology and High Electrical Performance, Tech. Digest IEDM-2001, 29.7 (645ff)

[01Sato] • T Sato, H Nii, M Hutano, K Takenaka, H Hayashi, K Ishigo, T Hirano, K Ida, N Aoki, T Ohguro, K Ino, I Mizushima, Y Tsunashima (Toshiba, Japan): SON (Silicon On Nothing) MOSFET Using ESS (Empty Space in Silicon) Technique for SoC Applications, Tech. Digest IEDM-2001, 31.1 (809ff)

[01Schu] T Schulz: Konzepte zur lithographieunabhängigen Skalierung von vertikalen Kurzkanal-MOS-Feldeffekt-Transistoren und deren Bewertung, Dissertation, Ruhr-U Bochum, Deutschland, 2001

[01Sugi] • N Sugii, D Hisamoto, K Washio, N Yokoyama, S Kimura (Hitachi, Japan): Enhanced Performance of Strained-Si MOSFETs on CMP SiGe Virtual Substrates, Tech. Digest IEDM-2001, 33.4 (737ff)

[01Suli] T Suligoj: Optimization of Horizontal Current Bipolar Transistor Structure, Dissertation, U Zabreb, Kroatien, 2001

[01Tezu] • T Tezuka, N Sugiyama, T Mizuno, S Takagi (Toshiba, Japan): Novel Fully-Depleted SiGe-On-Insulator pMOSFETs with High-Mobility Surface Channels, Tech. Digest IEDM-2001, 33.6 (946ff)

[01Weis] • R Weis, K Hummler, H Akatsu, S Kudelka, T Dyer, M Seitz,, A Scholz, B Kim, S Wiese, , R Malik, J Strane, T Göbel, K McStay, J Breitner, N Arnold, R Gerber, B Liegl, A Knorr, L Economikos, A Simpson, W Yan, D Dobuzinsky, J Mandelman, L Nesbit, CJ Radens, R Divakaruni, W Bergner, , G Bronner, W Müller (Infineon/IBM, Deutschland/USA): A Highly Cost Efficient $8F^2$ DRAM Cell with a Double Gate Vertical Transistor Device for 100 nm and Beyond, Tech. Digest IEDM-2001, 18.7 (415ff)

[01Yi] • JH Yi, WS Kim, SSong, Y Khang, H-J Kim, JH Choi, HH Lim, NI Lee, K Fujihara, H-K Kang, JT Moon, MY Lee (Samsung, Korea): Scalable Two-Transistor Memory (STTM), Tech. Digest IEDM-2001, 36.1 (787ff)

[02Anie] • F Aniel, M Enciso-Aguilar, P Crozat, R Adde, T Hackbarth, U Seiler, H-J Herzog, U Konig, H von Kanel (IEF/Daimler-Chrysler Research Center/ETH Zürich, Frankreich/Deutschland/Schweiz): Gate Length Scaling in High fMAX Si/SiGe n-MODFET, WWW ESSDERC-2002, D6.1

[02Asai] • A Asai, J Sato-Iwanaga, A Inoue, Y Hara, Y Kanzawa, H Sorada, T Kawashima, T Ohnishi, T Takagi, M Kubo (Matsushita, Japan): Low-Frequency Noise Characteristics in SiGe Channel Heterostructure Dynamic Threshold pMOSFET (HDTMOS), Tech. Digest IEDM-2002, 2.4.1 (35ff)

[02Choi] R Choi, K Onishi, CS Kang, S Gopalan, R Nieh, YH Kim, JH Han, S Krishnan, H Cho, A Sahriar, JC Lee (U Texas, USA): Fabrication of High Quality Ultra-Thin HfO_2 Gate Dielectric MOSFETs Using Deuterium Anneal, Tech. Digest IEDM-2002, 26.1 (613ff)

[02Coll] • N Collaert, P Verheyen, K De Meyer, R Loo, M Caymax (IMEC, Belgien): Influence of the Ge-Concentration and RTA on the Device Performance of Strained Si/SiGe pMOS Devices, WWW ESSDERC-2002, D11.4

[02Debo] G Deboy (Infineon, Deutschland): Das Kompensationsprinzip als Weg zum idealen Hochvoltschalter, Seminarvortrag an der U der Bundswehr München, Deutschland, 2002

[02Deck] • AI Deckelmann, G Wachutka, F Hirler, J Krumrey (TUM/Infineon, Deutschland): UIS-Failure of DMOS Power Transistors, WWW ESSDERC-2002, D22.2

[02Dona] • D C Donaghy, S Hall, D Kunz, K de Groot, P Ashburn (U Liverpool/U Southampton, UK): Investigating 50nm Channel Length Vertical MOSFET Containing a Dielectric Pocket, in a Circuit Environment, WWW ESSDERC-2002, D25.3

[02Frab] D Fraboulet, X Jehl, D Mariolle, C Le Royer, G Le Carval, P Scheiblin, P Rivallin, L Mollard, D Deleroyelle, ME Nier, A Toffoli, G Molas, B De Salvo, S Deleonibus, M Sanquer (CEA-LETI/CEA-DRFMC, Frankreich): Coulomb Blockade in Thin SOI Nanodevices, WWW ESSDERC-2002, D19.3

[02Furu] Y Furuta, H Mizuta, T Kamiya, Y Tan, K Nakazato, Z Durrani, K Taniguchi (Hitachi Cambridge Laboratory/Cavendish Laboratory/Osaka U, UK/Japan): Tunnel Barrier Properties of Polycrystalline-Si Single-Electron Transistor, WWW ESSDERC-2002, D19.4

[02Goeb] • B Goebel, J Lützen, D Manger, P Moll, K Mümmler, M Popp, U Scheler, T Schlösser, H Seidl, M Sesterhenn, S Slesazeck, S Tegen (Infineon, Deutschland): Fully Depleted Surrounding Gate Transistor (SGT) for 70 nm DRAM and Beyond, Tech. Digest IEDM-2002, 10.8.1 (275ff)

[02Hein] • U Heinle, K Pinardi, J Olsson (Uppsala U/Chalmers U Technology, Schweden): Vertical High Voltage Devices on Thick SOI with Back-End Trench Formation, WWW ESSDERC-2002, D12.5

[02Hoyt] • JL Hoyt, HM Nayfeh, S Eguchi, I Aberg, G Xia, T Drake. EA Fitzgerald, DA Antoniadis (MIT, USA): Strained Silicon MOSFET Technology, Tech. Digest IEDM-2002, 2.1.1 (23ff)

[02Inab] S Inaba, K Miyano, A Hokazono, K Ohuchi, I Mizushima, H Oyamatsu, Y Tsunashima, Y Toyoshima, H Ishiuchi (Toshiba, Japan): Silicon on Depletion Layer FET (SODEL FET) for Sub-50 nm High Performance CMOS Applications: Novel Channel and S/D Profile Engineering Schemes by Selective Si Epitaxial Growth Technology, Tech. Digest IEDM-2002, 27.6.1 (659ff)

[02LeeA] • BH Lee, A Mocuta, S Bedell, H Chen, D Sadana, K Rim, P O'Neil, R Mo, K Chan, C Cabral, C Lavoie, D Mocuta, AChakravarti, RMMitchell, J Mezzapelle, F Jamin, M Sendelbach, HKermel, MGribelyuk, A Domenicucci, KA Jenkins, SNarasimha, SH Ku, M Ieong, IYYang, E Leobandung, P Agnello, W Haensch, J Welser (IBM, USA): Performance Enhancement on Sub-70nm Strained Silicon SOI MOSFETs on Ultra-Thin Thermally Mixed Strained Silicon/SiGe on Insulator(TM-SGOI) Substrate with Raised S/D, Tech. Digest IEDM-2002, 17.7.1 (947ff)

[02LeeB] • KL Lee, J Chu, J Ott, H Zhu, P Ronsheim, PKozlowski, PSaunders, F Cardone, S Koester, E C Jones (IBM, USA): Sub-30nm P^+ Abrupt Junction Formation in Strained $Si/Si_{1-x}Ge_x$ MOS Device, Tech. Digest IEDM-2002, 14.7.1 (379ff)

[02Lind] • A C Lindgren, P E Hellstrom, M von Haartman, D Wu, C Menon, S Zhang, M Östling (Royal Institute of Technology, Schweden): Enhanced Intrinsic Gain (gm/gd) of PMOSFETs with a Si(0.7)Ge(0.3) Channel, WWW ESSDERC-2002, D6.3

[02Masa] • M Masahara, T Matsukawa, K-I Ishii, Y Liu, H Tanoue, K Sakamoto, T Sekigawa, H Yamauchi, S Kanemaru, E Suzuki (National Institute of Andvanced Industry Science & Technology, Japan): 15-nm-Thick Si Channel Wall Vertical Double-Gate MOS-FET, Tech. Digest IEDM-2002, 17.8.1 (949ff)

[02Mizu] • T Mizuno, N Sugiyama, T Tezuka, T Numata, T Maeda, S Takagi (National Institute of Andvanced Industry Science & Technology, Japan): Design for Scaled Thin Film Strained-SOI CMOS Devices with Higher Carrier Mobility, Tech. Digest IEDM-2002, 2.3.1 (31ff)

[02Monf] • S Monfray, TSkotnicki, B Tavel, Y Morand, S Descombes, A Talbot, D Dutartre, C Jenny, P Mazoyer, R Palla, F Leverd, Y Le Friec, R Pantel, M Haond, C Charbuillet, C Vizioz, D Louis, N Buffet (ST Microelectronics/France Telecom/LETI, Frankreich): SON (Silicon-On-Nothing) P-MOSFETs with Totally Silicided ($CoSi_2$) Polysilicon on 5nm-Thick Si-Films: The Simplest Way to Integration of Metal Gates on Thin FD Channels, Tech. Digest IEDM-2002, 10.5.1 (263ff)

[02Naka] • H Nakatsuji, Y Kamakura, K Taniguchi (Osaka U, Japan): A Study of Subband Structure and Transport of Two-Dimensional Holes in Strained Si p-MOSFETs Using Full-Band Modeling, Tech. Digest IEDM-2002, 29.7.1 (727ff)

[02Nena] • N Nenadovic, W Cuoco, M P van d. Heijden, L K Nanver, J W Slotboom, S J Theeuwen, H F Jos (TU Delft/Philips, Niederlande): High-Performance Silicon-On-Glass VDMOS Transistor for RF-Power Applications, WWW ESSDERC-2002, D18.4

[02Ng] KK Ng (Agere Systems, USA): The Complete Guide to Semiconductor Devices, John Wiley & Sons, 2. Aufl., New York, 2002 (ISBN 0-471-20240-1)

[02Ribo] P Ribot, et al., Materials Science & Engineering B B89 (2002) 125

[02Rim] • K Rim, S Narasimha, M Longstreet, A Mocuta, J Cai (IBM, USA): Low Field Mobility Characteristics of Sub-100nm Unstrained and Strained Si MOSFETs, Tech. Digest IEDM-2002, 2.6.1 (43ff)

[02Schw] U Schwalke, K Boye, G Hess, G Muller, K Haberle, R Heller, T Rulan, G Tzschockel, J Osten, A Fissel, H-J- Mussig (TU Darmstadt/IHP-FF/O, Deutschland): Process Integration of Crystalline Pr_2O_3 High-k Gate Dielectrics, WWW ESSDERC-2002, D20.1

[02Sede] S Sedelmaier, J Schulze, T Sulima, C Fink, C Tolksdorf, A Bayerstadler, I Eisele, P-F Wang, K Hilsenbeck, W Hansch, Mat. Sci. and Eng. B89 (2002) 116

[02Stra] • U Straube, A Waite, N Lloyd, S Croucher, Y Teng Tang, A Evans, T Grasby, T Whall, E Parker, D Norris, T Cullis (U Southampton, U Warwick, U Sheffield, UK): SiGe pMOSFETs Fabricated on Novel SiGe Virtual Substrates Grown on 10µm x 10µm Pillars, WWW ESSDERC-2002, D3.2

[02Taka] Y Takahashi (NTT Corporation, Japan): Silicon Single-Electron Devices for Logic Applications, WWW ESSDERC-2002, D08

[02Thom] • S Thompson, N Anand, M Armstrong, C Auth, B Arcot, M Alavi, P Bai, J Bielefeld, R Bigwood, J Brandenburg, M Buehler, S Cea, V Chikarmane, C Choi, R Frankovic, T Ghani, G Glass, W Han, T Hoffmann, M Hussein, P Jacob, A Jain, C Jan, S Joshi, C Kenyon, J Klaus, S Klopcic, J Luce, Z Ma, B Mcintyre, K .Mistry, A Murthy, P Nguyen, H Pearson, T Sandford, R Schweinfurth, R Shaheed, S Sivakumar, M Taylor, B Tufts, C Wallace, P Wang, C Weber, M Bohr (Portland Techology Development/TCAD/QRE/Intel, USA): A 90 nm Logic Technology Featuring 50nm Strained Transistors, 7 layers of Cu Interconnects, Low k ILD, and 1 μm^2 SRAM Cell, Tech. Digest IEDM-2002, 3.2.1 (61ff)

[02Tolka] C Tolksdorf, C Fink, J Schulze, S Sedelmaier, W Hansch, W Werner, W Kanert, I Eisele, Mat. Sci. and Eng. B89 (2002) 439

[02Tolkb] C Tolksdorf, J Schulze, T Sulima, I Eisele, G Deboy (UniBw M/Infineon, Deutschland): Multiple Delta-Doped Layer Strucutres for Silicon Power MOSFETs, Conf. Digest DRC-2002, III-15 (85ff)

[02Tsuc] • T Tsuchiya, Y Imada, J Murota (Shimane U/Tohoku U, Japan): Evaluation of Interface Trap Density in a SiGe/Si Heterostructure Using a Charge Pumping Technique and Correlation between the Trap Density and Low Frequency Noise in SiGe-Channel pMOSFETs, WWW ESSDERC-2002, D10.4

[02Zhan] Yaohui Zhang: Single electron transistors in CMOS, PostDoc-Forschungsarbeit, UC Los Angeles, USA, 2002

[03Drak] TS Drake, ML Lee, AJ Pitera, EA Fitzgerald, DA Antoniadis, JL Hoyt, DH Anjum, J Li, R Hull, N Klymko (MIT/U Virginia/IBM, USA): Fabrication of Strained Silicon on Insulator for Ultra-Thin Body and Double-Gate MOSFETs, Abstract Book IX-3 (173ff) 3rd Int. Conf. on SiGe(C) Epitaxy and Heterostructures (ICSi3), Santa Fe, USA, März 2003

[03Ghys] B Ghyselen, C Aulnette, B Osternaud, T Akatsu, C Mazure, C Lagahe-Blanchard, S Pocas, J-M Hartmann, P Leduc, T Ernst, H Moriceau, Y Campidelli, O Kermarrec, P Besson, Y Morand, M Rivoire, D Bensahel, V Paillard (SOITEC/CEA-LETI/ST Microelectronics/LPST-UPS, Frankreich): Strained Silicon On Insulator Wafers, Abstract Book IX-2 (170ff) 3rd Int. Conf. on SiGe(C) Epitaxy and Heterostructures (ICSi3), Santa Fe, USA, März 2003

[03Hoff] K Hoffmann: Systemintegration, Oldenbourg Wissenschaftsverlag GmbH, 1. Aufl., München, 2003 (ISBN: 3-486-27224-1)

[03Liu] H Liu, Z Xiong, JKO Sin, IEEE Electron Dev. Lett. 24 (2003) 84

[03Masa] T Matsukawa, S Hosokawa, K-I Ishii, Y Liu, H Tanoue, K Sakamoto, T Sekigawa, H Yamauchi, S Kanemaru, E Suzuki (National Institute of Advanced Industry Science & Technology, Japan): A Novel Process for Co-Integration of Vertical Double-Gate and Planar Single-Gate MOSFETs, Conf. Digest DRC-2003, III-3 (49ff)

[03Park] T Park, D Park, JH Chung, EJ Yoon, SM Kim, HJ Cho, JD Choe, JH Choi, BM Yoon, JJ Han, BH Kim, S Choi, K Kim, E Yoon,, JH Lee (Samsung Electronics Corp./Seoul National U/Kyungpook National U, Süd-Korea): PMOS Body-Tied FinFET (Omega MOSFET) Characteristics, Conf. Digest DRC-2003, IIB-2 (33ff)

[03Sede] S Sedelmaier: Vertikaler Tunnel-Feldeffekttransistor auf Silizium, Dissertation, U der Bundeswehr München, Deutschland, 2003

[03Suli] T Sulima: Modifikationen von Silizium-Grenzflächen für die MOS-Technologie, Dissertation, U der Bundeswehr München, 2003

[03Tolk] C Tolksdorf, A Ludsteck M Schmidt, S Sedlmaier, J Schulze, I Eisele, G Deboy (UniBw M/Infineon, Deutschland): Multiple Delta Doping for Improved Driftzone Design for Lateral Silicon Power MOSFETs, Conf. Digest DRC-2003, III-8 (59ff)

[PIDebo] Persönliche Information, Dr. G Deboy, Infineon Technologies AG, Deutschland

[PIEise] Persönliche Information, Prof. Dr. I Eisele, U der Bundeswehr München, Deutschland

[PIHans] Persönliche Information, Prof. Dr. WS Hansch, TU München, Deutschland

[PIKasp] Persönliche Information, Prof. Dr. E Kasper, U Stuttgart, Deutschland

[PIRieg] Persönliche Information, MM Rieger, TU München – Walter Schottky Institut (WSI), Deutschland

[PIWach] Persönliche Information, Prof. Dr. G Wachutka, TU München, Deutschland (Bei Abb. 2.11. handelt es sich um ein Postkartenbild. Die Postkarte wurde 1990 von Prof. Wachutka (damals ETH Zürich) an Prof. Eisele (U der Bundeswehr München) geschickt. Es ist nicht mehr zu klären, was die ursprüngliche Quelle des dargestellten Bildes ist.)

[$W^3$1] Abb. E.3, links: „The First Point Contact Resistor“
http://www.pbs.org/transistor/science/events/pointctrans.html
© American Institute of Physics: Emilio Segre Archives
Abb. E.3, rechts: Titelseite der Septemberausgabe von 1948 der Zeitschrift “Electronics”
http://www.pbs.org/transistor/background1/events/bigannouncement.html
© Lucent Technologies, USA

[$W^3$2] http://www.elektronik-kompendium.de/sites/bau/0408111.htm

[$W^3$3] http://www.ktf-split.hr/periodni/de/

[$W^3$4] http://www.elec.gla.ac.uk/groups/dev_mod/

[$W^3$5] http://www.uni-kassel.de/fb12/fachgebiete/cad/Franken/digital_offspin/berndrommel/weben.html

Printing: Krips bv, Meppel
Binding: Litges & Dopf, Heppenheim

MIX
Papier aus verantwortungsvollen Quellen
Paper from responsible sources
FSC® C105338

If you have any concerns about our products,
you can contact us on
ProductSafety@springernature.com

In case Publisher is established outside the EU,
the EU authorized representative is:
Springer Nature Customer Service Center GmbH
Europaplatz 3, 69115 Heidelberg, Germany

Printed by Libri Plureos GmbH
in Hamburg, Germany